AF393494

Industrielle Enzyme

H. Ruttloff,
J. Huber,
F. Zickler
und K.-H. Mangold

Industrielle Enzyme

*Industrielle Herstellung
und Verwendung
von Enzympräparaten*

Mit 146 Bildern und 48 Tabellen

Springer-Verlag Berlin Heidelberg GmbH

Das Manuskript für diese Monographie wurde erarbeitet von:
Prof. Dr. rer. nat. habil. Heinz Ruttloff
Dr. rer. nat. Johann Huber
Dr. rer. nat. Fritz Zickler (verst.)
Dr.-Ing. Karl-Heinz Mangold

Die Federführung lag in den Händen von
Prof. Dr. Heinz Ruttloff

CIP-Kurztitelaufnahme der Deutschen Bibliothek

Industrielle Enzyme
industrielle Herstellung u. Verwendung von Enzympräparaten / [Ms. für diese Monographie wurde
erarb. von: Heinz Ruttloff ... Die Federführung lag in d. Händen von Heinz Ruttloff]. – 1. Aufl. –
Darmstadt: Steinkopff, 1979.
    ISBN 978-3-642-87062-0   ISBN 978-3-642-87061-3 (eBook)
    DOI 10.1007/978-3-642-87061-3
NE: Ruttloff, Heinz [Hrsg.]

© Springer-Verlag Berlin Heidelberg 1979
Originally published by Dr. Dietrich Steinkopff Verlag · Darmstadt in 1979
Softcover reprint of the hardcover 1st edition 1979
1. Auflage

Redaktionsschluß: 15. 3. 1977

Vorwort

In der Lebensmittelproduktion werden in zunehmendem Maße biotechnologisch hergestellte Produkte verwendet. In diesem Zusammenhang sind insbesondere die mikrobiellen Enzyme bzw. Enzympräparate zu nennen. Die derzeit bekannten Kultivierungsverfahren für Mikroorganismen, die dank den Erfahrungen und Erkenntnisse, aus der allgemeinen und technischen Mikrobiologie, der molekularen Genetiki der Verfahrenstechnik sowie des Anlagenbaues u. a. Disziplinen zu hoher Reife gelangt sind, haben die großtechnische Herstellung von Enzympräparaten und ihre vielseitige Verwendung volkswirtschaftlich bedeutsam und ökonomisch vertretbar gemacht.

Der Einsatz von Enzymen ermöglicht es, herkömmliche lebensmitteltechnologische Verfahren zu rationalisieren, die Qualität zahlreicher Produkte zu verbessern, das Sortiment zu erweitern oder aber neue Nahrungsquellen zu erschließen. Auch in der Landwirtschaft, im medizinischen Bereich der Therapie und Diagnostik, in verschiedenen Sektoren der Leichtindustrie sowie im biochemisch-analytischen Laboratorium werden Enzyme mit Erfolg herangezogen. Das Gebiet der Enzymgewinnung und -verwendung schließt demzufolge eine ganze Reihe Fach- bzw. Teildisziplinen ein, wie die Mikrobiologie, die Chemie und Biochemie, die Physik und physikalische Chemie, die Biophysik, die Molekularbiologie, die allgemeine und chemische Verfahrenstechnik, das Bioingenieurwesen, die Lebensmittelchemie und -technologie, die Ernährungswissenschaft, die Medizin, die Pharmazie u. a. m.

Die Vielzahl der eng miteinander verflochtenen Disziplinen kann als Ursache dafür gelten, daß es trotz einer umfangreichen Spezialliteratur auf den Einzelgebieten noch kein geschlossenes deutschsprachiges Buch gibt, in dem die verschiedenen Teilaspekte der industriellen Herstellung und Verwendung von Enzympräparaten unter einer einheitlichen Konzeption zusammengefaßt sind. Mit dieser Monographie soll diese Lücke geschlossen werden.

Das Buch soll einen möglichst *allseitigen* Überblick über die mit der Gewinnung und Verwendung von Enzymen im Zusammenhang stehenden Probleme vermitteln. Es soll helfen, dem Leser die Einarbeitung in dieses sehr vielgestaltige und verzweigte Arbeitsgebiet zu erleichtern. Hierzu ist es nach unserer Meinung erforderlich, daß zunächst einige grundlegende Ausführungen über Struktur, Funktion und Biosynthese sowie über die wichtigsten, den Praktiker interessierenden Fragen zur Chemie, Biochemie und Analytik der Enzyme gebracht werden, ehe auf die mikrobiologischen Aspekte bei der Herstellung von Enzympräparaten eingegangen wird. Hierbei wird vorausgesetzt, daß beim Leser Grundkenntnisse auf dem Gebiet der Biochemie und der allgemeinen Mikrobiologie vorhanden sind. Ein spezieller Teil befaßt sich mit einigen ausgewählten verfahrenstechnisch-technologischen Gesichtspunkten beim Fermentationsprozeß sowie bei der Aufarbeitung. Hierbei werden vorrangig Fragen der schonenden Aufbereitung erörtert, ein Prozeß, der insbesondere im Hinblick auf die Realisierung im großtechnischen Maßstab noch sehr im Fluß ist.

Die bei der herkömmlichen Lebensmittelproduktion im Verlauf der Bearbeitung und Verarbeitung sowie der Reifung bzw. Lagerung durch Enzymeinwirkung katalysierten biochemischen Prozesse stellen in der Mehrzahl der Fälle die naturgegebene wie auch wissenschaftlich-konzeptionelle Grundlage für den gezielten Enzymeinsatz dar. Es ist daher dem Anwendungsteil ein Kapitel über natürlich ablaufende enzymatische Vorgänge bei der Lebensmittelproduktion vorangestellt, wobei auch solche Vorgänge unerwünschter Art berücksichtigt werden.

Neben der Verwendung von Enzympräparaten in der Lebensmittelproduktion werden auch die Möglichkeiten hierfür in einigen anderen Bereichen der Volkswirtschaft erörtert. Im medizinischen Sektor spielt nicht nur der *Einsatz* therapeutisch wichtiger Enzyme, sondern – aus diagonostischer Sicht – auch der *Nachweis* bestimmter Enzymindividuen eine Rolle. Ähnliches gilt auch für andere analytische Fragen z. B. auf dem Gebiet der Lebensmittelüberwachung und des Umweltschutzes, die daher ebenfalls, aber nur kurz behandelt werden.

Dieses Werk soll dem Leser ermöglichen, aus dem gebotenen Stoff die Verbindungen zu den verschiedenen Wissensdisziplinen und den sich daraus herleitenden Technologien in der Praxis zu finden. Bei diesem Charakter des Buches war es nicht möglich, in den einzelnen Abschnitten so weit in die Tiefe zu gehen, wie es in speziellen Titeln für fachspezifische Disziplinen der Fall ist. Zur Gewinnung eines tieferen Einblicks in die einzelnen Teilgebiete bzw. zur Klärung von Einzelfragen ist das Studium der Spezialliteratur erforderlich.

An dieser Stelle sei vermerkt, daß in diesem Buch die in der wissenschaftlichen Dokumentation übliche c-Schreibweise verwendet wird und die Literaturangaben nach „Periodica chimica" erfolgen. – Nach dem Standard TGL 31 548 „Einheiten physikalischer Größen" ist die Umstellung von den bisher gebräuchlichen Einheiten auf die neuen des Internationalen Einheitensystems (SI) in allen Zweigen der Volkswirtschaft sowie in Forschung und Lehre bis zum 31. 12. 1980 abzuschließen. In diesem Werk werden deshalb nur SI-Einheiten verwendet. Damit der Leser eine Grundlage für diese Umstellung bekommt, ist am Ende des Buches eine kurze Übersicht eingefügt, aus der die Umrechnung der bisher üblichen Einheiten – soweit sie in diesem Buch vorkommen – in die SI-Einheiten hervorgeht. Im Interesse der Einheitlichkeit sind auch die *aus der Literatur entnommenen* herkömmlichen Einheiten bzw. Parameter auf SI-Einheiten umgestellt bzw. umgerechnet worden.

Sicher läßt das Buch noch manche Wünsche offen. So wurden seit Abfassung des Manuskripts infolge der stürmischen Entwicklung auf diesem Gebiet die Technik bzw. die Verfahren vielfach verbessert, und es haben sich inzwischen neue Aspekte der Gewinnung und Anwendung ergeben. Ganz erhebliche Fortschritte wurden in der Zwischenzeit auf dem Sektor der Herstellung und Verwendung von immobilisierten Enzymen („*2. Enzymgeneration*") erzielt; dieser Stoffgruppe darf man eine große Zukunft in allen Bereichen voraussagen (zunächst vor allem auf dem analytischen sowie klinisch-medizinischen Sektor). Weiter dürften die Gewinnung und Immobilisierung sowie die Verwendung von Coenzym benötigenden Enzymen („*3. Enzymgeneration*") an Bedeutung zunehmen. Bemerkenswert ist ebenfalls die Entwicklung von Ein- und Mehrschritt-Enzymreaktoren, von derivatisierten Enzymen und schließlich von synthetischen Enzymen (sog. Synzymen). Ganz allgemein werden hierbei zunehmend intrazelluläre Enzyme das Interesse der Forschung, vor allem im Hinblick auf ihren großtechnischen Einsatz, in Anspruch nehmen. Die volkswirt-

schaftliche Nutzung diesbezüglicher z. Z. intensiv betriebener Forschungsarbeiten wird im Zeitraum bis zum Jahre 2000 in zeitlich unterschiedlichen Etappen erfolgen.
Für Hinweise aus dem Leserkreis, die unter den genannten Aspekten zu einer noch besseren Aussage des Buches beitragen können, sind wir dankbar.
Im Rahmen der weiteren Entwicklung der Volkswirtschaft in der Deutschen Demokratischen Republik ist es eine wichtige Aufgabe, Enzympräparate herzustellen und durch ihren Einsatz den Ablauf biochemischer Prozesse bei der Bearbeitung und Verarbeitung von Lebensmitteln gezielt zu steuern und dadurch herkömmliche Verfahren zu rationalisieren bzw. die Einsatzstoffausbeuten zu erhöhen sowie das Lebensmittelsortiment zu erweitern und die Qualität der Fertigerzeugnisse zu verbessern.
Bei der Abfassung des Manuskripts wurden wir von zahlreichen Fachvertretern tatkräftig unterstützt. Es waren dies die Kolleginnen bzw. Kollegen *Dr. F. Baum, Dr. U. Behnke, Dr. W. Bock, Dr. H. Bocker,* Dipl.-Ing. *R. Fischer,* Ing.-Chem. *R. Gabor, Dr. A. Gabert, Dr. J. Hempel,* Dipl.-Ing. *W. Hofmeister, Dr. P. Klingenberg, Dr. A. Leuchtenberger, Dr. H.-G. Lewerenz,* Ing.-Chem. *I. v. Lupin, Dr. P. Meisel, Dr. C. Nielebock, Dr. B. Reiff, Dr. K. Riedel, Dr. E. Sandner,* Dipl.-Ing. *F. Schmalstieg,* Dipl.-Chem. *D. Schöpfel, Dr. A. Täufel, Dr. K. Winkler, Dr. R. Zimmermann.*
Ihnen sei auch an dieser Stelle herzlich gedankt. Unser Dank gilt weiterhin Frau *I. Walter* für die Anfertigung des Sachwortverzeichnisses und Frau *R. Jäger* für ihre fleißige und gewissenhafte Tätigkeit beim Schreiben des Manuskripts und Frau *Ch. Wardsack* für die damit zusammenhängenden Korrekturarbeiten.
Dem Mitautor Herrn *Dr. Fritz Zickler* war es nicht vergönnt, das Erscheinen dieses Buches mitzuerleben; er starb – viel zu früh für uns alle – am 6. 8. 1976.

Autoren und Verlag

Inhaltsverzeichnis

Enzymes are widely used as additives in the food production and in various other fields of the national economy. They help to rationalize processes, to enlarge the range of products available, and to improve the quality of the products turned out by the various industries. But enzymes are also increasingly utilized as pharmaceuticals and in biochemical and analytical laboratories. Only a small percentage of the enzyme preparations that are produced at present on a commercial scale is of vegetal or animal origin, most of them are produced using microorganisms.

This monography describes the existing theoretical and practical knowledge in this particular field, as well as the present level of technology attained. The mattertreated being extremely heterogenous and requiring the consideration of numerous special branches such as microbiology, chemistry, biochemistry, physics, and physical chemistry; biophysics, molecular biology, general and chemical process engineering, biological engineering, food chemistry and technology, food science, medicine, pharmacy, and the like, it is difficult to treat all partial aspects involved under one common subject and to draw up the paper in accordance with the relative importance of the various subjects included. The multitude of the closely interlinked branches and subjects implied might account for the fact that despite the availability of an extensive special literature covering the various fields, no complete publication on industrial enzymes in the German language has appeared yet.

The authors have set themselves the task of acquainting the reader in a rather comprehensive and complete manner with the preparation and the uses of enzymes or enzyme-containing drugs, mainly for food production. It is based on the assumption that the readers have basic knowlegde in the branches involved. The book higlights the following fields: enzymology (structure, properties, specification, biosynthesis, and control of enzymes), general and technical microbiology (systematics, screening, strain culture and preservation, growth and product formation, possibilities of phenotypical and genotypical optimization, development of extraction and preparation processes), description of the technically important enzymes and enzyme preparations, their use in food production as well as in several other important sectors of the national economy and of public health (light, industry, medcine, pharmacy, analytical sciences, agriculture). As far as process engineering aspects are concerned only a few specific problems are being dealt with inasmuch as they differ from other productions within the scope of the microbiological industry (e.g. the production of protozoon protein, antibiotics, organic acids, etc.). This is illustrated amongst other things by the fact that preparation has been treated at greater length than fermentation.

Besides, some special chapters have been annexed which add to the completeness of the matter treated or provide a link with the neighbouring fields. Here are a few examples: classification and nomenclature in accordance with the general instructions issued by the Enzyme Committee of the "International Union of Biochemistry", carrier-fixed enzymes, biometrical test planning, trends observed in process engineering and technology, assessment of the harmlessnes sof enzyme preparations, significance of naturally progressing enzymatic process observed in the food production. The monograph deals further with some special problems related to analytical methods involving enzymes that are used in biochemical and clinical laboratories. It will help to show the importance of enzymes in their entire sweep.

Of course, the book is far from being perfect. Thanks to the rapid progress made since the manuscript was written, many relevant techniques and facilities have been greatly improved, and novel aspects have cropped up with respect to the production and the uses of enzymes. To quote just a few examples: The advances made in the filed of immobilized enzymes ("2nd enzyme generation") inclusive of the development of enzyme reactors and the various effects bearing upon industry, analytical sciences, and medicine, the work conducted on enzymes requiring coenzyme ("3rd enzyme generation"), the chances of a continuous enzyme production, the production of synthetic enzymes (synzymes), the growing commercial production of intracellular enzymes, and other things.

These special branches which are covered by intense research work have not been considered in the scope of the book. It should therefore be regarded as an *introduction into the entire field*. It may be hoped, however, that it will be a valuable aid to all those striving to deepen their knowledge of the matter.

H. Ruttloff

From the Table of Contents

Exposé d'auteur

Dans l'industrie alimentaire ainsi que dans d'autres domaines de l'économie nationale, les enzymes sont utilisées largement comme additifs techniques. Elles servent à rationaliser les procédés, à élargit les assortiments et à améliorer le qualité des produits des différentes branches industrielles. Mais les enzymes sont aussi en grande demande pour l'industrie pharmaceutique ainsi que dans les laboratoires biochimiques analytiques. Les préparations enzymatiques qui sont actuellement produites à grande échelle industrielle sont pour la plus petite partie d'origine animale et végétale, mais plutôt à base de micro-organismes.

Cette monographie consacrée aux enzymes donne un tour d'horizon des connaissances théoriques et pratiques actuelles ainsi que du niveau actuel de la technologie. Etant donné que cette matière est extrêmement hétérogène et demande des connaissances dans nombreuses différentes disciplines telles que la microbiologie, la chimie et biochimie, la physique et la chimie physique, la biophysique, la biologie moléculaire, la technique générale et chimique des procédés, le chimie biologique, la chimie et technologie alimentaire, la science diététique, la médecine, la pharmacie etc., il est difficile de réunir, dans un seul ensembel de problèmes, les différents aspects partiels et de s'en tenir, dans la rédaction du manuscrit, aux proportions apporpriées correspondant aux contributions des différentes disciplines intervenant au sujet traité dans ce livre. La multitude des branches et disciplines étroitement entrelacées est sans doute responsable du fait que nonobstant l'existence d'une vaste littérature spécialisée dans let différents domaines il n'y ait pas encore une publication complète des enzymes industrielles en langue allemande.

Les auteurs se sont proposé de présenter au lecteur une introduction aussi vaste et détaillée que possible dans le domaine de l'obtention et de l'utilisation d'enzymes et de préparations enzymatiques, surtout dans le secteur alimentaire. Ceci présume, toutefois, des connaissances fondamentales dans chacune des disciplines susmentionnées. Le livre met en relief surtout l'enzymologie (la structure, les propriétés, la description, la biosynthèse et la régulation d'enzymes), la microbiology générale et technique (la systématique, le screening, la culture et la conservation des souches, la croissance et la formation de produits, les possibilités d'une optimisation phénotypique et génotypique, la mise au point de procédés d'obtention et de préparation), la description des enzymes et préparations enzymatique essentielles industrielles; leur utilisation dans la production des vivres ainsi que dans quelques autres branches importantes de l'économie nationale et de la santé publique (l'industrie légère, la médecine, la pharmacie, l'analytique, l'agriculture). En ce qui concerne les aspect méthodologiques, quelques problèmes spécifiques seulement sont mis en considération pour autant que ceux-ci se distinguent d'autres productions de l'industrie microbiologique (notamment la production de la protéine unicellulaire, d'anti-biotiques, d'acides organiques). Ceci est nettement illustré par le fait que la description de la préparation occupe plus de place que la fermentation.

Le livre contient en outre plusieurs chapitres spéciaux arrondissant le traitement de la matière en établissant les liens avec les domaines voisins. A titre d'exemple, mentionnons: la classification et nomenclature établies par la commission enzymatique de l'«International Union of Biochemstry», les enzymes véhiculées, la planification des essais biométrique, le trend dans le développement des méthodes et technologies, le jugement du caractère inoffensif des préparations enzymatiques, l'importance des processus enzymatiques à déroulement naturel dans la production des vivres. Les auteurs traitent en outre quelques questions spécifiques en connexion avec les analyses faisant appel aux enzymes dans les laboratoires biochemiques et cliniques. Cela contribue à montrer l'importance des enzymes dans toute son envergure.

Certes, le livre laisse encore à désirer. A la suite de l'essor impétueux enregistré depuis la rédaction de manuscrit, une grande partie des méthodes et technologies dans ce domaine fut améliorée et de nouveaux aspects ont ressortis pour l'obtention et l'utilisation des enzymes. Contentons-nouse de mentionner les progrès enregistrés dans le secteur des enzymes immobilisées («2e génération enzymatique«) y compris la conception de réacteurs à enzymes et leur conséquences variées et étendues pour l'industrie, l'analytique et la médecine, les travaux de mise au point d'enzymes egigenat de la coenzyme («3e génération enzymatique«), les possibilités d'une production continue d'enzymes, l'obtention d'enzymes synthétiques (synzymes), la production intensifiée d'enzymes intracellulaires sur une grande échelle industrielle, etc...

Les susdits domaines faisant actuellemnt l'objet de recherches intensives n'ont plus pu êtres pris en considération. On devrait par conséquent considérer ce livre comme une *Introduction dans le domaine dans sa totalité.* L'étude de l'ouvrage pourrait, espérons-nous e, faciliter les efforts de s'initier dans d'autres travaux poursuivis.

H. Ruttloff

Extrait de la table des matieres

1. *Fermente — Enzyme*

1.1. Begriffe und erste biochemische Betrachtungen

Der Begriff *Ferment* (lat. Fermentum) ist römischen Ursprungs. Darunter verstanden *Vergil* (70 v. u. Z. bis 19 u. Z.) das gequollene, gemälzte Getreide, *Seneca* (4 v. u. Z. bis 65 u. Z.) den Gärungsvorgang, die Entstehung des Honigs, das Aufwallen des Sauerteigs, und *Plinius* (23 bis 79 u. Z.) sowie *Columella* (um 60 u. Z.) das Düngen, Auflockern, Quellen und Pflügen des Bodens [1].

Zur *fermentatio* rechnete man jahrhundertelang alle Fäulnis- und Gärungserscheinungen, die sich – ohne sichtbaren Grund – beim Stehenlassen von Stoffen durch eine auffällige Veränderung, wie Aufblähen, Blasenbildung, Geschmacksveränderung, „Absonderung einer Luftart" usw., bemerkbar machen.

Durch den griechisch-römischen Arzt *Galen* (129 bis 199) ging der Begriff fermentatio auch in die Physiologie der Verdauung ein. Nach *Galen* „existiert eine Kraft, welche das Aufgenommene festhält, hinwiederum eine, die das Unbrauchbare absondert, und vor allem eine umbildende, derentwegen dem Magen jene unentbehrlich sind . . ." [1].

Die alte Vorstellung, daß der Gärungsprozeß im Grunde eine Art Fäulnis darstellt, bzw. die These „putrefacio = fermentatio = digestio", d. h. Fäulnis = Gärung = Verdauung, war die Vorstellung der Gelehrten im Mittelalter wie auch in den nachfolgenden Jahrhunderten. Im Mittelalter erfolgte die theoretische Deutung der Gärungsvorgänge – trotz einer beachtlichen technischen Weiterentwicklung des Gärungsgewerbes – weitgehend auf dem Boden der Alchimie. Die Alchimisten gingen davon aus, daß das selbständige Ferment sich eigengesetzlich nicht nur vermehren kann, sondern in winzigen Mengen die schnelle Umwandlung scheinbar unbegrenzter Mengen der gärfähigen Stoffe bewirkt. So stellte sich ihnen das naturgegebene Hefeferment als ein Analogon und eine sinnfällige Stütze für die alchimistische *Transmutationslehre der Metalle* dar. „Wie der Brotteig durch Hefe in Gärung versetzt wird, oder wie große Mengen von Backwerk durch wenig Sauerteig erzeugt werden, so kann die richtige ‚Tinktur‘, eine Art des richtigen fermentums, die unedlen Metalle in Gold oder in Silber verwandeln" [2]. Die gesuchte Tinktur wurde mit dem „Stein der Weisen" verglichen.

Bei *Paracelsus* (1493 bis 1541) begegnet man erstmalig Hinweisen auf die Eigenschaften der durch Gärung entstehenden Produkte. So berichtete er 1526 über das Konzentrieren des Weines durch Gefrieren des Wassers mit nachträglicher Beseitigung des Eises. Er gab dem „*spiritus vini*" die Bezeichnung „*alcohol vini*" und gewann durch eine Art fraktionierte Destillation eine hochprozentige Essigsäure. *Van Helmont*

(1577 bis 1644) begnügte sich nicht mit der bloßen Schilderung der Vorgänge, die
mit der Gärung in Erscheinung treten. Nach einer Interpretation von *Strunz* [3]
bedeutete für *van Helmont* das fermentum nicht den Gärstoff, sondern „ein dynami-
sches Naturprinzip, das als potentielle Kraft in der Erde oder sonstwo schlummert
bzw. aufgespeichert ist".
Eine mechanistische Vorstellung über die Gärung entwickelte *Boyle* (1627 bis 1691).
Er führte die Entstehung der flüchtigen Substanzen auf eine sichtbare Bewegung und
Reibung im gärenden Ansatz zurück, wodurch die Teilchen bis zur Flüchtigkeit zerkleinert werden [2].
Eine „*korpuskularkinetische*" *Fermenttheorie* stammt von *Stahl* (1660 bis 1734). Die
Fermentation ist nach ihm ein Vorgang, der in der Trennung der Stoffkomponenten
und in einer durch Wasser vermittelten neuen Zusammensetzung der Teilchen besteht. Die Fermentation beruht danach auf einer Bewegung, bei der neben dem beweglichen Teil noch ein „Beweger", d. h. das Ferment, anwesend sein muß. Die Übertragung der Bewegung erfolgt um so leichter, je mehr das Fermentierte und das Ferment hinsichtlich Bewegung und „Figur" übereinstimmen [2].
Nach *Reaumur* (1683 bis 1757) darf die Verdauungsarbeit des Magens nicht nur als
eine mechanische Wirkung angesehen werden. Er lenkte den Blick auf die biologisch-
chemische Seite des Vorgangs. *Spallanzani* (1729 bis 1799) beobachtete 1783, daß
der Magensaft der Vögel eine Verflüssigung des Fleisches bewirkt. *Irvine* (18. Jahrhundert) stellte 1785 fest, daß die Stärke durch Malz verzuckert wird, und *Hughes*
(18. Jahrhundert) beobachtete 1750, wie der pflanzliche Milchsaft des Melonenbaums
tierisches Eiweiß spaltet. Somit gewinnen neben dem Gärungsferment auch Fermente
des Magensaftes und der Pflanzen zunehmend an Interesse. *Fabbroni* (1752 bis 1822)
bezeichnete die Fermentation als eine Zersetzung einer Substanz durch eine andere.
Er vertrat die Meinung, daß die Trauben- und Stärkegärung auf die Zersetzung des
in ihnen enthaltenen Zuckers zurückzuführen ist und durch eine Art „Ansteckung"
mit dem Zersetzungsstoff dieser Gärungsvorgang ausgelöst wird [1]. Nach *Thenard*
(1777 bis 1857) besteht neben der Hefe, die er dem Pflanzenreich zuordnete, noch
ein „weiterer Stoff", der die alkoholische Gärung hervorruft.
1814 beobachtete *Kirchhoff* (1764 bis 1839), daß in keimendem Weizen Stärke in
Dextrin und Zucker zerlegt wird.
Schleiden (1804 bis 1881) führte das Keimen der Pflanzen auf fermentative Ursachen
zurück, und *Schwann* (1810 bis 1882) erkannte durch die Entdeckung des Pepsins
einen besonderen Wirkstoff, der Eiweißstoffe beschleunigt hydrolysiert. Er gelangte
zu der Auffassung, daß die Fäulnis durch bestimmte tierische Kleinlebewesen, die
Gärung hingegen durch Hefepilze hervorgerufen wird. Damit grenzte er diese beiden
Prozesse voneinander ab. *Schwann* dehnte die bis dahin gültige Definition der Verdauung auf die Gärung aus und unterschied zwischen „vegetabilischer Gärung"
(z. B. Wein- und Essigsäure) und „animalischer Gärung" (z. B. Verdauung). *Planche*
isolierte zwischen 1810 und 1820 aus Pflanzenwurzeln eine thermolabile, lösliche Verbindung, die Guajaktinktur blau färbt. *Planche wird als Entdecker des ersten Fer-
ments angesehen.*
Im Jahre 1833 fanden *Payen* (1795 bis 1871) und *Persoz* (1805 bis 1868) in keimender
Gerste das Ferment Diastase. In der ersten Hälfte des 19. Jahrhunderts wurden weitere hydrolytisch wirksame Fermente, wie Lactase, Maltase, Urease, Ptyalin, Pankreatin, Trypsin, Emulsin u. a., entdeckt.
Berzelius (1779 bis 1848) formulierte im Jahre 1835 wie folgt: „Es ist erwiesen, daß
viele . . . Körper . . . die Eigenschaft besitzen, auf zusammengesetzte Körper einen
von der gewöhnlichen chemischen Verwandtschaft ganz verschiedenen Einfluß auszuüben, indem sie dabei in dem Körper eine Umsetzung der Bestandteile in anderen

Verhältnissen bewirken, ohne daß sie dabei mit ihren Bestandteilen notwendig selbst teilnehmen . . . Es ist dies eine . . . katalytische Kraft der Körper . . ." [4].
Die Fermente waren etwa in der Mitte des 19. Jahrhunderts als chemische Stoffe in den Bereich chemisch-analytischer Untersuchungen gerückt, vor allem im Hinblick auf ihre Struktur und Funktion. Es ging zunächst um die Beantwortung der Frage, ob die alkoholische Gärung durch die Lebenstätigkeit niederer Organismen [*Schwann, Mitscherlich* (1794 bis 1863), *Pasteur* (1822 bis 1895)] oder von einem bestimmten chemischen Stoffkomplex hervorgerufen wird [*Stahl, Döbereiner* (1780 bis 1849), *Berzelius, Liebig* u. a.]. *Liebig* (1803 bis 1873) [5] sah – in Ablehnung einer mysteriösen Lebenskraft (der *vis vitalis*) – im fermentativen Prozeß die chemische Umsetzung eines Substrats durch Fermente. Bei der alkoholischen Gärung ging er davon aus, daß „. . . weder die organische Form noch die chemische Zusammensetzung, sondern lediglich ein gewisser Zustand des in den Hefezellen enthaltenen stickstoffhaltigen Bestandteils als die Ursache der Zersetzung des Zuckers bei der alkoholischen Gärung angesehen werden muß". Eine eigentümliche Unterscheidung nahm *Liebig* zwischen den Fäulnis- und Gärungsprozessen vor. Nach ihm entstehen Fermente aus faulender Materie, die dann ihrerseits gärfähige Körper in Gärung überführen.
Nach *Pasteur* ist die Gärung auf die Lebenstätigkeit von Mikroorganismen zurückzuführen. Er sprach *Schwann* das Verdienst zu, zuerst auf diese Mikrobentheorie der Gärung aufmerksam gemacht zu haben. Bereits nach einem Jahr, nachdem *Pasteur* den Nachweis dafür erbracht hatte, daß die Milchsäuregärung wie auch die alkoholische Gärung durch lebende Mikroorganismen ausgelöst werden, postulierte *Traube* (1826 bis 1894), daß die Gärung nicht nur von lebenden Organismen unterhalten wird, sondern daß diese Organismen durch in ihnen enthaltene Fermente wirken. *Traube* vertrat schon damals die Auffassung, daß die Fermente eng an die Eiweißstoffe, wie etwa die Bakterienproteine, gebunden sind und selbst Proteine darstellen.
Bis zu einer Zeit vor etwa 100 Jahren, als es den Begriff Enzym noch nicht gab, unterschied man zwischen *geformten* (oder auch „organisierten") und *ungeformten* (oder auch „nicht organisierten") *Fermenten*, wobei man unter den zuerst genannten Hefen bzw. Mikroorganismen – d. h. also ganze Zellen und damit Lebewesen – und unter den zuletzt genannten wasserlösliche Verbindungen (wie Pepsin, Trypsin, Amylase usw.) verstand. *Kühne* [6] hat den Begriff *Enzym* (griech. en: in, zyme: Hefe) für die ungeformten Fermente eingeführt. Noch bis zum Ende des 19. Jahrhunderts wurde jedoch die Ansicht vertreten, daß der Ablauf der Stoffwechselvorgänge an die intakte, lebende Zelle gebunden sei und diese eine nicht näher definierbare *Lebenskraft* enthalte. Als *Buchner* (1860 bis 1917) [7] im Jahre 1897 Hefezellen zerrieb und feststellte, daß der aus diesen gewonnene Preßsaft ebenfalls in der Lage ist, Zucker in Alkohol umzuwandeln, *erbrachte er den Beweis, daß dieser enzymatische Prozeß auch außerhalb des lebenden Organismus ablaufen kann.* Die Bezeichnung „geformte Fermente" war somit hinfällig geworden, und es ergab sich von selbst eine Übereinstimmung der Begriffe *Ferment* und *Enzym*. Sie werden seitdem synonym gebraucht. Der Begriff Enzym hat sich in der Literatur immer mehr durchgesetzt und wird heute bevorzugt verwendet.
Bei der Gewinnung tierischer Enzyme aus dem Verdauungstrakt erkannte man frühzeitig, daß bei bestimmten Biokatalysatoren inaktive Vorstufen existieren (*Proenzyme, Zymogene*), die vom Organismus bzw. autokatalytisch in die aktive Form übergeführt werden. So beobachteten *Pawlow* (1849 bis 1936) im Jahre 1898 die Existenz des Trypsinogens, *Hammersten* (1841 bis 1932) das Prozymosin sowie *Ebstein* (1836 bis 1912) und *Grützner* in der Magenschleimhaut das Propepsin oder Propepsinogen (1874). *Sumner* isolierte im Jahre 1926 zum erstenmal durch Anwendung verfeinerter Methoden ein Enzym (Urease) in kristalliner Form. Erkenntnisse über das Ineinander-

greifen von Enzymen in Stoffwechselketten und Kreisprozessen vermittelten bis zur Gegenwart ein immer vollständigeres Bild über die Funktion der Biokatalysatoren.

In den darauffolgenden 30 Jahren wurden die Methoden zur Reinigung und Charakterisierung wesentlich verbessert; so liegen z. B. heute bereits über 100 Enzyme in kristalliner Form vor. In den 60er Jahren gelang die Feststellung der Aminosäuresequenzen von Ribonuclease, Chymotrypsin, Lysozym, Trypsin, Papain und Carboxypeptidase A. Im Jahre 1965 wurde die 3-dimensionale Struktur des Lysozyms durch Röntgenstrukturanalyse festgestellt, wenige Jahre später gelang *Merrifield* erstmals die komplette chemische Synthese eines Enzyms mit Ribonuclease-A-Aktivität.

Von den vermutlich über 12000 Enzymen der belebten Natur sind bisher etwa 2000 bekannt, von über 50 Enzymen wurden die Primärstrukturen ermittelt, und von etwa 30 sind die Raumstrukturen bekannt. Von besonderem wissenschaftlichem Interesse sind derzeitig die Enzym/Substrat-Wechselwirkungen in Verbindung mit der Raumstruktur der Enzyme, den Reaktionsvorgängen und -geschwindigkeiten und mit der Beteiligung der einzelnen Aminosäuren an Elektronenverschiebungen sowohl im aktiven Zentrum des Enzyms wie auch am Substrat.

In den Bereich prognostischer Überlegungen rücken seit einigen Jahren zunehmend synthetische Enzyme *(Synzyme)*.

Literatur

[1] *Schadewaldt, H.:* Zur Geschichte des Fermentbegriffes. In: Festschrift der Kali-Chemie AG, Hannover 1966
[2] *Walden, P.:* Ergebn. Enzymforsch. **10** (1949) 1
[3] *Strunz, F.:* Johann Baptist van Helmont. Leipzig und Wien 1907, zit. bei [2]
[4] *Bersin, Th.:* Kurzes Lehrbuch der Enzymologie. Leipzig: Akademische Verlagsgesellschaft Geest & Portig K.-G. 1954, 1
[5] *Liebig, J.:* Chemische Briefe, 6. Aufl. (1878), zit. bei [2]
[6] *Kühne, W.:* Unters. physiol. Inst. Univ. Heidelberg **1** (1878) 291
[7] *Buchner, E.:* Ber. dtsch. chem. Ges. **30** (1897) 117, 1110

1.2. Gewinnung und Verwendung von Enzymen historisch gesehen

Der Vorgang der Gärung ist seit Jahrtausenden bei vielen Völkern bekannt. Zu den aus Trauben- und Fruchtsäften, aus Honig oder aus Milch gewonnenen berauschenden Getränken sind der Wein der Babylonier, Ägypter, Griechen und Römer, der Met der Germanen, die alkoholischen Getränke der Kirgisen, Tataren sowie der mittel- und südamerikanischen Indianer u. a. m. zu rechnen.

Gemessen an der Zahl der Weingärten stand im alten Ägypten um 3900 bis 3000 v. u. Z. der Weinbau schon in hoher Blüte, und man kannte bereits mehrere Weinsorten [1]. Der Herstellung des *Weines* wurde im Altertum in Verbindung mit der Entwicklung der technischen Einrichtungen viel Aufmerksamkeit geschenkt. Wie aus alten Wandgemälden zu entnehmen ist, umfaßten die einzelnen Stufen der Weinherstellung das Pflücken, das Pressen, Filtrieren, Auspressen der Trester und das Einfüllen in Krüge mit anschließender Gärung.

Die Kunst der Herstellung des *Bieres* ist ebenfalls sehr alt. Bier wurde bereits im Jahre 2800 v. u. Z. im alten Babylon aus Brot, gemälzter Gerste oder Spelz (auch Spelt, Dinkel oder Dinkelweizen genannt) hergestellt. Nach altägyptischer Sage soll der Gott *Osiris* im Jahre 2017 v. u. Z. das erste Bier aus gemälzter Gerste gebraut haben [1].

Unter Bier sind alle Getränke zu verstehen, bei denen Stärke als Ausgangsprodukt dient. Da die Stärke selbst jedoch nicht gärbar ist, muß sie für die Gärung durch Einwirken von Hefen in die notwendigen Zucker übergeführt werden. Dies geschah bei den Naturvölkern auf zweierlei Art, nämlich durch das Keimenlassen stärkehaltiger Körner oder bei stärkehaltigen Produkten, wie Brot, Mais, Maniokmehl, Bataten usw., mit Hilfe des Speichels.

Die Menschen lernten allmählich, aktiv in das Gärungsgeschehen einzugreifen, und zwar ohne Kenntnis vom Mechanismus der enzymatischen Vorgänge. Aus einer anfänglich primitiven häuslichen Technik entwickelte sich im Laufe von Jahrtausenden eine immer mehr vervollkommnete Gärungstechnologie. Im späten Mittelalter gab es in Europa viele Stadt- und Klosterbrauereien und Keltereien, die sich durch besondere Biere und Weine auszeichneten. Obwohl während dieser Zeit vielfältige praktische Erfahrungen gesammelt wurden, blieben die im Gärungsprozeß ablaufenden biochemischen Vorgänge unbekannt. Seit *Buchner* [2] nachgewiesen hatte, daß sich die Gärung unabhängig von der intakten Zelle vollziehen kann, vergingen noch viele Jahre, bis der durch *Zymase* ausgelöste Wirkungsmechanismus geklärt wurde.

Die Herstellung des *Brotes* war bei vielen Völkern des Altertums bekannt. Aus einer anfänglich rein häuslichen Technik, die das Mahlen des Getreides, das Ansetzen des Teiges und später auch das Gärenlassen und Backen umfaßte, entwickelte sich der Beruf Bäcker, der von *Plinius* (23 bis 79 u. Z.) erstmals erwähnt wurde. Der aus grob zerkleinertem Getreide hergestellte Brei ist im weitesten Sinne als Vorläufer des Brotes anzusehen. Ihm folgten ungesäuerte und ungelockerte Fladen, die in heißer Asche oder auf heißen Steinen gebacken wurden. Die Herstellung eines gesäuerten und gelockerten Brotes unter Verwendung von *Sauerteig* wird den Ägyptern zugeschrieben. Später nutzten auch die Griechen und Römer diese Möglichkeit. Die Römer bereiteten den Sauerteig aus einem Gemisch von Kleie und gärendem Obstsaft. Man ließ das Produkt an der Sonne trocknen. Der *Sauerteig* enthält außer Hefepilzen auch Milchsäurebakterien, die ihn vor dem Verderben schützen.

Seit alters her sind auch die Herstellung von Sauermilch, Quark, Käse und Essig sowie das Einsäuern von Kohl und Gurken bekannt.

Mit der Entdeckung der Verdauungsenzyme im vergangenen Jahrhundert sind auch Methoden zu ihrer Gewinnung aus Organen oder Geweben von Schlachttieren entwickelt worden. Die *Enzyme tierischen Ursprungs*, wie Pepsin, Trypsin, Chymotrypsin, Lab, Katalase, Lipase u. a., wurden vornehmlich bzw. werden teilweise noch heute in der Medizin, in der Lebensmittelproduktion sowie als Waschmittelzusätze und in der Gerberei verwendet.

Magenschleimhautextrakte wurden im medizinischen Bereich bereits im 18. Jahrhundert verwendet. Ärzte in Philadelphia benutzten derartige Präparate zur äußeren Behandlung von *Ulcera crucis*. Ferner bediente man sich des Pankreassafts zur Reinigung infizierter und stark eiternder Wunden. Um die Mitte des 19. Jahrhunderts wurde von englischen Ärzten zur Behandlung von *Dyspepsien* Pepsin herangezogen. Um 1890 war die Verwendung von Pepsin, Trypsin und Pankreatin im medizinischen Sektor bereits weit verbreitet.

Im vergangenen Jahrhundert sind einige *pflanzliche Proteasen*, wie Papain, Ficin und Bromelin, entdeckt bzw. wiederentdeckt worden. Die Verwendung der Blätter von *Carica papaya* zum Zartmachen zähen Fleisches war bereits den Indianern Zentral- und Südamerikas bekannt. Die Isolierung dieser pflanzlichen Proteasen gestaltete sich unter Nutzung gebräuchlicher Ausfällungs- sowie Trocknungstechnologien relativ einfach.

Die Gewinnung von Enzymen tierischen und pflanzlichen Ursprungs ist jedoch begrenzt. Der zunehmende Bedarf machte die Suche nach neuen Wegen erforderlich.

Durch ihr potentielles Enzymbildungsvermögen und die relativ einfachen Züchtungsbedingungen boten sich für die Erweiterung der Herstellung von Enzympräparaten in geradezu idealer Weise Mikroorganismen an. Das erste mikrobielle Verfahren zur Herstellung eines Amylasepräparats wurde von dem Japaner *Takamine* im Jahre 1894 zum Patent angemeldet [3]. Es handelt sich hierbei um ein *Oberflächenverfahren* unter Einsatz von *Aspergillus oryzae*, bei dem feuchte Kleie als Nährboden benutzt wird. Das amylasehaltige, verpilzte Substrat wird getrocknet und kommt als *Pilzkleie* bzw. *Takaamylase* in den Handel. Erst 20 Jahre nach Aufnahme der Takaamylase-Produktion wurde in Frankreich ein Bakterienamylase-Präparat mittels *Bacillus subtilis* – ebenfalls emers – hergestellt [4]. Diesen Anfängen der emersen Produktion von mikrobiellen Amylase-Präparaten folgten im Verlauf der nächsten Jahrzehnte zahlreiche Enzymgewinnungsverfahren unter Einsatz von Hefe- und Schimmelpilzen sowie einer Reihe Bakterien [5].

Im Jahre 1947 leiteten *Smythe* u. a. [6] eine neue Epoche der industriellen Enzymgewinnung durch Anwendung des *submersen Verfahrens* ein. Entscheidende Impulse gingen hierbei von der Verfahrenstechnik der Antibiotikaproduktion aus. Inzwischen gewinnt die submerse Produktion gegenüber der emersen ständig an Bedeutung.

In den letzten zwei Jahrzehnten hat sich die mikrobielle Enzymgewinnung sprunghaft erhöht. So wurden beispielsweise bereits im Jahre 1964 in Japan allein aus Bakterien etwa 6000 t α-Amylase-Präparat produziert. Schätzungsweise dürften gegenwärtig über 100 verschiedene Enzyme industriell gewonnen werden, die in einer breiten Palette in ausgewählten Bereichen der Lebensmittelproduktion, in anderen Sektoren der Volkswirtschaft und – in Kombination mit verschiedenen Arzneimitteln – in der Medizin eingesetzt werden.

Literatur

[1] *Neuburger, A.*: Die Technik des Altertums, 4. Aufl. Leipzig: Verlag Voigtländer 1919
[2] *Buchner, E.*: Ber. dtsch. chem. Ges. **30** (1897) 117, 1110
[3] *Takamine, J.*: USA-Patent 525820 (1894)
[4] *Boudin, A.*, und *J. Effront*: USA-Patent 1227525 (1914)
[5] *Reed, G.*: Enzymes in Food Processing. New York und London: Academic Press 1966
[6] *Smythe, C. V., B. B. Drake* und *C. E. Neubeck*: Production of enzymes in submerged cultures of bacteria. USA-Patent 2530210, ausgegeben am 14. 11. 1950

2.   *Allgemeine Charakterisierung der Enzyme*

2.1.   Begriffsdefinition

Mit der Entstehung des Lebens auf der Erde ist die *Bildung der Enzyme* untrennbar verknüpft. Der gesamte in der Zelle und damit in der lebenden Natur sich vollziehende Stoffwechsel wird durch Enzyme gesteuert, von denen z. Z. etwa 2000 bekannt sind. Es wird angenommen, daß die Anzahl der in einer Zelle insgesamt wirksamen verschiedenen Enzyme zwischen 2000 und 10000 liegt.

Enzyme sind *Biokatalysatoren*, die chemische Reaktionen spezifisch beschleunigen, ohne die thermodynamisch bedingte Gleichgewichtslage des Systems zu verändern und ohne selbst in der Bilanz der Reaktion zu erscheinen. Sie ermöglichen durch Herabsetzung der *Aktivierungsenergie* den Ablauf von Umsetzungen in der belebten Natur, die unter den obwaltenden Bedingungen (Temperatur, Ionenstärke, Druck, pH-Wert usw.) normalerweise gar nicht bzw. nur äußerst langsam vonstatten gingen (Bild 2.1). In der Zelle vollzieht sich unter Steuerung durch Enzyme ein ständiger Umsatz hinsichtlich Abbau und Synthese körpereigener Substanz *(Baustoffwechsel)* sowie eine Bereitstellung von Energie *(Energiestoffwechsel)*, wobei sich das Gesamtsystem in einem *fließenden Gleichgewicht* (engl. *steady state*) befindet. Die Enzyme

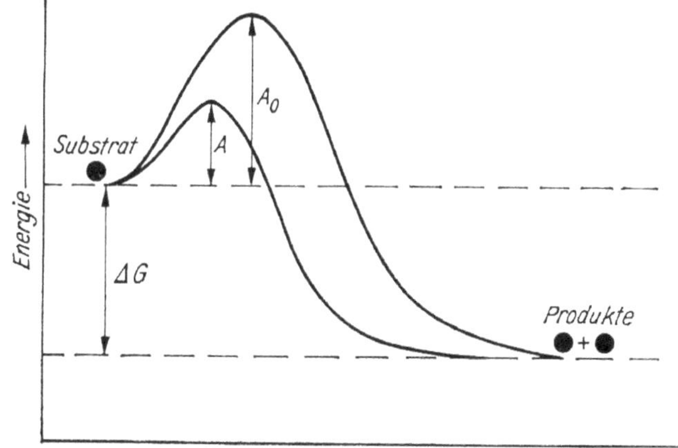

Bild 2.1. Herabsetzung der Aktivierungsenergie durch einen Katalysator
A_0 Aktivierungsenergie ohne Katalysator, A Aktivierungsenergie mit Katalysator, ΔG Änderung der freien Enthalpie bei Ablauf der Reaktion [1]

sind im Zellsaft gelöst oder an bestimmte subzelluläre Strukturen gebunden. In vielen Fällen werden sie auch von der Zelle in das diese umgebende Medium ausgeschieden, was für die großtechnische Gewinnung von Enzymen von besonderem Vorteil ist.

Literatur

[1] *Hofmann, E.:* Enzyme und energieliefernde Stoffwechselreaktionen. Dynamische Biochemie, Teil II. 2. Aufl. Berlin–Oxford–Braunschweig: Akademie-Verlag, Pergamon Press, Vieweg & Sohn 1970

2.2.   Struktur

Die Klärung der Struktur von Enzymen war erst möglich, nachdem es *Sumner* [1] im Jahre 1926 gelungen war, *Urease* aus Sojabohnen zu isolieren und kristallin darzustellen. Man bezeichnet diesen Zeitpunkt oft als den Beginn der „klassischen Epoche der Enzymchemie". Diese Einschätzung dürfte berechtigt sein, da bekanntlich erst dann exakte Untersuchungen über Struktur und Funktion einer Verbindung möglich sind, wenn sie in isolierter, hochgereinigter Form vorliegt.
Enzyme sind ausnahmslos *Eiweißstoffe*, und zwar *Proteine* oder *Proteide* [2 bis 6]. In ihrem Molekülverband – und zwar im sog. *aktiven Zentrum* (es kann deren mehrere im Molekül geben) – sind spezielle Strukturen, auch Nicht-Protein-Faktoren, enthalten, die für den katalytischen Effekt mitverantwortlich sind (vgl. 2.2.2.).

Literatur

[1] *Sumner, J. B.:* J. biol. Chemistry **69** (1926) 435
[2] *Hirs, C. H. W.:* Methods Enzymol. **11** (1967)
[3] *Straub, F. B.:* Enzyme, Moleküle, Lebenserscheinungen. Leipzig: Akademische Verlagsgesellschaft Geest & Portig K.-G. 1972
[4] *Wolkenstein, M. W.:* Optische Eigenschaften und Struktur der Fermente. Leipzig: VEB Georg Thieme 1969
[5] *Hanson, H.:* Z. Chemie **7** (1967) 363
[6] *Kleine, R.:* Naturwiss. Rdsch. **23** (1970) 94

2.2.1.   Proteinanteil [1 bis 3]

Proteine setzen sich aus etwa 20 verschiedenen *L-Aminosäuren* zusammen. Diese sind in einer für jedes Protein bzw. Enzym charakteristischen Reihenfolge – der *Sequenz* – aneinandergereiht, wobei die Verknüpfung der Einzelbausteine zwischen den Carboxyl- und Aminogruppen unter Ausbildung einer *Peptidbindung* (—CO·NH—) erfolgt. Man bezeichnet diese Anordnung, deren Kenntnis für Eigenschaften und Wirkungsweise des Enzyms sehr wichtig ist, als *Primärstruktur*. Die Anzahl der Aminosäuren in einer Polypeptidkette kann von etwa 50 bis zu einigen Tausend variieren (wobei die hochmolekularen Proteine u. U. aus mehreren solcher Polypeptidketten aufgebaut sein können). Die *Molekulargewichte*[1] der Enzyme sind dementsprechend

---

[1] Die Bezeichnung „Molekulargewicht (MG)" ist veraltet und sollte durch „relative Molekülmasse" ersetzt werden. Da jedoch der Begriff „Molekulargewicht" in der Chemie und Biochemie noch überwiegend verwendet wird, verwenden wir ihn auch in diesem Buch

30

sehr unterschiedlich. Sie liegen nach den bisher gewonnenen Befunden zwischen 5000 und 4 Millionen. Die Primärstruktur der Ribonuclease ist auf Bild 2.2.1. wiedergegeben.

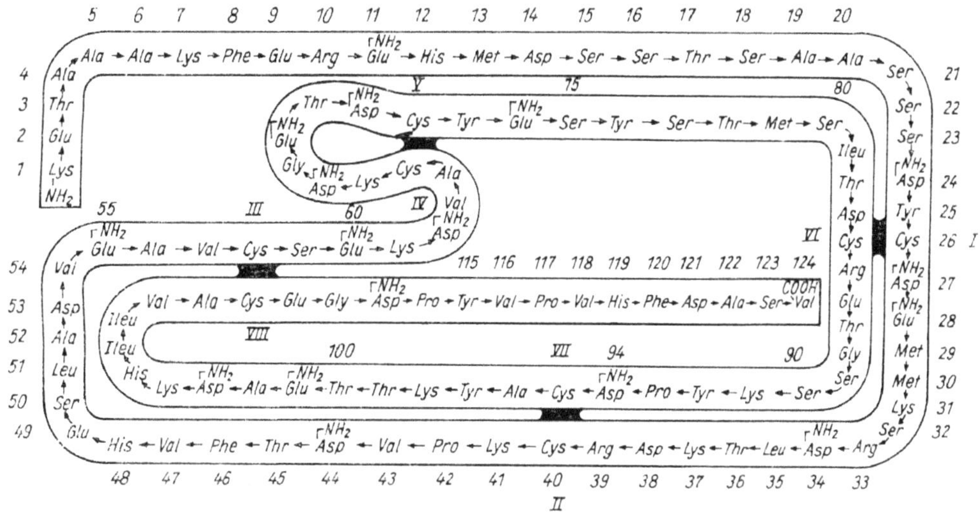

Bild 2.2.1. *Primärstruktur der Ribonuclease (schwarze Bereiche: Disulfidbrücken, hierdurch Verknüpfung von verschiedenen Teilen der Polypeptidketten)* [4]

Als *Sekundärstruktur* bezeichnet man eine bestimmte Faltung der Peptidkette. Die stabilste Form ist die von *Pauling* [5] postulierte Spirale, die sog. α-Helix (18 Aminosäuren entfallen auf 5 Windungen). Ihre Stabilisierung erfolgt im wesentlichen durch Wasserstoffbrücken. Viele Peptidketten sind nur in bestimmten Bereichen spiralisiert, in anderen Bereichen fügen sie sich zu sog. *Faltblattstrukturen (β-Strukturen)* zusammen. Zur Sekundärstruktur wird vielfach auch die *ungeordnete Gerüstkonformation (statistisches Knäuel, Zufallsknäuel*, engl. *random coil, random structure)* gerechnet. Hierzu sei bemerkt, daß in der letztgenannten Anordnung zwar keine sich wiederholenden Einheiten erkennbar sind, daß jedoch der random coil-Anteil eines jeden Enzyms identisch strukturiert ist. Von einer echten Zufallsknäuel-Struktur kann erst dann gesprochen werden, wenn der native Zustand des Enzymmoleküls durch denaturierende Einflüsse (z. B. Wärme, organische Lösungsmittel, Harnstoff) infolge Fehlens konformativer Einflüsse völlig aufgehoben ist.
Unter *Tertiärstruktur* versteht man die Anordnung des Moleküls im Raum; für ihr Zustandekommen ist eine Mindestgröße nötig, die bei etwa 100 Aminosäuren liegt. Die Kenntnis der Tertiärstruktur ist von besonderer Bedeutung für das Verstehen der Enzymwirkung. Die Ausbildung der mit einem Knäuel vergleichbaren Anordnung globulärer Proteine, um die es sich bei den meisten Enzymen handelt, erfordert eine *räumliche Vernetzung*. Im Molekül befinden sich helikale Anteile, β-Strukturen sowie random coil-Bereiche in für jedes Enzym charakteristischen Proportionen. Die einzelnen Anteile werden durch *verbindende Kettensegmente* verknüpft.
Zur Stabilisierung der räumlichen Anordnung tragen *Disulfidbrücken, Wasserstoffbrücken, hydrophobe Wechselwirkungen (apolare Bindungen)* sowie *Ionenbindungen* bei. Eine Zerstörung dieser geordneten Struktur (z. B. durch Wärmezufuhr, Lauge,

Säure, Schwermetalle) führt zu einem zumeist irreversiblen, als *Denaturierung* bezeichneten Verlust der Funktion des Enzyms.

Die noch zu besprechende *Konformationsänderung* ist im wesentlichen auf eine reversible Änderung der Tertiärstruktur zurückzuführen.

Der Tertiärstruktur übergeordnet ist die *Quartärstruktur*. Man versteht unter diesem Begriff den Aufbau eines Enzymmoleküls (des sog. *oligomeren Enzyms*) aus mehreren Peptidketten bzw. *Untereinheiten*. Ihre Verknüpfung im Molekülverband erfolgt vorrangig durch hydrophobe Wechselwirkungen, durch Wasserstoffbrücken und durch Ionenbeziehungen, d. h. durch nichtkovalente Kräfte. Unter bestimmten, besonders schonenden Bedingungen gelingt es, eine Dissoziation des Moleküls in seine Untereinheiten (Monomere) herbeizuführen. Diese können hinsichtlich ihrer Primärstruktur identisch, jedoch auch verschieden sein. Durch Variation der Monomere können *Isoenzyme* entstehen (vgl. 2.7.).

Literatur

[1] *Dévényi, T., P. Elödi, T. Keleti* und *G. Szabolcsi:* Strukturelle Grundlagen der biologischen Funktion der Proteine. Budapest: Akadémiai Kiadó 1969
[2] *Straub, F. B.:* Advances in Enzymol. **26** (1964) 89
[3] *Sund, H.,* und *K. Weber:* Angew. Chem. **78** (1966) 217
[4] *Smyth, D. G., W. H. Stein* und *S. Moore:* J. biol. Chemistry· **238** (1963) 227
[5] *Pauling, L.,* und *R. B. Corey:* Nature (London) **171** (1953) 59

2.2.2. Aktives Zentrum

An einer bestimmten Stelle des Molekülverbandes des Enzymproteins befindet sich eine definierte Gruppierung bestimmter Aminosäuren. Diese Stelle ist weitgehend für die katalytische Wirkung verantwortlich und wird als *aktives Zentrum* bezeichnet [1 bis 4]. Hier erfolgt die Fixierung des *Substrats* – ggf. auch des *Coenzyms* (s. u.), sofern ein solches benötigt wird –, so daß das Substrat eine bestimmte Lage an der Enzymoberfläche einnimmt. Die Anlagerung des Substrats bzw. des Coenzyms erfolgt mittels Wasserstoffbrücken-Bindung, hydrophober Wechselwirkung, Ionenbindung und/oder durch kovalente Bindung. Zum aktiven Zentrum zählen auch diejenigen Aminosäuren, die am Umsatz des Substrats beteiligt sind bzw. die den katalytischen Prozeß vollziehen. Dabei gelangen die reaktiven Stellen zwischen Enzym und Substrat in ideale Nachbarschaft. Bei der Reaktion selbst spielen – wie gemäß Elektronentheorie der organischen Bindung bekannt ist – Elektronenverschiebungen eine entscheidende Rolle.

Bei zahlreichen – jedoch keinesfalls bei allen – Enzymen ist an das aktive Zentrum eine spezielle *Wirkgruppe* angelagert, die ihrerseits zur vollen katalytischen Funktion beiträgt. Der *Proteinanteil* wird in diesem Fall *Apoenzym*, die Wirkgruppe *Coenzym* genannt. Ist das Apoenzym mit seinem Coenzym gesättigt, spricht man von einem *Holoenzym*. Ihrer Struktur nach gehören die Coenzyme zu verschiedenen Stoffklassen; viele von ihnen enthalten *Vitamine der B-Gruppe* als Bausteine. Manche Coenzyme (auch *Cosubstrate* genannt, z. B. NAD, NADP, ATP) sind sehr locker an das Apoenzym gebunden, sie sind dialysierbar, sie können reversibel abdissoziieren und sich ggf. mit unterschiedlichen Apoenzymen verbinden. Im Gegensatz dazu gibt es Enzyme, bei denen die Wirkgruppe (wie Flavinderivate, Co-Decarboxylase, Eisen-Porphyrine u. a. m.) wesentlich fester an das Protein gebunden ist; eine solche Wirkgruppe wird dann als *prosthetische Gruppe* (und nicht als Coenzym) bezeichnet.

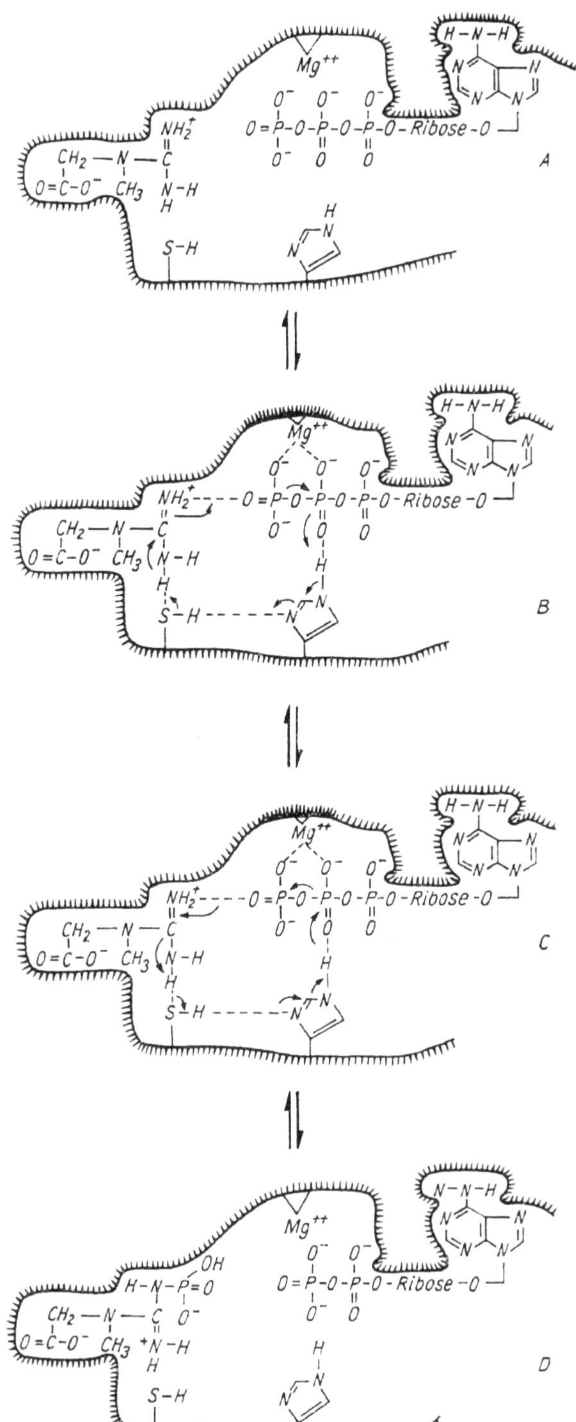

Bild 2.2.2. Modell des Ablaufs einer enzymatischen Reaktion
Beispiel Kreatinkinase: A Beginn der Reaktion, das Substrat wird vom Enzym gebunden, B und C Ablauf der Reaktion am Enzym-Substrat-Komplex (die Pfeile deuten den Elektronenfluß an), D Zustand nach Ablauf der Reaktion. Der Gesamtprozeß ist reversibel [6]

Darüber hinaus kennt man eine ganze Reihe Enzyme, deren Aktivität von vorhandenen anorganischen Salzen bzw. ihren Ionen (z. B. Cu^{++}, Co^{++}, Fe^{++}, Ca^{++}, Mg^{++}, Zn^{++}, Mn^{++}, Cl^-) abhängig ist bzw. von diesen – im positiven, u.U. auch im negativen Sinne – beeinflußt wird. Man bezeichnet die Salze bzw. Ionen als *Cofaktoren* oder *Aktivatoren*, wobei fließende Übergänge zwischen Coenzymen und Cofaktoren bestehen. Ihre Funktion ist nicht einheitlich. So können sie den *Effekt eines Inhibitors* ausschalten. In zahlreichen Fällen stellen sie die *Bindung des Substrats* oder eines *Coenzyms* an das Enzymprotein her und ermöglichen so den Start der Reaktion. Magnesiumionen z. B. sind unerläßlich für die Bindung von Phosphat oder phosphathaltigen Substraten an solche Enzyme, die den Phosphat-Transfer oder die Umsetzung phosphorylierter Verbindungen katalysieren (Bild 2.2.2.). Metallionen können auch – als Bestandteile des aktiven Zentrums oder prosthetischer Gruppen – am katalytischen Prozeß unmittelbar beteiligt sein. So bewerkstelligt z. B. das System Fe^{++}/Fe^{+++} (als Bestandteil der *Cytochrome*) durch fortlaufenden Valenzwechsel den Elektronentransport. Vielfach stabilisieren Metallionen die dreidimensionale Struktur oder sie schützen das Enzymmolekül vor Hitzedenaturierung oder Autolyse (Proteolyse). Des weiteren können sie eine Änderung der *Konformation* (vgl. 2.2.3.) bewirken und auf diese Weise den katalytischen Vorgang beschleunigen oder hemmen.
Es sei nochmals hervorgehoben, daß eine ganze Reihe Enzyme zur Entfaltung ihrer Funktion keine Coenzyme bzw. prosthetischen Gruppen oder aber Cofaktoren benötigen, daß ihre katalytisch wirksame Gruppe somit lediglich aus dem aktiven Zentrum des Enzymproteins besteht.
Man weiß bisher noch relativ wenig über die Gesamtstruktur des aktiven Zentrums. Es sind jedoch bei zahlreichen Enzymen bestimmte funktionelle Gruppen ermittelt worden, die unmittelbar am katalytischen Vorgang (vgl. 2.3.1.) beteiligt sind [5]. Solche Gruppen können z. B. sein: die CH_2OH-Gruppe des *Serins*, die ε-Aminogruppe des *Lysins*, die SH-Gruppe des *Cysteins* oder der Imidazolrest des *Histidins*. Diese Gruppen treten – u. U. auch gemeinsam mit den im aktiven Zentrum verankerten Coenzymen, prosthetischen Gruppen oder Cofaktoren – mit dem Substrat in Wechselwirkung und führen seinen Umsatz herbei. Einige unter 2.3.1. aufgeführte Beispiele verdeutlichen diese Vorgänge.
Auch diejenigen Teile des Enzymproteins, die nicht unmittelbar zum aktiven Zentrum gehören, sind für den katalytischen Prozeß von Bedeutung. Sie bewirken, daß die am Umsatz unmittelbar beteiligten Aminosäuren in eine für diesen günstige Stellung zum Substrat gelangen, wodurch der Gesamtvorgang optimiert wird. Andererseits ist bekannt, daß bei verschiedenen Enzymen Teile der Polypeptidkette entfernt werden können, ohne daß die Aktivität wesentlich beeinträchtigt wird.

Literatur

[1] *Koshland, D. E. jr.:* Bull. Soc. Chim. biol. **46** (1964) 1745

[2] *Krisch, K.:* Dtsch. med. Wschr. **94** (1969) 2693

[3] *Dévényi, T., P. Elödi, T. Keledi* und *G. Szabolcsi:* Strukturelle Grundlagen der biologischen Funktion der Proteine. Budapest: Akadémiai Kiadó, S. 318

[4] *Hofmann, E.:* Dynamische Biochemie, Teil I: Eiweiße und Nucleinsäuren als biologische Makromoleküle, 2. Aufl. Berlin–Oxford–Braunschweig: Akademie-Verlag, Pergamon Press, Vieweg & Sohn 1971

[5] *Pfleiderer, G.:* Naturwissenschaften **54** (1967) 632

[6] *Holldorf, A.,* und *E. Förster:* Biochemie der Zelle. In: *Metzner, H.:* Die Zelle. Struktur und Funktion. Stuttgart: Wissenschaftliche Verlagsgesellschaft mbH 1971, S. 214

2.2.3. Konformation und Konformationsänderung

Bei zahlreichen Enzymen wird eine – mehr oder weniger stark ausgeprägte – *flexible Struktur* festgestellt [1 bis 6]. Dies hängt damit zusammen, daß das Enzymmolekül verschiedene Konformationszustände einnehmen kann. Als *Konformation* wird die räumliche Anordnung der Polypeptidkette(n) und die damit verbundene Anordnung der funktionellen Gruppen eines Enzyms bezeichnet. Die Existenz von verschiedenen *Konformationszuständen* wurde zuerst von *Koshland* [1] postuliert. Nach seiner Hypothese ist die Bindung des Substrats an das aktive Zentrum von einer Konformationsänderung des Enzyms begleitet, wodurch die reagierenden Gruppen des Substrats in eine günstige Position zu den katalytischen Gruppen des Enzyms gebracht werden (*„induzierte Anpassung"* bzw. engl. *induced-fit-Hypothese*). Hieraus ergibt sich die Möglichkeit einer effektiveren Gestaltung des Katalysevorgangs.

Diese durch das Substrat induzierte Strukturänderung kann sich auf das gesamte Molekül ausdehnen. Besteht das Enzymmolekül *(oligomeres Enzym)* womöglich aus mehreren äquivalenten *Untereinheiten*, dann kann sich diese Beeinflußbarkeit auch auf die anderen Glieder übertragen. Dies bedeutet, daß z. B. die Anlagerung eines Liganden an nur eine Untereinheit ein *kooperatives Verhalten* auch benachbarter Untereinheiten bzw. des Gesamtmoleküls im Sinne einer Konformationsänderung bewirken kann. Die Änderung der Konformation benachbarter Untereinheiten eines in Quartärstruktur vorliegenden Moleküls infolge Wechselwirkung von Einzelgliedern mit Liganden ist das Kennzeichen der sog. *allosterischen Enzyme*, die auf Grund dieser Eigenschaften eine charakteristische Kinetik aufweisen (vgl. 2.5.2.). (Genau genommen stellt die Kooperativität einen Spezialfall der Allosterie dar, d. h., ein allosterisches Enzym muß nicht notwendigerweise aus mehreren Untereinheiten bestehen; jedoch trifft dies im allgemeinen für die bisher gefundenen allosterischen Enzyme zu.)

Literatur

[1] *Koshland, D. E. jr.:* Proc. nat. Acad. Sci. (USA) **44** (1958) 98
[2] *Monod, J., J. Wyman* und *J. P. Changeux:* J. molecular Biol. **12** (1965) 88
[3] *Koshland, D. E. jr., G. Némethy* und *D. Filmer:* Biochemistry **5** (1966) 365
[4] *Hofmann, E.:* Wiss. Z. Karl-Marx-Univ. Leipzig **17** (1968) 597
[5] *Kirschner, K.:* Naturwissenschaften **56** (1969) 232
[6] *Brand, K.:* Z. Ernährungswiss. Suppl. **8** (1969) 5

2.3. Funktion und Eigenschaften

2.3.1. Spezifität

Recht oberflächlich erscheint ein Vergleich der Enzyme mit den in der chemischen Technik verwendeten *Katalysatoren* insofern, als diese den *Biokatalysatoren* vor allem im Hinblick auf die Spezifität des Substratumsatzes bei weitem unterlegen sind. Die *Spezifität* der Enzyme besteht insbesondere darin, daß sie in der Lage sind, ein oder mehrere – und zwar mehr oder weniger nahe miteinander verwandte – Substrate in definierter Weise umzusetzen. *Fischer* [1] stellte bekanntlich für die Enzymwirkung den recht treffenden Vergleich mit *Schlüssel und Schloß* an. Er wollte damit zum Ausdruck bringen, daß Enzym und Substrat hinsichtlich ihrer Struktur genau aufeinander abgestimmt sein müssen, um einen Umsatz zu ermöglichen. Diese Formulierung wird heute als wohl zu starr angesehen, da sie eine mögliche Konformationsänderung und damit Flexibilität des Enzymproteins nicht berücksichtigt.

Man unterscheidet zwischen *Substratspezifität* und *Wirkungsspezifität (Reaktionsspezifität)*. Die zuerst genannte Spezifität äußert sich in der Fähigkeit des Enzyms, nur bestimmte Moleküle bzw. Substrate zu „erkennen" und zu binden [2]. Diese Eigenschaft ist vorrangig dem Proteinanteil, d. h. dem *Apoenzym*, zuzuordnen, wenngleich auch die Struktur des *aktiven Zentrums* hierbei eine Rolle spielt.

Die *Auswahl des Substrats* erfolgt in einer Reihe von Fällen streng spezifisch, d. h., sie ist auf die Erfassung nur eines Substrats ausgerichtet *(absolute Spezifität*; z. B. bei Urease, Katalase, Succinodehydrase). Die Mehrzahl der Enzyme weist jedoch eine *relative* (hohe bis niedrige) *Spezifität* auf [3]. Es können verwandte, mehr oder weniger strukturanaloge Verbindungen umgesetzt werden, allerdings zumeist mit unterschiedlicher Geschwindigkeit. Bei *niedriger Spezifität* des Enzyms ist dieses auf eine bestimmte, im Molekülverband des Substrats vorhandene Struktur bzw. Gruppe des Substrats eingestellt (z. B. verschiedene Lipasen, die lediglich auf die Esterbindung ansprechen, wobei es gleichgültig ist, welche Fettsäuren im Triglycerid vorliegen). Von *Gruppenspezifität* wird dann gesprochen, wenn für den Umsatz eine bestimmte Substanz in einer definierten Bindungsform vorhanden sein muß. So sind Glykosidasen für das Glykon oft sehr spezifisch, sie haben jedoch gegenüber dem Aglykon (der mit dem Zucker glykosidisch gebundene Ligand) eine breitere Toleranz. So werden z. B. von α-Glucosidase mehrere α-Glucoside (Maltose, Isomaltose, Trehalose, α-Methylglucose, α-Phenylglucose u. a. m.) – allerdings mit unterschiedlicher Geschwindigkeit – zerlegt. Es bestehen selbstverständlich – je nach Enzym und Substrat bzw. Substratgruppe – zumeist fließende Übergänge von absoluter zu relativer Spezifität.

Schließlich kennt man auch eine *sterische Spezifität*, die dadurch gekennzeichnet ist, daß das Enzym auf nur ein von zwei optischen Isomeren anspricht.

Die *Wirkungsspezifität* äußert sich darin, daß das Substrat nach Bindung am aktiven Zentrum einen *definierten Umsatz* erfährt. Auch in diesem Fall kennt man Enzyme mit *hochselektiver Wirkung* und andere mit einem *breiteren Spektrum* von Reaktionsmöglichkeiten. Für die Reaktion sind vorrangig das *aktive Zentrum* bzw. – in Verbindung damit – das *Coenzym* bzw. bestimmte *Cofaktoren* verantwortlich. Daß hierbei auch die Struktur des Apoenzyms eine Rolle spielt, geht daraus hervor, daß u.U. dasselbe Coenzym an unterschiedlichen chemischen Reaktionen beteiligt ist, je nach dem Protein, mit dem es sich verbindet. Hingegen ist nicht bekannt, daß ein und dasselbe Enzymprotein mit verschiedenen Coenzymen verschiedene Wirkungen entfaltet hätte.

Es sei besonders darauf hingewiesen, daß zahlreiche Enzyme lediglich aus Protein bestehen. Dies bedeutet, daß hier sowohl die Substrat- wie auch die Wirkungsspezifität durch das Protein festgelegt wird.

Literatur

[1] *Fischer, E.:* Ber. dtsch. chem. Ges. **27** (1894) 2985
[2] *Brand, K.:* Z. Ernährungswiss. Suppl. **8** (1969) 5
[3] *Täufel, K.:* Nahrung **9** (1965) 265

2.3.2.   Mechanismus der Enzymkatalyse

Enzyme vermögen aus einer Vielzahl von Verbindungen die strukturanalogen herauszufinden, mit denen sie intermediär eine Bindung eingehen, wodurch der katalytische Prozeß eingeleitet wird. Dieser läßt sich – in vereinfachter Darstellung – in folgende Teilschritte zerlegen [1 bis 4]:

a) Bildung eines Enzym-Substrat-Komplexes (Lockerung bestimmter Bindungen im Substrat; hierdurch Aktivierung und Steigerung der Reaktionsfähigkeit desselben).
b) Strukturumlagerung zum Erreichen optimaler Aktivierung.
c) Umwandlung des Substrats in das Produkt.
d) Trennung des Enzym-Produkt-Komplexes.

Dieser Mechanismus ist im Prinzip zuerst von *Michaelis* und *Menten* [5] erkannt und mathematisch behandelt worden (vgl. 2.3.3.).
Bei der Anlagerung des Liganden wird dieser gleichsam in einer ausgesparten *Tasche* innerhalb der Tertiärstruktur des Enzymproteins deponiert, wobei am *Bindungsort* – im aktiven Zentrum gelegen – durch Ionenbeziehungen wie auch Haupt- oder Nebenvalenzen die Verknüpfung erfolgt (Enzym-Substrat-Komplex gemäß *Michaelis-Menten*-Theorie). Zur Reaktion kommt es jedoch erst dann, wenn das Enzym „erkannt" hat, daß das richtige Substrat gebunden wurde. Sie erfolgt am *Wirkungsort*, der sich ebenfalls im aktiven Zentrum befindet. (Hat das Enzym „falsch gewählt", z. B. durch Anlagerung an substratanaloge Verbindungen, so kommt u.U. der gesamte Weiterumsatz zum Stillstand.) Die funktionellen Gruppen der Aminosäuren des aktiven Zentrums führen – im Verein mit den dort verankerten Coenzymen, prosthetischen Gruppen und/oder Effektoren – den *Umsatz* herbei. Es handelt sich hierbei im wesentlichen um *Elektronenverschiebungen* (nukleophiler oder elektrophiler Angriff des Biokatalysators auf das Substrat). Anschließend werden die Endprodukte abgegeben. Auf Bild 2.3.2. ist die Wirkungsweise des Chymotrypsins und der dabei stattfindenden Elektronenverschiebungen schematisch dargestellt.

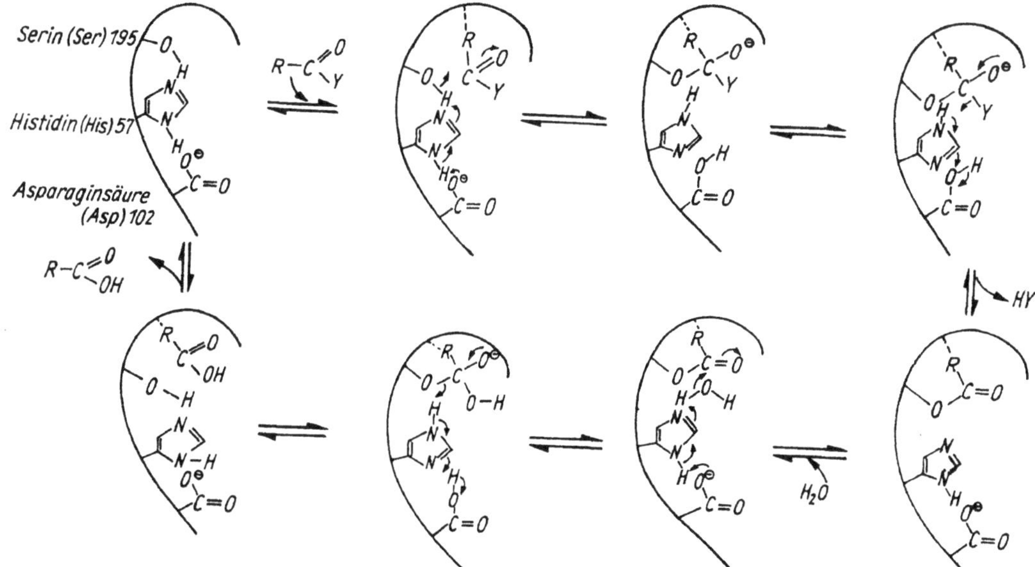

Bild 2.3.2. Hydrolyse eines Esters oder eines Amids vom Typ R—CO—Y durch Chymotrypsin [6]

Literatur

[1] *Brand, K.:* Naturwiss. Rdsch. **24** (1971) 476
[2] *Langenbeck, W.:* Über den Mechanismus von Enzymwirkungen. Berlin: Akademie-Verlag 1965
[3] *Hofmann, E.:* Dynamische Biochemie, Teil II: Enzyme und energieliefernde Stoffwechselreaktionen, 2. Aufl. Berlin–Oxford–Braunschweig: Akademie-Verlag, Pergamon Press, Vieweg & Sohn 1970
[4] *Braverman, J. B. S.:* Introduction to the Biochemistry of Foods. Amsterdam–London–New York: Elsevier Publ. Comp. 1963, S. 151
[5] *Michaelis, L.,* und *M. L. Menten:* Biochem. Z. **49** (1913) 333
[6] *Gray, C. J.:* Mechanismen der Enzymkatalyse (herausgegeben von E. Hofmann). Berlin: Akademie-Verlag 1976, S. 188

2.3.3. Kinetik

Die *Enzymkinetik* untersucht u. a. die Abhängigkeit der *Geschwindigkeit* einer enzymatisch katalysierten Reaktion von den *Konzentrationen der Reaktionsteilnehmer.* (Als Geschwindigkeit wird der *Stoffumsatz je Zeiteinheit,* d. h. Mole umgesetzter oder freigesetzter Stoff je Minute definiert.) [1 bis 5]. Es wird das Ziel verfolgt, bestimmte unter definierten Bedingungen konstante Größen zu ermitteln und eine enzymkatalysierte Reaktion mathematisch formulierbaren Grundmodellen zuzuordnen. Da sich die Konzentrationen der reagierenden Stoffe während des zeitlichen Ablaufes der Reaktion laufend ändern, ist auch die Reaktionsgeschwindigkeit nicht konstant.

Diese muß daher durch den Differentialquotienten $\dfrac{dc}{dt}$ angegeben werden, wobei dc die Änderung der Konzentration eines der Reaktanten Substrat, Produkt oder Enzym in der Zeitspanne dt darstellt. Von besonderer Bedeutung ist die Aufstellung der *Zeit-Umsatz-Kurve* (Bild 2.3.3.a). Aus dieser Kurve ermittelt man die *Anfangsgeschwindigkeit* (v_0), indem man die Tangente an die Kurve zur Zeit t_0 anlegt; nur sie

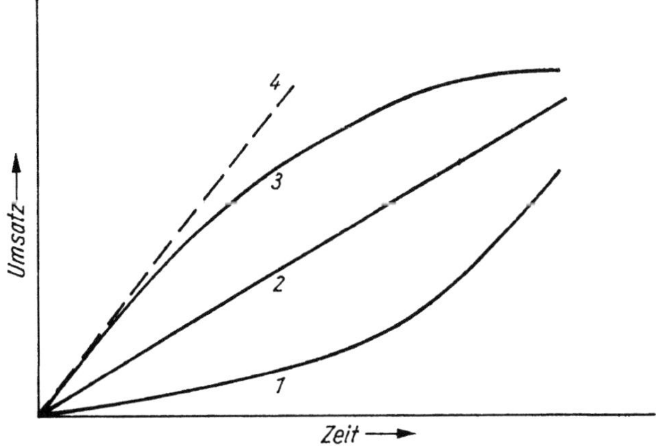

Bild 2.3.3.a. Möglichkeiten des Verlaufs einer Zeit-Umsatz-Kurve
(1) autokatalytisch verlaufende Reaktion (2) linearer Verlauf, Geschwindigkeit konstant (3) fortschreitende Reaktionsverzögerung (4) Anfangsgeschwindigkeit

$$v_0 = \left(\frac{dc}{dt}\right)_{t\,=\,t_0}$$

stellt ein *exaktes Maß* für die *Reaktionsgeschwindigkeit v* dar. Mißt man diese zu einer gegebenen Zeit t bei *Substratüberschuß*, konstantem pH-Wert, konstanter Temperatur sowie unter sonst *gleichen Bedingungen* in Abhängigkeit von der eingesetzten Enzymkonzentration, so erhält man eine Gerade, die der Gleichung

$$v = k \cdot [\text{E}] \tag{1}$$

folgt (Bild 2.3.3.b).

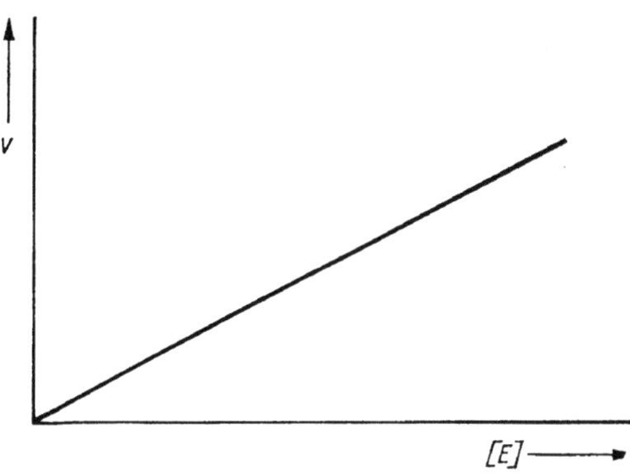

Bild 2.3.3.b. Beziehung zwischen der Enzymkonzentration [E] und der Reaktionsgeschwindigkeit v

Die Beziehung zwischen Enzym und Substrat bei Ablauf der einfachsten enzymkatalysierten Reaktion läßt sich wie folgt darlegen. Ein Substratmolekül reagiert reversibel mit einem Enzymmolekül unter Bildung einer *Enzym-Substrat-Verbindung*, die in einem Folgeschritt in das Endprodukt (oder -produkte) und das Enzymmolekül zerfällt. Durch diese Freisetzung kann das Enzymmolekül erneut in den Vorgang eingreifen.

$$\text{S} + \text{E} \underset{k_{-1}}{\overset{k_1}{\rightleftharpoons}} \text{ES} \overset{k_2}{\longrightarrow} \text{E} + \text{P} \tag{2}$$

Es bedeutet:

S   Substrat
E   Enzym
ES   Enzym-Substrat-Komplex
P   Endprodukt
k_1, k_{-1}, k_2 Geschwindigkeitskonstanten der Hin- und Rückreaktion

Hieraus folgen die Geschwindigkeitsgleichungen:

$$-\frac{d[\text{S}]}{dt} = k_1 \cdot [\text{S}][\text{E}] - k_{-1} \cdot [\text{ES}] \tag{3a}$$

$$-\frac{d[\text{E}]}{dt} = k_1 \cdot [\text{S}][\text{E}] - k_{-1} \cdot [\text{ES}] - k_2 \cdot [\text{ES}] \tag{3b}$$

$$+\frac{d[\text{ES}]}{dt} = k_1 \cdot [\text{S}][\text{E}] - k_{-1} \cdot [\text{ES}] - k_2 \cdot [\text{ES}]$$

$$= k_1 \cdot [\text{S}][\text{E}] - [\text{ES}](k_{-1} + k_2) \tag{3c}$$

$$+\frac{d[\text{P}]}{dt} = k_2 \cdot [\text{ES}] \tag{3d}$$

Es bedeutet:

[ ] Konzentration einer Verbindung in mol/l

Die Konzentration an freiem Enzym zur Zeit t beträgt:

$$[E] = [E_0] - [ES] \tag{4}$$

Es bedeutet:

$[E_0]$ Anfangskonzentration von E

Wie bereits dargelegt, postulierten *Michaelis* und *Menten* [6] bereits im Jahre 1913 die Bildung eines intermediären *Enzym-Substrat-Komplexes*. (Inzwischen ist es gelungen, Enzym-Substrat-Komplexe zu isolieren [7].) Nach ihren Untersuchungen zur enzymatischen Rohrzuckerspaltung ist $k_2 \ll k_1, k_{-1}$. Dies bedeutet, daß die Gesamtgeschwindigkeit der Reaktion durch den Zerfall der Enzym-Substrat-Verbindung bestimmt wird.

Briggs und *Haldane* [8] erweiterten diese Vorstellungen über den Reaktionsmechanismus durch die Annahme eines *Fließgleichgewichts* (engl. *steady state*), bei dem die Geschwindigkeitskonstanten k_1, k_{-1} und k_2 etwa gleich sind. Bei dieser Reaktionskette zerfällt der Enzym-Substrat-Komplex in dem Maße, wie er gebildet wird. Daraus folgt

$$\frac{d[ES]}{dt} = 0 \tag{5}$$

Auf Grund der *steady state*-Bedingung gilt

$$k_1 \cdot [S][E] - k_{-1} \cdot [ES] = k_2 \cdot [ES] \tag{6a}$$

$$k_1 \cdot [S]([E_0] - [ES]) = (k_{-1} + k_2) \cdot [ES] \tag{6b}$$

$$[ES] = \frac{k_1 \cdot [S][E_0]}{k_1 \cdot [S] + k_{-1} + k_2} \tag{6c}$$

Mit $\dfrac{d[P]}{dt} = v = k_2 \cdot [ES]$ erhält man

$$v = \frac{k_2 \cdot [S][E_0]}{\dfrac{k_{-1} + k_2}{k_1} + [S]} \tag{7}$$

Die *maximale Umsatzgeschwindigkeit* v_{max} *(Maximalgeschwindigkeit)* würde erreicht werden, wenn die *insgesamt vorhandene Enzymmenge* mit Substrat beladen wäre und somit der Zerfall des Enzym-Substrat-Komplexes gleich der Maximalgeschwindigkeit der Gesamtreaktion wird (Bild 2.3.3.c).

Hierbei gilt:

$$\text{Maximalgeschwindigkeit} = v_{max} = \lim_{[S] \to \infty} v = k_2 \cdot [E_0] \tag{8}$$

Den Ausdruck

$$\frac{k_{-1} + k_2}{k_1}$$

setzt man gewöhnlich gleich K_s *(Substratkonstante)*. Sie wird – im Falle $k_2 \ll k_{-1}$, k_1 – zu K_m *(Michaelis-Konstante)*. In der Praxis wird oftmals K_m gleich K_s gesetzt. Man muß sich hierbei jedoch im klaren sein, daß K_m – wenn die obigen Bedingungen

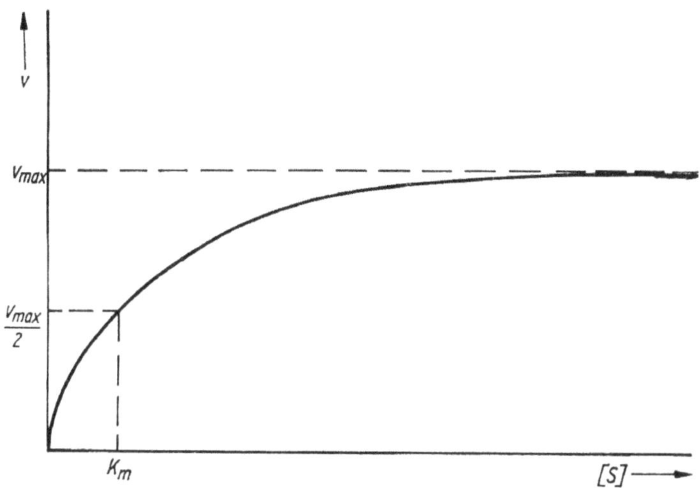

Bild 2.3.3.c. Abhängigkeit der Geschwindigkeit einer enzymkatalysierten Reaktion von der Substratkonzentration (Beziehung nach Michaelis und Menten) („Enzymkennlinie")

nicht erfüllt sind – einen für jedes Enzym-Substrat-Paar charakteristischen Wert darstellt, in den die Beziehung zwischen Substratkonzentration und Reaktionsgeschwindigkeit eingeht.

Durch Einführung von v_{max} und K_m erhält man die *Michaelis-Menten-Gleichung*

$$v = \frac{v_{max} \cdot [S]}{K_m + [S]} \tag{9}$$

Aus der *steady state*-Bedingung ergibt sich

$$v = \frac{d[P]}{dt} = -\frac{d[S]}{dt} = \frac{v_{max} \cdot [S]}{K_m + [S]} \tag{10}$$

Somit kann die Gleichung integriert werden, und man erhält mit den Anfangsbedingungen $t_0 = 0$ und $[S]_{t=0} = [S_0]$

$$\frac{v_{max}}{K_m} \cdot t = \ln\frac{[S_0]}{[S]} + ([S_0] - [S]) \tag{11}$$

Es besteht Proportionalität einmal zwischen t und $\ln\dfrac{[S_0]}{[S]}$, zum anderen zwischen t und $([S_0] - [S])$. Eine enzymkatalysierte Reaktion gemäß (2) entspricht somit einer Reaktion gemischter, erster und nullter Ordnung.

Für die praktische *Enzymanalytik* ist es wichtig, Enzymreaktionen mit maximaler Geschwindigkeit, d. h. nach einer Reaktion nullter Ordnung, ablaufen zu lassen. Dies wird dadurch erreicht, daß man $[S] \gg K_m$ setzt, d. h., man arbeitet mit hohem *Substratüberschuß*. Bei $[S] = 100 \cdot K_m$ ist die Abweichung von einer Reaktion nullter Ordnung kleiner als 1 %.

Das graphische Bild der *Michaelis-Menten*-Gleichung (vgl. Bild 2.3.3.c) stellt einen Ausschnitt aus einer rechtwinkligen Hyperbel dar, die vollständig definiert ist durch

a) v_{max}; die Maximalgeschwindigkeit ist eine extrapolierte Größe, die demjenigen Ordinatenabschnitt entspricht, dem sich die Kurve bei S → ∞ asymptotisch nähert;

b) K_m; die *Michaelis-Konstante* ist gleich derjenigen Substratkonzentration $[S_{Km}]$, für die $v = \dfrac{v_{max}}{2}$ ist:

$$\frac{v_{max}}{2} = \frac{v_{max} \cdot [S_{Km}]}{K_m + [S_{Km}]} \tag{12}$$

$$[S_{Km}] = K_m \tag{13}$$

Hinsichtlich der Reaktionsordnung in den verschiedenen Bereichen der *Michaelis-Menten*-Gleichung gilt:

$[S] \leqq 0{,}01 \, K_m$ Reaktion 1. Ordnung
($v \sim [S]$)

$[S] = 0{,}01 \dots 100 \, K_m$ Reaktion gemischter Ordnung
$[S] \geqq 100 \, K_m$ Reaktion nullter Ordnung
($v \approx v_{max}$, unabhängig von $[S]$)

Die *Michaelis*-Konstante ist eine Grundgröße der Enzymologie. Sie ist numerisch gleich dem Zahlenwert derjenigen Substratkonzentration, bei der die Geschwindigkeit der Reaktion gleich der halben Maximalgeschwindigkeit ist. Je niedriger der K_m-Wert liegt, desto höher ist die Affinität des Enzyms zu seinem Substrat. Die *Michaelis*-Konstante dient der Charakterisierung von Enzymen und kann als *Maß der Affinität zwischen Enzym und Substrat* angesehen werden. Es gilt:

$$K_m = \frac{1}{K_{Aff}} \tag{14}$$

Es bedeutet:

K_{Aff}. *Affinitätskonstante*

Für die experimentelle Bestimmung von v_{max} und K_m ist das $v/[S]$-Diagramm (vgl. Bild 2.3.3.c) wenig gut geeignet. Aus Gleichung (9) lassen sich hingegen lineare Formen ableiten, von denen die nach *Lineweaver* und *Burk* [9] – Gleichung (15) – die bekannteste ist.

$$v = \frac{v_{max} \cdot [S]}{K_m + [S]} \tag{9}$$

$$v \cdot K_m + v \cdot [S] = v_{max} \cdot [S]$$

$$\frac{v \cdot K_m}{v_{max}} + \frac{v \cdot [S]}{v_{max}} = [S] \Big/ \frac{1}{v \cdot [S]}$$

$$\frac{1}{v} = \frac{K_m}{v_{max} \cdot [S]} + \frac{1}{v_{max}} \tag{15}$$

Durch Auftragen von $\dfrac{1}{v}$ gegen $\dfrac{1}{[S]}$ erhält man eine Gerade; aus deren Anstieg

sowie aus dem Schnittpunkt mit der Ordinate kann man K_m und v_{max} ermitteln. Experimentell geht man so vor, daß man die Substratkonzentration variiert und die Geschwindigkeit (z. B. Abnahme des Substrats, Zunahme der Spaltprodukte in mol/min) bestimmt (Bild 2.3.3.d).

Aus der Gleichung (15) ergibt sich durch Multiplikation beider Seiten mit $[S]$:

$$\frac{[S]}{v} = \frac{[S]}{v_{max}} + \frac{K_m}{v_{max}} \tag{16}$$

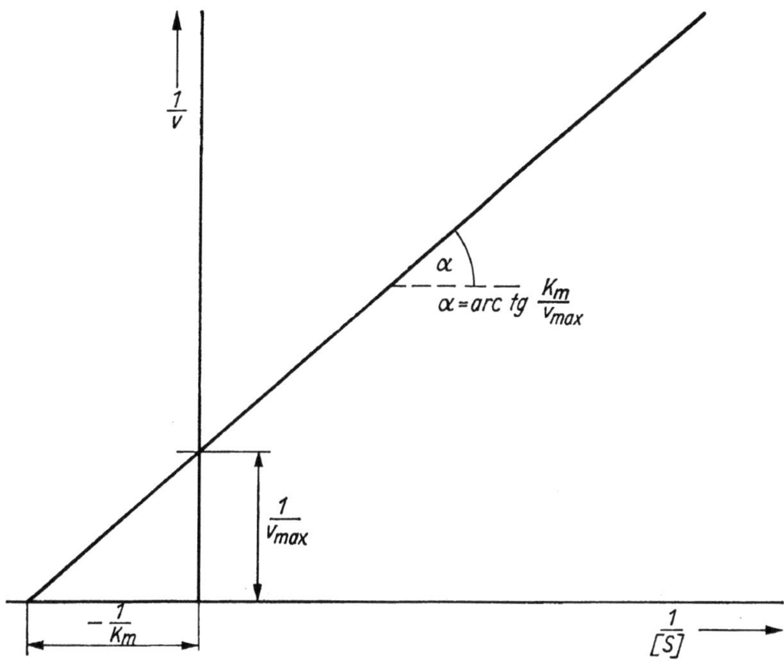

Bild 2.3.3.d. Lineweaver-Burk-Diagramm zur Bestimmung von K_m und v_{max}

Beim Auftragen von $\dfrac{[S]}{v}$ gegen [S] erhält man eine Gerade, mit deren Hilfe ebenfalls K_m und v_{max} zu ermitteln sind (Bild 2.3.3.e).

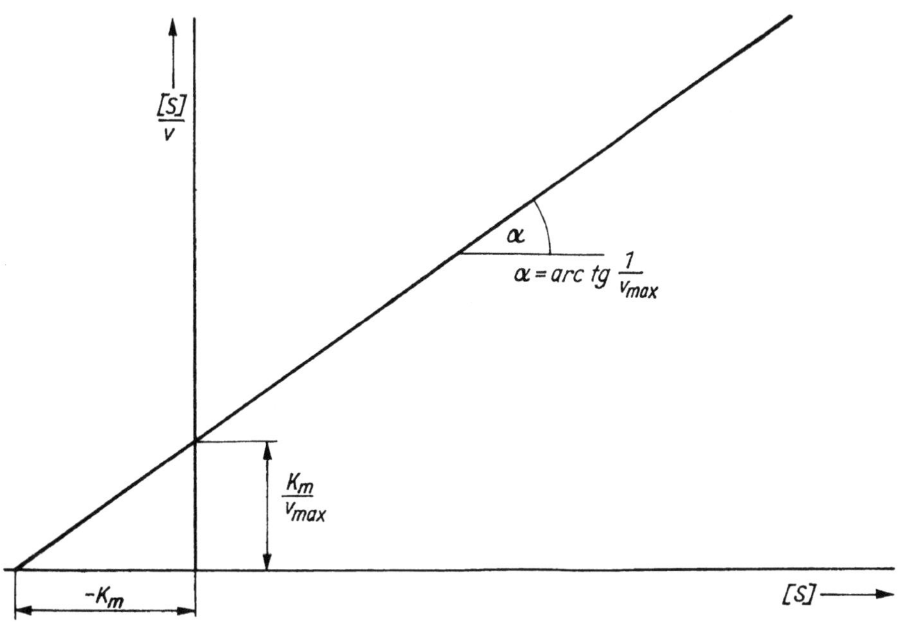

Bild 2.3.3.e. Lineweaver-Burk-Diagramm zur Bestimmung von K_m und v_{max} in gegenüber 2.3.3.d abgewandelter Form

Wenn das Enzym mit dem Substrat nicht im Verhältnis $1:1$ (molar), sondern in einem solchen von $1:n$ eine Zwischenverbindung eingeht, dann gilt gemäß Gleichung (2) die Beziehung

$$E + nS \rightleftharpoons ES_n \rightarrow E + P \tag{17}$$

Die analoge *Michaelis-Menten*-Gleichung lautet nunmehr

$$v = \frac{v_{max} \cdot [S]^n}{K_m^* + [S]^n} \tag{18}$$

Im *Lineweaver-Burk*-Diagramm erhält man eine Gerade, wenn man $\frac{1}{v}$ gegen $\frac{1}{[S]^n}$ aufträgt. Diese Methode erlaubt eine Bestimmung der *Anzahl der Bindungsorte* am Enzym. Nach Umformung der Gleichung (18) erhält man die von *Hill* [10] empirisch gefundene Gleichung

$$\lg \frac{v}{v_{max} - v} = n \cdot \lg [S] - \lg K_m^* \tag{19}$$

Wird $\lg \dfrac{v}{v_{max} - v}$ gegen $\lg [S]$ aufgetragen, dann gibt der Anstieg n der Geraden die Zahl der Bindungsstellen an.

An dieser Stelle sei noch ein Begriff dargelegt, der ebenfalls in der Enzymologie häufig benutzt wird und als Maß für die Effektivität eines Enzyms anzusehen ist. Es handelt sich um die *Wechselzahl*. Sie gibt die Anzahl von Substratmolekülen an, die je Enzymmolekül je 1 min umgesetzt werden. Für ihre Berechnung muß neben der Aktivität des reinen Enzyms auch dessen Molekulargewicht bekannt sein. Die Wechselzahlen der verschiedenen Enzyme variieren sehr stark; sie liegen im allgemeinen zwischen 100 und 5 Millionen.

Literatur

[1] *Wagner, G.*, und *P. Pflegel:* Pharmazie **19** (1964) 561
[2] *Mahler, H. R.*, und *E. H. Cordes:* Basic Biological Chemistry, 3. Aufl. New York–Evanston–London: Harper & Row Ltd., Tokyo: J. Weatherhill, Inc. 1969, S. 150 bis 173
[3] *Dixon, M.*, und *E. C. Webb:* Enzymes, New York: Academic Press 1972
[4] *Florkin, M.*, und *E. H. Stotz:* Comprehensive Biochemistry. Band 12: Enzymes-General Considerations. Amsterdam–London–New York: Elsevier Publ. Comp. 1964
[5] *Barmann, T. E.:* Enzyme Handbook, Band 1. Berlin–Heidelberg–New York: Springer-Verlag 1969, S. 6 bis 15
[6] *Michaelis, L.*, und *M. L. Menten:* Biochem. Z. **49** (1913) 333
[7] *Yagi, K.*, und *T. Ozawa:* Biochim. biophysica Acta (Amsterdam) **81** (1964) 29
[8] *Briggs, G. E.*, und *J. B. S. Haldane:* Biochem. J. **19** (1925)
[9] *Lineweaver, H.*, und *D. Burk:* J. Amer. chem. Soc. **56** (1934) 658
[10] *Hill, A. V.:* Biochem. J. **7** (1913) 471

2.3.4. Einfluß von Effektoren

Ein besonderes Merkmal enzymatischer Prozesse ist ihre Empfindlichkeit gegenüber bestimmten im Reaktionsgemisch vorhandenen Stoffen, den sog. *Effektoren* [1 bis 4]. Diese können die *Reaktionsgeschwindigkeit* entweder herabsetzen oder erhöhen.

Im ersten Fall spricht man von *Inhibitoren* oder *Hemmstoffen*, im letzten Fall dagegen von *Aktivatoren*.

Hemmung

Inhibitoren können entweder *irreversibel* oder *reversibel* mit dem Enzymmolekül in Wechselwirkung treten.

Irreversible Inhibitoren

Irreversible Inhibitoren reagieren entweder direkt mit einer katalytisch wichtigen funktionellen Gruppe des *aktiven Zentrums*, oder sie ändern die *Konformation* des Enzymmoleküls, wodurch das aktive Zentrum u. U. völlig zerstört werden kann. Beispiele für irreversible Hemmungen sind die Inaktivierung der Acetylcholinesterase durch phosphororganische Verbindungen (z. B. *Diisopropylfluorophosphat*) sowie die Hemmung von Enzymen mit essentiellen SH-Gruppen durch *Jodacetat* (z. B. verschiedene Dehydrogenasen) und durch *Schwermetallsalze*, wie Quecksilberchlorid, Kupferchlorid, Silbernitrat mit ihren organischen Verbindungen (z. B. *p-Hydroxymercuribenzoesäure*), welche die SH-Gruppen der Enzyme binden und damit die Tertiär- und Quartärstruktur tiefgreifend verändern.

Reversible Inhibitoren

Reversible Inhibitoren reagieren mit dem Enzym bis zu einem charakteristischen *Gleichgewicht*. Dieses ist durch eine Gleichgewichtskonstante K_i *(Inhibitorkonstante)* definiert, die ein Maß für die *Affinität* des Enzyms zum *Inhibitor* darstellt. Je nachdem, wie ein reversibler Inhibitor mit einem Enzym reagiert, kann man grundsätzlich 3 Hemmformen voneinander unterscheiden, was anhand eines *Lineweaver-Burk-Diagramms* [1] deutlich sichtbar wird (vgl. Bilder 2.3.3.d und 2.3.3.e).
Die *kompetitive Hemmform (Konkurrenzhemmung)* tritt bei Anwesenheit solcher Inhibitoren in Erscheinung, die *strukturell* mit dem Substrat *verwandt* sind, z.B. die Malonsäure bei der Dehydrierung von Bernsteinsäure durch Bernsteinsäuredehydrogenase (Bild 2.3.4.a). Hierzu sind auch solche Produkte zu rechnen, die durch die Enzymeinwirkung entstehen (Produkthemmung). Das Enzym bindet diese Verbindungen im aktiven Zentrum, kann sie jedoch nicht aktivieren. Die Folge ist eine partielle Inhibierung der katalytischen Funktion infolge einer behinderten Bindung des echten Substrats am aktiven Zentrum. Das Ausmaß der Hemmung kann durch hohe Substratkonzentrationen vermindert werden (Konkurrenz!).

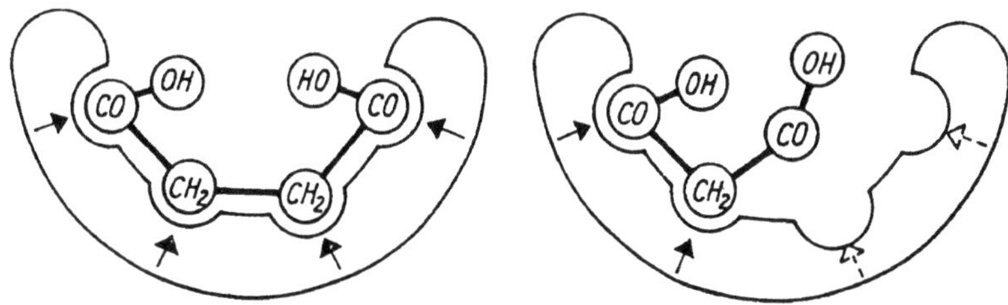

Bild 2.3.4.a. Schema der kompetitiven Hemmung der Bernsteinsäure-Dehydrogenase. Das Substrat Bernsteinsäure paßt in das aktive Zentrum des Enzyms (links). Das Malonsäure-Molekül wird nur teilweise an die Bindungsstellen gekoppelt (rechts) [5]

Bei dieser Reaktionsart bilden sich nur *Enzym-Substrat (ES)*- und *Enzym-Inhibitor-(EI)-Komplexe*; die *Michaelis*-Konstante wird erhöht, v_{max} bleibt unverändert (Bild 2.3.4.b).

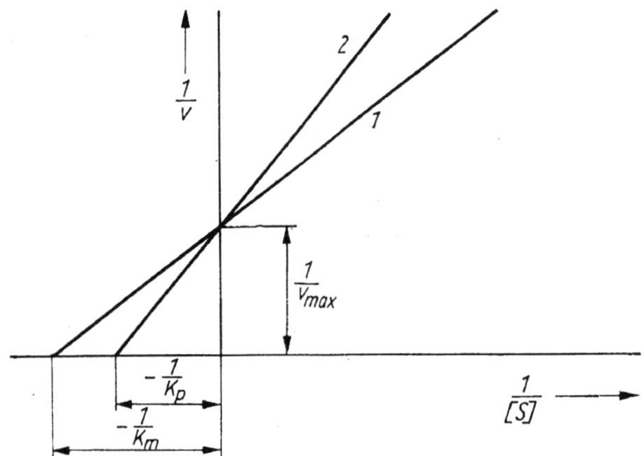

Bild 2.3.4.b. Kompetitive Hemmung
(1) ohne Inhibitor (2) mit Inhibitor

Wie hier im einzelnen nicht abgeleitet wird, ist die Reaktionsgeschwindigkeit gegeben durch

$$v = \frac{v_{max} \cdot [S]}{K_m \cdot \left(1 + \frac{[I]}{K_i}\right) + [S]} \tag{1}$$

Setzt man

$$K_m \cdot \left(1 + \frac{[I]}{K_i}\right) = K_p, \tag{2}$$

dann folgt daraus

$$v = \frac{v_{max} \cdot [S]}{K_p + [S]} \tag{3}$$

Gleichung (3) ist formal identisch mit der *Michaelis-Menten*-Beziehung. Es gilt dann entsprechend

$$\frac{1}{v} = \frac{K_p}{v_{max} \cdot [S]} + \frac{1}{v_{max}} \tag{4}$$

Trägt man graphisch $\frac{1}{v}$ gegen $\frac{1}{[S]}$ auf, dann ergeben sich *Lineweaver-Burk*-Geraden gemäß Bild 2.3.4.b. Unter Zuhilfenahme von Gleichung (2) lassen sich daraus die Zahlenwerte für K_m, v_{max} und auch für K_i ermitteln.
Bei der *nichtkompetitiven Hemmung* gibt es *keinen Wettbewerb* zwischen Substrat und Inhibitor. Der zuletzt genannte verbindet sich mit solchen Gruppen des Enzyms, die für die Bildung des Enzym-Substrat-Komplexes nicht essentiell, jedoch an der Substrataktivierung beteiligt sind. Hemmstoff und Substrat greifen an *verschiedenen Bindungsorten* an. Somit ist die Entstehung von *ES-, EI-* wie auch von *ESI-Kom-*

plexen möglich. Die *Michaelis*-Konstante bleibt unverändert, v_{max} wird herabgesetzt (Bild 2.3.4.c). Folgende Beziehung liegt vor:

$$v = \frac{\dfrac{v_{max}}{1 + \dfrac{[I]}{K_i}} \cdot [S]}{K_m + [S]} \tag{5}$$

Setzt man

$$\frac{v_{max}}{1 + \dfrac{[I]}{K_i}} = v_p \tag{6}$$

so ergibt sich

$$v = \frac{v_p \cdot [S]}{K_m + [S]} \tag{7}$$

In reziproker Form liegt die folgende Geraden-Gleichung vor:

$$\frac{1}{v} = \frac{K_m}{v_p \cdot [S]} + \frac{1}{v_p} \tag{8}$$

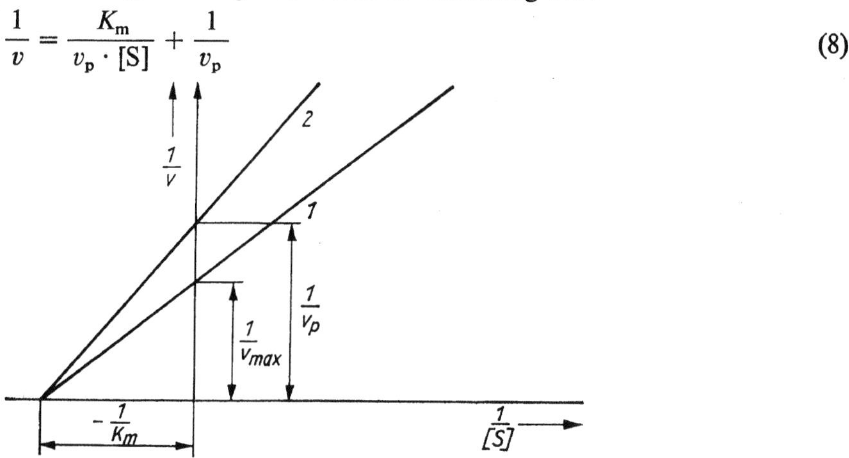

Bild 2.3.4.c. Nichtkompetitive Hemmung
(1) ohne Inhibitor (2) mit Inhibitor

Beim graphischen Auftragen von $\dfrac{1}{v}$ gegen $\dfrac{1}{[S]}$ erhält man gemäß Bild 2.3.4.c Geraden, aus deren Verlauf K_m, v_{max} und K_i – unter Zuhilfenahme von (6) – ermittelt werden können.

Kann der Inhibitor nur mit dem ES-Komplex reagieren, nicht aber mit dem freien Enzym, so handelt es sich um eine *unkompetitive Hemmung*. Es werden nur *ES*- und *ESI-Komplexe* gebildet; die Werte sowohl für die *Michaelis*-Konstante wie auch für v_{max} werden herabgesetzt (Bild 2.3.4.d). Die Reaktionsgeschwindigkeit ergibt sich aus

$$v = \frac{\dfrac{v_{max}}{1 + \dfrac{[I]}{K_i}} \cdot [S]}{\dfrac{K_m}{1 + \dfrac{[I]}{K_i}} + [S]} \tag{9}$$

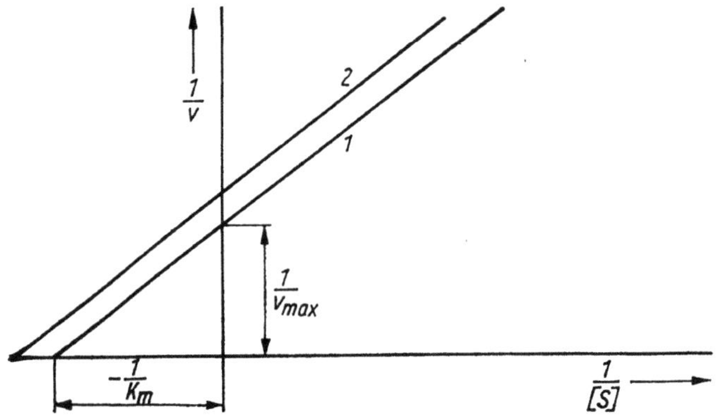

Bild 2.3.4.d. *Unkompetitive Hemmung*
(1) ohne Inhibitor (2) mit Inhibitor

Oft werden Enzyme durch die *Endprodukte* der von ihnen katalysierten Reaktion
gehemmt *(Produkthemmung)*. Dieser Typ ist gewöhnlich kompetitiv. Nicht so häufig
ist die *Substrathemmung*. Die *Michaelis-Menten*-Kinetik ist in solchen Fällen nur bei
niedrigen Substratkonzentrationen gegeben, während bei hoher [S] die Reaktionsgeschwindigkeit stark vermindert wird (Bild 2.3.4.e).

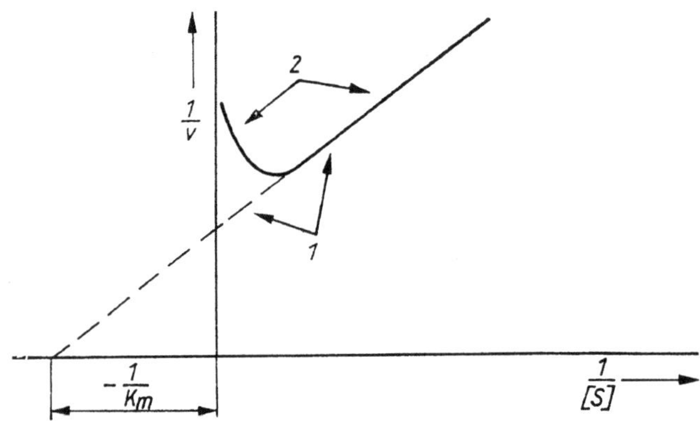

Bild 2.3.4.e. *Substrathemmung*

(1) theoretischer Kurvenverlauf (2) experimentell ermittelter Kurvenverlauf

Aktivierung

Für den Ablauf bzw. für die Stimulierung enzymatischer Reaktionen werden als
Aktivatoren häufig *anorganische Kationen (Cofaktoren)* benötigt. Sie können mit dem
Enzym, mit dem Enzym-Substrat-Komplex oder mit beiden reagieren. Auch besteht
die Möglichkeit, daß der Aktivator nur am Substrat angreift und dieses hierdurch
für den Umsatz zugänglich macht. Für den Fall, daß der Aktivator mit dem Enzym
reagiert (wodurch dieses in die Lage versetzt wird, das Substrat zu binden), kann
zumeist das Reaktionsschema der sogen. *„kompetitiven Aktivierung"* in Ansatz gebracht werden. In Analogie zur kompetitiven Hemmung gilt hier bei der Darstellung
gemäß *Lineweaver-Burk* die graphische Auftragung gemäß Bild 2.3.4.b, wobei je-

48

doch – verglichen mit der Kontrolle – der Aktivator die Gerade zu flacherem Verlauf veranlaßt.

Erwähnt seien noch die *anionischen* Aktivatoren. Ein bekanntes Beispiel hierfür sind Chloridionen, die tierische Amylasen aktivieren können.

Zumeist sind Aktivatoren für den katalytischen Prozeß unbedingt erforderlich. In anderen Fällen erfolgt die Reaktion auch ohne deren Zugabe, jedoch bedeutend verlangsamt. Vielfach können sie vom Enzym reversibel abdissoziieren. In Grenzfällen kommt dem Aktivator eher bzw. zugleich die Funktion eines Schutzstoffes zur Stabilisierung der aktiven Konformation zu (z. B. gegen Hitzedenaturierung oder Autolyse).

Literatur

[1] *Lineweaver, H.*, und *D. Burk:* J. Amer. chem. Soc. **56** (1934) 658
[2] *Dixon, M.:* Biochem. J. **55** (1953) 170
[3] *Dixon, M.*, und *E. Webb:* Enzymes. New York: Academic Press 1972
[4] *Hofmann, E.:* Dynamische Biochemie, Teil II: Enzyme und energieliefernde Stoffwechselreaktionen, 2. Aufl. Berlin–Oxford–Braunschweig: Akademie-Verlag, Pergamon Press, Vieweg & Sohn 1970
[5] *Straub, F. B.:* Enzyme, Moleküle, Lebenserscheinungen. Leipzig: Akademische Verlagsgesellschaft Geest & Portig K.-G. 1972

2.3.5.   Einfluß der Temperatur

Die enzymatisch katalysierte Reaktion wird durch die Temperatur in zweifacher Hinsicht beeinflußt [1, 2]. Wie bei jedem chemischen Umsatz, dessen Geschwindigkeit je 10 °C Temperaturerhöhung etwa verdoppelt wird, beobachtet man auch eine Steigerung der Enzymaktivität um das 1,2- bis 4fache je 10 °C. Mit fortschreitender Temperaturerhöhung – im allgemeinen oberhalb von 40 °C – macht sich jedoch der gegenläufige Effekt als Enzyminaktivierung durch Denaturierung des Enzymproteins unter Einwirkung von Hitze bemerkbar. Beide Effekte überlagern sich.

Die *optimale Temperatur* (auch *Temperaturoptimum* genannt) für ein Enzym ist erreicht, wenn bei weiterer Temperaturerhöhung die Reaktionsgeschwindigkeit wieder abfällt (Bild 2.3.5.a). Die experimentell ermittelten Werte für das Temperaturoptimum müssen oft mit Vorbehalt interpretiert werden, da durch die Anwesenheit von *Effektoren* oder durch *Änderung der Inkubationsdauer* (verstärkter Einfluß der Inaktivierung bei verlängerter Inkubationszeit) Verschiebungen des Temperaturoptimums auftreten. So können die Temperaturoptima bereits um 10 °C differieren, wenn z. B. die Inkubationsdauer 30 oder aber 60 Minuten beträgt.

Die durch Temperaturerhöhung hervorgerufene *Proteindenaturierung* und die daraus resultierende Aktivitätsminderung werden durch Ermittlung der *Thermostabilität* ersichtlich. Man läßt die zu untersuchende Enzymlösung eine bestimmte Zeit lang (z. B. 30 min) bei verschiedenen Temperaturen stehen und bestimmt nachfolgend die verbliebene *Restaktivität* unter den sonst üblichen Bedingungen.

Eine weitere Temperatursteigerung führt schließlich zum völligen Verlust der Enzymaktivität. Die *Inaktivierungstemperatur* für die einzelnen Enzyme ist sehr unterschiedlich. Sie ist nicht exakt bestimmbar, da die *Reaktionsbedingungen* (Reinheitsgrad des Präparates bzw. des Mediums; Anwesenheit von Effektoren, von Substrat oder mit diesem strukturverwandten Verbindungen; pH-Wert; Dauer der Erwärmung usw.) von großem Einfluß sind. Bei den im Lebensmittelsektor eingesetzten handelsüblichen Enzympräparaten liegt die Inaktivierungstemperatur meist zwischen 60 °C und 90 °C.

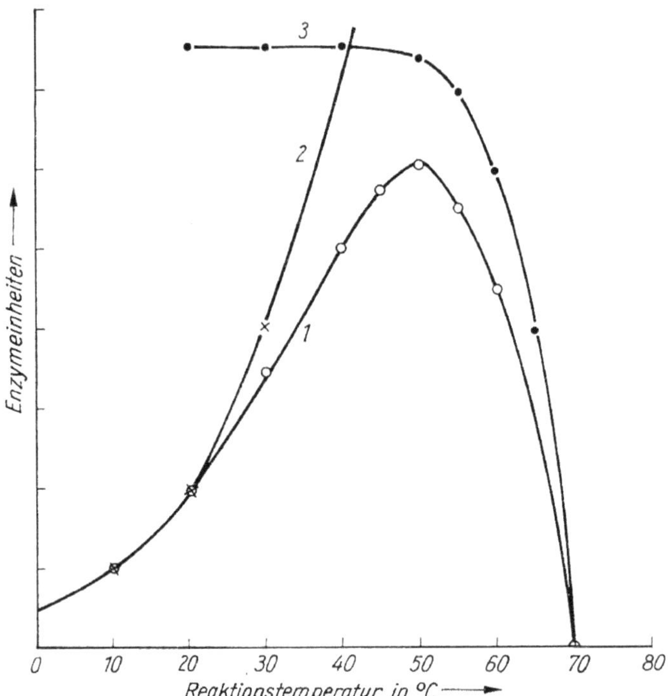

Bild 2.3.5.a. Temperaturoptimum eines Enzyms als Resultante aus Aktivitätszunahme und Enzymdenaturierung mit steigender Reaktionstemperatur
(1) experimentell ermittelte Kurve (2) theoretischer Anstieg der Reaktionsrate (3) Inaktivierung des Enzyms mit steigender Reaktionstemperatur

Eine Veränderung der Temperatur beeinflußt die Lage des Gleichgewichts (bzw. die *Gleichgewichtskonstante*) der enzymatischen Reaktion. Die von *Arrhenius* für chemische Reaktionen ermittelte Beziehung lautet:

$$\frac{\mathrm{d}\ln k}{\mathrm{d}T} = \frac{E}{R \cdot T^2} \tag{1}$$

Es bedeutet:

k Geschwindigkeitskonstante (unter definierten Bedingungen gleich der Reaktionsrate)
E Aktivierungsenergie
R Gaskonstante
T Temperatur in K

Die Gleichung (1) läßt sich auch bei enzymatisch katalysierten Reaktionen anwenden. Durch Messung der *Reaktionsgeschwindigkeit* bei verschiedenen Temperaturen und bei Substratsättigung kann man unter Zuhilfenahme der integrierten Form

$$\ln k = -\,\text{const} \cdot \frac{E}{R \cdot T} \tag{2}$$

die *Aktivierungsenergie* aus einem Diagramm $\log k$ gegen $\frac{1}{T}$ (*Arrhenius*-Diagramm) ableiten (Bild 2.3.5.b). Die Aktivierungsenergie der meisten biologischen Reaktionen liegt bei Werten im Bereich von 20 ... 85 kJ/mol.

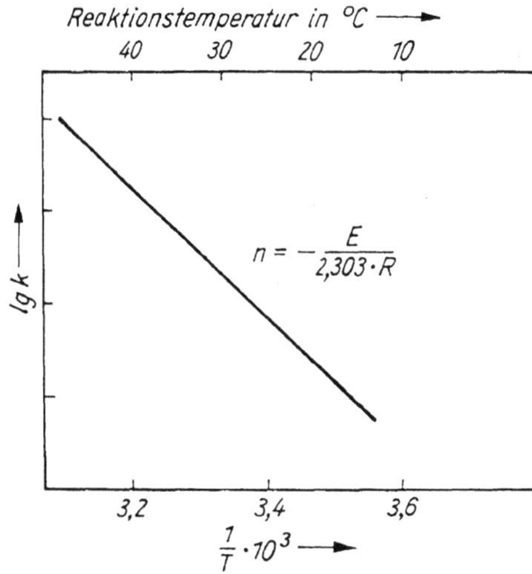

Bild 2.3.5.b. *Arrhenius-Diagramm zur Ermittlung der Aktivierungsenergie einer enzymatisch katalysierten Reaktion*
n Neigung der Geraden

Literatur

[1] *Dawes, E. A.:* Enzyme Kinetics. In: *Florkin, M.,* und *E. H. Stotz:* Comprehensive Biochemistry. Band 12: Enzymes-General Considerations. Amsterdam–London–New York: Elsevier Publ. Comp. 1964
[2] *Hofmann, E.:* Dynamische Biochemie, Teil II: Enzyme und energieliefernde Stoffwechselreaktionen. 2. Aufl. Berlin–Oxford–Braunschweig: Akademie-Verlag, Pergamon Press, Vieweg & Sohn 1970

2.3.6. Einfluß des *p*H-Wertes

Der *p*H-Wert des Reaktionsmediums beeinflußt den *Ladungs-* bzw. *Dissoziationszustand* des gesamten Proteinmoleküls einschließlich des aktiven Zentrums, d. h., eine Veränderung der Wasserstoffionen-Konzentration hat Veränderungen der substratbindenden und der für die Wirkung verantwortlichen Regionen des Enzymproteins zur Folge. Insbesondere sind durch den *p*H-Effekt folgende Wirkungen zu erwarten:

a) irreversible *Denaturierung* des *Enzymproteins* bei extremer *p*H-Veränderung
b) *Abdissoziation* von möglichen *Coenzymen* oder *prosthetischen Gruppen* im nichtoptimalen *p*H-Bereich
c) *Veränderungen* in der Ionisation bzw. Dissoziation des *Substrats*
d) *Veränderungen* in der Ionisation von bestimmten funktionellen Gruppen des *Enzymproteins*

Diese Wirkungen äußern sich in der *Abhängigkeit der Enzymaktivität vom p*H-*Wert* [1]. Jedes Enzym wirkt daher nur innerhalb eines bestimmten – mehr oder weniger breiten – *p*H-Bereichs. Bei Vorliegen des *p*H-*Optimums* wird die höchste Aktivität gemessen. Allerdings hängen das *p*H-Verhalten bzw. die Lage des *p*H-Optimums auch von der Zusammensetzung des Mediums ab, in dem sich die Reaktion abspielt (z. B. verwendete Puffersubstanzen, sonstige Bestandteile). Des weiteren beeinflussen Temperatur, Herkunft des Enzyms (z. B. Proteasen verschiedener Spezies) und Einwirkungsdauer das *p*H-Optimum. Schließlich hängt vom *p*H-Wert nicht nur die

Reaktionsgeschwindigkeit, sondern auch die Stabilität des Enzyms ab. Der pH-Wert für die beste Enzymstabilität muß nicht mit dem pH-Wert der optimalen Aktivität identisch sein.

Dies hat zur Folge, daß die Angaben verschiedener Autoren in dieser Hinsicht oft nicht einheitlich sind. Man gibt daher bei der Charakterisierung eines Enzympräparats zumeist auch die pH-*Stabilität* an. Zum pH-Optimum und zur pH-Stabilität einer mikrobiellen Protease vgl. Bild 2.10.f.

Literatur

[1] *Dawes, E. A.:* Enzyme Kinetics. In: *Florkin, M.,* und *E. H. Stotz:* Comprehensive Biochemistry, Band 12: Enzymes-General Considerations. Amsterdam–London–New York: Elsevier Publ. Comp. 1964, S. 89

2.3.7.   Einfluß des Wassergehaltes

Unter dem Aspekt der industriellen Nutzung von Enzympräparaten spielt ihr Wassergehalt eine wichtige Rolle. Auch enzymatische Restaktivitäten in getrockneten Lebensmitteln und in landwirtschaftlichen Produkten sind stark vom Feuchtegehalt abhängig [1, 2]. Dies gilt besonders für *Hydrolasen*, bei denen *Wasser als Reaktionsteilnehmer* wirkt. Aber auch andere Enzyme (z. B. Glucoseoxydase) benötigen für ihre Wirksamkeit die Anwesenheit – u. U. nur eines Minimums – von Wasser zur *Hydratation des Enzymproteins*. Weiterhin ist bekannt, daß die *Temperaturstabilität* bei Enzym-Trockenpräparaten mit steigendem Feuchtegehalt abnimmt [3]. Für die Aktivität eines Enzyms ist jedoch weniger der absolute Feuchtegehalt, sondern eher die Frage entscheidend, wie das Wasser gebunden werden kann und ob es für das Enzym verwendbar ist. Daher sind die *Wasseraktivität* oder die *relative Feuchte* bessere Charakteristika als der Feuchtegehalt selbst. Auf Bild 2.3.7 ist anhand eines Beispiels die Abhängigkeit der Enzymwirkung von der Wasseraktivität a_w dargestellt.

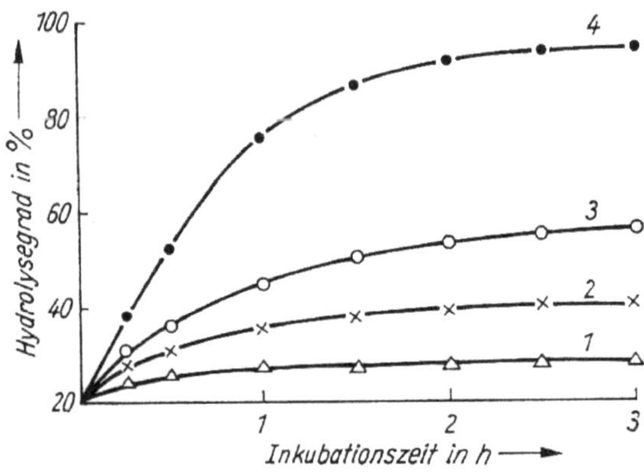

Bild 2.3.7. Einfluß der Wasseraktivität a_w *(Quotient des Dampfdrucks des Wassers im Substrat zu dem reinen Wassers) auf die Aktivität eines hydrolytischen Enzyms Höhe der Wasseraktivität: (1) 0,35 (2) 0,45 (3) 0,60 (4) 0,70*

Literatur

[1] *Acker, L.:* Dtsch. Apotheker-Ztg. **107** (1967) 1894
[2] *Acker, L.:* Nahrung **12** (1968) 557
[3] *Rothe, M.:* Ernährungsforschung **3** (1958) 41

2.3.8. Einfluß sonstiger Faktoren

Proteine bzw. Enzyme lassen sich aus ihren Lösungen fällen und auf diese Weise anreichern und reinigen bzw. abtrennen. Voraussetzung für einen erfolgreichen Ablauf einer derartigen Operation ist die Gewährleistung der Reversibilität bzw. die Vermeidung von Denaturierungseffekten. Die Erörterung der hiermit in Zusammenhang stehenden Fragen ist von unmittelbarem Interesse für die Aufbereitung von Kulturfiltraten (vgl. 3.4.5.).

Bei *Fällungsprozessen* bestimmen Größe, Gestalt, Ladung und ihre Verteilung im Molekül die *Löslichkeit* eines Proteins in einem definierten System. Dieses ist in erster Linie gekennzeichnet durch pH-Wert, Temperatur, Ionenstärke und Dielektrizitätskonstante (DK). Eine Veränderung dieser Größen beeinflußt die Löslichkeit des Proteins, was sich auf die Fällbarkeit und ihre Reversibilität auswirkt. Bei Abweichungen z. B. des *pH-Wertes* des Mediums von dem des isoelektrischen Punktes laden sich die Moleküle positiv bzw. negativ auf. Sie stoßen sich gegenseitig ab, d. h., die Löslichkeit wird verbessert. Bei extremen pH-Abweichungen werden jedoch die meisten Proteine bzw. Enzyme – partiell oder komplett – denaturiert, wodurch sie an Aktivität verlieren bzw. diese ganz einbüßen (vgl. 2.3.6.).

Der *Temperaturkoeffizient* der Löslichkeit der Enzyme kann positiv oder negativ sein, was für die Trennung verschiedener Gemische ebenfalls zu beachten ist. Finden Reaktionen in einem Medium statt, das hinsichtlich bestimmter physikalischer Eigenschaften vom normalen Zustand abweicht (z. B. Einwirkung von Druck, Vakuum oder Strahlung), so kann die Enzymaktivität beeinträchtigt werden.

Viele Proteine werden mit abnehmender *Ionenstärke* der im Medium vorhandenen Neutralsalze zunehmend schwerer löslich. Dieser Effekt kann bis zur Denaturierung des Eiweißes führen, so z. B. bei der Dialyse gegen destilliertes Wasser. Bekanntlich muß aus diesem Grunde vielfach gegen eine Salz- bzw. Pufferlösung dialysiert werden. Umgekehrt nimmt die Löslichkeit der Proteine mit Erhöhung der Ionenstärke zu *(Einsalzeffekt). Green* [1] stellte fest, daß eine lineare Abhängigkeit zwischen dem Logarithmus der Löslichkeit eines Proteins und der Ionenstärke des Salzes besteht. Diese Abhängigkeit ist jedoch nur dann gewährleistet, wenn Temperatur- und pH-Wert konstant gehalten werden. Nachdem ein Maximum der Löslichkeit erreicht ist, geht diese bei weiter zunehmender Ionenstärke wieder zurück *(Aussalzeffekt).* Der Fällungseffekt wird darüber hinaus durch das verwendete Salz bestimmt. Am wirksamsten sind Salze mit einwertigen Kationen und mehrwertigen Anionen. Auch die Art des Kations ist von Einfluß auf die Fällung, da der Aussalzeffekt einerseits auf der Wirkung elektrostatischer Kräfte und andererseits auf der „Konkurrenz" zwischen der Hydratisierbarkeit der Salzionen und der Proteinmoleküle beruht. Der Aussalzeffekt wird bei Anwesenheit organischer Lösungsmittel zumeist erhöht *(Ferry* u. a. [2]).

Als weitere Einflußgröße bei der Fällung von Enzymen wurde bereits die *Dielektrizitätskonstante* genannt. Bekanntlich wird beim Lösen einer Substanz Energie verbraucht, um die einzelnen Partikeln voneinander zu trennen. Die aufgewendete Energie setzt sich aus der Gitter- und der Dissoziationsenergie zusammen. Die erste ist zur

Überwindung des Kristallgitterverbandes, die letzte zur Auftrennung von Elektrolyten in Ionen erforderlich. Den Hauptteil dieser Trennungsenergie liefert in wäßrigen Systemen die Hydratation der Partikeln. Die dabei auftretende Kraft ist beim Wasser infolge seines Dipolcharakters und bei den in Frage kommenden organischen Lösungsmitteln (Aceton, Äthanol, Methanol usw.) überwiegend elektrostatischer Art. Zusätzlich bildet das Wasser mit speziellen Gruppen des Proteins Wasserstoffbrücken aus. Die Dielektrizitätskonstante ist für Wasser besonders hoch, sie kann jedoch durch Zusatz von organischen Lösungsmitteln stark herabgesetzt werden. Die DK-Werte von Systemen aus Wasser und organischen – mit Wasser mischbaren – Lösungsmitteln liegen zwischen den Konstanten der Einzelkomponenten (*Akerlof* [3]). Eine Übersicht über die Dielektrizitätskonstanten einiger binärer Systeme gibt Tab. 2.3.8. Wie daraus ersichtlich ist, wird die Dielektrizitätskonstante des Wassers durch Zugabe der Lösungsmittel in der Reihenfolge Methanol < Äthanol < Aceton < n-Propanol < 1,4-Dioxan herabgesetzt.

Tabelle 2.3.8. Dielektrizitätskonstanten für Systeme aus Wasser und organischen Lösungsmitteln bei 20 °C

DK	Anteil des organischen Lösungsmittels im Gemisch mit Wasser in Vol.-%				
	Methanol	Äthanol	*n*-Propanol	Aceton	1,4-Dioxan
80	0	0	0	0	0
50	62	51	42	49	33
32	100				
25		100			
21			100		
20				100	
2					100

Durch Herabsetzung der Dielektrizitätskonstante des Lösungsmittels kann die Löslichkeit des Proteins verringert werden. Dies ist besonders ausgeprägt bei solchen Proteinen, die zahlreiche polare Gruppen enthalten. Die Beeinflussung der DK durch 1,4-Dioxan ist von einer stark denaturierenden Wirkung auf das Protein begleitet. Diesem Effekt ist bei Fällungen mit organischen Lösungsmitteln Beachtung zu schenken. Durch niedrige Temperaturen der bei der Fällung verwendeten Flüssigkeiten kann das Ausmaß der Denaturierung vermindert werden.
Denaturierungsmittel lassen zumeist die Enzymaktivität absinken, so z. B. durch Spaltung in Untereinheiten und Auffaltung der Peptidketten (z. B. durch Harnstoff, Guanidin). Jedoch kann man – z. B. bei Proteasen – auf diese Weise zuweilen auch eine Aktivitätssteigerung erzielen. Dies ist dann möglich, wenn durch die Molekülauffaltung die Angreifbarkeit des Substrats beträchtlich erhöht wird, was in einer gesteigerten Aktivität zum Ausdruck kommt.

Literatur

[1] *Green, A. A.:* J. biol. Chemistry **93** (1931) 495
[2] *Ferry, R. M., E. J. Cohn* und *E. S. Newman:* J. Amer. chem. Soc. **58** (1936) 2371
[3] *Akerlof, G.:* J. Amer. chem. Soc. **54** (1932) 41; **58** (1936) 1241

2.4. Enzymbiosynthese [1 bis 5]

Vom intakten pflanzlichen wie auch tierischen Organismus werden die verschiedenartigsten Proteinstrukturen (und damit Enzyme) synthetisiert. Die etwa 20 zur Verfügung stehenden Aminosäuren werden hierbei mit der für ein jeweiliges Enzym spezifischen Sequenz aneinandergereiht. Der Austausch nur eines bzw. weniger Einzelbausteine führt zu einer mehr oder weniger tiefgreifenden Veränderung der Eigenschaften eines Biokatalysators, was einen völligen oder partiellen Verlust seiner Funktion zur Folge hat. In der lebenden Zelle sind jedoch im Verlauf der Evolution Mechanismen entwickelt worden, welche die weitgehende Konstanz einer determinierten und reproduzierbaren Enzymbiosynthese im Verlauf des Lebens des Individuums *(Ontogenese)* wie auch der aufeinanderfolgenden Generationen *(Phylogenese)* sichern und für eine nahezu fehlerlose Übersetzung und Realisierung der in den „Bauplänen" in verschlüsselter Form vorliegenden Informationen sorgen (wobei das gelegentliche Auftreten von „Fehlern" allerdings nicht auszuschließen ist).

Informationsspeichernder und -übertragender Mechanismus der Enzymbiosynthese

Die Information über die Primärstruktur der Enzyme ist in der *Desoxyribonucleinsäure* (DNS) lokalisiert [6]. Das Molekül besteht aus heterozyklischen Basen *(Purine und Pyrimidine)*, *Desoxyribose* und *Phosphatresten* (Bild 2.4.a). Es bildet eine *Doppel-*

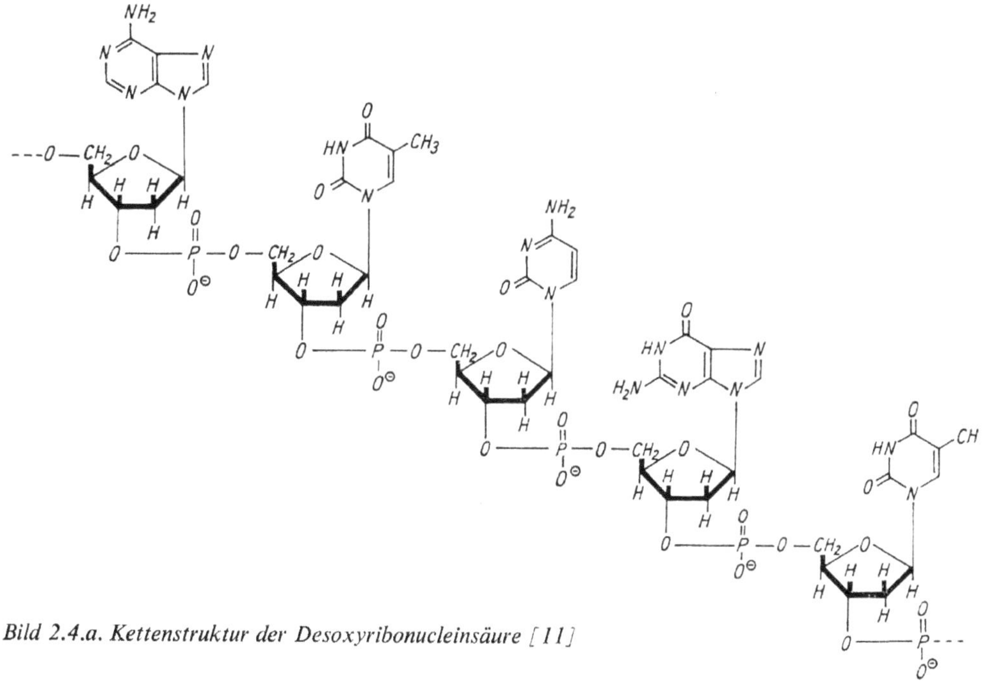

Bild 2.4.a. Kettenstruktur der Desoxyribonucleinsäure [11]

helix (Doppelschraube) mit 2 gegenläufigen DNS-Strängen. Die Basen sind im Inneren der Schraube angeordnet, während die polaren Phosphatgruppen außen liegen. In den beiden verdrillten Strängen stehen sich jeweils 2 bestimmte Basen gegenüber, und zwar paaren *Adenin* und *Thymin* sowie *Cytosin* und *Guanin*. Zwischen diesen bilden sich Wasserstoff-Brückenbindungen, wodurch der Zusammenhalt der beiden Einzelstränge gewährleistet ist (Bild 2.4.b). Durch dieses Prinzip der *Basenpaarung* ist der eine Strang zum anderen jeweils komplementär.

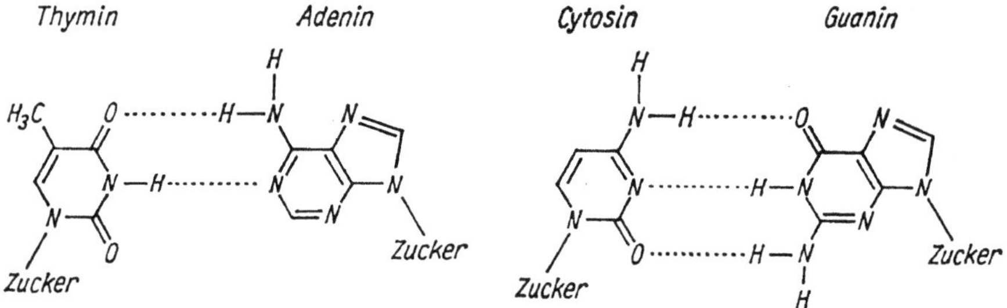

Bild 2.4.b. Basenpaarung durch Bildung von Wasserstoffbrücken [11]

Der Zellteilung geht eine Öffnung der Doppelhelix durch Lösen der Wasserstoff-Brückenbindungen voraus, wobei sich an jedem Einzelstrang der zugehörige komplementäre Strang neu ausbildet *(semikonservativer Mechanismus)*. Der „elterliche Strang" ist auf diese Weise als Matrize wirksam. Das Ergebnis dieses Vorgangs ist die Bildung zweier DNS-Moleküle (Doppelstränge), die mit dem Ausgangsmolekül identisch sind (Bild 2.4.c). Hierbei ist auch die Information ohne Veränderung auf die beiden neuen Moleküle übertragen worden. Dieser Prozeß, der im einzelnen von mehreren, hier nicht genannten Faktoren abhängig ist, wird als *identische Reduplikation* (Replikation) des genetischen Materials bezeichnet.

Die Sequenz der Aminosäuren im Enzymprotein wird durch die Reihenfolge der

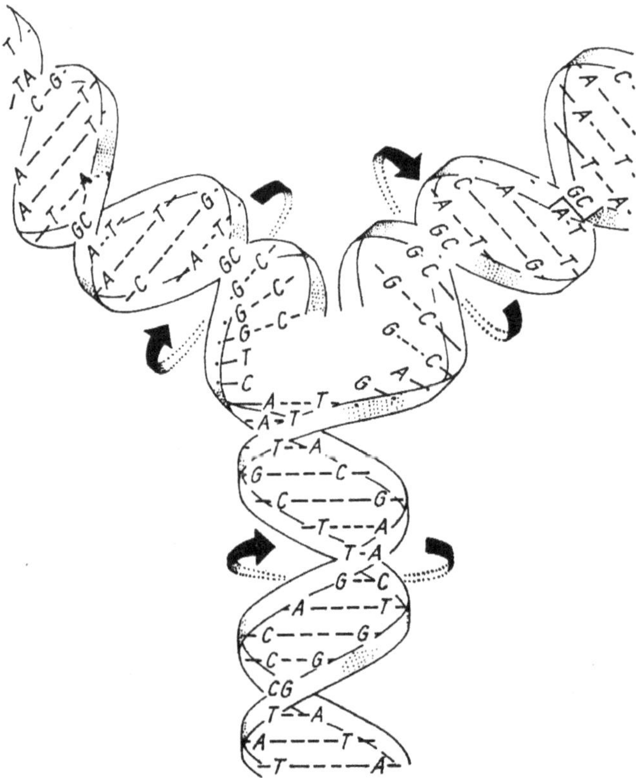

Bild 2.4.c. Endspiralisierung eines DNS-Doppelstrangs und Verdopplung der beiden Einzelstränge. Die beiden neu entstehenden Doppelschrauben zeigen entgegengesetzte Drehrichtungen [12]

4 genannten Basen in der Desoxyribonucleinsäure festgelegt, wobei die Kombination aus jeweils 3 Basen *(Triplett)* eine bestimmte Aminosäure „codiert". Der *genetische Code* [7, 8] ist nicht überlappend (eine Base gehört nur zu jeweils einem Triplett), er ist kommalos (zwischen den einzelnen Code-Tripletts gibt es keine Nucleotide, die beim Übersetzen ausgelassen werden), degeneriert (mehrere verschiedene Tripletts können ein und dieselbe Aminosäure codieren), universell (dieser Code gilt für alle Lebewesen) und enthält bestimmte Codewörter für den Anfang und das Ende einer Polypeptidkette.

Realisierung der Information bei der Enzymbiosynthese (Bild 2.4.d)

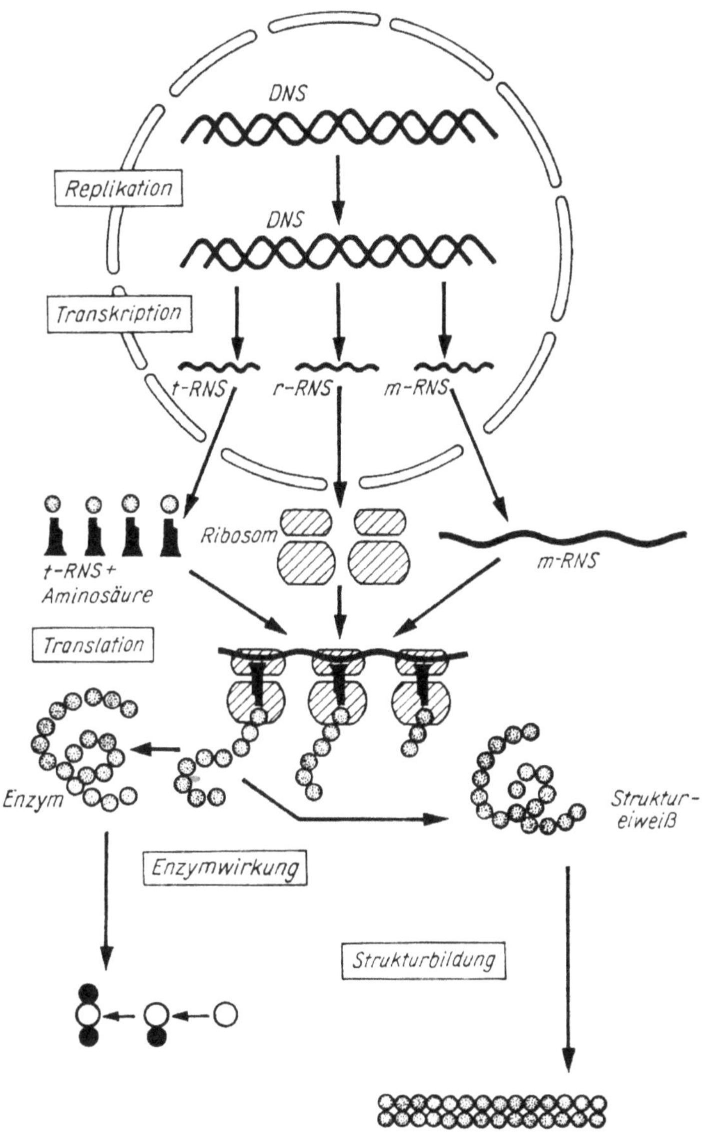

Bild 2.4.d. Schematische Darstellung der Informationsübertragung bei der Enzymbio-synthese [3]
Kurze breite Pfeile: Möglichkeiten der Regulation

Die DNS – die sich im Zellkern bzw. im Kernäquivalent befindet und vom protein-synthetisierten Apparat im Cytoplasma getrennt ist – benötigt zur Übertragung ihrer Information zum Ort der Synthese eine Vermittlersubstanz. Diese Aufgabe übernimmt eine *Ribonucleinsäure* (RNS), und zwar die *Boten-* „(engl. *messenger-*) RNS (m-RNS); in der RNS ist die Base Thymin durch *Uracil* ersetzt. Die RNS wird unter Zuhilfenahme des Effekts der Basenpaarung gewissermaßen durch „Abdruck" von der DNS als Matrize gebildet *(Transkription)* und enthält eine zum kopierten DNS-Strang *(Transkriptionsstrang)* komplementäre Nucleotidzusammensetzung. Zu ihrer Synthese werden benötigt: die 4 zur RNS gehörenden Nucleosidtriphosphate (ATP, UTP, GTP, CTP), ein die Reaktion katalysierendes Enzym (RNS-*Polymerase*) sowie DNS als Matrize.

$$\begin{bmatrix} m\ ATP \\ n\ UTP \\ o\ GTP \\ p\ CTP \end{bmatrix} \xrightarrow[\text{RNS-Polymerase}]{\text{DNS}} RNS + [P - P]_{m+\ldots+p}$$

Der DNS-Abschnitt, der als Anheftungsort der RNS-Polymerase und damit als Startpunkt der Transkription dient, wird als *Promotor* bezeichnet.
Die gebildete RNS ist einsträngig und von relativ kurzer Lebensdauer. Sie wandert in das Cytoplasma und wird dort durch Kontakt mit den *Ribosomen* zur Informations-freigabe aktiviert (Bild 2.4.e). Ribosomen sind kompakte Teilchen, die aus RNS und Protein bestehen. Ihre Struktur läßt sich anhand elektronenoptischer Bilder als deformiertes kugel- bzw. halbkugelförmiges Gebilde mit einer großen und kleinen Unter-

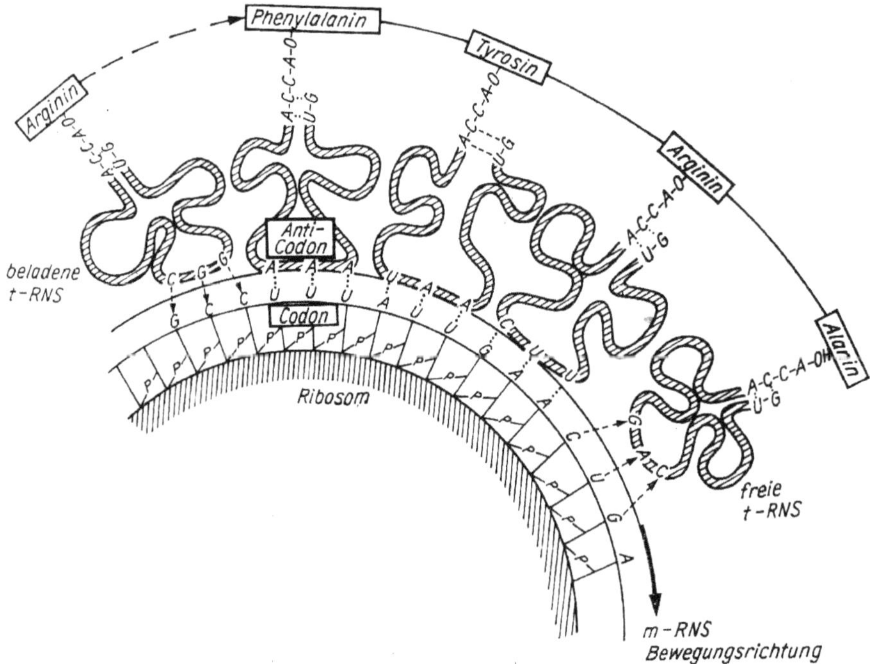

Bild 2.4.e. Vorgänge bei der Enzymsynthese am Ribosom
Die Information von den Code-Einheiten der Messenger-RNS wird durch die mit Aminosäuren beladenen Transfer-Ribonucleinsäuren „abgelesen" [12]. Die t-RNS ist in Kleeblattform dargestellt

einheit rekonstruieren. Die Funktion der Ribosomen, welche die auf der m-RNS niedergelegte Information in ein bestimmtes Protein umsetzen *(Translation)*, ist durch folgenden Ablauf gekennzeichnet:

a) Anlagerung der m-RNS an die Ribosomen und Erkennung des Startortes unter Beteiligung von Bindefaktoren
b) Ausbildung von Polysomen (Aggregation mehrerer Ribosomen an der m-RNS)
c) schrittweises Abtasten der Information

Zwischen der Sequenz der Nucleotide in der m-RNS und derjenigen der Aminosäuren im Polypeptidstrang gibt es noch ein Bindeglied, das für die eindeutige Zuordnung einer bestimmten Aminosäure zu ihrem „Codewort" (Nucleotidtriplett) sorgt. Es handelt sich hierbei um die *Transfer-Ribonucleinsäure* (t-RNS). Sie hat eine kleeblatt-ähnliche Struktur mit gepaarten Bereichen und nichtgepaarten Schleifen. Ein be-bestimmter Abschnitt *(Anticodon)* ist zur Bindung mit den entsprechenden Nucleo-tidtripletts der m-RNS fähig. Vor ihrer Übertragung wird die Aminosäure mittels Adenosintriphosphat (ATP) aktiviert, wobei unter Eliminierung von Pyrophosphat ein gemischtes *Aminosäure-Phosphorsäure-Anhydrid* gebildet wird. Diese Reaktion wird enzymatisch katalysiert *(Synthetasen)*, wobei für jede Aminosäure ein spezifisches Enzym existieren dürfte. Die Aminoacylverbindung wird sodann mit der t-RNS unter Bildung des Esters *Aminoacyl-t-RNS* von hohem Gruppenübertragungspotential vereinigt (Esterbindung der Aminosäure-Carboxylgruppe mit einer freien OH-Gruppe der Ribose des Adenins). Für jede Aminosäure gibt es mindestens eine spezifische t-RNS. Der beschriebene Reaktionsmechanismus geht aus Bild 2.4.f hervor.

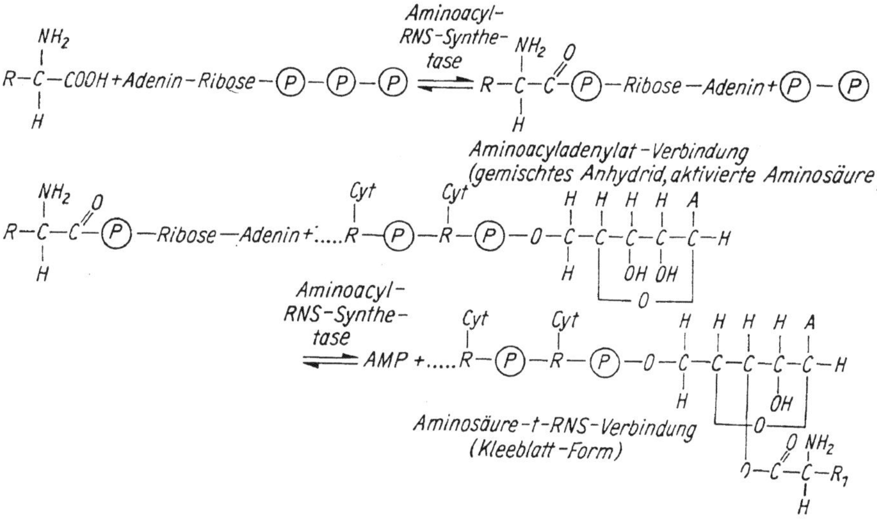

Bild 2.4.f. Aktivierung der Aminosäure und Anknüpfung an ihre RNS-Kette [1]

Die Translation am Ribosom verläuft in mehreren Teilschritten [9, 10]. Dadurch, daß mehrere Ribosomen *(Polysom)* hintereinander an der m-RNS entlanggleiten, können gleichzeitig mehrere Peptidketten gleicher Sequenz synthetisiert werden. Die einzelnen Ribosomen unterscheiden sich zum gleichen Zeitpunkt jeweils durch die Länge der an ihnen hängenden Peptidketten, da in diesem Augenblick jedes Ribosom einen ver-

59

schieden langen Teil der m-RNS abgetastet hat (Bild 2.4.g). Die fertigen Ketten falten sich spontan zur Sekundär- und Tertiärstruktur, die durch die Primärstruktur determiniert sind.

Tab. 2.4 vermittelt einen zusammengefaßten Überblick über die bei der Enzymbiosynthese ablaufenden Reaktionen.

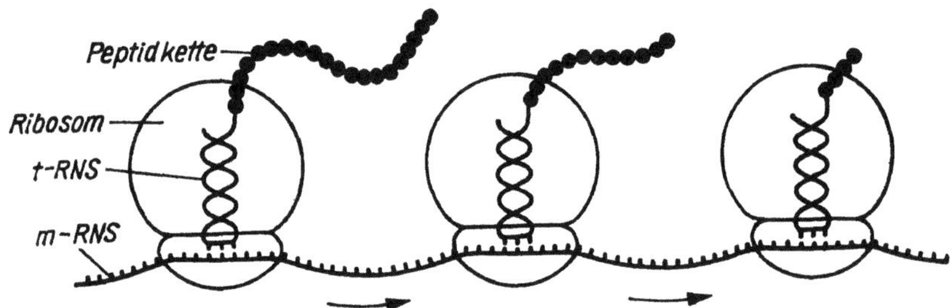

Bild 2.4.g. Schematische Darstellung eines Polysoms
Während ein m-RNS-Molekül über mehrere Ribosomen gleitet, wird an jedem Ribosom gleichzeitig eine Polypeptidkette gebildet, deren Länge vom Umfang der bereits „abgelesenen" genetischen Informationen des m-RNS-Moleküls abhängt [3]

Tabelle 2.4. Übersicht über die bei der Biosynthese von Enzymen (Proteinen) ablaufenden Reaktionen

Abschnitte	Phasen	Ergebnis
Replikation	1. Öffnung der Doppelhelix der DNS	identische Verdopplung des genetischen Materials
	2. Synthese je eines neuen Strangs an einem Elternstrang	Erhaltung der Information
Transkription	1. Öffnung der Doppelhelix der DNS 2. Synthese der m-RNS an der DNS 3. Ablösung der m-RNS von der DNS	Überschreibung der in der DNS lokalisierten Information auf eine m-RNS (Transportform der Information); Auflösung der Gesamtformation der DNS in einzelne funktionelle Abschnitte, die die Informationen für die Synthese von Polypeptidketten tragen
Aminosäure-aktivierung	1. Bildung eines Aminosäure-Phosphorsäure-Anhydrids 2. Bildung der Aminoacyl-t-RNS	Überführung der Aminosäure in ein Derivat mit hoher freier Energie, die zur Ausbildung der Peptidbindungen notwendig ist Bindung der Aminosäure an eine spezifische t-RNS, die durch ihr Anticodon wiederum zur Bindung an das komplementäre Triplett der m-RNS fähig ist. Doppelte Spezifität in der Auswahl: 1. Erkennung der spezifischen Aminosäure und des spezifischen aminosäureaktivierenden Enzyms 2. Erkennung des zum Anticodon gehörenden m-RNS-Tripletts (Codon)
Translation	1. Initiation 2. Elongation (Polymerisation) 3. Termination	Übersetzung der in der m-RNS verschlüsselten Information in eine Polypeptidkette unter Beteiligung von Ribosomen

Literatur

[1] *Hofmann, E.:* Dynamische Biochemie, Teil IV: Grundlagen der Molekularbiologie und Regulation des Zellstoffwechsels, 2. Aufl. Berlin–Oxford–Braunschweig: Akademie-Verlag, Pergamon Press, Vieweg & Sohn 1972
[2] *Knippers, R.:* Molekulare Genetik. Stuttgart: Georg Thieme Verlag 1971
[3] *Füller, H.:* Zellen, Bausteine des Lebens. Leipzig–Jena–Berlin: Urania-Verlag 1970
[4] *Hartmann, P. E.,* und *S. R. Suskind:* Die Wirkungsweise der Gene. Jena: VEB Gustav Fischer Verlag 1972
[5] *Parthier, B.,* und *R. Wollgiehn:* Von der Zelle zum Molekül. Leipzig: Akademische Verlagsgesellschaft Geest & Portig K.-G. 1971
[6] *Geissler, E.:* Desoxyribonukleinsäure, Schlüssel des Lebens. Berlin: Akademie-Verlag 1970
[7] *Watson, J. D.,* und *F. H. C. Crick:* Nature **171** (1953) 737
[8] *Wittmann, H.-G.,* und *H. Jockusch:* Der genetische Code. In: *Wieland, T.,* und *G. Pfleiderer:* Molekularbiologie. Frankfurt/Main: Umschau Verlag 1967
[9] *Mathaei, H., G. Sander, D. Swan, T. Kreuzer, H. Caffier* und *A. Parmeggiani:* Naturwissenschaften **55** (1968) 281
[10] *Träger, L.:* Einführung in die Molekularbiologie. Jena: VEB Gustav Fischer Verlag 1969
[11] *Karlson, P.:* Kurzes Lehrbuch der Biochemie, 5. Aufl. Stuttgart: Georg Thieme Verlag 1966
[12] *Holldorf, A.,* und *E. Förster:* Biochemie der Zelle. In: *Metzner, H.:* Die Zelle. Struktur und Funktion. Stuttgart: Wissenschaftliche Verlagsgesellschaft mbH 1971

2.5. Regulation

Die *Regulation* im lebenden Organismus dient der Aufrechterhaltung des *Fließgleichgewichts* gegenüber wechselnden Umweltbedingungen. Das Regelverhalten in bezug auf Temperatur, osmotischen Druck, Konzentration bestimmter Metabolite, Ionen usw. wird als *Homöostase* bezeichnet. Die in der Zelle vorhandenen Regulationsmechanismen dienen dazu, die Stoffwechselleistungen einzelner Enzymsysteme sinnvoll und ökonomisch zu koordinieren, die Überproduktion von Enzymen, Intermediärverbindungen und/oder Endprodukten zu verhindern und die Nährstoffe sparsam und sinnvoll zu verwerten. Biologische Regelsysteme sind in der gleichen Weise aufgebaut wie die Regelsysteme der Technik (z. B. Thermostat) und deshalb ähnlich beschreibbar.

Als Regulation bezeichnet man eine in sich geschlossene Reihenfolge von Einzelvorgängen oder Einzelgliedern, die einen bestimmten Vorgang auf einer gewünschten Intensität halten. Man spricht deshalb auch von einem Regelkreis (Bild 2.5). Der Regelkreis muß Informationen über den Zustand des zu regelnden Systems erhalten

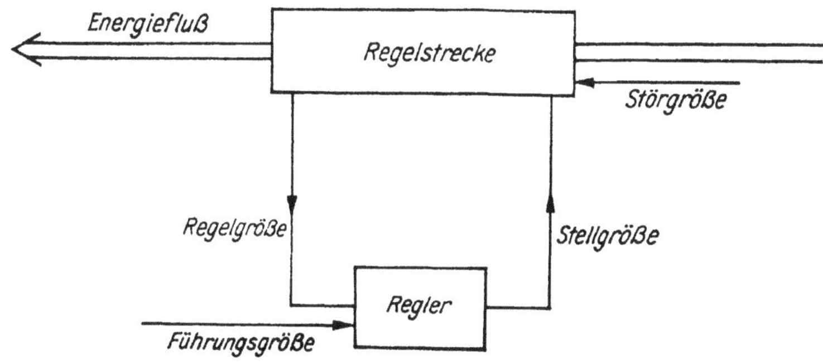

Bild 2.5. Schema eines Regelkreises

und in Abhängigkeit davon auf das Stellwerk einwirken. Die Regulierung erfordert also eine Rückkopplung. Die Regulation in der lebenden Materie erfolgt hauptsächlich durch eine auf molekularer Ebene realisierte *chemische Signalisation*.

Im folgenden soll die Regulation der Enzymwirkung besprochen werden, und zwar a) auf der Ebene der *Enzymbiosynthese* und b) auf der Ebene der *Enzymaktivität* (am Beispiel allosterischer Enzyme).

2.5.1.   Regulation auf der Ebene der Enzymbiosynthese [1 bis 6]

Viele Mikroorganismen haben die Fähigkeit, diejenigen Enzyme verstärkt zu synthetisieren, deren Substrate im Kulturmedium vorhanden sind. So liefern z. B. bestimmte Bakterien nur dann ein stärkeabbauendes Enzym, wenn als Kohlenstoffquelle Stärke vorliegt; Glucose hingegen reprimiert die Enzymbildung. In anderen Fällen wiederum ist die Synthese eines Enzyms nicht abhängig von der Anwesenheit seines Substrats. Man teilt daher die Enzyme ein in

a) *induzierbare Enzyme* und

b) *konstitutive Enzyme* (sie werden unabhängig von äußeren Faktoren synthetisiert).

Wird die Bildungsgeschwindigkeit eines Enzyms – im Vergleich zu einem Bezugsprotein – bei Zugabe von Substrat bzw. eines mit diesem strukturverwandten Stoffes erhöht, so spricht man von *Induktion*. Eine *Repression* liegt hingegen vor, wenn die Synthesegeschwindigkeit bei der Anwesenheit bestimmter Stoffe gehemmt wird. Beide Vorgänge lassen sich nach *Jacob* und *Monod* [7] wie folgt interpretieren. Für die Enzym- bzw. Proteinsynthese sind mehrere Gentypen verantwortlich. Zum ersten Typ gehören die *Strukturgene*. Diese Abschnitte der DNS enthalten die Information hinsichtlich Art und Sequenz der in die Peptidkette einzubauenden Aminosäuren. Die Funktion der Strukturgene und die damit verbundene m-RNS-Synthese wird durch einen *Operatorabschnitt (Operator)* gesteuert. Vor dem Operator ist der *Promotor* angeordnet; dieser DNS-Abschnitt dient als Anheftungsort der RNS-Polymerase und damit als Startpunkt der Transkription. Operator, Promotor und Strukturgene bilden eine funktionelle Einheit, das *Operon*. (Die Zahl der zu einem Operon gehörenden Strukturgene kann variieren.) Ein außerhalb des Operons liegendes Gen, das *Regulatorgen*, determiniert die Struktur des *Repressors*, eines Proteins, das seinerseits mit dem Operator in Wechselwirkung treten kann (Bild 2.5.1.a).

Induktion und Repression können mit dem gleichen Modell erklärt werden. Ob der eine oder andere Weg beschritten wird, hängt vom funktionellen Zustand des Repressorproteins ab. Bei einer *induzierbaren Enzymsynthese* wird in Gegenwart eines Induktors der den Operator blockierende Repressor inaktiviert. Dadurch wird der

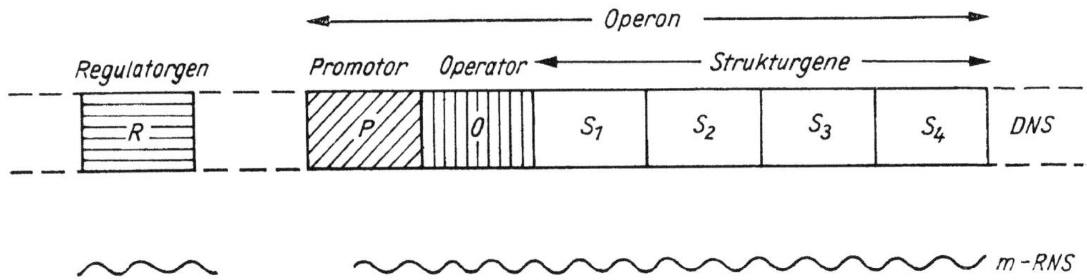

Bild 2.5.1.a. Regulationseinheit des Genoms
Die Einheit besteht aus einem Operon (Promotor, Operator und wechselnde Anzahl von Strukturgenen) und einem (weiter entfernt liegenden) Regulatorgen [8]

Operator frei und funktionsfähig, die Enzymsynthese kann ablaufen. Im Falle der *reprimierbaren Enzymsynthese* wird in Gegenwart eines *Co-Repressors* das Repressorprotein (das bei Abwesenheit des Corepressors keine Bindung mit dem Operatorgen eingehen kann) so verändert, daß es nunmehr mit dem Operatorgen in Wechselwirkung tritt, d. h. dessen Funktion blockiert. Die Enzymsynthese wird gehemmt bzw. unterbunden. Die folgenden Schemata veranschaulichen das Regelverhalten durch Induktion und Repression (Bilder 2.5.1.b und 2.5.1.c).
Da als Co-Repressoren in den meisten Fällen die Endprodukte einer Reaktionskette wirken, spricht man auch von *Endproduktrepression*. Dieser Begriff darf nicht mit der *Endprodukthemmung* eines *allosterischen Enzyms* verwechselt werden (vgl. 2.5.2.). Im Falle der Endproduktrepression wird die *Anzahl* der Enzymmoleküle reduziert,

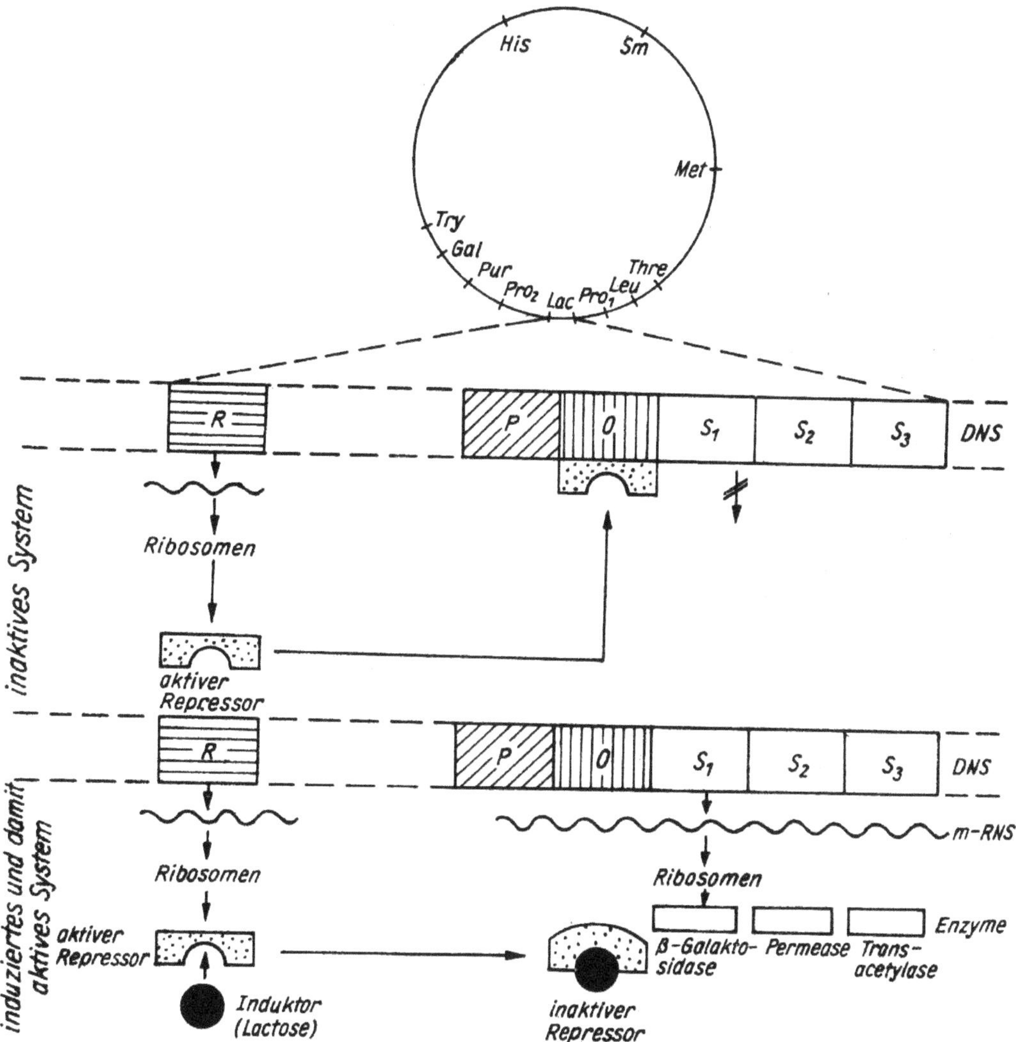

Bild 2.5.1.b. Induktion der Enzymsynthese am Beispiel des lac-Operons
Der Kreis stellt das Chromosom von Escherichia coli dar, auf dem die Lactase-Region und einige andere genetische Bereiche eingetragen sind (His Histidin, Sm Streptomycin, Met Methionin, Thre Threonin, Leu Leucin, Pro Prolin, Lac Lactose, Pur Purin, Gal Galaktose, Try Tryptophan) [8]

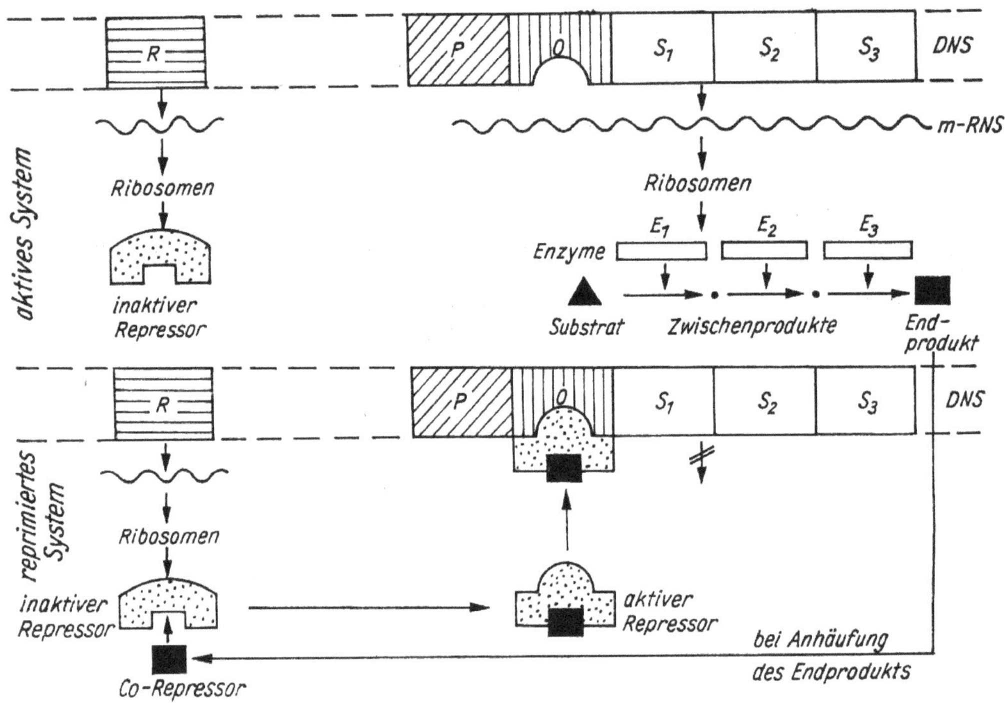

Bild 2.5.1.c. Repression der Enzymsynthese [8]

während bei der Endprodukthemmung bei gleichbleibender Zahl der Enzymmoleküle lediglich deren *Aktivität* vermindert ist.

Ein Spezialfall der Endproduktrepression ist die *Katabolitrepression (katabolische Repression)*. Sie wird hervorgerufen durch Verbindungen (vielfach Abbauprodukte höher- bzw. hochmolekularer Substrate), die für die Zelle schneller verwertbar sind und somit dem erst nach Ablauf mehrerer Zwischenstufen zugänglichen Substrat vorgezogen werden. Ein bekanntes Beispiel ist die Katabolitrepression des Stärkeabbaus durch Glucose. Sie äußert sich bei einer auf einem stärkehaltigen Nährmedium wachsenden Mikroorganismenkultur dahingehend, daß bei Anwesenheit von Glucose stärkehydrolysierende Enzyme nicht gebildet werden, solange Glucose im Medium anwesend ist; nach Umsatz derselben setzt jedoch die Synthese amylolytischer Enzyme ein *(Glucoseeffekt)*.

Literatur

[1] *Clarke, P. H.:* Wissenschaftl. Welt **11** (1967) 11

[2] *Wallenfels, K.*, und *R. Weil:* Die Regulation der Proteinbiosynthese. In: *Wieland, T.*, und *G. Pfleiderer:* Molekularbiologie. Frankfurt/Main: Umschau Verlag 1967

[3] *Grummt, F.*, und *H. Bielka.* In: *Geissler, E.:* Desoxyribonucleinsäure, Schlüssel des Lebens. Berlin: Akademie-Verlag 1970, S. 70

[4] *Watson, J. D.:* Molecularbiology of the Gene, 2. Aufl. New York: *W. A. Benjamin*, Inc.: 1970

[5] *Günther, E.:* Grundriß der Genetik, 2. Aufl. Jena: VEB Gustav Fischer Verlag 1971

[6] *Geißler, E.* (Herausgeber): Meyers Taschenlexikon Molekularbiologie. Leipzig: VEB Bibliographisches Institut 1970

[7] *Jacob, F.*, und *J. Monod:* J. molecular Biol. **3** (1961) 318

[8] *Parthier, B.*, und *R. Wollgiehn:* Von der Zelle zum Molekül. Leipzig: Akademische Verlagsgesellschaft Geest & Portig K.-G. 1971

2.5.2. Regulation auf der Ebene der Enzymwirkung [1 bis 4]

Verschiedene in der Zelle ablaufende Reaktionsfolgen können einer regulatorischen Kontrolle dergestalt unterliegen, daß das Endprodukt einer Reaktionskette auf dasjenige Enzym, das den *ersten* Reaktionsschritt katalysiert, aktivitätsverändernd einwirkt. Zwischenprodukte erweisen sich hierbei als unwirksam; alle anderen Enzyme der Kette, die „hinter" dem *regulatorischen Enzym* liegen, sind in der Regel durch Zwischen- und Endprodukte nicht hemmbar (Bild 2.5.2.a). Ein gut untersuchtes

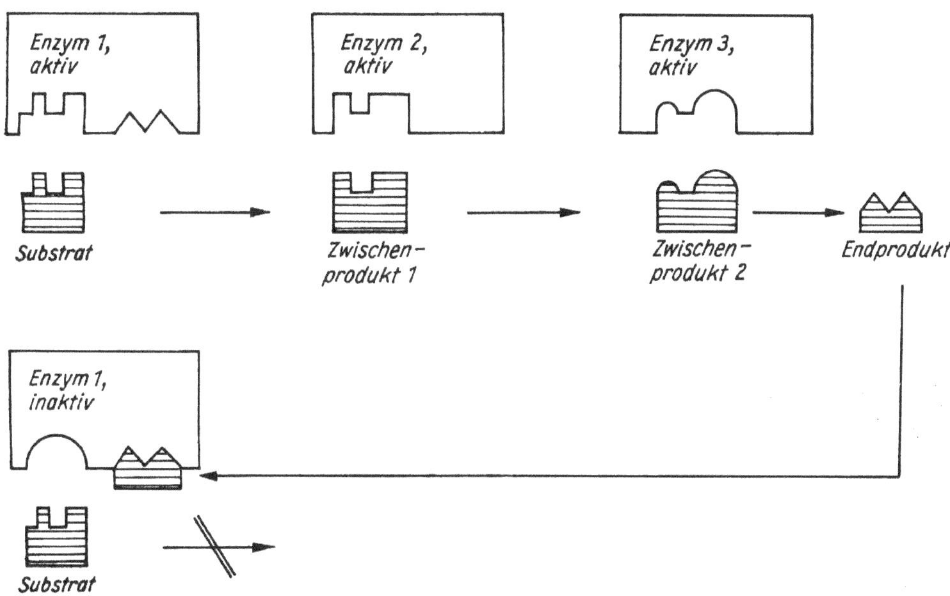

Bild 2.5.2.a. Hemmung der Enzymaktivität durch Rückkopplung (allosterischer Effekt) [9]

Beispiel für ein derartiges regulatorisches Enzym ist die *Aspartatcarbamyltransferase*, das erste für die Biosynthese der Pyrimidin-Derivate spezifische Enzym [5] (Bild 2.5.2.b). Bei genügend hoher Konzentration an Cytidin-5'-triphosphat wird die Aktivität der Aspartatcarbamyltransferase gehemmt und somit eine überschüssige Produktion dieser Verbindung verhindert. Da die Regulation des Schlüsselenzyms einer Stoffwechselkette durch das Endprodukt dieser Kette bewirkt wird, spricht man auch von *Endproduktrückkopplung* oder von *Endprodukthemmung* (engl. *feedback inhibition, feedback control, retroinhibition*).

Das Enzym, dem eine solche Reglerfunktion zukommt, hat verschiedene Eigenschaften, wodurch es sich von nichtregulatorischen Enzymen unterscheidet. So stehen regulatorische Enzyme oft an Verzweigungen oder an Kreuzungspunkten des Intermediärstoffwechsels. Es führen z. B. von der Asparaginsäure verschiedene Wege zu Aminosäuren; Carbamylphosphat ist an der Arginin- und Harnstoffsynthese beteiligt.

Ein Charakteristikum regulatorischer Enzyme ist ihre von der klassischen *Michaelis-Menten*-Theorie abweichende Kinetik. Trägt man die Reaktionsgeschwindigkeit gegen die Substratkonzentration auf, so erhält man nicht das übliche hyperbelförmige *(Michaelis-Menten-)*Kurvenbild, sondern einen S-förmigen Verlauf *(sigmoide Kurven)*

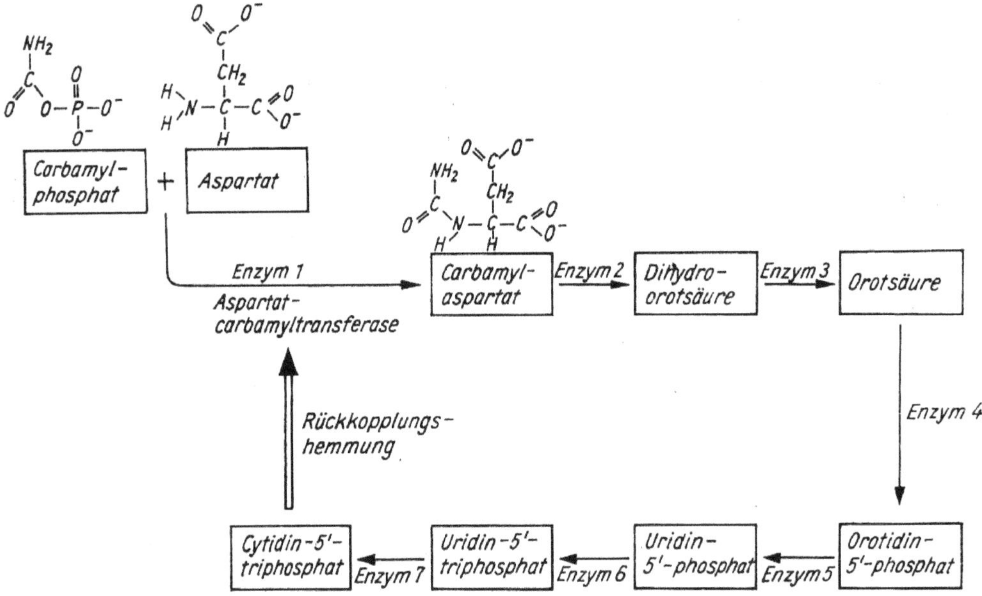

Bild 2.5.2.b. Synthese von Pyrimidinnucleotiden [10]

(Bild 2.5.2.c). Bei niedriger Substratkonzentration ist die Umsatzrate sehr klein, sie wächst jedoch mit steigender Substratkonzentration fast exponentiell an. Für die Interpretation dieses Effektes ist von Interesse, daß sich das Enzymprotein durch bestimmte äußere Einwirkungen (vorsichtiges Erwärmen, Zusatz von Harnstoff, Sulfhydrylreagentien u. a.) offenbar so verändern läßt, daß seine regulatorische Funktion verlorengeht. Gleichzeitig setzt die normale *Michaelis-Menten*-Kinetik ein.

Bei den Enzymen der vorangehend beschriebenen Art handelt es sich um *allosterische Enzyme* (Bild 2.5.2.d). Diese erfahren im Verlauf des katalytischen Prozesses eine Änderung ihrer *Tertiärstruktur*. Das Enzymprotein kann unter bestimmten Bedin-

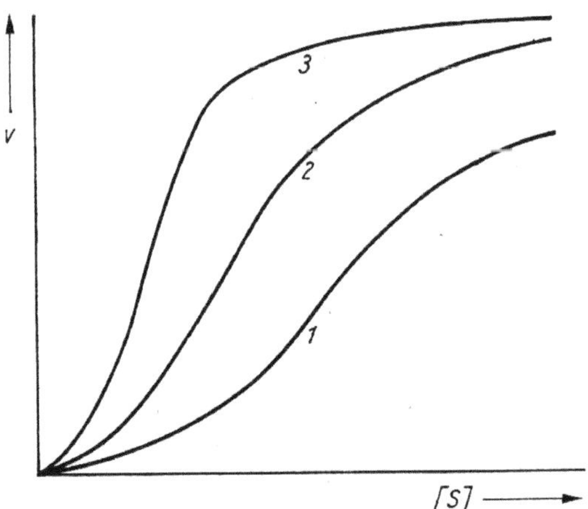

Bild 2.5.2.c. Substratabhängigkeit eines regulatorischen Enzyms
(1) Zugabe eines Inhibitors (negativer Effektor) (2) Kontrolle (3) Zugabe eines Aktivators (positiver Effektor)

gungen (Einwirkung von Substraten, bestimmten metabolischen oder nichtmeta-
bolischen Stoffen) in mehreren, mindestens 2 verschiedenen Konformationen auftreten, die als *T-* (engl. *tense-*) und als *R-* (engl. *relaxed-*) *Struktur* bezeichnet werden
und miteinander im Gleichgewicht stehen (Bild 2.5.2.e).

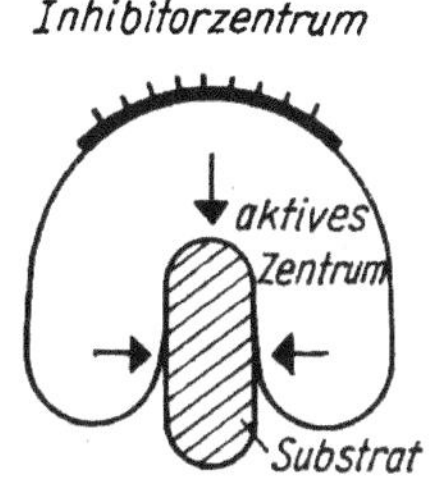

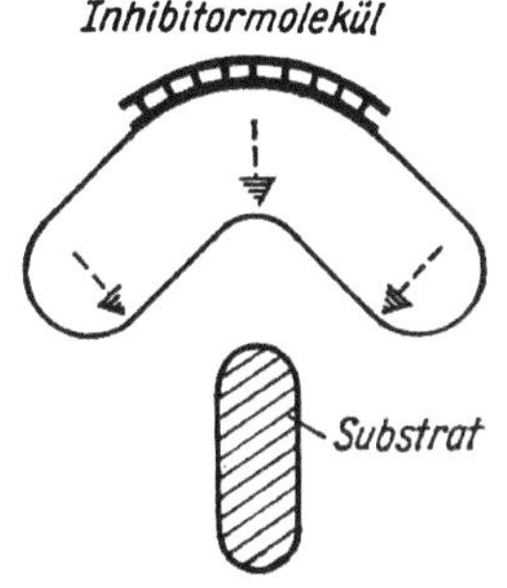

Bild 2.5.2.d. Schema der allosterischen Hemmung
Wenn sich ein Inhibitor an das Enzymmolekül anlagert,
wird die Struktur des Enzyms derart verändert, daß eine
Reaktion mit dem Substrat nicht mehr möglich ist [11]

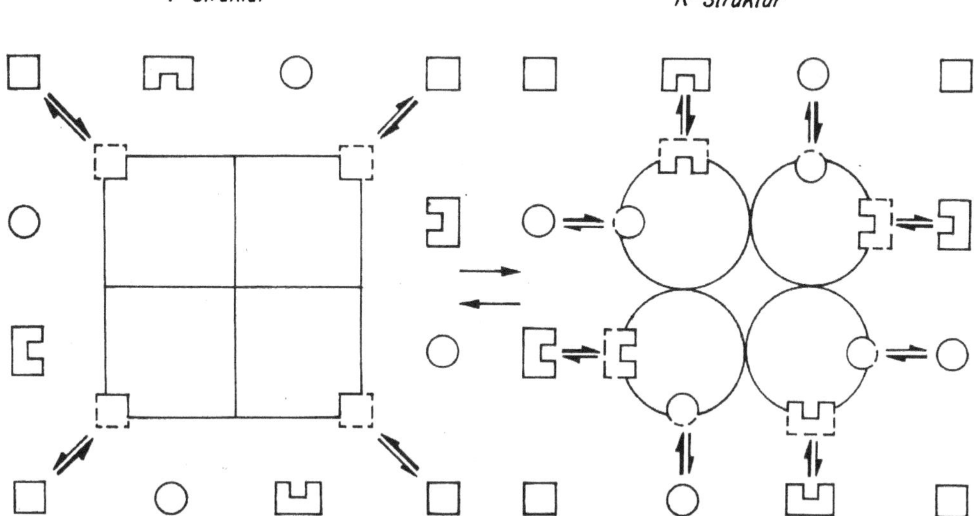

Bild 2.5.2.e. Modell der Wirkungsweise eines aus 4 Untereinheiten bestehenden allosterischen En-
zyms [6]
○ *Aktivator* □ *Inhibitor* ⊟ *Substrat*

Die bisher bekannten allosterischen Enzyme sind aus mehreren Untereinheiten
(Protomeren) aufgebaut und haben offenbar mehrere, zumindest 2 verschiedene, räum-
lich voneinander getrennte, jedoch miteinander in Wechselwirkung stehende Bindungsstellen für Liganden, von denen die eine für die Katalyse der Reaktion *(aktives
Zentrum)* und die andere *(regulatorisches Zentrum, allosterischer Bindungsort)* für
die Bindung bestimmter *allosterischer Effektoren* verantwortlich ist.
Als Liganden (a) kommen die Substrate *(homotrope Effektoren)* in Frage; sie werden
am aktiven Zentrum gebunden und lösen einen *kooperativen Effekt* aus, d. h., sie
bewirken den Übergang von einem inaktiven zu einem aktiven Konformationszustand und steigern die Enzymaktivität. Andere Liganden (b) wiederum *(heterotrope
oder allosterische Effektoren)* sind mit dem Substrat gewöhnlich nicht struktur-
verwandt. Sie greifen – im Unterschied zu den homotropen Effektoren – nicht am
aktiven Zentrum, sondern am allosterischen Bindungsort an. Handelt es sich um
allosterische Aktivatoren, dann bewirken sie – wie die Substrate – eine Steigerung der
Aktivität *(kooperativer Effekt),* sind es hingegen *allosterische Inhibitoren,* dann wird
das Enzym in einen weniger aktiven Konformationszustand übergeführt; es kommt
zu einem Aktivitätsverlust *(antagonistischer Effekt).* Die Bildung von *Konformeren* (d. h.
von Enzymen mit unterschiedlichen Konformationszuständen, vgl. 2.2.3.) beruht
auf einer reversiblen Änderung der Tertiärstruktur. Hierdurch wird ein weiterer
Regel- und Steuermechanismus ermöglicht, mit dessen Hilfe der Organismus äußerst
rasch auf äußere Einwirkungen reagieren kann.
Für den Mechanismus bei dieser Konformationsänderung sind von *Monod* u. a. [7]
sowie von *Koshland* u. a. [8] 2 Modelle entwickelt worden *(allosterischer Mechanismus, sequentieller Mechanismus),* die beide den sigmoiden Verlauf der Substrat-
sättigungskurve erklären können.
Nach *Monod* u. a. kann das Enzym in mindestens 2 Konformationszuständen vorliegen, die in einem dynamischen Gleichgewicht stehen. Der inaktive Grund-
zustand (T) entfaltet hierbei gegenüber dem Substrat eine geringere Affinität als der
aktive Zustand (R). Die Affinität beider Konformationszustände zu anderen Liganden ist ebenfalls unterschiedlich. Dies gilt in gleicher Weise für sämtliche Untereinheiten des Enzymmoleküls. Befinden sich z.B. sämtliche Moleküle eines aus 4 Untereinheiten bestehenden (tetrameren) Enzyms – bei Abwesenheit von Liganden –
im Vorgleichgewicht, dann ist dieses zugunsten der inaktiveren T-Struktur verscho-
ben. Wird ein Substrat (Ligand) zugeführt, dann bewirkt dessen Bindung an nur eine
Untereinheit des tetrameren Moleküls in einem Alles-oder-Nichts-Vorgang das
Umschlagen sämtlicher Teilstücke der *kooperativen Einheit* in den Konformationszustand R, d. h., ein Teil der Moleküle mit T-Konformation geht in die R-Struktur
über. Da die Untereinheiten mit R-Konformation gegenüber dem Substrat eine
erhöhte Affinität aufweisen *(homotrope Wechselwirkung),* kommt es zu beschleunigter
Substratbeladung. Dieser Effekt verstärkt sich mit zunehmender Substratkonzentration. Mit Erhöhung des Beladungszustandes verschiebt sich das Gleichgewicht
immer mehr zugunsten der R-Form, weil die im R-Zustand befindlichen Moleküle
ihrerseits eine Konformationsumwandlung anderer Moleküle begünstigen. Dieses
Verhalten erklärt den sigmoiden Verlauf der Kurve v gegen [S]. Die beiden Zustände
haben eine verschiedene Affinität zu sämtlichen allosterischen Effektoren, die ihrerseits eine Steigerung der Aktivität gegenüber dem Substrat (kooperativer Effekt
durch Aktivatoren) oder aber eine Hemmung derselben (antagonistischer Effekt
durch Inhibitoren) bewirken können.
Nach dem *Koshland*-Modell ändert jede Untereinheit ihre Struktur unabhängig von
den anderen Teilstücken, es treten somit *Hybride* (Moleküle mit Untereinheiten unterschiedlicher Konformation) auf. Die T-Formen der Hybride sind völlig inaktiv, die

(beladenen) R-Formen aktiv. Die zunehmende Bindung von Liganden führt zu einer sequentiellen Überführung des tetrameren Moleküls aus dem völlig inaktiven Zustand zum völlig aktiven. Wiederum erleichtert der einmal gebundene Ligand die Affinität der benachbarten Untereinheit für einen weiteren Ligand.

Literatur

[1] *Frisch, L.:* Vortrag gelegentlich des Cold Spring Harbor Symposiums 1960
[2] *Hess, B.:* Nova Acta Leopoldina **33** (1968) 195
[3] *Kirschner, K.:* Naturwissenschaften **56** (1969) 232
[4] *Hofmann, E.:* Wiss. Z. Karl-Marx-Univ. Leipzig **17** (1968) 597
[5] *Gerhard, J. C.,* und *A. B. Pardee:* J. biol. Chemistry **237** (1962) 891
[6] *Kirschner, K.:* Ergebn. Mikrobiol., Immunitätsforsch. exp. Therap. **44** (1968) 123
[7] *Monod, J., J. Wyman* und *J. P. Changeux:* J. molecular Biol. **12** (1965) 88
[8] *Koshland, D. E., G. Némenthy* und *D. Filmer:* Biochemstry **5** (1966) 365
[9] *Parthier, B.,* und *R. Wollgiehn:* Von der Zelle zum Molekül. Leipzig: Akademische Verlagsgesellschaft Geest & Portig K.-G. 1971
[10] *Knippers, R.:* Molekulare Genetik. Stuttgart: Georg Thieme Verlag 1971
[11] *Straub, F. B.:* Enzyme, Moleküle, Lebenserscheinungen. Leipzig: Akademische Verlagsgesellschaft Geest & Portig K.-G. 1972

2.6. Klassifizierung und Nomenklatur [1 bis 4]

Die Einteilung der Enzyme erfolgte lange Zeit uneinheitlich und wurde verschieden gehandhabt. Ursprünglich verwendete man nur Trivialnamen, z. B. Diastase, Emulsin, Pepsin, Ptyalin, Trypsin. Später wurde die Benennung des Enzyms durch Anhängen der Endung „-ase" an das von ihm umgesetzte Substrat vorgenommen. Hieraus resultieren die heute noch gebräuchlichsten Namen, z. B. Peptidase, Proteinase, Maltase, Amylase. In anderen Fällen erfolgte die Bezeichnung nach der *Reaktion, die katalysiert wird,* so daß z. B. die Bezeichnungen Carbohydrase, Dehydrogenase, Esterase und Transferase entstanden. Die meisten dieser Begriffe sind heute noch gebräuchlich. Je mehr Enzyme jedoch gefunden und auch charakterisiert wurden, desto dringlicher wurde die Forderung nach ihrer einheitlichen Benennung. Im Jahre 1961 – und leicht modifiziert im Jahre 1964 – hat die *Enzymkommission der Internationalen Union für Biochemie* eine *Systematik zur Nomenklatur und Klassifizierung der Enzyme* veröffentlicht, die den *Reaktionstyp* sowie das *umgesetzte Substrat* berücksichtigt bzw. erkennen läßt; daneben werden Trivialnamen beibehalten bzw. vorgeschlagen, die für den täglichen Umgang bestimmt sind. Diese Systematik ist im Jahre 1972 von der *Kommission für Biochemische Nomenklatur der Internationalen Union für Reine und Angewandte Chemie (IUPAC)* und der *Internationalen Union für Biochemie (IUB)* ergänzt und erweitert worden [5].
Nach dem Vorschlag der Enzymkommission, der sich inzwischen allgemein durchgesetzt hat, werden die Enzyme in *6 Hauptklassen* untergliedert, und zwar in

1. Oxydoreduktasen
2. Transferasen
3. Hydrolasen

4. Lyasen
5. Isomerasen
6. Ligasen

Zu jeder dieser Klassen gehören *Untergruppen,* die – je nach der katalysierten Reaktion – *zum Teil weiter gegliedert* werden. Die Untergruppenbezeichnung ist oft mit einem Trivialnamen identisch.

Oxydoreduktasen sind wasserstoff- und elektronenübertragende Enzyme und für die *Oxydations-* und *Reduktionsprozesse* verantwortlich. Sie werden wie bereits gesagt in mehrere Untergruppen *(Dehydrogenasen, Oxydasen, Hydroxylasen, Oxygenasen)* eingeteilt. Bekannte Enzyme dieser Hauptklasse sind z. B. Succinodehydrogenase, Alkoholdehydrogenase, Cytochromoxydase, Glucoseoxydase, Peroxydase, Phenyl-alanin-4-Hydroxylase, Tryptophanoxygenase.

Transferasen sind bei der *Übertragung* einer *chemischen Gruppe* von einem *Donor-* auf ein *Akzeptor-Substrat* beteiligt. Die Gliederung in Untergruppen erfolgt nach der chemischen Zusammensetzung der zu übertragenden chemischen Gruppe. Es können transferiert werden *Ein-Kohlenstoff-Verbindungen, Aldehyd-* oder *Ketogruppen, Acyl-reste, Zucker* sowie *stickstoff-, phosphor-* oder *schwefelhaltige Verbindungen.* Die aus diesen Reaktionstypen sich ableitenden Untergruppen werden ihrerseits weiter unter-gliedert, wobei als Beispiele für Sub-Sub-Gruppen genannt seien: Formyltransferasen, Transketolasen, Acetyltransferasen, Glykosyltransferasen, Aminotransferasen (Trans-aminasen), Phosphotransferasen (Kinasen), CoA-Transferasen.

Hydrolasen katalysieren hydrolytische, also *Spaltungs-* und *Kondensationsreaktionen* unter Beteiligung von *Wasser.* Ihre weitere Differenzierung in Untergruppen erfolgt nach der Art der gespaltenen Verknüpfungen, so z. B. nach der Einwirkung auf *Ester-, Glykosid-, Peptid-, C—N-, Säureanhydrid-, C—C-, Halogen-* oder *P—N-Bindungen.* Als Beispiele für hieraus sich ableitende Sub–Sub-Gruppen seien ange-führt: Lipasen, Phosphatasen, Amylasen, Glykosidasen, Nucleosidasen, Peptidasen (Proteasen), Amidasen, Pyrophosphatasen, ATPasen, Phosphoamidasen.

Lyasen trennen auf *nichthydrolytischem Wege* bestimmte Gruppen von ihren Sub-straten ab bzw. fügen diese an, und zwar unter *Zurücklassung* einer *Doppelbindung* bzw. unter *Addition von Gruppen an Doppelbindungen.* Man unterscheidet – je nach dem Typ der reagierenden Bindung – 4 *Untergruppen (C—C-, C—O-, C—N-* und *C—S-Lyasen).* Bekannte Vertreter dieser Hauptklasse sind die Carboxylasen (De-carboxylasen), Aldolasen, Dehydratasen (z. B. Fumarase, Aconitase), Ammoniak-Lyasen, Argininosuccinase, Cysteindesulfhydrasen.

Isomerasen katalysieren die *reversible Umwandlung isomerer Verbindungen.* Man unter-teilt diese Klasse in die Untergruppen der *Racemasen* und *Epimerasen, Cis-trans-Isomerasen, intramolekulare Oxydoreduktasen, intramolekulare Transferasen (Mu-tasen)* und *intramolekulare Lyasen.* Als Vertreter dieser Hauptklasse seien genannt: Aminosäureracemasen, Galaktowaldenase (Trivialname), Fettsäure-cis-trans-Isomera-sen, Zuckerphosphatisomerasen, Phosphoglucomutase.

Ligasen (früher auch als *Synthetasen* bezeichnet) bewirken die *Vereinigung zweier Moleküle* unter *gleichzeitiger Spaltung einer energiereichen Bindung* (z. B. in den Nu-cleosidtriphosphaten). Sie werden unterteilt in 4 *Untergruppen,* die *C—O-, C—S-, C—N-* und *C—C-*Bindungen bilden können. In diese Hauptklasse gehören amino-säureaktivierende Enzyme (Aminosäure-RNS-Ligasen), Acyl-CoA-Synthetasen, Glut-aminsynthetase, Pyruvatcarboxylasen u. a. m.

Der *systematische Name* besteht aus *2 Teilen,* wobei der erste Teil das *Substrat* bzw. das *Coenzym* benennt und der zweite Teil mit der Endung „*-ase*" den *Reaktionstyp* anzeigt. So erhält z. B. die β-Glucosidase, welche die Reaktion

$$\beta\text{-D-Glucosid} + H_2O \rightarrow \text{D-Glucose} + \text{Aglykon}$$

katalysiert, die Bezeichnung

β-D-Glucosido-Glucohydrolase, EC[1] 3.2.1.21.

---

[1] EC: Enzym-Klassifikation (engl. enzyme classification), erarbeitet von der Enzymkommission der Internationalen Union für Biochemie (IUB)

Als Substrat wird „β-D-Glucosid" angegeben, und es wird ausgesagt, daß Glucose hydrolytisch von diesem Substrat abgespalten wird. Das Enzym wird außerdem mit der Nomenklatur-Nummer EC 3.2.1.21. gemäß der Internationalen Enzym-Klassifikation versehen.

Bei *gruppenübertragenden Enzymen* wird der Donator zuerst genannt. Es folgen, durch Doppelpunkt getrennt, der Akzeptor sowie anschließend die übertragene Gruppe mit der Endung „*-transferase*". So überträgt das unter dem Trivialnamen *Pyruvatkinase* bekannte Enzym eine Phosphatgruppe von ATP auf Pyruvat:

$$ATP + Pyruvat \rightleftharpoons ADP + Phosphoenolpyruvat$$

Die systematische Bezeichnung lautet demzufolge *ATP: Pyruvatphosphotransferase*; EC 2.7.1.40.

Man verwendet beim täglichen Umgang mit Enzymen im allgemeinen auch weiterhin die Trivialnamen. Zu ihrer genaueren Charakterisierung wird in der internationalen Literatur wie auch in diesem Buch zusätzlich die Bezeichnung gemäß Enzym-Nomenklatur angeführt.

Ist ein Enzym im Inneren der Zelle lokalisiert und bedarf es zu seiner Freisetzung spezieller Aufschlußmethoden, dann spricht man von einem *intrazellulären Enzym*. Im Unterschied hierzu werden *extrazelluläre Enzyme* von der Zelle ausgeschieden bzw. an das sie umgebende Medium abgegeben. *Ektoenzyme* sind an der Zellwand verankert, sie werden jedoch nur nach außen wirksam. Es versteht sich von selbst, daß eine strenge Abgrenzung zwischen diesen 3 Gruppen nicht immer möglich ist und Übergänge bestehen. Besonders zu beachten ist, daß man die am Kettenende eines Makromoleküls wirkenden Enzyme als *Exoenzyme* (z. B. Exopeptidase), Exopolygalakturonase) und die im Inneren des Substratmoleküls angreifenden Biokatalysatoren als *Endoenzyme* (z. B. Endopeptidase, Endopolygalakturonase) bezeichnet. Verschiedentlich werden in der Literatur die Begriffe „Endoenzym" bzw. „Exoenzym" anstelle von „intrazelluläres Enzym" bzw. „extrazelluläres Enzym" verwendet; diese Bezeichnungen führen zu Irrtümern und sollten vermieden werden.

Literatur

[1] Report of the Commission on Enzymes of the International Union of Biochemistry 1961. Oxford–London–New York–Paris: Pergamon Press 1961

[2] Enzyme Nomenclature. Recommendations 1964 of the International Union of Biochemstry. Amsterdam–London–New York: Elsevier Publ. Comp. 1965

[3] *Florkin, M.,* und *E. H. Stotz:* Comprehensive Biochemistry. Bd. 13: Enzyme Nomenclature, 2. Aufl. Amsterdam–London–New York: Elsevier Publ. Comp. 1965

[4] *Barman, T. E.:* Enzyme Handbook, Band 1 und 2. Berlin–Heidelberg–New York: Springer-Verlag 1969

[5] Enzyme Nomenclature. Recommendations (1972) of the International Union of Pure and Applied Biochemistry and the International Union of Biochemistry. Amsterdam–New York: Elsevier Scientific Publ. Comp. and American Elsevier Publ. Comp., Inc. 1973

2.7.   Isoenzyme

Nach den Empfehlungen der *Enzymkommission der Internationalen Union für Biochemie* [1] sind unter *Isoenzymen (Isozymen)* multiple Formen eines Enzyms zu verstehen, die in *einem* Organismus vorkommen und ein und dieselbe Reaktion katalysieren, die jedoch hinsichtlich ihrer physikalischen, chemischen, strukturellen

oder immunchemischen Eigenschaften voneinander abweichen und offensichtlich –
genetisch bedingt – Unterschiede bei ihrer Biosynthese aufweisen. Mit dieser Definition werden die Isoenzyme von den *isodynamischen Enzymen* abgegrenzt, welche
die gleiche Reaktion katalysieren, jedoch *verschiedenen* Organismen angehören. Ein
Beispiel für das Vorliegen isodynamischer Enzyme ist die Aldolase in Hefe oder aber
in tierischen Geweben. Von *Wieland* und *Pfleiderer* [2] ist hierfür der Begriff *Hetero-
enzym* vorgeschlagen worden. Dazu sollten nach diesen Autoren auch die in *verschiedenen* Geweben *eines* Organismus nachgewiesenen Enzyme gezählt werden, z. B.
die α-Amylase des menschlichen Speichels und die des Pankreas. Dagegen sind die
bei einer Fraktionierung von Geweben und die in einer *Einzelzelle* von Makro-
und Mikroorganismen nachgewiesenen *multiplen Enzymformen* ebenfalls in den
Terminus *Isoenzym* einzubeziehen. Als Isoenzym zu bezeichnen sind auch solche
Formen, die unter Beibehaltung ihrer katalytischen Eigenschaften durch äußere Eingriffe (z. B. Einwirkung von Proteasen) *künstlich* in ihrer Struktur gewisse *Abände-
rungen* erfahren haben, wie dies z. B. von *Kaji* [3] bei Hefehexokinase beschrieben worden ist. Aus genetischer Sicht sind *unigene* und *multigene* Isoenzyme zu unterscheiden,
je nachdem, ob sie unter der Kontrolle von einem bzw. von zwei oder mehreren Genen
gebildet worden sind.
Wie bereits erörtert, kennt man zahlreiche Enzyme, die zwar die gleiche Herkunft
und auch die gleiche Wirkung haben, bei denen jedoch durch reversible *Konformationsänderung* eine unterschiedliche Tertiärstruktur des Proteins vorliegen kann.
Da ihre Variabilität in erster Linie in der Allosterie zu suchen ist, wobei zur katalytischen Wirkung eine Selbstregulierung durch Steuerung und Rückkopplung hin-
zukommt, bezeichnet man diese Enzyme nach dem Vorschlag von *Wieland* u. a. [2]
auch als *Isoalloenzyme.*
Nach neueren Empfehlungen der *IUPAC-IUB-Kommission* zur biochemischen Nomenklatur [4] ist der Begriff *Isoenzym* auf jene multiplen Formen von Enzymen be-

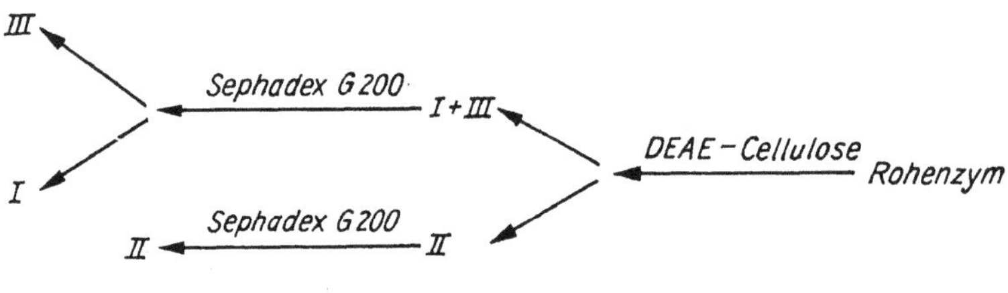

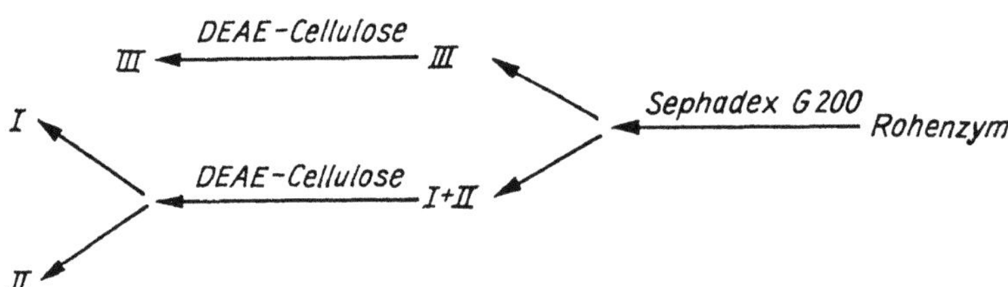

*Bild 2.7.a. Schematische Darstellung der Auftrennung eines aus Endomycopsis spec.
gewonnenen Glucoamylase-Rohenzyms in jeweils 3 Isoenzyme durch säulenchromatographische Fraktionierung mittels DEAE-Cellulose und Sephadex G-200 [17]*

schränkt worden, die auf genetisch bedingte *Differenzen in der Primärstruktur* des Proteins zurückzuführen sind.

Eine große Anzahl bereits fraktionierter und charakterisierter Isoenzyme hat in den Monographien von *Wilkinson* [5] und *Beckman* [6] sowie im Rahmen eines 1966 in New York abgehaltenen Kongresses [7] eine umfassende Darstellung gefunden. Hierbei sind vorzugsweise intrazelluläre Vertreter, in der Mehrzahl solche aus Organen der *Säuger*, beschrieben worden. In zunehmendem Maße werden Isoenzyme aber auch in *Mikroorganismen* nachgewiesen, wobei es sich sowohl um intrazelluläre wie auch um extrazelluläre Komponenten handeln kann. Von den zuletzt genannten seien z. B. α-Amylase [8], Glucoamylase [9], Polygalakturonase [10] und Protease [11] angeführt, bei denen multiple Formen bekannt sind.

Die Trennung von Enzymen in mehreren Komponenten (Bild 2.7.a) ist vor allem durch die verschiedenen Formen der Säulenchromatographie, vorzugsweise der Gel- und Ionenaustauschchromatographie, möglich geworden. Hinzu kommen spezielle

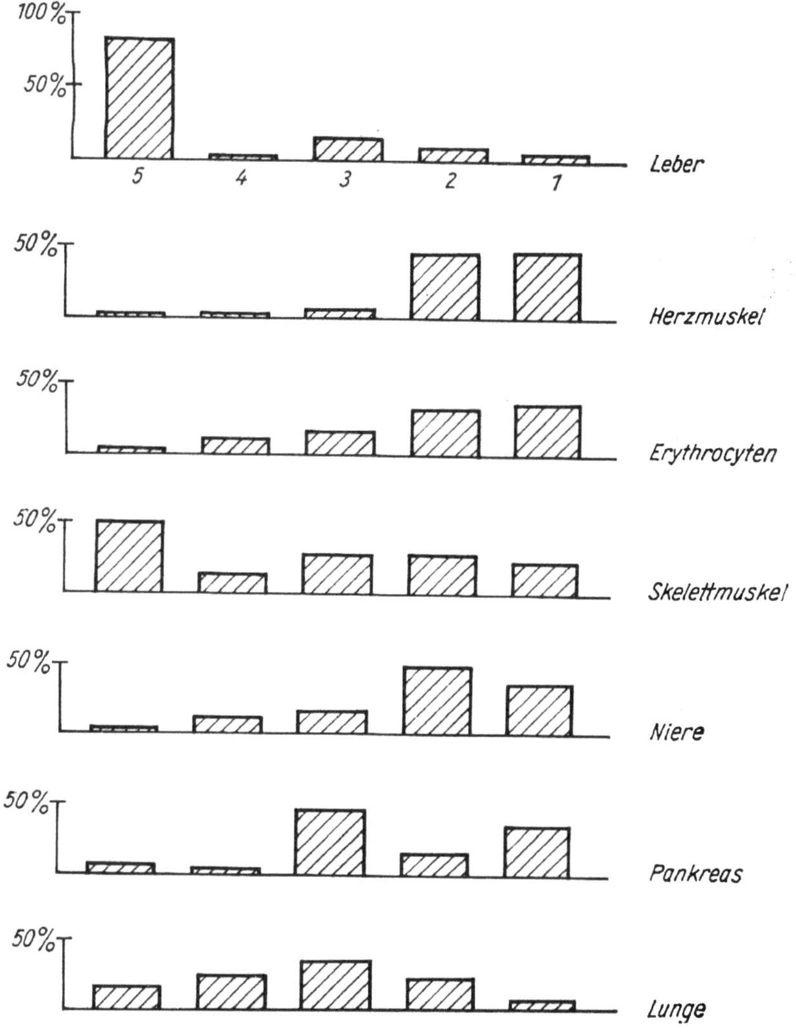

Bild 2.7.b. *Verteilung der Lactatdehydrogenase-Isoenzyme 1 bis 5 in verschiedenen Organen des Menschen* [13]

Methoden der Elektrophorese, sei es auf Papier, auf Stärke-, Agar- oder Polyacrylamidgel [12].

Ein schlüssiges Urteil über die Funktion der Isoenzyme – deren Vielfalt zweifellos
durch die genetisch bedingten Variationsmöglichkeiten im Verlauf der Evolution
zustandekommt – im Stoffwechsel und ihre Bedeutung läßt sich noch nicht fällen;
es setzt neben der allseitigen Charakteristik auch die Kenntnis der die Bildung der
Isoenzyme steuernden Systeme voraus. Sie dürften jedoch bei der Regulierung des
Stoffwechsels mitwirken. Bild 2.7.b veranschaulicht die Verteilung der *Lactatdehydro-
genase- (LDH-) Isoenzyme 1 bis 5* in menschlichen Organen. Die Aktivität der LDH 1
und 5 sind beispielsweise in unterschiedlichem Maße von der Konzentration an *Pyruvat*
abhängig. Während die LDH 1 des *Herzmuskels* – in diesem Organ in wesentlich
stärkerer Konzentration vertreten als LDH 5 – ihre höchste Aktivität bereits bei
$0,15$ mM Pyruvat entfaltet, wirkt LDH 5 erst bei $1,2 M$ Pyruvatkonzentration optimal. Dies bedeutet, daß im Herzmuskel eine starke Pyruvatanreicherung (als Folge
einer stärkeren Belastung) verhindert wird. *Wilson* u. a. [13] haben nachgewiesen, daß
beispielsweise die Relation der Lactatdehydrogenasen des *Brustmuskels der Vögel*
sich auf deren Fluggewohnheiten auswirkt. Bei Vögeln mit hoher Flugausdauer ist
der Anteil der bei hoher Pyruvatkonzentration optimal wirkenden LDH 5 besonders
hoch.

Aus *Escherichia coli* sind 3 Aspartatkinasen isoliert worden. Diese Enzyme katalysieren die Reaktion

$$\text{Aspartat} + \text{ATP} \xrightarrow{\text{Aspartatkinase}} \text{Aspartylphosphat} + \text{ADP}$$

und sind bei der Biosynthese der Aminosäuren Methionin, Lysin, Threonin und Iso-
leucin beteiligt. Von den genannten 3 Isoenzymen wird das eine durch Threonin
und ein anderes durch Lysin gehemmt. Durch Vorliegen mehrerer Aspartatkinasen
ist der Ablauf der Phosphorylierung somit auch bei Vorhandensein von Threonin
oder Lysin sichergestellt.

Aus der Zusammensetzung der Isoenzyme in einem bestimmten Organ ergeben sich
wichtige Aufschlüsse, die in der *Medizin* gegenwärtig als diagnostisches Hilfsmittel
zur Erkennung von *pathologischen Gewebsveränderungen* herangezogen werden
[14 bis 16]. Bei derartigen Störungen ist die Permeabilität der Zellwände erhöht, das
Enzymmuster kann in das Blut übertreten und der analytischen Erfassung zugänglich
werden. Beispielsweise ist der Überschuß von *Lactatdehydrogenase* 1 und 2 im Blutserum für den *Myocardinfarkt* charakteristisch, während ein Überwiegen der Komponenten 4 und 5 bei *Hepatitis* nachgewiesen wird.

Die genannten Beispiele, die lediglich ein orientierendes Bild über die Funktion der
Isoenzyme vermitteln, lassen erkennen, daß diesen variablen Enzymformen bei der
Regulation verzweigter Biosyntheseketten eine biochemische Bedeutung zukommt.

Literatur

[1] Enzyme Nomenclature. Recommendations 1964 of the International Union of Biochemstry.
 Amsterdam–London–New York: Elsevier Publ. Comp. 1965
[2] *Wieland, T.*, und *G. Pfleiderer:* Angew. Chem. **74** (1962) 261
[3] *Kaji, A., K. A. Trayser* und *S. P. Colowick:* Ann. New York Acad. Sci. **94** (1961) 798
[4] IUPAC-IUB Commission on Biochemical Nomenclature: Arch. Biochem. Biophysics **147**
 (1971) 1
[5] *Wilkinson, J. H.:* Isoenzymes, 2. Aufl. London: E. &. F. N. Spon Ltd. 1971
[6] *Beckman, L.:* Isoenzyme Variations in Man. Basel–New York: *S. Karger* 1966

[7] Multiple Molecular Forms of Enzymes. In: Ann. New York Acad. Sci. **151** (1968) 85, ref. C. A. (1969) 17145, u

[8] *Vecher, A. S.*, und *V. P. Maksimova:* Vesti Akad. Nauk Beloruss. SSR, Ser. Biyal. Nauk (1968) (3) 48, 127; ref. C. A. (1968), 103257, t

[9] *Ruttloff, H., A. Täufel, R. Friese* und *F. Zickler:* Z. allg. Mikrobiol. **10** (1970) 335

[10] *Rexová-Benková, L.*, und *A. Slézarik:* Collect. czechoslov. chem. Commun. **31** (1966) 122; *Rexová-Benková, L.:* diese Z. **32** (1967) 4504

[11] *Radola, B. J.:* Vortrag gelegentlich des FEBS-Special-Meetings über industrielle Aspekte der Biochemie, Dublin 1973

[12] *Brewer, G. J.:* Introduction to Isozyme Techniques. New York–London: Academic Press 1970

[13] *Wroblewski, F.:* Progr. Cardiovasc. Dis. **6** (1963) 63

[14] *Wilson, A. C., R. D. Cahn* und *N. O. Kaplan:* Nature **197** (1963) 331

[15] *Bergmeyer, H. U.:* Methoden der enzymatischen Analyse, 2. Aufl. Berlin: Akademie-Verlag 1970

[16] *Mullan, D. P.:* Studies in Clinical Enzymology. London: William Heinemann Medical Books Ltd. 1969

[17] *Ruttloff, H.:* Ann. Technol. agric. (Paris) **21** (1972) 287

2.8.   Unlösliche Enzyme

In Wasser unlösliche *(trägerfixierte, immobilisierte)* Enzyme lassen sich durch Umsetzung von Enzymen mit bestimmten *Trägern (polymere Matrix)* gewinnen [1]. Ihre Aktivität bleibt jedoch vollständig oder zumindest teilweise erhalten. Neben der Bedeutung unlöslicher Enzyme als Modellsubstanz für die Bearbeitung von Problemen auf dem Gebiet der Grundlagenforschung (bedingt durch die weitverbreitete Fixierung von Enzymen an zelluläre Strukturen) liegen ihrer zunehmenden Herstellung praktische Erwägungen zugrunde. Ein Nachteil der Verwendung von löslichen Enzymen für industrielle Zwecke besteht z. B. in dem in der Regel nur einmaligen Einsatz. Unlösliche Enzyme hingegen können nach Ablauf der gewünschten Reaktion aus dem Medium abgetrennt und wiederholt verwendet werden. Auch lassen sich mit ihrer Hilfe Umsetzungen in kontinuierlichem Fluß an Säulen herbeiführen. In vielen Fällen ist mit der Trägerfixierung der Enzyme zusätzlich eine Erhöhung ihrer Stabilität verbunden [2, 3].

Der *Träger* soll eine minimale Löslichkeit in Wasser bzw. wäßrigen Lösungen und eine hohe Affinität zum Protein und hohe mechanische Stabilität haben. Er soll sich resistent gegenüber Mikroorganismen verhalten sowie Substrat und Reaktionsprodukte nicht oder nur sehr wenig adsorbieren. Räumlicher Bau, Beschaffenheit der Oberfläche, Quellbarkeit und hydrophile bzw. hydrophobe Natur, elektrische Ladung usw. sind weitere Merkmale, die bei der Auswahl geeigneter Träger berücksichtigt werden müssen. Die *Menge* des an einen Träger kovalent zu fixierenden Enzyms beträgt in der Regel 1 ... 3%; es sind jedoch auch unlösliche Enzyme mit mehr als 30% gebundenem Protein bekannt.

Man kennt 4 prinzipielle Methoden, Enzyme unlöslich zu machen:

a) die *Adsorption* an inerte oder geladene Träger
b) die *kovalente Fixierung* an geeignete Träger
c) der *Einschluß* von Enzymen in geeignete Polymere
d) die *Vernetzung* von Enzymen

Der *Adsorption* von Enzymen an inerte oder geladene Träger (Cellulose, Kohle, Aluminiumoxid, Ionenaustauscher) steht immer eine mögliche Desorption gegenüber, die zu einer mehr oder minder schnellen Ablösung der Enzyme vom Träger führt.

Diesen Tatbestand nutzt man bekanntlich zur Enzymanreicherung und -reinigung. Trotz dieser Einschränkung haben Ionenaustauscher, insbesondere Cellulosederivate, große praktische Bedeutung für die Enzymfixierung.

Die *kovalente Fixierung* von Enzymen an geeignete Träger ist die am häufigsten geübte Methode, Enzyme unlöslich zu machen, da hierdurch ein Ablösen vom Träger verhindert wird. Als geeignete Substanzen dienen Polysaccharide und ihre Derivate, synthetische Polypeptide, Polystyrol sowie Glas [4]. Die Träger müssen dabei *reaktive Gruppen* tragen, die mit funktionellen Gruppen des Proteins unter weitgehend physiologischen Bedingungen reagieren können. (Bei den reaktiven Gruppen der Aminosäuren muß es sich um solche handeln, deren Blockierung nicht eine partielle oder totale Inhibierung des aktiven Zentrums des Enzyms bedeutet.) Solche reaktiven Gruppen des Trägers sind: Säurederivate, Alkylierungs- und Arylierungsreagenzien, Iso- und Isothiocyanate, Aldehydgruppen, Diazoniumverbindungen und Organoquecksilberverbindungen. Bei diesen Umsetzungen spielen *sterische Faktoren*, die die Reaktivität einer funktionellen Gruppe beeinflussen können, eine wichtige Rolle. Auch *anorganische* Träger, z. B. Glas, Kieselgel, können zusammen mit Silanderivaten, die reaktive Gruppen für das Enzymprotein enthalten, umgesetzt werden. Sie eignen sich ebenfalls zum Fixieren von Enzymen an Trägern. Einige Mechanismen der kovalenten Kupplung von Enzym und Träger sind folgende:

a) Kupplung an Carboxymethylcellulose über Carboxymethylcelluloseazid

$$\vdash\!\!-O\cdot CH_2\cdot CO\cdot N_3 + H_2N-\text{Enzym} \longrightarrow \vdash\!\!-O\cdot CH_2\cdot CO\cdot NH-\text{Enzym}$$

b) Kupplung an p-Aminobenzylcellulose über eine Diazoniumverbindung

$$\vdash\!\!-O\cdot CH_2-\!\!\langle\text{C}_6\text{H}_4\rangle\!\!-N_2^+Cl^- + HO-\!\!\langle\text{C}_6\text{H}_4\rangle\!\!-CH_2-\text{Enzym}$$

$$\longrightarrow \vdash\!\!-O\cdot CH_2-\!\!\langle\text{C}_6\text{H}_4\rangle\!\!-N=N-\!\!\langle\text{C}_6\text{H}_3(OH)\rangle\!\!-CH_2-\text{Enzym}$$

c) Kupplung an einen Träger mit Carboxylgruppen nach der Carbodiimidmethode

$$\vdash\!\!-C\!\!\begin{array}{c}{}^{\!\!O}\\{}_{\!\!OH}\end{array} + R'-N=C=N-R'' + H^+$$

$$\longrightarrow \vdash\!\!-C\!\!\begin{array}{c}{}^{\!\!O}\\{}_{\!\!O}\end{array}\!\!-C\!\!\begin{array}{c}R'\\|\\NH\\|\\\\||\\N\\|\\R''\end{array} + H_2N-\text{Enzym} \longrightarrow \vdash\!\!-C\!\!\begin{array}{c}{}^{\!\!O}\\{}_{\!\!NH}\end{array}\!\!-\text{Enzym}$$

d) Kupplung an ein Copolymeres aus Äthylen und Maleinsäureanhydrid

$$-CH_2-CH_2-CH-CH-CH_2-CH_2- + H_2N-\text{Enzym}-NH_2 \longrightarrow -CH_2-CH_2-CH-CH-CH_2-CH_2-$$

e) Kupplung an Sephadex oder Epidex mittels der Bromcyanmethode

$$
\begin{array}{c}
{-CH-OH} \\
{|} \\
{-CH-OH}
\end{array}
+ BrCN \longrightarrow
\begin{array}{c}
{-CH-O-C\equiv N} \\
{|} \\
{-CH-OH}
\end{array}
\longrightarrow
\begin{array}{c}
{-CH-O} \\
{|}{\diagdown}C=NH \\
{-CH-O}{\diagup}
\end{array}
$$

$$
+ H_2N-Enzym \longrightarrow
\begin{array}{c}
{-CH-O} \\
{|}{\diagdown}C=N-Enzym + H_2O \\
{-CH-O}{\diagup}
\end{array}
$$

$$
\longrightarrow
\begin{array}{c}
{-CH-O-CO\cdot NH-Enzym} \\
{|} \\
{-CHOH}
\end{array}
$$

Bei den *Enzymeinschlußverbindungen* werden Enzyme im *Netzwerk* geeigneter Polymere festgehalten. Man bringt dabei eine wäßrige, enzymhaltige Lösung von Acrylamid, die Methylenbisarylamid als Vernetzer enthält, unter milden Bedingungen zur Polymerisation, die durch Licht oder Per-Verbindungen ausgelöst wird. Auch läßt sich das Enzym in ein *Siliciumdioxidgel* einbetten. Die Porenweite des entstehenden Gels muß dabei so bemessen sein, daß das eingeschlossene Enzym nicht aus dem Netzwerk austreten kann, das Substrat und die Umsetzungsprodukte aber ungehindert diffundieren können. Einen Sonderfall der Enzymeinschlußverbindungen stellen die sog. *gekapselten Enzyme* dar. Es handelt sich hierbei um *semipermeable Mikrokapseln*, die ein oder mehrere Enzyme enthalten. Als Kapselmaterial werden *Collodium* und *Nylon* verwendet.

Unter der *Vernetzung* von Enzymen versteht man die *Kondensation* jeweils mehrerer Enzymmoleküle mit *bi-* oder *polyfunktionellen Reagenzien (homo-* und *heteropolyfunktionelle Vernetzer)*. Mit diesen Reagenzien können Enzyme nicht nur mit sich selbst, sondern auch nach Adsorption an einem Träger mit diesem reagieren. Als Vernetzungsreagenzien eignen sich in der Regel alle Verbindungen, die auch zur kovalenten Fixierung geeignet sind, wobei jedoch gewisse Einschränkungen gelten. Zu den typischen Vernetzungsreagenzien gehören gewisse Dialdehyde, insbesondere *Glutaraldehyd* und *Malonaldehyd*.

Das Unlöslichmachen des Enzyms hat in der Regel einen *Abfall seiner Aktivität* zur Folge (20 ... 80% der Aktivität des freien Enzyms). Es sind jedoch auch Fälle einer *Aktivitätssteigerung* bekannt. Freie und trägerfixierte Enzyme katalysieren bis auf wenige Ausnahmen die gleichen Reaktionen. Die Fixierung bedingt im allgemeinen eine sterische Hinderung des Enzyms, die um so stärker in Erscheinung tritt, je größer das Substratmolekül ist (erschwerter Substratzutritt, verzögerter Abtransport der Reaktionsprodukte). Im Gegensatz zu den aus der Enzymkinetik bekannten Gesetzmäßigkeiten steigt daher auch bei fixierten Enzymen die *Umsatzgeschwindigkeit* nicht direkt proportional mit der Menge des gebundenen Enzyms an. Die eingeschränkte Beweglichkeit der Enzymmoleküle bringt in vielen Fällen den Vorteil einer erhöhten *Stabilität* mit sich, jedoch erfolgt diese Stabilitätserhöhung nicht generell.

Bei *ungeladenem Träger* treten mit dem Substrat (geladen oder ungeladen) keine zusätzlichen elektrischen Wechselwirkungen auf. Besonders gegenüber kleineren Molekülen, bei denen sterische Faktoren praktisch keine Rolle spielen, verhalten sich freies und fixiertes Enzym gleich. Ist der Enzym-Träger-Komplex hingegen *elektrisch geladen*, so erfolgt bei ungeladenem Substrat eine Veränderung im *pH-Aktivitätsprofil* (bei negativer Ladung des Enzym-Träger-Komplexes Verschiebung nach höheren pH-Werten, bei positiver Ladung umgekehrt). Freie Carboxyl- und aliphatische Aminogruppen am Träger bewirken bei geringer Ionenstärke eine Veränderung des pH-Wirkungsoptimums um 1,5 ... 2,5 pH-Einheiten. Sind Enzym-Träger-Komplex und Substrat gleichsinnig geladen, so wird die Umsatzgeschwindigkeit durch Verarmung des Enzyms an Substrat geringer; sie steigt hingegen bei gegensinniger Ladung bei den Komponenten durch Substratanreicherung am Enzym an.

Die *Michaelis*-Konstante von ungeladenem Enzym-Träger-Komplex liegt nur wenig höher als die des freien Enzyms. Bei der Reaktion zwischen einem geladenen Enzym-Träger-Komplex und einem gegensinnig geladenen Substrat sinkt die *Michaelis*-Konstante, dagegen steigt sie an, falls beide Partner gleichsinnig geladen sind.

Nach den Angaben in der Literatur lassen sich zahlreiche Enzyme an Träger fixieren. Es sind dies z. B. α-Amylase, β-Amylase, Glucoamylase, Dextranase, β-Galaktosidase, Invertase, Pullulanase, Trypsin, Chymotrypsin, Ficin, Papain, Ribonuclease, Cholinesterase, Urease, Glucoseoxydase, Katalase, Lactatdehydrogenase, Alkoholdehydrogenase, Penicillinamidase, Aminosäureoxydase, Pyruvatkinase.

Für die *Applikation* trägerfixierter Enzyme kennt man 4 Arbeitstechniken:

a) die *diskontinuierliche* Arbeitsweise im durchmischten System

b) die *kontinuierliche* Arbeitsweise im durchmischten System

c) der *kontinuierliche* Säulenbetrieb

d) die *Membrantechnik*

Unlösliche Enzyme werden verwendet in der *Forschung,* der enzymatischen *Analytik,* der *Therapie* sowie zum Bau von *Enzymelektroden* und finden potentielles Interesse in der *Technik* [5]. So werden z. B. *proteolytische Enzyme* zu Strukturuntersuchungen an verschiedenen Faserproteinen und Immunoglobulinen, zur selektiven Adsorption von Inhibitoren aus rohen Organextrakten und zur Trennung von sehr ähnlichen Inhibitoren eingesetzt. (Analog lassen sich unlösliche Inhibitoren zur Gewinnung von Enzymen heranziehen.) Für die letztgenannten Techniken – Gewinnung und Reinigung von Inhibitoren und von Enzymen – hat sich der Begriff *Affinitätschromatographie* durchgesetzt [6].

Aminosäure-N-Acylase gestattet im kontinuierlichen Säulenbetrieb die hydrolytische Abtrennung von L-Aminosäuren aus N-Acetyl-D-/-L-Aminosäuren (Bild 2.8).

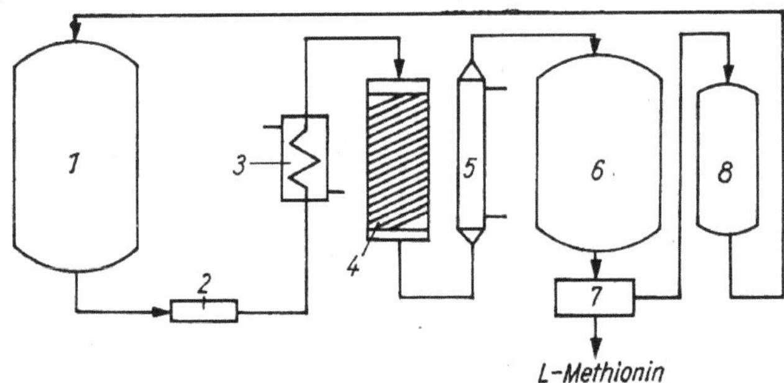

Bild 2.8. Kontinuierliche Gewinnung von L-Methionin aus racemischem Azetyl-D-/-L-Me-thionin mittels trägerfixierter Aminoacylase (an DEAE-Sephadex adsorbiert) (schematisch) [10]
(1) Lösekessel für Acetyl-D, L-Methionin (2) Filter (3) Wärmeaustauscher (4) Enzymreaktor (Säule) (5) Verdampfer (6) Kristallisationsgefäß (7) Zentrifuge (8) Racemisierungsgefäß

Urease dient zur Bestimmung von Harnstoff in Urin und Blutserum, *Peroxydase* zur Erfassung von Wasserstoffperoxid. Trägerfixierte Urease – in entsprechender Form mit einer Glaselektrode kombiniert, die auf NH_4^+-Ionen anspricht – führte zur Entwicklung der *Harnstoffelektrode* [7]; *Glucoseoxydase* ermöglichte den Bau einer Elektrode zur Bestimmung von *Glucose* bzw. *Sauerstoff.*

Das Prinzip der Harnstoffelektrode fand Ausweitung auf andere Desaminasen. *Urease, Aspartase* und Fumarsäure, die in Mikrokapseln mit der Dimension von Blutzellen eingeschlossen sind, dienen zur Entfernung von Harnstoff aus dem Blut, wobei das durch die Urease gebildete toxische Ammoniak mittels Aspartase und Fumarsäure zur Asparaginsäure umgesetzt wird. *L-Asparaginase*, in Mikrokapseln eingebettet, zeigt eine längere Aktivität im Blut als das freie Enzym. Mit gekapselter *Histidase* gelingt die Behandlung von unter Histidinämie leidenden Kindern.

Großtechnisch angewendet werden bereits jetzt trägerfixierte Aminosäure-N-Acylase, Penicillinamidase und Glucoseisomerase [8, 9]. Bis zum Pilotmaßstab entwickelt sind Verfahren unter Einsatz von immobilisierter β-Galaktosidase, Glucoamylase, Protease, ATP-Desamidase. Potentielle Anwendung wird unlöslichen Enzymen vor allem auf folgenden Gebieten vorausgesagt: Mitverwendung bei der Hydrolyse von Kohlenhydraten und Proteinen, spezifische Umwandlungen von Steroiden, Alkaloiden, Chloramphenicol usw.

Prinzipiell wird die Applikation unlöslicher Enzyme überall dort ökonomisch tragbar sein, wo die Kosten der Fixierung des Enzyms durch den entsprechend höheren Gewinn bei der Applikation abgedeckt werden können. Somit stellt die *Ökonomie der Darstellung* unlöslicher Enzyme im industriellen Maßstab – neben der Lösung einiger spezieller Probleme – ein wichtiges Kriterium für eine Ausweitung des Einsatzfeldes für unlösliche Enzyme dar.

Literatur

[1] *Epton, R.,* und *T. H. Thomas:* An introduction to waterinsoluble enzymes. Colnbrook (England): Koch-Light Laboratories Ltd. 1971
[2] *Silman, H.,* und *E. Katchalski:* Annu. Rev. Biochem. **35** (1966) 633
[3] *Goldstein, L.,* und *E. Katchalski:* Z. analyt. Chem. **243** (1968) 375
[4] *Kay, G.:* Process Biochem. **3** (1968) 36
[5] *Guilbault, G. G., R. K. Smith* und *J. G. Montalvo:* Analytic. Chem. **41** (1969) 600
[6] *Bachler, M. J., G. W. Strandberg* und *K. L. Smiley:* Biotechnol. Bioengng. **12** (1970) 83
[7] *Melrose, G. J. H.:* Rev. pure appl. Chem. **21** (1971) 81
[8] *Reimer, R. H.,* und *A. Walsch:* Chromatographia **4** (1971) 578
[9] *Orth, H. D.,* und *W. Brümmer:* Angew. Chem. **84** (1972) 319
[10] *Lilly, M. D.,* und *P. Dunnill:* Proc. Biochem. **6** (1971) 29

2.9.   Enzymaktivität

2.9.1.   Definition

In nur wenigen Fällen besteht die Möglichkeit, durch chemische oder spektroskopische Bestimmung definierter Bestandteile eines Enzyms (Coenzym, prosthetische Gruppe) Rückschlüsse auf die Enzymaktivität zu ziehen bzw. diese zu ermitteln. Die Aussagekraft einer solchen Angabe ist außerdem begrenzt. Im allgemeinen wird die Enzymaktivität durch Messung der Geschwindigkeit der Reaktion ermittelt, die das Enzym katalysiert. Die Versuchsbedingungen müssen hierbei so gewählt werden, daß Proportionalität zwischen Enzymkonzentration sowie Reaktionsdauer und Umsatz gewährleistet ist. Als Maß für die Intensität der Enzymwirkung dient die „*Einheit der Enzymaktivität*" bzw. die „*Enzymeinheit*". Man versteht darunter diejenige Enzymmenge, die unter definierten Bedingungen innerhalb einer festgelegten Versuchsdauer eine bestimmte Menge des Substrats zum Umsatz bringt.

In der älteren Literatur findet man eine Vielzahl verschiedener Definitionen für die einzelnen Enzymeinheiten, die jedoch zumeist nicht miteinander vergleichbar sind.

Von der *Enzymkommission der Internationalen Union für Biochemie* wurde zur Vereinheitlichung folgende Empfehlung gegeben [1]: *Eine Einheit der Enzymaktivität liegt dann vor, wenn durch diese die Umwandlung von 1 µmol Substrat, die Bildung von 1 µmol eines definierten Spaltprodukts oder – falls mehr als eine Bindung des Substratmoleküls angegriffen wird – von 1 µval je 1 min unter definierten Bedingungen katalysiert wird.* Die Temperatur der Reaktionsmischung soll 30 °C betragen, die *anderen Reaktionsbedingungen* (z. B. *p*H und Substratkonzentration) sollen hierbei *optimal* und *genau definiert* sein. (In der ersten Ausgabe des Berichtes der genannten „Enzymkommission" wurde eine Temperatur von 25 °C empfohlen. Es zeigte sich jedoch, daß diese Temperatur in einigen Laboratorien wegen der dort bestehenden höheren Umgebungstemperatur schwer einzuhalten ist [2].)

Nach einer neuerlichen Festlegung der Internationalen Enzymkommission soll die Einheit der Enzymaktivität dem *Internationalen Einheitensystem* angepaßt werden. In diesem System ist die Einheit der Zeit die Sekunde. Als *neue Einheit der Enzymaktivität* wird daher der Umsatz von 1 mol Substrat je 1 s festgelegt und als katal (Symbol: kat) bezeichnet. Für praktische Zwecke werden die kleineren Einheiten mkat (Millikatal), µkat (Mikrokatal), nkat (Nanokatal) und pkat (Pikokatal) vorgeschlagen. Es bleibt abzuwarten, wie schnell sich diese neuen Einheiten in der Forschung und analytischen Praxis durchsetzen werden.

Man gibt gewöhnlich die Enzymaktivität je 1 ml (z. B. Kulturflüssigkeit) oder je 1 g (z. B. Trockensubstanz) an. Die *spezifische Aktivität* wird definiert als Anzahl Enzymeinheiten *je 1* mg *Protein*. Sie stellt ein Maß für die Reinheit eines Enzympräparats dar. Unter *Molekularaktivität* versteht man die Anzahl der von einem Enzymmolekül bei optimaler Substratkonzentration je 1 min umgesetzten Substratmoleküle. Enthält das zu testende Enzym eine prosthetische Gruppe, ein Coenzym oder ein katalytisches Zentrum, deren Konzentration jeweils meßbar ist, so kann die Enzymwirksamkeit als *Aktivität je katalytisches Zentrum* ausgedrückt werden. Definiert wird diese Aktivität als Anzahl Substratmoleküle, die je 1 min je katalytisches Zentrum umgesetzt werden. Bei viskosimetrisch zu ermittelnden Aktivitäten lassen sich die vorstehend genannten Definitionen nicht anwenden.

Literatur

[1] Enzyme Nomenclature. Recommendations (1964) of the International Union of Biochemistry. Oxford–London–New York–Paris: Pergamon Press 1965
[2] *Florkin, M.*, und *E. H. Stotz:* Comprehensive Biochemistry, Bd. 13. Enzyme Nomenclature. Amsterdam–London–New York: Elsevier Publ. Comp. 1965

2.9.2.   Bestimmung

Wie unter 2.9.1. bereits dargelegt wurde, wird die Enzymaktivität auf Grund einer Ermittlung der Geschwindigkeit der durch das Enzym katalysierten Reaktion bestimmt. Diese ist außer von der Enzymkonzentration von der Temperatur, dem *p*H-Wert, der Substratkonzentration sowie von der kinetischen Ordnung der Reaktion abhängig. Die Versuchsbedingungen müssen daher für jede Aktivitätsbestimmung exakt festgelegt werden. In der Praxis ist oft weniger die Aktivität bei 30 °C sowie bei optimalem *p*H-Wert von Interesse, sondern vielmehr die Wirksamkeit des Enzyms unter den – häufig von diesen Werten abweichenden – Einsatzbedingungen, wie sie großtechnisch vorliegen.

Die Geschwindigkeit der Enzymreaktion kann einmal durch Messung der Abnahme der *Substratkonzentration,* zum anderen durch Erfassung der entstehenden *Reaktionsprodukte* ermittelt werden. Weiterhin können auch physikalische Veränderungen der Reaktionsmischung, wie Veränderung der *Viskosität* oder ihrer *optischen Eigenschaften* als Maß für die Enzymwirkung dienen. Die Reaktion wird sehr oft nach Ablauf der Reaktionszeiten durch Zugabe eines geeigneten Reagens, durch Wärmezufuhr usw. gestoppt, damit bei der Messung ein exakter Endzustand vorliegt. Die Aktivitätsbestimmung soll möglichst im Bereich der *Anfangsgeschwindigkeit* erfolgen, bei der eine Reaktion nullter Ordnung vorliegt und eine lineare Beziehung zwischen Enzymkonzentration und Substratumsatz besteht. Eine Kinetik nullter Ordnung ist zumeist bei *Substratüberschuß* sowie *kurzer Inkubationsdauer* gewährleistet. Ist unter diesen Bedingungen eine lineare Beziehung zwischen Enzymmenge und Umsatzgeschwindigkeit nicht zu erreichen, so ist dies oft auf *unerwünschte Sekundärreaktionen* – wie Enzyminaktivierung, Substrathemmung, Produkthemmung, Mangel an Substrat infolge einer zu geringen Anzahl spaltbarer Bindungen bei Vorliegen hoher Spezifitäten, Einsetzen der rückläufigen Reaktion usw. – zurückzuführen. So muß man z. B. damit rechnen, daß bei der Bestimmung der Proteaseaktivität eine 2%ige Proteinlösung keinen Substratüberschuß darstellt, wenn nur wenige Bindungstypen in der Peptidkette von dem zu untersuchenden Enzym zerlegt werden. Eine Erhöhung der Substratkonzentration über 2% ist jedoch oft nicht möglich.
Eine Reaktion verläuft für Zwecke der Aktivitätsbestimmung praktisch linear, wenn nicht mehr als 10% des Substrats umgesetzt werden. Läßt sich eine lineare Beziehung zwischen Substratumsatz und Inkubationszeit nicht erreichen, so liefert die Messung nach einer definierten Zeit fehlerhafte Werte; hier müssen Proben nach verschiedenen Inkubationszeiten entnommen werden. Aus der auf diese Weise erhaltenen Kurve läßt sich durch Anlegen der Tangente im Nullpunkt die Anfangsgeschwindigkeit ermitteln [1]. Man kann bei Anwendung dieses Verfahrens allerdings keine große Genauigkeit erwarten.
Zum Testen zahlreicher Versuchsansätze auf Enzymaktivität hat sich der *Agardiffusionstest* bewährt (vgl. 3.4.2.2.). Der Genauigkeit der genannten Methoden sind jedoch hinsichtlich der quantitativen Aussagekraft Grenzen gesetzt.
Aus der Vielzahl der in der Literatur angegebenen Arbeitsvorschriften für die Aktivitätsbestimmung werden im folgenden einige wichtige herausgegriffen, wobei es sich vorzugsweise um solche zur Bestimmung industriell bedeutsamer Enzyme handelt. Hierbei werden auch Methoden aufgeführt, deren Aktivitätsangaben nicht der internationalen Definition entsprechen. Da diese Verfahren jedoch in der Literatur bzw. in der Praxis noch immer weit verbreitet sind, sollen sie hier erwähnt werden.

α-Amylase

Zur Bestimmung der *α-Amylase*-Aktivität können einmal die durch Enzymeinwirkung aus Stärke oder Amylose entstehenden *reduzierenden Bestandteile,* zum anderen die hierbei erfolgende *Änderung der Jod-Stärke-Reaktion* herangezogen werden. Das letztgenannte Verfahren ist spezifischer als die reduktometrische Bestimmung, da auch Glucoamylase reduzierende Zucker aus Stärke freisetzt, eine Abnahme der Jodblaufärbung hingegen im Anfangsstadium der Reaktion nicht erfolgt.
In der Praxis wird vielfach die Methode von *Sandstedt* u. a. [2] *(Sandstedt-Kneen-Blish-[SKB-]Methode)* angewandt. Als Substrat dient eine 2%ige gepufferte Lösung von *Lintner*-Stärke. Es wird zunächst ein Überschuß an *β-Amylase* zugegeben, um die Stärke so weit abzubauen, daß ein Umsatz derselben durch evtl. als Begleitenzym im α-Amylasepräparat vorhandene β-Amylase nicht zu befürchten ist. Man inkubiert 20 ml Stärkelösung nach Zugabe von 5 ml Wasser und 5 ml Enzymlösung

bei einer Reaktionstemperatur von 30 °C, gibt nach verschiedenen Zeiten jeweils 1 ml des Inkubationsgemisches zu 5 ml einer verdünnten Jodlösung und vergleicht mit einem Dextrinstandard. Eine *SKB-Einheit* ist definiert als diejenige Menge α-Amylase, die unter den gegebenen Reaktionsbedingungen imstande ist, 1 g lösliche Stärke innerhalb von 1 h zu dextrinieren. Die SKB-Methode wird vorwiegend zur Bestimmung der α-Amylase in Malz oder mikrobiellen Enzympräparaten eingesetzt. Eine Vielzahl anderer Verfahren wird in der Literatur aufgeführt [3 bis 5].

Glucoamylase

Die Aktivität von *Glucoamylase* läßt sich durch Bestimmung der aus Stärke freigesetzten Glucose relativ einfach ermitteln. Die Menge des Spaltprodukts kann entweder auf enzymatischem Wege mittels *Glucoseoxydase-Peroxydase* oder – bei Abwesenheit von α-Amylase – reduktometrisch, z. B. mittels *3,5-Dinitrosalicylsäure* oder nach *Somogyi* u. a. [6], festgestellt werden. Bei α-Amylase-freien Präparaten liefern das enzymatische und reduktometrische Verfahren gleiche Aktivitätswerte. Ein Vergleich beider Methoden gestattet daher Aussagen über die Reinheit der Glucoamylase.

Von *Ruttloff* u. a. [7] wird folgendes Verfahren zur Bestimmung der Aktivität angegeben: 2 ml einer 2%igen Lösung von *Zulkowski*-Stärke in 1/15 *M* Phosphat-Pufferlösung (*p*H 5,5) werden mit 2 ml entsprechend verdünnter Enzymlösung 30 min lang bei 45 °C im verschlossenen Reagenzglas inkubiert. Anschließend inaktiviert man 3 min lang im siedenden Wasserbad und kühlt auf 20 °C ab. Vom Inkubationsgemisch entnimmt man 0,2 ml, versetzt mit 10 ml Glucosereagens (Mischung von 1 Teil 0,7%iger o-Dianisidinlösung mit 100 Teilen einer Lösung von 25 mg Glucoseoxydase und 8 mg Peroxydase in 100 ml 0,5 *M* Tris-Pufferlösung mit *p*H 7,0) und inkubiert 35 min lang bei 37 °C. Nach dem Abkühlen wird die Extinktion bei 455 nm gegen einen Blindwert gemessen. Die gebildete Glucosemenge wird einer Eichkurve entnommen. Eine *Einheit der Enzymaktivität* setzt unter diesen Bedingungen 1 μmol Glucose je 1 min frei. Über die Bestimmung von α-*Amylase in Glucoamylasepräparaten* berichten *Ruttloff* u. a. [8].

Pektinase

Die *pektinolytische Aktivität* wird vielfach durch die Messung der *Viskositätsabnahme* in *Pektinlösungen* ermittelt. Dieses Verfahren erfaßt vorwiegend *Endoenzyme*, welche die Viskosität schnell herabsetzen. So basieren z. B. zahlreiche Verfahren auf der Messung der Viskositätsabnahme einer 1%igen Apfelpektinlösung (Reinpektingehalt). Die *pektinolytische Aktivität* eines Enzyms wird definiert als diejenige Menge Pektin in g, die bei Zugabe von 1 g (oder 1 ml) des zu untersuchenden Enzympräparats einen bestimmten Viskositätsverlust (z. B. um 30%, 50% oder 75%) erleidet. In der Praxis wird z. B. folgendes Verfahren angewandt [9]: In jeweils 4 100-ml-Erlenmeyerkolben pipettiert man je 10 ml Substratlösung (gepuffert auf *p*H 4,0), versetzt mit a) 0 ml, b) 0,5 ml, c) 2 ml und d) 4 ml Enzymlösung, ergänzt jeweils mit Pufferlösung auf 15 ml und inkubiert 20 min lang bei 30 °C. Anschließend wird 2 min lang auf 90 °C erhitzt, und es wird die Viskosität mittels *Ostwald*-Viskosimeter (*d* = 0,8 mm, Wasserzahl 30 ... 40 s) gemessen. In einem Diagramm trägt man die relative Viskosität gegen die Enzymmenge auf und ermittelt durch graphische Interpolation die Enzymkonzentration, bei der die Viskositätsabnahme 30% beträgt. Die Enzymaktivität gemäß der o. a. Definition läßt sich sodann rechnerisch sehr einfach bestimmen.

Protease

Die gebräuchlichsten Methoden zur Bestimmung der Aktivität von *Protease* basieren auf der Ermittlung der durch Enzymeinwirkung aus dem Substrat gebildeten, nach

Zusatz von Trichloressigsäure noch löslichen Spaltprodukte. Dies erfolgt entweder durch Messung der Lichtabsorption bei 280 nm (Methode *Kunitz* [10]) oder – unter Verwendung von Phenolreagens – im sichtbaren Spektralbereich (*Anson*-Verfahren [11]). Als Substrate werden im allgemeinen denaturiertes *Hämoglobin* oder *Casein* herangezogen. (Für wissenschaftliche Untersuchungen vor allem im Hinblick auf die Spaltungsspezifität werden hierfür häufig definierte niedermolekulare Peptide eingesetzt. Die Bestimmung erfolgt jedoch in diesen Fällen nach einem anderen Prinzip.) Die mit diesen beiden Substraten gewonnenen Ergebnisse stimmen oft nicht mit den Befunden überein, die unter Einsatz der beim praktischen Anwendungsversuch vorliegenden Proteine (z. B. Fleisch, Sojaprotein, Fischprotein usw.) gewonnen werden, da bei den verschiedenen Proteinen außerordentlich große strukturelle Unterschiede vorliegen. Dieses Problem muß jedoch in Kauf genommen werden. Die Aktivität vieler industrieller Proteasepräparate wird in *Anson*-Einheiten angegeben. Eine Arbeitsvorschrift hierfür ist die nachfolgende [12].

5 ml Hämoglobinlösung werden im Wasserbad innerhalb von 5 ... 10 min auf die Inkubationstemperatur gebracht. Nach Zugabe von 1 ml des gelösten Enzympräparats inkubiert man 10 min lang bei 25 °C, gibt 10 ml 5%ige wäßrige Trichloressigsäurelösung hinzu, schüttelt um und läßt 30 min lang bei Raumtemperatur stehen. Danach wird filtriert oder 20 min lang bei 4000 g zentrifugiert. Vom Überstand, der völlig klar sein muß, entnimmt man 5 ml, versetzt mit 10 ml 0,5N Natronlauge und pipettiert unter ständigem Schütteln 3 ml Phenolreagens nach *Folin-Ciocalteau* (1:3 verdünnte Stammlösung) hinzu. Die Extinktion der Lösung wird 5 ... 10 min nach Zugabe des Phenolreagens bei 578 nm gegen dest. Wasser gemessen. Zu jeder Probe wird ein in gleicher Weise hergestellter Blindwert angefertigt. Aus der Extinktionsdifferenz zwischen Blind- und Meßwert wird mittels einer Tyrosin-Eichkurve die freigesetzte Tyrosinmenge ermittelt. Eine *Anson-Einheit* wird definiert als diejenige Enzymmenge, die unter den angegebenen Bedingungen aus Hämoglobin je 1 min Spaltprodukte freisetzt, die mit dem Phenolreagens die gleiche Extinktion ergeben wie 1 mmol Tyrosin.

Lipase

Die *Lipaseaktivität* wird im allgemeinen durch *Titration* der aus geeigneten emulgierten *Fetten* und *Ölen* (z. B. Olivenöl, Rinderklauenöl, Tristearin, Triolein) oder *wasserlöslichen Verbindungen* (z. B. Tween 20, Tributyrin) nach einer bestimmten Inkubationszeit *freigesetzten Fettsäuren* ermittelt. Bei der *pH-Stat-Methode* wird eine kontinuierliche Titration der freigesetzten Säure vorgenommen, wobei der *pH*-Wert während der gesamten Inkubationszeit konstant bleibt. Dieses Verfahren arbeitet sehr genau, da die Anfangsgeschwindigkeit der Reaktion exakt gemessen werden kann; es ist jedoch nur bei dem Einsatz eines automatisch arbeitenden Titrigraphen zeitökonomisch. Für Aktivitätsbestimmungen bei *pH*-Werten unter 7,0 ist diese Methode weniger gut geeignet (vgl. *Lawrence* [13]). Bei Verwendung wasserunlöslicher Substrate muß der Herstellung der Emulsion besondere Beachtung geschenkt werden. Zur Stabilisierung der Emulsion werden häufig *Gummi arabicum* sowie *Gallensäuren* bzw. ihre Derivate herangezogen. Dieses Problem kann man bei Verwendung wasserlöslicher Substrate umgehen. Allerdings sind diese für Lipasen weniger spezifisch, da sie von unspezifischen Esterasen stärker angegriffen werden als emulgierte Fette. Zur Bestimmung der lipolytischen Aktivität von Kulturfiltraten ist die folgende von *Tietz* u. a. [14] für die Bestimmung der Serumlipase entwickelte Methode (geringfügig modifiziert) gut geeignet: In 2 Erlenmeyerkölbchen werden je 2,5 ml bidest. Wasser, 3 ml Ölemulsion und 1 ml Phosphat-Pufferlösung pipettiert. Man schüttelt gut um, versieht das erste Kölbchen (Testprobe) mit 1 ml Enzymlösung und inkubiert nach erneutem Schütteln die verschlossenen Kölbchen 20 min lang bei 37 °C. (Diese Temperatur ist zur Bestimmung von Lipase in Körperflüssigkeiten geeignet, zur Testung mikrobieller Enzyme muß sie entsprechend variiert werden.) Zur Inaktivierung des Enzyms gibt man nach der Inkubation sofort 3 ml Äthanol. In das zweite Kölbchen (Kontrollprobe) werden 1 ml Enzymlösung sowie – unmittelbar danach – ebenfalls 3 ml Äthanol gegeben. Man titriert beide Ansätze mit $0,05N$ Natronlauge gegen Thymolphthalein. Aus der Differenz der Titrationswerte zwischen Test- und Blindwert wird die freigesetzte Säure errechnet. Als *Einheit der Enzymaktivität* wird diejenige Enzymmenge bezeichnet, die unter den angegebenen Bedingungen 1 µmol Säure in 1 min freisetzt.

Cellulasen

C_x-*Cellulasen* (vgl. 5.4.) lassen sich *viskosimetrisch* in ähnlicher Weise wie Pektinasen bestimmen [15]. Als Substrat dient zumeist das Natriumsalz der Carboxymethylcellulose.
Zur Erfassung der C_1-*Cellulasen* wird ein Filterpapiertest herangezogen [16]. In einem 50-ml-Erlenmeyerkolben wird ein Stück *Filterpapier* (1,5 cm × 1,5 cm) mit 5 ml Enzymlösung bei 30 °C inkubiert und während der Inkubation mit einer Frequenz von 120 Schwingungen je 1 min geschüttelt. Die zur Auflösung des Filterpapiers benötigte Zeit wird gemessen. Die *völlige Auflösung innerhalb von 1 min* wird mit der *Aktivität „10000 Einheiten"* bewertet.

Invertase

Die Aktivität des Enzyms wird in der Praxis durch *polarimetrische* Verfolgung der Saccharosespaltung, ferner durch *jodometrische* oder *reduktometrische Bestimmung* des gebildeten *Invertzuckers* ermittelt [17].

Maltase

Zur Erfassung der *Maltaseaktivität* eignet sich die *enzymatische Bestimmung* der als Spaltprodukt auftretenden *Glucose* mittels *Glucoseoxydase-Peroxydase*.
Folgende Methode wird von *Ruttloff* u. a. [18] angegeben: 0,1 ml einer $0,056M$ Maltoselösung in $0,1M$ Maleinatpuffer (pH 6,5) wird im 1-ml-Meßkölbchen mit 0,1 ml einer geeignet verdünnten Enzymlösung versetzt und 1 h lang bei 30 °C bebrütet. Man enteiweißt mit 0,2 ml einer $0,3N$ Bariumhydroxidlösung und 0,2 ml einer 5 %igen Zinksulfatlösung, schüttelt vorsichtig um und füllt mit dest. Wasser zur Marke auf. Der Inhalt wird mit einem dünnen Glasstab homogen gemischt. Man zentrifugiert nunmehr 5 min lang. 0,5 ml des Überstandes werden mit 5 ml Glucosereagens versetzt und 35 min lang bei 37 °C stehengelassen. Man kühlt sodann schnell auf 20 °C ab und mißt die Extinktion bei 455 nm. Die gebildete Glucosemenge wird einer Eichkurve entnommen. Eine *Einheit der Enzymaktivität* spaltet beim Inkubieren von 1 ml einer $0,056M$ Maltoselösung mit 1 ml Enzymlösung innerhalb 1 min bei 30 °C 1 µmol Maltose unter Freisetzung von 2 µmol Glucose.

Lab

Zur Bestimmung der Aktivität von *Lab-* (bzw. *Labersatz-*) *Präparaten* („Labstärke") wird ihre *Fähigkeit* herangezogen, *Milch zum Gerinnen zu bringen.* Sowohl das Substrat wie auch die Gerinnungsreaktion sind keine idealen Grundlagen einer Aktivitätsbestimmung, da die Qualität der Milch von verschiedenen Faktoren abhängt; ferner ist die Gerinnung ein nicht enzymatischer Sekundärvorgang der eigentlichen, spezifischen Proteolyse, und die Primär- und Sekundärreaktionen weisen eine unterschiedliche Abhängigkeit (z. B. von der Temperatur und vom Calciumgehalt) auf.

Für eine Bestimmung der bei der enzymatischen Zerlegung des $\varkappa$-Caseins gebildeten Spaltprodukte steht für das Routinelabor ein geeignetes Substrat z. Z. noch nicht zur Verfügung. Häufig wird dafür rekonstituierte Magermilch (Sprühpulver in 0,01M Calciumchloridlösung) empfohlen.

Folgende Methode hat weite Verbreitung gefunden [19]: 100 ml Milch (SH-Zahl[1] 6,5 ... 7,0) werden auf 35 °C erwärmt. Dazu gibt man 5 ml einer entsprechend verdünnten Lablösung und ermittelt die Gerinnungsdauer, indem die Zeit bis zur ersten erkennbaren Flockenbildung an einem aus der Milch herausgezogenen Objektträger gestoppt wird. Die Gerinnungsdauer soll mindestens 15 min betragen und ist auf eine SH-Zahl von 7,0 zu beziehen. (Hierfür wird ein Teil der Milch der Spontansäuerung überlassen, bis die SH-Zahl 7,0 ... 7,5 beträgt, und man interpoliert die Gerinnungszeit auf 7,0.)

Unter *Labstärke* versteht man die Milchmenge in ml, die durch 1 g Labpulver oder 1 ml Labextrakt bei 35 °C und einer SH-Zahl von 7,0 innerhalb von 40 min zur Gerinnung gebracht wird. Zur Berechnung dient folgende Gleichung:

$$L = \frac{M \cdot 2400}{l \cdot t} \tag{1}$$

Es bedeutet:

L Labstärke	l Labmenge in g oder ml
M Milchmenge in ml	t Gerinnungszeit in s

Eine im englischen Sprachraum meist verwendete Definition wurde von *Berridge* [20] eingeführt: Danach versteht man unter einer *Labeinheit* die Aktivität, die 10 ml rekonstituierte Magermilch (12 g sprühgetrocknetes Pulver in 100 ml 0,01M Calciumchloridlösung suspendiert) innerhalb von 100 s bei 30 °C zur Gerinnung bringt (vgl. auch [21]).

Literatur

[1] *Keil, B.,* und *Z. Sormová:* Laboratoriumstechnik für Biochemiker. Leipzig: Akademische Verlagsgesellschaft Geest & Portig K.-G. 1965, S. 720

[2] *Wildner, H.,* und *G. Wildner:* Methoden zur Messung der enzymatischen Amylolyse. Nürnberg: Verlag Hans Carl 1959

[3] *Street, H. V.,* und *J. R. Close:* Clin. chim. Acta (Amsterdam) **1** (1956) 256

[4] *Close, J. R.,* und *H. V. Street:* Clin. chim. Acta (Amsterdam) **3** (1958) 476

[5] *Willstätter, R., E. Waldschmidt-Leitz* und *A. R. F. Hesse:* Hoppe-Seyler's Z. physiol. Chem. **126** (1923) 143

[6] *Nelson, N.:* J. biol. Chemistry **153** (1944) 375; *Somogyi, M.:* J. biol. Chemistry **195** (1952) 19

[7] *Ruttloff, H., R. Friese, A. Täufel* und *K. Täufel:* Nahrung **12** (1968) 53

[8] *Ruttloff, H., R. Friese* und *M. Richter:* Z. allg. Mikrobiol. **10** (1970) 339

[9] *Ruttloff, H.,* und *J. Hempel:* Unveröffentlichte Ergebnisse

[10] *Kunitz, M.:* J. gen. Physiol. **30** (1947) 291

[11] *Anson, M. L.:* J. gen. Physiol. **22** (1939) 79

[12] *Bergmeyer, H.-U.:* Methoden der enzymatischen Analyse. Weinheim/Bergstraße: Verlag Chemie 1962, S. 808

[13] *Lawrence, R. C.:* Dairy Sci. Abstr. **29** (1967) 59

[14] *Tietz, N. W., T. Borden* und *J. D. Stepleton:* Amer. J. clin. Pathol. **31** (1959) 148

---

[1] *Soxhlet-Henkel*-Zahl: Verbrauch an ml 0,25 N Natronlauge zur Neutralisierung von 100 ml Milch

[15] *Reese, E. T.:* Advances in enzymic hydrolysis of cellulose and related materials including a bibliography for the years 1950–1960. Oxford–London–New York–Paris: Pergamon Press 1963

[16] *Hirte, W.:* Persönl. Mitteilung; vgl. auch *Toyama, N.:* Degradation of foodstuffs by cellulase and related enzymes. In: *Reese, E. T.:* Enzymic hydrolysis of cellulose. Oxford–London–New York–Paris: Pergamon Press 1963, S. 235 bis 253

[17] *Bergmeyer, H.-U.:* Methoden der enzymatischen Analyse. Weinheim/Bergstraße: Verlag Chemie 1962, S. 901

[18] *Ruttloff, H., R. Friese* und *K. Täufel:* Hoppe-Seyler's Z. physiol. Chem. **337** (1964) 137

[19] *Mumm, H., S. Kynast, K.-W. Gussek, R. Kellermann, B. Wauschkuhn, H. Konrad* und *W. Keller:* Untersuchung von Milch, Milcherzeugnissen und Molkereihilfsstoffen. Methodenbuch Bd. VI, 3. Aufl. Radebeul: Neumann Verlag 1970

[20] *Berridge, N. J.:* Biochem. J. **39** (1945) 179; Analyst **77** (1952) 57; J. Dairy Res. **19** (1952) 328

[21] *Ritter, W.,* und *P. Schilt:* Schweiz. Milchztg., wiss. Beil. **91** (1965), Nr. 107, 857

2.9.3.   Automatische Analyse

In zunehmendem Maße werden analytische Methoden automatisiert; dieser Trend setzt sich auch in der Enzymanalytik durch. Es sind sowohl teil- wie auch vollautomatisierte Systeme entwickelt worden [1 bis 4].

Bei der *teilautomatisierten Verfahrensweise* sind einzelne Arbeitsgänge automatisiert, beispielsweise die Messung und Auswertung. *Vollautomatisierte Systeme* reichen von der kontinuierlich ablaufenden Durchführung der Methode einschließlich der Mischung von Enzym- und Substratlösung bis zu einem System, bei dem zusätzlich noch die Enzymlösung automatisch dosiert wird und die gesamte Auswertung als Endergebnis ausgedruckt vorliegt.

Grundsätzlich sind zwei verschiedene Verfahrensprinzipien zu unterscheiden.

Das *Robotsystem* weist prinzipiell die gleichen Arbeitsgänge wie die manuelle Methode auf; alle Teilschritte laufen jedoch automatisch ab. Jede Enzymprobe wird einzeln in das entsprechende Reaktionsgefäß pipettiert und mit dem Substrat in der gewünschten Menge versetzt. Die Inkubation erfolgt in mittels Thermostats beheizten Reaktionsgefäßen. Die erforderlichen Reagenzien werden hinzugefügt, die Extinktion wird automatisch gemessen und notiert.

Bei dem *Fließsystem* werden die notwendigen Reagenzien unter gleichzeitiger Zufuhr von Luft in einer mit mehreren Kanälen versehenen Schlauchpumpe gemischt und in ein Glasröhrensystem gedrückt. Die Luftblasen bewirken eine bessere Trennung der einzelnen Proben im System. Für jeden Kanal kann der Förderstrom durch entsprechende Abmessung des Innendurchmessers des jeweiligen Schlauches festgelegt werden. Die Enzymlösungen werden einem Probenspeicher entnommen, mit Substrat und Luft gemischt und in einem thermostatisierten Heizbad inkubiert. Je nach Art des zu bestimmenden Enzyms wird die Inkubationslösung direkt mit einem Reagens zum Nachweis der Spaltprodukte bzw. des umgesetzten Substrats versetzt, oder ein Teil der Spaltprodukte wird durch Dialyse bzw. mit Hilfe eines kontinuierlichen Filters aus dem System entfernt und dann der Bestimmung zugeführt. Die optische Dichte der Proben wird nach Ausscheiden der Luftblasen in einem Photometer mit Durchflußküvette gemessen und von einem Schreiber aufgezeichnet. Die Berechnung der Aktivität erfolgt durch Vergleich mit einem Enzymstandard.

Die vom VEB Kombinat Medizin- und Labortechnik in Ilmenau hergestellte Baugruppe zur Blutzuckerbestimmung, die nach dem Fließsystem arbeitet, kann auch für Enzymaktivitätsbestimmungen eingesetzt werden. Beispielsweise ist die Ermittlung der *Glucoamylase-Aktivität* automatisiert und die der *proteolytischen Aktivität* sowohl

teil- wie auch vollautomatisiert worden [5, 6]. Da der Schreiber die Durchlässigkeiten aufzeichnet, wird die Extinktion mit Hilfe einer logarithmischen Skala abgelesen. Die automatische Bestimmung der proteolytischen Aktivität basiert auf der Trennung der Spaltprodukte vom nichtgespaltenen Casein durch Dialyse.
Bild 2.9.3.a veranschaulicht das Fließsystem zur Bestimmung der *Glucoamylase-Aktivität* [5]. Enzymlösung und Substrat werden mit Luft gemischt und in einer Reaktionswendel (1,55 m) bei 55 °C gehalten. Die Inkubation wird durch Zugabe von

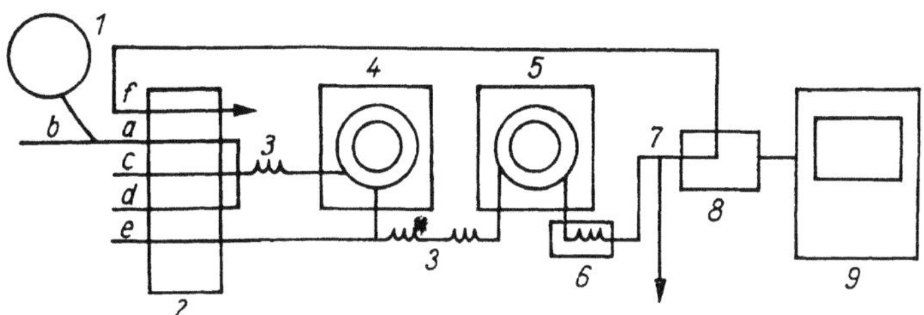

Bild 2.9.3.a. Automatische Bestimmung der Glucoamylase-Aktivität (schematisch) [5]
a) Enzym 0,4 ml/min, b) Wasser 0,4 ml/min, c) Substratlösung 0,4 ml/min, d) Luft 0,6 ml/min, e) 3,5-Dinitrosalicylsäure 4,0 ml/min, f) Abfall 1,9 ml/min
(1) Probenspeicher mit automatischem Probenehmer (2) Pumpe (3) Mischwendel (4) Inkubationsbad (55 °C) (5) Reaktionsbad (95 °C) (6) Kühlwendel (7) Luftabscheider (8) Spektralkolorimeter mit Durchflußküvette (9) Schreiber
Substrat: 2%ige Phosphatpuffer-Lösung (pH 5,5) aus Zulkowski-Stärke
3,5-Dinitrosalicylsäure-Lösung: 300 g Kalium-Natrium-Tartrat, 16 g Natriumhydroxid und 10 g 3,5-Dinitrosalicylsäure werden mit Wasser zu 1 l gelöst. Diese Lösung wird 1:100 verdünnt verwendet

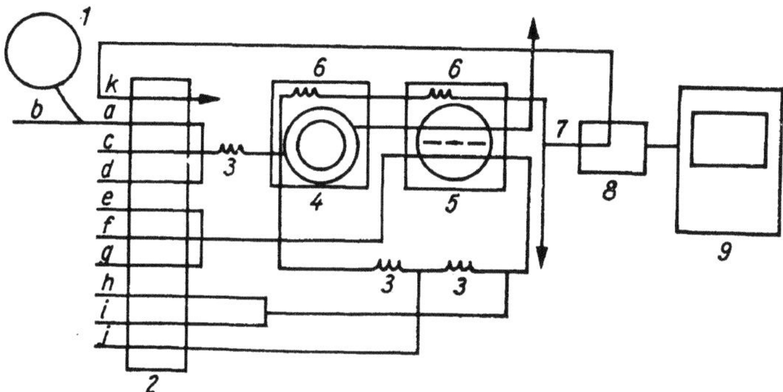

Bild 2.9.3.b. Automatische Bestimmung der Protease-Aktivität (schematisch) [6]
a) Enzymlösung 0,4 ml/min, b) Spülwasser 0,4 ml/min, c) Substratlösung 1,6 ml/min, d) Luft 0,6 ml/min, e) physiologische Kochsalzlösung 1,6 ml/min, f) physiologische Kochsalzlösung 0,4 ml/min, g) Luft 0,6 ml/min, h) alkalische Cu-Tartratlösung 1,5 ml/min, i) Luft 0,6 ml/min, j) Folin-Reagens 0,6 ml/min, k) Abfall 1,5 ml/min
a) bis d) Primärstrom, e) und f) Sekundärstrom
(1) Probenspeicher mit Probenehmer (2) Pumpe (3) Mischwendel (4) Inkubationsbad (56 °C) (5) Dialysator (6) Reaktions- bzw. Kühlwendel (7) Luftabscheider (8) Spektralkolorimeter mit Durchflußküvette (9) Schreiber
Substrat: 1%ige Caseinlösung in $^1/_{15}$ M Phosphatpufferlösung (pH 7,0)
Nachweisreagenzien: alkalische Kupfertartratlösung
Folin-Reagens: Reagens nach Folin-Ciocalteau 1:2 verdünnt

3,5-Dinitrosalicylsäurelösung gestoppt. Die Farbstoffbildung erfolgt in einer Reaktionswendel bei 95 °C. Das Reaktionsgemisch passiert eine Kühlwendel. Die optische Dichte wird bei 520 nm gemessen. Die Analysenfrequenz beträgt 40 Proben je Stunde.

Bei der Bestimmung der *Protease-Aktivität* (Bild 2.9.3.b) [6] werden Enzym- und Substratlösung bei gleichzeitiger Zufuhr von Luft in einer auf 14 m verlängerten Reaktionswendel bei 56 °C inkubiert. Das Inkubationsgemisch überströmt eine Dialysemembran, wobei die gebildeten Spaltprodukte in den Sekundärstrom (physiologische Kochsalzlösung) übertreten. Der Sekundärstrom wird nach Austritt aus dem Dialysator mit alkalischer Kupfertartratlösung und *Folin*reagens versetzt. Die Farbreaktion wird bei 56 °C herbeigeführt. Nach Passieren einer Kühlwendel und Entlüften der Lösung wird die optische Dichte bei 590 nm gemessen. Die Analysenfrequenz beträgt 30 Proben je Stunde.

Die Mehrzahl der in der Literatur beschriebenen Verfahren dient zur Bestimmung der Aktivität *eines* Enzyms. Das besondere Interesse der Forschung richtet sich jedoch gegenwärtig auf die *Multi-Enzym-Analyse*. Hier werden mehrere Enzyme, deren Wirkungsweisen verwandt und demzufolge mit *einer* Methode zu bestimmen sind, gleichzeitig analytisch erfaßt.

Literatur

[1] *Schwartz, M. K.:* Methods in Enzymol. **22** (1971) 5
[2] *Roodyn, D. B.:* Automated enzyme assays. Amsterdam–London: North-Holland Publ. Comp. 1970
[3] *Reisner, W.:* Z. analyt. Chem. **245** (1969) 32
[4] *Keller, H. E., H. Sutter, B. Hoffsummer* und *W. Leppla:* Vortrag gelegentlich des Internationalen Technikon-Symposiums „Automation in der analytischen Chemie", Frankfurt/Main 1965
[5] *Täufel, A., I. v. Lupin* und *H. Ruttloff:* Nahrung **18** (1974) 705
[6] *v. Lupin, I., A. Täufel* und *H. Ruttloff:* Nahrung, im Druck

2.10. Charakterisierung von Enzympräparaten

In den folgenden Ausführungen werden solche Verfahren behandelt, die sich bei der Charakterisierung von *industriell bedeutsamen* Enzympräparaten bewährt haben. Darüber hinaus werden einige Methoden berücksichtigt, die auch in der Praxis zunehmend an Bedeutung gewinnen.

Voraussetzung für die Charakterisierung von Enzympräparaten ist ihre weitgehende *Reinigung.* Zu den bekanntesten Verfahren gehören die *fraktionierte Fällung* mit organischen Lösungsmitteln (z. B. Äthanol, Aceton, Isopropanol) und mit anorganischen Salzen (z. B. Ammoniumsulfat, Natriumsulfat) (vgl. hierzu auch 4.4.5.2. und 4.4.5.3.); die *Fällung mit Gerbstoffen* bzw. gerbstoffähnlichen Verbindungen; die *Dialyse* und *Ultrafiltration*; die *Säulenchromatographie* unter Einsatz von speziellen Gelen (z. B. Molekularsiebeffekt), Adsorptionsmitteln, Harzen bzw. Ionenaustauschern, Inhibitoren (Affinitätschromatographie) oder sonstigen Füllsubstanzen. Weiterhin werden verschiedene Verfahren der *Elektrophorese* in verschiedenen Trägermedien, der Papierelektrophorese, der *Elektrofokussierung*, der *Papier-* und *Dünnschichtchromatographie* wie auch der vorangehend genannten Säulenchromatographie zur Fraktionierung bzw. zur Prüfung der Homogenität der Enzympräparate herangezogen.

In der Literatur und z. T. in Patentschriften werden zur Charakterisierung von Enzympräparaten verschiedene *Eigenschaften* genannt, wobei die folgende Palette als

ausreichend anzusehen ist und einen guten Einblick in die zu erwartende Wirkungsweise vermittelt: äußeres Aussehen (bei Trockenpräparaten), Aktivität (unter Angabe der Aktivitätsbestimmung), Molekulargewicht, isoelektrischer Punkt, Löslichkeit, *p*H-Optimum, *p*H-Stabilität, Temperaturoptimum, Temperaturstabilität, *Michaelis*-Konstante, Einfluß von Aktivatoren und Inhibitoren, Substratspezifität, Spaltungsspezifität (vorrangig bei Proteasen), Vorhandensein von Isoenzymen, u. U. auch
Aminosäurezusammensetzung.
Im folgenden werden die wichtigsten Methoden, mit deren Hilfe die vorangehend
aufgeführten Parameter ermittelt werden können, kurz besprochen, wobei allerdings
lediglich das diesen Methoden zugrunde liegende *Prinzip* dargelegt werden kann;
detaillierte Angaben über die Versuchsdurchführung müssen der Speziallteratur
entnommen werden. Es sei nochmals erwähnt, daß diese Verfahren nicht nur zur
Charakterisierung herangezogen werden, sondern teilweise zugleich auch erprobte
Methoden zur *Reinigung von Enzympräparaten* darstellen.

Ultrafiltration [1, 2]

Das Prinzip der Ultrafiltration beruht auf der Abtrennung kleiner Moleküle und
Ionen von großen Molekülen, indem die Flüssigkeit durch *Membranen mit geringer
Porenweite* gedrückt oder gesaugt wird. Die Ultrafiltration ist zur Zeit das rationellste
und schonendste Verfahren zur Konzentrierung enzymhaltiger Kulturfiltrate, wobei
gleichzeitig ein Reinigungseffekt durch Entfernen von Salzen und niedermolekularen
Bestandteilen erzielt werden kann. Die Ultrafiltration ermöglicht ferner eine Grob-
fraktionierung gelöster Stoffe nach ihrer Molekülgröße.

Dialyse

Bei der *Dialyse* werden ebenfalls Membranen eingesetzt, deren Porengröße im allgemeinen in relativ weiten Grenzen schwankt. Die Dialyse basiert auf dem Konzentrationsgefälle zwischen einer Lösung und einem Lösungsmittel, die durch eine semipermeable Wand getrennt sind. Dieses Verfahren dient im wesentlichen zur Abtrennung von niedermolekularen Begleitstoffen (MG < 2000), z. B. von Salzen. Eine
Konzentrierung der Lösung findet nicht statt, bei hohen Salzgehalten wird die Lösung
verdünnt.

Säulenchromatographie [3, 4]

Die Säulenchromatographie ermöglicht eine – zumeist nach vorgeschalteten Reinigungsoperationen angewandte – mehr oder weniger intensive Abtrennung der gewünschten Enzyme von Begleitstoffen verschiedener Art (Salze, Fremdaktivitäten,
inaktives Ballasteiweiß, sonstige organische Verbindungen) wie auch eine weitere
Fraktionierung in einzelne Isoenzyme.
Ein modernes Verfahren zur Trennung und Reinigung von Enzymen ist die Methode
der *Gelfiltration* [5 bis 8] mit dreidimensional vernetztem Dextran (z. B. Sephadex)
oder auch Bio-Gel P (Polyacrylamidgel). Unter Nutzung des *Molekularsiebeffekts*
lassen sich Gemische unterschiedlicher Molekülgröße auftrennen. Niedermolekulare
Substanzen treten mit der Gelmatrix in Wechselwirkung, indem sie in das Netzwerk
eindringen und wieder austreten; sie wandern demzufolge langsamer als die jeweils
höher molekularen Komponenten, diese passieren den Gelkörper mit geringer bzw.
ohne Wechselwirkung (Bild 2.10.a). Je nach dem gewünschten Bereich der Fraktionierung setzt man Gele mit unterschiedlichem Vernetzungsgrad ein. Die Methode
eignet sich bei Einsatz von Sephadex G 25 oder Bio-Gel P 2 bis P 10 auch sehr gut
zur Entsalzung von Proteinlösungen und ist wegen ihrer schnellen und schonenden

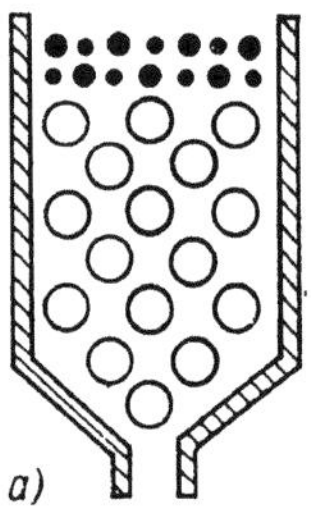

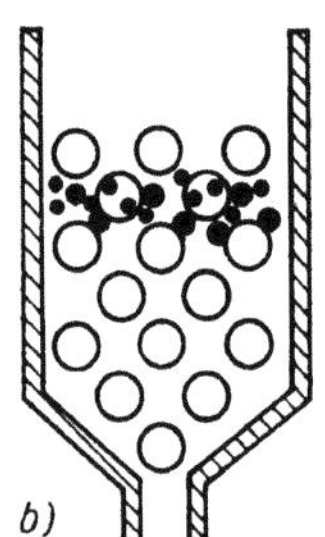

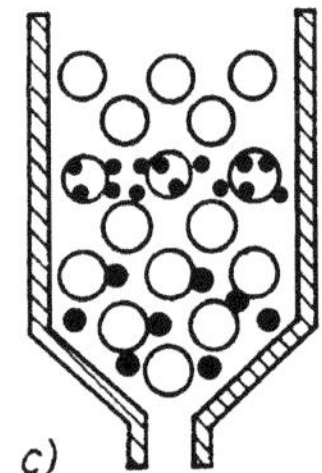

Bild 2.10.a. Gelfiltration in 3 Stadien (schematisch)
a) Stadium unmittelbar nach Aufbringen der Probenlösung auf das Gelbett, b) beginnende Trennung; die kleinen Moleküle können in das Gel eindringen, während den großen nur das Lösungsmittelvolumen zwischen den Gelpartikeln ("äußeres Volumen") zur Verfügung steht, c) beendete Trennung; die großen Moleküle werden zuerst eluiert
Die Kreise stellen die Gelpartikeln, die großen bzw. kleinen Punkte große bzw. kleine Moleküle dar

Arbeitsweise der Dialyse vorzuziehen. Sephadex-Gele der Körnung „superfine" (sehr fein) werden zur Dünnschichtchromatographie von Proteinen verwendet. Einige handelsübliche Sephadextypen und ihre Fraktionierungsbereiche sind in Tab. 2.10.a

Tabelle 2.10.a. Handelsübliche Sephadextypen

Sephadextyp	Wasseraufnahmevermögen in ml Wasser je 1 g trockenes Sephadex	Gelbettvolumen in ml je 1 g trockenes Sephadex	Fraktionierungsbereich für	
			Peptide und globuläre Proteine MG	Dextrane MG
Sephadex G 10	$1,0 \pm 0,1$	2 ... 3	bis 700	bis 700
Sephadex G 15	$1,5 \pm 0,2$	2,5 ... 3,5	bis 1500	bis 1500
Sephadex G 25, fein[1]	$2,5 \pm 0,2$	4 ... 6	1000 ... 5000	100 ... 5000
Sephadex G 50, fein[1]	$5,0 \pm 0,3$	9 ... 11	1500 ... 30000	500 ... 10000
Sephadex G 75, fein[1]	$7,5 \pm 0,5$	12 ... 15	3000 ... 70000	1000 ... 50000
Sephadex G 100[2]	$10,0 \pm 1,0$	15 ... 20	4000 ... 150000	1000 ... 100000
Sephadex G 150[2]	$15,0 \pm 1,5$	20 ... 30	5000 ... 400000	1000 ... 150000
Sephadex G 200[2]	$20,0 \pm 2,0$	30 ... 40	5000 ... 800000	1000 ... 200000

[1] Außerdem erhältlich in der Körnung grob, mittel und sehr fein
[2] Außerdem erhältlich in der Körnung sehr fein

zusammengestellt. In neuerer Zeit verwendet man auch *poröses Glas* zum Trennen nach der Molekülgröße.

Zur säulenchromatographischen Fraktionierung von Enzymen werden weiterhin *Ionenaustauscher* auf der Basis von Cellulose, Sephadex sowie Bio-Gel eingesetzt [9 bis 11].

Derartige Träger haben eine hohe Kapazität und sind zur Trennung empfindlicher Verbindungen gut geeignet. Die am meisten verwendeten *Cellulosederivate* sind DEAE-(Diäthylaminoäthyl-) oder TEAE-(Triäthylaminoäthyl-)Cellulose als Anionenaustauscher und CM-(Carboxymethyl-) sowie P-(Phosphat-)Cellulose als Kationenaustauscher; die entsprechenden Derivate sind auch auf der Basis von *Sephadex* und *Bio-Gel* erhältlich. Mitunter werden auch Kationenaustauscher mit *Carboxylgruppen* vom Typ Amberlite IRT 50 herangezogen. Sie eignen sich für weniger empfindliche, meist niedermolekulare Enzyme, die bei pH-Werten oberhalb 5 infolge ihres hohen isoelektrischen Punktes relativ fest gebunden werden.

Man gibt die zu trennende Enzymlösung auf die mit Puffer äquilibrierte Säule und eluiert mit Pufferlösungen von unterschiedlichem pH-Wert oder steigender Ionenstärke oder mit Salzlösungen steigender Konzentration (meist Kochsalz), und zwar entweder stufenweise oder kontinuierlich (über die Einstellung von Gradienten vgl. *Knedel* und *Fateh-Moghadam* [12]). Die gebräuchlichsten Ionenaustauscher auf Cellulose- und Sephadexbasis und ihre Austauschereigenschaften sind aus Tab. 2.10.b und 2.10.c ersichtlich. Bei dem Einsatz von Anionenaustauschern verwendet man im allgemeinen kationische Pufferlösungen (z. B. Trispuffer), während bei dem Einsatz von Kationenaustauschern anionische Pufferlösungen (z. B. Acetat-, Phosphatpuffer) verwendet werden.

Die *Adsorptionsverfahren* zählen zu den klassischen Verfahren der Reinigung und Charakterisierung, wobei sie sowohl als Säulenchromatographie wie auch im Chargenbetrieb durchgeführt werden können. Die einzelnen Komponenten werden durch Adsorption an bestimmte Gele gebunden und durch nachfolgende Elution von diesen – entweder an einer Säule oder aber chargenweise – fraktioniert und getrennt. Auf diese

Tabelle 2.10.b. Handelsübliche Cellulosederivat-Ionenaustauscher

Cellulosederivat	Austauschereigenschaften
Triäthylaminoäthylcellulose (TEAE-Cellulose)	stark basischer Anionenaustauscher
Diäthylaminoäthylcellulose (DEAE-Cellulose)	mittelstark basischer Anionenaustauscher
Aminoäthylcellulose (AE-Cellulose)	schwach basischer Anionenaustauscher
ECTEOL-Cellulose (Reaktionsprodukt von Cellulose mit Epichlorhydrin und Triäthanolamin nicht näher definierter Struktur)	schwach basischer Anionenaustauscher
Phosphatcellulose (P-Cellulose)	gemischter Kationenaustauscher mit einer stark und einer schwach sauren Gruppe
Carboxymethylcellulose (CM-Cellulose)	schwach saurer Kationenaustauscher
Sulfomethylcellulose (SM-Cellulose)	stark saurer Kationenaustauscher
Sulfoäthylcellulose (SE-Cellulose)	stark saurer Kationenaustauscher

Tabelle 2.10.c. Handelsübliche Sephadex-Ionenaustauscher

Sephadextyp		Funktionelle Gruppe	Austauschereigenschaften
DEAE-Sephadex	A 25[1]	Diäthylaminoäthyl	schwach basischer Anionen-
	A 50[1]		austauscher
QAE Sephadex	A 25	Diäthyl-(2-hydroxypropyl)-	stark basischer Anionenaus-
	A 50	aminoäthyl	tauscher
CM-Sephadex	C 25	Carboxymethyl	schwach saurer Kationenaus-
	C 50		tauscher
SP-Sephadex	C 25	Sulfopropyl	stark saurer Kationenaustauscher
	C 50		
SE-Sephadex	C 25	Sulfoäthyl	stark saurer Kationenaustauscher
	C 50		

[1] Gele des Typs 25 haben eine geringere Porosität als solche des nur mäßig stark vernetzten Typs 50

Weise lassen sich auch Enzyme aus sehr verdünnten Lösungen anreichern. Als Adsorptionsmittel werden hierfür vor allem *Calciumphosphatgele* (z. B. Hydroxylapatit), *Aluminiumoxid* oder *Silikagel* herangezogen. Die Bedeutung dieser Verfahren ist jedoch seit Einführung der Gelfiltration und Ionenaustauscherchromatographie zurückgegangen.

Bei der *Affinitätschromatographie* [13] läßt man das Enzymgemisch als Lösung bzw. die zu reinigende Enzymlösung über einen Träger laufen, in dem ein für das zu isolierende Enzym spezifischer *Inhibitor* oder das entsprechende *Substrat* gebunden ist. Beim Chromatographieren wird das gewünschte Enzym vom Inhibitor oder vom Substrat selektiv festgehalten, während die Begleitstoffe die Säule passieren. Das nachgeschaltete Ablösen erfolgt durch Änderung entweder des *p*H-Wertes oder der Ionenstärke oder aber durch Zugabe von konkurrierenden Inhibitoren zur Elutionslösung.

Elektrophorese

Bei der Elektrophorese wird die Fähigkeit elektrisch geladener Teilchen, im elektrischen Feld zu wandern, zu ihrer Auftrennung und Charakterisierung herangezogen [14 bis 16]. Man unterscheidet im Prinzip 2 Arten, und zwar die *freie Elektrophorese* und die an Trägersubstanzen gebundene *Zonenelektrophorese*. Die erste wird fast ausschließlich bei der *physikalisch-chemischen Charakterisierung* verwendet; es gibt allerdings auch hier Apparaturen, die eine präparative Auftrennung ermöglichen (*Ablenkungselektrophorese*). Die Zonenelektrophorese findet eine wesentlich breitere Anwendung; sie eignet sich auch für *präparative Zwecke*. Als *Trägersubstanzen* für das Lösungsmittel dienen *Papier, Stärkegel, Agar-Agar-* oder *Agarosegel, Dextran*- sowie *Polyacrylamidgel* [17 bis 20]. Das letztgenannte hat ein besonders gutes Auflösungsvermögen für die einzelnen Proteinfraktionen, da es nicht nur nach der elektrophoretischen Beweglichkeit, sondern durch seine abstufbare Porengröße zusätzlich nach der Molekülgröße trennt.

Bei der Zonenelektrophorese unterscheidet man zwischen *Block-* und *Säulenelektrophorese* [21]. Bei der erstgenannten wird das Trägermaterial, z. B. Agarose oder Agar-Agar, häufig auf Objektträger aufgebracht oder bei Verwendung von Polyacrylamidgel auch in Formen gegossen. Die Elektrophorese kann in *horizontaler* oder *vertikaler Richtung* durchgeführt werden.

Einen Spezialfall der Elektrophorese an Polyacrylamidgel stellt die *Disk-Elektrophorese* dar [22 bis 24]. Das diskontinuierliche Trennsystem (daher der Name „Disk-")

arbeitet mit verschiedenen Pufferlösungen, verschiedenen pH-Werten sowie verschiedenen Porengrößen des Trägers. Das Verfahren wird vorzugsweise in Glasröhrchen durchgeführt.

Die *Säulenelektrophorese* ist auch für präparative Trennungen geeignet, wobei auf ein gutes Kühlsystem zu achten ist. Als Säulenfüllung werden Cellulosepulver, Dextrangel oder Polyacrylamidgel verwendet.

Besonders günstig in der Anwendung ist das sog. *Uniphor-Säulenelektrophoresesystem.* Es gestattet je nach Wahl die Verwendung einer der genannten Trägersubstanzen und eignet sich auch für die Elektrophorese mit Dichtegradienten. Als Trennsäule dient eine 400 mm lange (Standardausführung) und 25 mm weite kühlbare Chromatographiesäule. Durch einen Elutionsstopfen, der von einem getrennten Gefäß aus mit Pufferlösung durchspült wird, ist eine fortlaufende Entnahme der getrennten Fraktionen während des Elektrophoresevorgangs möglich. An die Säule läßt sich ein Photometer mit Durchflußküvette und Schreiber anschließen, so daß im Eluat kontinuierlich die Absorption bei 280 nm ermittelt werden kann. Die Eluate werden in einem Fraktionssammler aufgefangen.

Weiterhin ist auch die von *Strauch* [25] entwickelte Apparatur zur präparativen Disk-Elektrophorese (Bild 2.10.b) zu empfehlen. Ihr besonderer Vorteil ist eine den

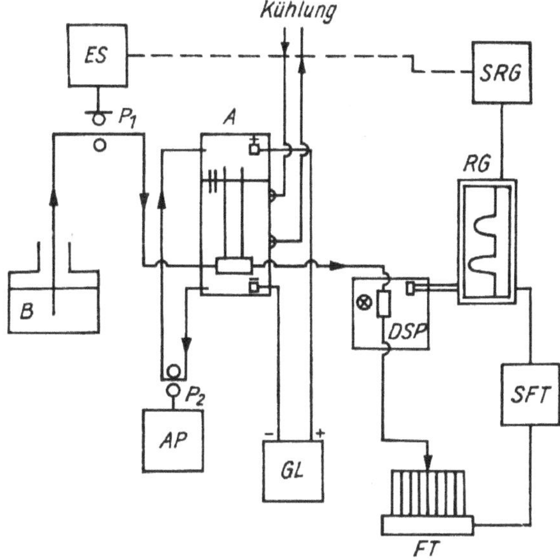

Bild 2.10.b. Präparative Disk-Elektrophorese mit Steuerungsmechanismen und kontinuierlicher Registrierung (schematisch) [29]
ES Elutionssteuerung, B Behälter für Elutionspufferlösung, P_1 und P_2 Pumpen, A Elektrophoreseapparatur, AP Antrieb für Pumpe P_2, GL Gleichrichter, DSP Durchflußspektrophotometer, RG Registriergerät, FT Fraktionsteiler, SRG Steuerung des Registriergeräts, SFT Steuerung des Fraktionsteilers

Beweglichkeiten der Proteinfraktionen angepaßte Elutionssteuerung, wodurch auch im Eluat die im Gel auftretenden Konzentrationsverhältnisse aufrechterhalten werden und eine Verdünnung der langsamer laufenden Fraktionen vermieden wird.

Immunelektrophorese

Eine spezielle Form der Zonenelektrophorese ist die Immunelektrophorese [26, 27]. Enzyme sind Eiweißstoffe und haben demzufolge eine *antigene Wirkung*, d. h., sie bilden mit entsprechenden *Immunseren* Präzipitate. Diese Immunreaktion eignet sich wegen ihrer Empfindlichkeit und Spezifität sehr gut zur Charakterisierung von Proteinen und zur Beurteilung ihres Reinheitsgrades. Zunächst wird eine Elektrophorese auf Agarplatten durchgeführt. Nach erfolgter Trennung trägt man ein Immunserum, das in das Gel diffundiert, senkrecht zur Wanderungsrichtung der Proteine auf. An den Berührungsstellen von Protein und Antikörper entstehen charakteristische *Präzipitationsbanden*. Auf diese Weise ist es möglich, Proteinfraktionen, die bei der einfachen Zonenelektrophorese einheitlich erscheinen, als Gemisch mehrerer Proteine zu identifizieren.

Isoelektrische Fokussierung

Die isoelektrische Fokussierung ist ein Verfahren zur Trennung und Reinigung von Proteinen auf Grund unterschiedlicher *isoelektrischer Punkte* [28. 29]. Setzt man ein Gemisch wasserlöslicher amphoterer Substanzen (sog. *Trägerampholyte*) mit niedrigem Molekulargewicht (200 ... 700) in einem konvektionsfreien Medium einer elektrischen Spannung aus, so bildet sich ein natürlicher *pH-Gradient*. Bei diesen Trägerampholyten handelt es sich um synthetische, aliphatische Polyaminopolycarbonsäuren; der Ladungszustand für jeden einzelnen Ampholyten hängt von der Anzahl und Verteilung der Amino- und Carboxylgruppen ab. Es lassen sich hierbei pH-Gradienten zwischen pH 3 und pH 10 herstellen. In der Praxis kann das pH-Gefälle innerhalb einer Säule einen Bereich von 1 ... 7 pH-Einheiten umfassen. Unter diesen Bedingungen wandern die Enzyme als amphotere Verbindungen mit hohem Molekulargewicht an ihre isoelektrischen Punkte und bilden dort schmale Banden.
Die isoelektrische Fokussierung wird gewöhnlich in kühlbaren Glassäulen vorgenommen. Unter Einsatz einer ionenfreien Verbindung (z. B. Saccharose) wird ein linearer *Dichtegradient* erzeugt (Gradientenmischer), wobei die Trägerampholyte in der Flüssigkeit gelöst sind. Der pH-Gradient wird durch Anlegen einer Spannung von 200 ... 1200 V an die Säule hergestellt. Die je Säule benötigte Stromstärke übersteigt normalerweise 10 mA nicht. Nach Beendigung des Versuchs (etwa 24 ... 72 h) kann die Säule mittels einer Kapillare am unteren Ende ohne Vermischung der getrennten Substanzen entleert werden. Die Abtrennung der isolierten Proteine von den Trägerampholyten erfolgt gewöhnlich durch Dialyse.
Ein Nachteil des Verfahrens ist die verringerte Löslichkeit der Proteine an ihren isoelektrischen Punkten, so daß die getrennten Substanzen u. U. ausfallen. Diese Schwierigkeit kann durch Zugabe von Harnstoff oder Dimethylformamid (Steigerung der Löslichkeit) oder Konzentrationserhöhung der Trägerampholyte überwunden werden.
Bei Elektrofokussierung auf einer Säule ist es erforderlich, den pH-Gradienten durch einen Dichtegradienten zu stabilisieren. Durch die hohe Konzentration der stabilisierenden Substanzen können jedoch Konformationsänderungen der Proteine auftreten, die u. U. eine nicht kontrollierbare Beeinflussung des isoelektrischen Punktes der Proteine hervorrufen. Deshalb wurde eine Methode zur *dünnschicht-isoelektrischen Fokussierung* entwickelt [30]. Nach dieser Methode werden die Platten mit einer 1%igen Ampholytlösung, die 8 g Sephadex G 75 je 100 ml Flüssigkeit enthält, beschichtet und an der Luft getrocknet, bis etwa 20% des Wassers verdunstet sind. Die Gelschicht soll eine Dicke von 0,75 ... 1 mm aufweisen. Zur Bestimmung der Lage und Menge der Proteine wird nach erfolgter Trennung ein *Papierabdruck* genommen, der nach dem Trocknen und Auswaschen der Ampholyte mit *Coomassieblau* angefärbt und densitometrisch ausgewertet wird; der pH-Wert wird mittels Mikroelektrode direkt auf der Gelschicht gemessen. Aus Bild 2.10.c ist z. B. die Veränderung des Isoenzymmusters von Meerrettich-Peroxydase ersichtlich, die mit Hilfe der dünnschicht-isoelektrischen Fokussierung nachgewiesen wurde.

94

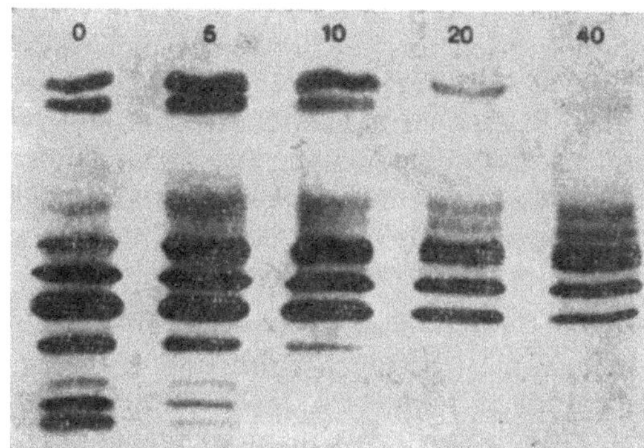

Bild 2.10.c. Veränderung des Isoenzymmusters von Meerrettich-Peroxydase bei Hitzebehandlung
0 Kontrolle, 5, 10, 20 bzw. 40 Zeitdauer der Erhitzung der Enzymlösung in min *bei 90 °C [44]*

Molekulargewichtsbestimmung

Zur Bestimmung des Molekulargewichts werden derzeitig verschiedene Methoden angewandt, die – jede für sich – auf unterschiedlichen Eigenschaften der Proteine basieren und daher auch nicht zu völlig übereinstimmenden Werten führen. So werden z. B. folgende Parameter ermittelt, die den einzelnen Verfahren zugrunde liegen und für die Berechnung herangezogen werden: *Sedimentationskonstante, Diffusionskonstante, Sedimentationsgleichgewicht, Sedimentationsgeschwindigkeit, Lichtstreuung, osmotischer Druck, Gelfiltration* [32, 34, 48]. Einige davon werden nachfolgend kurz dargelegt.

Unter der *Sedimentationskonstante* σ einer Verbindung versteht man die *Geschwindigkeit der sedimentierenden Teilchen unter Standardbedingungen* (reines Lösungsmittel, z. B. Wasser; 20 °C; Einheit der Beschleunigung 1 ms^{-2}). Sie ist u. a. eine Funktion von Masse und Form eines Stoffes und kann zur Charakterisierung einer Substanz in einem bestimmten Lösungsmittel dienen, da jede Änderung der Konstante eine Änderung eines oder beider Faktoren bedeutet. Die Sedimentationskonstante steht in engem Zusammenhang mit dem *Molekulargewicht*. Die Bestimmung erfolgt mit der von *Svedberg* konstruierten *Ultrazentrifuge*. Die Sedimentationskonstante hat die Dimension einer Zeit (s). Der Ausdruck σ = 10^{-13} s bezeichnet die sog. *Svedberg-Einheit*; ihr Symbol ist S (S = 10^{-13} s).

Die *Diffusionskonstante D* steht in engem Zusammenhang mit den hydrodynamischen Eigenschaften der Makromoleküle in Lösung. Sie hat die Dimension $\dfrac{\text{Fläche}}{\text{Zeit}}$.

Nach *Einstein* [33] besteht eine Beziehung zwischen der Diffusionskonstante D und dem *molaren Reibungskoeffizient f* eines gelösten Stoffes gemäß

$$D = \frac{RT}{f} \tag{1}$$

Es bedeutet:

R Gaskonstante
T Temperatur in K

Der Reibungskoeffizient seinerseits ist abhängig von Größe und Gestalt der Teilchen. Man kann aus dem Reibungsverhältnis (Verhältnis des gemessenen zum berechneten Reibungskoeffizient unter Annahme kugelförmiger Gestalt auf Grund des bekannten Molekulargewichts und der Teilchengröße) Schlußfolgerungen ziehen hinsichtlich Gestalt und Asymmetrie sowie – u. U. – Hydratation der Teilchen in der Lösung. Die von *Svedberg* ausgearbeitete Methode der *analytischen Ultrazentrifugation* gestattet eine recht genaue Bestimmung des Molekulargewichts von Proteinen. Das

95

Prinzip besteht darin, daß die zunächst homogen in der Lösung verteilten Protein-moleküle sehr großen Zentrifugalkräften ausgesetzt werden und dabei vollständig oder partiell sedimentieren. Die dabei entstehenden Konzentrationsverteilungen führen bei molekular einheitlichen Stoffen zur Ausbildung scharfer Grenzlinien. Aus der mittels optischer Methoden beobachteten Wanderung dieser Grenzlinien in Ab-hängigkeit von der Zeit während des Zentrifugenlaufs werden Daten für die Bestim-mung des Molekulargewichts gewonnen. Das Molekulargewicht kann u. a. ermittelt werden aus dem Sedimentationsgleichgewicht oder aus der Sedimentationsgeschwin-digkeit.

a) Aus dem *Sedimentationsgleichgewicht:* Sedimentation und Konzentrationsgleich-verteilung durch Diffusion wirken einander entgegen. In Abhängigkeit vom Molekular-gewicht hebt sich bei geeigneter Wahl der Zentrifugalbeschleunigung die Wirkung dieser beiden Faktoren auf, so daß sich innerhalb der Meßzelle ein Gleichgewicht der Konzentrationsverteilung einstellt. Die Konzentrationen werden in verschiedenen Entfernungen vom Rotationszentrum optisch ermittelt, und das Molekulargewicht wird anhand einer Gleichung rechnerisch bestimmt. Diese Methode erfordert jedoch sehr lange Versuchszeiten, was hohe Anforderungen an die Konstanz der Drehzahl und Temperatur stellt.

b) Aus der *Sedimentationsgeschwindigkeit:* Hierbei ermittelt man die Zeit, die das Protein benötigt, um während der Sedimentation die Entfernung zwischen zwei Punkten der Meßzelle zurückzulegen. Das Molekulargewicht kann aus der *Svedberg*-Gleichung [31] errechnet werden. Die Methode erfordert neben der Bestimmung der *Sedimentationskonstante* die Kenntnis der *Diffusionskonstante*, der *Dichte* sowie des *partiellen spezifischen Volumens* der untersuchten Verbindung.

Eine sehr einfache Methode der Molekulargewichtsbestimmung, die auch für Enzym-präparate von geringerer Reinheit anwendbar ist, wurde unter Zuhilfenahme des Prinzips der *Gelfiltration* entwickelt [35 bis 39]. Die *Elutionsvolumina* globulärer Proteine sind von der Molekülgröße der Proteine abhängig, wobei das Elutionsvolu-men in einem gewissen Bereich eine Funktion des *Logarithmus des Molekulargewichts* darstellt. Bei der Bestimmung unbekannter Molekulargewichte geht man wie folgt vor: Nach Feststellung der Elutionsvolumina V einer Reihe Testsubstanzen trägt man den Quotient $\dfrac{V}{V_0}$ (V_0 Volumen des Wassers außerhalb der Gelkörper) gegen den Logarithmus der Molekulargewichte auf, legt durch die erhaltenen Punkte eine Ge-rade, setzt auf dieser den Wert $\dfrac{V}{V_0}$ für die Substanz mit unbekanntem Molekular-gewicht ein und liest auf der Abszisse den Logarithmus des Molekulargewichts ab (Bild 2.10.d).

Fish u. a. [38] führen die Molekulargewichtsbestimmung mittels Gelfiltration in Gegenwart von *6M Guanidinhydrochlorid* durch. Das Elutionsvolumen hängt dann exakt nur von der Molekülgröße ab, ohne daß sich Konformationsunterschiede be-merkbar machen. Ein ähnlicher Effekt ist mit *Harnstoff* zu erzielen.

Auch die *Disk-Gelelektrophorese* (Polyacrylamid) wird zur Molekulargewichts-bestimmung herangezogen [40, 41].

Isoelektrischer Punkt

Der isoelektrische Punkt (IP) ist derjenige pH-Wert, bei dem das Molekül eine gleiche Anzahl positiver und negativer Ladungen trägt [42]. Seine Lage ist von Art und An-zahl der vorliegenden ionisierbaren Gruppen, also mithin von der Aminosäure-

96

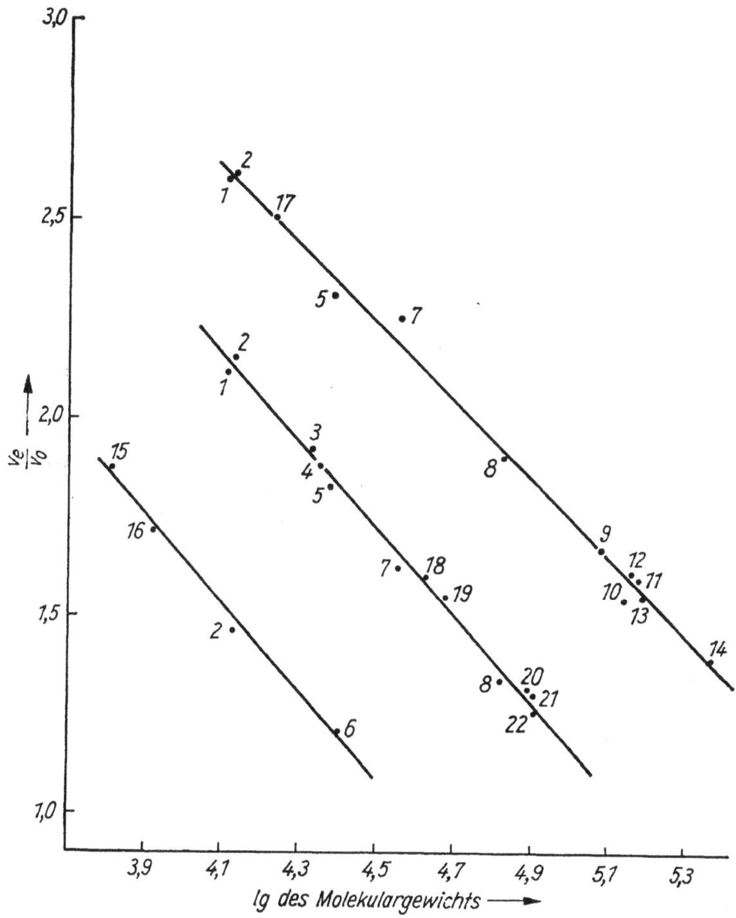

Bild 2.10.d. Abhängigkeit des Elutionsvolumens vom Molekulargewicht [9]
V_e Elutionsvolumen, V_0 das außerhalb der Gelkörner befindliche Flüssigkeitsvolumen
(Ausschlußvolumen)

Nr.	Protein	MG	log MG
1	Cytochrom C	13 000	4,114
2	Ribonuclease A	13 600	4,134
3	Trypsin-Inhibitor (Sojabohne)	21 500	4,332
4	α-Chymotrypsin	22 500	4,352
5	Trypsin	24 000	4,380
6	Chymotrypsinogen A	25 000	4,398
7	Pepsin	35 500	4,550
8	Serumalbumin monomer (Rind)	67 000	4,826
9	Glycerinaldehyd-Phosphatdehydrogenase	117 000	5,068
10	Serumalbumin dimer (Rind)	134 000	5,127
11	Aldolase (Hefe)	147 000	5,167
12	γ-Globulin (Human-)	140 000	5,146
13	Alkoholdehydrogenase (Hefe)	150 000	5,176
14	Katalase	230 000	5,362
15	Kallikrein-Inhibitor	6 500	3,813

Nr.	Protein	MG	log MG
16	Trypsin-Inhibitor (Limabohne)	8 400	3,924
17	Methämoglobin	17 000	4,230
18	Peroxydase-1	40 000	4,602
19	α-Hydroxysteroiddehydrogenase	47 000	4,672
20	Malatdehydrogenase	79 000	4,890
21	Enolase	80 000	4,903
22	Kreatinphosphatkinase	81 000	4,906

zusammensetzung des Proteins abhängig. Die *Wanderungsgeschwindigkeit* der Proteine im elektrischen Feld ist am isoelektrischen Punkt gleich Null. Eine der gebräuchlichsten Methoden zur Bestimmung des isoelektrischen Punktes ist die *Zonenelektrophorese*. Man ermittelt die elektrophoretische Beweglichkeit des Proteins in Pufferlösungen mit verschiedenen pH-Werten bei gleichbleibender Ionenstärke und trägt sie in einem Diagramm gegen den pH-Wert auf. Die aus den Meßpunkten erhaltene Gerade schneidet die Abszisse bei demjenigen pH-Wert, der dem iso-

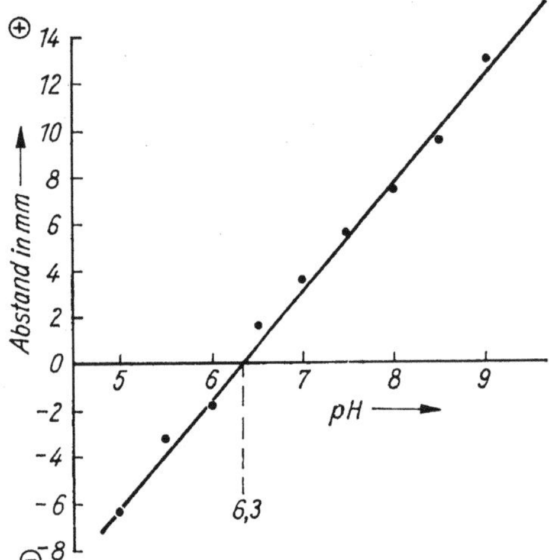

Bild 2.10.e. Bestimmung des isoelektrischen Punktes durch Elektrophorese an Agarosegel

elektrischen Punkt entspricht (Bild 2.10.e). Zur Bestimmung ist die Verwendung von Agar- oder Agarosegel zu empfehlen, da hier die Wanderungsverhältnisse der Proteine mit denen der trägerfreien Elektrophorese fast identisch sind.
Eine andere Methode zur Bestimmung des isoelektrischen Punktes basiert auf der *isoelektrischen Fokussierung* der Proteine [43].

Löslichkeit

Bei handelsüblichen Enzympräparaten wird oft die *Löslichkeit* in *Wasser, wäßrigen Mineralsalzlösungen* und *organischen Lösungsmitteln* angegeben. Die Löslichkeit von Proteinen in apolaren Lösungsmitteln, z. B. in Alkohol oder Aceton, ist gering. Man macht sich diesen Effekt bei der Isolierung von Proteinen zunutze. Globuläre Proteine lösen sich in Salzlösungen zumeist besser als in Wasser *(Einsalzeffekt)*. Die Löslichkeit in Salzlösungen ist vom pH-Wert und von der Ionenstärke abhängig. Bei einer bestimmten Ionenkonzentration werden Eiweiße durch Neutralsalze ausgefällt *(Aussalzeffekt)*. Dieser Wert ist für die verschiedenen Proteine unterschiedlich, so daß die Aussalzung auch zur Enzymabtrennung herangezogen werden kann (vgl. 3.4.5.).

pH-Optimum, pH-Stabilität

Zur Ermittlung des *pH-Optimums* bestimmt man die Enzymaktivität in Reaktionsmischungen mit unterschiedlichem *p*H-Wert. Die gefundenen Aktivitäten werden graphisch gegen den *p*H-Wert aufgetragen. Die erhaltene Kurve hat ein Maximum in einem bestimmten *p*H-Bereich; es können jedoch auch mehrere *p*H-Optima auftreten. Die *pH-Stabilität* wird ermittelt, indem man verschiedene, auf unterschiedliche *p*H-Werte eingestellte Enzymlösungen eine definierte Zeit lang bei bestimmter Temperatur stehen läßt (ohne Substrat) und sodann nach Einstellung auf den für die Aktivitätsbestimmung zugrunde gelegten *p*H-Wert die noch vorhandene Aktivität ermittelt. Der Bereich der größten Stabilität muß nicht unbedingt mit dem *p*H-Optimum zusammenfallen (Bild 2.10.f).

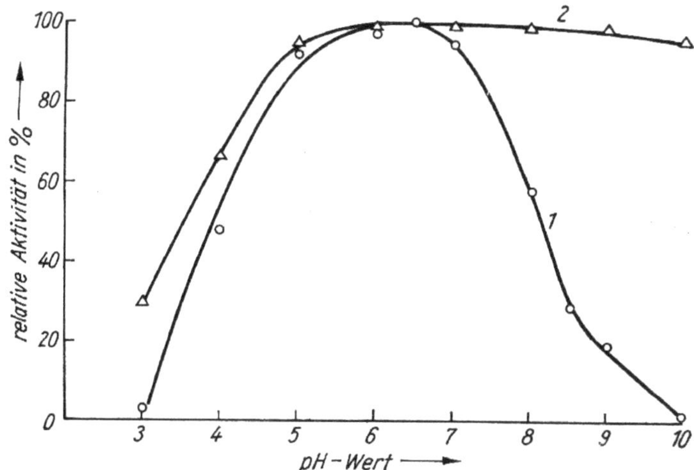

Bild 2.10.f. Typischer Kurvenverlauf der Abhängigkeit der Aktivität und der Stabilität eines handelsüblichen Enzympräparats vom pH-Wert
(1) pH-Abhängigkeit der Aktivität (Inkubation 1 h bei 37 °C)
(2) pH-Stabilität (Inkubation 20 h bei 4 °C)

Temperaturoptimum, Temperaturstabilität

Das *Temperaturoptimum* (vgl. 2.3.5.) ist keine feststehende Größe, sondern von der Dauer der Enzymeinwirkung abhängig. Es liegt um so höher, je kürzer die Inkubationszeit gewählt wird. (Man sollte daher bei diesbezüglichen Angaben stets auch die Dauer der Inkubation anführen.) Die Bestimmung des Temperaturoptimums erfolgt durch Messung der Aktivität bei verschiedenen Inkubationstemperaturen.

Zur Ermittlung der *Temperaturstabilität* wird die Enzymlösung bei definiertem *p*H-Wert eine bestimmte Zeit lang (meistens zwischen 10 min und 30 min) auf verschiedene Temperaturen erwärmt, anschließend wird die noch vorhandene Aktivität bestimmt (Bild 2.10.g). Bei dieser Form der Charakterisierung wird die Dauer der Einwirkung vom Experimentator vorgegeben (Auftragung der Aktivität gegen die Temperatur). Vielfach wird ein sog. $T_{\frac{1}{2}}$-Wert angegeben. Man versteht darunter diejenige Temperatur, bei der innerhalb einer bestimmten Zeit – z.B. 15 min – 50 % der Enzymaktivität verlorengegangen sind. Es gibt jedoch noch eine andere, ebenfalls häufig

7*

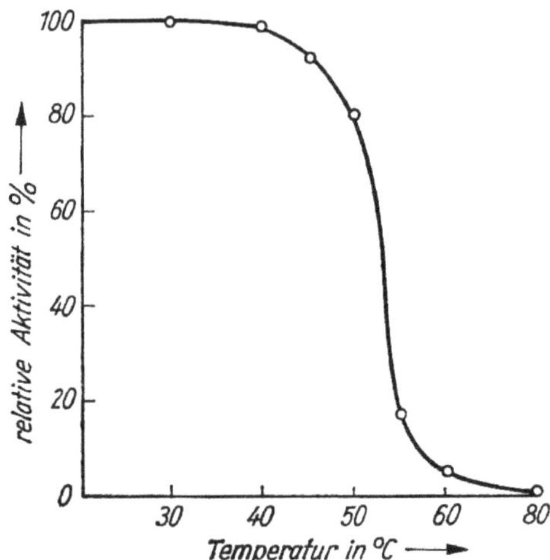

Bild 2.10.g. Temperaturstabilität der Protease eines handelsüblichen Präparats (Inkubation 10 min bei pH 6,5)

verwendete Darstellung der Temperaturstabilität. Danach läßt man die Enzymlösung bei vorgegebener Temperatur verschieden lange stehen und ermittelt diejenige Zeit (Halbwertszeit, $t_{\frac{1}{2}}$), innerhalb der die Aktivität auf die Hälfte der Ausgangsaktivität abgesunken ist (Auftragung der Aktivität gegen die Zeit). Bei dieser Darstellung verringern sich die Halbwertzeiten, je höher die Inkubationstemperatur gewählt wird. Die logarithmische Auftragung der Aktivitäten (Ordinate) liefert Geraden.
Temperaturoptimum und -stabilität können vom pH-Wert sowie durch die Anwesenheit von Substrat, Effektoren und Stabilisatoren beeinflußt werden.

Michaelis-Konstante

Zur Bestimmung der *Michaelis*-Konstante wird die Reaktionsgeschwindigkeit bei verschiedenen Substratkonzentrationen ermittelt. Sodann bestimmt man den K_m-*Wert* graphisch nach der Methode von *Lineweaver-Burk* (vgl. 2.3.3.). Zur Ermittlung des K_m-Wertes ist exakt die *Anfangs*geschwindigkeit in das Diagramm einzusetzen. Dies ist zu bedenken, wenn z. B. bei erhöhten Temperaturen gesteigerte katalytische Wirkung und beginnende Denaturierung den Umsatz gegenläufig beeinflussen. Hier muß der Substratumsatz nach verschiedenen Zeiten bestimmt und im Falle einer Verminderung der Umsatzgeschwindigkeit mit fortschreitender Einwirkungsdauer die Tangente an die Zeit-Umsatz-Kurve (durch den Nullpunkt gehend) angelegt werden; diese Gerade liefert die Anfangsgeschwindigkeit.

Substratspezifität

Zur Feststellung der Substratspezifität läßt man das Enzympräparat unter definierten Bedingungen (pH-Wert, Temperatur, Substratkonzentration) auf verschiedene Substrate einwirken und stellt die prozentuale Spaltbarkeit gegenüber einem optimalen Bezugssubstrat (Umsatz = 100%) fest. Für genauere Untersuchungen empfiehlt es sich, für jedes Substrat ein *Lineweaver-Burk*-Diagramm anzufertigen und den K_m-*Wert* zu bestimmen.
Zur Ermittlung der *Spaltungsspezifität von Proteasen* werden neben synthetischen Substraten auch Eiweißstoffe bekannter Struktur, z. B. *Glucagon, Cytochrom C* und *Insulin B*, verwendet.
Herstellung von Insulin B und Bestimmung der Spaltungsspezifität: Durch Oxydation von Insulin mit Perameisensäure wird dieses in die A- und B-Kette zerlegt; die zuletzt genannte wird sodann säulenchromatographisch abgetrennt und anschließend

lyophilisiert. Eine 1%ige Lösung von Insulin B wird unter geeigneten Bedingungen mit der zu untersuchenden Protease inkubiert. Nach beendeter Spaltung inaktiviert man den Inkubationsansatz und lyophilisiert. Die *Spaltpeptide* werden säulenchromatographisch (Ionenaustauscher, Cellulosepulver) aufgetrennt. Ihre Identifizierung erfolgt durch Bestimmung der *N-terminalen* (Dinitrophenylierung, anschließende Hydrolyse, Dünnschichtchromatographie der DNP-Aminosäure) und *C-terminalen Aminosäuren* (Hydrazinolyse) sowie Ermittlung der *Aminosäurezusammensetzung* mit dem Aminosäureanalysator.

Aktivatoren, Inhibitoren

Zur Charakteristik eines Enzyms bzw. Enzympräparats gehört die Angabe der ermittelten Aktivatoren und Inhibitoren einschließlich der für die Wirkung erforderlichen Konzentration (vgl. 2.3.4.).

Aminosäureanalyse

Die *Aminosäurezusammensetzung* eines Enzyms wird ermittelt, indem die nach der Säurehydrolyse entstehenden Aminosäuren mittels Aminosäureanalysators säulenchromatographisch getrennt und quantitativ bestimmt werden.

Anmerkung

Über derzeitig verwendete Methoden zur Gewinnung eines vertieften Einblicks in Struktur und Funktion von Enzymen wird auf die Literatur [45 bis 50] verwiesen.

Literatur

[1] *Blatt, W. F.:* Methods Enzymol. **22** (1971) 39

[2] *Strathmann, H.:* Chem. Ing. Techn. **42** (1970) 1095

[3] *Turba, F.:* Advances in Enzymol. **22** (1960) 417

[4] *Wieland, T.:* Fresenius Z. analyt. Chem. **243** (1968) 434

[5] *Determann, H.:* Gel Chromatography, Gel Filtration, Gel Permeation, Molecular Sieves. Berlin–Heidelberg–New York: Springer-Verlag 1967

[6] *Fricova, L.,* und *M. Traiter:* Biologia (Bratislava) **22** (1967) 534

[7] *Gelotte, B.,* und *H. Emneus:* Chem. Ing. Techn. **38** (1966) 445

[8] *Шульман, М. С., и В. А. Апатцева* (Šul'man, M. S., und V. A. Apatceva): Ферментная и спиртовая промышленность (Gärungs- und Spiritusindustrie) 31 (1965) 14

[9] *Давидова, Е. Г., и В. В. Рачинский* (Davidova, E. G., und V. V. Racinskij): Успехи химии (Fortschritte der Chemie) 34 (1965) 253

[10] *Himmelhoch, S. R.:* Methods Enzymol. **22** (1971) 273

[11] *Rybak, M., Z. Brada* und *J. M. Hais:* Säulenchromatographie an Cellulose-Ionenaustauschern. Jena: VEB Gustav Fischer Verlag 1966

[12] *Knedel, M.,* und *A. Fateh-Moghadam:* G-I-T-Fachztschr. Lab. **9** (1965) 675

[13] *Cuatrecasas, P.,* und *C. B. Afinsen:* Annu. Rev. Biochem. **40** (1971) 259

[14] *Keil, B.,* und *Z. Sormová:* Laboratoriumstechnik für Biochemiker. Leipzig: Akademische Verlagsgesellschaft Geest & Portig K.-G. 1965, S. 150, 224, 233

[15] *Bier, M.:* Electrophoresis: Theory, Methods and Applications Vol. II. New York–London: Academic Press 1967

[16] *Lederer, M.:* Chromatographic reviews. Progress in chromatography, electrophoresis and related methods. Amsterdam–London–New York: Elsevier Publ. Comp. 1968 (Band 10), 1969 (Band 11)

[17] *Baker, R. W. R.,* und *C. Pellegrino:* Scand. J. Clin. Lab. Invest. **6** (1954) 94

[18] *Wieme, R. J.:* Agar Gel Electrophoresis. Amsterdam–London–New York: Elsevier Publ. Comp. 1965

[19] *White, J. W.,* und *I. Kushnir:* Analyt. Biochem. **16** (1966) 302

[20] *Hjerten, S., S. Jestedt* und *A. Tiselius:* Analyt. Biochem. **27** (1969) 108

[21] *Bloemendal, H.:* Zone electrophoresis in blocks and columns. Amsterdam–London–New York: Elsevier Publ. Comp. 1963

[22] *Ornstein, L.:* Ann. N. Y. Acad. Sci. **121** (1964) 321

[23] *Maurer, H. R.:* Disk-Elektrophorese. Theorie und Praxis der diskontinuierlichen Polyacrylamidgel-Elektrophorese. Berlin: Walter de Gruyter & Co. 1968

[24] *Neuhoff, V.:* Mitt. Dtsch. Pharm. Ges. **40** (1970) 289

[25] *Strauch, L.:* Protides Biol. Fluids **15** (1967) 535

[26] *Dévényi, T.,* und *J. Gergely:* Analytische Methoden zur Untersuchung von Aminosäuren, Peptiden und Proteinen. Budapest: Akadémiai Kiadó. 1968, S. 152

[27] *Gheti, V.,* und *H. D. Schell:* Hoppe-Seylers Z. physiol. Chem. **349** (1968) 719

[28] *Wrigley, C. W.:* Methods Enzymol. **22** (1971) 559

[29] *Haglund, H.:* Methods Biochem. Anal. **19** (1971) 1

[30] *Radola, B.:* Biochim. biophysica Acta **194** (1969) 338

[31] *Hoppe-Seyler/Thierfelder:* Handbuch der physiologisch- und pathologisch-chemischen Analyse. Berlin–Göttingen–Heidelberg: Springer-Verlag 1953, 1. Teil, 10. Aufl., S. 95

[32] *Hofmann, E.:* Eiweiße und Nucleinsäuren als biologische Makromoleküle. Dynamische Biochemie, Teil I, 2. Aufl. Berlin–Oxford–Braunschweig: Akademie-Verlag, Pergamon Press, Vieweg & Sohn 1972, S. 112

[33] *Einstein, A.:* Ann. Phys. **17** (1905) 549; **19** (1960) 289

[34] *Houben, J.,* und *Th. Weil:* Methoden der organischen Chemie. Bd. III, Teil 1. Stuttgart: Georg Thieme Verlag 1955, S. 390

[35] *Leach, A. A.,* und *P. C. O'Shea:* J. Chromatogr. **17** (1965) 245

[36] *Withaker, J. R.:* Analytic Chem. **35** (1963) 1950

[37] *Andrews, P.:* Biochem. J. **91** (1964) 222

[38] *Fish, W. F., K. G. Mann* und *C. Tanford:* J. biol. Chemistry **244** (1969) 4989

[39] *Siegel, L. M.,* und *K. J. Monty:* Biochim. biophysica Acta **112** (1966) 346

[40] *Hedrich, J. L.,* und *A. J. Smith:* Arch. Biochem. Biophysics **126** (1968) 155

[41] *Shapiro, A.:* Biochem. Biophysic. Res. Commun. **28** (1967) 815

[42] *Hofmann, E.:* Dynamische Biochemie, Teil I: Eiweiße und Nucleinsäuren als biologische Makromoleküle, 2. Aufl. Berlin–Oxford–Braunschweig: Akademie-Verlag, Pergamon Press, Vieweg & Sohn 1971, S. 101

[43] *Haglund, H.:* Sci. Tools (Stockholm) **14** (1967) 18

[44] *Radola, B. J.,* und *H. Delincée:* Ann. Technol. agric. **21** (1972) 473

[45] *Colowick, S. P.,* und *N. D. Kaplan:* Methods in Enzymology. New York–London: Academic Press Inc. 1955ff. (seit 1955 sind 30 Bände erschienen)

[46] *Anfinsen, C. B., M. L. Anson, J. T. Esdall* und *F. M. Richards:* Advances in Protein Chemistry. New York–London: Academic Press Inc. 1944ff. (seit 1944 sind 29 Bände erschienen)

[47] *Nord, F. F.:* Advances in Enzymology and Related Subjects of Biochemistry. New York–London–Sidney: Interscience Publ. J. Wiley and Sons. Erscheint jährlich mit ausgewählten Kapiteln

[48] *Bailey, J. L.:* Techniques in Protein Chemistry. Amsterdam–London–New York: Elsevier Publ. Comp. 1967

[49] *Dévényi, T., P. Elödi, T. Keleti* und *G. Szabolcsi:* Strukturelle Grundlagen der biologischen Funktion der Proteine. Budapest: Akadémiai Kiadó 1969

[50] *Dickerson, R. E.,* und *J. Geis:* Struktur und Funktion der Proteine. Weinheim/Bergstraße: Verlag Chemie GmbH 1971

2.11. Natürliches Vorkommen industriell bedeutsamer Enzyme

Enzyme werden von jeder lebenden Zelle erzeugt. Sie können somit aus *tierischem* oder *pflanzlichem* Material isoliert oder unter Verwendung von *Mikroorganismen* gewonnen werden [1, 2]. Obwohl Mikroorganismen als Enzymproduzenten in steigendem Umfang verwendet und in Zukunft noch erheblich an Bedeutung gewinnen werden, ist damit zu rechnen, daß vorerst auch Präparate tierischer und pflanzlicher

Herkunft noch verbreitet zum Einsatz kommen. Bei ihrer Herstellung ist eine sorgfältige Auswahl der Rohmaterialien zu treffen. Diese werden speziellen Extraktions- und Reinigungsprozessen unterworfen. Bei manchen Enzymen ist es erforderlich, zunächst eine inaktive Vorstufe zu gewinnen und diese sodann in die aktive Form zu überführen. Zur Herstellung eines haltbaren Präparats schließt sich zumeist ein Konzentrierungsprozeß an, der zu lagerfähigen Flüssigpräparaten führt, oder man gewinnt durch Trocknung (Sprüh-, Vakuum- oder Gefriertrocknung) oder Fällung (durch Salze oder organische Lösungsmittel) Trockenerzeugnisse.

Literatur

[1] *Sommer, H.:* Technisch gewonnene Enzympräparate und ihre Anwendung in der Lebensmittelindustrie. In: *Schormüller, J.:* Handbuch der Lebensmittelchemie, Bd. 1. Berlin–Heidelberg–New York: Springer-Verlag 1965
[2] *Reed, G.:* Enzymes in food processing. New York und London: Academic Press 1966

2.11.1. Tierische Enzyme

Tierische Enzyme werden zumeist aus Nebenprodukten gewonnen, die bei der Schlachtung anfallen und anderweitig nicht genutzt werden können. Der Enzymgehalt der verwendeten mehr oder weniger frischen tierischen Organe schwankt erheblich, so daß eine Standardisierung der Enzympräparate erforderlich ist. Industriell bedeutsame tierische Enzyme sind Lab, Pepsin, Pankreatin und Katalase.

Lab

Lab (Chymosin, engl. *rennin)* (EC 3.4.23.4.) ist ein proteolytisches Enzym und wird von den Drüsenzellen des *Labmagens,* des vierten Magenabschnitts der Wiederkäuer, ausgeschieden. Es bildet sich in größeren Mengen nur im Milchalter von *Kälbern* und *Lämmern,* so daß zur Herstellung von aktiven Enzympräparaten die Labmagen von Saugkälbern verwendet werden. Die Magen werden nach der Schlachtung gereinigt und getrocknet oder gesalzen und kühl gelagert. Bei der Aufarbeitung werden sie zerkleinert, und das Enzym wird durch Zugabe von angesäuerter Kochsalzlösung extrahiert, wobei es gleichzeitig aus seiner Vorstufe, dem *Prorennin,* in aktives Rennin übergeht. Durch die zugesetzte Säure wird außerdem der unerwünschte Schleimstoff Mucin denaturiert. Der enzymhaltige Extrakt wird filtriert und bei niedrigen Temperaturen im Vakuum eingeengt; so können Flüssigpräparate unterschiedlicher Aktivität hergestellt werden. Bei Extrakten von 2 Teilen Labmagen mit 1 Teil Lösung erhält man *flüssige Enzympräparate* mit Labstärken von 1:10000 bis 1:15000. Im allgemeinen wird auf eine Labstärke von 1:10000 eingestellt. *Trockene Präparate* werden durch Sättigung von Lablösungen (*pH* 5) mit Kochsalz gewonnen. Das hierbei gefällte Enzym wird abgetrennt und bei 30 ... 37 °C getrocknet. Durch Verschneiden mit Kochsalz wird eine Labstärke von 1:100000 eingestellt. Flüssige Lablösungen enthalten gewöhnlich 14 ... 20 % Kochsalz sowie Konservierungsmittel (z. B. Natriumbenzoat oder Borsäure). Bei pulverförmigen Labpräparaten beträgt der Kochsalzgehalt 90 ... 95 %.
Als problematisch wird der *bakteriologische Status* der Enzympräparate angesehen. Es wurde daher vorgeschlagen, durch Sterilfiltration oder Zugabe von 0,01 *N* Jodlösung Keimfreiheit zu erreichen. Es wurde auch versucht, das Lab durch Anlegen einer Fistel unmittelbar vom lebenden Tier zu gewinnen. Nach *Inichow* [1] soll dieses

Verfahren während des 2. Weltkrieges in der Käserei erfolgreich angewendet worden sein. Es hat sich jedoch noch nicht in einem größeren Umfang durchsetzen können. In kristallisierter Form ist das Lab im Jahre 1943 von *Berridge* hergestellt worden [2].

Pepsin

Das proteolytische Enzym *Pepsin* (EC 3.4.23.1.) wurde bereits 1836 von *Schwann* in der *Magenschleimhaut* nachgewiesen. Es befindet sich im Magensaft aller Wirbeltiere und wird von den Zellen der Magenschleimhaut als inaktive Vorstufe *(Pepsinogen)* produziert. Pepsin wird unter Säureeinwirkung oder autokatalytisch in aktives Pepsin umgewandelt.

Pepsin wird aus der Magenschleimhaut frisch geschlachteter Schweine gewonnen. Nach *Tauber* [3] verläuft die Aufarbeitung wie folgt: Die Schleimhaut wird zerkleinert, mit 2 bis 3 Teilen verdünnter Salzsäure oder Phosphorsäure (pH 2,0) gemischt und 16 h lang bei Raumtemperatur stehengelassen. Anschließend wird 1 h lang auf 40 ... 45 °C erwärmt und filtriert. Die Vakuumtrocknung erfolgt bei etwa 40 °C. Das so hergestellte Präparat ist bereits einsatzfähig. Bei weiterer Aufarbeitung bzw. Reinigung wird das Konzentrat einer fraktionierten Äthanolfällung unterworfen. Bis zu einer Alkoholkonzentration von 60 Vol.-% fallen Mucine aus, die verworfen werden. Durch weitere Äthanolzugabe wird das Pepsin gefällt und nach einer Filtration vakuumgetrocknet. Kristallisiertes Pepsin wurde 1930 von *Northrop* hergestellt [2].

Pankreatin

Pankreatin wird aus der *Bauchspeicheldrüse (Pankreas)* des Schweines gewonnen. Da diese proteolytische, amylolytische und auch lipolytische Enzyme sezerniert, enthalten Pankreaspräparate ein Gemisch von Aktivitäten der genannten Enzyme, wobei *Trypsin* und *Chymotrypsin* überwiegen.

Bei der Gewinnung des Pankreatins geht man von frischen oder gefrorenen Pankreasdrüsen aus, die entweder nach mechanischer Zerkleinerung bei herabgesetztem pH-Wert (pH 4 ... 5) oder durch Zusatz von Dünndarmgewebe einer Autolyse unterworfen werden. Hierbei werden Trypsin und Chymotrypsin aus ihren inaktiven Vorstufen *(Trypsinogen* bzw. *Chymotrypsinogen)* gebildet. Die Masse kann vakuumgetrocknet und durch Extraktion mit organischen Lösungsmitteln (z. B. Aceton) nachfolgend entfettet werden. Nach mechanischer Zerkleinerung entsteht ein handelsfähiges Trockenpulver. Verschiedentlich wird auch aus dem Autolysat ein Extrakt hergestellt, der getrocknet wird. Die Bearbeitung bis zur kristallisierten Form wird von *Northrop* u. a. beschrieben [4].

Katalase

Als Ausgangsmaterial für die Herstellung von *Katalase-Präparaten* (EC 1.11.1.6.) dienen *Leber* und *Erythrozyten* von Schweinen und Rindern. Nach *Tauber* und *Petit* [5] sowie *Lolli* und *Cavanaugh* [6] wird das zerkleinerte Lebergewebe mit einer wäßrigen Acetonlösung (25 Vol.-%) bei Raumtemperatur gerührt. Nach Erhöhung der Acetonkonzentration auf 35 Vol.-% werden die Feststoffe abfiltriert und verworfen. Bei erneuter Acetonzugabe bis zu einer Konzentration von 50 Vol.-% fällt die Katalase aus. Der Niederschlag wird filtriert und eutweder sofort mit Wasser extrahiert oder vorher zwischengetrocknet. Nach erneuter Filtration, Sterilfiltration und eventueller Stabilisatorzugabe (Glycerin) erhält man flüssige Handelspräparate. Trockenpräparate werden durch Gefriertrocknung des Extraktes hergestellt. Kristallisierte Katalase ist erstmalig im Jahre 1937 von *Sumner* dargestellt worden [2].

Literatur

[1] *Inichow, G. S.:* Biochemie der Milch und der Milchprodukte. Berlin: VEB Verlag Technik 1969, S. 225

[2] zit. bei *Bersin, T.:* Kurzes Lehrbuch der Enzymologie, 3. Aufl. Leipzig: Akademische Verlagsgesellschaft Geest & Portig K.-G. 1951

[3] *Tauber, H.:* Chemistry and Technology of Enzymes. New York: J. Wiley & Sons 1949

[4] *Northrop, J. H., M. Kunitz* und *R. N. Herriott:* Crystalline Enzymes, 2. Aufl. New York: Columbia Univ. Press 1948

[5] *Tauber, H.,* und *E. L. Petit:* J. biol. Chemistry **195** (1952) 703

[6] *Lolli, A. L.,* und *E. F. Cavanaugh:* Method of preparing stable water-soluble catalase of high potency. USA-Patent 2703779, ausgegeben am 18. 3. 1955

2.11.2. Pflanzliche Enzyme

Der Enzymgehalt pflanzlichen Materials ist oftmals gering, so daß für die Herstellung von Enzympräparaten große Mengen des Ausgangsmaterials aufgearbeitet werden müssen. Ein für die Brauindustrie bedeutsames enzymhaltiges Produkt ist Malz. Enzyme pflanzlicher Herkunft sind u. a. die Proteasen Papain, Bromelin und Ficin.

Malz

Malz wird bevorzugt aus Gerste, aber auch aus Weizen hergestellt. Neben den im Malz anteilmäßig am stärksten vertretenen Enzymen *α-Amylase* (EC 3.2.1.1.) und *β-Amylase* (EC 3.2.1.2.) sind auch andere Komponenten, z. B. *Cytasen, Hemicellulasen, Proteasen, Peptidasen, Nucleasen, Phosphatasen,* mit zumeist geringerer Aktivität anwesend. Die Herstellung des Malzes erfolgt nach gründlicher Reinigung der Gerste gemäß der Reihenfolge Quellung, Keimung und Trocknung.

Zunächst wird das Getreide geweicht. Durch die Wasseraufnahme soll das Korn zur Keimung und Enzymbildung bzw. -aktivierung angeregt werden. Dabei erfolgt ein partieller Abbau der Zellwand und eine Teilhydrolyse der gespeicherten Nährstoffe. Gequollene Gerste weist in Abhängigkeit von der Sorte einen Feuchtegehalt von etwa 42 ... 50% auf. Die günstigste Quelltemperatur liegt zwischen 10 °C und 18 °C. Nach einer Quelldauer von 2 bis 3 Tagen beginnt die Keimung, die je nach dem Typ des zu produzierenden Malzes 5 bis 10 Tage beträgt. Die Keimung wird durch das Hervorbrechen des Keimlings angezeigt. Während der Keimung erfolgt eine Aktivierung der amylolytischen Enzyme, begleitet von einem histologisch nachweisbaren Abbau der Zellwände im Endosperm. Es werden größere Mengen α-Amylase gebildet, und der überwiegende Teil der zunächst partikelgebundenen β-Amylase wird wasserlöslich. Gleichzeitig lassen sich geringe Mengen der anderen o. a. Enzyme nachweisen.

Das entstehende Produkt, *Grünmalz* genannt, kann direkt verwendet werden. Gewöhnlich wird jedoch der Keimprozeß durch Trocknung unterbrochen, um das Malz zu konservieren und lagerfähig zu machen. Beim Trocknen entwickeln sich außerdem Farbe und Aroma. Das Trocknen erfolgt in Darröfen oder Trommeln, verschiedentlich auch unter Vakuum *(Darrmalz)*. Die Trocknungstemperatur ist von entscheidendem Einfluß auf den Enzymgehalt des Malzes und auf den Geschmack des Bieres.

Malz ist ein wichtiger Grundstoff für die Bierbrauerei. Es wird außerdem als Verzuckerungsmittel bei der Herstellung von Alkohol und Branntweinen benutzt. Zur Gewinnung von β-Amylase wird Malzextrakt mit Säure (*p*H 3,0) behandelt; α-Amylase wird unter diesen Bedingungen selektiv zerstört.

Papain

Die Pflanzenprotease setzt sich aus den Komponenten *Papain* (EC 3.4.22.2.) und *Chymopapain* (EC 3.4.22.6.) zusammen. Der Enzymkomplex wird aus den Früchten der in tropischen Gebieten wachsenden Papayamelone *Carica papaya* gewonnen. Ausgewachsene, aber noch grüne Früchte werden angeritzt, und der austretende Milchsaft wird aufgefangen. Das Anritzen wird etwa alle 3 bis 5 Tage wiederholt, solange die Frucht unreif ist. Der Milchsaft koaguliert spontan nach mehrstündigem Stehen an der Luft. Durch Rühren kann die Gerinnungszeit auf etwa 10 min verkürzt werden. Der geronnene Saft wird in dünner Schicht an der Sonne, teilweise auch im Vakuum getrocknet; das zuletzt genannte, jedoch aufwendigere Verfahren liefert ein qualitativ besseres Produkt. Das Rohpräparat ist direkt einsatzfähig; es wird jedoch häufig einer weiteren Reinigung unterworfen (Beseitigung von Begleitstoffen, z. B. durch fraktionierte Fällung), wobei verschiedentlich Stabilisatoren (Bisulfit, Cystein) zugegeben werden.
Papain-Präparat wird zur Bierklärung, zur Fleischtenderisierung sowie als Verdauungshilfe verwendet. Die Herstellung von kristallisiertem Papain erfolgte durch *Balls* u. a. [1], diejenige des Chymopapains durch *Jansen* und *Balls* [2].

Bromelin

Das proteolytisch wirksame *Bromelin* (EC 3.4.22.5.) kommt in der Frucht und in der Sproßachse der *Ananaspflanze (Ananas comosus)* vor und wird aus den Sproßachsen gewonnen [3]. Nach dem Ernten der Früchte werden die Sproßachsen mit Spezialmaschinen von den Blättern befreit und maschinell ausgepreßt. Der ablaufende Saft wird filtriert und mit Aceton im Verhältnis 1:0,5 bis 1:1 versetzt. Das entstehende Präzipitat wird verworfen. Bei Zugabe eines weiteren Volumenteils Aceton fällt das Bromelin aus, das durch Zentrifugieren abgetrennt und danach getrocknet wird.
Bromelin-Präparat ist bei der Bierklärung und Fleischtenderisierung von Bedeutung.

Ficin

Ficin (EC 3.4.22.3.) wird aus dem Milchsaft südamerikanischer tropischer Feigenbäume der Gattung *Ficus* gewonnen. Der Saft fließt nach dem Abschneiden oder Anritzen der Sproßachsen aus dem Pflanzengewebe und wird in Behältern aufgefangen. Der Gummianteil der Flüssigkeit koaguliert nach einiger Zeit und kann abgetrennt werden. Das Enzympräparat wird durch Sprühtrocknung oder durch Fällung mit organischen Lösungsmitteln hergestellt. Die im Milchsaft außerdem enthaltene *Peroxydase* geht gewöhnlich in das Präparat mit ein.
Für Ficin bestehen die gleichen Anwendungsmöglichkeiten wie für Papain. Die Herstellung von kristallisiertem Ficin wird von *Walti* [4] beschrieben.

Literatur

[1] *Balls, A. K., H. Lineweaver* und *R. R. Thompson:* Science **86** (1937) 379
[2] *Jansen, E. F.,* und *A. K. Balls:* J. biol. Chemistry **137** (1941) 459
[3] *Heinicke, R. M.,* und *W. A. Gortner:* Econ. Botany **11** (1957) 225
[4] *Walti, A.:* J. Amer. chem. Soc. **60** (1938) 493

2.11.3. Mikrobielle Enzyme

Obwohl die Menge der produzierten Enzympräparate tierischen und pflanzlichen
Ursprungs beträchtlich ist, sind einer wesentlichen Produktionssteigerung zur Deckung
des ständig steigenden Bedarfs dadurch Grenzen gesetzt, daß tierische Enzyme nur
als Nebenprodukte bei der Fleischgewinnung anfallen und pflanzliche Enzyme einen
hohen Einsatz vom Ausgangsmaterial erfordern. So erlangten Enzyme aus Mikroorganismen in den letzten Jahren eine vor allem aus ökonomischen Gründen zunehmende Bedeutung, und Enzympräparate mikrobiellen Ursprungs werden bereits
in großem Umfang produziert.

3. *Herstellung mikrobieller Enzympräparate*

3.1. Systematische Stellung der Enzymproduzenten

Mikroorganismen produzieren technologisch nutzbare Enzyme in Mengen, die die Entwicklung ökonomischer Verfahren gestatten. Die Entscheidung, welchen Stamm man zur Gewinnung eines bestimmten Enzyms heranzieht, erfolgt weniger nach seiner Stellung im System der Mikroorganismen, sondern im allgemeinen nach *ökonomischen Gesichtspunkten*. Die Zahl der Stämme, die zur Bildung von Enzymen in der Lage sind, ist sehr groß, die Zahl der Stämme, die industriell genutzt werden, ist hingegen außerordentlich gering. So werden zum Beispiel z. Z. – grob geschätzt – etwa 15 bis 20 Pilzgattungen großtechnisch verwendet, die Zahl der genutzten Arten beträgt etwa 25 bis 30. *Kreisel* [1] führt in seinem *System der Pilze* 63 *Ordnungen* mit jeweils 1 bis 13 *Familien* auf, die sich jeweils in eine bis zu mehreren *Gattungen* (z. T. mehr als 10) und jede Gattung wiederum in eine bis zu mehreren *Arten* unterteilen lassen. Eine vorsichtige Schätzung ergibt so 1000 bis 2000 Gattungen, und die Zahl der Arten ist nur schwer zu erfassen, darf aber sicher mit mehr als 10000 veranschlagt werden. Die weitere Aufteilung in *Unterarten, Mutanten* und sonstige von den Wildstämmen abweichende Formen führt zu einer nahezu unübersehbaren Vielfalt. Dies bedeutet, daß noch ein sehr großes Potential an Pilzen für Verfahrensentwicklungen zur Verfügung steht. Trotzdem wird sich die industrielle Nutzung auf möglichst wenig Gattungen bzw. Arten beschränken. Je geringer deren Zahl bleibt, desto besser läßt sich das Stammaterial toxikologisch-hygienisch überblicken und unter Kontrolle halten.

Zur Einordnung der enzymproduzierenden Stämme soll nachfolgend ein kurzer Überblick über die *Systematik der Mikroorganismen* gegeben werden. Eine detaillierte Darstellung bzw. Beschreibung auch nur der wichtigsten Ordnungen würde den Rahmen dieses Buches sprengen; hier sei auf die Spezialliteratur verwiesen [1 bis 7]. Es werden deshalb nur die wichtigsten Enzymproduzenten aufgeführt, und ihre Einordnung wird nach groben Einteilungsprinzipien vorgenommen.

Die Mikroorganismen lassen sich in ihrer Gesamtheit in 4 Gruppen gliedern: *Bakterien, Pilze, Protozoen* und *Algen*. Hiervon werden z. Z. nur die Bakterien und Pilze zur industriellen Enzymgewinnung herangezogen, und von diesen wiederum nur *apathogene Stämme*. Tritt bei bestimmten Familien und Gattungen hinsichtlich der technischen Verwendbarkeit eine Häufung ein, so ist das auf eine besonders günstige Veranlagung zu raschem Wachstum und hoher Biosyntheseleistung unter Produktionsbedingungen zurückzuführen. Weiterhin hat sich gezeigt, daß bestimmte Bakterien- bzw. Pilzgruppen toxikologisch unbedenklich sind. Bei der Auswahl von

Produktionsstämmen wird man deshalb auf solche Gattungen und Arten zurück-
greifen, die in industriellem Maße bereits mit Erfolg eingesetzt worden sind und deren
toxikologisch-hygienische Unbedenklichkeit erwiesen ist.
Die im folgenden benutzte Terminologie der Mikroorganismenarten ist dem System
der *Bakterien* nach *Bergey's Manual* [2] und dem System der *Pilze* nach *Kreisel* [1]
entnommen. Die Actinomyceten werden den Bakterien zugerechnet, da sie in ihrer
morphologischen Organisation mit den *Eubacteriales* grundsätzlich übereinstimmen.
Alle bisher bekannten *Systeme der Bakterien,* einschließlich die der Actinomyceten,
sind *nichtphylogenetische Systeme (Gause* [4], *Krassilnikow* [5], *Waksman* [6]),
d. h., die Differenzierung erfolgt lediglich nach morphologischen und physiologischen
Merkmalen. Ihr Wert wird unterschiedlich beurteilt, da es sich in den seltensten Fällen
um „*Alles oder nichts*"-Reaktionen handelt, sondern zwischen den einzelnen Arten
bzw. Stämmen (ein und derselben Art) fließende Übergänge der Merkmalsbildung
auftreten können.
Auch das *System der Pilze* läßt sich nicht aus ihrer stammesgeschichtlichen Entwicklung ableiten, da fossile Funde von Pilzen sehr selten sind. *Kreisel* [1] unterscheidet
zur Beurteilung der Stellung eines *Taxons* im System primitive und abgeleitete Merkmale. Für den gegenwärtigen stammesgeschichtlichen Status der Pilze ist es geradezu
charakteristisch, daß primitive und abgeleitete Merkmale häufig nebeneinander in
einem Organismus vorkommen. Die Unterschiede zwischen Pilzen und Bakterien
sind so fundamental, daß man gegenwärtig nicht den einen Typ vom anderen ableiten
kann; es gibt auch keine Übergänge. Die *fädig wachsenden Bakterien (Actinomyce-*
tales) sind ebenfalls nicht als Vorfahren der Pilze anzusehen. Die Pilzzelle ist durch
Membranen in mehrere Reaktionsräume *(Kompartimente)* gegliedert, die einzelnen
Organzellen sind ihrerseits von einer Membran umgeben. Die Bakterienzelle weist
eine derartige Substrukturierung durch Elemente der cytoplasmatischen Membran
nicht auf. Allerdings enthält auch das Plasma der Bakterien lamellare Strukturen.
Die *Bezeichnung* der Mikroorganismen erfolgt prinzipiell so, daß dem *Gattungs-*
namen, z. B. Aspergillus, der *Artname,* z. B. niger, nachgestellt wird. Der Artname
wird immer klein geschrieben und niemals abgekürzt. Der Gattungsname dagegen
wird groß geschrieben und kann abgekürzt werden. Da es keine einheitliche Regel
für die Abkürzung vom Gattungsnamen gibt, kann es leicht zu Verwechslungen
kommen. Aus diesem Grunde werden in diesem Buch Namen nicht abgekürzt, bis
auf wenige Fälle, wo eine Verwechslung ausgeschlossen ist.

Bakterien als Enzymproduzenten

Die *Bakterien (Schizomycetes)* sind eine heterogene Gruppe der Mikroorganismen
(Bild 3.1.a), die durch folgende Merkmale charakterisiert sind:

Größe: 0,2 ... 2 μm × 0,5 ... 20 μm
Form: kugelförmig; Stäbchen (kurz, lang); gekrümmte Form (Komma); flexible
Zellen; Hyphen
Kern: ungegliedert, ohne Membran, aus einem ringförmigen Chromosom bestehend
(bei *Escherichia coli* in gespreiztem Zustand etwa 1 mm lang), auf dem die Gene
linear angeordnet sind
Vermehrung: im allgemeinen durch Querteilung
Dauerformen: vegetative, thermoresistente Sporen (z. B. bei *Bazillen, Chlostridien*
und *Sarcinen*), hitzeempfindliche Sporen (z. B. bei *Actinomyceten*)
Zellwand: komplex aufgebaut, bevorzugt aus Mucopolysacchariden, Lipopolysaccha-
riden, Lipoproteiden, Teichonsäuren

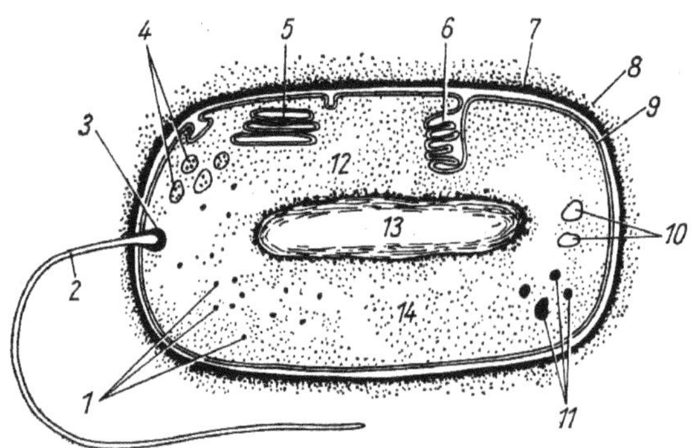

Bild 3.1.a. Querschnitt durch eine Bakterienzelle [20]
(1) Ribosomen (2) Geißel (3) Basalkörper (4) Lipidtropfen (5) Lamellenkörper
(6) Mesosomen (7) Zellwand (8) Kapsel (9) Zellmembran (10) Polysaccharidgranula
(11) Polyphosphatgranula (12) Cytoplasma (13) Nucleus (14) Cytoplasma

Cytoplasma: von einer Membran umgeben, die der Zellwand innen anliegt, mit Ribosomen, Mesosomen, meist ohne Vakuolen
Beweglichkeit: a) Kriechbewegung *(Myxobakterien)*
           b) durch Geißeln *(Eubakterien, Pseudomonaden)*
           c) durch Schlängelbewegung
           d) zahlreiche unbewegliche Formen
Kapsel: amorphe Schleimschicht, die die Zellen nach außen begrenzt, bevorzugt aus Polysacchariden und/oder Polypeptiden bzw. Proteinen und/oder Lipoproteiden
Enzymlokalisation: an Membranstrukturen des Zellinneren gebunden oder ins Medium ausgeschieden; auch Bindung an Zelloberfläche möglich
Protoplasten: zellwandfreie Formen, experimentell erzeugt, sphärisch
Sphäroplasten: zellwandgeschädigte Formen, experimentell erzeugt, sphärisch
Photosynthese: einzelne Gruppen gewinnen Energie durch Verwertung der Lichtenergie mittels Chlorophylls in Thylakoiden
Wichtigstes Ordnungsprinzip: Unterscheidung in *Gram*-positive und *Gram*-negative Gruppen auf Grund unterschiedlicher Anfärbbarkeit mit Kristallviolett.
Das System der Bakterien ist in der 8. Auflage des *Bergey* in *19 Teile* untergliedert, da eine hierarchische Klassifizierung – wie sie in früheren Auflagen vorgenommen wurde – nicht mehr zu vertreten ist.
Technisch bedeutsame Enzymproduzenten sind Vertreter der gramnegativen Stäbchen und Kokken *(Teil 7, Familie I. Pseudomonadaceae* und der *Gattung Aceto-bacter)*; der endosporenbildenden Stäbchen und Kokken *(Teil 15, Familie I. Bacillaceae)*; der gleitenden Bakterien *(Teil 2, Ordnung I. Myxobacterales)* sowie der Actinomyceten und verwandter Organismen *(Teil 17, Ordnung I. Actinomycetales)*.
Möglicherweise gewinnen auch Mikroorganismen anderer systematischer Zuordnungen industrielles Interesse. Es ist jedoch vorerst noch offen, in welchem Umfang sich auch mit diesen ein ökonomischer Nutzen erzielen läßt.
Aus der Familie *Pseudomonadaceae* sind die Gattungen *Pseudomonas* und *Acetobacter* zu nennen, von denen einzelne Arten als Enzymproduzenten verwendet werden. Spezielle *Pseudomonas-aeruginosa-* und *Pseudomonas-viscosa*-Stämme produzieren extrazelluläre Lipasen. Zahlreiche andere Arten der Gattung *Pseudomonas* produzieren nach *Davies* [8] extrazelluläre Proteasen, Peptidasen, Amylasen, Pektinesterasen und Alginasen. Ihr Einsatz in der Lebensmittelproduktion ist jedoch durch die *Pathogenität* zahlreicher Vertreter der Gattung eingeschränkt.

Von der Gattung *Acetobacter* sind einige Arten als Enzymproduzenten bekannt.
Acetobacter suboxydans und *Acetobacter melanogenum* bilden L-Sorbose-Dehydrogenase bzw. Polyol-Dehydrogenasen, Enzyme, die für die Bearbeitung bestimmter wissenschaftlicher Fragestellungen von Bedeutung sind und daher in gewissem Umfang gewonnen werden. Stämme aus beiden *Acetobacter*-Arten werden im industriellen Maßstab zur Oxydation von Sorbit zu Sorbose eingesetzt (*Elsässer* u. a. [9] sowie *Huber* u. a. [10]).
Innerhalb der Bakterien gibt es eine Vielzahl Familien, in deren Gattungen sich Arten bzw. diesen zuzuordnende Stämme vorfinden, die für eine industrielle Nutzung in Frage kommen bzw. bereits herangezogen werden. Einen Überblick hierfür vermittelt Tab. 3.1.a.
Die Ordnung *Actinomycetales* wird in 8 Familien gegliedert [2], von denen jede eine mehr oder weniger große Zahl Gattungen umfaßt. Sie zeichnen sich durch morphologische Vielfältigkeit aus. Es lassen sich *2 große Gruppen* unterscheiden: 1. *nocardioforme Organismen* (Vermehrung durch Querteilung der Hyphen, häufig Fragmenta-

Tabelle 3.1.a. Enzymproduzierende Gattungen und Arten der Eubakterien

Gattung	Art	Produziertes Enzym
Erwinia	*Erw. aroideae*	Endo-Polymethylgalakturonase, Endo-Polygalakturonase
	Erw. carotovora	Pektin-Transeliminase
Serratia	*S. marcescens*	Lipase, Asparaginase, Protease
Escherichia	*E. coli*	β-Galaktosidase, Galaktokinase, Asparaginase
Micrococcus	*M. lysodeikticus*	Protease
	M. freudenreichii	Protease
Staphylococcus	*Stl. aureus*	DNase
Sarcina	*Sa. flava*	Protease
Neisseria	*N. meningitidis*	Zuckerphosphat-Phosphohydrolase
Streptococcus	*Sc. haemolyticus*	Esterase, RNase
	Sc. liquefaciens	Protease
	Sc. bovis	Dextransucrase, Amylase
	Sc. salivarius	Levansucrase
	Sc. cremoris	Peptidase
Bacillus	*Bac. subtilis*	Hyaluronidase, Invertase, Glucanase, Protease, Amylase, Penicillinase
	Bac. stearothermophilus	Amylase, Protease
	Bac. megaterium	Protease
	Bac. mesentericus	Protease, Amylase, Elastase
	Bac. coagulans	Amylase
	Bac. carotovorus	Pektinase
	Bac. polymyxa	Pektinesterase, Inulinase, Pektin-Transeliminase
	Bac. pumilus	Pektinase
	Bac. macerans	Cyclodextrinase
Clostridium	*C. acetobutilicum*	Maltase, Protease
	C. septicum	DNase
	C. botulinum	Lipase, Protease
	C. histolyticum	Protease, Collagenase
	C. sporogenes	Protease
	C. thermocellum	Cellulase

tion); 2. Organismen mit *Sporen am Substrat- oder/und Luftmycel* oder mit *Sporenketten* an begrenzten Teilen des Mycels (Substratmycel in der Regel nicht fragmentiert). Für die großtechnische Enzymproduktion hat bisher vor allem die 2. Gruppe Bedeutung erlangt. Dieser zugehörig sind die Familien *Streptomycetaceae* und *Micromonosporaceae*.

Innerhalb der Familie *Streptomycetaceae* bilden einzelne Arten der Gattung *Streptomyces* extrazelluläre Enzyme, so z. B. Isomerase *(Streptomyces aerocolorigenes)*, Keratinase *(Streptomyces fradiae)*, 5'-Phosphodiesterase, Proteasen, α-Amylase sowie Enzyme, die die Zellwände bestimmter Bakterien lysieren *(Streptomyces griseus)*, Proteasen und Amylase *(Streptomyces rimosus)* sowie Trehalase *(Streptomyces hygroscopicus)*. Die Proteasen von *Streptomyces griseus* (Pronase) haben ein besonders breites Spektrum in bezug auf die von ihnen gespaltenen Peptidbindungen (*Hale* [11]). Obwohl die *Streptomyceten* mesophile Organismen darstellen (optimale Wachstumstemperatur 26 ... 30 °C), sind die produzierten Proteasen noch bei 60 bis 70 °C aktiv. Beim Einsatz von Streptomyces-Enzymen in der Lebensmittelproduktion ist darauf zu achten, daß die Präparate keine *Antibiotika* enthalten.

Die Gattung *Thermoactinomyces* (Familie *Micromonosporaceae*) produziert nach *Mizusawa* u. a.[12] neutrale und alkalische Proteasen sowie α-Amylase. Sie unterscheidet sich von thermophilen *Streptomycetes*-Arten (terminale Sporen) durch ihre lateral am Substratmycel entstehenden Sporen. Das Wachstumsoptimum von *Thermoactinomyces vulgaris* liegt bei 45 ... 50 °C, die produzierten Proteasen sind relativ thermostabil und haben noch bei 90 °C einen relativ hohen Prozentsatz ihrer maximalen Aktivität (etwa 50%). Das Spektrum ihrer Peptidase-Aktivität ist sehr breit (sie spalten bis zu 15 verschiedene Peptidbindungen).

Die Ordnung *Myxobacteriales* umfaßt zahlreiche industriell interessante Gruppen. Zahlreiche Myxobakteriengattungen haben die Fähigkeit, verschiedenartige polymere Substanzen zu spalten. Speziell die Gattung *Cytophaga* (früher der Gattung *Flavobacterium* zugerechnet) synthetisiert mehrere extrazelluläre Enzyme, z. B. solche zur Zerlegung von Cellulose, Agar-Agar, Chitin, Stärke, Alginsäure, Insulin, Pektin, Heparin, RNS, DNS. Bei den meisten Cytophaga-Arten wird auch eine starke proteolytische Aktivität gefunden. Sie sind in der Lage, die Zellwände zahlreicher Pilze und Hefen zu hydrolysieren und diese als Substrat für ihren eigenen Stoffwechsel heranzuziehen. Es besteht daher die Möglichkeit, beim großtechnischen Einsatz von *Cytophaga* das bei der Penicillinproduktion anfallende Schimmelpilz-Mycel als Substrat zu verwenden. Lebende Bakterienzellen werden allerdings nicht angegriffen, da die Myxobakterien kein dem Lysozym ähnliches Enzym (Muramidase) enthalten. Man darf erwarten, daß die starken enzymatischen Potenzen dieser Bakterienordnung in Zukunft verbreitet industriell genutzt werden. Einen Einblick in die Biologie der *Myxobakterien* vermittelt *Dworkin* [13].

Pilze als Enzymproduzenten

Die *Pilze (Fungi)* sind heterotrophe (d. h. auf organische C-Quellen angewiesene) Organismen. Sie treten in zwei morphologisch verschiedenen besonders augenfälligen Erscheinungsformen auf, und zwar als *Schimmelpilze* sowie als *Hefepilze*.

Schimmelpilze. Die Gesamtheit der *Hyphen* wird als *Mycel* bezeichnet. Das Mycel ist meist septiert *(Ascomyceten* und *Basidiomyceten)*, d. h. durch Querwände in Zellen geteilt. Die Zellen (Bild 3.1.b) enthalten einen oder mehrere echte Kerne. Nichtseptiertes Mycel ist oft vielkernig *(Phycomyceten)*. Die Hyphen wachsen nur an ihrer Spitze; die Zellwand ist an dieser Stelle während der Streckungsperiode sehr dünn. Durch Einbau von Membransystemen *(Vesikeln)* aus dem Cytoplasma wird die *cytoplasmatische Membran* an der Spitze laufend ergänzt und vergrößert.

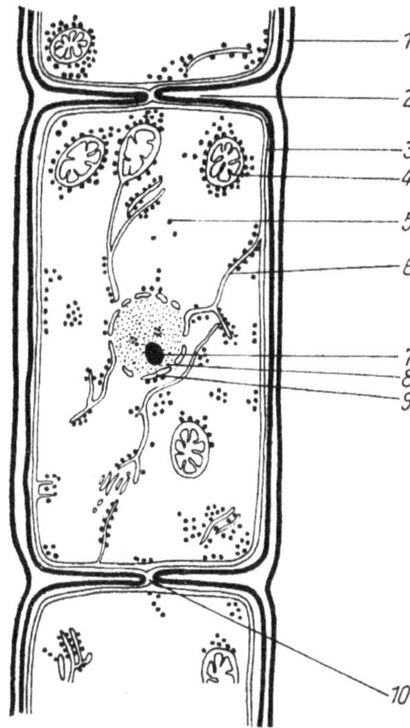

Bild 3.1.b. Aufbau einer Pilzzelle
(1) Zellwand (2) Querwand (3) cytoplasmatische Membran (4) Mitochondrium (5) Ribosom (6) endoplasmatisches Reticulum (7) Kernkörperchen (8) Zellkern (9) Kernmembran (10) Querwandporus

In den Vesikeln sind Hydrolasen nachgewiesen worden (*Matile* [14]), die beim Einbau der Vesikelmembran in die Zellmembran in die Nährlösung ausgeschieden werden. In Oberflächenkultur auf Agar oder auf flüssigen Nährmedien entwickelt sich ein dichtes *Mycelgeflecht*, das mehr oder weniger in das Substrat hineinwächst. Die Hyphen sind farblos und tragen oft gefärbte vegetative *Sporen* (*Konidien*; tiefbraun, braun, grün, gelb). In Schüttelkultur wachsen die Hyphen entweder einzeln (diffus) oder in kleinen Bällchen mit einem Durchmesser von wenigen Millimetern bis Zentimetern. Bei zahlreichen Arten sind nur die jüngsten Zellen voll stoffwechselaktiv, während die älteren lysieren oder totes Cytoplasma enthalten. Zahlreiche Schimmelpilze können sich sowohl sexuell *(Ascosporen)* wie auch vegetativ *(Konidiosporen, Konidien)* vermehren (Bild 3.1.c, vgl. 3.1.e).

Hefepilze. In einer zweiten Organisationsform treten Pilze bevorzugt als *Sproßzellen* in Erscheinung (Bild 3.1.d). Diese sind rund bis eiförmig und liegen entweder einzeln oder in lockeren Zellverbänden vor. Die Vermehrung dieser Zellen erfolgt nicht wie bei Bakterien durch Zweiteilung, sondern durch Abschnürung von *Knospen*, die nach Abtrennung von der Mutterzelle zu normalen Zellen heranwachsen. Die Sprossung ist die typische Wuchsform der Hefen.

Übergangsformen. Neben den Hyphen und Sproßzellen gibt es Übergangsformen, die als *Pseudomycel* bezeichnet werden. Man kennt des weiteren Pilze, die – in Abhängigkeit von den Umweltbedingungen – sowohl in der *Sproß-* wie auch in der *Mycel*- bzw. *Pseudomycelform* auftreten können. Ein derartiger *Morphologiewechsel* wird z. B. bei *Endomycopsis* beobachtet, und er hat großen Einfluß auf die Biosyntheseleistung der Zellen.

Die Zellwände der Schimmelpilze bestehen aus Chitin, Chitinderivaten und Polysacchariden (Cellulose, Glucan, Mannan, Galaktan, Pentosan) in wechselndem Mengenverhältnis. Sie sind nach *Lampen* [15] aktiv an der Ausscheidung von hydrolytischen Enzymen beteiligt. Es kann hierbei zu einer dauernden oder vorübergehen-

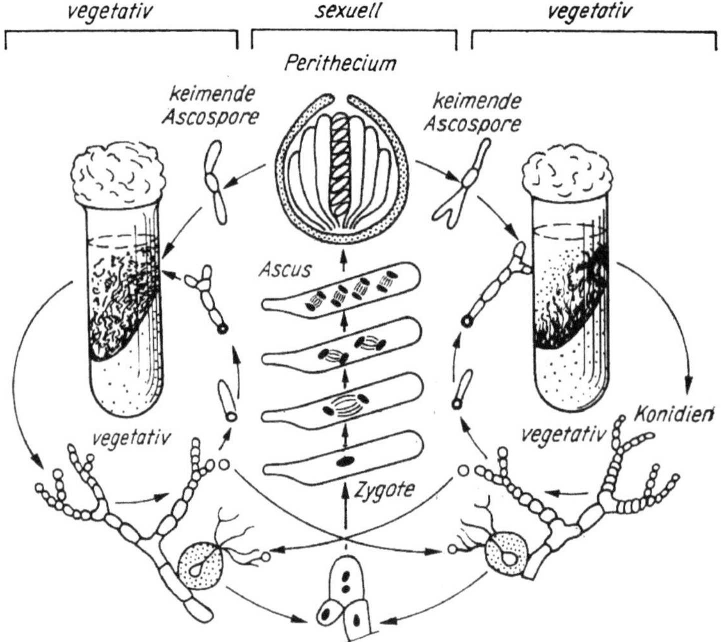

Bild 3.1.c. Sexueller und vegetativer Vermehrungskreislauf bei Neurospora crassa [22]

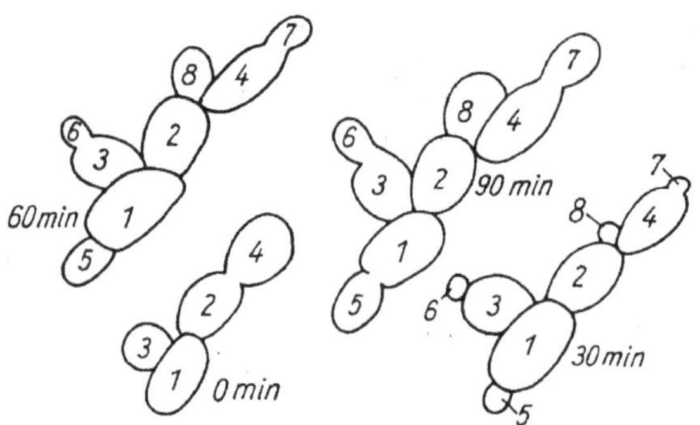

Bild 3.1.d. Mikroaufnahme von einem knospenden Zellverband von Saccharomyces cerevisiae [21]
Die Zahlen auf dem Bild geben die Reihenfolge der Knospung des Zellverbandes an

den Zusammenlagerung von Enzymeiweiß mit Glucan oder anderen Polysacchariden kommen. Derartige Glykoproteide sind u. a. bei Hefeinvertase und *Endomycopsis*-Glucoamylase gefunden worden. Bei hefeartigen Pilzen sind in der Zellwand die o. a. polymeren Verbindungen vorhanden, hingegen wenig oder kein Chitin. Daraus kann eine gegenüber Hyphenzellen veränderte Ausscheidungspotenz für Enzyme resultieren. Bei *Saccharomyces cerevisiae* (Bäckerhefe) sind intrazelluläre Proteasen in größeren Mengen nachweisbar, wie das für Hyphenpilze nicht bekannt ist.

Pilze vermehren sich entweder *geschlechtlich* oder *ungeschlechtlich* (vegetativ). Die geschlechtliche Vermehrung ist stets von einem *Kernphasenwechsel (diploid → haploid)* begleitet. Die vegetative Vermehrung hingegen erfolgt unabhängig vom Kernphasenwechsel und ist sowohl am *haploiden* wie auch am *diploiden* bzw. *dikaryotischen (Paarkern-) Mycel* möglich. Weit verbreitet ist die Bildung vegetativer Sporen, die ohne Kernphasenwechsel zu einem Mycel auswachsen.

Für die *geschlechtliche Fortpflanzung* sind *mehrere Entwicklungszyklen* bekannt, bei denen im Idealfall die eine Hälfte der Entwicklungszeit in die *Haplo- (Gamo-)Phase*,

die andere Hälfte in die *Diplo- (Zygo-)Phase* fällt (Bild 3.1.e). Dieser Fall ist jedoch
selten. Meist ist die eine oder andere Phase verkürzt, so daß ein Organismus entweder
diploid (z. B. *Saccharomyces*) oder haploid (z. B. *Endomyces*) in Erscheinung tritt.
Höher entwickelte Pilze haben besondere Organe für die Bildung der Zellen ausgebil-
det, in denen sich der Kernphasenwechsel vollzieht *(Fruchtkörper)*. Extrazelluläre
Enzyme können sowohl in der Gamo- als auch in der Zygophase produziert werden.
Im Submers- wie auch im Oberflächenverfahren vermehren sich die Pilze im allgemeinen vegetativ und bilden vegetative Sporen.

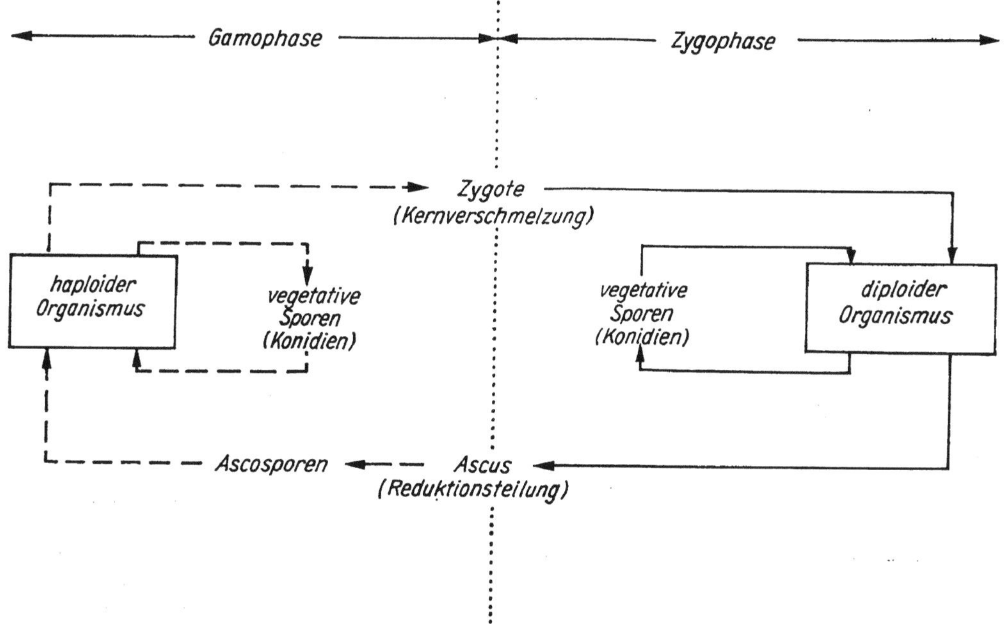

Bild 3.1.e. Enwicklungszyklus eines Pilzes mit Kernphasenwechsel (schematisch)
Gamo- und Zygophase sind gleichmäßig ausgeprägt. Alle in der Natur beobachteten Zyklen sind Ab-
arten dieses Typs
— diploid, — — — — — haploid

Kreisel [1] gliedert die echten Pilze in 5 Klassen, und zwar in:
I. *Chytridiomycetes* (Urpilze), II. *Endomycetes* (Hefen), III. *Zygomycetes* (Jochpilze),
IV. *Ascomycetes* (Schlauchpilze), V. *Basidiomycetes* (Ständerpilze).
Als industrielle Enzymproduzenten werden Mikroorganismen der Klassen II bis V
herangezogen.
Die *Endomycetes* (II) stellen eine Pilzklasse dar, die vor allem Sproßpilze umfaßt.
Bei einigen Gattungen wird ein Morphologiewechsel von der Sproßform zur Hyphen-
form beobachtet, u. a. bei *Candida* und *Endomycopsis*. Die Hyphenform der Gattung
Endomycopsis produziert Glucoamylase [16] und wird technisch genutzt. Stämme der
Gattung *Saccharomyces* dienen der Gewinnung von Invertase, Lactase und nuclein-
säurespaltenden Enzymen. Endopolygalakturonase wird von Stämmen der Art
Saccharomyces fragilis gebildet. Neben diesen extrazellulären bzw. in der Zellwand
lokalisierten Enzymen werden von speziellen *Saccharomyces*-Stämmen Proteasen
in größeren Mengen intrazellulär gespeichert.
Den *Zygomycetes* (III) zugeordnet sind Stämme der Gattung *Rhizopus*, die technisch
als Produzenten von Glucoamylase *(Rhizopus niveus, Rhizopus delemar)* und Lipase
(Rhizopus delemar) genutzt werden. *Mucor pusillus* und *Mucor mihei* produzieren

Enzyme, die eine dem Kälberlab vergleichbare Wirkung haben. (Auch Stämme der Gattung *Bacillus* synthetisieren labähnliche Enzyme, doch ist deren Einsatzmöglichkeit bei der Herstellung von Quark und Käse durch die u. U. starke proteolytische Aktivität der Enzympräparate eingeengt. Die *Mucor*-Enzyme werden in dieser Hinsicht den *Bacillus*-Enzymen im allgemeinen vorgezogen.)
Vertreter der *Ascomycetes* (IV) sind die wichtigsten technisch genutzten Enzymproduzenten. Die Art *Aspergillus niger* wird für zahlreiche Enzymsynthesen industriell genutzt, u. a. als Produzent von Pektinasen, Mazerasen, Glucoseoxydase, neutralen Proteasen, Lipasen, Cellulasen, α-Amylase und Glucoamylase. Durch Selektion lassen sich Stämme isolieren, die jeweils ein oder auch mehrere der genannten Enzyme in solchen Mengen ausscheiden, daß eine großtechnische Gewinnung möglich ist. Neben *Aspergillus niger* werden zahlreiche weitere Arten der Gattung *Aspergillus* zur industriellen Enzymproduktion herangezogen. *Aspergillus oryzae* liefert z. B. eine technisch interessante saure Protease. Ähnliche Leistungen wie die *Aspergillus*-Stämme vollbringen die Vertreter der Gattung *Penicillium*, doch ist deren Enzymproduktion sehr oft niedriger, als die der Aspergillen. Obwohl nach *Schwimmer* [17] die Entwicklung in den letzten Jahren dahin geht, die Enzyme der Pilze durch solche aus Bakterien zu ersetzen, wird ein großer Teil der z. Z. industriell gewonnenen Enzyme aus Stämmen der Gattung *Aspergillus* gewonnen.
Tab. 3.1.b gibt einen Überblick über die von Pilzen produzierten Enzyme. Es sei bemerkt, daß nicht alle der aufgeführten Gattungen bzw. Enzyme industriell genutzt werden.

Tabelle 3.1.b. Pilzgattungen, die industriell nutzbare Enzyme produzieren (I bis V: Zuordnung zu den Klassen nach *Kreisel* [1])

Gattung	Klasse	Produziertes Enzym
Aspergillus	IV	α-Amylase, Glucoamylase, Pektinase, Protease, Glucoseoxydase, Adenylsäure-Desaminase, Naringinase, Phosphatase, Cellulase
Penicillium	IV	Glucoseoxydase, Cellulase, 5′-Phosphodiesterase, Pektinase
Sclerotinia	IV	Pektinase
Saccharomyces	II	Invertase, Polygalakturonase
Candida	II	Cytochrom C
Endomycopsis	II	Glucoamylase
Ctenomyces	IV	Keratinase
Coniothyrium	IV	Pektinase
Mucor	III	mikrobielles Lab
Rhizopus	III	Lipase, Glucoamylase
Coniophora	V	Glucoamylase
Schizophyllum	V	Glucanase
Stamm QM 806	V	Glucanase
Polyporus	V	Cellulase
Trichoderma	IV	Cellulase

Literatur

[1] *Kreisel, H.:* Grundzüge eines natürlichen Systems der Pilze. Jena: VEB Gustav Fischer Verlag 1969
[2] *Buchanan, R. E.,* und *N. E. Gibbons:* Bergey's Manual of Determinative Bacteriology, 8. Aufl. Baltimore: The Williams and Wilkins Comp. 1974, Nachdruck 1975

[3] *Prauser, H.:* The actinomycetales. Vortrag gelegentlich des internationalen Jenaer Symposiums für Taxonomie 1968. Jena: VEB Gustav Fischer Verlag 1970

[4] *Gause, G. F.:* Zur Klassifizierung der Actinomyceten. Jena: VEB Gustav Fischer Verlag 1958

[5] *Krassilnikow, N. A.:* Diagnostik der Bakterien und Actinomyceten. Jena: VEB Gustav Fischer Verlag 1959

[6] *Waksman, S. A.:* The Actinomycetes, Bd. 2. Baltimore: The Williams and Wilkins Comp. 1961

[7] *Wartenberg, A.:* Systematik der niederen Pflanzen. Bakterien, Algen, Pilze, Flechten. Stuttgart: Georg Thieme Verlag 1972

[8] *Davies, R.:* Microbial Extracellular Enzymes, their Uses and some Factors Affectivy their Formation. In: Biochemstry of Industrial Microorganisms. London und New York: Academic Press 1963

[9] *Elsässer, T., J. Huber* und *H. Hilscher:* Z. allg. Mikrobiol. **2** (1962) 249

[10] *Huber, J., T. Elsässer* und *H. Hilscher:* Z. allg. Mikrobiol. **3** (1963) 136

[11] *Hale, M. B.:* Food Technol. **23** (1969) 107

[12] *Mizusawa, K., E. Ichishima* und *F. Yoshida:* Agric. biol. Chem. [Tokyo] **30** (1966) 35

[13] *Dworkin, M.* I: Ann. Rev. Microbiol. **20** (1966) 75

[14] *Matile, P.,* und *A. Wiemken:* Arch. Mikrobiol. **56** (1967) 148

[15] *Lampen, J. O.:* Antonie van Leeuwenhoek **34** (1968) 1

[16] *Hattori, Y.:* Stärke **17** (1965) 82

[17] *Schwimmer, S.:* Lebensm.-Wiss. u. Technol. **2** (1969) 97

[18] *Rehm, H.-J.:* Einführung in die industrielle Mikrobiologie. Berlin–Heidelberg–New York: Springer-Verlag 1971, S. 1

[19] *Reed, G.,* und *H. J. Peppler:* Yeast Technology. Westport/Connecticut: The Avi Publ. Comp., Inc. 1973, S. 16

[20] *Kaudewitz, F.:* Molekular- und Mikroben-Genetik. Berlin–Heidelberg–New York: Springer-Verlag 1973, S. 128

3.2. Lokalisierung und Ausscheidung der Enzyme

Die Feststellung, welchen subzellulären Strukturen die einzelnen Enzyme angehören, erfolgt nach schonender Zerstörung des Zellverbands mit nachfolgender Subfraktionierung der Homogenate durch ausgewählte Zentrifugationsmethoden. Wie unter 2.4. ausgeführt wurde, vollzieht sich die Synthese der Peptidketten an den *Ribosomen* bzw. *Polysomen.* Diese liegen frei im *Cytoplasma* vor oder sind an bestimmte *Membransysteme* gebunden. Nach der Formierung der Polypeptide zum aktiven Enzym wird das Enzymmolekül vom *Syntheseort* zum *Wirkungsort* der Zelle transportiert. Sowohl der Mechanismus der Enzymaktivierung wie auch der des Transports sind weitgehend unbekannt. Man darf annehmen, daß sich der Zusammentritt der Polypeptide an Membranen abspielt und daß *Transportmechanismen* in der Zelle gleichfalls oberflächen- bzw. membrankatalysiert ablaufen.

Die großtechnische Gewinnung *intrazellulärer* Enzyme ist z. Z. wesentlich geringer als die Gewinnung *extrazellulärer* Enzyme. Dies hängt damit zusammen, daß eine ökonomisch vertretbare Freisetzung zellgebundener Enzyme im Industriemaßstab noch mit gewissen technischen Problemen verknüpft ist (vgl. 3.4.6.) und die Ausbeuten relativ niedrig liegen. Eine Ausnahme bilden einige zellgebundene Enzyme (z. B. Invertase, Lactase, Glucoseisomerase, α-Galaktosidase), die relativ leicht zu gewinnen sind, sowie die für die Krebstherapie interessante Asparaginase aus *Escherichia coli* bzw. *Serratia marcescens.*

Pilze

In *Hyphenpilzen* und *Hefen* sind die Enzyme entweder an bestimmte Membranen gebunden, oder sie liegen frei im Cytoplasma vor. Während z. B. die Enzyme der *Atmung* bzw. der *Endoxydation* in den *Mitochondrien* oder *Mitochondrienäquivalenten* (bei

Bakterien in der cytoplasmatischen Membran) lokalisiert sind, sind *Hydrolasen* (Amylasen, Proteasen, Pektinasen, Invertasen usw.) in Pilzen mit *vesikulären* (bläschenförmigen) *Membranstrukturen* des Cytoplasmas gekoppelt (*Matile* u. a. [1], *Moor* u. a. [2]). Man nimmt an, daß es sich bei diesen *Vesikeln* um Transportformen für *extrazelluläre Enzyme* handelt. Die an der Proteinsynthese beteiligten Polysomen sind an Membransysteme des *Golgi-Apparats* gebunden und befinden sich in Kernnähe. Nach ihrer Synthese werden die hydrolytisch wirksamen Enzyme in das Innere der *Golgi-Zysternen* abgegeben und wandern während des *Zellwachstums* (bei den Hyphenpilzen immer ein Spitzenwachstum) im Verband der Vesikel zur *Hyphenspitze*, die nach *Girbardt* [3] nahezu frei von Zellwandmaterial ist. Die *Vesikelmembranen* dienen dem Aufbau der Zellmembran. Die eingeschlossenen Hydrolasen werden hierbei freigesetzt und an das Medium abgegeben. Sie tragen dazu bei, daß die im Nährsubstrat vorhandenen polymeren Substanzen (z. B. Stärke, Proteine) in resorbierbare niedermolekulare Verbindungen (Zucker, Aminosäuren) überführt und in den Stoffwechsel einbezogen werden.

Diese Darstellung der Enzymausscheidung ist eine Hypothese, die z. Z. noch diskutiert wird. Sicher nachgewiesen ist bisher lediglich, daß die Synthese der extrazellulären Enzyme an gleicher Stelle erfolgt wie die der intrazellulären Enzyme. Als Beweis hierfür wird von *Lampen* [4] die Hemmung der Synthese beider Enzymkategorien durch die gleichen Inhibitoren angeführt. Eine Synthese außerhalb der Zelle scheidet aus, da hier die erforderlichen enzymbildenden Strukturen nicht zur Verfügung stehen.

Die vorangehend dargelegten Vorstellungen geben noch keine Erklärung für die Ausscheidung von Enzymen durch *nicht wachsende Zellen*. Eine solche Erklärung wird – zumindest teilweise, und zwar für *Hefe-Invertase* – durch *Lampen* u. a. [5] gegeben. Danach ist die als Ektoenzym vorliegende Invertase an die Hefezellwand gebunden und wird entweder spontan oder nach Behandlung mit Phosphomannase freigesetzt. Wie zahlreiche andere *extrazelluläre* Pilzenzyme ist diese Invertase ein *Glykoproteid*, wobei als Kohlenhydratkomponenten Mannan und N-Acetyl-Glucosamin im Molekül verankert sind. *Intrazelluläre Invertase* hingegen enthält keine Saccharid komponente, denn zellwandfreie *Hefeprotoplasten* scheiden eine Invertase aus, die frei von Kohlenhydraten und Glucosamin ist, d. h. durch das Fehlen der Zellwand kommt es bei der Ausscheidung der Enzymmoleküle nicht zu einer Kopplung zwischen Enzymprotein und Zellwand-Kohlenhydraten. Mannan, Glucan, Glucosamin und Zellwandprotein werden jedoch getrennt ausgeschieden, können aber keine Zellwand aufbauen, da die hierfür notwendige Grundstruktur bei den Protoplasten nicht vorhanden ist.

Die *Protoplasteninvertase* unterscheidet sich hinsichtlich ihrer Aktivität nicht von derjenigen der normalen Hefezelle, jedoch eindeutig im Molekulargewicht sowie in der durch die Zelle gespeicherten Enzymmenge: intakte Hefezellen enthalten 300 Enzymeinheiten je $6 \cdot 10^3$ Organismen, Protoplasten hiervon nur 3,5 je $6 \cdot 10^3$ Organismen. Diese Beobachtungen lassen den Schluß zu, daß die Invertase beim Eintritt in die Zellwand an Saccharide gebunden und bei Vorliegen eines speziellen Enzyms aus dieser Bindung wieder gelöst, d. h. ausgeschieden wird.

Zahlreiche Untersuchungen an pilzlichen und tierischen extrazellulären Enzymen stützen diese Vorstellungen. Es ist anzunehmen, daß ähnliche Mechanismen des Zellwanddurchtritts bei nicht wachsenden Pilzen auch für andere Enzyme gültig sind. Nach *Wiemken* u. a. [6] werden Vesikel auch in die Hefevakuole eingeschleust. Diese dient anscheinend als Speicher für cytoplasmatisches Material, das durch die vesikulären Enzyme mobilisiert werden kann.

118

Bakterien

Die *Synthese* der Enzyme erfolgt auch bei Bakterien an den *Ribosomen*. Im Gegensatz zu den Pilzen und den Zellen höherer Organismen enthält die Bakterienzelle jedoch kein endoplasmatisches Retikulum sowie keine Mitochondrien. Die Ribosomen befinden sich zum Zeitpunkt der Synthese intrazellulärer Enzyme in unmittelbarer Nähe des *Chromosoms* und reihen sich auf der an der DNS entstehenden m-RNS unmittelbar auf. Wie elektronenoptische Bilder zeigen, beginnt die Polypeptidsynthese sofort, so daß DNS, RNS, Ribosomen und Polypeptide ein zusammenhängendes Ganzes bilden. Nach erfolgter Synthese der Polypeptide lagern sich diese zu aktiven Enzymen zusammen und verbleiben – an bestimmte lamellare Strukturen gebunden – innerhalb des cytoplasmatischen Raumes.

Eine genaue *Lokalisierung* läßt sich für die meisten der in einer Bakterienzelle vorhandenen Enzyme nicht vornehmen. Nur von einzelnen Enzymen ist die Lage in der Zelle bekannt. Dehydrogenasen, Cytochrome und Permeasen sind in oder an der *cytoplasmatischen Membran* gebunden. Peptidyltransferase befindet sich an der *50-S-Ribosom-Untereinheit*. Spezielle Replikasen sowie RNS-Polymerasen sind am *Chromosom* lokalisiert. Peptidasen und andere Hydrolasen sind ebenso wie zahlreiche Enzyme des Kohlenhydratabbaus im *nichtstrukturierten Protoplasma* nachweisbar. Diese Enzyme werden nach dem Zentrifugieren (bei etwa 30000 g) von Bakterienhomogenaten im Überstand nachgewiesen. Entsprechend ihrem jeweiligen Molekulargewicht lassen sie sich bei höheren Geschwindigkeiten der Ultrazentrifuge ($> 100000\,g$) sedimentieren.

Über den *Ausscheidungsmechanismus* für extrazelluläre Enzyme bei Bakterien sind mehrere Hypothesen entwickelt worden. Nach *Pollock* [7] werden durch eine kontrollierte *Autolyse* eines kleinen Teiles einer Zellpopulation Enzyme freigesetzt. Dieser Vorstellung, die sich auf Beobachtungen an Corynebakterien stützt, steht jedoch in zahlreichen Fällen die Tatsache entgegen, daß sich die extrazellulären Enzyme durch Aufschluß einer Zellpopulation nicht freisetzen und nachweisen lassen.

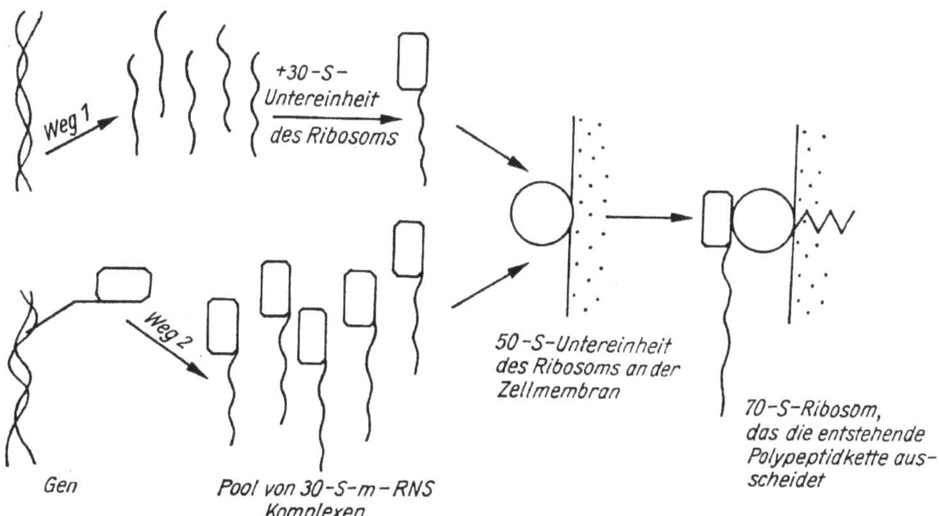

Bild 3.2.a. Alternativmodell für die Bildung eines 30-S-m-RNS-Komplexes und die nachfolgende Translation an der Membran [9]

Der endgültige Beweis für eine aktive Ausscheidung eines Enzyms ist häufig nicht
eindeutig zu erbringen. Er müßte an einer einzigen Zelle geführt werden, da bereits
bei Vorliegen mehrerer Zellen ein autolytischer Prozeß einzelner Organismen nicht
auszuschließen ist.
Bei *Streptokokken* ist eine Variante der Enzymausscheidung nachgewiesen worden,
die auch bei anderen Bakterien sowie bei Pilzen von Bedeutung sein kann. Streptokokken scheiden eine inaktive Vorstufe *(Zymogen)* einer Protease aus, die außerhalb
der Zelle in der Kulturlösung durch Proteolyse und anschließende Reduktion zum
wirksamen Enzym aktiviert wird [8]. Die Proteolyse des Zymogens kann durch
Trypsin oder durch die Streptokokkenprotease selbst herbeigeführt werden. Der
als *Autokatalyse* angesehene Prozeß der Aktivierung wird wahrscheinlich durch ein
von den Zellen vorgebildetes Enzym eingeleitet. Für die Reduktion als zweiten Schritt
der Aktivierung sind Sulfhydrylgruppen (Cystein, Glutathion) oder Cyanidverbin-

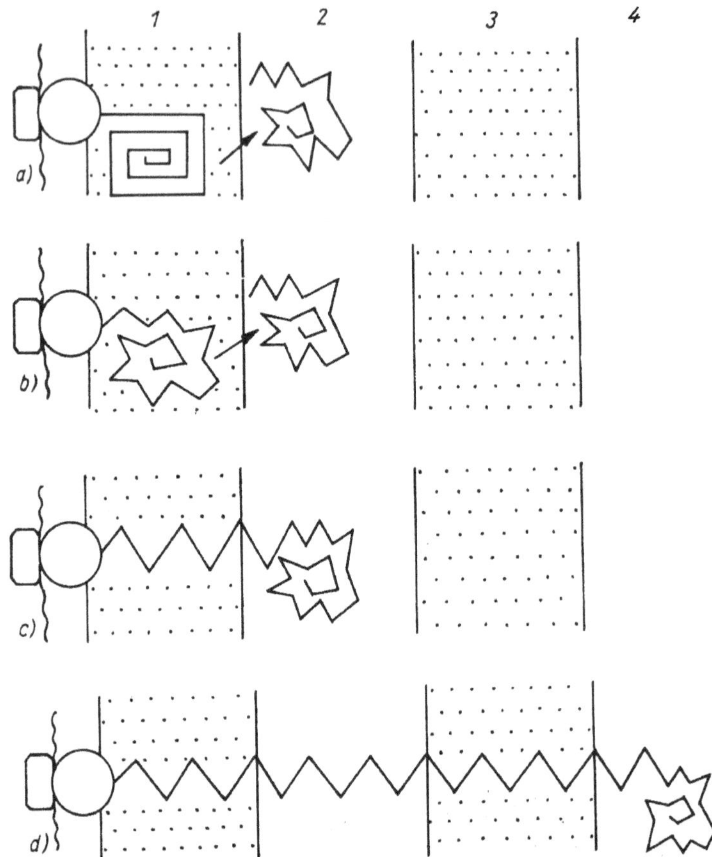

*Bild 3.2.b. Möglichkeiten der Umwandlung der vektoriell gebildeten Polypeptidkette in
die dreidimensionale Struktur des aktiven Enzyms*
*a) Bildung in der Zellmembran als intermediäre Form, endgültige Strukturierung im peri-
plasmatischen Raum, b) Strukturierung in der Zellmembran, c) Strukturierung im peri-
plasmatischen Raum, d) Strukturierung außerhalb der Zellwand*
*(1) Zellmembran   (2) periplasmatischer Raum   (3) Zellwand   (4) extrazelluläres
Medium*

dungen erforderlich. Das Zymogen der Streptokokken-Protease hat ein Molekulargewicht von 44 000, die aktive Protease ein solches von 32 000.

Nach *Both* u. a. [9] gibt es neben cytoplasmatisch gelagerten Ribosomen auch peripher gelegene, die für die Synthese extrazellulärer Protease verantwortlich sind. Es wird angenommen, daß die am Strukturgen transkripierte m-RNS an 30-S-Ribosom-Untereinheiten gebunden wird und als Komplex mit diesen zu den membrangebundenen 50-S-Partikeln gelangt (Bild 3.2.a). Dabei sind 2 Möglichkeiten gegeben: entweder wird freie m-RNS (Weg 1) oder aber in statu nascendi befindliche m-RNS (Weg 2) von den 30-S-Partikeln aufgenommen. Die zweite Möglichkeit ist wegen der Kurzlebigkeit der freien m-RNS die wahrscheinlichere. *Lampen* [10] hat am Penicillinase-System von *Bacillus licheniformis* zeigen können, daß der Membrandurchtritt extrazellulärer Enzyme nur im nascenten Stadium möglich ist. Das an der Zellmembran sich aufbauende komplette 70-S-Ribosom (30-S-Partikeln + m-RNS + membrangebundene 50-S-Partikeln) bzw. derartige Polysomen synthetisieren Polypeptidketten in die Membran hinein. Dieser Ein- und Durchtritt der Polypeptidketten ist ein vektorieller Prozeß. In der Membran oder nach deren Verlassen wird die Polypeptidkette durch Konformationsänderung in die aktive Enzymform umgewandelt (Bild 3.2.b).

Extrazelluläre Enzyme können durch die Poren der Zellwand ausgeschieden werden. Bei *Bacillus megaterium* sind Porendurchmesser von etwa 10,7 nm bestimmt worden, die Proteinmoleküle mit einem Molekulargewicht von 50000 … 60000 passieren lassen. Bei *Staphylococcus aureus* sind Porendurchmesser von 20 … 60 nm gefunden worden, d. h., Moleküle mit einem Molekulargewicht von 330000 können die Zellwand durchdringen. Bei anderen Bakterien, die extrazelluläre Enzyme produzieren, sind Zellwanddurchbrüche in Form kleiner Kanäle zu erkennen. Daneben ist beobachtet worden, daß an Orten des Enzymdurchtritts eine partielle Zellwandlyse erfolgt. Alle diese Beobachtungen treffen für *Gram*-positive Bakterien zu. Der Mechanismus des Wanddurchtritts bei *Gram*-negativen Bakterien ist noch weitgehend ungeklärt, da das Vorkommen von Lipopolysaccharidkomplexen in der Zellwand der genannten Bakterien die Ausscheidung erschwert.

Literatur

[1] *Matile, P., M. Jost* und *H. Morre:* Z. Zellforsch. **68** (1965) 205

[2] *Moor, H.,* und *K. Mühlethaler:* J. Cell. Biol. **17** (1963) 609

[3] *Girbardt, M.:* Vortrag gelegentlich der Tagung der Deutschen Akademie der Naturforscher Leopoldina, Halle 1969

[4] *Lampen, J. O.:* Antonie van Leeuwenhoek **34** (1968) 1

[5] *Lampen, J. O., N. P. Neumann, S. Gascon* und *B. S. Moatenecourt:* Invertase Biosynthesis and the Yeast Cell Membrane. In: *Vogel, H. J., V. Bryson* und *J. O. Lampen:* Organisational Bioysnthesis. New York: Academic Press Inc. 1967, S. 363

[6] *Wiemken, A., H. K. von Meyenburg* und *P. Matile:* Vortrag gelegentlich des 2. Internationalen Symposiums „Yeast Protoplasts", Brno 1970, Tagungsberichte S. 47

[7] *Pollock, M. R.:* Exoenzymes. In: *Gunsalus, I. C.,* und *R. Y. Stanier:* The Bacteria, Bd. 4. New York: Academic Press 1962, S. 121

[8] *Hahn, G., W. Heeschen* und *A. Tolle:* Kieler milchwirtsch. Forsch.-Ber. **22** (1970) 333

[9] *Both, G. W., I. L. McInnes, J. E. Hanlon. B. K. May* und *W. H. Elliot:* J. molecular Biol. **67** (1972) 199

[10] *Lampen, J. O.:* Mechanism of Enzyme Secretion by Microorganisms. In: *Wingard, L. B.:* Enzyme Engineering. New York–London–Sidney–Toronto: John Wiley and Sons, Interscience Publishers 1972

Die technische Mikrobiologie bedient sich bei der Produktion von Enzymen der Vermehrung von Zellen in *diskontinuierlicher*, seltener in *kontinuierlicher Kultur*. Zwischen der Zellzahl und der Menge produzierten Enzyms besteht ein Zusammenhang insofern, als es ohne Wachstum der Zellpopulation nicht zu einer Enzymproduktion kommt. In Abhängigkeit von der Art des Enzyms, vor allem aber von dem *Regulationsprinzip*, nach dem die Synthese eines bestimmten Enzyms gesteuert wird, kann sich der Zusammenhang zwischen Wachstum der Zellpopulation und Enzymproduktion jedoch sehr unterschiedlich darstellen. Auf Bild 3.3.a ist die *Wachstumskurve*

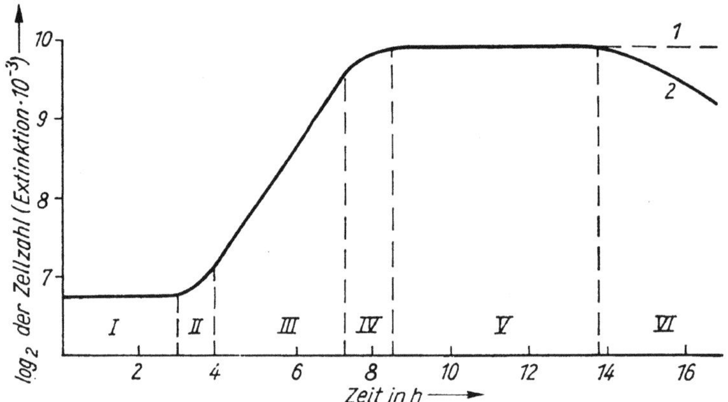

Bild 3.3.a. Wachstum einer Zellpopulation
(I) lag-Phase (II) Übergangsphase (III) logarithmische (exponentielle) Phase
(IV) Übergangsphase (V) stationäre Phase (VI) Absterbephase
(1) Zahl aller Mikroorganismen (2) Zahl der lebenden Mikroorganismen

einer *diskontinuierlichen* Bakterienkultur im komplexen Medium dargestellt. Wie daraus ersichtlich, durchläuft das Wachstum der Zellpopulation mehrere zeitlich aufeinanderfolgende Phasen, d. h. die:
Lag-Phase (Anlaufphase), *Übergangsphase, logarithmische (exponentielle) Phase, Übergangsphase, stationäre Phase* und *Absterbephase*.
Die logarithmische Phase stellt hierbei diejenige mit einer *konstanten Wachstumsrate* (Zahl der Zellverdopplungen in einer bestimmten Zeit) dar. Wachstumsrate und Dauer der logarithmischen Phase sind entscheidend für die Größe der Zellausbeute in einer Kultur. Eine eingehende Behandlung des Wachstums von Mikroorganismen wird von *Bergter* [1] vorgenommen.
Die Enzyme werden in den einzelnen Wachstumsphasen im allgemeinen nicht mit gleicher Geschwindigkeit produziert. Induzierbare Enzyme werden von den Mikroorganismen in Gegenwart eines Induktors und beim Fehlen einer katabolischen Repression bzw. eines anderen reprimierenden Regulationsprinzips mit *Kultivierungsbeginn* produziert. Unter der Voraussetzung, daß alle Zellen der Kultur das Enzym gleichmäßig synthetisieren, besteht ein direkter Zusammenhang zwischen der *Zellzahl* und der *Enzymmenge*. Gleiches gilt für ein konstitutives Enzym, das keiner Repression unterworfen ist. Das Ende der Produktion wird entweder durch die Erschöpfung des Induktors oder durch endogene Faktoren, d. h. nicht näher bestimmbare zelleigene Vorgänge, herbeigeführt. Sehr häufig setzt die Enzymausscheidung am *Ende der logarithmischen Phase* ein und hält über einen mehr oder weniger langen

Zeitraum in der *stationären Phase* an. Die Untersuchung derartiger Systeme hat ergeben, daß eine reprimierende Substratkomponente zu diesem Zeitpunkt nahezu oder restlos durch die Zellpopulation verbraucht worden ist (Bild 3.3.b). Häufig

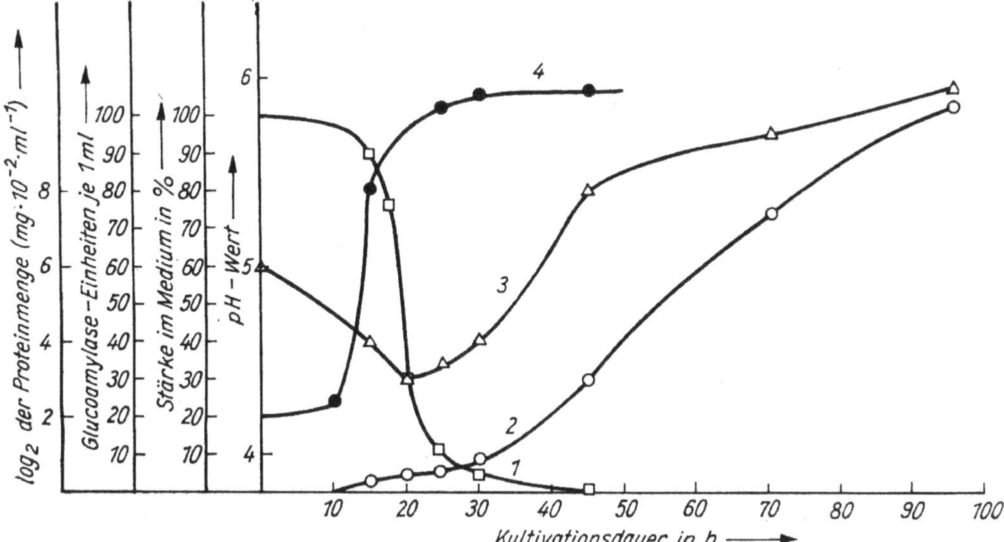

Bild 3.3.b. Wachstum der Zellpopulation und Glucoamylase-Produktion von Endomycopsis bispora in Gegenwart von Stärke als Kohlenstoffquelle. (Die aus Stärke intermediär gebildete Glucose wirkt als Repressor.) [14]
(1) Stärkeabbau (2) Glucoamylase-Aktivität (3) pH-Wert (4) Wachstum der Zellpopulation

sind es die Glucose bzw. andere Kohlenhydrate des Nährmediums, die in Konzentrationen ab 0,05% oder 1% eine Synthese des gewünschten extrazellulären Enzyms unterdrücken. Ist die reprimierende Kohlenhydratquelle für das Wachstum nicht essentiell, d. h., kann die Zellpopulation nach Verbrauch dieses Kohlenhydrats weiterwachsen, beginnt die Enzymausschüttung in der fortgeschrittenen *logarithmischen Phase*; sie dauert im allgemeinen im Verlauf der *stationären Phase* an. Folgende Fälle der Ausschüttung von extrazellulären Enzymen in das Medium werden am häufigsten beobachtet [2]:

a) Die Maximalausscheidung eines Enzyms beginnt beim Übergang des Wachstums der Zellpopulation aus der Anlaufphase in die logarithmische Phase *(konstitutive Systeme)*

b) Die Maximalausscheidung erfolgt während der logarithmischen Phase *(induzierbare Systeme, keine katabolische Repression)*

c) Die Maximalausscheidung beginnt gegen Ende der logarithmischen Phase und erfolgt während der stationären Phase *(induzierbare Systeme, katabolische Repression)*

Bei der *Entwicklung von Verfahren* zur großtechnischen Gewinnung mikrobieller Enzyme ist daher die Auswahl der *Nährmedium*-Komponenten von entscheidender Bedeutung. Den höchsten ökonomischen Nutzen bringen solche Nährmedien, die den *Induktor* in hoher Konzentration enthalten und gleichzeitig eine gute Entwicklung der Zellpopulation garantieren. Sojaextraktionsschrot, Maisquellwasser, Fischmehl u. a. sind preisgünstige Einsatzstoffe, die Komponenten mit guter Induktorwirkung für verschiedene Enzyme enthalten und gleichzeitig Nährstoffe zur Erlangung hoher Zellausbeuten bereitstellen. Die induzierbaren Systeme sind somit außerordentlich substratabhängig, was sich technologisch nachteilig auswirkt. In der Praxis ist es zumeist schwierig, jederzeit konstant zusammengesetzte komplexe Einsatzstoffe zu beziehen. Hier kann die Konzentration von Induktoren und reprimierenden Substraten Schwankungen unterworfen sein. Es ist daher anzustreben, entweder von Mikroorganismen mit einem *konstitutiven System* für die Synthese des gewünschten Enzyms auszugehen oder aber das induzierbare System durch Veränderung der genetischen Substanz in ein konstitutives umzuwandeln. Bei der Entwicklung von technischen Verfahren zur Gewinnung mikrobieller Enzyme ist der jeweilige Stamm der Mikroorganismen in bezug auf Wachstum, Stoffwechsel und Regulationssystem sowie auf Zusammenhänge zwischen diesen zu untersuchen.

Im allgemeinen werden die *katabolischen Enzyme* durch die Mechanismen der *Induktion* und *Repression* kontrolliert, wohingegen die Enzyme von *Biosyntheseketten* vorwiegend über die Konzentration des *Endprodukts (Endproduktrepression)* gesteuert werden (vgl. 2.5.). Man darf annehmen, daß die meisten extrazellulären Enzyme, die in der späten logarithmischen und in der stationären Phase des Wachstums der Population produziert werden, durch ein Induktions- sowie Repressionssystem kontrolliert werden. Der letztgenannte Mechanismus verhindert eine ungestörte Synthese katabolischer Enzyme während des balancierten Wachstums einer Kultur in Gegenwart des Induktors [3]. Amylaseliefernde *Bacillus-subtilis*-Stämme produzieren nach *Fukumoto* [4, 5] und *Riedel* [6] die Amylase sowohl in der logarithmischen wie auch stationären Phase (Bild 3.3.c); die Syntheseleistung der Mikroorganismen ist jedoch in der stationären Phase wesentlich größer. Da hier das Ausmaß der Amylasebildung kurz vor der Zellauflösung am größten ist, spricht *Nomura* [7] von einer „unphysiologischen Proteinsynthese".

Obwohl im allgemeinen die Wachstumskurven von *Hefen, Pilzen* und *Streptomyceten* ähnlich wie die der durch Zweiteilung charakterisierten Bakterien verlaufen, sind sie

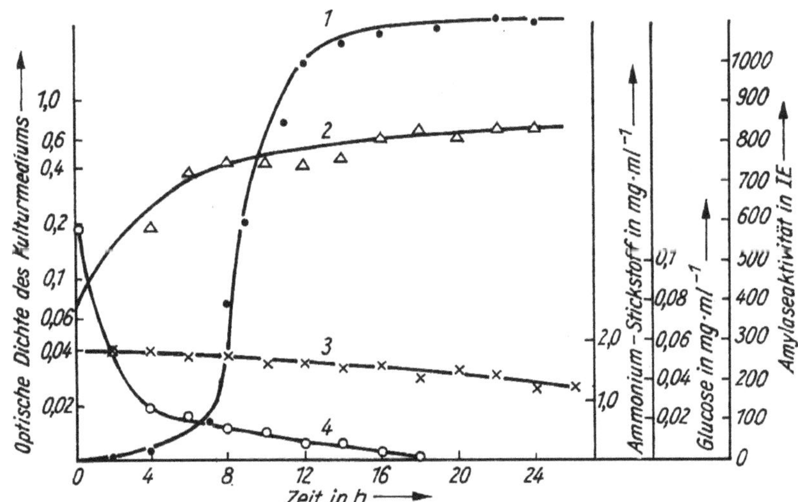

Bild 3.3.c. Synthese von α-Amylase aus Bacillus subtilis [6]
(1)Amylase-Aktivität (2) optische Dichte (Maß für die Zellzahl) (3) Ammonium-Stickstoff (4) Glucose
1 IE ≙ Bildung von einem Reduktionsäquivalnet, bezogen auf Glucose, aus einer 1%igen Stärkelösung

ganz anders zu interpretieren. Die Bildung von *Zellverbänden*, das auf die *Hyphenspitzen* beschränkte Wachstum sowie das unterschiedliche *Alter* der *Hyphenzellen* einer Kultur führt zu einer erschwerten Auslegung der Versuchsergebnisse. Andererseits unterscheidet sich die Art der Regulation *eukaryotischer Zellen* grundsätzlich von der *prokaryotischer Zellen* [8]. Trotzdem existiert auch bei den *Pilzen* ein Zusammenhang zwischen dem Stadium der *Wachstumskurve*, der *Zellmasse* und der *Produktion* extrazellulärer Enzyme, der ähnliche Formen zeigt wie bei den Bakterien. Pilzkulturen haben im allgemeinen längere Kulturzeiten als Eubakterien. Aspergillen und Penicillien, die für die Produktion von Amylasen, Proteasen, Pektinasen u. a. Enzymen eingesetzt werden, erreichen das Maximum der Enzymproduktion selten früher als nach 75 h, meist erst nach 96 h oder in Einzelfällen nach 10 bis 12 Tagen. Die Verlängerung der Kulturzeit gestattet es, während der Kultivierung Fehlentwicklungen zu erkennen bzw. steuernd in den Produktionsprozeß einzugreifen. Diese Möglichkeit kann u. U. den ökonomischen Nachteil der langen Fermentationszeit aufwiegen.

Neben den diskontinuierlichen Kulturverfahren ist den *kontinuierlichen* Beachtung zu schenken [9]. Kontinuierliche Verfahren unterscheiden sich von diskontinuierlichen dadurch, daß ein Teil der Zellkultur dauernd abströmt, während eine gleiche Menge frischer Kulturlösung zufließt [1]. Hierdurch erreicht man bei Verwendung einer entsprechenden Ausrüstung (*Chemostat* [10, 11], *Turbidostat* [12]), daß eine Erschöpfung des Substrats nicht auftritt. Die Mikroorganismen befinden sich hierbei im Verlauf eines sehr langen Zeitraums im Stadium einer maximalen Enzymproduktion. Die Biosynthese *nicht konstitutiver* Enzyme unterliegt dabei den gleichen Regulationsprinzipien wie in diskontinuierlicher Kultur. Hierdurch ergeben sich spezifische Schwierigkeiten, da die Kohlenhydratquelle häufig die Enzymsynthese reprimiert, während sie andererseits für die Vermehrung der Zellen notwendig ist. Durch *mehrstufige Verfahren* läßt sich diese Schwierigkeit überwinden. In einer ersten Stufe ist eine produktionsfähige Zellpopulation heranzuziehen, die sodann in zweiter und evtl. dritter Stufe – mit zumeist anderen Substraten – die Enzyme produziert [13].

Literatur

[1] *Bergter, F.:* Wachstum von Mikroorganismen. Experimente und Modelle. Jena: VEB Gustav Fischer Verlag 1972

[2] *Holz, G.:* Arbeitsmethoden und aktuelle Ergebnisse der technischen Mikrobiologie. Stuttgart: Gustav Fischer Verlag 1967

[3] *Magasanik, B.:* Cold Spring Harbor Sympos. quantitat. Biol. **26** (1961) 249

[4] *Fukumoto u. a.:* Vortrag gelegentlich des Internat. Symposiums über Enzym-Chemie, Tokio 1957

[5] *Fukumoto, J.:* Nature (London) **180** (1957) 438

[6] *Riedel, K.:* Vortrag gelegentlich des II. Internat. Symposiums der Gärungsindustrie, Leipzig 1968. In: Symposiumsberichte 3 (1968) 423

[7] *Nomura, M., B. Maruo* und *S. Akabori:* J. Biochemistry (Tokyo) **43** (1956) 251

[8] *Tomkins, G. M.:* Specific Enzyme Production in Eucaryotic Cells. In: *Prescott, D. M., L. Goldstein* und *E. Mc Conkey:* Advances in Cell Biology, Bd. 2 .New York: Appleton-Century-Crofts 1971

[9] *Holló, J., B. Janzsö* und *L. Nyeste:* Nahrung **14** (1970) 67

[10] *Monod, J.:* Ann. Inst. Pasteur **72** (1946) 868

[11] *Novick, A.,* und *L. Szillard:* Proc. nat. Acad. Sci. USA **36** (1950) 708

[12] *Bryson, V.:* Vortrag gelegentlich des Internationalen Symposiums für Mikrobiologie, Stockholm 1958

[13] *Malek, I.*, und *Z. Fencl:* Theoretical and methodical basis of continous culture of microorganisms. Praha: Publ. House of the Czech. Akad. Sci. 1966
[14] *Ruttloff, H., A. Täufel, R. Friese* und *F. Zickler:* Z. allg. Mikrobiol. **10** (1970) 335

3.4. Industrielle Herstellung von Enzympräparaten

3.4.1. Allgemeines über die wichtigsten Produktionsverfahren

Im Verlauf der letzten 15 bis 20 Jahre hat die industrielle Produktion von mikrobiellen Enzympräparaten rasch zugenommen, wobei ihre Anwendungsbereiche in den verschiedenen Zweigen der Volkswirtschaft laufend erweitert und ein großer Teil der handelsüblichen pflanzlichen und tierischen Enzympräparate durch solche *mikrobieller Herkunft* ersetzt wurde [1]. Dieser Trend wurde durch Anwendung neuer Erkenntnisse auf dem Gebiet der *allgemeinen Mikrobiologie* und der *Stoffwechselregulation* sowie durch die laufende technologische Verbesserung der *Produktionsverfahren* entscheidend beeinflußt und gefördert [2].
Für die industrielle Produktion von Enzympräparaten ist die *Rentabilität* der Verfahren maßgebend. Diese wird durch die Aktivität der einzelnen Produktionsstämme und durch die technischen Einrichtungen bestimmt. Die immer noch steigende Produktion *mikrobieller* Enzympräparate basiert auf folgenden Vorteilen:

a) Die Mikroorganismen synthetisieren die erwünschten Enzyme innerhalb relativ *kurzer Zeit* (mehrere Stunden bis wenige Tage)
b) Beim derzeitigen Stand der Fermentationstechnik entstehen nur *geringe Kosten*, so daß relativ preisgünstige Präparate hergestellt werden können
c) Die *Leistungsfähigkeit* der Stämme kann durch geeignete Selektion, Optimierung der Kultivierungsbedingungen sowie durch Eingriffe in die genetische Substanz laufend verbessert werden.

Die Entwicklung von Verfahren zur Herstellung von mikrobiellen Enzympräparaten beginnt mit der Suche nach einem geeigneten Stamm *(„Screening")*. Es werden Proben aus verschiedenen Bereichen der Umwelt entnommen. Geeignete Stämme werden in *Anreicherungskulturen* vermehrt. Bei *induzierbaren Enzymen* wird im allgemeinen das für den späteren Umsatz vorgesehene *Substrat* dem Medium als *Nährstoffquelle* zugesetzt. Für die selektionierten Stämme werden sodann *optimale Züchtungsbedingungen* ermittelt. Dies erfolgt zunächst in *Schüttelkolben* und anschließend in größeren *Submerskulturgefäßen* (2 l, 30 l, 250 l). Nährbodenzusammensetzung, Temperatur, Belüftung, Rührgeschwindigkeit, der Gehalt an Wirkstoffen (Vitamine, Mineralsalze, Spurenelemente) u. a. Parameter werden variiert. Bei der Wahl der Einsatzstoffe stehen solche im Vordergrund, die leicht zu beschaffen und hinsichtlich des großtechnischen Einsatzes ökonomisch tragbar sind. Bevorzugt werden Weizenkleie, Maisquellwasser, Melasse, Schlempen, entfettetes Schrot ölhaltiger Samen, Sojamehl, Getreidemehle, Zucker, Stärke, Hefeextrakte usw. sowie Mineralsalze. Das Wachstum der Zellpopulation, der Umsatz der Medienbestandteile sowie das Enzymbildungsvermögen werden in Abhängigkeit von der Zeit analytisch verfolgt. Die gewonnenen Ergebnisse werden ausgewertet und die Verfahren bis zur *großtechnischen Dimension* (25 ... 100 m³ Tankvolumen) entwickelt. Besondere Aufmerksamkeit ist bei der Enzymproduktion vor allem der *Sterilität* des Fermentationsmediums, der Optimierung des *Gasaustausches* sowie der *Schaumbekämpfung* zu schenken.

126

Die anschließende *Aufarbeitung* der enzymhaltigen Kulturfiltrate bis zum *Flüssigkeitskonzentrat*, zu einem nicht gereinigten *Trockenrohpräparat* oder einem *gereinigten Trockenerzeugnis* wird ebenfalls zunächst im Laboratorium und dann im klein- und großtechnischen Maßstab erprobt. Die Zwischenstufen bzw. die gewonnenen Fertigpräparate werden hinsichtlich ihrer Eigenschaften charakterisiert, wobei überwiegend spezielle *Reinigungsarbeiten* erforderlich sind.

Bedeutsam sind schließlich Untersuchungen zur *Lagerstabilität*, Verbesserung der *Haltbarkeit* und *Standardisierung* der Endprodukte. In diesem Zusammenhang ist auch der Nachweis der *toxikologisch-hygienischen Unbedenklichkeit* zu erbringen.

Bei der großtechnischen Herstellung von Enzympräparaten unterscheidet man grundsätzlich zwischen

a) dem *Emersverfahren (Oberflächenverfahren)* – hier werden die das Enzym produzierenden Mikroorganismen auf der Oberfläche ruhender Flüssigkeiten oder auf festen bzw. halbfesten Nährmedien kultiviert – und

b) dem *Submersverfahren (Tieftankverfahren)* – die Fermentation erfolgt innerhalb geschlossener Tanks in flüssigen, zumeist belüfteten Nährmedien.

In mehreren Ländern werden bis zum gegenwärtigen Zeitpunkt noch große Mengen mikrobielle Enzympräparate im *Emersverfahren* hergestellt. Nach *Arima* [3] wurden z. B. in Japan Anfang der 60er Jahre folgende Enzyme auf festen Nährböden produziert: Pektinasen aus *Sclerotinia*, saure Proteasen aus *Aspergillus*, Glucoamylase aus *Rhizopus*, Takadiastase aus *Aspergillus*, mikrobielles Lab aus *Mucor pusillus*, Naringinase und Hesperidinase aus *Aspergillus*. Diese Technologie wird jedoch in zunehmendem Maße durch das *Submersverfahren* verdrängt, weil bei dem Einsatz des letztgenannten Verfahrens eine Kontrolle der Zusammensetzung des Nährmediums, des pH-Verhaltens, der Temperatur, der Belüftung sowie eine Verhinderung von Fremdinfektionen weit besser gewährleistet ist als beim Emersverfahren. Hinzu kommt, daß das Submersverfahren eine wesentliche Einsparung an manueller Arbeit sowie an Raum mit sich bringt und daß eine weitgehende Automatisierung der Verfahrensführung möglich ist. Besonders zu berücksichtigen ist der Tatbestand, daß bei Emersproduktion das Arbeiten des Bedienungspersonals in den von Keimen stark befallenen Kultivierungskammern aus gesundheitlichen Gründen abzulehnen ist.

Literatur

[1] *Грачева, И. М.* (Graceva, I. M.): Технология ферментных препаратов (Technologie von Enzympräparaten. Moskau: Verlag „Lebensmittelindustrie" 1975)

[2] *Ruttloff, H., F. Zickler, G. Kupke* und *F. Baum:* Ernährungsforschung **16** (1971) 69

[3] *Arima, K.:* Microbial Enzyme Production. In: *Starr, M. P.:* Global Impacts of Applied Microbiology. New York–London–Sidney: J. Wiley & Sons, Inc. 1964, S. 277 bis 294

3.4.1.1. Emerskultivierung

Zu den ersten Verfahren dieses Produktionstyps (vgl. Bild 3.4.7.1.a) gehört die Herstellung des amylolytischen Enzympräparats *Takadiastase*, das auf ein Patent von *Takamine* (1884) zurückgeht. Die Kultivierung der Mikroorganismen erfolgt hier auf einem festen Nährboden, zumeist auf feuchter *Reis-* oder *Weizenkleie*, der *Nähr-* und/oder *Wirkstoffe* (Salze, z. B. Fe^{+++}, Zn^{++}, Cu^{++}, Mn^{++}, kohlenhydrat-, protein-, fett- und/oder wirkstoffhaltige Stoffe, Maisquellwasser u. a.) zugesetzt sind. Zur Verbesserung der Porosität können Haferschalen, Sägespäne und dgl. zugefügt werden. Der Anteil derartiger Füllstoffe soll jedoch nicht mehr als 10% betragen. Verschiedentlich werden auch *Puffersalze* verwendet. Der optimale Feuchtegehalt des Nährbodens liegt bei etwa 50 ... 60% (bezogen auf trockene Kleie) [1].

Die Kleienährböden werden gewöhnlich 30 ... 120 min lang – meist unter Druck – mit Dampf sterilisiert [2], danach auf 25 ... 40 °C gekühlt und mit einer Konidiensuspension oder einer vegetativen Vorkultur beimpft. Für die Bereitung der Impfmaterialien sind jeweils spezielle Techniken entwickelt worden [3]. Während der Kulturdauer, die sich je nach den verwendeten Produktionsstämmen über 1 bis 7 Tage erstreckt, müssen im Interesse einer optimalen Enzymproduktion die Feuchte, Menge und Keimfreiheit der zugeführten Luft sowie die Einhaltung einer optimalen Inkubationstemperatur besonders beachtet werden.

Nach *Chipizubova* u. a. [1] ist z. B. bei der Oberflächenkultivierung eines Stammes der Art *Aspergillus oryzae* (zur Herstellung von Amylase- und Protease-Präparaten) während der ersten 8 ... 9 h nach der Beimpfung eine relative Luftfeuchte von 75 ... 80% bei 30 °C Lufttemperatur zu fordern. In den darauf folgenden 10 ... 12 h sollen die relative Luftfeuchte 100% und die Temperatur 25 ... 27 °C betragen. Die Inkubation während der letzten 6 h soll schließlich bei 30 °C und einer relativen Luftfeuchte von 70 ... 75% erfolgen.

Bei der Emersproduktion im großtechnischen Maßstab haben sich nach *Arima* [4] 3 Typen durchgesetzt, und zwar das *Pfannen-*, das *Rotationstrommel-* und das *Hochschichtverfahren* (Bild 3.4.1.1.).

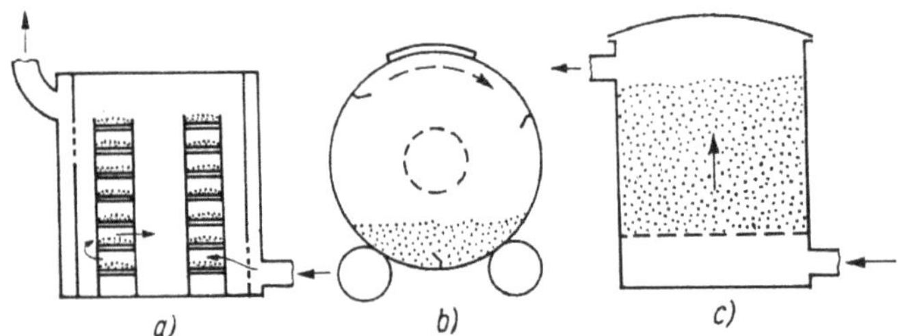

Bild 3.4.1.1. Apparative Typen der Emerskultivierung [4]
a) Pfannenverfahren, b) Rotationstrommelverfahren, c) Hochschichtverfahren

Bei dem *Pfannenverfahren* wird der Nährboden sterilisiert, beimpft und in speziellen klimatisierbaren Kammern auf Horden, Sieben oder Pfannen ausgebreitet. Die *Schichthöhe* der Kleie soll nicht mehr als 2 ... 4 cm betragen. Das Mycel durchwächst den Nährboden in etwa 3 bis 5 Tagen. Als relativ kompliziert erweist sich bei diesem Herstellungsverfahren eine angemessene *Belüftung*. Sie dient einmal der Abführung der während der Kultivierung entstehenden Reaktionswärme, zum anderen versorgt sie die Mikroorganismen mit Sauerstoff. Eine zu starke Luftzuführung bewirkt ein Austrocknen der Nährböden und führt zu verminderter Produktionsleistung. Außerdem besteht die erhöhte Gefahr einer Fremdinfektion.

Die Verwendung von *Rotationstrommeln* ist ebenfalls mit gewissen Schwierigkeiten verbunden. Dem Ausmaß der Trommel sind Grenzen gesetzt, und nur etwa 30% des Gesamtvolumens können genutzt werden. Durch die Geschlossenheit der rotierenden Trommel wird jedoch einer Kontamination des Nährbodens vorgebeugt. In hygienischer Hinsicht sind weit bessere Arbeitsmöglichkeiten als beim Pfannenverfahren gegeben. Rotationstrommeln werden für die Enzymproduktion eingesetzt, manche

Betriebe verwenden sie jedoch nur zur Herstellung des Impfmaterials. In Japan werden nach diesem Verfahren *Aspergillus-oryzae*-Kulturen zur Herstellung von Sake und Soja-Soße sowie von Takadiastase gewonnen. Für die Kultivierung *monocytischer* (querwandloser) *Pilze*, z. B. der *Rhizopus*-Arten, sind diese Trommeln ungeeignet, da die Hyphen durch die Rotation zerrissen werden.

Das *Hochschichtverfahren* gestattet eine Erhöhung der Nährbodenschicht bis zu 20 cm und mehr. Durch einen kontinuierlichen *Luftstrom*, der von unten durch den Nährboden gedrückt wird, sind sowohl die Abführung der Reaktionswärme wie auch eine ausreichende Sauerstoffversorgung gewährleistet. Ein Nachteil ist das während der Fermentation zeitweilig auftretende Schrumpfen des Nährbodens, wodurch eine kontinuierliche und gleichmäßige Belüftung erschwert wird.

Bei der *Flüssigkeits-Oberflächenkultur* wachsen die Mikroorganismen auf der Oberfläche eines flüssigen Substrats, das sich in *flachen Schalen* befindet. Die Schalen sind um eine zentral gelagerte Welle im Inneren eines Tanks angeordnet. Durch Zuführung von steriler Luft wird für den notwendigen Gasaustausch an der Oberfläche der Kulturen gesorgt. Nach einer bestimmten Inkubationszeit wird die Biomasse durch schnelle Rotation der Welle aus den Schalen ausgeschleudert. Die Kulturlösung gelangt zum Boden des Tanks und wird anschließend der Aufarbeitung zugeführt. Nach *Bruchmann* [5] gewinnt man nach diesem Verfahren bakterielle Proteasen aus *Bacillus subtilis*.

Nach *Beendigung der Kultivierung* wird der *Pilzrasen* homogenisiert und auf einen Feuchtegehalt von 10 ... 12 % getrocknet, sodann zerkleinert und gemahlen. Das Pulver dient oft bereits in dieser Form als Enzympräparat und wird als solches an den Verbraucher abgegeben.

Bei *weitergehender Aufarbeitung* wird die verpilzte Kleie entweder mit Wasser, Salzlösung, verdünnter wäßriger Milchsäure, Essigsäure oder Salzsäure bei einer Temperatur des Mediums von 25 ... 40 °C – u. U. im Gegenstromverfahren – extrahiert. Aus dem Extrakt – gegebenenfalls aus einem daraus hergestellten Konzentrat – wird das Enzym mit *Alkohol*, *Aceton* oder *anorganischen Salzen* gefällt und getrocknet (vgl. 3.4.5.).

Literatur

[1] *Хипизубова, Л. И., и И. М. Грахева* (Chipizubova, L. I., und I. M. Gracheva): Прикл. биохим. микробиол. СССР (Angew. Biochem. Mikrobiol. d. UdSSR) 4 (**1968**) 641

[2] *Beckhorn, E. J., M. D. Labbee* und *L. A. Underkofler:* J. agric. Food Chem. **13** (1965) 30

[3] *Евтихов, П. Н., и К. А. Калунянц* (Evtichov, P. N., und K. A. Kalunjanc): Прикл. биохим. микробиол. СССР (Angew. Biochem. Mikrobiol. d. UdSSR) 4 (1968) 201

[4] *Arima, K.:* Microbial Enzyme Production. In: *Starr, M. P.:* Global Impacts of Applied Microbiology. New York–London–Sidney: J. Wiley & Sons, Inc. 1964, S. 277 bis 294

[5] *Bruchmann, E. E.:* Zbl. Bakteriol., Parasitenkunde, Infektionskrankh. Hyg., I. Abt., Orig. **191** (1963) 159

3.4.1.2. Submerskultivierung

Aus produktionstechnischen Gründen setzt sich international das *Submersverfahren* immer mehr durch (Bild 3.4.1.2.). Als besondere Vorteile gegenüber der Emerstechnologie sind zu nennen: Bewältigung *größerer Volumina*, *Platz-* und *Raumersparnis*, besser reproduzierbare *Herstellung des Mediums*, Vereinfachung der *analytischen Kontrolle* beim Fermentationsablauf (Wachstum der Kultur, Enzymbildung,

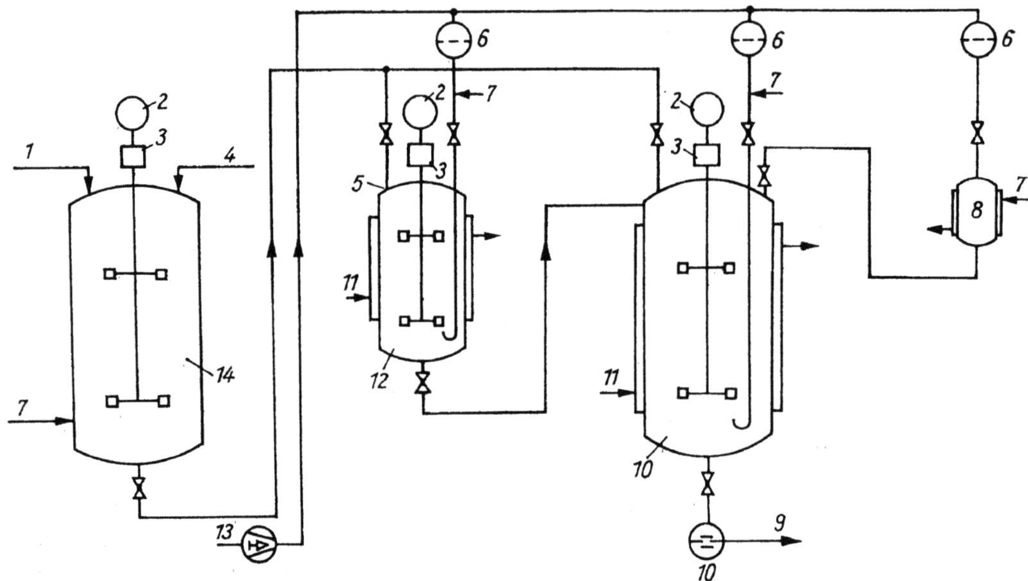

Bild 3.4.1.2. Submersproduktion mikrobieller Enzyme [1]
(1) Wasser (2) Motor (3) Antrieb (4) Mediumkomponenten (5) Impföffnung (6) Filter (7) Dampf
(8) Antischaummittel-Tank (9) zur Aufarbeitungsanlage (10) Hauptfermentor (11) Kühlwasser
(12) Impftank (13) Luftkompressor (14) Ansatzbehälter für das Nährmedium

Umsatz der Medienbestandteile, Verhinderung von Fremdinfektionen usw.), *Automation* bei der Steuerung der Kultivierungsbedingungen (Temperatur, Luftzufuhr, Rührgeschwindigkeit, pH-Wert), *Mechanisierung* von Teilprozessen der Produktion, *Schutz* des *Bedienungspersonals* vor direktem Kontakt mit Mikroorganismen und deren Stoffwechselprodukten.
Fast alle Mikroorganismen lassen sich submers züchten, jedoch sind die Kulturbedingungen entsprechend den Bedürfnissen der einzelnen Stämme zu modifizieren. Die besten Ergebnisse werden mit Pilzen und aeroben Bakterien erzielt, doch sind auch anaerobe Bakterien in Tanks kultivierbar.
Es sei nochmals darauf hingewiesen, daß optimales Wachstum nicht unbedingt mit maximaler Enzymsynthese gekoppelt sein muß (vgl. 3.3.). Der Sauerstoffbedarf der Mikroorganismen, der je nach Produktionsstamm sehr unterschiedlich ist, muß im Verlauf einer Submerskultur ständig durch eine ausreichende Luftzufuhr gedeckt werden. Übersteigt der Bedarf die Sauerstoffzuführung, dann tritt Sauerstoffmangel ein. Bei gleichzeitiger Fähigkeit der Stämme auch zu anaeroben Substratumsätzen ändern sie ihren Stoffwechsel.
Temperatur- und *pH-Führung* sowie die *Fermentationsdauer* beeinflussen das *Wachstum* der Mikroorganismen, die *Enzymsynthese* sowie die *Stabilität* des produzierten Enzyms im Verlauf der Kultivierung. Die Beeinflussung dieser Vorgänge durch die genannten Fermentationsparameter ist u. U. sehr unterschiedlich. So muß z. B. eine für das Wachstum günstige Temperatur nicht identisch sein mit der Optimaltemperatur für die Biosynthese oder aber für die Haltbarkeit des Enzyms. Gleiches trifft für die Wasserstoffionen-Konzentration sowie für die Dauer der Kultivierung zu. Die für die Enzymbildung optimalen Verhältnisse müssen in Vorversuchen – in Verbindung mit der Luftzufuhr – jeweils ermittelt werden. Wenn z. B. Wachstum und Enzymsynthese nicht parallel laufen, sind die einzelnen Parameter im Verlauf der Prozeßführung zu variieren. Man beginnt dann mit der für das Wachstum optimalen

Temperatur und stellt nach Bildung einer ausreichenden Biomasse auf das Optimum der Enzym-Biosynthese ein.

Die *Vorkulturführung*, die von einer *Stammkonserve* ausgeht, besteht in einer schrittweisen Übertragung der Ausgangskultur in immer größere Nährbodenvolumina, wobei die Zellpopulation in den einzelnen Stufen wächst. Diese stufenweise Vergrößerung der Zellmasse kann als *Stand-* oder *Schüttelkultur* (in entsprechenden Glasgefäßen) oder im Wechsel beider erfolgen. Schließlich wird die Zellpopulation in *Fermentoren* mit steigenden Dimensionen (Glasgefäße, Tanks) übergeführt. Bei der Wahl der *Nährbodenkomponenten* sind nicht nur die Bedürfnisse der Mikroorganismen, sondern zugleich auch die Aufarbeitungsstufen zu berücksichtigen. Auch muß u. U. ein bestimmter Nährbodenbestandteil in Intervallen zugegeben werden, wenn z. B. dessen Löslichkeit begrenzt ist oder eine zu hohe Anfangskonzentration dieser Substanz sich hemmend auf die Enzymsynthese auswirkt.

Bei der Zusammenstellung der Nährmedien ist zu beachten, daß – neben Menge und Art geeigneter *Kohlenstoff-* und *Stickstoffquellen – anorganische Salze* bzw. *Spurenelemente*, das *Kohlenstoff/Stickstoff-Verhältnis* sowie die Anwesenheit bestimmter *Wuchs-* und *Wirkstoffe* eine wichtige Rolle spielen. Des weiteren können bestimmte *Puffersalze* dem Medium zugesetzt werden. Die Fettkomponente ist ebenfalls oft bedeutsam.

Folgende *Einsatzstoffe* sind für Kulturmedien gebräuchlich:

a) Kohlenhydrate bzw. kohlenhydrathaltige Stoffe (z. B. Stärke, Melasse, Getreideschrote, Stärkesirup, Rohrzucker, Glucose, Leguminosenschrot, Weizen- oder Reiskleie);

b) Proteine bzw. proteinhaltige Stoffe (z. B. Proteinhydrolysate, Fischmehl, Casein, Gelatine, Leguminosenschrot, Weizen- oder Reiskleie, Getreideschlempe);

c) stickstoffhaltige Verbindungen (z. B. Ammoniumsalze, Nitrate, Harnstoff);

d) Wuchsstoffe (z. B. in Hefeautolysat, Maisquellwasser, Getreideschlempe, Weizen- oder Reiskleie);

e) Mineralsalze, Puffersalze.

Für die *großtechnische Herstellung* werden *Fermentoren („Tanks")* aus nichtrostendem Stahl mit Bruttovolumina zwischen 10 m³ und 125 m³ verwendet, die den Standardausrüstungen der Antibiotikaproduktion entsprechen [2].

Zeitweise werden auch sog. *Röhrenfermentoren* eingesetzt. Bei diesen handelt es sich um lange Stahlzylinder, in die von unten tangential Luft eingeleitet wird; ein Rührwerk ist nicht vorhanden. Die Behälter, die teilweise auch zur Biosynthese anderer Produkte verwendet werden, sollen sich besonders zur Züchtung von querwandlosen Pilzen eignen, da hierbei eine mechanische Zerstörung der Mycelien weitgehend vermieden und ein Ausfließen des Plasmas aus den Hyphen verhindert wird.

Zur Produktion des Enzyms wird das nach spezieller Vorkulturführung gewonnene Impfmaterial steril in den Tank übergeführt, der das Nährmedium (durch vorheriges Erhitzen keimfrei gemacht) enthält. Nach dem Beimpfen wird unter Belüftung gerührt, bis eine angemessene Enzymmenge produziert worden ist, wobei die hierzu erforderliche Zeit möglichst kurz bemessen sein soll.

Nach *Abschluß der Fermentation* wird die Kulturflüssigkeit zentrifugiert und/oder filtriert und hierbei in die *Zell-(Bio-)Masse* (einschließlich der festen Nährbodenbestandteile) und das *Kulturfiltrat* und/oder -fugat getrennt. Verschiedentlich setzt man bereits das Kulturfiltrat als Enzympräparat ein. Zumeist wird das Fugat/Filtrat jedoch weiter aufgearbeitet (*Konzentrieren* im Vakuum, *fraktioniertes Fällen, Trocknen, Mahlen, Standardisieren*). Über die einzelnen Stufen der Aufarbeitung wird unter 3.4.5. ausführlich berichtet.

Literatur

[1] *Aunstrup, K.:* Vortrag gelegentlich des FEBS-Symposiums „Industrial Aspects of Biochemistry",
Dublin 1973
[2] *Beckhorn, E. J.:* Wallerstein Lab. Commun. **23** (1960) 210

3.4.2. Gewinnung und Erhaltung leistungsfähiger Produktionsstämme

In der technischen Mikrobiologie ist weniger das Verhalten der Einzelzelle als vielmehr
die Leistungsfähigkeit der Gesamtheit aller in einer Kultur vereinigten Zellen, d. h.
der ganzen Zellpopulation von Bedeutung. Nach *Emeis* [1] kann man der Population
einen *Gemeinschaftsgenotyp* auf Grund der genetischen Konstitution der Einzelzellen und einen *Gemeinschaftsphänotyp* als Summe aller Einzelphänotypen zu-
schreiben. Die Zellpopulation befindet sich in einem Gleichgewichtszustand, solange
nicht *Selektions-* oder *Mutationsdruck* das Gleichgewicht stören. Unter Beibehaltung
des Populationsgleichgewichts bleiben die Kontinuität der Kultur und deren Leistungs-
eigenschaft erhalten. Gleichbleibende Kulturbedingungen wirken demzufolge stabilisierend, wobei die Selektion ungünstige Genkombinationen niedrig hält und damit
das normale Entwicklungsmuster der Zellpopulation schützt. Wenn andererseits
aber die Umweltfaktoren, wie Nährstoffangebot, Belüftung usw., geändert werden,
kann dies durch das dynamische Prinzip der Selektion zu einer Änderung der Population und zu erheblichen Schädigungen im Produktionsablauf führen. Eine für jeden
Stamm und jede Enzymbiosynthese spezifische und standardisierte *Kulturfolge* kann
den Gleichgewichtszustand einer Population sichern helfen.

Literatur

[1] *Emeis, C. C.:* Zbl. Bakteriol., Parasitenkunde, Infektionskrankh., Hyg., Abt. I, Orig. **191** (1963)
172

3.4.2.1. Stammsuche

Die Ausbeute bzw. Enzymaktivität einer Kultur hängt in erster Linie vom eingesetzten
Produktionsstamm ab. Zwei Stämme ein und derselben Art können sich in ihrer
Fähigkeit, ein bestimmtes Enzym zu produzieren, wesentlich unterscheiden. Der
erste Schritt bei der industriellen Herstellung mikrobieller Enzympräparate ist daher
die *Selektion* geeigneter Stämme von Mikroorganismen. Diese sollen das gewünschte
Enzym in großer Menge bei Einsatz eines möglichst preisgünstigen Nährmediums
produzieren.
Stämme, die für die Enzymproduktion verwendet werden sollen, werden gewöhnlich
aus *natürlichen Quellen* (Erde, Kompost, Gemüse, Obst, Abprodukte der landwirtschaftlichen und Lebensmittelproduktion, Abwässer verschiedenster Herkunft,
Fangplatten u. a. m.) isoliert oder aus *Stammsammlungen* entnommen. Zur Isolierung
der Mikroorganismen werden die genannten Substrate in sterilem Leitungswasser,
physiologischer Kochsalzlösung oder in speziellen Pufferlösungen aufgenommen.
Diese Suspensionen, die stets Mischpopulationen enthalten, werden in geeigneter
Verdünnung – möglichst in *Selektivnährmedien*, d. h. in solchen, die das Wachstum
einer bestimmten Gruppe besonders fördern bzw. anderer unterdrücken – in Petri-

schalen unter sterilen Bedingungen ausgespatelt. Vielfach kann hierdurch schon eine Abtrennung des gesuchten Stammes von unerwünschten Begleitkeimen erreicht werden. Die erhaltenen Kulturen werden nunmehr nach den in der Mikrobiologie üblichen Verfahren rein gezüchtet und stehen danach für Untersuchungen auf ihr Enzymbildungsvermögen zur Verfügung.

Die Suche nach leistungsfähigen Enzymproduzenten erfolgt nach einem speziellen *Screening- (Siebtest-)Programm*, nach dem viele Hunderte von Stämmen auf ihre Biosyntheseleistung getestet werden. Hat man aus dieser Vielzahl einzelne Vertreter isoliert, die hohe Enzymaktivität zeigen oder erwarten lassen, dann ist es erforderlich, ihre Leistung durch geeignete Kultivierungsbedingungen bzw. Konservierungsverfahren systematisch weiter zu steigern bzw. ihre Eigenschaften zu erhalten.

Die enzymatische Leistungsfähigkeit der Stämme wird mit Hilfe bestimmter *Methoden* ermittelt. In der Literatur werden zahlreiche *Agar-Diffusionstests* für den Nachweis von Enzymen beschrieben [1 bis 6]. Diese Methoden sind als *halbquantitativ* zu bezeichnen und können für die Erfassung der Aktivitäten von α-Amylase, Glucoamylase, Proteasen, Pektinasen, Lipasen, Nucleasen, Cellulasen, Xylanasen, Elastasen und disaccharidspaltenden Enzymen (z. B. Maltase, Invertase, Lactase, Cellobiase) angewandt werden.

Es wird ein Agar als Nährmedium hergestellt, das als Bestandteil u. a. das Substrat des gesuchten Enzyms enthält. Auf diesem wird die keimhaltige Suspension ausgespatelt. Beim Heranwachsen der enzymproduzierenden Mikroorganismen-Kolonie tritt in ihrem Bereich ein Substratabbau ein, der sich – z. B. bei Verwendung von Stärke, Casein, Pektin, Fett als Substrat – durch einen deutlich wahrnehmbaren *Klarhof* (Hydrolyse des Substrats) kenntlich macht. Der Substratumsatz kann jedoch verschiedentlich auch durch Zugabe bestimmter Nachweisreagenzien für die *nicht umgesetzte Substanz* oder aber für die entstehenden *Abbauprodukte* sichtbar gemacht werden (z. B. Nachweis der noch vorhandenen Stärke durch Jodblaureaktion oder aber der gebildeten Glucose mittels Glucoseoxydase; Sichtbarmachung von nicht umgesetztem Protein mittels Trichloressigsäure; Einsatz von *p*H-Indikatoren bei der Freisetzung von niedermolekularen Uroniden aus Polygalakturonsäure). Die *Transparenz* sowie der *Durchmesser* des Hofes ermöglichen eine Aussage über die Höhe der enzymatischen Aktivität und somit eine Erkennung aktiver, weniger aktiver oder inaktiver Stämme. Der Aussagewert, den dieser Siebtest hat, wird durch die Tatsache eingeschränkt, daß hierbei die Aktivität einer Oberflächenkultur als Maß für ein späteres Submersverfahren herangezogen wird. Bei bestimmten Mikroorganismen besteht jedoch zwischen den Aktivitäten von Oberflächen- und Submerskultur keine Parallelität. In diesen Fällen sind spezielle Siebtests zu entwickeln, die dieser Tatsache Rechnung tragen.

Als Beispiele für die Zusammensetzung eines Nährmediums für den Agar-Diffusionstest seien genannt:

a) Nachweis von *Proteasebildnern* (Bild 3.4.2.1.): Das Nährmedium enthält 2 ... 3 % Agar, 1 % Casein, 0,1 % Hefeextrakt und 0,1 % Milchzucker (*p*H 6,5 ... 8,0);

b) Nachweis von *Amylasebildnern:* Das Nährmedium enthält 2 ... 3 % Agar, 1 % Stärke und 0,1 % Hefeextrakt (*p*H 6,0 ... 7,5).

Genauere Ergebnisse erhält man, wenn jeweils eine entsprechende Menge Kulturfiltrat bzw. -medium aus einer Submersproduktion in *ausgestanzte Löcher* des Agars eingetragen werden. Die enzymhaltige Kulturlösung diffundiert in die Agarschicht und führt den Umsatz des Substrats herbei. Man erhält wiederum Klarhöfe oder macht die Wirkungszonen durch chemischen Nachweis der nicht umgesetzten Substanz oder aber der Umsatzprodukte kenntlich.

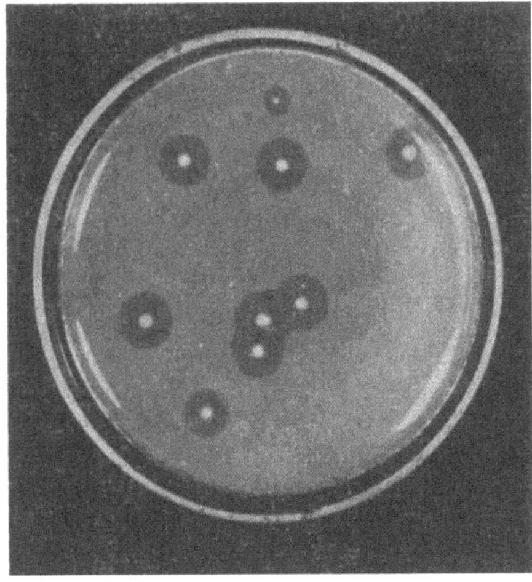

Bild 3.4.2.1. Einzelkolonien von Bacillus subtilis mit Hydrolysehöfen (Agar-Diffusionstest auf Caseinagar)

Bei allen Diffusionsmethoden ist die Ausdehnung des Hydrolysehofes nicht nur von der Enzymmenge, sondern auch von der *Größe* des *Enzymmoleküls* abhängig. Enzyme mit niedrigem Molekulargewicht diffundieren schneller in den Agar als höhermolekulare Komponenten.

Literatur

[1] *Heinecke, H.:* Z. Naturforsch. **12b** (1957) 527
[2] *Castrén, E.:* Farmaseuttinen Aikakauslehti **66** (1957) 2
[3] *Gorini, J.,* und *L. Fabris:* Ital. J. Biochem. **13** (1964) 81
[4] *Fleming, J. R.,* und *J. A. Johnson:* Getreide u. Mehl **15** (1965) 120
[5] *Täufel, K., W. Krause* und *H. Ruttloff:* Naturwissenschaften **50** (1963) 446
[6] *Dingle, J., W. W. Reich* und *G. L. Solomons:* J. Sci. Food Agric. **4** (1953) 149

3.4.2.2. Leistungssteigerung durch Beeinflussung der Enzymbiosynthese

Um die Eignung der gemäß 3.4.2.1. vorgetesteten Isolate auch unter Submersbedingungen zu ermitteln, kommt es darauf an, daß nunmehr

durch Ermittlung der allgemeinen Bedingungen für ein gutes Wachstum eine hohe Zellzahl bzw. eine große Menge Biomasse in der Kulturflüssigkeit erreicht wird und durch spezielle Milieubedingungen hohe Enzymaktivitäten, bezogen auf Zellmasse, erzeugt werden.

Da jeder Stamm viele Enzyme synthetisiert, ist der Anteil des jeweils gewünschten Enzyms am Gesamtprotein sehr gering. Es ist daher notwendig, diesen Anteil über die wirksamen Mechanismen der Enzymregulation zu erhöhen [1].
Eine maximale Synthese induzierbarer Enzyme wird erst durch den Zusatz bestimmter Nährsubstrate, die als *Induktoren* wirken, erreicht. Als typische Induktoren sind zu nennen Casein, Gelatine, Albumin, Collagen (Protease); Stärke (Amylase); Saccharose (Invertase); Pektin (Pektinase); Tannin (Tannase) u. a. m. Besonders wirksame Induktoren, z. B. bestimmte Galaktoside, erhöhen bei *Escherichia coli* die β-Galaktosidase-Produktion um das Tausendfache, so daß der Anteil dieses speziellen Enzyms bis zu mehreren Prozent des Gesamtproteins der Zelle betragen kann.

Als Induktoren können auch Substratanaloge wirken; sie induzieren vielfach mit gleicher Intensität wie die echten Substrate, werden jedoch nicht oder aber langsamer gespalten. So induziert z. B. die unphysiologische β-Methylgalaktose die Synthese von β-Galaktosidase gleich stark wie Lactose. Als weitere potente *Analog-Induktoren* werden von *Demain* [2] genannt: Methicillin (anstelle des Induktors Benzylpenicillin für die Synthese von Penicillinase), Malonsäure (anstelle von Maleinsäure für die Synthese von Maleinat-cis-trans-Isomerase). Insbesondere in den Fällen, wo ein beschleunigter Umsatz des Induktors zum Rückgang der Biosyntheseleistung führt – Effekte dieser Art treten nach *Demain* [2] u. U. bei der Produktion von Cellulase, Invertase, Dextranase und β-Galaktosidase auf –, kann die Enzymproduktion durch Einsatz von durch den Produktionsstamm langsamer verwertbaren Analog-Induktoren bzw. von Derivaten des Induktors gesteigert werden. So läßt sich z. B. die Invertaseproduktion bei Verwendung von Saccharosemonopalmitat anstelle von Saccharose um das 80fache erhöhen [3].

Bei der Ermittlung der Leistung der zu testenden enzymbildenden Stämme sind Vorgänge der *Repression* und *Derepression* bei der Regulation der Enzymbiosynthese zu berücksichtigen. Erscheinungen der Repression werden dann beobachtet, wenn niedermolekulare Endprodukte des Stoffwechsels entweder durch Abbau von Nährstoffen entstehen oder aber dem Nährmedium zugesetzt werden. Die Aufnahme derartiger *Co-Repressoren* durch die Zellen führt nach ihrer Kombination mit einem intrazellulären *Apo-Repressor* zur Verminderung der Syntheserate bestimmter Enzyme.

Enzyme des *katabolisch* induzierbaren Typs können reprimiert werden, wenn die Mikroorganismen in einem Kulturmedium mit einer rasch verwertbaren C-Quelle wachsen. Durch die Abwesenheit oder durch stark verringerte Konzentrationen von katabolisch repressiv wirkenden Kohlenhydraten im Kulturmedium werden verschiedene Enzymbiosynthesen wesentlich gesteigert. So erhöht beispielsweise Glycerin anstelle von Fructose bei *Bacillus stearothermophilus* die extrazelluläre α-Amylasebildung um das 25fache [4]. Bei *Pseudomonas fluorescens var. cellulosa* wird mit Mannose statt mit Galaktose eine bis 1500fache Zell- und Cellulaseproduktion erzielt [5]. Auch reprimieren Aminosäuren oder Aminosäuregemische, die entweder als Begleitstoffe im Nährsubstrat vorhanden sind oder als Endprodukte des hydrolytischen Abbaus von Proteinen im Verlauf der Kultivierung entstehen, bei einer Reihe von *Bacillus-subtilis*-Stämmen die Synthese extrazellulärer Proteasen. Die Repression der Proteasesynthese kann in bestimmten Fällen durch den Zusatz anderer Aminosäuren teilweise wieder aufgehoben werden [6]. Durch Begrenzung des Ammoniumgehalts in der Kulturflüssigkeit läßt sich die Proteaseproduktion bei verschiedenen Bakterien dereprimieren. Bei *Aspergillus quercinus* wird durch Phosphatlimitation eine 30- bis 50fache Steigerung der Produktion von Nucleasen und Phosphatasen beobachtet [7].

Neben einer durch Repression und Derepression beeinflußbaren Syntheserate katabolischer Enzyme müssen auch die repressiven Wirkungen verschiedener Endprodukte auf die Synthese von an *anabolischen* Reaktionen beteiligten Enzymen berücksichtigt werden. Durch Limitation einer Akkumulation der jeweiligen Endprodukte (Co-Repressoren) in der Zelle kann eine Produktionszunahme bestimmter Enzyme erreicht werden. So wird beispielsweise bei *Bacillus licheniformis* die Glutamat-Dehydrogenasebildung etwa um das 20fache gesteigert, wenn die Kulturflüssigkeit Glucose oder Malat anstelle von Glutamat oder Caseinhydrolysat enthält [8]. Als weitere Möglichkeiten zur Vermeidung der Akkumulation der Endprodukte in den Zellen nennt *Demain* [2] die Zugabe von Inhibitoren der jeweiligen Stoffwechselsequenzen zur Kulturflüssigkeit.

Die für die Stammleistung optimale Nährmedienzusammensetzung hängt vom *Regulationssystem* des zu gewinnenden Enzyms ab. Durch Ausfall des in der genetischen Substanz fixierten Kontrollmechanismus können induzierbare Enzyme in *konstitutive Enzyme* übergeführt werden (vgl. 2.5.1.). Diese werden unabhängig von den Bestandteilen des Nährsubstrats synthetisiert, was u. U. eine erwünschte Überproduktion zur Folge hat. Die Zusammensetzung des Kulturmediums ist in diesem Fall nur für das *Wachstum* des Stammes von Bedeutung. Sie hat auf die Enzymproduktion lediglich insofern Einfluß, als maximale Ausbeuten nur bei optimaler Vermehrung der Zellen zu erwarten sind. Nach *Sargeant* [1] laufen bei Mikroorganismen mit einer Produktion von konstitutiven Enzymen Wachstum und Enzymbiosynthese parallel.

Literatur

[1] *Sargeant, K.:* Ind. Aspects Biochem. **30** (1974) 3
[2] *Demain, A. L.:* Theoretical and Applied Aspects of Enzyme Regulation and Biosynthesis in Microbial Cells. In: *Wingard jr., L. B.:* Biotechnology and Bioengineering Symposium Nr. 3: Enzyme Engineering. New York–London–Sidney–Toronto: Intersci. Publ. 1972
[4] *Welker, N. E.,* und *L. L. Campbell:* J. Bacteriol. **86** (1963) 681
[5] *Yamane, K., H. Suzuki, M. Hirotani, H. Ozawa* und *K. Nisizawa:* J. Biochemistry (Tokyo) **67** (1970) 9
[3] *Reese, E. T., I. E. Lola* und *F. W. Parrish:* J. Bacteriol. **100** (1959) 1151
[6] *Schreiber, W., I. Schindler* und *Ch. Gloxhuber:* Chemiker-Ztg. **98** (1974) 539
[7] *Garen, A.,* und *N. Otsuji:* J. molecular Biol. **8** (1964) 841
[8] *Phibbs, P. V.,* und *R. W. Bernlohr:* J. Bacteriol. **106** (1971) 375

3.4.2.3. Erhaltung und Verbesserung der Leistungsfähigkeit

Voraussetzung für eine ökonomisch vertretbare Enzymproduktion ist das Vorhandensein leistungsfähiger Produktionsstämme. Darüber hinaus muß gesichert werden, daß ihre Leistungsfähigkeit erhalten bleibt. Arbeiten mit dieser Zielstellung sind deshalb erforderlich, da Vorgänge der Mutation oder Rekombination auch während der Aufbewahrung der Kulturen (laufende Überimpfung auf Schrägagar, Anlegen von Konserven usw.) nicht auszuschließen sind [1]. Die durch Umweltfaktoren bedingten Vorgänge induzieren qualitative und quantitative Verschiebungen innerhalb der jeweiligen Zellpopulation, so daß es im Verlauf der Stammhaltung, der Vorkultivierung bzw. in der Arbeitskultur zur Ausbildung von leistungsstärkeren und -schwächeren Anteilen kommt [2]. Dies zwingt zu einer laufenden Überprüfung der Leistungsfähigkeit der Produktionsstämme bzw. zu einer laufenden Auslese der produzierten Zellen für die Aufbewahrung. Hierdurch läßt sich über längere Zeiträume nicht nur ein Abfall der Leistung der Produktionsstämme verhindern, sondern es wird vielfach ein stetiger Leistungsanstieg herbeigeführt.

Nach *Aunstrup* [3] ist eine Verbesserung der Leistungsfähigkeit in den meisten Fällen schon durch einfache Selektion möglich. Dabei werden die Zellen in stark verdünnten Zellsuspensionen auf geeignete feste Nährmedien aufgesprüht; die Einzelkolonien werden abgeimpft und im Schüttelkolben ausgetestet. Die Kolonietypen mit der höchsten Biosyntheseleistung werden ausgelesen.

Als weiteres Beispiel sei eine Selektion von positiv abweichenden Einzelzellen aus einer Zellpopulation schematisch aufgeführt (Bild 3.4.2.3.). Von einer Stammkultur wird eine Plattenserie durch Ausspateln einer Abschwemmung angelegt. Die sich entwickelnden Einzelkolonien werden – den Eigenschaften des Stammes entsprechend –

136

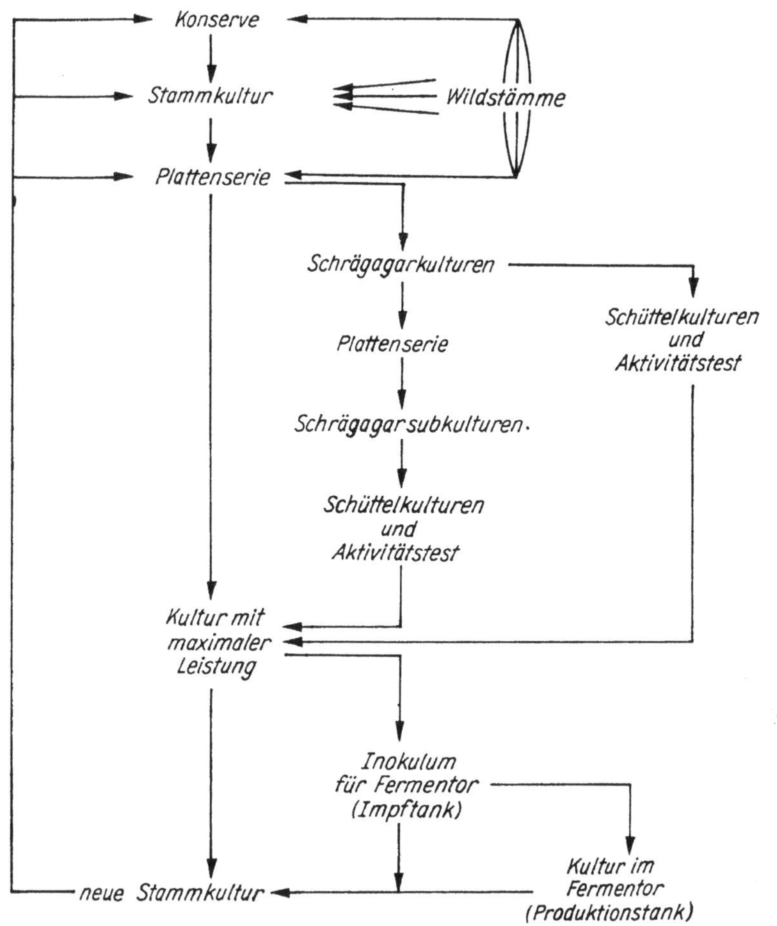

Bild 3.4.2.3. Selektion zur Gewinnung von leistungsfähigen Kulturen (schematisch)

inkubiert (Bakterien 1 bis 2 Tage, Pilze 1 bis 2 Wochen). Sodann wird von einer größeren Anzahl charakteristischer Kolonietypen, die nach morphologischen Gesichtspunkten ausgewählt werden, jeweils eine Schrägagarkultur hergestellt und bebrütet. Zwecks Ermittlung der Enzymaktivität werden Abimpfungen in Erlenmeyerkolben oder Kulturkölbchen bzw. 500-ml-Stehrundkolben vorgenommen – die jeweils das für die Enzymbiosynthese optimale Nährmedium enthalten – und auf der Schüttelmaschine bei geeigneter Temperatur kultiviert. Jeder Einzelversuch wird zur Erhöhung der Aussagekraft der Ergebnisse in mehreren Parallelansätzen (mindestens 6) durchgeführt. Nach Beendigung der optimalen Kultivierungsdauer wird die Aktivität in den Kulturfiltraten aller Gefäße bestimmt und die Ausgangskultur mit der höchsten Biosyntheseleistung ermittelt. Die leistungsstärksten Kulturen werden als neue Stammkulturen verwendet, bzw. es werden Konserven angelegt.

Literatur

[1] *Hesseltine, C. W.*, und *W. C. Haynes:* Progr. Ind. Microbiol. **12** (1973) 1
[2] *Metz, H.:* Chemie-Ing.-Techn. **43** (1971) 60
[3] *Aunstrup, K.:* Industrial Aspects of Biochemistry **30** Part I (1974) 23

Die herkömmliche Art, Mikroorganismen in *Stammsammlungen* zu halten, besteht in der Einhaltung eines *konstanten Überimpfungsrhythmus* der Kulturen auf *Schrägagarröhrchen*. Der Zeitpunkt der Überimpfung ist jeweils stammspezifisch und kann zwischen weniger als 2 Tagen bis zu 6 Monaten schwanken. Durch Überschichten der Kulturen mit sterilem *Paraffinöl* verhindert man eine Austrocknung des Kulturmediums und erzielt eine mehrmonatige Haltbarkeit der Kulturen. Je geringer die Anzahl der Überimpfungen eines Produktionsstammes ist, desto größer ist die Stabilität der gewünschten Eigenschaften. Die Aufbewahrung der Kulturen bei Kühlschrank-Temperatur kann diesem Bestreben entgegenkommen. Schrägagarkulturen sind jedoch nach *Bormann* u. a. [1] im Leistungsverhalten trotzdem relativ labil, da gewisse Stoffwechselvorgänge weiterlaufen, die u. U. einen Leistungsabfall der Produktionsstämme begünstigen.

Für die Erhaltung der Leistung ist die Konservierung der Produktionsstämme durch Anlegen von *Erdkonserven* oder durch *Lyophilisation* weit günstiger. Derart aufbewahrte Stämme behalten ihre Eigenschaften meist unverändert über mehrere Monate bis zu einigen Jahren [2 bis 4].

Anlegen von Erdkonserven

Als Trägersubstanz für die zu konservierenden Zellen bzw. Produktionsstämme (z. B. Pilzsporen, Bakterien, Actinomycetensporen) dient *Gartenerde*, die mit etwa 10 ... 20 % *Sand* gemischt ist. Jeweils 2 g des Erde/Sand-Gemisches werden in Kulturröhrchen gefüllt, die danach mit Wattestopfen oder *Kapsenberg*-Kappen verschlossen werden. An 3 aufeinanderfolgenden Tagen werden die Kulturröhrchen bei 125 bis 130 °C jeweils einmal im Autoklaven 45 min lang sterilisiert. Nach weiterer 2 Tagen (Aufbewahrung bei Raumtemperatur) wird nochmals 2 Stunden lang sterilisiert, diesmal jedoch im Trockenschrank bei 160 ... 170 °C. Auf die abgekühlte Erde in den Kulturröhrchen werden unter sterilen Bedingungen die Produktionsstämme in Form einer wäßrigen Suspension aufgetropft. (Die wäßrigen Suspensionen werden durch Abschwemmen der Pilzsporen, Bakterien oder versporten Actinomyceten von einem Schrägagarröhrchen mittels physiologischer Kochsalz- oder geeigneter Pufferlösung hergestellt.) Je nach Keimdichte werden 2 bis 3 Tropfen der Suspension auf die sterile Erde aufgegeben und gut mit dieser gemischt. Danach muß das eingebrachte Wasser wieder entfernt werden. Zu diesem Zweck werden die Kulturröhrchen in einem Exsikkator unter Vakuum über Silikagel getrocknet. Nach vollständiger Trocknung der Erde werden die Konserven im Kühlschrank oder bei Raumtemperatur aufbewahrt.

Anlegen von lyophil getrockneten Konserven

In der Praxis hat sich die *Lyophilisation* als schonendste Methode der Stammkonservierung durchgesetzt. Art und Geschwindigkeit des Gefrierens und Auftauens haben erheblichen Einfluß auf die Haltbarkeit und Produktionsfähigkeit des Stammes; sie müssen für jeden einzelnen Stamm ermittelt werden. Einfluß auf die *Überlebensrate* und *Stammkonstanz* hat schließlich die Zugabe verschiedener Substanzen bei der Gefriertrocknung. Bewährt haben sich hierbei z. B. Glutaminsäure, Glucose, Dimethylsulfoxid oder Schutzkolloide (Magermilch). Man kann auch in Blutplasma oder in 1 %iger Salzlösung gefriertrocknen.

Die Zellsuspension wird in kleinen Portionen (0,5 ml) in Ampullen, die einen Watteverschluß tragen, am Trockenrechen gefroren. Nach der Gefriertrocknung empfiehlt es sich, die Ampullen mit *Stickstoff* zu füllen. Sie werden sodann zugeschmolzen.

Die Konserve ist in diesem Zustand in der Regel mehrere Jahre lang haltbar. Das Gefriertrocknen wird häufig auch bei kleinen *Schrägagarkulturen* (Röhrchen mit 5 ... 8 mm Durchmesser) mit Erfolg angewendet.

Herstellung von Hirsekulturen

Bei sporulierenden *Schimmelpilzen* haben sich auch das Anlegen spezieller Sporenkulturen auf *Hirse* und ihre Aufbewahrung über Monate und Jahre gut bewährt. Die Trägersubstanz wird mit Wasser angefeuchtet und zu je 50 ... 100 g in 500 bis 1000 ml große Erlenmeyerkolben (oder andere geeignete Glasgefäße) gegeben. Nach dem Verschließen der Kolben mit Wattestopfen werden die Gefäße im Autoklaven 25 ... 30 min lang bei 125 °C sterilisiert. Die feuchtkrümelige Hirse wird danach mit den Sporen beimpft und bei optimaler Temperatur bis zur völligen Versporung (im allgemeinen mehrere Tage) inkubiert. Diese versporten Hirsekulturen werden bei +4 °C aufbewahrt.

Konservierung in flüssigem Stickstoff

Mikroorganismen können über oder in flüssigem Stickstoff (−165 ... −195 °C) gefroren und auf diese Weise konserviert werden. Als Gefäße haben sich *kryobiologische Container* bewährt, die z. B. auch zum Gefrieren von Bullensperma Verwendung finden. Das Gefrieren von Pilzsporen oder Bakterienzellen bzw. -sporen erfolgt in Pufferlösung, physiologischer Kochsalzlösung, Nährbouillon u. a. Medien, und zwar unter Zusatz von geeigneten Kryoprotektiva, z. B. Glycerin und Dimethylsulfoxid, in zugeschmolzenen Glasampullen. Für Pilze wird eine uneingeschränkte Erhaltung ihrer Leistung bis zu 5 Jahren Gefrierdauer angegeben [5, 6]. Bakterien hingegen reagieren – wahrscheinlich in Abhängigkeit vom Auftauprozeß – etwas empfindlicher; sie sind jedoch im Prinzip ebenfalls einer langdauernden Konservierung in flüssigem Stickstoff zugängig. Der Erfolg der Konservierung in flüssigem Stickstoff wird durch die Vorgänge des Gefrierens und Auftauens stark beeinflußt. Beim Gefrieren wird zweckmäßigerweise eine Abkühlung um 1 °C je 1 min vorgenommen.

Literatur

[1] *Bormann, E. J., J. Huber, G. Plonka* und *J. Ruckbeil:* Zbl. Bakteriol., Parasitenkunde, Infektionskrankh., Hyg., II. Abt. **118** (1964) 580
[2] *Heinecke, H.:* Z. Naturforsch. **12b** (1957) 527
[3] *Castrén, E.:* Farmaseuttinen Aikauslehti **66** (1957) 2
[4] *Gorini, J.,* und *L. Fabris:* Ital. J. Biochem. **13** (1964) 81
[5] *Hwang, S. H.:* Appl. Microbiol. **14** (1966) 784
[6] *Hesseltine, C. W.,* und *W. C. Haynes:* Progr. Iud. Microbiol. **12** (1973) 1

3.4.2.5. Übertragung von Laborverfahren in technische Dimensionen (Scale up) und Optimierung der Fermentationsverfahren

Unter den Gegebenheiten eines vorhandenen Produktionsstammes und der technischen Anlage müssen die optimalen Bedingungen für das Verfahren ermittelt werden, damit die Enzymproduktion rentabel gestaltet werden kann. Gemeinsam mit den eigentlichen Verfahrensfragen sind stets die Probleme der Stammhaltung sowie der Anzucht und Vermehrung der Mikroorganismen *(Propagation)* , d. h. letztlich die Erhaltung der Stammleistung bei der Maßstabvergrößerung im Auge zu behalten.

Bei der Übertragung von Laborverfahren in den technischen Maßstab muß zunächst die Züchtung des unter Laborbedingungen erprobten Mikroorganismus stufenweise bis zur technischen Dimension aufgebaut werden. Die geeigneten Parameter werden zunächst im Schüttelkolben, nachfolgend in Submerskulturgefäßen steigender Dimension ermittelt. Hierbei muß mit dem Auftreten einer Reihe von Problemen gerechnet werden, da eine Vielzahl technischer Faktoren, die sich nicht nur aus der Vergrößerung der Kultivierungsgefäße ableiten, in Verbindung mit den veränderten *Lebensbedingungen* für die Mikroorganismen wirksam werden. Für jede der einzelnen Stufen sind die jeweiligen *Betriebsbedingungen* festzulegen. Dabei ist von einer umfassenden Analyse aller Faktoren auszugehen. Wenn diese Faktoren nicht eindeutig den Außenbedingungen zuzuordnen und physikalisch oder chemisch zu definieren sind, sind sie den biologischen Faktoren zuzuordnen, die sich vielfach einer Kontrolle ent-

Wirksame Faktoren beim Fermentieren

Kultur
| Alter
↓ Menge
Fermentation ⟶ Isolierung
↑
Lebensbedingungen

Nährmedium	**Betriebsbedingungen**
Komponenten	Fermentor
Qualität	Material
Konzentration	Oberflächen
Relationen	Temperatur
Herstellung	Konstanz
Lösen, Vorlösen	Temperaturschritte
Reihenfolge, Zeit	Belüftung
Ausfällungen	Luftmenge
pH-Wert beim Lösen	Rührerdrehzahl
vor Sterilisation	O_2-Gehalt
nach Sterilisation	Gaswechsel
separate Sterilisation bestimmter	Blasengröße
Komponenten	Fermentorhöhe
Sterilisation	Verweilzeit
Materialeinflüsse	Druck
(Metalle)	CO_2-Gehalt
Aufheizzeit	Turbulenzen
Temperatur	Scherkräfte
Sterilisationszeit	mechanische Belastung
Kühlzeit	Grenzflächen
Temperaturverteilung	Oberflächen
(lokale Erhitzung)	Schaumbildung
Schädigung	Entschäumer
pH-Wert-Verschiebung	pH-Wert-Regelung
Veränderung	Redoxpotential
durch Belüftung	Beeinflussung
beim Stehen	

ziehen. Nach *Metz* [1] ist ihre Definition nicht eindeutig; je mehr Parameter erfaßt und kontrolliert werden, desto weniger „biologische" Komponenten sind zu berücksichtigen. Die Vielzahl der Faktoren, die auf die Fermentation Einfluß nehmen und den Gesamtkomplex der Lebensbedingungen sowie die auf den einzelnen Kulturstufen notwendigen Entwicklungsphasen der Mikroorganismen umfassen, hat *Metz* [1] folgendermaßen zusammengestellt (siehe Übersicht auf Seite 140).

Neben einer an die technischen Bedürfnisse angepaßten Stammhaltung kommt den Vorkulturen und ihrer Entwicklung große Bedeutung zu. Die Mikroorganismen müssen über mehrere Stufen, z. T. unter Wechsel der Kulturmethode, vermehrt werden. Dabei ist als Kriterium für die Beurteilung einer Impfstufe bzw. -charge das Wachstum allein nicht ausreichend, sondern es ist hierfür der *gesamte Entwicklungszustand* der Vorkultur von Bedeutung. Dies sind das Alter der zu überimpfenden Zellen, der morphologische und biochemische Zustand der Zellpopulation, die Zellmenge, der pH-Verlauf in der Nährlösung u. a. m. Unter der Wirkung dieser Einflüsse bzw. durch deren Überlagerung können in der Zellpopulation neue biologische Faktoren manifest werden, die eine weitere Charakterisierung der Vorkulturen erforderlich machen.

Nur eine quantitative und qualitative Ausgewogenheit der während der Fermentation gebotenen Nährstoffe führen regulativ zu einer hohen Biosyntheseleistung. Das richtige C/N-Verhältnis spielt hierfür eine besondere Rolle. Bei induzierbaren Enzymsynthesen ist das Vorhandensein spezifischer Induktoren unerläßlich. Andererseits ist der für den Mikroorganismus sinnvolle Regulationsmechanismus der Endproduktrepression im Hinblick auf ein ökonomisch ablaufendes Industrieverfahren unerwünscht. Bei Enzymproduzenten des katabolisch induzierbaren Typs können die Art der C-Quelle oder deren katabolische Intermediärglieder – selbst bei gutem Wachstum der Mikroorganismen – auf die Enzymbiosynthese eine repressive Wirkung ausüben. Bei Mikroorganismen mit konstitutiver Enzymproduktion kommt es in Abhängigkeit von der Nährmedienzusammensetzung bevorzugt auf ein gutes Wachstum der Zellpopulation an, da nur dann maximale Syntheseleistungen zu erwarten sind (vgl. 3.4.2.2.).

Von den dargestellten Faktorengruppen, die den Betriebsbedingungen zugeordnet werden, sind in den Propagations- und Fermentationsgefäßen vor allem Temperatur, Belüftung und Druck einer Anpassung zugänglich. Enge Zusammenhänge bestehen zwischen dem Rühren, Belüften und dem Fermentationsdruck. Diese Faktoren sind nicht nur für die Sauerstoffversorgung der Mikroorganismen verantwortlich, sie beeinflussen auch die Konzentration der gebildeten flüchtigen Stoffwechselprodukte. Darüber hinaus beeinflussen sie das Schäumen und die mechanische Belastung der Zellen.

Für die Isolierung der in den Kulturmedien angehäuften Enzyme haben sowohl die Zusammensetzung des Nährsubstrats wie auch die jeweiligen Betriebsbedingungen Bedeutung. Qualität und Quantität des zu isolierenden Enzyms sind von dessen Produktionsbedingungen und demzufolge von einer guten Fermentationsleistung abhängig. Die Fermentation sollte daher so verlaufen, daß zum Zeitpunkt der Aufarbeitung die höhermolekularen Kohlenhydratanteile weitgehend abgebaut sind und optimale Enzymmengen vorliegen. Da diese jedoch mit einem erheblichen Überschuß eiweißartiger Begleitstoffe gemeinsam in den Kulturmedien vorkommen, sind solche Aufarbeitungsschritte zu wählen, die eine maximale Anreicherung des Enzymeiweißes im Endprodukt zulassen.

Literatur

[1] *Metz, H.*: Chem.-Ing.-Techn. **43** (1971) 60

3.4.2.6. Biometrische Versuchsplanung

Gegenwärtig muß bei der Optimierung von Fermentationsverfahren trotz umfassender allgemeiner Kenntnisse über die zelluläre Regulation im speziellen Fall noch immer weitgehend empirisch gearbeitet werden. Der sich hieraus ergebende hohe Aufwand durch Versuche kann jedoch durch den gezielten Einsatz entsprechender Methoden der *biometrischen Versuchsplanung* wesentlich verringert werden.

Zur Optimierung der Leistungsfähigkeit von Mikroorganismen für Produktionszwecke sind grundsätzlich 2 Forschungswege gleichzeitig zu beschreiten, und zwar die *genotypische* und die *phänotypische Bearbeitung* des Wirkstoffbildners.

Bei der *genotypischen Bearbeitung* (vgl. 3.4.3.) kommen parasexuelle Mechanismen, wie Transformation, Transduktion oder Konjugation, sowie weiterhin physikalische und chemische Mutagene zum Einsatz; das Auftreten von Spontanmutationen ist ebenfalls hier einzuordnen. Der hierauf folgende Arbeitsschritt, die Auslese leistungsfähiger Selektanten, ist verhältnismäßig aufwendig, zumal solche Überprüfungen oft in einer bestimmten Entwicklungsphase der Selektanten durchgeführt und möglichst viele der anfallenden Kulturen untersucht werden müssen, um so die Wahrscheinlichkeit des Auffindens von neuen Stämmen mit den gewünschten biochemischen und physiologischen Eigenschaften zu erhöhen. Leistungsfähige Selektanten sind oft instabil. Mit Hilfe geeigneter Methoden ist der in Aussicht genommene Stamm so weit zu stabilisieren, daß innerhalb einer Versuchsreihe unter Kontrollbedingungen nur geringe Leistungsschwankungen auftreten. Bei solchen züchterischen Arbeiten ist eine biometrische Planung der durchzuführenden Versuche nur begrenzt möglich. Eine spürbare Steigerung der Effektivität der Versuchsarbeit kann allerdings durch eine weitgehende Automatisierung der notwendigen mikrobiologischen Arbeitsgänge sowie der Auswertetechnik erreicht werden.

Die *phänotypische Bearbeitung*, die in enger Wechselwirkung mit der genotypischen erfolgen sollte, hat die Optimierung der *Fermentationsbedingungen* zum Ziel. Hierzu zählen einerseits die Betriebsbedingungen, wie die Beschaffenheit der Fermentoren, das Belüften, Rühren, Temperieren und Entschäumen, die pH-Regulation des Kulturmediums usw.; der andere wesentliche Faktor ist die Zusammensetzung des Nährmediums [1]. Erfahrungsgemäß wird die Biosyntheseleistung in hohem Maße durch die qualitative und quantitative Zusammensetzung des Nährmediums beeinflußt. Die Anzahl der hierbei zu variierenden Faktoren ist beträchtlich, so daß es bei einer Optimierung kaum möglich ist, jeden einzelnen Faktor auch mit nur wenigen anderen im Versuch zu kombinieren. Erschwerend kommt hinzu, daß eine Reihe dieser Faktoren nicht quantifiziert werden kann. Den Versuchen müssen also bestimmte Abgrenzungen auferlegt werden.

Zunächst müssen *im Labormaßstab* die Zusammensetzung der Nährmedien für die Anzucht des Impfmaterials sowie für die eigentliche Fermentation, z. B. in Schüttelkulturen, bei minimalen Kosten für die Einsatzstoffe und einer wirtschaftlich vertretbaren Fermentationszeit optimiert werden. Erst wenn auf diese Weise eine bereits befriedigende Ausbeute erreicht worden ist, folgt die weitere Optimierung der Betriebsbedingungen, wie der Bebrütungstemperatur, der Belüftung, des Rührens u. a., und zwar zweckmäßigerweise schon auf der Basis von Fermentoren im kleintechnischen Maßstab.

Die ersten Informationen über die als Nährmedienbestandteile in Betracht zu ziehenden Substanzen und deren Konzentration sind durch *Recherchieren* der Literatur zu sammeln. In einer weiteren Untersuchungsstufe sind unter den in Frage kommenden Einsatzstoffen die günstigsten eines jeden *Faktors* (z. B. Kohlenstoff-Quelle, Stickstoff-Quelle, Mineralstoffe, Puffersubstanzen) auszusuchen, d. h., es ist eine *Optimierung der qualitativen Zusammensetzung* des Nährmediums durchzuführen.

Der hierfür erforderliche *Versuchsaufwand* kann durch eine sinnvolle Planung der Experimente wesentlich verringert werden. Zum besseren Verständnis wird dies an folgendem Beispiel näher erläutert. Es seien 12 verschiedene Einsatzstoffe, von denen jeweils 3 in 4 Gruppen (Faktoren) gleichwirkender Einsatzstoffe – wie Kohlenstoff-Quellen, Stickstoff-Quellen u. a. – aufgeteilt sind, auf ihre Eignung als Nährmedienbestandteile zu untersuchen (Tab. 3.4.2.6.a). Es sind also 4 *Faktoren* (hier *A*, *B*, *C* und *D*) auf jeweils 3 *Stufen* zu prüfen. Diese Stufen sind in der Regel die den

Tabelle 3.4.2.6.a. Einordnung von 12 Einsatzstoffen in Faktoren und Stufen (Beispiel)

Faktor	Stufe (p) ($\triangleq$ Einsatzstoffe)
A (C-Quelle)	1 (Glucose)
	2 (Lactose)
	3 (Saccharose)
B (anorganische N-Quelle)	1 (Ammoniumsulfat)
	2 (Ammoniumnitrat)
	3 (Kaliumnitrat)
C (organische N-Quelle)	1 (Pepton)
	2 (Maisquellwasser)
	3 (Casein)
D (Mineralstoffe)	1 (Fe^{++})
	2 (Co^{++})
	3 (Mn^{++})

einzelnen Faktoren zuzuordnenden Einsatzstoffe, beispielsweise Glucose, Lactose und Saccharose oder Ammoniumsulfat, Ammoniumnitrat und Kaliumnitrat. Werden nun die einzelnen Stufen eines jeden Faktors systematisch mit allen Stufen der übrigen Faktoren kombiniert, so sind hierzu insgesamt $3^4 = 81$ Einzelversuche erforderlich. Solche Blockanlagen mit vollständiger Wiederholung einer jeden Stufe können jedoch bei der hier behandelten Fragestellung ohne wesentlichen Verlust an Information auch durch Blockanlagen mit nur unvollständiger Wiederholung der einzelnen Stufen ersetzt werden. So sind z. B. bei Versuchsplänen in der Anordnung von *griechisch-lateinischen Quadraten* zur Prüfung von 4 Faktoren auf jeweils 3 Stufen nur 9 Versuche statt 81 notwendig.

Bei griechisch-lateinischen Quadraten mit 4 Faktoren wird eine mögliche gegenseitige Beeinflussung der Faktoren von der Versuchsanlage her ausgeschaltet. Voraussetzung für die Anwendbarkeit griechisch-lateinischer Quadrate ist die Additivität der Faktoren. Hierunter ist zu verstehen, daß sich die Gesamtwirkung, also das Ergebnis des Einzelversuchs, aus der Summe der Einzelwirkungen zusammensetzt. Es wird also unterstellt, daß die Wirkung eines Faktors durch die übrigen Faktoren nicht beeinflußt wird.

Bei der *Konstruktion eines griechisch-lateinischen Quadrats* mit 4 Faktoren auf jeweils 3 Stufen wird dem Plan einer systematischen Kombination der Stufen der Faktoren *A* und *B* ein ebensolcher, aber in der Folge speziell abweichender für die Faktoren *C* und *D* zugeordnet.

$$
\begin{array}{cc}
A & B \\
\hline
1 & 1 \\
2 & 1 \\
3 & 1 \\
\hline
1 & 2 \\
2 & 2 \\
3 & 2 \\
\hline
1 & 3 \\
2 & 3 \\
3 & 3 \\
\end{array}
\qquad
\begin{array}{cc}
C & D \\
\hline
1 & 1 \\
2 & 3 \\
3 & 2 \\
\hline
2 & 2 \\
3 & 1 \\
1 & 3 \\
\hline
3 & 3 \\
1 & 2 \\
2 & 1 \\
\end{array}
$$

Hieraus ergibt sich der Plan für ein solches griechisch-lateinisches Quadrat:

$$
\begin{array}{cccc}
A_1 & B_1 & C_1 & D_1 \\
A_2 & B_1 & C_2 & D_3 \\
A_3 & B_1 & C_3 & D_2 \\
A_1 & B_2 & C_2 & D_2 \\
A_2 & B_2 & C_3 & D_1 \\
A_3 & B_2 & C_1 & D_3 \\
A_1 & B_3 & C_3 & D_3 \\
A_2 & B_3 & C_1 & D_2 \\
A_3 & B_3 & C_2 & D_1 \\
\end{array}
$$

Tabelle 3.4.2.6.b. Rechenbeispiel für eine Versuchsdurchführung nach dem Plan eines griechisch-lateinischen Quadrats (4 Faktoren auf je 3 Stufen)

Faktor	Stufe (p)	Code	M_1	M_2	M_3	M_4	M_5	M_6	M_7	M_8	M_9	Σy_F
Stärke	(1) Maismehl	A_1	2%	—	—	2%	—	—	2%	—	—	590
(A)	(2) Dextrin	A_2	—	2%	—	—	2%	—	—	2%	—	360
	(3) Kartoffel-stärke	A_3	—	—	2%	—	—	2%	—	—	2%	670
Zucker	(1) Glucose	B_1	1%	1%	1%	—	—	—	—	—	—	560
(B)	(2) Saccharose	B_2	—	—	—	1%	1%	1%	—	—	—	500
	(3) Maltose	B_3	—	—	—	—	—	—	1%	1%	1%	560
Anorganische	(1) KNO_3	C_1	1%	—	—	—	—	1%	—	1%	—	510
N-Quelle	(2) NH_4NO_3	C_2	—	1%	—	1%	—	—	—	—	1%	520
(C)	(3) $(NH_4)_2SO_4$	C_3	—	—	1%	—	1%	—	1%	—	—	590
Organische	(1) Sojamehl	D_1	2%	—	—	—	2%	—	—	—	2%	560
N-Quelle	(2) Maisquell-wasser	D_2	—	—	1%	1%	—	—	—	1%	—	550
(D)	(3) Pepton	D_3	—	1%	—	—	—	1%	1%	—	—	510
Ausbeute	y_M		200	110	250	180	130	190	210	120	230	

Konstanter Anteil: 0,5% NaCl; 0,2% $CaCO_3$

Es bedeutet:

M Nährmedium (Prüfglied)

F geprüfter Faktor der betreffenden Stufe

y Ausbeute ($\triangleq$ Enzymaktivität)

In jeder Zeile ($\triangleq$ Einzelversuch) des Planes ist also jeder der 4 Faktoren in einer Stufe vertreten. Weiterhin wird in den insgesamt 9 Einzelversuchen jede Stufe eines jeden Faktors mit sämtlichen Stufen der übrigen Faktoren kombiniert, was allerdings nicht in systematischer, sondern nur in unvollständiger Wiederholung erfolgt.

Für die praktische Versuchsdurchführung setzen sich z. B. die für einen solchen dreistufigen Versuch ($p = 3$) erforderlichen 9 Nährmedien so zusammen, wie es in Tab. 3.4.2.6.b angegeben ist.

Da im vorliegenden Beispiel allerdings – bedingt durch den Versuchsplan – nur 4 Faktoren auf 3 Stufen, d. h. insgesamt 12 Einsatzstoffe, gleichzeitig geprüft werden können, müssen ggf. erforderliche weitere Nährmedienbestandteile in jeweils konstanten Mengen mit zugesetzt werden; sie können aber bei der späteren Versuchsauswertung nicht berücksichtigt werden.

Zur *Bonitierung der einzelnen Stufen* innerhalb jeder Gruppe werden die Ausbeutewerte der Medien y_{M_i}, in denen die betreffende Stufe vertreten ist, addiert (vgl. Tab. 3.4.2.6.b). So wird beispielsweise für die Stufe A_1 die Zeilensumme aus den Ausbeutewerten $y_{M_1} + y_{M_4} + y_{M_7} = y_{F(A_1)}$ ermittelt ($200 + 180 + 210 = 590$). Ergeben sich für 2 demselben Faktor zugeordnete Stufen gleiche Zeilensummen (vgl. in Tab. 3.4.2.6.b die Stufen B_1 und B_3), so wählt man zweckmäßigerweise diejenige Stufe aus, die sich kostengünstiger stellt bzw. besser verfügbar ist. Das auf diese Weise gefundene günstigere Nährmedium setzt sich aus den Stufen mit den maximalen Zeilensummen einer jeden Gruppe sowie den als konstante Zusätze mitgeführten weiteren Bestandteilen zusammen. Bei dem in Tab. 3.4.2.6.b dargelegten Rechenbeispiel wurde als günstigste Kombination gefunden: $A_3 B_1 C_3 D_1$ + konstanter Anteil, d. h. 2 % Kartoffelstärke, 1 % Glucose, 1 % $(NH_4)_2SO_4$, 2 % Sojamehl + 0,5 % NaCl, 0,2 % $CaCO_3$.

Um mit dieser Methode effektiv arbeiten zu können, wird vorausgesetzt, daß der Experimentator hinreichende Erfahrungen beim richtigen Abschätzen der in Frage kommenden physiologischen Konzentration der zu prüfenden Einsatzstoffe gesammelt hat. So kann bei der Wahl einer physiologisch zu hohen oder zu niedrigen Konzentration keine genügende Bewertung der Einsatzstoffe in bezug auf ihre qualitative Eignung erfolgen. Es ist also unumgänglich, bei den Untersuchungen – unter Beibehaltung der zur Prüfung ausgewählten Einsatzstoffe – die Konzentrationen so lange innerhalb des vermeintlichen physiologischen Bereiches zu variieren, bis eine sichere Bonitierung der Einsatzstoffe möglich ist [2].

Die so gefundene *qualitativ* günstigste Zusammensetzung des Nährmediums ist der Ausgangspunkt für die nachfolgende *quantitative Optimierung*. Bei dieser soll die günstigste Konzentration der in Betracht kommenden Einsatzstoffe ermittelt werden. Bei Anwendung des von *Box* und *Wilson* [3] beschriebenen deterministischen Suchverfahrens zur quantitativen Optimierung läßt sich bei relativ geringem Aufwand und mit hinreichender Genauigkeit die *optimale Faktorenkombination* ermitteln. Es seien die Faktoren x_1, x_2, ..., x_n zu untersuchen. Die Wirkungsgröße y (hier die Enzymaktivität) ist von x_1, x_2, ..., x_n abhängig. Die günstigste Wirkung liegt dann vor, wenn y den höchsten Wert erreicht. Das Verfahren, das aus 2 Schritten besteht, soll im folgenden näher erläutert werden. (Die mathematischen Grundlagen dieser Optimierung finden sich bei *Messikomer* [4] sowie *Grimm* u. a. [5].)

Aus Gründen der besseren Übersichtlichkeit soll hier ein Beispiel mit nur 2 Faktoren ($\triangleq$ Einsatzstoffe) gewählt werden. Der Einfluß dieser beiden Faktoren wird bei jeweils 2 unterschiedlichen Konzentrationen geprüft. Es sind also bei einer systematischen Kombination $2^2 = 4$ Einzelversuche erforderlich.

Um einen Ausgangspunkt P_0 ($\triangleq$ Mittelpunkt des Versuchs) werden – systematisch angeordnet – die 4 Versuchspunkte P_1, P_2, P_3 und P_4 gelegt (Bild 3.4.2.6.a). Diese Versuchspunkte liegen also im 1. Quadranten des Koordinatensystems. Die Besonderheit des *Box-Wilson*-Verfahrens besteht nun darin, das Koordinatensystem so zu transformieren, daß dessen Ursprung mit dem Ausgangspunkt P_0 zur Deckung

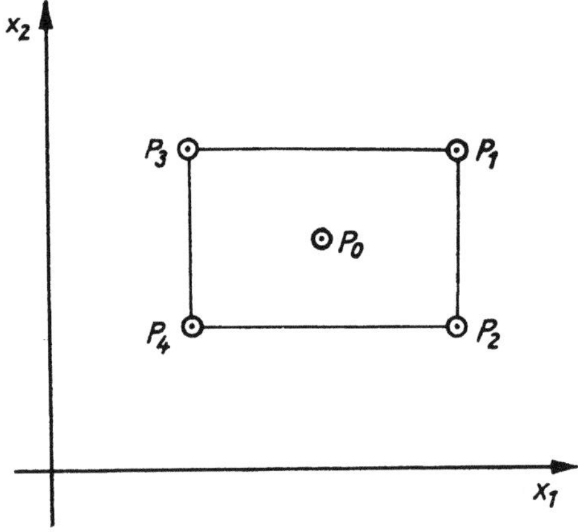

Bild 3.4.2.6.a. Prinzip des Box-Wilson-Verfahrens
Anordnung der Versuchspunkte im Koordinatensystem vor der Transformation

kommt, indem man für die Schrittweiten der einzelnen Faktoren vom Mittelpunkt aus die Werte $+1$ bzw. -1 setzt (Bild 3.4.2.6.b). Es erfolgen also eine Nullpunktverschiebung und Maßstabänderungen. Die transformierten Versuchspunkte werden bezeichnet mit P_0', P_1', P_2', P_3' und P_4'. Durch diese Transformation wird die Rechenarbeit erheblich vereinfacht.

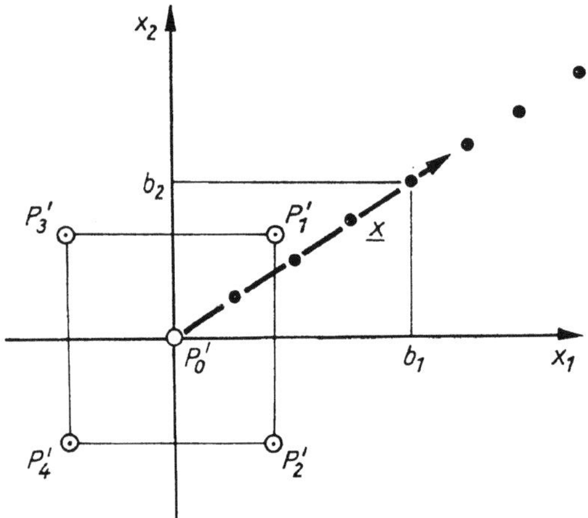

Bild 3.4.2.6.b. Prinzip des Box-Wilson-Verfahrens
Anordnung der Versuchspunkte nach erfolgter Nullpunktverschiebung und Maßstabänderung der Schrittweiten

Die durchzuführenden Versuche *(Versuchsfolge I)* liefern die jeweiligen Ausbeutewerte y_1, y_2, y_3 und y_4, an die man eine Wirkungsfläche E_1, E_2, E_3, E_4 in Form einer Ebene über der Ebene x_1 und x_2 anpaßt (Bild 3.4.2.6.c).
Die Lage einer Ebene wird normalerweise durch 3 Punkte bestimmt. Im vorliegenden Fall geschieht dies jedoch durch 4 Punkte, d. h., die Ebene ist überbestimmt. Die Punkte E_1, E_2, E_3 und E_4 können daher die Lage der Ebene nicht präzise angeben. Diese Einschränkung beeinträchtigt jedoch die angestrebte Aussage nicht wesentlich.

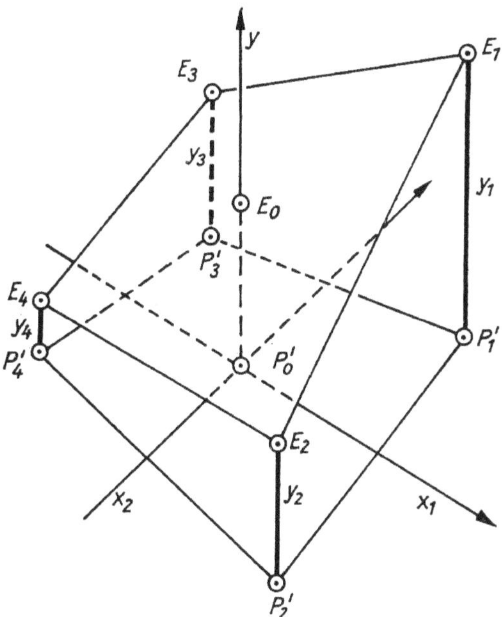

Bild 3.4.2.6.c. Prinzip des Box-Wilson-Verfahrens (Anpassung der Wirkungsfläche über der Ebene x_1 und x_2)

Bei Anwendung dieses Optimierungsverfahrens in der experimentellen Praxis werden für jeden Faktor – ausgehend von der als Versuchsmittelpunkt P'_0 vorgegebenen Konzentration in für die einzelnen Faktoren zwar spezifisch unterschiedlichen, für den jeweiligen Faktor aber stets gleich großen Schrittweiten – je eine höhere Konzentration gekennzeichnet durch $+1$ und eine entsprechend niedrige Konzentration gekennzeichnet durch -1 festgelegt. Die einzelnen Schrittweiten werden durch den Experimentator bemessen, und zwar entsprechend der zu erwartenden Wirkung des betreffenden Faktors. Bezogen auf fermentationsbiologische Probleme bedeutet dies, daß beispielsweise für den Faktor polymere Kohlenstoffquellen (z. B. Stärke) in der Regel Schrittweiten von 0,5 ... 1,0 % und für anorganische Stickstoffquellen oder Aminosäuren solche von 0,1 ... 0,5 % zu wählen sind.

Bei dem hier besprochenen *linearen Modell* gilt die folgende Gleichung:

$$y = b_0 + b_1 x_1 + b_2 x_2 + \ldots + b_n x_n = b_0 + \sum_{i=1}^{n} b_i x_i \qquad (1)$$

Es bedeutet:

y Ausbeute (Enzymaktivität)
b_0 Mittelwert der gesamten Versuchsfolge
b_i Regressionskoeffizient (Maß für den Anstieg)
x_i Faktoren

Beim Vorliegen von n Faktoren, die zu optimieren sind, fordert die Planmatrix 2^n Einzelversuche. Die Anzahl der notwendigen Einzelversuche ist also bei einem solchen linearen Ansatz exponentiell abhängig von der Anzahl der zu prüfenden Faktoren.
Für die *Planung von Versuchen zur quantitativen Optimierung* von 2, 3 und 4 Faktoren liegen demnach folgende Planmatrizen zugrunde:

2 Faktoren: $M = 2^2 = 4$ Versuche
3 Faktoren: $M = 2^3 = 8$ Versuche
4 Faktoren: $M = 2^4 = 16$ Versuche (vgl. Tab. 3.4.2.6.d)

Versuch	Faktoren		Ausbeute
	x_1	x_2	
1	$+1$	$+1$	y_1
2	$+1$	-1	y_2
3	-1	$+1$	y_3
4	-1	-1	y_4

Versuch	Faktoren			Ausbeute
	x_1	x_2	x_3	
1	$+1$	$+1$	$+1$	y_1
2	$+1$	$+1$	-1	y_2
3	$+1$	-1	$+1$	y_3
4	$+1$	-1	-1	y_4
5	-1	$+1$	$+1$	y_5
6	-1	$+1$	-1	y_6
7	-1	-1	$+1$	y_7
8	-1	-1	-1	y_8

Zur Ermittlung der Regressionskoeffizienten b_i ($\hat{=} b_1, \ldots, b_n$) der geprüften Faktoren x_i ($\hat{=} x_1, \ldots, x_n$) werden die Ausbeutewerte y_i ($\hat{=} y_1, \ldots, y_n$) entsprechend dem jeweiligen in der Planmatrix enthaltenen Vorzeichen des betreffenden Faktors addiert. Die so erhaltene Summe ist der Regressionskoeffizient des betreffenden Faktors. Der Mittelwert b_0, das durchschnittliche Niveau der gesamten Versuchsfolge, ergibt sich aus der Summe aller Ertragswerte y_i nach Division durch die Anzahl der Einzelversuche (vgl. Tab. 3.4.2.6.d).

Die Arbeitsweise soll anhand eines praktischen Rechenbeispiels mit 4 Faktoren erläutert werden. Es sei die bereits erwähnte, durch qualitative Optimierung mit Hilfe griechisch-lateinischer Quadrate gefundene günstige Zusammensetzung des Nährmediums quantitativ zu optimieren. Hierbei sind die Faktoren x_1 Kartoffelstärke, x_2 Glucose, x_3 Ammoniumsulfat und x_4 Sojamehl. Zur Komplettierung der Nährmedien werden als konstanter Teil noch 0,5% Natriumchlorid und 0,2% Calciumcarbonat in allen Versuchen mitgeführt. Dieser konstante Teil ist zwar physiologisch notwendig; für die hier zu besprechenden Rechenvorgänge hat er jedoch keine Bedeutung.

Aus Tab. 3.4.2.6.c sind die Angaben über die Ausgangspunkte und die für die einzelnen Faktoren willkürlich gewählten Schrittweiten zu entnehmen.

Tabelle 3.4.2.6.c. Variation der Konzentration der Faktoren

Bezeichnung	Kartoffelstärke	Glucose	Ammoniumsulfat	Sojamehl
	x_1	x_2	x_3	x_4
Ausgangspunkt P'_0	2,0%	1,0%	1,0%	2,0%
Schrittweite w_i	1,0%	0,5%	0,5%	1,0%
Obergrenze ($+1$)	3,0%	1,5%	1,5%	3,0%
Untergrenze (-1)	1,0%	0,5%	0,5%	1,0%

Da hier 4 Faktoren zu optimieren sind, ist die Planmatrix $M = 2^4$ zu benutzen (Tab. 3.4.2.6.d). Es werden insgesamt 16 Einzelversuche angestellt, wobei die 4 Einsatzstoffe $x_1 \ldots x_4$ in der gemäß Tab. 3.4.2.6.d angegebenen Konzentration und Kombination eingesetzt werden *(Versuchsfolge I)*.

Aus den so erhaltenen Ausbeutewerten y_i der 16 Einzelversuche ergibt sich folgendes Polynom:

$$y = 216{,}3 + 260x_1 + 220x_2 - 200x_3 + 20x_4.$$

Damit ist die Richtung des steilsten Anstiegs (Vektor) bestimmt.

148

Tabelle 3.4.2.6.d. Quantitative Optimierung von 4 Faktoren (Versuchsfolge I)

Versuch	x_1		x_2		x_3		x_4		y_l
	Schritt	%	Schritt	%	Schritt	%	Schritt	%	Aktivität
1	+1	3,0	+1	1,5	+1	1,5	+1	3,0	190
2	+1	3,0	+1	1,5	+1	1,5	−1	1,0	270
3	+1	3,0	+1	1,5	−1	0,5	+1	3,0	260
4	+1	3,0	+1	1,5	−1	0,5	−1	1,0	210
5	+1	3,0	−1	0,5	+1	1,5	+1	3,0	150
6	+1	3,0	−1	0,5	+1	1,5	−1	1,0	210
7	+1	3,0	−1	0,5	−1	0,5	+1	3,0	280
8	+1	3,0	−1	0,5	−1	0,5	−1	1,0	290
9	−1	1,0	+1	1,5	+1	1,5	+1	3,0	220
10	−1	1,0	+1	1,5	+1	1,5	−1	1,0	240
11	−1	1,0	+1	1,5	−1	0,5	+1	3,0	280
12	−1	1,0	+1	1,5	−1	0,5	−1	1,0	170
13	−1	1,0	−1	0,5	+1	1,5	+1	3,0	160
14	−1	1,0	−1	0,5	+1	1,5	−1	1,0	190
15	−1	1,0	−1	0,5	−1	0,5	+1	3,0	200
16	−1	1,0	−1	0,5	−1	0,5	−1	1,0	140
b_l	+260		+220		−200		+20		

Summe der Ausbeutewerte $y_l = 3\,460$; Mittelwert $\bar{y}_l = 216,3$ ($\triangleq b_0$)

Aus den Zahlenwerten und den Vorzeichen der Regressionskoeffizienten kann abgeschätzt werden, welchen Einfluß die geprüften Einsatzstoffe x_l ($\triangleq x_1, \ldots, x_4$) auf die Aktivitätsbildung haben, d. h., in welchem Maße es im Sinne einer weiteren Optimierung notwendig ist, im Folgeversuch die einzelnen Faktoren x_l in ihrer Konzentration zu verändern.

Im vorliegenden Beispiel geht aus den Regressionskoeffizienten $b_1, \ldots, b_4$ hervor, daß in der Versuchsfolge II dieses Zyklus die Faktoren x_1 und x_2 verhältnismäßig stark zu erhöhen sind, um zu höheren Ausbeuten zu gelangen. Weiterhin ist der Anteil des Faktors x_3 wegen des verhältnismäßig großen Zahlenwertes und des negativen Vorzeichens seines Regressionskoeffizienten b_3 wesentlich zu verringern. Der Faktor x_4 ist bei der weiteren Optimierung vorerst nur geringfügig in Richtung einer Konzentrationserhöhung zu variieren.

Damit ist die I. Versuchsfolge der Optimierung nach dem *Box-Wilson*-Verfahren abgeschlossen; das gewonnene Ergebnis liefert bereits einen orientierenden Hinweis für die Bewertung der geprüften Einsatzstoffe hinsichtlich ihrer Wirkung auf die Ausbeute.

Zu der nun folgenden Planung der Versuche in Richtung des steilsten Anstiegs *(Versuchsfolge II)* muß vorerst eine Rücktransformation in den ursprünglichen Versuchsbereich vorgenommen werden, weil jetzt die Prüfung in konkreten Einzelversuchen erfolgt, während in der Versuchsfolge I die Einzelversuche lediglich zum Auffinden der Richtung des steilsten Anstiegs (Vektor) dienten. Dies erfolgt durch Multiplikation der Regressionskoeffizienten b_l (hier $b_1, \ldots, b_4$) mit dem für den betreffenden Faktor in der Versuchsfolge I gewählten Schrittweiten w_l (hier $w_1, \ldots, w_4$, Tab. 3.4.2.6.e).

Nun wird für einen der Faktoren x_l die Schrittweite nach freiem Ermessen des Experimentators festgelegt. Es ist zweckmäßig, hierfür denjenigen Faktor auszuwählen,

Tabelle 3.4.2.6.e. Werte der Rücktransformation

Bezeichnung		x_1	x_2	x_3	x_4
Schrittweite (Versuchsfolge I)	w_i	1,0	0,5	0,5	1,0
Anstieg ($\triangleq$ Regressionskoeffizient)	b_i	+260	+220	−200	+20
Rücktransformation	$b_i \cdot w_i$	+260	+110	−100	+20

dessen Regressionskoeffizient den höchsten Wert hat. Das Vorzeichen ist hierbei ohne Belang. Es kann jedoch auch jeder andere Faktor hierfür verwendet werden.

Bei der Bestimmung der neuen Schrittweiten a_i für die übrigen Faktoren x_i muß beachtet werden, daß jeder dieser Faktoren eine unterschiedliche spezifische Wirkung auf die Ausbeute auszuüben vermag. (In der Versuchsfolge I wurde dem Rechnung getragen, indem vom Experimentator für die einzelnen Faktoren x_i entsprechend ihrer spezifischen Wirkung auf die Ausbeute unterschiedliche Schrittweiten w_i festgelegt wurden.) Unter Bezugnahme auf die festzulegende Schrittweite a_0 (hier für a_1) müssen die Schrittweiten a_i der übrigen Faktoren x_i so bemessen werden, daß in der Versuchsfolge II jeder Faktor in gleicher Weise auf die Ausbeute einwirken kann, d. h., daß jeder Faktor die gleiche Chance zur Wirkung bekommt.

Die Bestimmung dieser übrigen Schrittweiten a_i erfolgt mittels der Gleichung:

$$a_i = \frac{b_i \cdot w_i \cdot a_0}{b_0 \cdot w_0} \tag{2}$$

Da zwischen der festzulegenden Schrittweite a_0 und den Schrittweiten a_i der übrigen Faktoren x_i gemäß (2) ein funktioneller Zusammenhang besteht, muß beim Festlegen der erstgenannten Schrittweite vom Experimentator beachtet werden, daß diese nicht zu groß gewählt wird; denn zu einer hinreichend gesicherten Bewertung des in der Versuchsfolge II anfallenden Ergebnisses sollten erfahrungsgemäß mindestens 5 Einzelversuche dieser Folge hinsichtlich der Konzentration der Einsatzstoffe noch im physiologischen Bereich liegen.

In dem hier durchgeführten Versuch wird die Schrittweite a_0 für den Faktor x_1, und zwar mit 0,2 % festgesetzt. Hieraus ergeben sich für die übrigen Faktoren unter Verwendung der in Tab. 3.4.2.6.e enthaltenen Werte für die Rücktransformation ($b_i \cdot w_i$) gemäß (2) folgende Schrittweiten:

$$a_2 = + \frac{110 \cdot 0,2}{260} \% = +0,085 \% \approx +0,09 \%$$

$$a_3 = - \frac{100 \cdot 0,2}{260} \% = -0,083 \% \approx -0,08 \%$$

$$a_4 = + \frac{20 \cdot 0,2}{260} \% = +0,015 \% \approx +0,02 \%$$

Bei der Bemessung der Werte für den variablen Teil der Nährmedien M_i der einzelnen Versuche wird von einem Medium M_0 [entspricht dem Versuchspunkt P_0' (Ausgangsmedium) der Versuchsfolge I] ausgehend die Konzentration der einzelnen Faktoren x_i entsprechend ihren Schrittweiten a_i stetig erhöht bzw. herabgesetzt. Zusätzlich wird

150

noch ein Schritt in die entgegengesetzte Richtung gegangen (M_1^-), um im gegebenen Fall einen in der Nähe von M_0 beobachteten maximalen Ausbeutewert besser sichern zu können.

Tab. 3.4.2.6.f gibt die konkreten Konzentrationen des variablen Teiles der Nährmedien M_i an.

Tabelle 3.4.2.6.f. Zusammensetzung des variablen Teiles der Nährmedien M_i (Angaben in %)

Medien	M_1^-	M_0	M_1^+	M_2^+	M_3^+	M_4^+	M_5^+	M_6^+
Faktoren								
x_1	1,80	2,00	2,20	2,40	2,60	2,80	3,00	3,20
x_2	0,91	1,00	1,09	1,18	1,27	1,36	1,45	1,54
x_3	1,08	1,00	0,92	0,84	0,76	0,68	0,60	0,52
x_4	1,98	2,00	2,02	2,04	2,06	2,08	2,10	2,12
Ausbeute y_i	210	240	260	300	350	370	360	320

In Versuchsfolge II hat also das Medium M_4^+ eine maximale Ausbeute gebracht. Die hier verwendete Zusammensetzung des Nährmediums ist Ausgangspunkt für die neue Versuchsfolge I des folgenden Zyklus mit dem Ziel einer weiteren Optimierung (Bild 3.4.2.6.d).

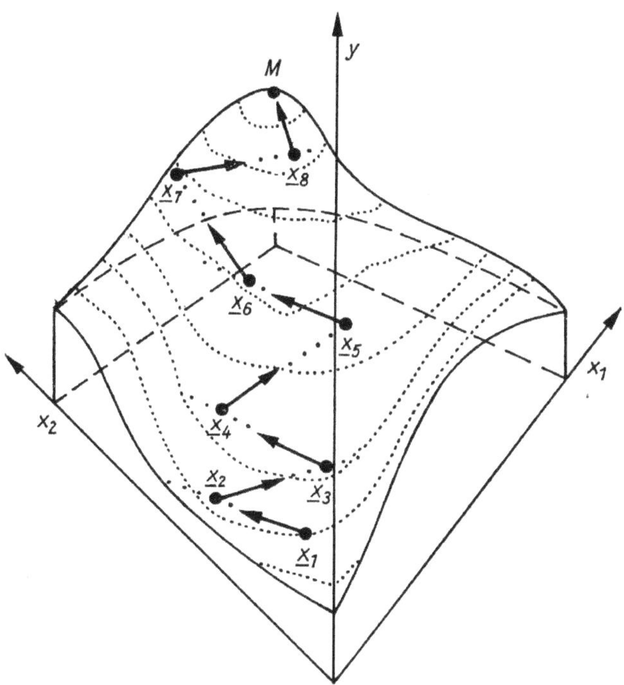

Bild 3.4.2.6.d. Prinzip des Box-Wilson-Verfahrens
Strategie der Folge von Versuchszyklen zum Auffinden des Maximums der Ausbeutefunktion

Das Medium M_4^+ (vgl. Tab. 3.4.2.6.f) wird als Ausgangspunkt für die Versuchsfolge I des nächsten Zyklus gewählt. Es erfolgen demzufolge unter Beibehaltung der bisherigen Schrittfolgen (s. Versuchsfolge I des 1. Zyklus und Tab. 3.4.2.6.c) folgende Konzentrationen der einzelnen Faktoren (Tab. 3.4.2.6.g):

Tabelle 3.4.2.6.g. Variation der Konzentration der Faktoren im 2. Zyklus

Bezeichnung	Kartoffelstärke	Glucose	Ammonium-sulfat	Sojamehl
	x_1	x_2	x_3	x_4
Ausgangspunkt P_0'	2,8%	1,4%	0,7%	2,1%
Schrittweite w_i	1,0%	0,5%	0,5%	1,0%
Obergrenze (+1)	3,8%	1,9%	1,2%	3,1%
Untergrenze (−1)	1,8%	0,9%	0,2%	1,1%

Literatur

[1] *Metz, H.:* Chemie-Ing.-Techn. **43** (1971) 60
[2] *Auden, J., J. Gruner, J. Nuesch* und *F. Knüsel:* Pathol. et Microbiol. (Basel) **30** (1967) 858
[3] *Box, G. E. P.,* und *K. B. Wilson:* J. Roy. Stat. Soc. B **13** (1951) 1
[4] *Messikomer, B. H.:* Unternehmensforsch. **4** (1960) 112
[5] *Grimm, H., G. Wesser* und *H. Bocker:* Biom. Z. **15** (1973) 85

3.4.3. Leistungssteigerung von Stämmen durch Eingriffe in die genetische Substanz [1 bis 6]

Für eine Überproduktion von Enzymen durch die Zelle sind offenbar Regulationsdefekte verantwortlich zu machen [7]. Eine solche Überproduktion, wie sie bei der Entwicklung von Verfahren angestrebt wird, kann jedoch auch durch einen Defekt im *Gen* bzw. im Genbestand hervorgerufen werden. Die auf Grund dieses Effekts in Erscheinung tretenden *Mutanten* können spontan, d. h. durch natürliche Umwelteinflüsse ausgelöst, entstehen *(Spontanmutanten)*. Durch Einsatz spezieller *Mutagene* läßt sich diese natürliche Mutationsrate erheblich steigern. Der Angriff kann am *Regulatorgen*, am *Operator*, am *Promotor* wie auch an den *Strukturgenen* erfolgen. Das Gen wird als „kleinste Funktionseinheit der genetischen Substanz" definiert, „die eine Teilinformation für die Ausbildung eines Merkmals enthält" [8]. Strukturgene kontrollieren die Synthese von Peptidketten, Regulatorgene sind verantwortlich für die Synthese von Repressormolekülen. Am Promotor vollzieht sich die Anheftung der *RNS-Polymerase*, am Operator die Bindung des *Repressors*. Soll demnach die Biosynthese eines bestimmten Enzymproteins beschleunigt werden, dann muß die Geschwindigkeit der Informationsübertragung von der DNS des für die Enzymsynthese verantwortlichen Gens auf die m-RNS erhöht werden, oder es muß das Gen eines *Isoenzyms*, das bisher reprimiert war, durch Strukturänderung aktiviert werden. Der genetische Eingriff kann auch zu einer Akkumulation von Strukturgenen führen, wodurch gleichfalls eine Steigerung der Biosyntheserate des entsprechenden Enzyms bewirkt wird. Prinzipiell werden plötzlich auftretende Veränderungen der genetischen Information, die eine abgewandelte Proteinsynthese zur Folge haben, als *Mutation* bezeichnet *(Erbänderung eines Gens)*. Mutationen bewirken eine Veränderung des *Genotyps* und werden erst nach mehreren Teilungen der betroffenen Zellen manifest. Bei der *Chromosomenmutation* wird eine − oft mikroskopisch sichtbare – Veränderung der Struktur eines oder mehrerer Chromosomen herbeigeführt *(Verlust* eines Chromosomenstücks, *Verdopplung* eines Chromosomenabschnitts, *Drehung* eines Chromosomensegments oder *Verlagerung* eines Chromosomenabschnitts an ein anderes, nicht homologes Chromosom). Bei der *Genmutation (Kleinmutation)* erfolgt die Strukturänderung nur innerhalb eines Gens; sie ist nicht sichtbar. Zweifellos läßt sich eine Chromosomenmutation nicht klar von einer Kleinmutation abgrenzen, und es dürften Übergänge bestehen. Wird innerhalb eines Gens nur *eine* Base ausgetauscht, eingeschoben, ausgelassen oder strukturell verändert, so spricht man von einer *Punktmutation* (die ebenfalls den Genmutationen zugeordnet wird). Schließlich seien noch die *Genommutationen* erwähnt, die auf Änderungen der Chromosomenzahl eines Zellkerns beruhen (die Genanordnung der Einzelchromosomen bleibt erhalten). Werden die Anzahl der Chromosomen oder Teile eines Chromosoms verdoppelt bzw. vervielfacht, dann ist die Zelle bzw. das Individuum hinsichtlich des betreffenden Chromosoms, Chromosomenabschnitts oder aber des Gens *diploid* bzw. *polyploid.*

Die Mutation eines Gens kann unterschiedliche Folgen haben, und zwar kann sie bewirken:

a) eine *Hemmung* bzw. einen *Ausfall* der Genwirkung (bei essentiellen Enzymen stellt dann die Zelle ihre Funktion ein, sie stirbt ab) oder

b) eine *Steigerung* der Genwirkung bzw. der Biosynthesegeschwindigkeit des betreffenden Enzyms oder

c) eine *veränderte Struktur* des synthetisierten Enzyms (Veränderung der Eigenschaften).

Durch mutative Veränderungen am Regulatorgen oder am Operator kann ein *induzierbares Enzym* auch in ein *konstitutives* umgewandelt werden [9].

Vom Standpunkt der Praxis der Herstellung von Enzympräparaten ist die Synthese *konstitutiver Enzyme* besonders erwünscht, da bei der Gewinnung induzierbarer Enzyme immer wieder Ausfälle durch unkontrollierbare Umwelteinflüsse auftreten. Das oft sehr niedrige Niveau der Bildungsrate konstitutiver Enzyme läßt sich durch Mutationen z. B. am Promotor anheben; so ist von *Pardee* [10] eine Zunahme der Synthese nucleotidbildender Enzyme durch *Escherichia coli* als Folge einer Promotormutation erzielt worden. Eine Beeinflussung der Syntheserate konstitutiver Enzyme ist nach *Miller-Hill* u. a. [11] wie auch bei induzierbaren Enzymen durch Erhöhung der Zahl der Strukturgene *(Genaddition)* möglich.

Eine Mutation wird durch *physikalische* oder *chemische Agenzien* ausgelöst. In jedem Fall ist die Mutation ungerichtet, d. h., es können mit gleicher Wahrscheinlichkeit sowohl erwünschte wie auch unerwünschte Effekte innerhalb einer behandelten Zellpopulation eintreten. Mit Hilfe spezifischer Methoden sind dann diejenigen Stämme auszulesen, die eine erhöhte Aktivität aufweisen.

Literatur

[1] *Günther, E.:* Grundriß der Genetik. Jena: VEB Gustav Fischer Verlag 1971

[2] *Bresch, C.,* und *R. Hausmann:* Klassische und molekulare Genetik, 2. Aufl. Berlin–Heidelberg–New York: Springer-Verlag 1970

[3] *Hartmann, P. E.,* und *S. R. Suskind:* Die Wirkungsweise der Gene. Jena: VEB Gustav Fischer Verlag 1972

[4] *Watson, J. D.:* Molecular Biology of the Gene. New York: W. A. Benjamin, Inc. 1970

[5] *Stahl, F. W.:* Mechanismen der Vererbung. Jena: VEB Gustav Fischer Verlag 1969

[6] *Alichanjan, S. I.:* Grundlagen der Genetik und Züchtung industriell genutzter Mikroorganismen. Jena: VEB Gustav Fischer Verlag 1972

[7] *Fritsche, W.*, und *H. G. Schlegel:* Pharmazie **24** (1969) 658
[8] *Geißler, E.:* Meyers Taschenlexikon, Molekularbiologie. Leipzig: VEB Bibliographisches Institut 1972, S. 124
[9] *Knippers, R.:* Molekulare Genetik. Stuttgart: Georg Thieme Verlag 1971
[10] *Pardee, A. B.:* Vortrag gelegentlich des I. Internationalen Symposiums „Genetics of Industrial Microorganisms", Prag 1970
[11] *Miller-Hill, B., L. Crapo* und *W. Gilbert:* Proc. nat. Acad. Sci. USA **59** (1968) 1259

3.4.3.1. Mutagenwirkungen

Die *natürliche Mutationsrate* (durch *Spontanmutation* ausgelöst) ist sehr klein. In einer gegebenen Zellpopulation kann auf jeweils 10^4 bis 10^{11} Individuen eine Mutante entfallen *(Mutantenhäufigkeit)*. Die Mutantenhäufigkeit ist somit recht unterschiedlich und hängt von der Mutationsrate (vgl. 3.4.3.2.) ab. Durch Einwirkung verschiedener physikalischer und/oder chemischer Faktoren läßt sich diese Frequenz jedoch wesentlich erhöhen. Es wird hierbei beobachtet, daß

jedes Gen durch verschiedene Mutagene unterschiedlich beeinflußt wird *(Genspezifität)*,
verschiedene Mutagene unterschiedlich auf das gleiche Gen reagieren *(Mutagenspezifität)*,
die spontane Mutationsrate mancher Gene durch Mutagene nicht erhöht werden kann *(Mutagenstabilität)*.

Mutagene führen Veränderungen nicht allein in der DNS, sondern sehr oft auch in der RNS herbei. Durch entsprechende Wahl der Dosis sowie eine bestimmte experimentelle Anordnung gelingt es jedoch zumeist, die Wirkung des Mutagens auf die DNS zu beschränken. Zur Gewinnung von industriell nutzbaren Mutanten wird in der Praxis vielfach *UV-Strahlung* verwendet, wobei die Effektivität der mutativen Wirkung im Wellenlängenbereich von 253 ... 260 nm am größten ist (das Maximum der UV-Absorption durch Nucleinbasen liegt bei 265 nm). Durch UV-Einwirkung (mit etwa 90 J/m^2) wird z. B. zwischen zwei in der DNS-Kette benachbart liegenden Thymin-Basen eine *Dimeren-Bildung*, wie nachstehend wiedergegeben, herbeigeführt. Hierdurch wird die Reduplikation der Kette an dieser Stelle gestört, bzw. es entsteht eine Änderung der Basensequenz.

Von dieser Art der Mutagenese sind Systeme mit häufiger Thymin-Nachbarschaft in der DNS-Kette besonders betroffen. Ein analoger Vorgang ist auch an anderen Basen beobachtet worden, doch haben die entstehenden Verbindungen teilweise eine nur sehr kurze Lebensdauer. Gute Ergebnisse werden auch mit *ionisierenden Strahlen (Röntgenstrahlen, radioaktive Isotope)* erzielt. Ihre Wirkung auf die DNS ist unspezifisch und führt zu Zerstörungen im Bereich des Phosphorsäurerestes und der

Pentosen, speziell an den Bindungen zu den Phosphorsäuren sowie zur Nuclein-
base. Auch an den Basen kann sich ein Umsatz vollziehen. Durch die energiereichen
Strahlen entstehen des weiteren *Ionen, Radikale* und *Peroxide*, die eine sekundäre
Wirkung auf die DNS, RNS sowie auf die Proteine entfalten können.
In den letzten Jahren sind für die Gewinnung von Hochleistungsstämmen in zunehmendem Maße *chemische Mutagene* herangezogen worden. Obwohl auch diese
hinsichtlich der betroffenen Zellen einer Population statistisch wirken, hat sich gezeigt,
daß eine gewisse Lenkung der Mutagenese möglich ist, da der Wirkungsmechanismus
der einzelnen Verbindungen doch recht spezifisch abläuft.
So wird *salpetrige Säure* bei einem pH-Wert zwischen 4,5 und 5,0 eingesetzt. Sie überführt die NH_2-Gruppen der Purin- bzw. Pyrimidinbasen durch oxydative Desaminierung in OH-Gruppen. Dabei entstehen aus

    Cytosin → Uracil
    Adenin → Hypoxanthin
    Guanin → Xanthin

Wenn z. B. ein Adenin des DNS-Stranges durch Nitrit-Einwirkung in Hypoxanthin
übergeführt wird, so paart diese – da es eine NH_2-Gruppe zur Wasserstoffbrücken-
bildung nicht beisteuern kann – bei der Replikation nicht mehr wie vorher mit Thymin,
sondern mit Cytosin. Bei dieser *Transition* geht das Basenpaar Adenin/Thymin im
ursprünglichen Doppelstrang in Hypoxanthin/Thymin über, aus dem nach der ersten
Teilung und Replikation das Basenpaar Hypoxanthin/Cytosin und aus diesem
wiederum das natürliche Paar Cytosin/Guanin resultiert. Schematisch:

$$A{-}T \xrightarrow{NO_2} HX{-}T \to HX{-}C \to G{-}C$$

Dieser Wechsel führt zu Veränderungen in der *Aminosäuresequenz* und damit in
der *Codierung* des von diesem Genort gesteuerten Polypeptids.
Andere Verbindungen, wie *Äthylenimin, Hydroxylamin, Stickstoffloste* und *Nitroso-
guanidine* (speziell *1-Nitroso-3-nitro-1-methylguanidin* [NNMG]), beeinflussen in
ähnlicher Weise die Basensequenz und wirken zumeist intensiver als salpetrige Säure.
Die intensive mutagene Wirkung von NNMG wird einer Nitroguanylierung der DNS
sowie einer Desaminierung und Methylierung ihrer Basen zugeschrieben.
Zugesetztes *Bromuracil* sowie *2-Aminopurin* (Basenanaloge) werden auf Grund ihrer
strukturellen Ähnlichkeit mit Cytosin bzw. Guanin und Adenin als „falsche" Bausteine in das DNS-Molekül eingebaut und können bei den nachfolgenden Teilungen –
wie vorangehend erörtert – ebenfalls zu Änderungen in der Basenfolge führen.
In der Praxis wurden bisher die meisten Mutationsexperimente an Mikroorganismen
unter Einsatz von *haploiden Stämmen* durchgeführt. Bei *diploiden Organismen* induzieren Mutagene nicht nur Mutationen, sondern auch *Rekombinationseffekte*, z. B.
mitotische Rekombinationen *(crossing over)* und mitotische Konversionen *(interalle-
lische Rekombinationen)*. Zwischen der mutagenen und konvertogenen Wirkung der
Mutagene besteht nach *Marquardt* [1] eine enge Korrelation.

Literatur

[1] *Marquardt, H.:* Vortrag gelegentlich des I. Internationalen Symposiums „Genetics of Industrial
    Microorganisms", Prag 1970

3.4.3.2. Mutationsauslösung und Mutantenauslese

Wie bereits erörtert, kommt es auch in nicht mit Mutagenen behandelten Zellpopulationen gelegentlich zu Mutationen, durch die einzelne Zellen zu veränderter Biosyntheseleistung befähigt werden. Inwieweit sich diese Eigenschaft auch bei den nachfolgenden Generationen manifestiert *(stabile Mutationen)*, muß jeweils durch eingehende Versuche festgestellt werden. Da vielfach der größere Anteil der Mutanten instabil ist, ist die Selektion derart entstandener positiver Mutanten aus einer Zellpopulation sehr mühsam. Der Einsatz von *Mutagenen* erhöht die *Mutationsrate* (Mutation je Zelle je Generation) erheblich, so daß man bei Testung einer genügend großen Zahl von Zellkolonien schneller zum Ziel kommt. Die Mutationsrate eines Gens – sie liegt bei Bakterien und Pilzen zwischen 10^{-10} und 10^{-6} – kann bei Verwendung eines geeigneten Mutagens um 3 bis 4 Zehnerpotenzen erhöht werden.

Bestrahlung

Ein *Wildstamm* mit hoher Biosyntheserate eines gewünschten Enzyms wird zunächst auf seine Nährmedien-, Sauerstoff- und pH-Ansprüche überprüft. Die *Kulturführung* wird danach so weit optimiert, daß die Biosyntheseleistung gegenüber den Ausgangsbedingungen um ein mehrfaches gesteigert ist. Ist eine weitere Erhöhung hierdurch nicht mehr zu erreichen, können *Mutagene* eingesetzt werden. Hierzu werden von einer Schrägagar- bzw. Agarplattenkultur die Zellen bzw. Sporen mit einem geeigneten Suspensionsmittel steril abgeschwemmt (physiologische Kochsalzlösung, Pufferlösung, Wasser) und auf einen Titer von $1 \dots 2 \times 10^6$ Zellen je 1 ml eingestellt. 5 ml dieser Verdünnung werden mit *UV-Licht* durch eine Quecksilberniederdrucklampe (15 ... 40 W) bestrahlt, die 85 ... 95 % ihrer Energie bei einer Wellenlänge von 253,7 nm abgibt. (Die Quantenenergie von Licht dieser Wellenlänge beträgt etwa 0,78 aJ.) Dauer und Intensität der erforderlichen Strahleneinwirkung variieren je nach Stamm. Die *Abtötungsrate* soll zwischen 75 % und 99,9 % liegen.
Bei *Streptomyceten* erhält man z. B. unter den genannten Bedingungen nach einer Bestrahlungsdauer von 200 ... 600 s bis zu 72 % der überlebenden Zellen als Biosynthese-Mutanten, *Bakterien* werden wenige Sekunden bis zu einer Minute, *Pilze* einige Minuten bestrahlt. Die Energie von *Röntgen-* oder *γ-Strahlen* ist wesentlich höher als die der UV-Strahlen. Ihre wirksame Wellenlänge ist u. a. auch von der Art des verwendeten Filters abhängig (Kupfer, Aluminium). Eine Röntgenröhre erzeugt z. B. bei einer angelegten Spannung von 160 kV mit einem 0,7-mm-Kupfer- sowie einem 1,2-mm-Aluminiumfilter ihre stärkste Intensität bei einer Wellenlänge von 15 pm.
Nach Abschluß der Behandlung werden geeignete *Verdünnungen* (50 Kolonien je Platte) der bestrahlten Zellpopulation auf Agarplatten ausgestrichen und wie vorstehend beschrieben auf Aktivität getestet (vgl. *Sekine* und *Iguchi* [1]). Gute Ergebnisse erzielt man nach *Calam* [2], wenn die nach der Mutageneinwirkung angewachsenen Zellkolonien zunächst in *Schüttelkultur* im optimierten Nährmedium angezüchtet werden und die Enzymaktivität der Kulturlösung mittels *Platten-Diffusionstest* bestimmt wird. Um eine Vielzahl von Kolonien prüfen zu können, empfiehlt es sich, für die Schüttelkultur 50-ml- oder 100-ml-Kulturkölbchen mit 5 ... 10 ml Füllung zu verwenden oder gebogene Spezialkulturröhrchen für diesen Zweck anzufertigen. Mit Hilfe dieser Methoden ist es möglich, innerhalb weniger Wochen mehrere tausend Zellkolonien auf ihre Fähigkeit zur Enzymsynthese zu prüfen.

Chemische Mutagene

Bei Behandlung einer Kultur mit einem *chemischen Mutagen* sind Behandlungsdauer und pH-Wert des Mediums abhängig von der Art des verwendeten Mutagens.

Die Einwirkungszeit beträgt eine bis mehrere Stunden. *Nitrosoguanidin* läßt man im alkalischen Milieu einwirken, da es nur unter dieser Bedingung *Diazomethan* (mutagenes Agens) bildet. Im sauren Bereich spaltet *1-Nitroso-3-nitro-1-methylguanidin (NNMG)* salpetrige Säure ab, die ebenfalls mutagen wirkt. Neben NNMG haben sich in der Praxis auch *Nitrit, Äthylmethansulfonsäure* sowie *Äthylenimin* bewährt. Die jeweils erforderliche Konzentration der Agenzien sowie deren Einwirkungsdauer auf das Stammaterial müssen von Fall zu Fall auf empirischem Wege ermittelt werden *(Alichanjan* [3]). Durch Filtration (Membranfilter) und mehrmaliges Nachwaschen mit Pufferlösung werden die Zellen quantitativ vom Mutagen befreit. Sie werden sodann in geeigneten Verdünnungen auf Platten ausgespatelt und bebrütet. Die nachfolgende Selektion der Mutanten auf Platten bzw. in Schüttelkölbchen erfolgt in gleicher Weise wie nach der Bestrahlung.

Mit Hilfe der genannten Methoden gelingt es, Mutanten zu isolieren, die entweder selbst hohe Enzymausbeuten liefern bzw. die sich für Untersuchungen zur Leistungssteigerung durch sexuelle oder parasexuelle Prozesse (mit nachfolgender *Rekombination* oder *Addition* der genetischen Substanz) (vgl. 3.4.3.3.) eignen. *Beljak* u. a. [4] berichten über eine erfolgreiche Selektion von nach NNMG-Einwirkung erhaltenen *Aspergillus-niger*-Mutanten, die bei nachfolgender parasexueller Hybridisierung zu einer um das 16fache gesteigerten Glucoamylasesynthese befähigt sind. *Clarke* [5] selektiert die nach der NNMG-Behandlung erhaltenen konstitutiven Mutanten von *Pseudomonas aeruginosa*, die auch bei Abwesenheit von Amid-Induktoren eine hohe Amidaseausbeute ermöglichen und resistent gegen katabolische Repression sind *(Doppelmutanten)*. Andere Autoren isolieren *asporogene Mutanten* von *Bacillus subtilis* mit hoher Proteaseaktivität, von *Trichoderma viride* mit gesteigerter cellulolytischer Aktivität und von *Escherichia coli* mit hoher L-Asparaginaseaktivität. *Slezak* u. a. [6] gewinnen nach Mutagenbehandlung konstitutive Mutanten von *Escherichia coli*, deren Penicillinasebildungsvermögen höher ist als das des nicht behandelten induktiven Stammes in Gegenwart des Induktors (Phenylessigsäure). Sie sind resistent gegen katabolische Repression.

Kombinierte Behandlung

Nach *Alichanjan* [7] kann durch Summation mehrerer kleiner Mutationsschritte ebenfalls ein leistungssteigernder Effekt hervorgerufen werden. Das geht aus dem folgenden *Schema zur Gewinnung aktiver Mutanten* von *Aspergillus usamii* 394 hervor:

Aspergillus usamii 3758
DS-969, MS-292, AS-27
   ↓ ←——————————————— UV-Bestrahlung
Aspergillus usamii 3758-3
DS-1260, MS-450, AS-48
   ↓ ←——————————————— Äthylenimin + UV-Bestrahlung
Aspergillus usamii 45
DS-2400, MS-600, AS-60
   ↓ ←——————————————— Äthylenimin + UV-Bestrahlung
Aspergillus usamii 244
DS-2500, MS-800, AS-120
   ↓ ←——————————————— Diäthylsulfat + Röntgenstrahlen
Aspergillus usamii 394
DS 2700, MS-1000, AS-180

Sekine und *Iguchi* [1] berichten über eine Erhöhung der Ausbeute an extrazellulären Proteasen bei *Rhizopus chinensis*. Danach wird durch *Röntgenbestrahlung* ein Stamm selektiert, dessen Aktivität um 90% gesteigert ist. Eine nachfolgende Einwirkung von *UV-Strahlen* führt zu mehreren stabilen Mutanten, die gegenüber dem Wildstamm nunmehr eine Aktivitätssteigerung von 400% aufweisen. Von etwa 70 *Rhizopus-chinensis*-Mutanten, die nach UV-Behandlung größere Hydrolysehöfe zeigen als die Röntgenmutante, sind 7 stabil. Die übrigen 63 Stämme erweisen sich in Folgekulturen als instabil, d. h. ohne erhöhte Enzymsynthese. Vielfach werden auch *physikalische* und *chemische Mutagene in Kombination* verwendet. So wird z. B. verschiedentlich eine Erhöhung der Biosyntheseleistung durch den kombinierten Einsatz von UV-Bestrahlung und Behandlung mit Äthylenimin erzielt. Über die Steigerung der Enzymausbeuten nach Mutageneinwirkung berichten auch andere japanische Autoren [8 bis 10].

In der Praxis finden *UV-Strahlung, NNMG-* sowie *Äthylenimin*-Behandlung besonderes Interesse (*Calam* [11]). In der Mehrzahl der Fälle, die in der Praxis zu Enzymhochleistungsstämmen geführt haben, ist mit diesen Mutagenen gearbeitet worden. Dies schließt jedoch nicht aus, daß auch mit anderen Agenzien Erfolge zu erzielen sind.

Literatur

[1] *Sekine, H.,* und *N. Iguchi:* Agric. biol. Chem. (Tokyo) **33** (1969) 1477

[2] *Calam, C. T.:* Progr. ind. Microbiol. **5** (1964) 20

[3] *Alichanjan, S.:* Applied Aspects of Microbial Genetics. In: Current Topics in Microbiology and Immunology. Berlin–Heidelberg–New York: Springer-Verlag 1970

[4] *Belják, J., V. Valinger* und *V. Delić:* Vortrag gelegentlich des I. Internationalen Symposiums „Genetics of Industrial Microorganisms", Prag 1970

[5] *Clarke, P.:* Vortrag gelegentlich des I. Internationalen Symposiums „Genetics of Industrial Microorganisms", Prag 1970

[6] *Slezák, J., V. Vojtisek* und *B. Sikyta:* Vortrag gelegentlich des I. Internationalen Symposiums „Genetics of Industrial Microorganisms", Prag 1970

[7] *Alichanjan, S. I.:* Grundlagen der Genetik und Züchtung industriell genutzter Mikroorganismen. Jena: VEB Gustav Fischer Verlag 1972

[8] *Usami, S., R. Koike* und *N. Taketomi:* J. Ferm. Assoc. Japan **18** (1960) 231

[9] *Hori, K., N. Teruda* und *D. Watanabe:* J. Ferm. Assoc. Japan **8** (1950) 79

[10] *Iguchi, N.:* Nippon Nogeikagaku Kaishi **29** (1955) 73

[11] *Calam, C. T.:* Improvement of Microorganisms by Mutation, Hybridisation and Selection. In: *Norris, J. R.,* und *D. W. Robbins:* Methods in Microbiology. London: Academic Press 1970

3.4.3.3. Züchtung von Hochleistungsstämmen durch parasexuelle Prozesse

Pilze

Unter *Parasexualität* versteht man die Fähigkeit von vegetativen Zellen, miteinander zu konjugieren bzw. genetische Substanz auszutauschen [1 bis 5]. Hierbei kommt es bei Hyphenorganismen zu einem Zellkontakt und nachfolgendem Übertritt von genetischer Substanz aus einer Zelle in die andere. Die *Empfängerzelle* erhält von der Spenderzelle entweder das gesamte Genom (Entstehung einer *Zygote*) oder nur einen Teil desselben (Entstehung einer *Merozygote*); zwischen dem Empfänger- und dem Spendergenom kommt es zur *Paarung* und *Rekombination*. Nach dem Segmentaustausch bleibt im Verlauf der Kern- und Zellteilung entweder nur das *rekombinierte Chromosom* bestehen oder es entstehen *diploide* oder *merozygote Mycelien*, die das leistungsbestimmende Gen doppelt besitzen.

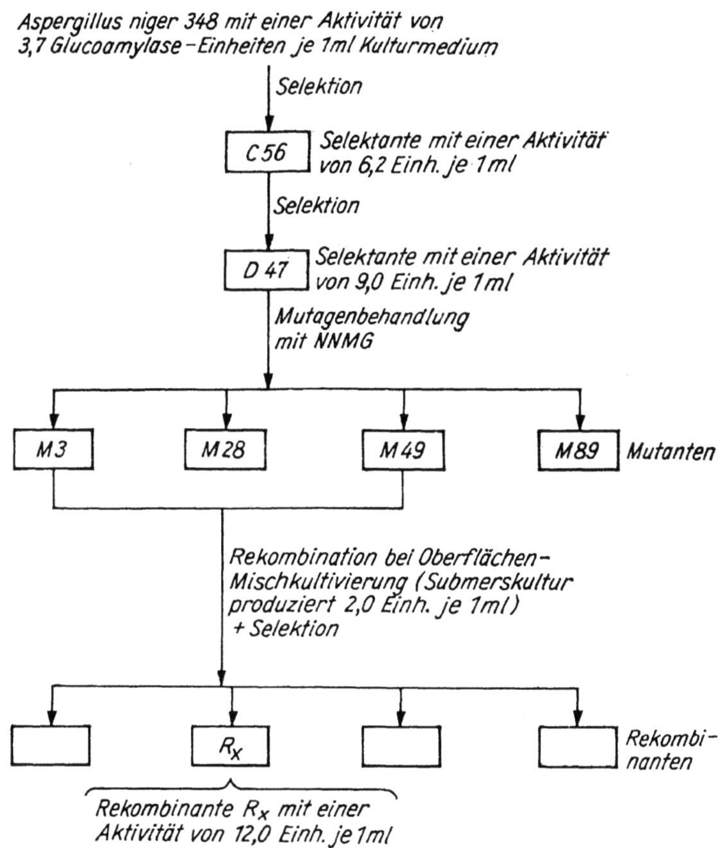

Bild 3.4.3.3.a. Isolierung von Aspergillus-niger-Stämmen mit gesteigerter Glucoamylase-Produktion durch Mutation-Rekombination (schematisch)

Durch Anlegen von *Mischkulturen* nach der Mutagenbehandlung selektierter *haploider*
Stämme von *Aspergillus niger* auf Agarplatten und Auslese *diploider* Konidien ist es
z. B. *Beljak* u. a. [6] gelungen, Stämme mit gesteigerter Glucoamylaseproduktion
zu isolieren. Dieser Befund ist besonders interessant, da die nach der NNMG-
Behandlung gewonnenen Mutanten eine deutlich verringerte Enzymaktivität aufweisen. Das Versuchsschema eines derartigen Mutations-Rekombinationsexperiments
ist auf Bild 3.4.3.3.a wiedergegeben. Die Auswahl der Selektanten erfolgt nach morphologischen und physiologischen Gesichtspunkten (z. B. Sporenfarbe, Wachstums-
geschwindigkeit). In geeigneten *Heterokarien* und diploiden Mycelien sind im allgemeinen der Gehalt an DNS in den Konidien, Wachstumsfreudigkeit, Sporulation,
Zuckerumsatz, Präkursorverbrauch, Sauerstoffaufnahme sowie der Gehalt an verschiedenen Enzymen erhöht. Nach Auslese derartiger Stämme bedarf es zumeist
großer Anstrengungen, um die neuen physiologischen Eigenschaften zu stabilisieren.

Bakterien

Genetische Experimente an *Actinomycetales* beschränken sich im wesentlichen auf die
Gattung *Streptomyces*, speziell auf die Art *Streptomyces coelicolor* [7, 8]. Die Untersuchungen haben bereits einen fortgeschrittenen Stand erreicht, jedoch gibt es in
der Praxis bisher nur einige Ansätze, Industriestämme (vor allem Antibiotikabildner)

159

unter Einsatz parasexueller Methoden zu verbessern. Die Übertragung der genetischen Substanz erfolgt durch Konjugation, Transduktion oder Transformation [9, 10]. Nach *Sermonti* u. a. [11] unterscheidet man zwischen R^--*Stämmen* (rekombinieren nicht untereinander) und R^+-*Stämmen* (rekombinieren untereinander sowie mit R^--Stämmen). *Hopwood* u. a. [12] sowie *Sermonti* u. a. [13] ist es gelungen, bei *Streptomyces coelicolor* einen *Sex-Faktor* zu isolieren, der es ermöglicht, die Zahl der Rekombinanten wesentlich zu erhöhen. Eine Nutzung dieser Grundlagenerkenntnisse auch für enzymproduzierende Streptomyces-Arten ist zu erwarten.

Bei Bakterien ganz allgemein kann die *Zusammenführung* und *Rekombination* der genetischen Substanz verschiedener vegetativer Zellen auf unterschiedliche Art erfolgen, und zwar durch *Konjugation* von Zellen, durch *Transformation* oder durch *Transduktion*.

Unter *Transformation* versteht man die Übertragung von *isolierter DNS* eines *Donor-Stammes* auf eine *Rezipienten- (Empfänger-) Zelle*. Hierbei wird kein besonderes biologisches Überträgersystem wirksam, lediglich die Empfängerzelle muß sich im Zustand der „Kompetenz" befinden. Transformation ist an keine sexuelle Differenzierung gebunden. Bisher sind Transformationsexperimente nur an wenigen Bakteriengattungen gelungen *(Diplococcus, Bacillus, Streptococcus)*. Da die Transformation in der Regel in nur einer von 100 bis 1000 Zellen eintritt, müssen zu ihrem Nachweis immer gut erkennbare Kriterien (z. B. Streptomycinresistenz, Phagenresistenz, Kapselbildung) vorliegen. Eine Steigerung der Produktion extrazellulärer Enzyme durch Transformation ist in der Literatur bisher noch nicht beschrieben; prinzipiell dürfte sie jedoch möglich sein.

Bei der *Transduktion* dienen *Bakteriophagen* als Überträger von DNS aus *Spender-bakterien* auf geeignete *Rezipientenzellen*. Bei der Infektion einer Bakterienzelle durch Phagen gelangt Phagen-DNS in diese hinein, der Teile der DNS des ursprünglichen Wirtsbakteriums anhaften [14]. Durch *Rekombination* kann diese Bakterien-DNS dem Chromosom der infizierten Zelle eingegliedert werden und zu einer Veränderung der Biosyntheseleistung für ein spezielles Enzym führen.

Einen weiteren parasexuellen Mechanismus bei Bakterien stellt die *Konjugation* dar (*Lederberg* und *Tatum* [15]). Hier wird die genetische Substanz von einer Bakterienzelle in die andere über eine zwischen beiden Partnern aufgebaute Protoplasmabrücke übertragen. Die beteiligten Bakterien verhalten sich dabei wie „weibliche" oder „männliche" Zellen. Der sexuelle Charakter eines bestimmten Bakteriums ist genetisch durch die Gegenwart eines *Fertilitätsfaktors (Sex-Faktor)* festgelegt. Zellen ohne den F-Faktor werden als „weiblich" oder als F^--*Zellen* (Fertilität negativ), solche mit dem F-Faktor hingegen als „männlich" oder als F^+-*Zellen* (Fertilität positiv) bezeichnet. Die zuletzt genannten sind fähig, den Fertilitätsfaktor auf die F^--Zellen zu übertragen. Der F-Faktor verhält sich so, als wäre er nicht fest an das Genom der männlichen Zelle gebunden. Er wird als selbständiges Partikel *(Episom)* im Protoplasma vererbt und redupliziert sich – unabhängig vom übrigen Genom – selbständig. Die F^+-Zellen *(Donorzellen)* liefern genetische Substanz an die F^--Partner *(Rezipienten-Zellen)*, aber nicht umgekehrt. Wird der F-Faktor hingegen fest in das Bakterienchromosom integriert, dann wird er gemeinsam mit diesem repliziert. Man nennt derartige Zellen *Hfr-Zellen* (engl. *high frequency of recombinants)*. Sie sind zu wesentlich häufigerer Konjugation befähigt.

Im Konjugationsexperiment werden F^--Stämme mit Hfr-Zellen in einem gemeinsamen Medium zusammengebracht. Während der Konjugation legen sich 2 Zellen nebeneinander, wobei die Übertragung des Chromosoms bzw. eines Chromosomenstücks von der Donor- zur Rezipientenzelle erfolgt *(Chromosomentransfer)*. Der Transport vollzieht sich über eine Plasmabrücke *(Sexualpilus)*; die genetische Information für deren

Proteinstruktur ist in der DNS des F-Faktors niedergelegt. Die Dauer des Kontakts ist entscheidend für die Menge des transferierten genetischen Materials. Hat man im Genom der F⁻-Zellen durch Mutationen an verschiedenen Stellen Mangelzustände hervorgerufen, so wirken sich diese – sofern deren Lokalisierung auf dem Genom bekannt ist – wie *Markierungen* aus. (Anhand dieser Markierungen kann man verfolgen, wie lang das in Abhängigkeit von der Zeit aufgenommene Genomstück der Donorzelle war, wenn dieses durch Rekombination die Mangelzustände im Genom der „weiblichen" Zelle beheben konnte.) Nach erfolgter Konjugation kommt es darauf an, die Donor- von den Rezipientenzellen zu trennen. Dies gelingt u. a. dadurch, daß man Donorstämme verwendet, die sich gegenüber Antibiotika und Phagen empfindlich erweisen, während die Rezipientenzellen gegenüber Antibiotika und Phagen resistent sind. Durch Zugabe des jeweiligen Antibiotikums bzw. der jeweiligen Phagen werden nach der vollendeten Konjugation die Donorzellen abgetötet, während die resistenten Rezipientenzellen vital bleiben. Die Übertragung von Genomteilen kann auch durch Behandlung im Messerhomogenisator oder durch Ultraschall unterbunden werden. Auf Bild 3.4.3.3.b ist der Verlauf einer Konjugation schematisch dargestellt.

Rekombinationsexperimente der geschilderten Art haben bisher nicht zur Züchtung von Hochleistungsstämmen mit gesteigerter Enzymbiosynthese geführt. Es ist jedoch zu erwarten, daß derartige Versuche zunehmend an Bedeutung gewinnen werden. Voraussetzung für diesbezügliche Untersuchungen ist die Kenntnis der *Genkarte* des jeweiligen Produktionsstammes bzw. des einzukreuzenden Wildstammes. Im Ergebnis wird der Produktionsstamm immer durch Propagation einer Rezipientenzelle entstehen.

Als für die Zukunft ebenfalls geeignete Methode zur Steigerung der Syntheseleistung eines Enzymbildners wird die *Genaddition* angesehen [17]. Es wurde gefunden, daß verschiedene selektierte Stämme ihre höhere Produktivität bei der Enzymbiosynthese dem Vorhandensein *mehrerer Kopien* des für die Enzymbildung verantwortlichen Strukturgens verdanken, wobei die in Frage kommenden Genkopien sowohl auf einem Chromosom liegen wie auch auf Chromosom *und* extrachromosomale Strukturen (z. B. Episomen) verteilt sein können *(Genamplifikation)*. Da eine vielfache Anzahl solcher Strukturgene die Enzymproduktion steigern kann, ist es wünschenswert, diese Genaddition gezielt vorzunehmen. Der Genübertrag läßt sich unter Einsatz *transduzierender Phagen* oder durch *Episomentransfer* bewerkstelligen. Im ersten Fall handelt es sich um Insertion des Phagengenoms sowie des diesem anhaftenden Chromosomenstückes einschließlich des erwünschten Strukturgens als Prophage in das Chromosom des Empfängerbakteriums *(spezielle Transduktion)*. Durch Induktion z. B. mittels UV-Strahlung wird der eingebaute Phage zur Replikation angeregt und der Bestand des erwünschten Strukturgens vervielfacht. Das Enzym wird zu diesem Zeitpunkt in großer Menge produziert. Man bezeichnet diese Technik als *phage escape synthesis* [18]. Beim *Episomentransfer (F-Duktion, Sex-Duktion)* handelt es sich um den Übertrag von Strukturgenen durch extrachromosomale Segmente *(Episomen)*, die in der Empfängerzelle als autonome Einheiten erhalten bleiben und sich autonom replizieren, aber auch in das Empfängerchromosom integriert werden können. Die Information wird auf die Tochterzellen weitergegeben.

Die Enzymproduktion durch ein auf diese Weise für ein bestimmtes Gen diploid bzw. polyploid gewordenes Bakterium ist erhöht. Erste Ergebnisse hierzu sind selbstverständlich nur an gut bekannten Objekten gewonnen worden, vor allem an *Escherichia coli*, bei dem die Genkartierung seit langem intensiv betrieben wird. Es dürfte noch einige Zeit vergehen, bis diese Erkenntnisse auf technisch relevante Stämme bzw. industriell bedeutsame Enzymproduzenten übertragen werden können. Bei *Pseudo-*

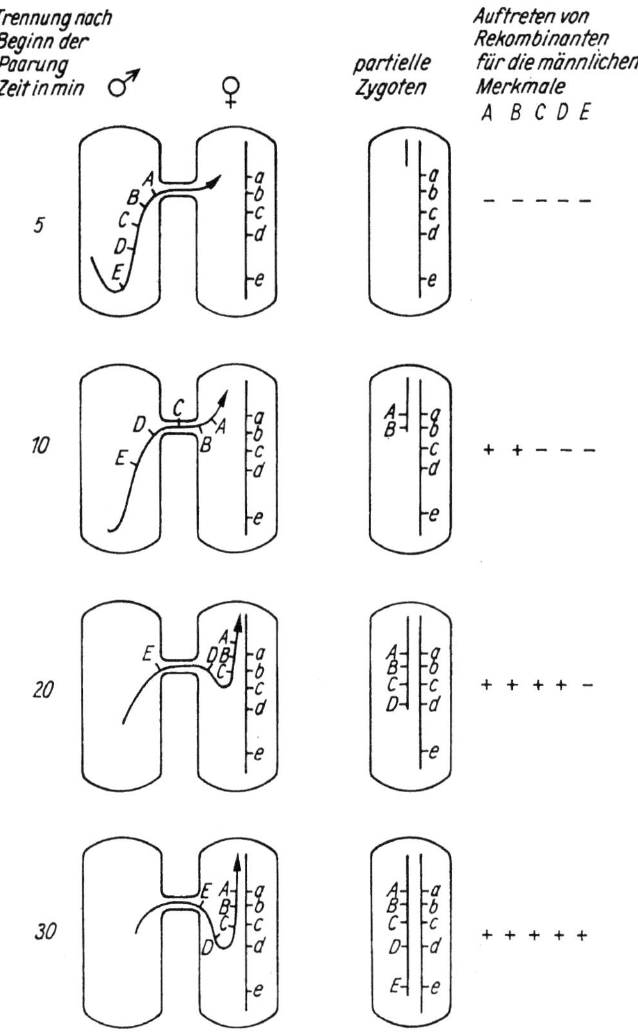

Bild 3.4.3.3.b. Unterbrochene Paarung (schematisch) [16]

monas ist es gelungen, die Proteinsynthese so zu steuern, daß ein bestimmtes Enzym bevorzugt synthetisiert wird [19]. Es wurden Hybriden isoliert, bei denen mehr als 50% des Gesamteiweißes aus einem einzigen Enzym bestehen.

Aus dem vorangehend Gesagten geht hervor, daß z. Z. die *Züchtung von Hochleistungsstämmen* noch immer vorrangig über die Mutationsauslösung unter Einsatz physikalischer und/oder chemischer Mutagene mit nachfolgender Selektion leistungsgesteigerter Mutanten, d. h. weitgehend empirisch, erfolgt, wobei in Zukunft verstärkt als weitere Methoden die Rekombination oder Addition von Strukturgenen bzw. Genomstücken nach parasexuellen Prozessen (Transformation, Konjugation, Transduktion, F-Duktion) hinzukommen dürften. Eine spezielle Selektionstechnik, die der jeweils anstehenden Aufgabe angepaßt sein muß, erleichtert das Auffinden der gewünschten leistungsstarken Mutanten [17].

Literatur

[1] *Pontecorvo, G.,* und *J. A. Roper:* J. gen. Microbiol. **6** (1952) VII (Abstr.)

[2] *Roper, J. A.:* Experientia (Basel) **8** (1952) 14

[3] *Pontecorvo, G.:* Trends in genetic analysis. New York: Columbia University Press 1958

[4] *Esser, K.,* und *R. Kuenen:* Genetik der Pilze. Berlin–Heidelberg–New York: Springer-Verlag 1965

[5] *Fincham, J. R. S.:* Genetic complementation. New York: Benjamin, Inc. 1966

[6] *Beljak, J., R. Valinger* und *V. Delič:* Vortrag gelegentlich des I. Internationalen Symposiums „Genetics of Industrial Microorganisms", Prag 1970

[7] *Hopwood, D. A.,* und *G. Sermonti:* Advances Genet. **11** (1962) 273

[8] *Hopwood, D. A.:* Genetics of the Actinomycetales. In: *Sykes, G.,* und *F. A. Skinner:* Actinomycetales, Characteristics and practical importance. London–New York: Academic Press 1973

[9] *Алихантян, Ц., Т. Ц. Илина* и *Н. Д. Ломовская* (Alichantjan, C., T. C. Ilina und N. D. Lomovskaja): Доклады Академии Наук СССР (Berichte der Akademie der Wissenschaften der UdSSR) **132** (1960) 1179

[10] *Hopwood, D. A.,* und *H. M. Wright:* J. gen. Microbiol. **71** (1972) 383

[11] *Sermonti, G.,* und *D. A. Hopwood:* Genetic Recombination in Streptomyces. In: *Gunsalus, I. C.,* und *R. Y. Stanier:* The Bacteria, Bd. 5. New York: Academic Press Inc. 1964

[12] *Hopwood, D. A., R. I. Harold, A. Virian* und *H. M. Ferguson:* Genetics **62** (1969) 461

[13] *Sermonti, G., M. Bandiera* und *J. Spada-Sermonti:* J. Bacteriol. **91** (1966) 384

[14] *Zinder, N. D.,* und *J. Lederberg:* J. Bacteriol. **64** (1952) 679

[15] *Lederberg, J.,* und *E. L. Tatum:* Vortrag gelegentlich des Cold Spring Harbor Symposiums 1946

[16] *Hayes, W.:* The Genetics of Bacteria and Their Viruses, zit. bei: *Schlegel, H. G.:* Allgemeine Mikrobiologie. Stuttgart: Georg Thieme Verlag 1969, S. 354

[17] *Demain, A. L.:* Method Enzymol. **22** (1971) 86

[18] *Buttin, G.:* J. Molekular Biol. **7** (1963) 610

[19] *Demain, A. L.:* Vortrag gelegentlich des I. Internationalen Symposiums „Genetics of Industrial Microorganisms", Prag 1970

3.4.4. Fermentationsprozeß im Tank

3.4.4.1. Vorkulturführung

Das vorhandene leistungsfähige Stammaterial wird laufend überwacht, selektiert und in geeigneter Weise konserviert (vgl. 3.4.2.). Die Kulturen müssen vor ihrem Einsatz im Produktionsprozeß zunächst durch Kultivieren über mehrere Komplexnährböden „aufgefrischt" werden. Die Anzucht der Sporen bzw. der vegetativen Zellen muß hierbei den spezifischen Anforderungen eines jeden Stammes entsprechen. Hat die Kultur im Labortest und im halbtechnischen Maßstab gezeigt, daß sie die geforderte Leistung erbringt, kann das Verfahren in den technischen Betrieb übergeführt werden (Bild 3.4.4.1.).

Die *erste Vermehrungsstufe* liegt gewöhnlich im Laboratorium. Es werden größere Kulturgefäße, z. B. 1- bis 2-l-Erlenmeyerkolben oder Steilbrustflaschen, verwendet, die – je nach dem Sauerstoffbedarf des Stammes – jeweils einige hundert ml sterile Nährmedien enthalten. Diese Medien werden mit einer Suspension der *Stammkultur* (Abschwemmung von Konidien, Mycel oder Einzelzellen mit Wasser, physiologischer Kochsalz- oder Pufferlösung) oder auch mit einem Agarwürfel mit anhaftendem Mycel (z. B. bei Pilzen) beimpft und auf einer Schüttelmaschine bei der dem Verfahren entsprechenden Optimaltemperatur geschüttelt. Es empfiehlt sich, jeweils die doppelte bis dreifache Anzahl der benötigten Kolben anzusetzen. Die geeignetsten Ansätze werden für die Beimpfung ausgesucht (äußeres Bild, mikroskopische Kontrolle des morphologischen Zustands, Keimzahl, Fremdinfektion usw.).

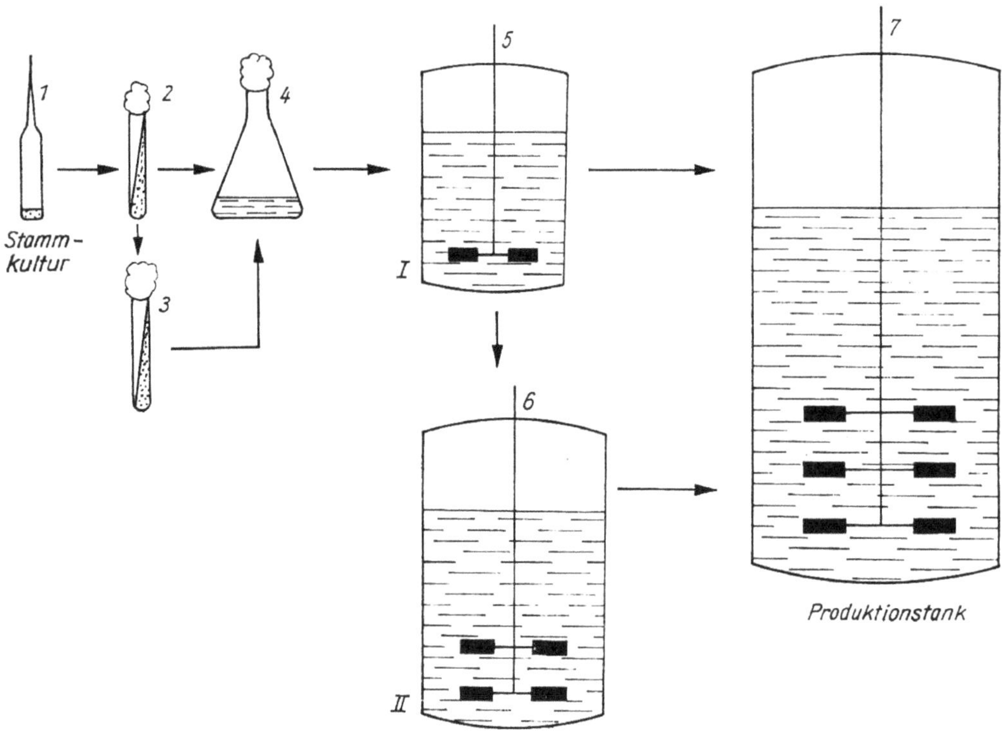

*Bild 3.4.4.1. Kulturführung von der Stammkultur bzw. Konserve bis zum Produktionstank
(1) Konserve (2) Schrägagarkultur (3) Zwischenkultur (Auffrischen der Stammkultur) (4) Schüttelkultur (5) 1. Vorkultur im Impftank I (enthält 0,1 ... 10 Vol.-% des Nettovolumens vom Impftank II
als Inokulum I) (6) 2. Vorkultur im Impftank II (enthält 0,1 ... 10 Vol.-% des Nettovolumens vom
Produktionstank als Inokulum II) (7) Hauptkultur im Produktionstank*

Dieses in einem bis mehreren Kolben befindliche Material *(1. Vorkultur, Inokulum I)*
wird steril in eine zweite, dem großtechnischen Maßstab angepaßte Vermehrungsstufe
(2. Vorkultur, Inokulum II) übertragen. Die Bereitung der 2. Vorkultur erfolgt im
Produktionsmaßstab in sog. *Impftanks*, die im allgemeinen ein Volumen bis zu $^1/_{10}$
des verwendeten Produktionstanks haben. In speziellen Fällen ist die Bereitung auch
einer *3. Vorkultur* erforderlich. Form und technische Ausrüstung der Impftanks
entsprechen – in verkleinertem Maßstab – denjenigen der Großtanks (vgl. 3.4.7.).
Die Menge des zu verwendenden Inokulums liegt je nach Stamm und dem zu produzierenden Enzym zwischen 0,1 % und 10 % des Volumens der jeweils nachfolgenden
Stufe. Vor der Übertragung des Inokulums in die nächsthöhere Dimension ist eine
mikroskopische Kontrolle auf evtl. *Fremdinfektion* unerläßlich.
Die in den Impftanks angesetzten Nährmedien werden jeweils etwa 30 min lang
bei 120 ... 125 °C sterilisiert, gekühlt und unter Vermeidung von Fremdinfektionen
mit dem Inokulum beimpft. Die Beimpfung erfolgt mittels einer sterilen Impfleitung.
Wenn ein geeignetes Entwicklungsstadium erreicht ist, erfolgt die Überimpfung in
den *Großtank*. Die Zeitdauer bis zur Überimpfung schwankt in Abhängigkeit von
Stamm und Fermentationsziel in weiten Grenzen (wenige Stunden bei Bakterien,
mehrere Tage bei Pilzen).

164

3.4.4.2. Zubereitung und Sterilisation der Nährmedien

Besondere Beachtung ist der *Sterilisation* der Nährmedien zu schenken. Wird diese im Produktionsfermentor durchgeführt, so kommt es zumeist zu einem teilweisen Abbau von Nährstoffen, wobei u. U. auch stoffwechselhemmende bzw. die Enzymausschüttung inhibierende Komponenten entstehen können. Diese Effekte beruhen vornehmlich auf dem trägen Wärmeübergang innerhalb großer Flüssigkeitsmengen, wobei es zur partiellen Überhitzung des Sterilisationsguts kommen kann. Einen gewissen Fortschritt hat die Einführung kontinuierlich arbeitender *Kurzzeit-Hocherhitzer* gebracht, deren Einsatz jedoch nicht immer die Destruktion durch Wärme vollständig beseitigt (*Deindorfer* u. a. [1]).

Werden die Zubereitung der Nährmedien und ihre Sterilisation im Fermentor vorgenommen, dann wird der Behälter zunächst mit etwa 40 ... 50% Wasser (bezogen auf das Tank-Bruttovolumen) beschickt. Sodann werden – zumeist bei eingeschaltetem Rührwerk – die einzelnen Nährbodenbestandteile in das kalte oder bereits vorgewärmte Wasser eingetragen. Anschließend wird mit Wasser auf das gewünschte Endvolumen aufgefüllt und – falls erforderlich – der pH-Wert des Nährmediums eingestellt.

Zum Sterilisieren leitet man bei laufendem Rührwerk Dampf in den Mantelraum des Behälters. Hat der Tankinhalt eine Temperatur von etwa 80 ... 90 °C erreicht, wird Direktdampf in das Medium gedrückt. Die *Sterilisationstemperatur* liegt bei 120 bis 125 °C, die *Dauer der Sterilisation* beträgt in der Regel 30 ... 45 min. Sodann wird die Flüssigkeit bis auf die erforderliche Fermentationstemperatur gekühlt; zur Beschleunigung läßt man kaltes Wasser durch Mantelraum und Kühlschlange des Behälters fließen. Nach Abschluß der Sterilisation wird über die mit einem Sterilfilter ausgestattete Luftzuführung ein schwacher Luftstrom durch das Medium geschickt und leichter Überdruck im Behälter eingestellt. Vor dem Beimpfen werden unter sterilen Bedingungen Proben entnommen. Sie dienen als Ausgangsmaterial zum Anlegen von Sterilkontrollen und werden ferner für die Ermittlung *analytischer Werte* (z. B. Kohlenhydrat-, Fett- und Proteingehalt, pH-Wert, Mineral- und Wirkstoffe, Spurenelemente) benutzt.

Zur *Sterilkontrolle* werden Oberflächen- und Flüssigkeitskulturen (Stand- und Schüttelkulturen) angelegt und nach 24-, 48- und 72stündiger Bebrütung (bei Fermentationstemperatur, z. B. bei 30 °C) auf evtl. Bewuchs kontrolliert. Bei besonders infektionsgefährdeten Systemen kann man den Steriltest beliebig unter Variation der Temperatur, des pH-Wertes sowie der Zusammensetzung des Nährmediums ausdehnen. Es muß auf jeden Fall verhindert werden, daß der Produktionsansatz durch eine auf unvollkommene Sterilisation zurückzuführende Infektion gefährdet oder durch nachträgliche Manipulationen – sei es durch Beimpfung, eventuell erforderliche pH-Wert-Korrekturen oder Nährstoffzusätze – infiziert wird.

Literatur

[1] *Deindorfer, F. H.*, und *A. E. Humphrey:* Appl. Microbiol. **7** (1959) 264

3.4.4.3. Hauptfermentation

Die Gestaltung der Fermentoren (Bild 3.4.4.3.) ist von großem Einfluß auf die Ausbeute. Besondere Beachtung verdienen hierbei
a) die *Dimension* sowie die *technische Ausstattung* der Tanks,
b) die Versorgung des Mediums mit *Luft*,
c) die *Schaumbekämpfung* während der Fermentation.

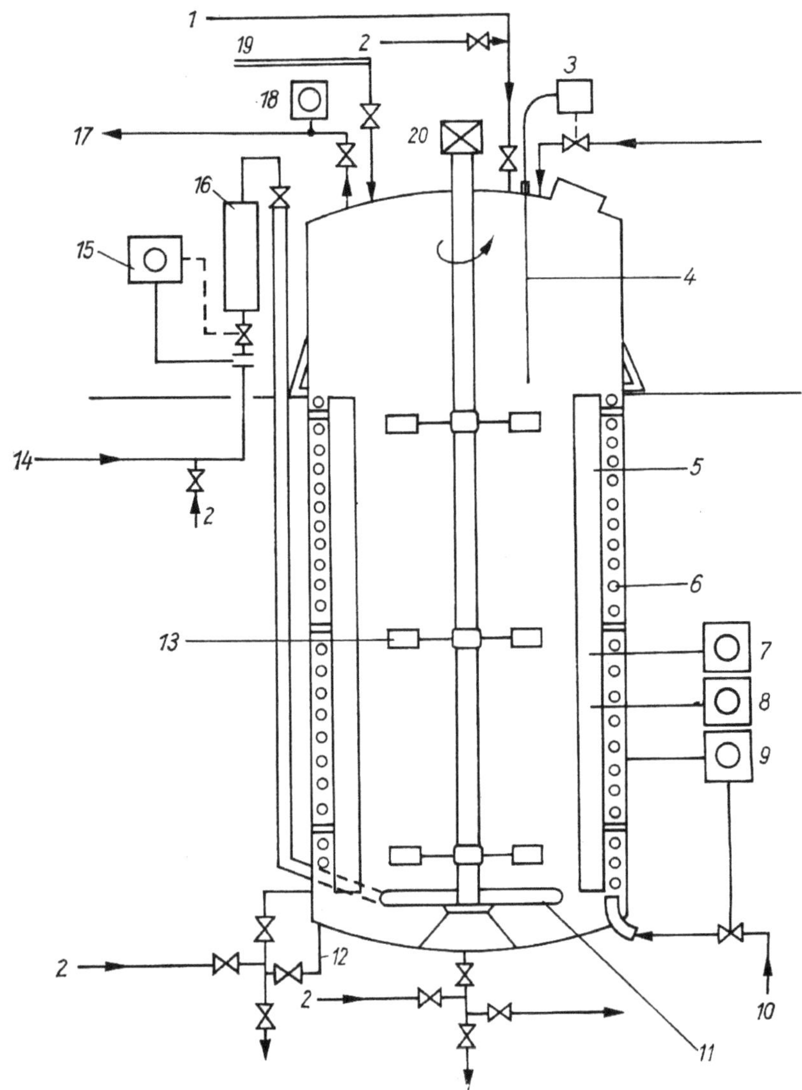

Bild 3.4.4.3. Fermentor mit Rührerantrieb
(1) Inokulum (2) Dampf (3) Antischaummittelkontrolle (4) Meßfühler für Schaum-kontrolle (5) Bewehrung (6) Kühlschlange (7) pO$_2$-Messung (8) pH-Messung (9) Temperaturkontrolle (10) Kühlwassereingang (11) Luftverteiler (12) Probenehmer (13) Rührer (14) Lufteingang (15) Luftmengenanzeige (16) Luftfilter (17) Abluft (18) CO$_2$- und O$_2$-Messung in der Abluft (19) Säure-Lauge-Zugabe (20) Elektro-motor

Die zylindrischen Tanks sind mit einem *Rührwerk* (zumeist auch mit *Prallblechen*) sowie mit einer *Luftzuführung* (mit vorgeschaltetem Filter) und *Luftabführung* aus-gestattet. Sie sind mit Dampf *beheizbar* (Manteldampf, Direktdampf) und können mittels Wasser *gekühlt* bzw. *erwärmt* werden (Mantel, Rohrsystem im Inneren). Am *Tankkopf* befinden sich steril verschließbare *Einlaßstutzen* zur Beimpfung, für die Zugabe von Antischaummitteln sowie zur *p*H-Kontrolle und *p*H-Regulierung.

166

Als günstig erweisen sich automatisch arbeitende Vorrichtungen für die Schaumbekämpfung, zur Kontrolle und Regulierung des *p*H-Wertes und der Temperatur, zur Messung des Sauerstoff-Partialdruckes sowie für die Analyse des Sauerstoff- und Kohlendioxidgehaltes in der Abluft.

Die technische Ausstattung muß ein *steriles Arbeiten* ermöglichen, d. h., sämtliche Ventile, Zu- und Ableitungen müssen so konstruiert sein, daß das Eindringen von fremden Mikroben ausgeschlossen ist. Bei der Vorbereitung der Tanks wie auch während der Fahrt muß ebenfalls der Forderung nach Sterilität Rechnung getragen werden. Die Kulturmedien werden entweder in getrennten Behältern angesetzt und dann über besondere *Kurzzeiterhitzer* in kontinuierlichem Fluß den Fermentoren zugeführt, oder sie werden in dem jeweiligen *Fermentor* unter Druck bei 125 °C sterilisiert. Es wird sodann wie unter 3.4.4.2. beschrieben weiter verfahren (Abkühlen, Probenahme zur Sterilkontrolle sowie zur Ermittlung analytischer Daten). Falls erforderlich, wird der *p*H-Wert der sterilisierten Medien mit Lauge oder Säure korrigiert. Unmittelbar danach werden die Nährmedien beimpft.

Während der Hauptfermentation werden in Abständen von 2 ... 12 h Proben entnommen und diese auf *Fremdinfektion, Wachstumsverlauf, Umsatz* einzelner Bestandteile des Nährmediums sowie *Enzymaktivität* analytisch verfolgt. *pH-Wert*, Partialdruck des *Sauerstoffs* (und ggf. des *Kohlendioxids*) in der Flüssigkeit sowie Sauerstoff- und Kohlendioxidgehalt in der *Abluft* werden zumeist automatisch ermittelt und ggf. reguliert.

Die Nutzung der zugeführten Luft durch den Produktionsstamm hängt von der Menge des im Medium gelösten Sauerstoffs ab, da nur dieser Anteil von den Mikroorganismen aufgenommen werden kann. Einen wesentlichen Einfluß auf die Feinluftverteilung im Kulturmedium haben die Form und die Umdrehungszahl des *Rührers*. Von *Bruchmann* [1] wird die *Rührgeschwindigkeit* – je nach Luftbedarf und Epmfindlichkeit der Mikroorganismen gegen mechanische Belastung – mit $n = 100 ... 300$ min^{-1} angegeben.

Die *Dauer der Fermentation* ist ein Erfahrungswert. Sie muß vor allem unter ökonomischen Aspekten gesehen werden. Nach Erreichen des *Enzymmaximums* im Verlauf der Kultivierung ist oft mit einem Rückgang der Enzymaktivität zu rechnen. Damit der Abbruch der Fermentation zum optimalen Zeitpunkt erfolgen kann, ergibt sich für die Analytik die Forderung, die notwendigen Daten so rasch wie möglich zur Verfügung zu stellen. Hierfür sollten *automatisierte Verfahren* angewendet werden, da mit einem solchen bei geeigneter Versuchsanstellung der Enzymgehalt kurzzeitig und kontinuierlich ermittelt werden kann. Sobald dieser nicht mehr bzw. nur noch unbedeutend ansteigt, ist die Fermentation abzubrechen.

Literatur

[1] *Bruchmann, E. E.:* Zbl. Bakteriol., Parasitenkunde, Infektionskrankh. Hyg., Abt. I, Orig. **191** (1963) 159

3.4.4.4. Schaumbekämpfung

Häufig entsteht während des Fermentationsprozesses eine starke *Schaumbildung*, bedingt durch das Belüften und Rühren der eiweiß- und kohlenhydrathaltigen Flüssigkeit. Schäumen führt jedoch zu Materialverlusten und erhöht die Infektionsgefahr;

es muß daher durch Zusatz von Stoffen, die die Oberflächenspannung beeinflussen, so gering wie möglich gehalten werden. Hierfür bewährt haben sich pflanzliche und tierische Öle und Fette, Polyglykole, Silikonöle, Derivate von Fettsäuren, höhere Alkohole (z. B. Oktadekanol) sowie einige mineralische Ölfraktionen. *Antischaummittel* können andererseits vielfach eine positive oder aber negative Wirkung auf das Fermentationsgeschehen haben. Vor allem haben sie eine verringerte Sauerstoffübertragung zur Folge, was vermindertes Zellwachstum und/oder geminderte Biosyntheseleistung nach sich ziehen kann [1 bis 4].

Die Schaumbildung läßt sich u. U. auch durch eine auf die jeweilige Kulturstufe *abgestimmte Belüftung* einschränken. In zahlreichen Fällen – speziell bei Pilzfermentationen, die sich über mehrere Tage erstrecken – empfiehlt sich eine *gedrosselte Luftzufuhr* während des Anfahrens. Sodann folgt eine allmähliche Steigerung der Luftzufuhr im Verlauf der ersten 12 ... 16 h, bis schließlich der erforderliche Maximalwert erreicht ist. Durch eine derartige Verfahrensweise läßt sich verschiedentlich der Verbrauch von Antischaummitteln so einschränken, daß die Schaumbekämpfung nicht zu einer Störung des Sauerstoffübergangs führt.

Öle bzw. Fette können andererseits von zahlreichen Mikroorganismen als Kohlenstoffquelle genutzt werden. Durch Freisetzung der Fettsäuren ist in gewissen Fällen sogar eine erwünschte *p*H-Regulierung möglich.

Literatur

[1] *Городецкая, А. В.* (Gorodeckaja, A. V.): Антибиотики (Москва) (Antibiotika, Moskau) **3** (1956) 22

[2] *Bungay, H. R., C. F. Simons* und *P. Hosler:* J. biochem. microbiol. Technol. Engng. **2** (1960) 143

[3] *Salomons, G. L.,* und *G. O. Westan:* J. biochem. microbiol. Technol. Engng. **3** (1961) 1

[4] *Zalay, L., J. Gebhardt, J. Kiss, T. Vaghy* und *J. Inczef:* Zbl. Bakteriol., Parasitenkunde, Infektionskrankh., Hyg., Abt. I, Orig. **197** (1965) 118

3.4.4.5.   Belüftung der Submerskulturen

Die *obligat aeroben Zellen* benötigen den Sauerstoff für die *Energiegewinnung* sowie zur Bildung von *Zellsubstanz*. Als Endprodukte ihres Stoffwechsels treten im Normalfall Kohle ndioxid, Wasser und Zellsubstanz bzw. Biosyntheseprodukte auf. Bei der *Sauerstoffversorgung* der Zellen besteht das Hauptproblem in der nur geringen Löslichkeit des Gases in den wäßrigen Medien. In einem Liter Nährmedium üblicher Zusammensetzung befinden sich bei einem normalen Sauerstoffpartialdruck von 20 kPa bei 30 °C nur 3,5 ... 4 ml Sauerstoff in Lösung. Zur Deckung des Sauerstoffbedarfs sind submers wachsende Zellen ausschließlich auf den *gelösten Anteil* des Gases angewiesen. Es ist daher verständlich, daß der Sauerstoffgehalt eines luftgesättigten Nährmediums – je nach Anzahl der Mikroorganismen und Atmungsintensität der eingeimpften Zellen – nur kurze Zeit, d. h. Sekunden bis wenige Minuten, zur Deckung des Bedarfs ausreicht. Durch kontinuierliche *Belüftung* des Kulturmediums im Schüttelkolben oder Fermentationstank muß daher ständig neuer Luftsauerstoff in die Lösung gebracht werden. Dies erfolgt bei Schüttelkolben durch Gasaustausch über den Wattestopfen und im Fermentor durch Zwangsbelüftung. Kurzzeitige Unterbrechung der Luftzufuhr führt oft zu irreversiblen Schädigungen der Kultur und zu einem Rückgang in der Enzymausbeute.

Der Vorgang der Sauerstoffversorgung submers wachsender Zellen stellt ein Stoffübergangsproblem dar. Der Sauerstoff muß aus der Gasphase über die Flüssigkeitsphase bis in die Zelle transportiert werden. Ein Transport innerhalb einer Phase oder zwischen verschiedenen Phasen kann nur durch *Konvektion* und/oder *Diffusion* erfolgen. Bei der Konvektion handelt es sich um einen Transport mittels Strömung, bei der Diffusion um einen solchen im Konzentrationsgefälle. Die Geschwindigkeit des Stofftransports durch Konvektion ist wesentlich größer als diejenige durch Diffusion. Die Versorgung der Zelle mit Sauerstoff wird in erster Linie von der *Übergangsgeschwindigkeit* beim Durchtritt des Gases durch den Flüssigkeitsfilm an der Grenzfläche Luftblase/Nährlösung bestimmt. *Bronn* [1] hat die hierbei gültigen Beziehungen in einer allgemeinen Stoffübergangsgleichung dargestellt.

Bei der Belüftung von Mikroorganismen-Kulturen geht nur ein Teil des Luftsauerstoffs der Lösung in die Zellen über. Das Konzentrationsgefälle zwischen Kulturmedium und Zellinhalt fördert den Sauerstoffübergang ganz erheblich. Für die Geschwindigkeit dieses Vorgangs sind der physikalische Zustand der Zellsuspension (wie Dichte, Oberflächenspannung, Viskosität) sowie die Konstruktion der Belüftungsvorrichtung von Bedeutung (vgl. 3.4.7.).

Literatur

[1] *Bronn, W. K.:* Zbl. Bakteriol., Parasitenkunde, Infektionskrankh. Hyg., Abt. I, Suppl. 2 (1967) 45

3.4.5.   Aufarbeitung enzymhaltiger Kulturflüssigkeiten [1 bis 3]

Da für den großtechnischen Einsatz zur Zeit vorzugsweise *extrazelluläre Enzyme* verwendet werden, wird im folgenden bevorzugt *deren* Aufarbeitung beschrieben. Über die Aufarbeitung von *intrazellulären* Enzymen wird unter 3.4.6. berichtet.

Die meisten handelsüblichen Enzympräparate sind wenig gereinigt (Rohpräparate) mit einer standardisierten Aktivität je Masse- oder Volumeneinheit. Man stellt sie in großem Umfang sowohl aus Emers- wie auch aus Submerskulturen (Bild 3.4.5.) her. Die Enzympräparate werden jedoch auch in gereinigter, für wissenschaftliche Zwecke u. U. in hochgereinigter Form benötigt.

Extrazelluläre Enzyme werden an das sie umgebende Medium abgegeben. Der Modus der Aufarbeitung enzymhaltiger Kulturen ist von der Art der Kultivierung abhängig. Bei der Produktion im *Oberflächenverfahren* werden meist feuchte Kleienährböden verwendet. Entweder wird der Nährboden nach Beendigung der Kultivierung sofort getrocknet, oder die Enzyme werden mit Wasser bzw. mit Puffer- oder Salzlösung bei 20 ... 40 °C extrahiert (1 Teil Nährboden, 2 bis 5 Teile Extraktionsmittel), wobei gegebenenfalls ein Konservierungsmittel zugesetzt wird. Bei Verwendung eines Gegenstromextraktionssystems wird gleichzeitig extrahiert und filtriert, und man erhält einen Extrakt, der weitgehend frei ist von Mikroorganismen und unlöslichen Partikeln des Kulturmediums. Die weitere Aufarbeitung wird wie bei der Submerskultivierung vorgenommen.

Die bei der *Submerskultivierung* anfallenden enzymhaltigen Kulturflüssigkeiten enthalten als Festbestandteile vor allem die eingesetzten Mikroorganismen, deren Zellzahl sich im Verlauf der Fermentation stark vermehrt hat. Ferner sind in der Flüssigkeit unlösliche Substanzen aus dem Nährmedium sowie ausgeflockte Stoffwechselprodukte usw. enthalten. Zur Abtrennung der Biomasse bzw. der unlöslichen Substanzen wird die Kulturflüssigkeit nach Beendigung der Fermentation in eine *Zentrifuge* und/oder ein *Filter* bzw. Filtersystem (Vakuum-Rotationsfilter, Filterpressen

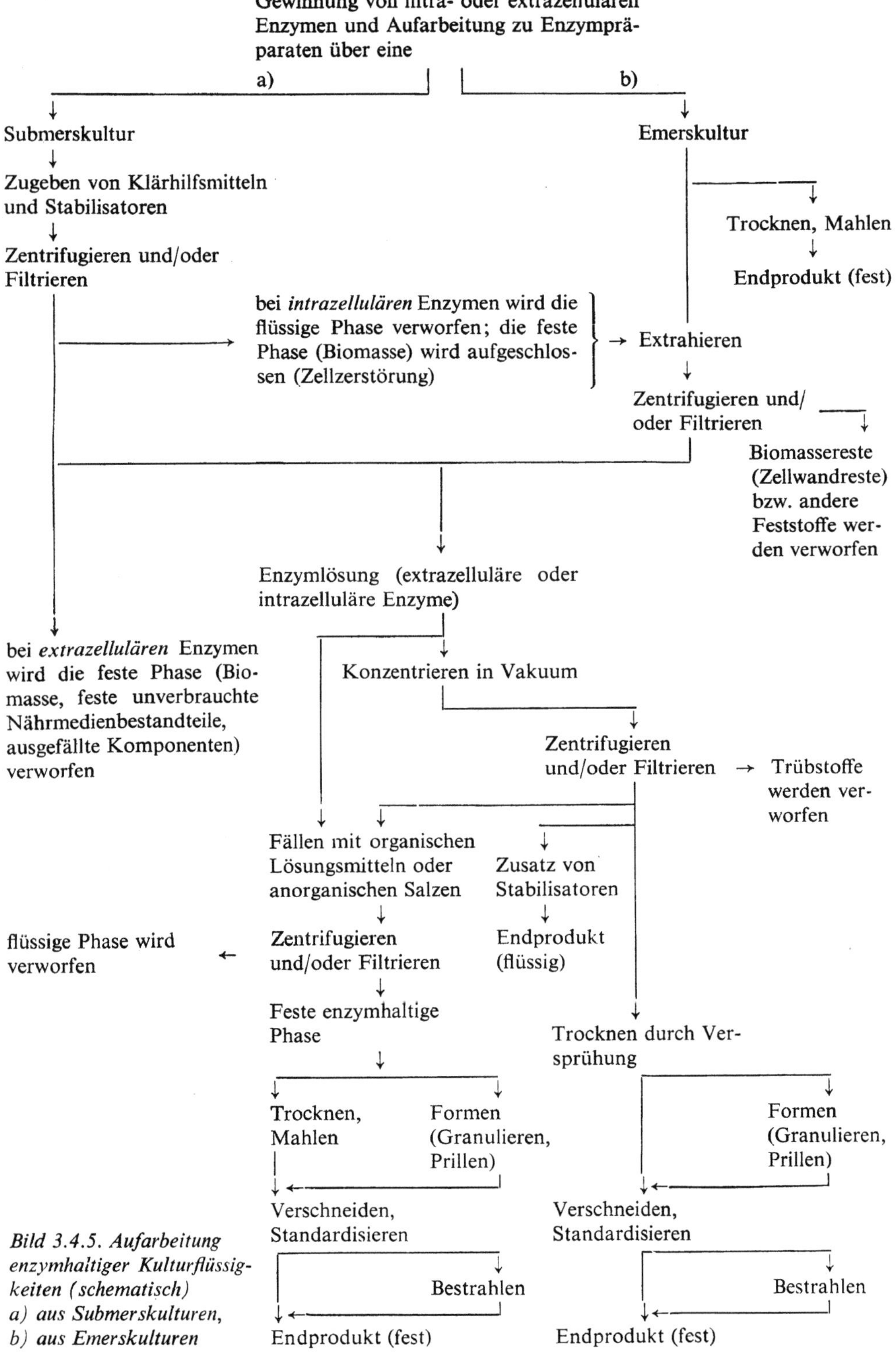

Bild 3.4.5. Aufarbeitung enzymhaltiger Kulturflüssigkeiten (schematisch) a) aus Submerskulturen, b) aus Emerskulturen

u. a.) gegeben. Trotz Anwendung dieser Verfahren erhält man vielfach noch ungenügend geklärte Filtrate; in diesen verbleiben u. U. Schwebstoffe, die von Nährmedienbestandteilen, Mikrobenzellen, Mycelien, Zell- oder Mycelfragmenten herrühren. Derartige Trübstoffe fallen oft erst nach einiger Stehzeit aus. Sie müssen durch abermalige Zentrifugation bzw. Filtration (Filterpressen, Filterkerzen, Entkeimungsfilter) oder andere Verfahren, die zur Trennung von fest und flüssig geeignet sind, entfernt werden.

Im Interesse einer *verbesserten Klärung* macht sich vielfach ein Zusatz von Filterhilfsmitteln zu den Kulturflüssigkeiten erforderlich. Man gibt diese vor Abtrennung der Festbestandteile oder auch danach – einzeln oder im Gemisch – in die Flüssigkeit, wodurch zugleich eine Stabilisierung oder Aktivierung, eine Einstellung des *p*H-Wertes, besseres Sedimentieren der Trubstoffe und/oder eine Verbesserung der Klärwirkung bzw. eine Erhöhung des Durchsatzes beim Filtrieren erreicht werden kann *(Klärfiltration)*. Mit dieser Zugabe kann man jedoch auch das Ziel verfolgen, ein schwer lösliches Sediment zu bilden (z. B. Zusatz von Calcium- und Phosphationen), das die Trubstoffpartikeln einschließt oder adsorbiert und mit in den Niederschlag reißt *(Klärungsfällung)*. Die Zusatzstoffe beschleunigen des weiteren – in Verbindung mit der erwähnten *p*H-Verschiebung – die Koagulation bzw. Adsorption der im Medium vorhandenen kolloid-dispersen Nährbodenbestandteile und lysierten Zellproteine, so daß die Abtrennung der Trubstoffe einschließlich aller vorhandenen Festbestandteile unter weitgehender Vermeidung von Aktivitätsverlusten erfolgen kann. Im Vorversuch ist zu prüfen, ob bzw. in welchem Umfang bei dieser forcierten Sedimentation ein Teil der Enzymaktivität verlorengeht.

Bei Veränderung des *p*H-Wertes muß darauf geachtet werden, daß der Beständigkeitsbereich der Enzyme eingehalten und das Einstellen ungünstiger Sorptionsgleichgewichte vermieden werden. Verschiedentlich wird vorgeschlagen, das Enzym im Verlauf der Aufarbeitung durch Zugabe von *reduzierenden Agenzien* zu stabilisieren.

Nach *Keay* u. a. [4] hat sich für die Abtrennung der Biomasse, der Klärung und Keimzahlverringerung nach der Fermentation von proteaseproduzierenden Bakterien folgender Weg bewährt:

a) Zusatz von Klär- bzw. Filtermitteln und erste Filtration im Vakuum-Rotationsfilter

b) Zusatz von Klär- bzw. Filtermitteln und zweite Filtration mittels Klärfilter (Filterkerzen, Filterpatronen)

c) Sterilfiltration (Millipore-Sterilfilter, Plattenfilter, Filterkerzen)

Eine Zentrifugation erübrigt sich bei dieser Art der Abtrennung.

Beckhorn u. a. [5] geben für die Klärung enzymhaltiger Kulturflüssigkeiten bzw. für die Stabilisierung oder Aktivierung der Enzyme folgende Verbindungen an: *Ammoniumphosphate, Calciumsalze* (Chlorid, Formiat, Sulfate oder Phosphate), *Natriumsalze* (Sulfite, Citrat, Phosphate, Gluconat), *Phosphorsäure, Cystein, Cellulosepulver, Kieselgur, Gelatine, Bentonit, Gummi arabicum* u. a. m.

Literatur

[1] *Schwimmer, S.,* und *A. B. Pardee:* Advances Enzymol. **14** (1953) 375
[2] *Arima, K.:* Microbial Enzyme Production. In: *Starr, M. P.:* Global Impacts of Applied Microbiology. New York–London–Sidney: J. Wiley & Sons, Inc. 1964
[3] *Oreshchenko, L. I., L. S. Losyakova* und *M. S. Shul'man:* Tr. Vses Nauh.-Issled. Inst. Ferment. Spirt. Prom. No. **18** (1967) 206, ref. C. A. **68** (1968) 101973 d
[4] *Keay, L., M. H. Moseley, R. G. Anderson, R. J. O'Connor* und *B. S. Wildi:* Production and Iso-

lation of Microbial Proteases. In: *Wingard, L. B. jr.*: Enzyme Engineering. New York–London–Sidney–Toronto: Interscience Publishers 1972

[5] *Beckhorn, E. J., M. D. Labbee* und *L. A. Underkofler:* J. Agr. Food Chem. **13** (1965) 30

3.4.5.1. Herstellung von Enzymkonzentraten [1, 2]

Die in den Kulturfiltraten verbliebenen Mikroorganismen und Trubstoffe beeinträchtigen die Qualität der Enzymkonzentrate. Sie bewirken darüber hinaus im Verlauf des Konzentrierungsvorgangs eine schnelle Sedimentbildung, wodurch sich die Leistung der eingesetzten Aggregate vermindert. Es empfiehlt sich daher, möglichst klare Kulturfiltrate zu verwenden. Trotzdem wird es sich nicht vermeiden lassen, nach erfolgtem Konzentrieren abermals zu separieren bzw. zu filtrieren (z. B. in Druckfiltern oder Vakuum-Drehzellenfiltern), wobei u. U. abermals Klärhilfsstoffe zuzusetzen sind.

Im Interesse der Haltbarkeit der Konzentrate muß die Filtration so wirksam gestaltet werden, daß die Keimzahl – gemäß allgemeinen Erfahrungswerten – bei empfindlichen Endprodukten nicht wesentlich über 10^2 je 1 ml und bei weniger empfindlichen höchstens bei 10^5 je 1 ml liegt. Einer Vermehrung der verbliebenen Mikroorganismen in den verkaufsgerechten Enzymkonzentraten wird im allgemeinen durch Zusatz von Konservierungsmitteln begegnet.

Zum Konzentrieren der Kulturfiltrate werden gewöhnlich *Vakuumumlaufverdampfer, Rotationsdünnschichtverdampfer, Centritherm-Verdampfer* u. ä. Aggregate eingesetzt. Dieser Verfahrensschritt erfolgt bei möglichst niedrigen Temperaturen (25 … 30 °C), um Aktivitätsverluste so gering wie möglich zu halten. Man konzentriert je nach Bedarf in weiten Bereichen, und zwar von $^1/_5$ bis zu $^1/_{20}$ der Ausgangslösung. Die Konzentrierung kann auch durch *Gefrieren des Wassers* erfolgen [3]. In Zukunft dürften auch im industriellen Bereich zunehmend Trennverfahren unter Einsatz von Membranen *(Ultrafiltration)* angewandt werden.

Die auf die beschriebene Weise hergestellten Konzentrate genügen im allgemeinen den Anforderungen der Abnehmer. Die Konzentrate werden durch Verdünnen mit Wasser, Pufferlösung, Glycerin u. a. auf eine bestimmte Enzymaktivität eingestellt; wenn erforderlich, werden Stabilisatoren oder Konservierungsmittel zugesetzt. Aus Gründen der Lagerstabilität sollten die Konzentrate mindestens 2 % Protein i. T. enthalten. Die Konzentrate werden in geeigneten Behältnissen in den Handel gebracht.

Literatur

[1] *Bain, K. L.:* Concentration of Enzyme Solutions by Evaporation. Vortrag gelegentlich des II. Symposiums der Gärungsindustrie, Leipzig 1968
[2] *Тараруков, Г. М.,* и *Э. Б. Коробов* (Tararukov, G. M., und E. B. Korobov): Ферментная и спиртовая промышленность (Gärungs- und Spiritusindustrie) **36** (1970) 24
[3] *Pike, J. W.:* Konzentrierung wäßriger, eßbarer Lösungen oder Extrakte. BRD-Offenlegungsschrift 1 517 121, offengelegt am 27. 11. 1969

3.4.5.2. Fällung mit organischen Lösungsmitteln

Zur weiteren Anreicherung bzw. Reinigung des Enzyms werden *Fällungsoperationen* vorgenommen. Als Ausgangsmaterial hierfür dient das Kulturfiltrat, jedoch wird zur Einsparung von Fällungsmitteln zumeist ein Konzentrat verwendet. Die Fällung kann unter Einsatz geeigneter anorganischer Salze (vgl. 3.4.5.3.), verschiedener anderer, zumeist organischer Verbindungen (vgl. 3.4.5.5.) oder organischer Lösungsmittel vorgenommen werden. Bei den letztgenannten handelt es sich vorrangig um *Äthanol, Methanol, Aceton* oder *2-Propanol* (Isopropanol). Organische Lösungsmittel können auf Enzyme denaturierend wirken [1, 2]. Deshalb wird diese Fällungsoperation zumeist mit vorgekühlten Flüssigkeiten durchgeführt. *Bauer* und *Avigad* [3] haben in diesem Zusammenhang festgestellt, daß sich verschiedene Enzyme, und zwar sowohl mikrobieller wie auch tierischer Herkunft, bei höheren Äthanolkonzentrationen (70% und darüber) als wesentlich stabiler erweisen als im Bereich zwischen 10% und 70%. Die Autoren empfehlen daher, bei der Fällung möglichst rasch auf hohe Alkoholkonzentrationen einzustellen. Auch bei Einsatz von 2-Propanol und Aceton sollte dieser Befund berücksichtigt werden.

Die *Dauer des Fällungsprozesses* ist auf ein Minimum zu beschränken, da ein längerer Kontakt des Enzyms mit dem Lösungsmittel ebenfalls zu Aktivitätsverlusten führen kann. Häufig setzt man vor der Fällung zusätzlich *Feststoffe* zu, z. B. Lactose, Stärke, Kieselgur. Sie unterstützen den Sedimentationsvorgang und dienen gleichzeitig als indifferente Trägersubstanzen für das fertige Enzympräparat. (Auf diese Weise ist u. U. eine bessere Homogenität des Endprodukts gewährleistet als bei Zusatz der Feststoffe erst nach dem Trocknen und Mahlen des Enzympräparats.) Ist die Konzentration an Enzymprotein extrem niedrig, dann wird die Zugabe eines indifferenten *Trägerproteins* (etwa 50 mg je 100 ml Enzymlösung) empfohlen; hierdurch läßt sich ggf. die Ausbeute an Enzymen erhöhen.

Das *Fällen des Enzyms* erfolgt in der Praxis durch kontinuierlichen Zusatz des Lösungsmittels mit einer Temperatur von 4 ... 10 °C bei laufendem Rührwerk, wobei auf eine Endkonzentration von 50 ... 80 Vol.-% eingestellt wird. Zur Herstellung reinerer Enzympräparate mit höherer Aktivität kann die Fällung auch in fraktionierter Form, d. h. durch stufenweise Erhöhung der Konzentration des organischen Lösungsmittels bei jeweils zwischenzeitlicher Abtrennung des Niederschlags vorgenommen werden. Unter großtechnischen Bedingungen wird unter Einsatz von Rührbehältern aus nichtrostendem Stahl gearbeitet. Nach Beendigung der Lösungsmittelzugabe läßt man den Behälterinhalt zur Vervollständigung der Niederschlagsbildung noch 30 ... 60 min lang stehen. Der verbleibende Rückstand wird von der darüber stehenden Flüssigkeit mittels Zentrifuge, Druckfilterpresse oder Vakuum-Drehzellenfilter getrennt. Er wird anschließend im Vakuum bei niedriger Temperatur (möglichst unterhalb 30 °C) *getrocknet* und *gemahlen*.

Literatur

[1] *Šul'man, M. S.:* Kolloidn. Shurnal **27** (1965) 284, ref. C. A. **63** (1965) 2053a
[2] *Šul'man, M. S.:* Fermentnaja spirtovaja Prom. **31** (1965) Nr. 6, 6, ref. Chem. Zentralbl. **137** (1966) 49
[3] *Bauer, S.,* und *G. Avigad:* Israel J. Chem. **5** (1967) 117, ref. C. A. **67** (1967) 97122 k

3.4.5.3. Fällung mit anorganischen Salzen [1 bis 3]

Das Aussalzen der Enzyme im industriellen Maßstab wird vornehmlich mit *Ammoniumsulfat* oder *Natriumsulfat* vorgenommen, jedoch können auch andere Salze verwendet werden *(Kochsalz, Kaliumphosphat, Natriumacetat* u. a.). Aus ökonomischen Gründen wird das Kulturfiltrat vor der Fällung im allgemeinen eingeengt. Den Filtraten bzw. Konzentraten wird unter Rühren das Salz zugesetzt. Die Zugabe erfolgt bei niedrigen Medientemperaturen (etwa 4 °C), und zwar entweder stufenweise

(z. B. bis zu 40, dann 60, dann 80% Sättigung bei jeweils zwischenzeitlicher Abtrennung des Niederschlags) oder auf einmal (bis zu 80% Sättigung). Das Salz wird entweder in festem Zustand oder in Form gesättigter Lösungen zugegeben. Die erforderliche Menge zur Erzielung eines bestimmten Sättigungsgrads läßt sich mit Hilfe eines Nomogramms leicht ermitteln. (Allerdings werden die Grenzwerte der Sättigung von pH-Wert, Temperatur und Konzentration des Enzyms sowie vom Reinheitsgrad der Lösung beeinflußt. Vorversuche im Laboratorium sind daher unerläßlich.) Nach Beendigung der Sedimentation (bei Ammoniumsulfat etwa 5 h, bei Natriumsulfat etwa 2 h nach der Fällungsoperation) wird das enzymreiche Sediment von der wäßrigen Phase getrennt. Wenn das Trennen der Phasen Schwierigkeiten bereitet, ist ein Filtrieren dem Zentrifugieren vorzuziehen. Der Festanteil wird im Vakuum getrocknet und anschließend gemahlen.

Der Vorteil des *Ammoniumsulfats* gegenüber den anderen Verbindungen ist in seiner guten *Löslichkeit* zu sehen; mit diesem Salz können nahezu sämtliche Proteine gefällt werden. Die Löslichkeit beträgt etwa 700 g je 1 l Flüssigkeit, sie variiert allerdings erheblich je nach Temperatur. Es empfiehlt sich daher, eine konzentrierte Lösung bekannter Stärke herzustellen (z. B. ist eine $4M$ Lösung bei 0 °C nahezu gesättigt). Bei 4 °C hat *Natriumsulfat* eine merklich geringere Löslichkeit als das Ammoniumsalz. Dieser Tatbestand ist von Bedeutung, weil auch die Löslichkeit vieler Proteine bei dieser Temperatur geringer ist. Da die maximale Löslichkeit des Natriumsulfats bei etwa 32 °C liegt, nimmt seine Fähigkeit zum Fällen der Proteine mit steigender Temperatur bis 32 °C zu (infolge Steigerung der Ionenstärke). In all den Fällen, in denen diese Temperatur ohne Denaturierungserscheinungen vertragen wird und außerdem das Enzym einen negativen Temperaturkoeffizienten der Löslichkeit im vorgegebenen Medium hat, ist Natriumsulfat dem Ammoniumsalz vorzuziehen. Seine Verwendung bewirkt eine schnellere Gleichgewichtseinstellung zwischen gelöstem und gefälltem Enzym als mit Ammoniumsulfat.

Literatur

[1] *Schwimmer, S.*, und *A. Pardee:* Adv. Enzymol. **14** (1953) 375
[2] *Manoilov, S. E.*, und *B. P. Surinov:* Tr. Leningrad. Khim.-Farm. Inst. **20** (1967) 19, ref. C. A. (1968) 49331 x
[3] *Vaganova, M. S., K. A. Kalunjanc* und *I. Y. Veselov:* Appl. Biochem. Microbiol. USSR **4** (1968) 182, ref. Microbiol. Abstr. Sec. A, Ind. microbiol. 3 (1968) 124 Nr. A 3804

3.4.5.4. Sprühtrocknung

Eine weitere Möglichkeit zur Herstellung von Enzymtrockenpräparaten ist die *Sprüh- (Zerstäubungs-) Trocknung.* Versprüht werden Konzentrate, die durch Verdampfen enzymhaltiger Kulturfiltrate im Vakuum gewonnen werden. Den Konzentraten werden Stabilisatoren bzw. Salze (z. B. 10% Kochsalz als „Unterlage") zugesetzt, und danach werden sie in einem nach dem Prinzip eines Zyklons arbeitenden Sprühtrockner zerstäubt. Die Flüssigkeit wird über Düsen nebelartig eingesprüht. Ihr wirbelt tangential heiße Luft entgegen, die den Wasserdampf aufnimmt und abführt. Das so getrocknete Produkt wird durch die Zentrifugalkraft an die Wand des Sprühtrockners geschleudert, es fällt zu Boden und kann von diesem trocken entnommen werden. Dieses Verfahren stellt naturgemäß gewisse Anforderungen an die Thermostabilität der zu trocknenden Enzyme. Nach *Vaganova* u. a. [1] übersteigen hierbei die Aktivitätsverluste bei *Bacillus-mesentericus*-Enzymen unter optimalen Bedingungen nicht 10%.

Literatur

[1] *Ваганова, М. С., К. А. Калунянц и Т. В. Цугунова* (Vaganova, M. S., K. A. Kalunjanc und T. V. Cugunova): Ферментная и спиртовая промышленность (Gärungs- und Spiritusindustrie) 37 (1971) 18

3.4.5.5. Sonstige Aufarbeitungsverfahren

Zur Isolierung von Enzymen werden auch makromolekulare Ionen oder Moleküle verwendet, die eine Fällung der Enzyme ohne Einengen der Kulturfiltrate ermöglichen. Bei diesen Fällungsmitteln handelt es sich um eine Gruppe *Polyelektrolyte*, zu denen u. a. folgende organische Verbindungen zählen: *Nucleinsäuren* als Polyanionen [1 bis 3], *Protamine* als Polykationen [4], *Tannin* als Polyanion [5, 6] sowie synthetische Polyanionen oder -kationen, wie z. B. eine Reihe *synthetischer Gerbstoffe* [7]. Die Enzymausbeuten bei Fällung mit Tannin lassen sich erhöhen, wenn ein zugesetztes lösliches Eiweiß (z. B. Maisquellwasser, Casein, Milch, Milchpulver, Peptone, Gelatine) mit gefällt wird. Die genannten Verbindungen wirken besonders auf die polaren Gruppen der Proteine, u. a. durch Ausbildung von Wasserstoffbrücken. In solchen Systemen spielen Art und Menge des Polyelektrolyts eine entscheidende Rolle. Bei geeigneter Versuchsanstellung bleibt die Enzymaktivität weitgehend erhalten. Das Fällungsmittel wird aus dem Komplex entweder durch Gegenionen, z. B. bei Verwendung eines anionischen Polyelektrolyts, durch mehrwertige Kationen oder durch Extraktion mit organischen Lösungsmitteln entfernt.

Des weiteren können Enzymtrockenpräparate hergestellt werden, indem den Kulturfiltraten oder bereits eingeengten Konzentraten das Wasser in Gegenwart von natürlichen (organischen) Trägersubstanzen entzogen wird [8]. Hierzu wird die das Enzym enthaltende Flüssigkeit mit einem festen Substrat (Getreidekleie, gemahlenes Trockenbrot, Getreide- oder Kartoffelstärke oder eine Mischung derselben) z. B. im Verhältnis 1:1 bzw. 1:2 gemischt und dem Gemisch in einem *Wirbelbett* unter Luftzufuhr Wasser entzogen. Wenn die enzymhaltige Flüssigkeit einen sehr niedrigen Trockensubstanzgehalt aufweist (0,5%), kann das Verhältnis Flüssigkeit:Trägersubstanz zugunsten der Flüssigkeit verändert werden. Nach Entfernung eines Teiles des Wassers (15 ... 20% Restfeuchte) wird abermals enzymhaltige Flüssigkeit zugegeben, es erfolgt weiterer Wasserentzug usw. Die Temperatur der eingeblasenen Luft beträgt – je nach Empfindlichkeit des Enzyms – 10 ... 80 °C, ihre Feuchte ist vor dem Eintritt so niedrig wie möglich zu halten. Bei Beendigung dieses Prozesses wird auf 5 ... 12% Feuchte eingestellt. Nach diesem Verfahren lassen sich Enzymlösungen bis auf das 50fache mit einer Ausbeute von 70 ... 95% konzentrieren.

Zur Herstellung *sehr reiner* bzw. *kristalliner Enzympräparate* sind besondere Trennoperationen erforderlich. Wenn ein Enzym mit einem konstanten Gehalt an einer Verunreinigung auskristallisiert, muß eine fraktionierte Kristallisation vorgenommen werden. Die speziellen Bedingungen hierfür sind im Vorversuch zu ermitteln. Die Enzymlösung muß für das amorphe Präzipitat ungesättigt, für das Kristallisat jedoch gesättigt sein (2 ... 5% Enzymprotein). Die vorzunehmenden Reinigungsschritte sind vielfältig, sie umfassen z. B. die *fraktionierte Fällung* (mit organischen Lösungsmitteln oder anorganischen Salzen), die *Dialyse* bzw. *Elektrodialyse* und *Ultrafiltration*, die *Adsorption* und *Elution* unter Einsatz spezieller Adsorbenzien (z. B. Stärke bei der Reinigung von mikrobiellem α-Amylase-Präparat) und/oder den Einsatz von Ionenaustauschern, der Gelfiltration und der Elektrophorese. Zahlreiche mikrobielle Enzyme wurden bereits in Kristallform gewonnen. Hierzu

175

gehören solche wie Takadiastase *(Aspergillus oryzae)*, α-Amylase *(Aspergillus niger, Bacillus subtilis)*, Glucoamylase *(Bacillus subtilis, Rhizopus spec.)*, Proteinase *(Streptomyces spec., Aspergillus niger, Bacillus subtilis)*, Pektinase, Glucoseoxydase, Naringinase u. a. m. [9].

Enzym-Pulverpräparate stauben leicht. Der Staub kann bei unsachgemäßem Arbeiten in die Atemwege gelangen und zu Allergien sowie anderen gesundheitlichen Schäden führen. In zunehmendem Maße werden daher Enzympräparate in Form von rieselfähigen, *nicht staubenden Granulaten* in den Handel gebracht. Mit der Granulierung verfolgt man außerdem das Ziel, Nachteile, z. B. das Verkleben, zu beseitigen, die bei der Lagerung von Enzym-Pulverpräparaten auftreten.

Zur Herstellung von Granulaten gibt es verschiedene Möglichkeiten. Man kann das Enzym mit hydratisierbaren *Buildersalzen*, die entweder in der wasserfreien oder in der teilhydratisierten Form vorliegen, unter Zusatz von so viel Wasser zusammengeben, daß eine partielle bzw. komplette Hydratisierung erfolgt *(Wassergranulierung)*. Als *anorganische Buildersalze* kommen z. B. Alkaliphosphate, -borate, -sulfate, -carbonate, -silikate, als *organische Verbindungen* das Trinatriumsalz der Nitrilotriessigsäure sowie die Di-, Tri- und Tetranatriumsalze der Äthylendiaminotetraessigsäure (EDTA) in Frage. Um eine zu große Erwärmung des Enzyms infolge der bei der Hydratisierung freiwerdenden Reaktionswärme zu vermeiden, wurde vorgeschlagen, das abzubindende Wasser in Form von Eisstückchen zuzugeben [10]. Die Mischdauer beträgt hierbei 2 … 10 min. Die entstehenden Granulate weisen Korngrößen zwischen 0,2 mm und 2 mm auf, ihr Gehalt an Enzymprotein beträgt 1 … 5%.

Ein anderes Verfahren der Granulatherstellung basiert auf der Verwendung von hohlkugelförmigen bzw. gut rieselfähigen Substanzen bzw. Körnern (Schüttdichte $< 1\ \text{kg/dm}^3$), die mit einer klebenden Flüssigkeit *(Agglomerisierungshilfsmittel)* besprüht und anschließend mit dem enzymhaltigen Produkt versetzt werden [11]. Dieses bleibt auf der Oberfläche der Körner haften und kann nunmehr mit einer indifferenten, die Oberfläche verfestigenden Substanz bedeckt werden. Als feste Unterlage dienen z. B. Tripolyphosphat, Pyrophosphat, Soda, waschaktive Substanzen usw., die mittels eines Sprühprozesses gewonnen werden können. Zur *Benetzung* der Körner können z. B. Nonylphenolpolyglykoläther, Mineralöle, Wachse usw. herangezogen werden. Als *Verfestigungsmittel* sind alle Stoffe geeignet, die sich an die Agglomerate anlagern. Es können u. U. die gleichen Verbindungen sein, die als Grundsubstanz dienen.

Für die Herstellung der Granulate werden *Granulierapparate*, speziell Granulierteller, eingesetzt. Man erhält ein festes, gut rieselfähiges Granulat ohne Staubanteil.

Nach *Hoogerheide* [12] lassen sich Granulate auch durch Einspritzen von konzentrierten Enzymlösungen in wasserfreies *Tripolyphosphat* herstellen.

Gleichförmige Granulate können durch Versprühen einer Suspension im *Sprühturm* gewonnen werden. Die Suspension besteht aus Rohenzympräparat und *Bindemittelschmelze* (z. B. wachsartige Substanzen, die bei Raumtemperatur fest und bei erhöhten Temperaturen, z. B. bei 35 … 50 °C, flüssig sind). Die Schmelze wird mit einer Sprühscheibe oder einem Sprühkorb am Kopf des Sprühturms in Tröpfchenform verteilt und fällt im Sprühturm nach unten. Im Gegenstrom wird Kaltluft zugeführt, welche die Schmelzwärme ableitet und die Tröpfchen zu einem Wachs/Enzym-Gemisch erstarren läßt. Die steigenden Anforderungen an die Qualität der Enzympräparate führen dazu, daß das Versprühen mit Bindemittelschmelze, bekannt unter dem Begriff *Prillen*, zunehmend in den Vordergrund rückt.

Das Problem der Granulatherstellung wurde bisher vorrangig im Hinblick auf die Waschmittelherstellung bearbeitet.

Literatur

[1] *Warburg, O.,* und *W. Christian:* Biochem. Z. **303** (1939) 40

[2] *Kubowitz, F.,* und *P. Ott:* Biochem. Z. **314** (1943) 94

[3] *Kleczkowski, A.:* Biochem. Z. **40** (1946) 677

[4] *Haurowitz, F.:* Kolloid-Z. **74** (1936) 208

[5] *Ziegler, F.,* und *W. Frommer:* Verfahren zur Gewinnung von gereinigten salzfreien Enzympräparaten. BRD-Auslegeschrift 1224255, ausgelegt am 8. 9. 1966

[6] *Töpfer, H., K. Piesche* und *G. Schäfer:* Verfahren zur Isolierung von mikrobiell erzeugten Enzymen. DDR-Patent 66604, ausgegeben am 5. 5. 1969

[7] *Schöpfel, D.,* und *J. Huber:* Verfahren zur Gewinnung von Protein- und Enzymkonzentraten. DDR-Patent 67685, ausgegeben am 5. 7. 1969

[8] *Cojocarin, C.:* Verfahren zur Herstellung konzentrierter Enzyme. BRD-Offenlegungsschrift 1904344, offengelegt am 11. 9. 1969

[9] *Arima, K.:* Microbial Enzyme Production. In: *Starr, M. P.:* Global Impacts of Applied Microbiology. New York–London–Sidney: J. Wiley & Sons Inc. 1964, S. 277 bis 294

[10] *Natali, R.,* und *G. Giombini:* Verfahren zur Herstellung eines granulatförmigen Enzymproduktes für Waschzwecke. BRD-Offenlegungsschrift 2021897, offengelegt am 23. 12. 1970

[11] *Mattes, L.,* und *H. Roesler:* Verfahren zur Herstellung von lagerbeständigem Enzym-Konzentrat. BRD-Offenlegungsschrift 1903754, offengelegt am 13. 8. 1970

[12] *Hoogerheide, J. C.:* Fette, Seifen, Anstrichmittel **70** (1968) 743

3.4.5.6. Stabilisierung und Standardisierung

Die *Stabilisierung*, d. h. die Erhaltung der während der Kulturführung erreichten Enzymaktivität, spielt im Verlauf der Aufarbeitung und bei den Fertigprodukten eine entscheidende Rolle. Daher werden bereits bei verschiedenen Stufen der Aufarbeitung entweder den Kulturmedien oder den Kulturfiltraten geringe Mengen *Stabilisatoren* zugesetzt, die ein Wachstum von Mikroorganismen weitgehend unterbinden oder aber einem Aktivitätsverlust entgegenwirken.

Im allgemeinen sind flüssige Enzym-*Roh*präparate länger lagerfähig als *gereinigte* Flüssigerzeugnisse, da zumeist mit Erhöhung des Gehalts an Eiweißstoffen sowie an stabilisierend wirkenden Bestandteilen aus dem Kulturmedium die Stabilität des Enzyms ansteigt [1]. Im gleichen Sinne wirkt ein Konzentrieren der Enzymlösung. Eingeengte Kulturfiltrate (d. h. Konzentrate) sind zumeist besser haltbar als die Ausgangslösungen. Man wird daher überwiegend Konzentrate (und nicht Kulturfiltrate) in den Handel bringen, sofern Flüssigerzeugnisse gewünscht werden. Es versteht sich von selbst, daß hierbei auch die Fragen der Transport- und Lagerkapazität weit günstiger zu lösen sind. Zur Unterbindung mikrobiellen Befalls bzw. als *Stabilisatoren* für flüssige Enzympräparate werden Benzoesäure, Salicylsäure, p-Hydroxybenzoesäureäthylester, p-Hydroxybenzoesäurepropylester, Sorbinsäure, Schwefeldioxid bzw. Sulfite, quaternäre Ammoniumverbindungen, Toluol, phenolische Verbindungen, Cystein bzw. die Salze der genannten Säuren u. a. m. empfohlen [2 bis 4].

Vielfach wird die Haltbarkeit eines Enzympräparats in wäßriger Lösung bei Anwesenheit eines Saccharids oder Zuckeralkohols verbessert [5, 6]. Hier werden vor allem *Saccharose, Glucose, Sorbit* sowie *Glycerin* verwendet. Die Anteile dieser Zusatzstoffe bzw. Stabilisatoren liegen in der Praxis zwischen 10% und 70% i. T. Entweder kann der Stabilisator vor dem Einengen, Fällen, Sprühtrocknen oder Gefriertrocknen zugesetzt werden, oder das enzymhaltige Produkt wird in die Zucker- bzw. Zuckeralkohollösung gegeben bzw. darin suspendiert und nachfolgend getrocknet. Für bestimmte Protease-Präparate werden *Calciumionen* als Stabilisatoren vorgeschlagen, wohingegen verschiedene α-Amylase-Präparate durch Zugabe von *Chlorionen* stabilisiert werden [5]. Eine Stabilisierung von Enzymlösungen wird zuweilen erreicht, wenn neben einem wasserlöslichen Salz des Calciums ein *organischer Costabilisator* anwesend ist. Als solcher eignet sich z. B. ein *aliphatisches Glykol* der Zusammensetzung $HO[CH_2CH_2O]_nH$ (z. B. Äthylenglykol, Di-, Triäthylen-gykol sowie analoge höhermolekulare Verbindungen des Äthylenoxids) [7]. Dabei wird das anorganische Salz in einer Menge von 0,005 ... 0,05% und der Costabilisator in einer solchen von 5 ... 20% zugegeben. Derartige Zusammensetzungen werden vorrangig für Waschmittelkompositionen empfohlen.

Über die Stabilisierung von Enzympräparaten durch *Bestrahlung* wird unter 3.4.5.7. berichtet.

Die Enzymaktivität wird zuweilen beim *Tablettieren* durch den Druck von 200 MPa auf 60 ... 70% der Ausgangsaktivität vermindert. Durch Zusatz eines Zuckers oder Zuckeralkohols (z. B. Sorbit) vor dem Pressen kann dieser Aktivitätsverlust verhindert werden [8].

Enzymtrockenpräparate sind zumeist monatelang ohne Aktivitätsverlust haltbar, sofern ihr Feuchtegehalt nicht über 8% ansteigt. Trotzdem empfiehlt es sich, die Präparate bei einer Temperatur von 4 ... 6 °C aufzubewahren.

Um eine bestimmte Enzymaktivität je Masseeinheit einzustellen, d. h. die *Aktivität zu standardisieren*, werden technische Enzympräparate meist mit verschiedenen *Füllstoffen* verschnitten. Als solche eignen sich wasserlösliche Alkalisalze (z. B. Natriumsulfat, Natriumtripolyphosphat, Natriumchlorid), Erdalkalisalze (Calciumacetat oder -sulfat), Milchzucker, Saccharose, Kleie, Stärke oder Mehl, im Bedarfsfall auch Gips, Steinmehl, Holzmehl, Diatomeenerde und andere indifferente Substanzen. Die Verschnittmittel dürfen keinen nachteiligen Einfluß auf die Enzyme – in fester oder gelöster Form – haben. Hygroskopische Salze sind für Trockenpräparate ungeeignet. Die Verschnittstoffe müssen den Erfordernissen des Anwendungsbereichs der Enzympräparate angepaßt sein.

Ein wesentliches Kriterium der handelsüblichen Enzympräparate ist der *Aktivitätsgehalt*. Die Aktivität der Präparate ist maßgebend für ihren Preis. So enthalten z. B. in den Handel gebrachte Amylase-Präparate etwa 5000 SKB-Einheiten je 1 g, und die Aktivität der Protease-Präparate liegt vielfach bei 1,5 *Anson*-Einheiten je 1 g. Darüber hinaus ist eine weitere *analytische Charakterisierung* der Endprodukte erforderlich. Mikrobielle Enzympräparate sind mit folgenden Kennwerten im Handel:

Feuchte	5 ... 7%	Asche	10 ... 20%
Protein	30 ... 40%	äther-extrahierbare	
Kohlenhydrate	35 ... 40%	Verbindungen	0,01 ... 0,1%

Die Enzympräparate werden vornehmlich in 4 Formen angeboten:

als getrocknete Enzymkleie (aus Oberflächenkulturen),
als flüssige bzw. dickflüssige Konzentrate,
als pulverförmige Produkte,
als Granulate.

Literatur

[1] *Schwimmer, S.*, und *A. B. Pardee:* Advances in Enzymol. **14** (1953) 375
[2] *Beckhorn, E. J.:* Wallerstein Lab. Commun. **23** (1963) 201
[3] *Dellin, P. S., B. A. Ekström, B. O. H. Sjöberg* und *K. H. Thelin:* Verfahren zur Herstellung eines Fermentationspräparates. DDR-Patent 75053, angemeldet am 5. 8. 1970

[4] *Dworschak, R. G., J. Ch. Chen, A. Khwaja, J. Clinton, W. H. White* und *J. Fulton:* Verfahren zur Verbesserung der Lagerstabilität von Enzymen. BRD-Patent, offengelegt am 26. 4. 1973
[5] Autoren nicht genannt: Proteasepräparate mit verbesserter Stabilität in Lösung, Verfahren zu ihrer Herstellung und ihre Verwendung. BRD-Patent 2015504, angemeldet am 1. 4. 1970, offengelegt am 29. 10. 1970
[6] *Weissler, H. E.,* und *J. A. Eigel:* Proc. Amer. Soc. Brew. Chem., Congr. 1966 Madison/Wisconsin 1966, S. 221 bis 227
[7] *Berry, J. S.:* Stabilisierte wäßrige Enzymmischung. BRD-Patent 1964088, angemeldet am 22. 12. 1969, offengelegt am 2. 7. 1970
[8] *Mima, H.,* und *S. Hisada:* Enzympräparat und Verfahren zu seiner Herstellung. BRD-Patent 1517787, angemeldet am 3. 12. 1966, offengelegt am 29. 1. 1970

3.4.5.7.   Verringerung des Keimgehalts

Für die Verwendung mikrobieller Enzympräparate in der Lebensmittelproduktion ist die Reduzierung des *Keimgehalts* der Enzympräparate erforderlich. Bisher bestanden derartige Forderungen vorrangig für pharmazeutisch genutzte Präparate. Sie umfaßten – je nach Anwendungszweck – einen Bereich von „keimarm" bis „steril" [1]. Mit der Erweiterung der Anwendungsgebiete für Enzympräparate werden auch aus anderen Industriezweigen (vor allem der Lebensmittel-, Futtermittel- und Waschmittelindustrie) Ansprüche hinsichtlich der Herstellung keimreduzierter Enzympräparate geltend gemacht. Ob die von den Verbrauchern verschiedentlich gestellten Reinheitsanforderungen in jedem Fall gerechtfertigt sind, ist noch umstritten. Ein Beweis dafür sind z. B. die sehr unterschiedlichen Normen, die in bezug auf die zulässige Keimzahl für pharmazeutische Produkte in einzelnen Ländern bestehen [2].

Das geforderte Keimzahllimit ist von einer Reihe Faktoren abhängig, so vom Produktionsorganismus, von der eingesetzten Enzymmenge sowie vom Anwendungszweck des Präparats. Die z. B. von der Fleischwirtschaft gewünschten Enzympräparate sollen keine pathogenen und maximal etwa $10^2 \ldots 10^3$ apathogene Mikroorganismen je 1 g Trockenenzympräparat aufweisen.

Nach dem Abtrennen der Biomasse läßt sich die Keimminderung durch verschiedene *Filtrationsmethoden* bzw. *-schritte*, hochtouriges *Zentrifugieren* sowie durch die Einwirkung von *Chemikalien* oder von *Strahlen* erreichen. Solche oder andere Behandlungsmethoden sind jedoch nur dann sinnvoll, wenn sie keinen wesentlichen Aktivitätsverlust zur Folge haben, wenn keine toxischen Stoffe in das Endprodukt gelangen bzw. entstehen und wenn die Herstellungskosten nur in einem ökonomisch tragbaren Maß ansteigen.

Nach Angaben aus der pharmazeutischen Industrie führt eine chemische Behandlung von Enzympräparaten mit *Äthylenoxid* zu keimfreien Erzeugnissen, jedoch ist gleichzeitig mit erheblichen Aktivitätsverlusten zu rechnen [2]. Nachteilig ist des weiteren, daß die Behandlung in sehr dünner Schichtdicke erfolgen muß und daß toxische Stoffe entstehen können. Aus diesem Grunde ist Äthylenoxid wenig geeignet. Eine Keimreduzierung mittels *Isopropanol* bzw. anderer *Alkohole* ist nur bedingt möglich, da diese Alkohole gegenüber Mikroorganismensporen weitgehend unwirksam sind. Hinzu kommt, daß auf diese Weise nur Präparate behandelt werden können, die in dem Alkohol/Wasser-Gemisch unlöslich sind.

Für eine Keimminderung sind physikalische Methoden am geeignetsten. Weit verbreitet ist der Einsatz von *Vakuum-Drehzellenfiltern*, von *Ein-* und *Mehrschichtenfiltern* (Filterpressen) sowie von *Filterkerzen*. Zunehmend werden auch *Membranfilter* verwendet. Diese Arbeitsmittel sind bereits weitgehend Bestandteil des normalen

Aufarbeitungsweges geworden. Auf diese Weise können Flüssigpräparate bereits keimfrei gemacht werden, jedoch treten mitunter Aktivitätsverluste auf [3]. Eine Minderung um 10^3 Keime je 1 ml Flüssigpräparat ist auch mit hochtourigen Zentrifugen (Baktofugen) möglich. Diese Behandlung allein reicht jedoch in den meisten Fällen nicht aus, um das geforderte Keimzahllimit zu erreichen.

Eine wirkungsvolle Methode zur Reduzierung der Keimzahl ist die *Bestrahlung* von Enzympräparaten. Sie beruht in erster Linie auf einer Schädigung der DNS der Mikroorganismen. Für die Behandlung kommen *Elektronen-* und *Gammastrahlen* in Frage. Elektronenstrahlen sind infolge ihrer relativ geringen Eindringtiefe (etwa 5 cm bei 1,6 pJ) weniger gebräuchlich. Vorrangig werden daher Gammastrahlen unter Verwendung von ^{60}Co als Strahlenquelle eingesetzt. Ihre Wirkung ist sehr von der Sensibilität der Mikroorganismen abhängig. Nichtsporenbildner sind im allgemeinen strahlenempfindlicher als Sporenbildner und *Gram*-negative Nichtsporenbildner wiederum empfindlicher als *Gram*-positive (Tab. 3.4.5.7.).

Tabelle 3.4.5.7. Strahlenempfindlichkeit verschiedener Mikroorganismen [4 bis 6]

Stamm	Strahlendosis[1] in kGy	Anzahl der Keime je 1 g Substanz, die von der unter 2 angegebenen Strahlendosis abgetötet werden
Sporenbildner		
Bacillus pumilus	9 … 25	$10^5 … 10^8$
Bacillus subtilis	8 … 20	$10^4 … 10^7$
Gram positive Mikroorganismen		
Streptococcus spec.	5 … 10	$10^7 … 10^8$
Staphylococcus aureus	1 … 10	$10^7 … 10^9$
Gram negative Mikroorganismen		
Pseudomonas aeruginosa	1 … 10	$10^7 … 10^8$
Escherichia coli	1 … 10	$10^6 … 10^9$
Hefen		
Candida spec.	1 … 20	$10^3 … 10^8$
Pilze		
Aspergillus spec.	3 … 5	Mycel

[1] Dosis, die zur Inaktivierung der angegebenen Keime benötigt wird

Die *Strahlensensibilität* wird von der Zusammensetzung der bestrahlten Substanz, dem Entwicklungszustand der Mikroorganismen sowie von verschiedenen Umweltfaktoren bestimmt. Im Falle der Verwendung von *Bacillus*-Stämmen als Enzymproduzenten ist nach Erfahrungswerten eine Dosis von etwa 25 kGy erforderlich, um die Gesamtkeimzahl von 10^9 auf $10^1 … 10^2$ zu senken [1]. Diese Strahlenenergie hat jedoch einen erheblichen Verlust der Enzymaktivität zur Folge, wodurch das Verfahren unwirtschaftlich wird. Bei einer Dosis von 10 kGy erleidet die *Bacillus*-Protease hingegen keinen nennenswerten Aktivitätsverlust, die Keimzahl wird allerdings um nur etwa 10^3 Keime je 1 g Präparat gesenkt. Wie aus Tab. 3.4.5.7. zu ersehen ist, werden bei dieser Dosis alle infolge Sekundärinfektion anwesenden Nichtsporenbildner inaktiviert. Ist diese Keimminderung nicht ausreichend, empfiehlt sich eine Kombination mit anderen Methoden (Filtration, hochtouriges Zentrifugieren). Obwohl die Gammastrahlen-Behandlung gegenüber anderen Methoden als sehr rationell und ökonomisch eingeschätzt wird, bestehen jedoch in toxikologisch-hygienischer

Hinsicht noch gewisse Vorbehalte gegenüber dieser Methode. So könnten z. B. infolge *Radikalbildung* auf den Organismus toxisch wirkende Stoffe entstehen. Es gibt jedoch auch anderslautende Befunde und Meinungen [1, 2, 7]. Sicher ist, daß jedes Enzympräparat gesondert toxikologisch getestet werden muß.

Literatur

[1] *Wallhäuser, K. H.:* Chemie-Ing.-Techn. **43** (1971) 1 und 2, S. 72
[2] *Schlatter, B.:* Beitrag zur antimikrobiellen Behandlung von Enzympräparaten für perorale Zwecke. Diss. Nr. 4757 der Eidgenössischen Technischen Hochschule Zürich, 1971
[3] *Hennrich, N.:* Pharmaz. Ind. **31** (1969) 228
[4] *Büchi, J.,* und *N. Iconomou:* Pharmac. Acta Helvetiae **40** (1965) 257
[5] *Hangey, G.:* Magyar Kémikusok Lapja **10** (1969) 505
[6] *Bridges, B. A.:* Progr. Ind. Microbiol. **5** (1964) 283
[7] *Bachmann, S.,* und *M. Borkowska:* Roczniki Technologii i chemii Zywnosci XXII, 2 (1972) 121

3.4.6. Gewinnung von zellgebundenen Enzymen

Die Mehrzahl der Enzyme ist im Inneren der Zelle der Mikroorganismen lokalisiert bzw. an subzelluläre Strukturen gebunden. Zur Gewinnung *intrazellulärer* bzw. *zellgebundener* Enzyme muß die Zelle aufgebrochen oder zerstört bzw. die Membran für das Enzym durchlässig gemacht werden. Die Zellwände von Mikroorganismen sind im allgemeinen schwerer zu zerstören als solche tierischer Herkunft. Zur Gewinnung zellfreier Extrakte lassen sich *mechanische, chemische* und *enzymatische* Methoden anwenden. Das jeweils einzusetzende Verfahren hängt von den speziellen Eigenschaften der aufzuschließenden Mikroorganismen, d. h. von ihrer Größe und Struktur, von der Festigkeit der Zellwand sowie von der Empfindlichkeit des Enzyms ab. Es empfiehlt sich, die jeweils anzuwendende Methode anhand von Vorversuchen empirisch zu ermitteln.

Abtrennung der Zellen

Die Anzucht und Kultivierung der Mikroorganismen erfolgt in der beim submersen Produktionsverfahren beschriebenen Weise. Nach Beendigung der Fermentation wird die Biomasse isoliert und aufgearbeitet. Zur *Zellabtrennung* verwendet man zweckmäßigerweise eine kontinuierlich arbeitende Zentrifuge; für kleine Mengen kann in Chargen zentrifugiert werden. Wichtig ist, daß während der „Ernte" der Zellen keine für den Organismus extremen Sauerstoffverhältnisse eintreten, da diese den Zelltod und die Autolyse beschleunigen können. (Die abgetrennte Biomasse soll ein Minimum an autolysierten Zellen enthalten.) Nach der „Ernte" der Zellen ist ein *Waschen* im allgemeinen günstig. Vorsicht ist jedoch bei gealterten Zellen angebracht, da bei diesen ein Teil der Enzyme durch die Waschvorgänge extrahiert werden kann. Die gewaschene *Zellpaste* läßt sich bei Temperaturen unterhalb −10 °C längere Zeit ohne Schädigung der Enzyme aufbewahren. So gelagerte wie auch gefriergetrocknete Zellen eignen sich gleich gut für eine weitere Aufarbeitung.

Mechanischer Zellaufschluß

Der mechanische Aufschluß der Zellen erfolgt im Labormaßstab am einfachsten durch ein *Zerreiben* mit Aluminiumoxid, Aluminiumpulver, Glaspulver, Quarzsand

oder ähnlichem Material im Mörser. Das klassische Beispiel für dieses Aufschlußverfahren ist die Herstellung von zymasehaltigem Hefepreßsaft durch *Buchner*.
Im Laboratorium werden auch spezielle Geräte zum Zerreiben verwendet, die mit zwei
geschliffenen, konisch oder zylindrisch ineinander eingepaßten Glasflächen ausgestattet
sind (z. B. *Potter-Elvehjem*-Homogenisator); sie führen jedoch bei Mikroorganismen
nicht immer zum Erfolg.
Die gewaschenen Zellen werden mit einem der oben genannten Materialien gemischt
und bis zum Feuchtwerden des Materials zerrieben (0,5 … 3 min). Nach dem Aufschluß werden die Zellen in eine physiologische Kochsalz- oder eine geeignete Pufferlösung gegeben und die festen Bestandteile abzentrifugiert. Man erhält einen klaren,
gelb bis bräunlich gefärbten Extrakt, der die Enzyme enthält. Alle Operationen –
vom Waschen der Zellen bis zur Extraktion der Enzyme – werden bei Temperaturen
zwischen 0 °C und 5 °C durchgeführt. Störende niedermolekulare Zellinhaltstoffe
sowie Puffersalze lassen sich durch Dialyse abtrennen.
Für den Aufschluß von Bakterien und Hefen sind eine Reihe Geräte entwickelt
worden, die sich im Laboratorium wie auch im kleintechnischen Maßstab mit Erfolg
einsetzen lassen. Das Prinzip eines speziellen Gerätetyps geht auf *v. Ardenne* [1, 2]
zurück. Ein kühlbares Gefäß enthält Glaskugeln (sog. *Ballotinikügelchen*) mit einem
Durchmesser zwischen 0,1 mm und 0,35 mm und schwingt mit einer Frequenz von
etwa $50 \cdot s^{-1}$. Die Bakterien- oder Hefezellen werden in einer Salz- bzw. Pufferlösung zusammen mit den Glaskugeln in das Gefäß gegeben und einer kräftigen
Vibration unterworfen. Das für den Aufschluß erforderliche optimale Verhältnis
der einzelnen Parameter (Anteile an Glaskugeln, Zellpaste, Flüssigkeit und Luft-
polster im Gefäß sowie Dauer der Vibration) ist jeweils im Vorversuch festzulegen.
Gewöhnlich erzielt man einen nahezu 100%igen Aufschluß innerhalb weniger
Minuten. Sehr gut eignen sich gefriergetrocknete Zellen als Ausgangsmaterial. Dieses
Prinzip findet auch im großtechnischen Maßstab Anwendung.
Des weiteren lassen sich kontinuierlich arbeitende *Rührwerksmühlen* für die großtechnische Gewinnung von Zellextrakten einsetzen. Die feuchte Zellmasse wird durch
eine stufenlos regelbare Speisepumpe von unten in den zylindrischen Mahlbehälter
gefördert, der mit *Silikat-Quarzit-Perlen* beschickt ist. Im Mahlbehälter rotieren Rührer mit hoher Geschwindigkeit, die das Mahlgut intensiv bewegen. Ein Sieb bzw. Spalt
hält die Perlen am oberen Ende des Mahlbehälters zurück und läßt die desintegrierte
Zellmasse passieren. Die Größe des Mahlbehälters variiert je nach Gerätetyp in
weiten Grenzen (zwischen 5 l und 500 l).
Pilzhyphen werden am besten mit *Messerhomogenisatoren* aufgeschlossen. Die Messer
rotieren in einem Stahlzylinder mit $n = 8\,000 \ldots 10\,000\ min^{-1}$, und durch den entstehenden Sog werden die in Wasser oder Pufferlösung suspendierten Zellen an den
Messern vorbeigeführt und dabei zerrissen. Nach der Behandlung extrahiert man das
Homogenat (z. B. 2 h bei 30 °C).
Mehrmaliges kurzzeitig wiederholtes *Gefrieren* und *Auftauen* der Zellen führt durch
die Scherwirkung der Eiskristalle gleichfalls zum Zellaufschluß. Bei dieser Methode
können empfindliche Enzyme u. U. einen Aktivitätsverlust erleiden bzw. zerstört
werden. Gefrorene Zellen lassen sich durch kurzzeitig einwirkenden hohen Druck
zerstören. *French* [3] beschreibt eine Presse, bei der ein *Fallhammer* auf eine Stahl-
kammer aufprallt, in der sich die gefrorenen Zellen befinden. Die zerstörten Zellen
werden durch einen Schlitz gepreßt.
Delin u. a. [4] haben ein Verfahren zur Gewinnung intrazellulärer Enzyme entwickelt,
das sich auch großtechnisch einsetzen läßt. Die Zellen werden in einer selbstreinigen-
den Durchlaufzentrifuge unter Druck *durch einen Spalt gepreßt* und nachfolgend
plötzlich *entspannt*. Hierbei zerreißen die Zellen, ohne daß die Zellwand wesentlich

zerkleinert wird. Der Durchtritt durch den rotierenden Schlitz dauert jeweils 0,05 bis 1,0 s; die Schlitzweite beträgt 0,3 ... 0,7 mm; der günstigste Arbeitsdruck liegt bei 6 ... 7,5 MPa. Bei Zusatz eines organischen Lösungsmittels werden der Aufschluß-effekt und die Abtrennung des Enzyms aus der Zellstruktur erhöht. Nach der Zellzerstörung empfiehlt sich ein $^1/_2$- bis 1stündiges Rühren des ausgestoßenen Zellmaterials, um das Enzym schnell in Lösung zu bringen. Der Zusatz eines pH-stabilisierenden Stoffes (z. B. Triäthylamin, N-Äthylpiperidin) erhöht die Enzym-ausbeute.

Mikroorganismen lassen sich auch durch Behandlung mit *Ultraschall* aufschließen. Nach *Szentirmai* [5] werden die Bakterien- bzw. Hefezellen – möglichst im gekühlten Medium (3 ... 8 °C) – abzentrifugiert, in einer z. B. 0,001M Phosphatpufferlösung (pH 8,0) suspendiert und 5 ... 10 min lang bei -15 ... -5 °C im Ultraschallgenerator (20 MHz, 50 W/cm^2) behandelt. Auch diese Methode ist großtechnisch nutzbar, doch werden empfindliche Enzyme u. U. in ihrer Struktur verändert und können an Aktivität einbüßen.

Ein Verfahren von *Vogelbusch* [6] verbindet die zellaufschließende Wirkung des *Ultraschalls* und der *plötzlichen Entspannung* (und eines hieraus resultierenden Über-drucks im Zellinneren) in einem Arbeitsgang. Die Zellen werden kurzzeitig (0,3 ... 5s) in gespanntem Dampf erhitzt, dabei unter Ultraschalleinwirkung gehalten, plötzlich entspannt (Austritt aus einer Düse) und abgekühlt. Bei der nachfolgenden Entspan-nung entsteht eine Differenz zwischen dem Druck im Zellinneren und dem Außendruck von 0,7 MPa, was zu einem Aufreißen der Zellwand führt. Die Enzyme werden bei dieser Behandlung nicht geschädigt.

Chemischer Zellaufschluß

Die *Permeabilität der Zellmembran* ergibt sich aus ihrer Struktur (bimolekulare Doppelschicht von Verbindungen mit hydrophilen und lipophilen Gruppen). Durch Chemikalien, die diese Doppelschicht und damit ihre Funktion zerstören, wird die Permeabilität der Membran aufgehoben. *Aceton* ist ein derartiges Agens; es wird daher sehr häufig für den Zellaufschluß verwendet. Durch Zugabe etwa der 10fachen Menge Aceton (auf -10 °C gekühlt) zu gewaschenen Zellen werden die Membranen außer Funktion gesetzt, ohne daß die intrazellulären Enzyme merklich inaktiviert werden. Die Intrazellularflüssigkeit wird hierbei den Zellen weitgehend entzogen. Nach Abtrennung des Acetons durch Filtrieren oder Zentrifugieren (ggf. Nach-waschen mit Äther) kann man die trockenen Zellen als Enzympräparat verwenden (*„Acetonpulver“*). Eine Extraktion der Enzyme mit Pufferlösung oder wäßrigen Salzlösungen ist möglich, jedoch nicht notwendig.

Werden Zellen aus hypertonischer EDTA-Lösung plötzlich in destilliertes Wasser übergeführt *(osmotischer Schock)*, so kann das bei einigen Bakterienarten zur Lyse und Freisetzung der Enzyme führen. Bei einer osmotischen Druckdifferenz von 1 MPa beträgt jedoch der auf die Membran ausgeübte Druck lediglich 100 Pa, was bei den meisten Zellen nicht zum Zersprengen der Zellwand ausreicht.

Einige Stämme von *Bacillus megaterium* und *Escherichia coli* lassen sich jedoch auf diese Weise aufschließen. Der Zellaufschluß wird nach *Heppel* [7] wie folgt durch-geführt: Gewaschene Zellen von *Escherichia coli* aus der exponentiellen Phase des Wachstums werden im Verhältnis 1:80 mit 0,5M Saccharoselösung (in verdünnter Tris-Pufferlösung bei Anwesenheit von 10^{-4}M EDTA) suspendiert. Die Suspension wird zentrifugiert, das Sediment nach Entfernung des Überstands durch kräftiges Schütteln im Verhältnis 1:80 in kalter 5 · 10^{-4}M Magnesiumchloridlösung verteilt und die Suspension abermals zentrifugiert. Der Überstand enthält die Hydrolasen der Zelle.

Zur Gewinnung intrazellulärer *Invertase aus Preßhefe* wird diese nach *Hata* u. a. [8]
mit Chloroform einer *Plasmolyse* unterworfen (10 kg Hefe, 4 l Chloroform). Man läßt
die Mischung 30 … 60 min lang bei Normaltemperatur stehen, setzt 4 l destilliertes
Wasser hinzu und stellt mit 1*N* Natronlauge auf *p*H 7,0 ein. Nach 24stündiger *Autolyse*
bei 25 °C wird zentrifugiert. Der Überstand wird 24 h lang unter Toluol bei 25 °C
aufbewahrt (*p*H 5,0). Aus dem nach dem Zentrifugieren erhaltenen Überstand wird
das Enzym mittels verschiedener Fraktionierungs- und Fällungsoperationen isoliert.
In der Literatur werden zahlreiche Verfahren zur Gewinnung von Hefeinvertase angegeben. Sie variieren je nach Autor und Fragestellung teilweise erheblich.
Eine Kombination des osmotischen Schocks mit einer Behandlung der wachsenden
Zellen mit Penicillin führt bei *Gram*-negativen Bakterien *(Escherichia coli, Proteus
mirabilis)* gleichfalls zur Lyse und zu einer sehr schonenden Freisetzung der Enzyme
(z. B. β-Galaktosidase, Phosphatasen, Nucleasen).

Enzymatischer Zellaufschluß

Nicht wachsende (ruhende) Zellen von *Gram*-positiven Kokken werden nach *Weibull* [9] durch *Lysozym* oder *lysozymähnliche Enzyme* (z. B. aus Eiklar oder Streptomyceten) in Gegenwart von EDTA lysiert. Die *Mucopeptidschicht (Sacculus)* der
Zellwand, die für die starre Form der Bakterienzelle verantwortlich ist, wird durch
Zerlegung bestimmter Bindungen zerstört. Der osmotische Druck des Zellinneren,
der in der intakten Zelle durch diese Schicht auch in einem hypotonischen Medium
abgefangen wird, sprengt die cytoplasmatische Membran und führt zur Freisetzung
der Enzyme. Die Aufarbeitung der zellfreien Lösung erfolgt wie bei allen anderen Methoden durch Zentrifugieren, Konzentrieren und Fällen.
Hefe- und Pilzzellen werden durch einen Enzymkomplex aus dem Magen der Weinbergschnecke *(Schneckenenzym)* lysiert. *Mikrobielle Glucanasen, Chitinasen* und
Hemicellulasen führen gleichfalls zur Zerstörung der Hefe- bzw. Pilzzellwand [10].
Organismen aus der Gruppe der *Mycobakterien* (z. B. *Cytophaga*) und Bazillen
sind für die Produktion derartiger zellwandzerstörender Enzyme besonders geeignet.
Industriell haben sich enzymatische Aufschlußmethoden in größerem Umfang noch
nicht durchgesetzt, da sie noch relativ teuer sind. Diese Methoden dürften jedoch
in Zukunft in zunehmendem Maße angewandt werden.

Andere Aufschlußmethoden

In manchen Fällen werden die Mikroorganismen lediglich abfiltriert, und der Filter-
kuchen wird in Wasser oder geeigneten Salzlösungen (Kochsalz, Calciumchlorid,
Calciumphosphat usw.) suspendiert. Dies geschieht verschiedentlich unter Zusatz
von Chelatbildnern (EDTA) bei schwermetallempfindlichen und von Bisulfit oder
Cystein bei sauerstoffempfindlichen Enzymen. Hierbei erfolgt eine *Autolyse* der Zellen,
und die Enzyme werden an das Medium abgegeben. *Brunner* [11] setzt auf diese Weise
Proteasen aus Schimmelpilzen frei.
Gunsalus beschreibt Methoden zur Herstellung von *Zell-Trockenpräparaten*, aus denen
Enzyme extrahiert werden können. Diese Präparate werden hergestellt durch

> *Lufttrocknung* der Zellen,
> langsame *Vakuumtrocknung* von Zellpasten oder
> *Gefriertrocknung (Lyophilisation).*

Das Trocknen dient einmal dazu, die Enzymaktivität zu konservieren, zum anderen
ist es eine besonders geeignete Zwischenstufe zur Freisetzung bzw. Extraktion von

Enzymen. Getrocknete Zellen lassen sich zumeist gut extrahieren bzw. auch unmittelbar als Enzympräparate einsetzen.

Die *Lufttrocknung* hat sich vor allem bei Hefen bewährt, während eine *Vakuumtrocknung* oder eine *Gefriertrocknung* bei Bakterien eher zum Erfolg führt. Um größere Ansätze lyophilisierter Zellen zu gewinnen, trocknet man die Zellen in dünner Schicht in Blutplasmaflaschen oder in Rundkolben von 2 ... 3 l Inhalt. Moderne Gefriertrocknungsanlagen ermöglichen die Trocknung auch größerer Zellmengen (20 kg und mehr) in einem Arbeitsgang.

Alle nach einer der beschriebenen Methoden gewonnenen enzymhaltigen Extrakte können gegebenenfalls nach Verdünnung mit Wasser durch *Filtrieren* oder *Zentrifugieren* oder durch Kombination beider Methoden vom restlichen Zellmaterial befreit werden. Ein Zusatz von Filterhilfsmitteln (Aktivkohle, Aluminiumoxid, Cellulosepulver, Kieselgur) kann den Reinigungsprozeß günstig beeinflussen (Entfärbung, Klärung).

Eine *Anreicherung und Reinigung* der intrazellulären Enzyme durch Konzentrieren, Fällen, Dialyse, Auftrennen an Ionenaustauschersäulen und Trocknen ist wie bei extrazellulären Enzymen möglich (vgl. 3.4.5. und 3.4.7.3.).

Bei der *Reinigung von intrazellulären Enzymen* ist der Abtrennung von *Nucleinsäuren* Beachtung zu schenken. Diese lassen sich durch spezielle *Fällungsagenzien* oder durch Einwirkung von *Nucleasen* beseitigen.

Aufarbeitungsweg für die Herstellung eines gereinigten Präparats eines intrazellulären Enzyms (Beispiel):

Kultivieren der Mikroorganismen
↓
Abtrennen der Zellen durch Zentrifugieren oder Filtrieren
↓
Aufschließen der Zellen (z. B. mechanisch, chemisch, enzymatisch)
↓
Entfernen der Zelltrümmer durch Zentrifugieren oder Filtrieren
↓
Beseitigen der Nucleinsäuren durch fraktioniertes Fällen (z. B. unter Einsatz von Mn^{++}-Salzen oder von Streptomycinsulfat)
↓
Fraktioniertes Fällen des Enzyms aus dem Überstand oder dem Filtrat mittels Ammoniumsulfat
↓
Extrahieren bzw. Lösen des Sediments bzw. des Filterrückstands
↓
Reinigen bzw. Anreichern des Enzyms durch Adsorption und Elution
↓
Gelchromatographische Reinigung
↓
Vereinigung der enzymaktiven Eluate
↓
Dialyse bzw. Ultrafiltration
↓
Konzentrieren (z. B. durch Ultrafiltration)
↓
Gefriertrocknen

Literatur

[1] *v. Ardenne, M.:* Kolloid-Z. **93** (1940) 158
[2] *v. Ardenne, M.:* Angew. Chem. **54** (1941) 144
[3] *French, C. S.,* und *S. W. Milner:* Methods in Enzymol. **1** (1955) 64
[4] *Delin, P. S., B. A. Ekström, B. O. H. Sjöbug, K. H. Thelin* und *L. S. Nathorst-Westfelt:* BRD-Offenlegungsschrift 1 907 365, offengelegt am 11. 9. 1969
[5] *Szentirmai, A.:* Acta microbiol. Acad. Sci. hung. **12** (1965) 395
[6] *Vogelbusch GmbH:* Verfahren zum Extrahieren von in Mikroorganismen gebildeten Enzymen. BRD-Offenlegungsschrift 1 517 778, offengelegt am 11. 12. 1969
[7] *Heppel, L. A.:* Science **156** (1967) 1451
[8] *Hata, T., R. Hayashi* und *E. Doi:* Agric. biol. Chem. (Tokyo) **31** (1967) 150
[9] *Weibull, C.:* J. Bacteriol. **66** (1953) 688
[10] *Toyama, N.:* Verfahren zur Zersetzung der Zellwände von Hefearten mittels β^+-Glucanase, welche durch Mikroorganismen erzeugt wird. BRD-Offenlegungsschrift 1 442 108, offengelegt am 14. 11. 1968
[11] *Brunner, H.,* und *M. Röhr:* Vortrag gelegentlich des 7. FEBS-Meetings, Varna 1971

3.4.7. Verfahrenstechnisch-technologische Gesichtspunkte bei der Herstellung von Enzympräparaten

3.4.7.1. Allgemeines

Im folgenden werden einige verfahrenstechnische Fragen und Besonderheiten der Herstellung mikrobieller Enzympräparate behandelt, und zwar im wesentlichen unter Berücksichtigung der *submersen* Gewinnung *extrazellulärer* Enzyme; hinsichtlich der Aufarbeitung von *zellgebundenen (intrazellulären)* Enzymen sind prinzipiell die gleichen bzw. analogen Verfahrensschritte anwendbar. Mit der *Emers*produktion in Zusammenhang stehende Fragen werden nur kurz erwähnt.
Zweifellos ist auch die Technologie der Enzym*applikation* ein wichtiges Arbeitsfeld für den Verfahrensingenieur, zumal der Nutzen, der bei der Anwendung entsteht, meist den bei der *Herstellung* von Enzympräparaten anfallenden Nutzen übertrifft. Vor allem aber werden beim Einsatz der Präparate vielfach noch veraltete, traditionsgebundene Technologien angewandt, wodurch die Vorteile der enzymatischen Verfahren nicht voll zur Geltung kommen. Hier muß anstelle des bloßen Hinzufügens von Enzympräparaten zu den in den Industriezweigen umzuwandelnden Grundstoffen die Technologie der Anwendung rationalisiert werden.
Eine in diesem Zusammenhang zu lösende Aufgabe ist der Einsatz von *trägerfixierten Enzymen* bzw. von *Enzym-Reaktoren*. Die technische Reaktionsführung derartiger Prozesse wird sich künftig kaum von derjenigen bereits bekannter katalytischer Stoffumwandlungen in der chemischen Industrie unterscheiden. Interessante Ausblicke über Synthese und Eigenschaften trägergebundener Enzyme in Form unlöslicher Enzymharze geben *Lang* u. a. [1]. In einer Arbeit von *Kobayashi* und *Moo-Young* [2] werden für zwei spezielle Fälle Näherungsgleichungen für Bestimmungen am Festbett-Enzym-Reaktor gegeben und die derzeitigen praktischen Grenzen der Enzymreaktorberechnung gezeigt.
Für den Verfahrensingenieur ist bei der Gewinnung mikrobieller Enzyme der gesamte *Fermentationsprozeß* (Bereitung und Sterilisation der Einsatzstoffe, Vorkulturführung, Produktion im Großfermentor), die *Aufarbeitung* des Kulturmediums (Sedimentieren, Filtrieren, Zentrifugieren, Konzentrieren, Fällen, Trocknen) sowie die *Konfektionierung* (Zerkleinern, Mischen, Verschneiden, Granulieren, Verpacken) zu bearbeiten. Dazu kommen Fragen der Beseitigung der *Abprodukte* sowie die Gestal-

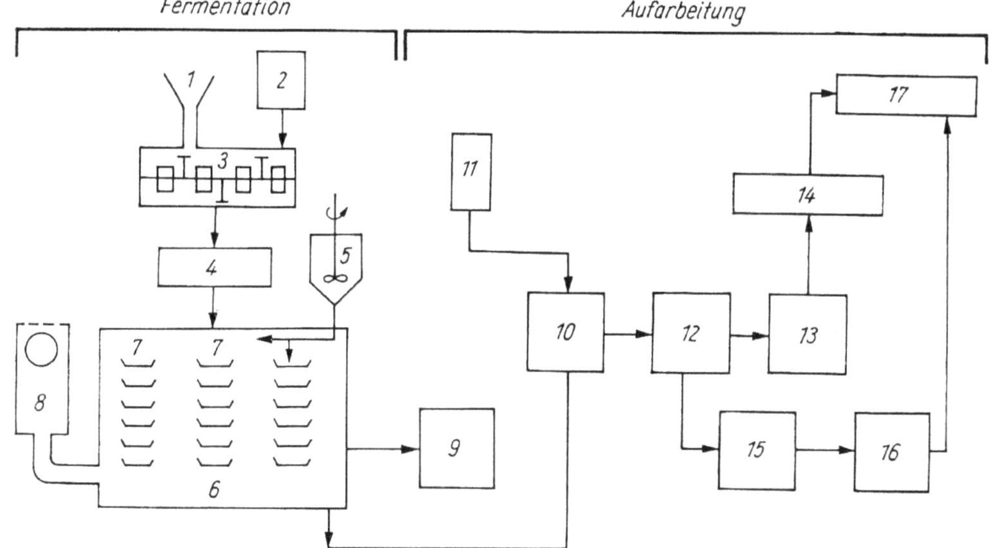

Bild 3.4.7.1.a. Herstellung von Pilzenzympräparaten im Emersverfahren
(1) Nährbodenzuführung (2) Wasserbehälter (3) Mischer (4) Sterilisator (5) Impfbehälter (6)
Fermentor (7) Siebe oder Pfannen (8) Klimatisierungsanlage mit Dampf- und Luftzufuhr und
-abführung (9) Trockner (10) Extraktor (11) Wasser- oder Pufferlösungsbehälter (12) Zentrifuge
oder Presse (13) Fällungsbehälter (14) Trockner (15) Filter (16) Vakuumverdampfer (17)
Konfektionierung

tung, Dimensionierung und Realisierung von *Energie-* und *Nebenanlagen.* Die verfahrenstechnischen Probleme der Herstellung von Enzympräparaten gleichen denjenigen anderer mikrobiologisch-biochemischer Prozesse. Prinzipiell werden diese
Probleme unter Heranziehung der in der *chemischen Verfahrenstechnik* allgemein angewandten Methoden der Modellierung, Dimensionierung und Maßstabsvergrößerung
(Scale up) behandelt.
Bei der Bearbeitung der einzelnen Verfahrensschritte im Verlauf der technisch-
ökonomischen Optimierung besteht die Notwendigkeit, stets den *Gesamt*prozeß
im Auge zu behalten, zumal sich die Erfordernisse der beiden technologischen Haupt-
stufen, der Fermentation und der Aufarbeitung, oftmals störend gegenüberstehen.
So können z. B. ölige Nährmedienbestandteile, die u. U. hohe Enzymaktivitäten im
Kulturmedium bewirken, oft die anschließende Aufarbeitung sehr erschweren bzw.
ökonomisch stark belasten oder gar unmöglich machen. Derartige Zusammenhänge
sind rechtzeitig zu erkennen und zu beachten.
Die Herstellung von Pilzenzympräparaten im *Oberflächen- (Emers-)Verfahren* geht
aus dem auf Bild 3.4.7.1.a dargestellten Verfahrensschema hervor. Es zeigt sowohl den
Abschnitt der *Fermentation* (mit Zubereitung des Nährmediums und Sterilisation,
Beimpfung, Kultivierung der beimpften Kleiesubstrate in belüfteten Bruträumen)
wie auch den Abschnitt der *Aufarbeitung* (Extraktion der mit Enzymen angereicherten
Pilzkleie, Trennung der Festbestandteile aus dem Extrakt, Fällung der Enzyme,
Trocknung und Konfektionierung).
Auf Bild 3.4.7.1.b ist ein vereinfachtes Verfahrensfließbild zur Herstellung von mikro-
biellen Enzympräparaten im *Submersverfahren* dargestellt. Es umfaßt den *Fermenta-*
tionsabschnitt mit den Vorkulturstufen (Vorkulturführung, Anzucht- und Inokulum-
fermentor) und dem Produktionsfermentor sowie ein Beispiel für den *Aufarbeitungs-*

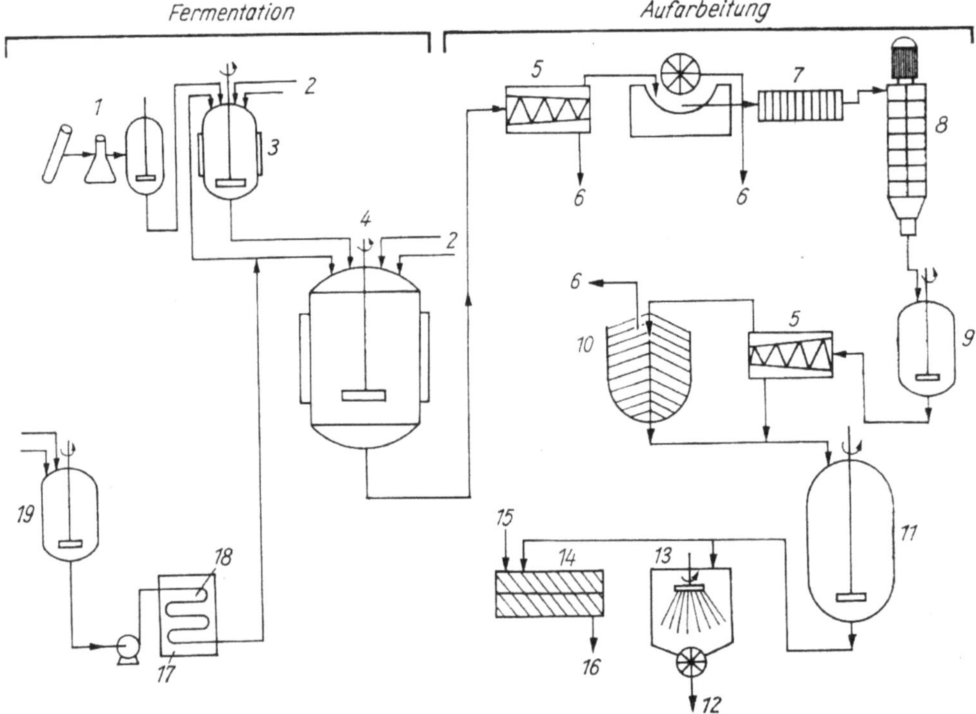

Bild 3.4.7.1.b. Herstellung mikrobieller Enzympräparate im Submersverfahren (Beispiel)
(1) Anzucht (2) Säure/Lauge-Antischaummittel (3) Impffermentor (4) Fermentor (5) Dekanter
(6) Biomasse (Abprodukt) (7) Sterilfilter (8) Rotationsdünnschichtverdampfer (9) Fällungs-
behälter (10) Zentrifuge (11) Auffangbehälter (12) Trockenprodukt (13) Sprühtrockner (14) Misch-
trommel (15) Bindemittel (16) Enzymgranulat (17) kontinuierlich arbeitender Sterilisator (18)
Röhrenwärmeaustauscher (19) Nährmedienansatzbehälter

abschnitt. Neben der einfachen oder fraktionierten Fällung der Enzyme aus dem gereinigten und eingeengten Kulturfugat bzw. -filtrat mit Hilfe von organischen Lösungsmitteln (z. B. Alkohol) tritt in zunehmendem Maße die Salzfällung (z. B. mit Natriumsulfat) in den Vordergrund, die vor allem Vorteile für die anschließende Trocknung in Sprühtrocknern sowie für die Granulierung bietet.

Literatur

[1] *Lang, H., N. Hennrich, H. D. Orth, W. Brümmer* und *M. Klockow:* Chemiker-Ztg. **96** (1972)
595
[2] *Kobayashi, T.,* und *M. Moo-Young:* Biotechnol. Bioengng. **13** (1971) 893

3.4.7.2. Verfahrenstechnik der Fermentation

3.4.7.2.1. Fermentationsanlagen

Emersverfahren
Verfahrenstechnisch unterscheidet man 3 Grundtypen von Ausrüstungen, die der
Emersproduktion von Enzymen auf festen Nährmedien (Nährböden, bevorzugt

188

Kleie) dienen (vgl. Bild 3.4.1.1.). Es handelt sich um Technologien unter Einsatz von

a) Bruträumen mit Pfannen *(Pfannenverfahren)*,
b) Rotationstrommeln *(Trommelverfahren)* und
c) Bruträumen mit perforierten Böden *(Hochschichtverfahren)*.

Zu a) Die bei diesem Verfahren benutzten Pfannen (flache viereckige Blech- oder Drahtkästen) werden mit angefeuchteter Kleie in einer Schichtdicke von 2 ... 4 cm beschickt und nach der Sterilisation und Beimpfung des Nährbodens in Inkubationskammern aufbewahrt. Temperatur, Feuchte und Belüftung werden während der Inkubation sorgfältig reguliert.

Zu b) Den Rotationstrommeln sind von der technischen Dimensionierung her Grenzen gesetzt. Für die Kultivierung coenocytischer (querwandloser) Pilze (z. B. solche der Gattung *Rhizopus)* sind die Rotationstrommeln wegen einer möglichen mechanischen Schädigung der Hyphen nicht geeignet. Für die Kultivierung anderer Pilzgattungen können die Trommeln zu etwa 30 % des Gesamtvolumens mit dem beimpften Nährboden gefüllt werden. Die Sterilhaltung des Kultivierungsguts und die Belüftung bereiten kaum Schwierigkeiten.

Zu c) Für die Hochschichtverfahren werden niedrige, sterilisierbare Inkubationsräume mit einem gut luftdurchlässigen Boden benutzt. Der auf diesen gebrachte Nährboden in einer Schichtdicke von etwa 20 cm wird sterilisiert und beimpft. Durch einen kontinuierlichen Luftstrom, der von unten durch die Kleienährböden geleitet wird, sind die Abführung der Reaktionswärme während des Wachstums der Pilze und ihre ausreichende Sauerstoffversorgung gewährleistet.

Submersverfahren

Die in der Fermentationsindustrie für mikrobielle Prozesse einsetzbaren Reaktortypen lassen sich je nach dem gewählten Belüftungssystem und den verschiedenen Möglichkeiten zur Bildung der Turbulenz- und Zirkulationsfelder in folgende Gruppen einteilen:

Rührfermentoren mit steriler Belüftung,
Tauchstrahlfermentoren mit steriler Belüftung,
Mammutpumpenfermentoren,
Blasensäulenfermentoren.

Diese Typen sind für die *kontinuierliche* wie auch für die *diskontinuierliche* Fahrweise anwendbar. Für die *Enzym*gewinnung wird jedoch z. Z. fast ausschließlich der *Rührfermentor* eingesetzt, während andere Fermentortypen, so z. B. der Tauchstrahlfermentor, für diesen Anwendungsbereich noch modifiziert werden müssen.

Belüftbarer Rührfermentor. Dieser Reaktortyp (vgl. Bild 3.4.4.3.) dient z. Z. vorrangig für die Enzymproduktion. Folgende Rührersysteme sind möglich:

a) *Schaufelrührer* in einem bewehrten Behälter mit Luftzufuhr unter dem Rührer (Belüftungsring),
b) selbstansaugende *Hohlrührer* (Trommel- und Dreikantrührer), z. B. *Einsaugbelüfter* nach *Frings*,
c) *Hohlrührer*, die mit Druckluft gespeist werden. Die Luft tritt aus Öffnungen im Rührer aus; Beispiele hierfür sind die Hohlscheibe nach *Thommel* sowie der Feinstbelüfter nach *Vogelbusch* [1].

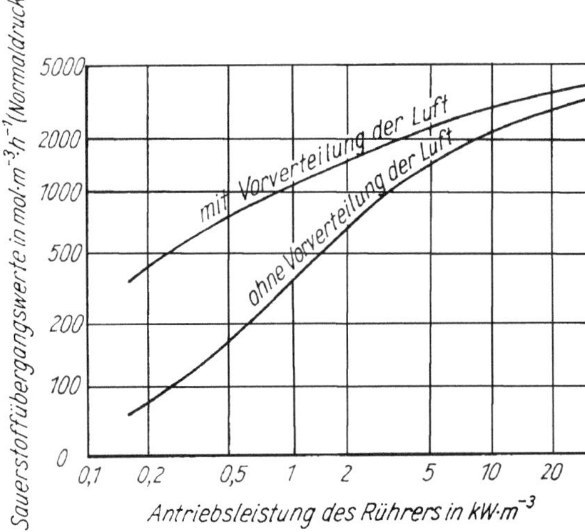

Bild 3.4.7.2.1.a. Sauerstoff-übergangswerte in Abhängigkeit von der spezifischen Antriebsleistung des Rührers

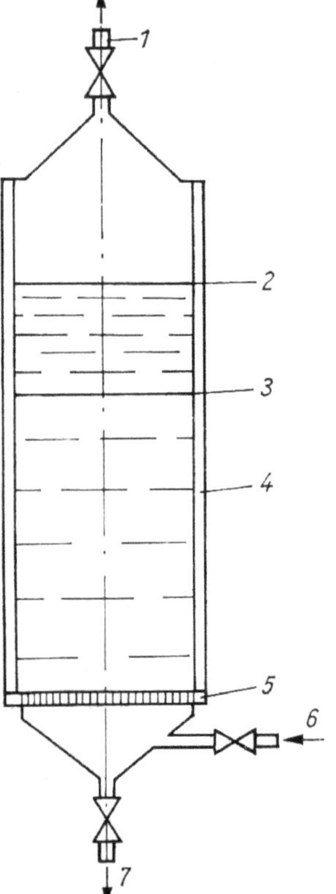

Bild 3.4.7.2.1.b. Modell eines Blasensäulenfermentors [3]
(1) Abluft (2) Betriebshöhe (3) Ruhehöhe (4) Doppelwand zur Heizung bzw. Kühlung (5) Luftverteilerplatte (6) Lufteintritt (7) Austritt des Kulturmediums

Aus Bild 3.4.7.2.1.a lassen sich die *Sauerstoffübergangswerte* in Abhängigkeit von der Rührleistung, und zwar mit oder ohne Vorverteilung der Luft (z. B. Drahtnetz, Belüftungsring usw.), entnehmen [2]. Die Werte sind unabhängig von der Rührerbauart (alle Werte für verschiedene Rührer liegen auf einer Kurve); der Belüftungsverlauf hängt somit nur von der aufgenommenen Rührerleistung ab. Bei einer Luft-

190

vorverteilung ergeben sich bessere Stoffübergangswerte. Die Leistungsaufnahme eines Rührers bei gleichzeitigem Belüften liegt um etwa 30% niedriger als beim Rühren unbelüfteter Flüssigkeiten. Bei der Dimensionierung ist jedoch die Leistungsaufnahme ohne Belüftung zugrunde zu legen, da mit einem Ausfall derselben im praktischen Betrieb gerechnet werden muß.

Tauchstrahlfermentor. Bei diesem wird die zu begasende Flüssigkeit aus dem Behälter mit Hilfe einer Kreiselpumpe zum *Strahlapparat* gefördert. Hier wird die Luft zugeführt, vom Flüssigkeitsstrahl angesaugt und über eine *Mischstrecke* als begaster *Tauchstrahl* mit starkem Impuls in die Flüssigkeit eingetragen. Der Tauchstrahlfermentor wird bisher bei biologischen Prozessen, die eine Sterilisation der Luft *nicht* erfordern, eingesetzt. Er bietet durch einen geringen spezifischen Energieverbrauch besondere Vorteile. Bei einer *sterilen Fahrweise* muß die Luft durch Kompressoren über ein Sterilfilter zugeführt werden. Die apparative und technologische Entwicklung ist bisher noch nicht abgeschlossen.

Blasensäulenfermentor (Bild 3.4.7.2.1.b). Dieser Fermentor eignet sich besonders für Mikroorganismen, die eine starke Turbulenz (durch Rühren bzw. Umwälzsysteme) infolge der auftretenden Scherkräfte nicht vertragen. Das gewünschte Fermentationsprodukt läßt sich nur mittels einer dieser Problematik angepaßten Luftregelung gewinnen. Durch eine gute Luftverteilung wird eine große Grenzfläche auf kleinem Raum herbeigeführt. Aus der sich ergebenden Bewegung zwischen Luft und Flüssigkeit resultiert ein guter Stoff- und Wärmeübergang. Der Fermentor dürfte für den Einsatz empfindlicher Enzymproduzenten (z. B. querwandlose Pilzhyphen) Bedeutung erlangen.

Literatur

[1] *Rehm, H.-J.:* Industrielle Mikrobiologie. Berlin–Heidelberg–New York: Springer-Verlag 1967
[2] *Karwat, H.:* Chemie-Ing.-Techn. **31** (1959) 588
[3] Lehrbrief „Technische Reaktionsführung" 209 03/14, Technische Hochschule Otto von Guericke Magdeburg

3.4.7.2.2.   Besonderheiten bei der technischen Reaktionsführung

Die theoretischen Grundlagen für die Berechnung der Reaktorvolumina entsprechen denen, wie sie auch bei Ablauf chemischer Reaktionen angewandt werden [1 bis 3]. Für alle Reaktortypen gilt, daß die biochemische Reaktion erst bei Vorliegen bestimmter äußerer Bedingungen (z. B. Temperatur, Druck, pH-Wert) optimal ablaufen kann. Beeinflußt wird sie durch Konzentration der Bestandteile des Nährmediums, Produktbildung, Stoff- und Wärmetransport sowie andere Parameter.

Die Entwicklung in der Fermentationsindustrie ganz allgemein geht dank der zunehmenden Kenntnis über die Physiologie der Mikroorganismen von diskontinuierlichen über semikontinuierliche zu kontinuierlichen Züchtungsverfahren. Der Übergang zu kontinuierlichen Prozessen ist jedoch bei der *industriellen* Enzymproduktion noch nicht gesichert. Insbesondere muß man bei der Berechnung von biochemischen Reaktionen das Vorhandensein von *Fließgleichgewichten* berücksichtigen. Ferner sind Auswirkungen von evtl. auftretenden *Mutationen* zu erwarten, die die Enzymbildung qualitativ und quantitativ verändern können.

Andere Probleme ergeben sich z. B. bei der Fermentation von *Mischkulturen* mit sehr komplexem Reaktionsgeschehen, beim Auftreten von *Oszillationsphänomenen* oder bei der *Stammoptimierung* im Verlauf der technischen Reaktionsführung [4].

· **Literatur**

[1] *Brötz, W.:* Grundriß der chemischen Reaktionstechnik. Weinheim/Bergstr.: Verlag Chemie 1970
[2] *Benedek, P.,* und *A. László:* Grundlagen des Chemieingenieurwesens. Leipzig: VEB Deutscher Verlag für Grundstoffindustrie 1967
[3] Autorenkollektiv: Lehrbuch der chemischen Verfahrenstechnik. Leipzig: VEB Deutscher Verlag für Grundstoffindustrie 1967
[4] *Rehm, H.-J.:* Chemie-Ing.-Techn. 43 (1971) 56

3.4.7.2.3. Variable Einflußfaktoren der Fermentation und ihre Optimierung

Ein biologischer Prozeß eignet sich nur dann für die industrielle Nutzung, wenn er gut reproduzierbar ist. Die Reproduzierbarkeit hängt davon ab, wie weit die *Einflußfaktoren* des Prozesses erfaßt und unter Kontrolle gebracht werden können. Ihre Zahl ist u. U. groß, was einen erheblichen experimentellen und mathematischen Aufwand erforderlich macht. Vielfach läßt sich die biologisch bedingte Streuung durch eine Kontrolle bzw. Beherrschung der Einflußfaktoren reduzieren.

Für eine großtechnische, ökonomisch tragbare fermentative Produktsynthese müssen folgende *Voraussetzungen* erfüllt sein:

a) Einsatz eines leistungsfähigen Organismus
b) Vorhandensein geeigneter großtechnischer Apparate und Anlagen
c) Beherrschung der Einflußgrößen, die für Anzucht, Produktion und Aufarbeitung des gewünschten Fermentationsprodukts von Bedeutung sind.

Für die *Optimierung* des Fermentationsprozesses ist es somit nötig, so viele Faktoren wie möglich zu kennen und ihre Bedeutung anhand von Einzelversuchen, Versuchsplänen oder durch geeignete Untersuchungsmethoden zu ermitteln.
Einen Überblick über die wirksamen Faktoren beim Fermentieren vermittelt *Metz* [1] (vgl. 3.4.2.5.).
Die meisten der einflußnehmenden Faktoren sind zu erfassen und beeinflußbar. Die Aufgabe des Verfahrensingenieurs besteht darin, diese Erkenntnisse anzuwenden, um die Apparate so zu gestalten, daß die Reaktion in ökonomisch optimaler Weise ablaufen kann. Besonders wichtige Einflußfaktoren sind: Zusammensetzung und Sterilisation des Nährmediums, Belüftungsverhältnisse, Temperierung, pH-Wert.

Sterilisation des Nährmediums [2, 3]

Ausschlaggebend für Form und Größe der Reaktoren ist auch die Art der *Sterilisation* des Nährmediums. Man unterscheidet zwischen *chemischen* und *thermischen Verfahren.* Bei beiden ist der *kontinuierlichen* Arbeitsweise der Vorzug zu geben. Zu den chemischen Verfahren gehört z. B. der Einsatz von *β-Propiolacton* und von *Äthylenoxid,* die sich jedoch bisher im großtechnischen Maßstab noch nicht durchgesetzt haben. Derzeitig wird fast ausschließlich die *thermische Sterilisation* (Aufheizen durch Dampf, direkt oder indirekt) betrieben. Dabei setzt sich zunehmend die kontinuierliche Sterilisation mittels *Wärmeaustauschers* durch, da hierbei 70...80% Dampf und Kühlwasser eingespart werden und die Verbrauchsspitzen entfallen (Bild 3.4.7.2.3.a). Zeit und Temperatur der Erwärmung sind variabel. Somit ergeben sich viele Kombinationsmöglichkeiten, die einer Optimierung bedürfen.
Für die Berechnung von thermischen Sterilisationsprozessen ist die Kenntnis des *Letalitätsverhaltens* der Mikroorganismen von Bedeutung. Bei den meisten Mikroorganismen zeigt die Letalitätskurve bei einer konstanten Temperatur einen expo-

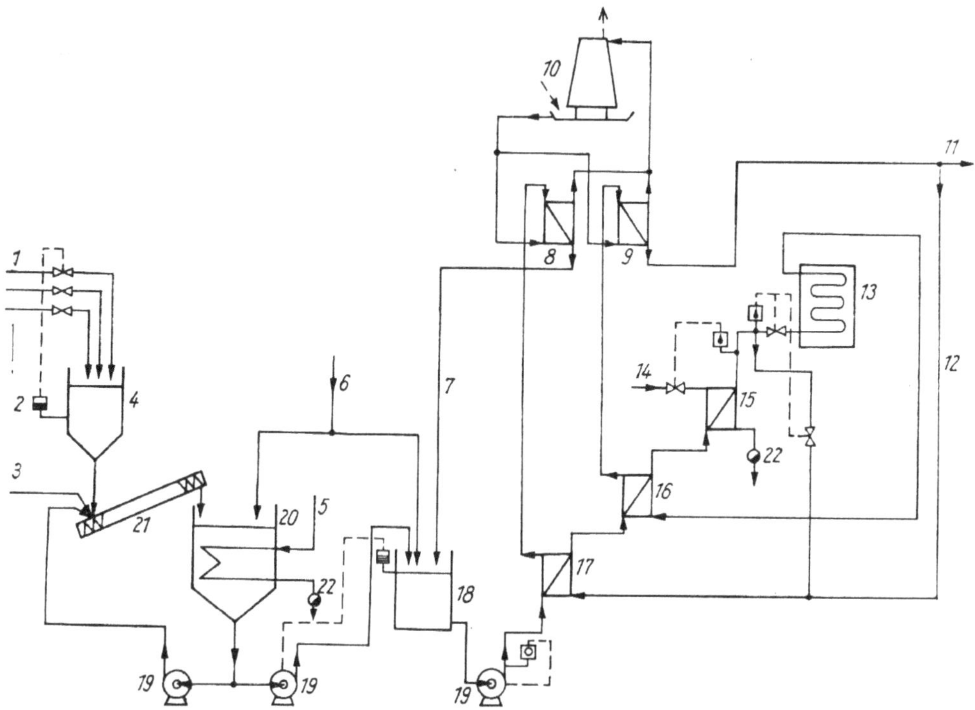

Bild 3.4.7.2.3.a. *Kontinuierliche Nährmedienherstellung und Sterilisation*
(1) flüssige Nährstoffe, Säuren, Laugen (2) Waage (3) feste Nährstoffe (4) Meßgefäße (5) Dampf
(6) Trinkwasser (7) Kreislauf bei Untertemperatur (8) Kühler I (9) Kühler II (10) Kühlturm
(11) zur Fermentation (12) Kreislauf zur Sterilisation der Anlage (13) Heißhalter (14) Dampf
(15) Erhitzer (16) Wärmeaustauscher I (17) Wärmeaustauscher II (18) Übergabegefäß (19) Pumpe
(20) Ansatzgefäß (21) Fördereinrichtung (22) Kondensatableiter

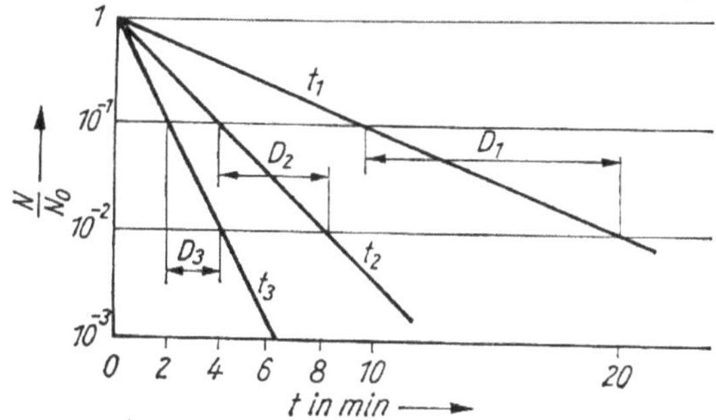

Bild 3.4.7.2.3.b. *Diagramm
zur Ermittlung des D-Wertes
nach experimenteller Bestimmung der Letalitätskonstante*

nentiellen Verlauf. Der Abtötungsvorgang ist mit einer chemischen Reaktion 1. Ordnung vergleichbar. Er wird durch folgende Reaktionsgleichung beschrieben:

$$N = N_0 \cdot e^{-kt} \tag{1}$$

Darin bedeutet:

N_0 Keimzahl vor der Sterilisation
N Keimzahl nach der Sterilisation
k Letalitätskonstante (temperaturabhängig)
t Sterilisationszeit in min
e Basis der natürlichen Logarithmen

Als Maß für die Keimzahlreduzierung wird häufig der sog. *D-Wert* (engl. decimal reduction time) benutzt. Er gibt diejenige Zeit an, innerhalb der die Keimzahl um eine Zehnerpotenz reduziert wird.

$$\frac{N}{N_0} = \frac{1}{10} = e^{-kD}$$

$$\ln \frac{1}{10} = -kD$$

$$D = \frac{2,3026}{k} \tag{2}$$

Der *D*-Wert läßt sich bei der experimentellen Bestimmung der Letalitätskonstante k aus dem Diagramm auf Bild 3.4.7.2.3.b ablesen.

Bei 120 °C sind etwa 15 min erforderlich, um die nötige Abtötung herbeizuführen, während hierfür bei 135 °C schon 1 min ausreicht [4].

In *Platten-* oder *Röhrenwärmeaustauschern* unterliegt die Höhe der erforderlichen Temperatur verfahrensmäßig keiner Beschränkung. Es ist eine echte *Hochtemperatur-Kurzzeit-Sterilisation* möglich. Eine wesentliche Voraussetzung ist die Pumpfähigkeit des Nährmediums.

Von den erwähnten Einflußfaktoren werden einige erst unter großtechnischen Bedingungen relevant, sie sind im Labor- und kleintechnischen Maßstab oft ohne Bedeutung (z. B. Sterilisation, Aufheiz- und Abkühlzeit). Diese Faktoren sind bei der Maßstabübertragung und der Optimierung von Fermentationsverfahren besonders zu beachten.

Belüftung

Aerobe Zellen sind zur Deckung ihres Sauerstoffbedarfs ausschließlich auf den *gelösten* Sauerstoff angewiesen. Infolge seiner schlechten Löslichkeit in wäßrigen Medien würde der Sauerstoff eines luftgesättigten Kulturmediums nur kurze Zeit (Sekunden bis wenige Minuten) zur Verfügung stehen. Deshalb muß durch kontinuierliche Belüftung ständig neuer Sauerstoff in das Kulturmedium eingetragen werden, um die notwendige kritische Konzentration zu erhalten. Somit wird die Sauerstoffversorgung der Zellen zum Stoffübergangsproblem. Der Transport des Sauerstoffs erfolgt aus der Gasphase in die Flüssigkeit und vollzieht sich in mehreren Teilschritten. Der *Sauerstoffübergang* ist proportional dem reziproken Übergangswiderstand, der Übergangsfläche und der Konzentrationsdifferenz.

Für belüftete Kulturmedien einzelliger Mikroorganismen üblicher Konzentration stellt der flüssigkeitsseitige Widerstand der Grenzfläche Luft – Flüssigkeit den größeren Widerstand und somit den geschwindigkeitsbestimmenden Schritt dar.

Untersuchungen von *Dellweg* [5] zeigen, daß die *Sauerstoffaufnahme der Zellen* durch 2 Faktoren bestimmt wird, und zwar

a) durch den *Diffusionswiderstand,* der vom Sauerstoff-Konzentrationsgefälle zwischen der Grenzschicht Flüssigkeit/Zellwand und vom intrazellulären Ort der Atmungskette abhängt, und

b) durch eine sauerstoffverbrauchende Enzym-Reaktion mit *Michaelis-Menten-Kinetik.*

Der genannte Autor weist darauf hin, daß für aerobe Prozesse ein schmaler, optimaler Bereich des Sauerstoffpartialdrucks existiert, der knapp über demjenigen des *kritischen Sauerstoff-Partialdrucks* liegt. Bei *Überbelüftung* kommt es zu Ausbeute-

und Qualitätsminderung [6]. Somit sind Wahl und Regelbarkeit des Belüftungssystems von entscheidender Bedeutung. Die *Luftdurchsätze* im Fermentor liegen zwischen 0,2 und 1,5 Volumenteilen Luft je Volumenteil Fermentationsflüssigkeit je 1 min, wobei die Blasengröße, die Verweilzeit der Luftblasen, das Verhalten des Stoffübergangs und die Turbulenz der Flüssigkeit des eingesetzten Belüftungssystems von der Fermentorbauart abhängen.

Die Art und Weise der *Belüftung* des Fermentors ist eines der wichtigsten Merkmale der verschiedenen Fermentortypen. Da der Hauptwiderstand für den Stoffübergang Gas-Flüssigkeit auf der Flüssigkeitsseite liegt, ist es für die Belüftung des Fermentors vorteilhaft, das Gas in der Flüssigkeit zu dispergieren und auf der Flüssigkeitsseite für starke Zirkulation und Turbulenz zu sorgen. Dafür gibt es in der Technik eine Vielzahl von Realisierungsmöglichkeiten. Für die *Submersproduktion* werden hauptsächlich Belüftungsverfahren angewendet, die mit einem Rührsystem gekoppelt sind. Durch die zusätzliche Zufuhr von mechanischer Energie werden erreicht:

gleichmäßige Verteilung der dispergierten Phasen,
Vergrößerung der spezifischen Phasengrenzfläche,
Bekämpfung des Schaumes,
Vermeidung von hydraulischen Kurzschlüssen bei kontinuierlichen Prozessen,
Aufrechterhaltung einer gleichmäßigen Konzentration in der homogenen Phase,
Beschleunigung der Wärmeübergangsprozesse.

Mit zunehmender technisch-mathematischer Durchdringung der Fermentationsprozesse und der Einführung kontinuierlicher Produktionsverfahren geht der Trend zu *Umlauf-* und *Rohrreaktoren* und somit zu anderen Belüftungssystemen.

Die Belüftungssysteme können durch folgende Maßnahmen weiter optimiert werden:

Erhöhung des Partialdrucks des Sauerstoffanteils (z. B. statt Luft reiner Sauerstoff),
Erhöhung des Anteils des Gelöstsauerstoffs (z. B. Zusatz von Amylalkohol),
Erhöhung der Phasengrenzfläche durch Belüftungsintensität (durch erhöhte Rührerdrehzahl) und Luftvorverteilung,
Einsatz geeigneter Entschäumungsmittel,
Veränderung der Stoffübergangskennzahl (wie es z. B. durch Einsatz von oberflächenaktiven Substanzen bei der Hefeproduktion erreicht worden ist).

Temperierung

Für die Auslegung eines Fermentors ist die frei werdende Wärmemenge je Volumen- und Zeiteinheit von Bedeutung.

Die isotherme Fahrweise erfordert, daß die gesamte Energie, die bei der biochemischen Reaktion entsteht, durch die Reaktorwand (nach außen) bzw. durch Rohrschlangen (nach innen) abgeleitet wird, wobei folgende Beziehung besteht:

$$- V_R \cdot r \cdot \Delta H_R = k \cdot A_w (T - T_w) \tag{1}$$

Darin bedeutet:

V_R Volumen des Reaktors (Fermentors)

r Radius des Fermentors

H_R in $\dfrac{kJ}{kmol}$ Reaktionsenthalpie

k in $\dfrac{W}{m^2 \cdot K}$ Wärmedurchgangskoeffizient

A_w in m^2 Wärmeaustauschfläche

T in K   Reaktionstemperatur

T_w in K   Wandtemperatur

Die isotherme Prozeßführung wird durch eine Temperaturregelung erreicht.
Die freiwerdende Energie bei Ablauf der biochemischen Reaktion im Fermentor wird
z. T. für gleichzeitig ablaufende Synthesereaktionen genutzt, der Rest wird als
Wärme abgegeben. In technischen Fermentoren treten zusätzlich *Enthalpieänderungen*
(z. B. durch Rühren, Wasserverdampfung, Wärmeabstrahlung) auf. Ausmaß und
Einfluß der mikrobiellen Wärmebildung werden z. Z. noch stark vernachlässigt.
Die Kenntnis der Reaktionsenthalpie ist bei großtechnischen Fermentoren besonders
wichtig, da das Verhältnis der Fermentormantelfläche zur freiwerdenden Wärme
mit Vergrößerung des Volumens ständig abnimmt und die Temperaturdifferenz
zwischen technischen Kühlwässern (Oberflächenwasser oder rückgekühltes Wasser)
und der Fermentationstemperatur relativ gering ist. In Tab. 3.4.7.2.3. sind einige
Kühlsysteme aufgeführt [7].
Daraus geht hervor, daß sich für großtechnische Fermentoren *Innenkühlschlangen* am
besten eignen. Es ist gleichfalls zu entnehmen, daß für eine externe Aufheizung bzw.
Abkühlung (kontinuierliche Sterilisation) *Plattenwärmeaustauscher* zu empfehlen
sind.

Tabelle 3.4.7.2.3. Leistungsfähigkeit einiger Kühlsysteme

Kühlsystem	Durchschnittlicher Wärmedurchgangskoeffizient k in $\dfrac{W}{m^2 \cdot K}$
Außenberieselung	580
Doppelmantel	1 050
Rohrschlangen (innen)	1 400
Plattenwärmeaustauscher	2 300

*p*H-*Wert*

Der Ablauf biochemischer Reaktionen wird zumeist erheblich vom *p*H-*Wert* beeinflußt. Die Einhaltung eines vorgegebenen *p*H-Wertes wird jedoch in technischen Reaktoren mit Vergrößerung der Prozeßeinheiten immer schwieriger. Dadurch sind
insbesondere den Rührreaktoren (im Zusammenhang mit der Belüftung und Temperierung) Grenzen gesetzt. Ihr Einsatz ist nur bis zu solchen Größenordnungen möglich, in denen die vorgegebenen Kennwerte (Homogenisieren und Dispergieren in einer
bestimmten Zeit) durch die Wahl der Rühreinrichtung, der Drehzahl, der Einbauten,
des Verhältnisses Durchmesser : Höhe und der Art der Lauge/Säure-Zugabe gesichert
werden können.

Literatur

[1] *Metz, H.:* Chemie-Ing.-Techn. **43** (1971) 60
[2] *Ball, C. O.,* und *F. C. W. Olson:* Sterilisation in Food Technology. New York: Mc Graw Hill
Book Comp., Inc. 1957
[3] *Stumbo, C. R.:* Thermobacteriology in Food Processing. New York: Academic Press 1965

196

[4] *Paulus, K.:* Chemie-Ing.-Techn. **43** (1971) 439

[5] *Dellweg, H.:* Chemie-Ing.-Techn. **43** (1971) 76

[6] *Dalton, H.,* und *J. R. Postgate:* J. gen. Microbiol. **54** (1969) 463

[7] *Bronn, W. K.:* Chemie-Ing.-Techn. **43** (1971) 70

3.4.7.3. Verfahrenstechnik der Aufarbeitung

Für die Auswahl der in jeder Stufe einzusetzenden verfahrenstechnischen *Grundoperationen* ist die Kenntnis der physikalisch-chemischen Eigenschaften der Enzyme eine wesentliche Voraussetzung. Hierbei spielen z. B. Dichte, Molekulargewicht, Molekülgröße, Ionenstärke, Dipolmoment, Aktivitätsverhalten bei Temperaturänderung, *p*H-Einfluß u. a. eine Rolle. Neben diesen physikalisch-chemischen Eigenschaften sind des weiteren Arbeitshygiene, Maßstabübertragung, Ökonomie der Anlage und Realisierungsfragen zu berücksichtigen.

Ziel der Aufarbeitung des Kulturmediums ist es, das gewünschte Enzympräparat in einer für die Applikation geeigneten Form und Qualität bei möglichst geringem Aktivitätsverlust herzustellen. Daraus leitet sich die Forderung ab, die Anzahl der Verfahrensstufen so gering wie möglich zu halten, da bei jedem Einzelschritt mit Aktivitätsverlust gerechnet werden muß. Einerseits werden die *klassischen Grundoperationen*, wie das *Sedimentieren, Filtrieren, Zentrifugieren, Konzentrieren* und *Trocknen*, angewandt, andererseits aber auch Verfahren, deren Entwicklung für den Einsatz in der Großtechnik noch nicht abgeschlossen ist. Zu diesen gehören *Permeationsverfahren* (z. B. die Dialyse und Ultrafiltration), *chromatographische Methoden* (die Gelfiltration, der Ionenaustausch, die Adsorption und Elution), die *Elektrophorese* u. a. m. Hier eröffnen sich Möglichkeiten zur Herstellung von Enzympräparaten mit hoher spezifischer Aktivität bzw. Reinheit bei Einsparung unökonomischer Verfahrensstufen.

Auf Bild 3.4.7.3. sind die für die Aufarbeitung des Kulturmediums erforderlichen Verfahrensstufen sowie Möglichkeiten des Einsatzes von Grundoperationen dargestellt. Bei der Aufarbeitung von *intrazellulären Enzymen* muß die Stufe des *Zellaufschlusses* zwischengeschaltet werden, was durch mechanische, chemische oder enzymatische Zerstörung der Zellwände der Mikroorganismen realisiert wird (vgl. 3.4.6.). Die weitere Aufarbeitung erfolgt analog der Behandlung von extrazellulären Enzymen.

Das *Kulturmedium* enthält das Enzym in gelöster Form sowie Biomasse und Nährmediumbestandteile. Durch eine *Fest-flüssig-Trennung* werden zunächst die grobdispersen Bestandteile abgetrennt. Je nach Eigenschaft der Suspension kommen folgende Trennoperationen bzw. Kombinationen aus diesen in Betracht (vgl. Bild 3.4.7.3.): *Sedimentation, Zentrifugation, Filtration, Flotation.* Das erhaltene Kulturfugat bzw. -filtrat wird zumeist durch Entfernung von Wasser konzentriert, um das Enzympräparat als *Flüssigprodukt* abzugeben oder es weiter in ein *Trockenprodukt* überzuführen. Für diese Verfahrensstufe können je nach Bedarf und Reinheitsanforderungen in Betracht kommen: *Vakuumverdampfung, Ultrafiltration, Dialyse, Gelfiltration, Ionenaustausch,* Fällung mit *anorganischen Salzen* oder *organischen Lösungsmitteln.* Die konzentrierten Lösungen, Suspensionen oder deren durch geeignete Trennverfahren gewonnenen Enzymschlämme werden zur Gewinnung eines Trockenpräparats getrocknet *(Vakuumtrocknung, Gefriertrocknung, Sprühtrocknung).* Damit sich die Trockenpräparate bei ihrem Einsatz besser handhaben lassen, wird vielfach noch eine Verfahrensstufe zur Kornvergrößerung *(Granulieren)* eingeschaltet; dies ist auch aus arbeitshygienischen Gründen zweckmäßig.

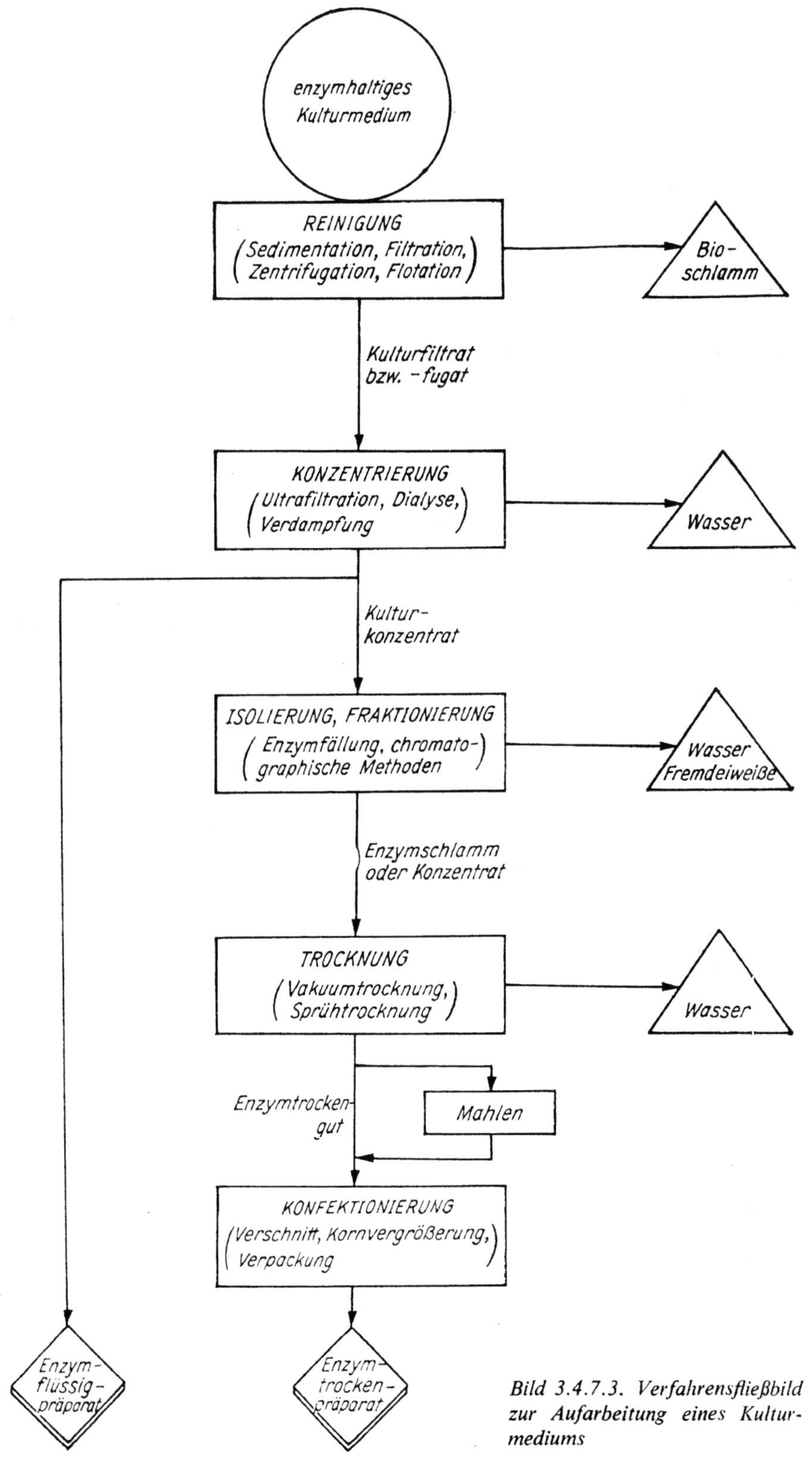

Bild 3.4.7.3. *Verfahrensfließbild zur Aufarbeitung eines Kulturmediums*

3.4.7.3.1. Mechanische Flüssigkeitsabtrennung

Bei der *mechanischen Abtrennung* von Flüssigkeiten werden vorwiegend folgende Trennverfahren angewendet: Sedimentation, Filtration und Zentrifugation.
Die Eigenschaften der zu behandelnden Medien bestimmen die Erfordernisse für die technische Verarbeitung. Die Medien können sein:

a) das Kulturmedium (als Ergebnis der Fermentation),
b) die nach Fällung des Enzyms vorliegende Suspension.

Das Kulturmedium enthält kolloidal gelöste Enzyme, anorganische und organische Nährmediumbestandteile (in gelöstem und ungelöstem Zustand) sowie Biomasse. Die Suspension besteht aus dem Enzymanteil (in fester Form), anorganischem oder organischem Fällungsmittel sowie Fremdeiweiß und restlichen Kulturmediumbestandteilen in gelöstem und ungelöstem Zustand.

Sedimentation

Als *Sedimentation* bezeichnet man das Absinken von Feststoffteilchen in einer Flüssigkeit. Diese Art der Abtrennung ist relativ einfach und wirtschaftlich, sie erfordert jedoch viel Platz.
Für die Dimensionierung der Absetzapparate sind die Struktur und die Eigenschaften der zu verarbeitenden Suspension von Bedeutung.
Die mathematische Erfassung der Absetzprobleme ist auf Grund der unterschiedlichen Suspensionseigenschaften in vielen Fällen nicht möglich, so daß die Absetzgeschwindigkeit und die daraus resultierende Absetzzeit zumeist experimentell ermittelt werden. Die rechnerischen Methoden zur überschlägigen Bestimmung der *Sedimentationsgeschwindigkeit* gehen von sehr vereinfachten Annahmen aus, sie geben jedoch wichtige Hinweise für die Auslegung von Absetzapparaten [2 bis 6].
Bei Enzymsuspensionen, die kleinste Teilchen enthalten bzw. Schlämme geringer Konzentration darstellen, wird die Absetzdauer meistens so groß, daß die Sedimentation nicht mehr wirtschaftlich oder gar nicht möglich ist. Der Absetzvorgang kann jedoch durch Zusatz von *Flockungsmitteln* so verbessert werden, daß die kleinen Teilchen zur Koagulation gebracht werden und größere Flocken entstehen. Flockungsmittel können *Elektrolyte* sowie *anorganische* und *organische Substanzen* sein. Die optimale Menge muß durch Flockungsversuche im Laborrührwerk ermittelt werden.

Filtration

Die *Filtration* wird definiert als Trennung eines Flüssig-Feststoff-Gemisches *(Trübe)* in seine Komponenten Klarflüssigkeit *(Filtrat)* und Feststoff *(Filterkuchen)* mit Hilfe einer für die Flüssigkeit durchlässigen Schicht *(Filtermittel)*, von der der Feststoff zurückgehalten wird.
Die Filtration bietet gegenüber der Sedimentation folgende Vorteile:

Die Abtrennung des suspendierten Feststoffes erfolgt rascher und vollständiger, es wird eine geringere Restfeuchte im Feststoffrückstand erreicht (bis zu 5 % und darunter),
Trüben, die infolge ihrer geringen Teilchengröße oder Dichtegradienten nicht durch Sedimentation getrennt werden können, lassen sich durch Filtration noch trennen,
der Platzbedarf von Filterapparaten ist bedeutend geringer als der von Absetzapparaten.

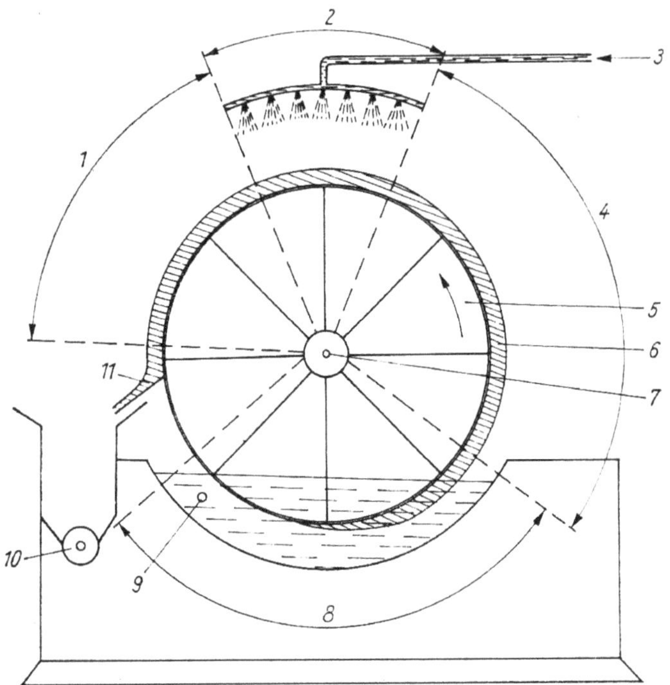

Bild 3.4.7.3.1.a. *Prinzip der Wirkungsweise eines Vakuum-Drehzellenfilters (schematisch)*
(1) Trocknungszone (2) Waschzone (3) Waschflüssigkeit (4) Entwässerungszone (5) Drehtrommel (mit Zelle) (6) Filterkuchen (bzw. Precoat-Schicht) (7) Steuerkopf (Filtratabfuhr) (8) Ansaugzone (9) Flüssigkeitszufuhr (10) Austragsschnecke (11) Austrag

Nach den Erfahrungen der Industrie sind die Betriebskosten für die *Filtration* etwa 5mal so groß wie die für die *Sedimentation*. Aus diesem Grunde werden den Filter- oder Zentrifugenstufen häufig Apparate zum *Einengen* bzw. *Dekantieren* vorgeschaltet, vor allem auch, weil der Durchsatz der Filter dem Gehalt an Feststoffen proportional ist [1].

Der Filtrationsprozeß stellt einen komplizierten Strömungsvorgang durch ein poröses Medium dar. Zur Erzeugung der Strömung der Flüssigkeit durch das Filtermittel wird als treibende Kraft ein *Druckgefälle* von der Zulauf- zur Ablaufseite benötigt. Diese Druckdifferenz kann durch das Gewicht der über der Filterschicht befindlichen Flüssigkeit oder durch Aufbringen eines zusätzlichen Druckes an der Zulaufseite bzw. durch Anlegen eines Vakuums an der Ablaufseite erreicht werden. Grundsätzlich unterscheidet man zwischen 2 Filtrationsarten, und zwar der *Kuchenfiltration* und der *Klärfiltration*; die letzte kann im Falle enzymhaltiger Suspensionen auch als *Sterilfiltration* betrieben werden. Beide Filtrationsarten sind charakterisiert durch den *Feststoffgehalt* der zu filtrierenden Suspension. Bei der Kuchenfiltration liegt dieser im allgemeinen oberhalb 1 %, bei der Klärfiltration unterhalb 0,1 %. Zwischen diesen Bereichen treten beide Arten auf.

Kuchenfiltration

Die Kuchenfiltration wird insbesondere zur Abtrennung der Biomasse und der Kulturmedium-Festbestandteile benutzt. Der Prozeß der Kuchenfiltration verläuft in den Stufen:

Kuchenbildung und Gewinnung des Filtrats,
Nachentwässerung des Filterkuchens, indem Luft hindurchgesaugt oder -gepreßt
wird,
Entfernung des abgefilterten Feststoffes vom Filtermittel, Reinigung des Filtermittels.

Von den Faktoren, die den Filtriervorgang beeinflussen (Porenströmungsgeschwin-
digkeit[1], Kuchenaufbau, Grad der Flüssigkeitsbeseitigung im Kuchen), sind die
wesentlichsten der *Charakter der Trübe* (Menge, Teilchengröße, Teilchenoberfläche,
Teilchenform, Dispersitätsgrad des Feststoffes, Temperatur, Viskosität u. a.), das
Filtermittel (Porenvolumen, Porenweite, Porenform, Durchflußwiderstand) und der
Druckunterschied auf beiden Seiten der Filterschicht. Der Verlauf des Filtrations-
prozesses ist sehr vom Zusammenwirken der einzelnen Einflußgrößen abhängig.
Bei Kulturmedien ist die theoretische Durchdringung des Filtrationsverlaufs schwieriger, da die Eigenschaften des Filterkuchens weitgehend von speziellen Parametern –
wie *pH*-Wert, Temperatur, Salzkonzentration, Alter und Größe der Mikroorganismen, deren Lyseprodukten usw. – abhängen.
Zur Filtration geflockter und damit kompressibler Kulturmedien wird hauptsächlich
die *Vakuumfiltration* angewandt [1]. Hierzu dient vorrangig das *Vakuum-Drehzellenfilter* (Bild 3.4.7.3.1.a), das zur Abtrennung von Biomasse oder von Festbe-
standteilen aus dem Kulturmedium gut geeignet ist [7]. Eine andere Filtriervor-
richtung ist die sowjetische automatisch arbeitende *Kammerfilterpresse* vom Typ
FPAKM mit mechanischer Klemmvorrichtung für waagerecht angeordnete Filterplatten (Bild 3.4.7.3.1.b). Zur Gewährleistung einer ökonomisch vertretbaren Filtrationsgeschwindigkeit werden dabei in der Praxis oft zusätzlich *Filterhilfsmittel*,
wie Kieselgur, Asbest- und Zellulosefasern, Bleicherde u. a., verwendet. Zumeist wird
Kieselgur eingesetzt, und zwar in Mengen von etwa 250 ... 500 g je 1 m^2 Filter-
fläche (für die Voranschwemmung) und von 1 ... 10 g je 1 l Trübe (für die fortlaufende Anschwemmung). Den filtrationsverbessernden Einfluß verschiedener handelsüblicher Filterhilfsmittel zeigt Bild 3.4.7.3.1.c. Auch durch physikalisch-chemische
Behandlung (z. B. mit Hilfe von Temperatur und *pH*-Wert) der zu filternden Trübe
ist eine Erhöhung der Filtrationsgeschwindigkeit zu erreichen.

Klär- bzw. Sterilfiltration

Durch die Kuchenfiltration wird die Abtrennung des Hauptanteils der im Kulturmedium suspendierten Feststoffe erreicht. Das Filtrat enthält jedoch noch immer geringe Mengen Feststoffe und Mikroorganismen. Zu ihrer Abtrennung und somit
zur Herstellung eines optisch klaren und an Mikroorganismen armen Filtrats wird
die Klär- bzw. Sterilfiltration benutzt. Diese erfolgt entweder als *Tiefen-* oder *Oberflächenfiltration*. Für die Auslegung eines entsprechenden Filters sind

die Größe der zurückzuhaltenden Teilchen,
der Charakter und die Konzentration des Feststoffes sowie die Viskosität

bestimmende Faktoren.
Tiefenfiltration. Bei dieser dringen die Feststoffteilchen, die kleiner als die Poren des
Filtermittels sind, in dieses ein und lagern sich in den Kapillaren ab. Infolge sog.
Brückenbildung wird der Kapillardurchmesser verringert. Durch Adsorptions-
wirkung innerhalb der Kapillaren wird ebenfalls ein Zurückhalten der Feststoff-

---

[1] Volumendurchsatz des Filtrats je Zeit- und Flächeneinheit (Flächeneinheit bezogen auf die Poren-
querschnitte)

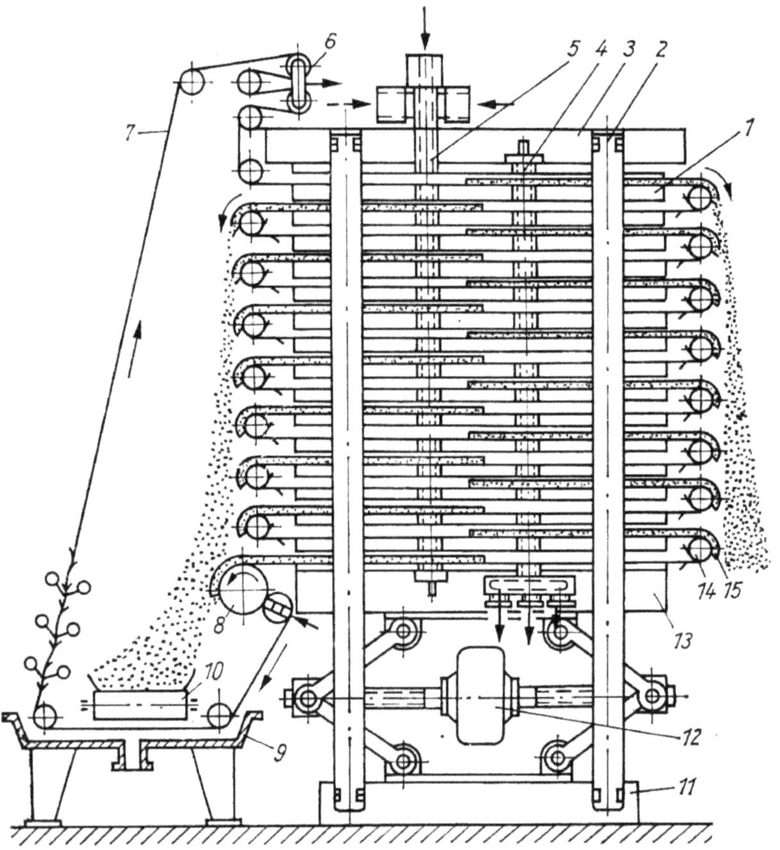

Bild 3.4.7.3.1.b. *Automatisch arbeitende Kammerfilterpresse mit mechanischer Klemmvorrichtung für waagerecht angeordnete Filterplatten – Typ FPAKM*
(1) Filterplatten (2) Zugstange (3) obere Stützplatte (4) Ableitungskollektor (5) Zuführungskollektor (6) Spannvorrichtung (7) Filtergewebe (8) Antrieb des Gewebebandes (9) Regenerierungskammer (10) Trog (11) untere Stützplatte (12) elektromechanische Klemmvorrichtung (13) Druckplatte (14) Rollen (15) Messer zum Abstreifen der Ausscheidung

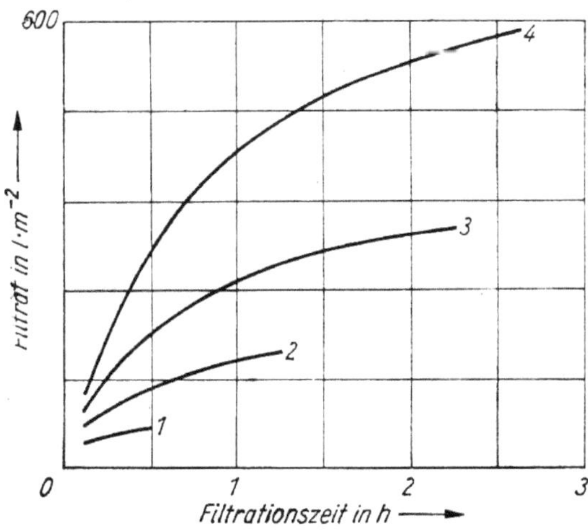

Bild 3.4.7.3.1.c. *Beeinflussung der Filtration durch Filterhilfsmittel [1]*
(1) ohne Filterhilfsmittel (2) „Filtercel" (feinkörnig) (3) „Standard Supercel" (mittelkörnig) (4) „Hyflo Supercel" (grobkörnig)

202

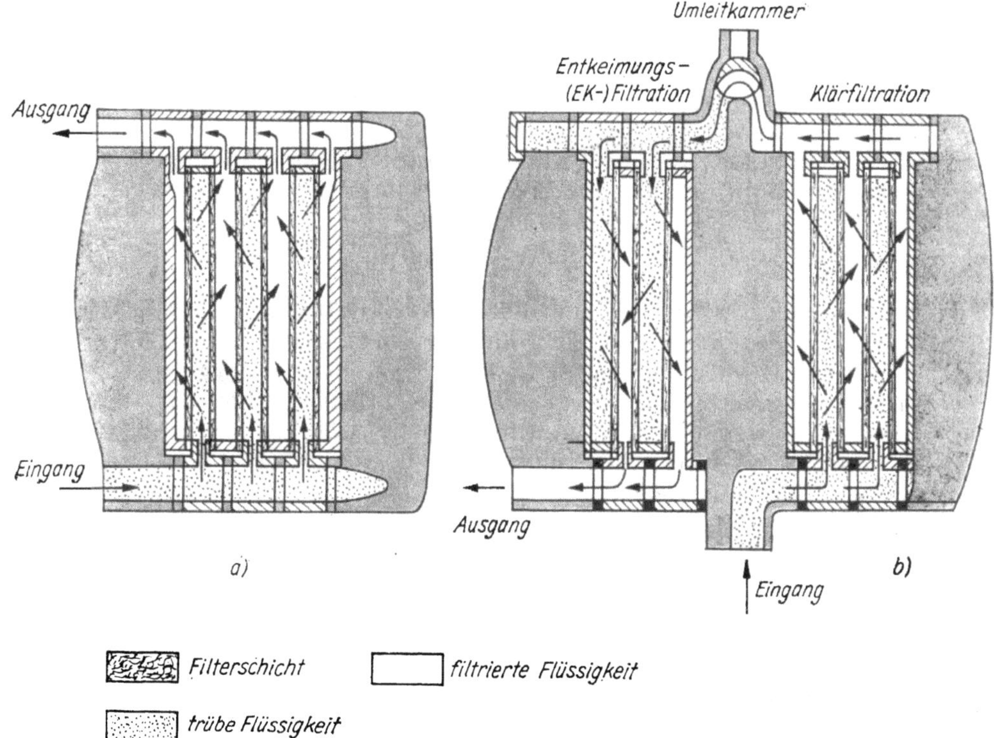

Bild 3.4.7.3.1.d. Seitz-Schichtenfilter
a) schematische Darstellung des Verlaufs bei der klärenden und entkeimenden Filtration, b) Verwendung einer Umleitkammer

teilchen im Filtermittel bewirkt. Beide Faktoren werden von der Dicke der Filterschicht beeinflußt. Mit Hilfe der Tiefenfiltration ist es also möglich, auch Teilchen abzufiltrieren, die einen Durchmesser haben, der kleiner ist als die Porengröße des Filtermittels. Als Filtermittel für die Tiefenfiltration werden benutzt:

Platten oder Schichten, die aus Lagen anorganischer Fasern von 0,03 ... 8 µm Durchmesser hergestellt werden [8 bis 10], Filterkerzen, die aus porösen Massen gefertigt werden, Hilfs- oder Anschwemmschichten.

Je nach Auswahl des Filtermittels kommen die entsprechenden Filter zum Einsatz:

Filterpresse (Bild 3.4.7.3.1.d),
Kerzendruckfilter,
Vakuum-Drehzellenfilter (vgl. Bild 3.4.7.3.1.a).

Oberflächenfiltration. Bei dieser werden die Feststoffe durch Siebwirkung entsprechend der Porengröße des Filtermittels zurückgehalten. Bei diesen Filtermitteln handelt es sich um dünne, poröse Platten aus polymeren Materialien, die mit definierten Porenabmessungen hergestellt werden. Solche Platten werden mit Porendurchmessern von 0,01 ... 15 µm angeboten [7]. Die Membranentwicklung ist so weit fortgeschritten, daß diese Methode zur *Kaltsterilisation* von flüssigen Medien im industriellen Maßstab angewendet wird. Als Filter werden im Prinzip modifizierte Filterpressen eingesetzt. Industriell stehen Apparate mit mehr als 20 Platten als Filtereinheit zur Verfügung.

Die praktische Handhabung der Klär- bzw. Sterilfiltration zur Filtration enzymhaltiger Lösungen wird meistens mehrstufig durchgeführt, um ein schnelles Zusetzen der Filterschichten bzw. Verstopfen der Filtermembranen zu vermeiden. So können z. B. durch eine Vorfiltration mittels Anschwemmschicht und laufender Zugabe des Filterhilfsmittels die kolloidalen Feststoffe und ein Teil der mikrobiellen Verunreinigungen entfernt und durch Nachfiltration mit einem Schichten- oder Membranfilter die noch verbliebenen mikrobiellen Verunreinigungen weitgehend beseitigt werden.

Zentrifugation

Für die Trennung schwierig zu handhabender Feststoff/Flüssigkeits-Gemische (schlechte Sedimentationseigenschaften infolge zu kleiner Teilchenabmessungen und zu geringer Dichteunterschiede) wird nicht nur filtriert, sondern auch *zentrifugiert*. Durch das Zentrifugieren ist die Sedimentation infolge verstärkter Fallbeschleunigung besser möglich. Dadurch können die Zeiten für die Klärung erheblich verkürzt werden, was andererseits höhere Kosten durch größeren Leistungsaufwand zur Folge hat. Man unterscheidet zwischen dem

> Sedimentieren in Zentrifugen mit *Vollmanteltrommel* zum Trennen heterogener Systeme, deren Bestandteile von unterschiedlicher Dichte sind, und dem
> Filtern in Zentrifugen mit *gelochten Trommeln* zum Trennen fester Körper von der anhaftenden Flüssigkeit; hier können beide Stoffe auch gleiche Dichte haben.

Das Zentrifugieren kann auch für die Trennung von Flüssig–Flüssig-, Flüssig–Flüssig–Fest-, Gas–Gas- und Gas–Fest-Gemischen eingesetzt werden.
Ob der Trennvorgang *kontinuierlich* oder *diskontinuierlich* durchgeführt werden soll, hängt vom stofflichen Verhalten und von wirtschaftlichen Erwägungen ab. Es gibt eine große Anzahl Zentrifugen mit unterschiedlichen Konstruktionsmerkmalen, die zumeist für einen begrenzten Anwendungsbereich vorgesehen sind.
Zur vereinfachten rechnerischen Erfassung der Absetzgeschwindigkeit bzw. des Abtrennvorgangs in der Zentrifuge kann die folgende Gleichung dienen:

$$W_z = \frac{d_k^2 (\varrho_{Fe} - \varrho_{Fl}) \cdot \varphi}{18\eta} r \cdot \omega^2 \tag{1}$$

Darin bedeutet:

W_z Absetzgeschwindigkeit
d_k Korndurchmesser
ϱ_{Fe} Dichte des Feststoffes
ϱ_{Fl} Dichte der Flüssigkeit
η dynamische Zähigkeit der Flüssigkeit
r Radius der Zentrifuge
ω Winkelgeschwindigkeit der Zentrifuge
φ Formfaktor

Für kugelige Teilchen ist $\varphi = 1$, bei unregelmäßigen Teilchen ist $\varphi < 1$.
Eine weitere Gesetzmäßigkeit zur Bestimmung von Typ und Größe eines Trennapparats ist die *Schleuderziffer z* (Tab. 3.4.7.3.1.a). Sie ist gegeben durch

$$z = \frac{r \cdot \omega^2}{g} \tag{2}$$

Die Trenngeschwindigkeit ist hauptsächlich von der Drehzahl, dem Teilchendurchmesser, dem Durchmesser der Trommel und der Länge des Trennweges abhängig.

Tabelle 3.4.7.3.1.a. Schleuderziffern für verschiedene Zentrifugen [11]

Zentrifugentyp	Schleuderziffer
Filterzentrifugen	300 ... 2000
Dekantierzentrifugen	1000 ... 3000
Separatoren	6000 ... 11000
Röhrenzentrifugen	15000 ... 50000
Ultrazentrifugen	$2 \cdot 10^5 ... 10^6$

Tabelle 3.4.7.3.1.b. Geeignete Zentrifugentypen für die Abtrennung von Partikeln mit verschiedenem Durchmesser

Abzutrennende Partikeln	Partikeldurchmesser in μm	Zentrifugentyp
Viren bzw. Phagen	0,01 ... 0,10	Ultrazentrifuge
Bakterien	0,3 ... 3,0	Düsenseparator, selbstaustragender Separator, Vollwandseparator
Hefen	4,0 ... 7,0	Düsenseparator, selbstaustragender Separator
Schimmelpilze	10,0 ... 15,0	Schälzentrifuge, Pendelzentrifuge, Düsenseparator, selbstaustragender Separator

Tabelle 3.4.7.3.1.c. Auswahl geeigneter Zentrifugentypen für spezielle Trennoperationen

Art der Trennoperationen	Massengutzentrifugen				Hochgeschwindigkeitszentrifugen		
	Schub-	Schäl-	Pendel-	Dekantier-	Düsen-	selbstaustragende	diskontinuierlich arbeitende
	Zentrifugen				Zentrifugen		
Flüssig-flüssig							●[1]
Flüssig-flüssig-fest		○		○	●	●	●
Flüssig-fest	●	●	●	●	●	●	●

● normal   [1] hier kontinuierlich arbeitend
○ möglich

In Tab. 3.4.7.3.1.b sind die zur Abtrennung von Partikeln unterschiedlicher Größe geeigneten Zentrifugen angegeben [7].

Durch *Kombination verschiedener Zentrifugentypen* läßt sich der Trennvorgang entscheidend beeinflussen, d. h., die Trennschärfe kann verbessert werden, eine Zwischenfraktion ist erfaßbar oder die Flüssigkeit kann nachgeklärt werden. Angestrebt werden kurze Trennzeiten, d. h. hohe Durchsätze bei festgelegter Trennschärfe bzw. hohe Trennschärfen bei bestimmtem Durchsatz. Durch Vorbehandlung des zu trennenden Gemisches (Vorkoagulieren durch Einengen oder durch chemische Zusätze) sowie Nutzung der konstruktiven Möglichkeiten (großer Trennradius, hohe Umdrehungszahl, ruhige Strömungsverhältnisse am Ein- und Austrag) können günstige Betriebsbedingungen erreicht werden [1].

Für die richtige Zentrifugenauswahl sind die nachfolgend genannten Parameter bestimmend [12].

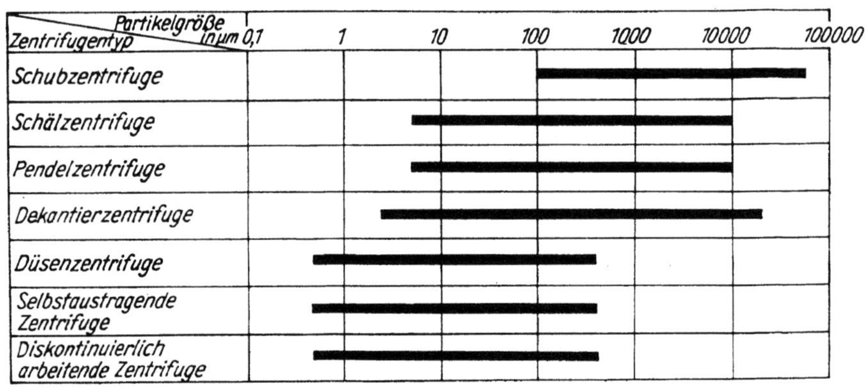

Bild 3.4.7.3.1.e. *Zentrifugenwahl in Abhängigkeit von der Partikelgröße* [12]

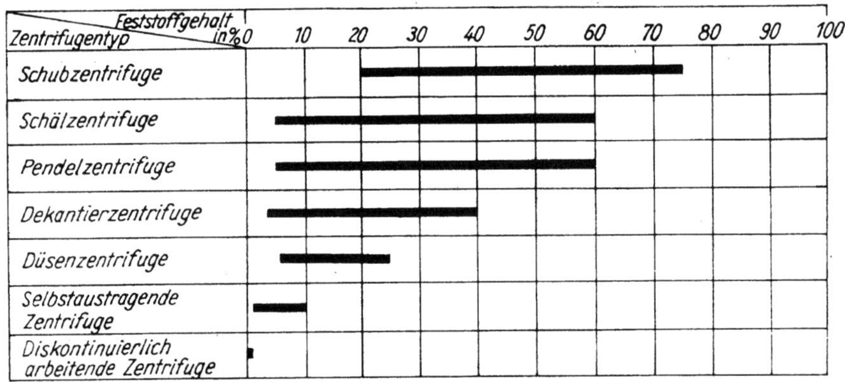

Bild 3.4.7.3.1.f. *Zentrifugenwahl in Abhängigkeit vom Feststoffgehalt* [12]

Partikelgröße der Feststoffe (a),
Feststoffgehalt des zu zentrifugierenden Materials (b),
Dichte der Bestandteile (c),
gewünschter Durchsatz (d).

Hinweise zur Auswahl geeigneter Zentrifugentypen geben die Tab. 3.4.7.3.1.c und die Bilder 3.4.7.3.1.e und 3.4.7.3.1.f.
In letzter Zeit wurden verstärkt Methoden der *systematischen Heuristik* angewandt, um eine technisch, technologisch und ökonomisch günstige Lösung der hier erörterten Probleme zu erreichen [13].

Hinweise zur Maßstabübertragung

Eine rein rechnerische Festlegung des Verfahrens und der Betriebswerte kann für die Auslegung von Trennapparaten noch nicht erfolgen, weil die Zahl der den Trennvorgang beeinflussenden Faktoren zu groß ist. Laborversuche müssen die Rechengrößen liefern, die eine Auslegung der Großapparatur gestatten.
Neuere Verfahren zur Berechnung der notwendigen Fläche eines *Absetzapparats* beruhen auf der Übertragung von im diskontinuierlichen Modellversuch erhaltenen Angaben (wie der Kopplung von Durchsatz und Schlammkonzentration) auf den kontinuierlichen Fall. *Kynch* [14] hat den beherrschenden Einfluß der Konzentration der Trübe auf den Durchsatz und damit auf die notwendige Fläche des Absetz-

206

apparats herausgearbeitet. Andere Autoren [5] beschreiben den Rechengang zur Auswertung eines Modellversuchs zur Sedimentation als Grundlage zur Auslegung von Apparaten zum Einengen („Kläreindicker").

Bei der Auslegung von *Filtrierapparaten* geht man ebenfalls vom Laborversuch aus [15]. Da bei den verschiedenen Filtrierapparaten unterschiedliche Druckverluste auftreten, liefern die ermittelten mathematischen Beziehungen nicht immer exakte Werte; ihre Aussagekraft ist von der Abweichung des Druckverlustes am Testapparat im Laboratorium von dem in der Industrie verwendeten Filter abhängig.

Zur Auswahl einer *Zentrifuge* wird zunächst die Verarbeitungsmöglichkeit der Suspension in Kleinstzentrifugen getestet, die ein Abbild der Großzentrifugen darstellen und die jeweiligen Konstruktionseigenarten aufweisen. Für die Modellübertragung bei Vollmantelzentrifugen geht die *äquivalente Klärfläche* in die Berechnung ein; es handelt sich hierbei um die Klärfläche desjenigen Klärbehälters im Schwerefeld, der bei gleicher zu trennender Suspension und bei gleichem Trennschritt den gleichen Durchsatz erzielt. *Trawinski* [15] hat für die einzelnen Zentrifugenarten die Berechnungsformeln abgeleitet und angegeben. Die Modellübertragung ist jedoch nur bei ähnlichen Zentrifugen möglich und kann durch eine graphische Übertragung der Laborversuche vorgenommen werden [16]. Die Modellübertragung der mechanischen Flüssigkeitsabtrennung ist sehr komplex, und z. Z. ist sie noch nicht in allen Fällen exakt zu berechnen. Sie wird um so sicherer, je geringer der Unterschied zwischen dem theoretisch möglichen und dem realen Trennvorgang wird, d. h. je besser sich das Labormodell auf die realen Bedingungen übertragen läßt.

Literatur

[1] Autorenkollektiv: Lehrbuch der chemischen Verfahrenstechnik. Leipzig: VEB Deutscher Verlag für Grundstoffindustrie 1967
[2] *Trawinski, H.:* Vorlesungen über naßmechanische Aufbereitungsverfahren. Bergakademie Clausthal-Zellerfeld, Wintersemester 1963/64
[3] *Pavlov, K. F., P. G. Romankov* und *A. A. Noskov:* Beispiele und Übungsaufgaben zur chemischen Verfahrenstechnik. Leipzig: VEB Deutscher Verlag für Grundstoffindustrie 1970
[4] *Speth, S.,* und *W. Sadrina:* Verfahrenstechnik 5 (1971) 1
[5] *Robel, H.:* Chem. Techn. **20** (1968) 529
[6] *Orlicek, F. A.:* Dechema-Monographien, Band 26. Weinheim/Bergstr.: Verlag Chemie 1952
[7] *Wang, D. I. C.,* und *A. J. Sinsky:* Advances appl. Microbiol. **12** (1970) 121
[8] Ullmanns Enzyklopädie der technischen Chemie, Band 21. München–Berlin: Verlag Urban & Schwarzenberg 1970
[9] *Danils, W. F.,* und *M. B. Hale:* Biochem. Microbiol. Technol. Engng. **2** (1960) 93
[10] *Telling, R. C.:* Biotechnol. Bioengng. **8** (1966) 153
[11] *Trawinski, H.:* Chemie-Ing.-Techn. **25** (1953) 331
[12] Prospektmaterial Alfa-Laval: Zentrifugen für die chemische und Verfahrensindustrie. Tumba (Schweden) 1973
[13] *Schaffer, J.:* Chem. Techn. **23** (1971) 469
[14] *Kynch, G. J.:* Trans. Farady Soc. **48** (1952) 166
[15] *Trawinski, H.:* Chemiker-Ztg. **83** (1959) 606
[16] *Trawinski, H.:* Chemie-Ing.-Techn. **31** (1959) 661

3.4.7.3.2. Permeationsprozesse zur Isolierung und Reinigung

Bei *Permeationsprozessen* handelt es sich um Stofftransporte durch *Membranen*, deren Verhalten von komplexen Wechselwirkungen zwischen der Membran und den Komponenten des Permeats bestimmt wird.

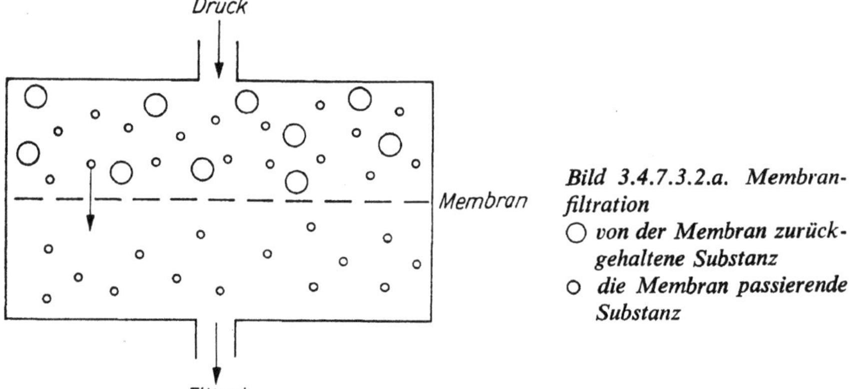

Bild 3.4.7.3.2.a. Membran-filtration
○ *von der Membran zurück-gehaltene Substanz*
o *die Membran passierende Substanz*

Gegenüber den *konventionellen Methoden* zur Isolierung und Reinigung von enzym-haltigen Flüssigkeiten (z. B. durch Salz- oder Lösungsmittelfällung oder durch Ver-dampfung), die mit einer Phasenumwandlung verbunden sind und deshalb denatu-rierend auf die Enzyme wirken können, hat eine Reinigung unter Einsatz von *Mem-branen* nur minimale Verluste an Enzymaktivität zur Folge.
Die Triebkraft für einen Permeationsprozeß ist z. B. eine angelegte *Druckdifferenz* oder eine *Differenz des elektrochemischen Potentials* über der Membran. Faktoren, die auf den Teilchenfluß Einfluß nehmen, sind: Druck, Temperatur, elektrisches Potential und Konzentration. Man unterscheidet zwischen dem Transport durch *poröse* und einem solchen durch *nichtporöse Membranen*. Im ersten Fall beeinflussen die Nah-Wechselwirkungskräfte zwischen den Permeatmolekülen den Durchtritt. Sie können das selektive Verhalten mitbestimmen *(maßgeblicher Einfluß)*, für dieses jedoch auch von sekundärer Bedeutung sein *(unmaßgeblicher Einfluß*, reine Sieb-wirkung). Bei *nichtporösen Membranen* überwinden die Permeatmoleküle ihre Nah-Wechselwirkungskräfte durch den Kontakt mit der Membran, sie verteilen sich in dieser und permeieren durch molekulare Diffusion.

Überblick über die Wirkungsprinzipien der Permeationsprozesse bei Einsatz von Membranen
Membranfiltration. Bei der Membranfiltration wird eine Abtrennung oder Auf-trennung von Stoffen unterschiedlicher Größe bzw. unterschiedlichen Molekular-gewichts vorgenommen. Als Filter dienen Membranen, die Poren mit unterschied-lichem Durchmesser enthalten und wie ein Sieb wirken. Sie sind halbdurchlässig *(semipermeabel)* (Bild 3.4.7.3.2.a). Auf die Flüssigkeit, die sich über der Membran befindet, wird im Falle der *Mikrofiltration,* der *Ultrafiltration* oder der *umgekehrten Osmose* (spezielle Techniken der Membranfiltration) ein Druck aufgegeben. Dieser muß um so höher sein, je niedriger der Porendurchmesser der Membran ist. Hin-sichtlich einer klaren Abgrenzung der Begriffe für die im folgenden kurz dargelegten verschiedenen Methoden der Membranfiltration sind die Angaben in der Literatur nicht einheitlich.
Mikrofiltration. Der Porendurchmesser der Membranen liegt zwischen 20 nm und 10000 nm. Es werden relativ große, dispergierte Partikeln (z. B. Stäube oder Mikro-organismen in Gasen, Sedimente, Mikroorganismen, Viren) abgeschieden *(Ent-keimungsfiltration).* Kolloidal gelöste Substanzen (z. B. Proteine) passieren die Mem-bran (Bild 3.4.7.3.2.b).
Ultrafiltration. Die Poren der Membran haben einen Durchmesser von 1 ... 20 nm. Das Verfahren wird vorrangig zur Abtrennung, Konzentrierung oder Entsalzung von

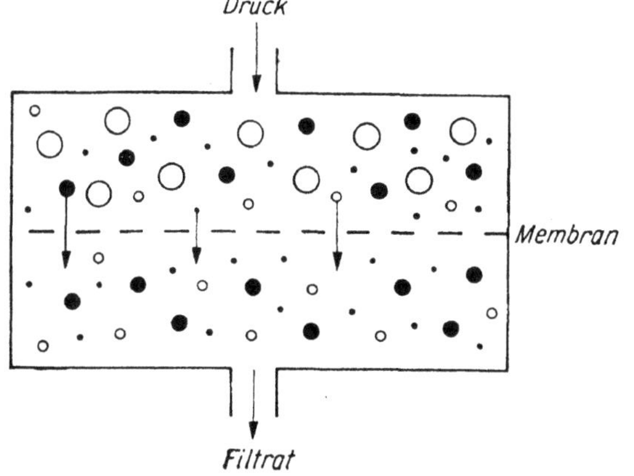

Bild 3.4.7.3.2.b. Mikro-
filtration
○ disperser (ungelöster) Bestandteil
● makromolekulare, kolloidal gelöste Substanz (z. B.
  Enzym)
○ niedermolekulare, echt gelöste Substanz (z. B. Salz)
• Lösungsmittel (Wasser)

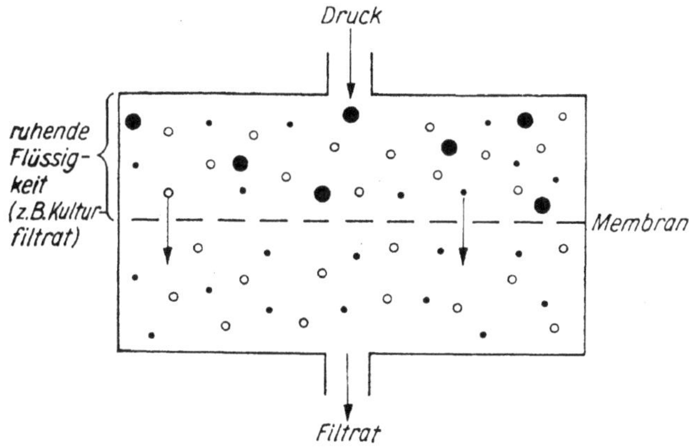

Bild 3.4.7.3.2.c. Ultrafiltration (diskontinuierlich)
● makromolekulare, kolloidal gelöste Substanz (z. B. Enzym)
○ niedermolekulare, echt gelöste Substanz (z. B. Salz)
• Lösungsmittel (Wasser)

kolloidal gelösten Substanzen sowie für die Auftrennung von Stoffgemischen mit unterschiedlichem Molekulargewicht ihrer Komponenten angewandt (Bilder 3.4.7.3.2.c und 3.4.7.3.2.d); ungelöste Partikeln liegen im allgemeinen nicht mehr vor bzw. sind bereits im Verlauf der Mikrofiltration entfernt worden. Es werden Drücke von etwa 0,1 ... 1 MPa angewendet.

Umgekehrte Osmose. Die Poren der Membran haben einen Durchmesser von 0,1 bis 1 nm. Auf die Lösung wird ein relativ hoher Druck aufgegeben (er muß größer sein als der osmotische Druck); er beträgt etwa 2 ... 10 MPa. Nur das Lösungsmittel passiert die Membran; die echt gelösten Stoffe (z. B. Salze) werden konzentriert (Bild 3.4.7.3.2.e).

Dialyse. Echt gelöste Ionen, Salze bzw. niedermolekulare Verbindungen diffundieren durch die Membran in das reine Lösungsmittel. Die Membran ist nicht durchlässig für makromolekulare bzw. kolloidal gelöste Stoffe (Bild 3.4.7.3.2.f). Druck wird nicht angewendet. Bisweilen führt die restlose Entfernung aller Ionen zu einer unerwünschten Ausfällung der Proteine bzw. Enzyme; in solchen Fällen wird gegen eine verdünnte Salzlösung dialysiert.

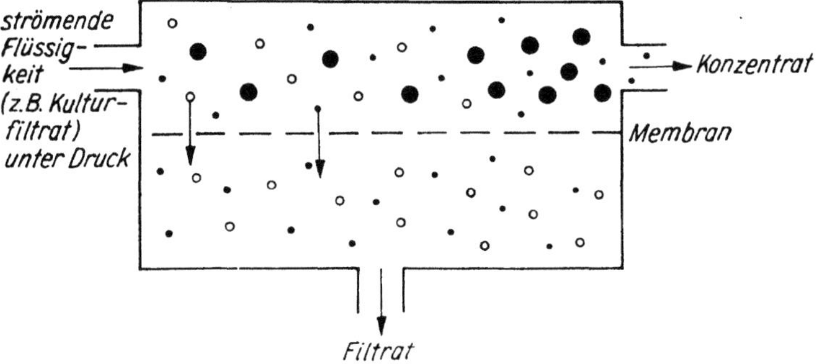

Bild 3.4.7.3.2.d. Ultrafiltration (kontinuierlich)
● kolloidal gelöste Substanz (z. B. Enzym)
○ echt gelöste Substanz (z. B. Salz)
• Lösungsmittel (Wasser)

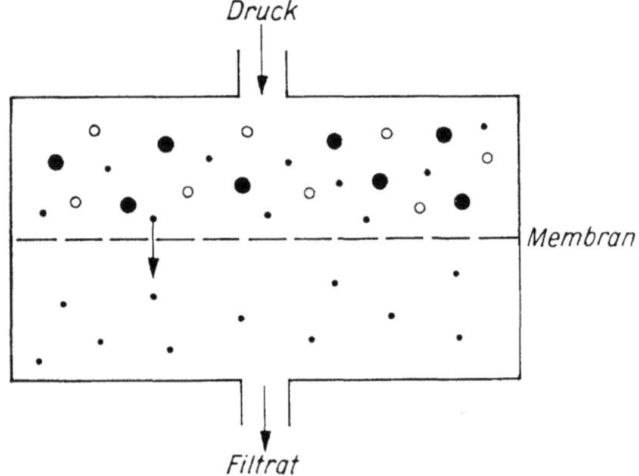

Bild 3.4.7.3.2.e. Umgekehrte Osmose
● makromolekulare, kolloidal gelöste Substanz (z. B. Enzym)
○ niedermolekulare, echt gelöste Substanz (z. B. Salz)
• Lösungsmittel (Wasser)

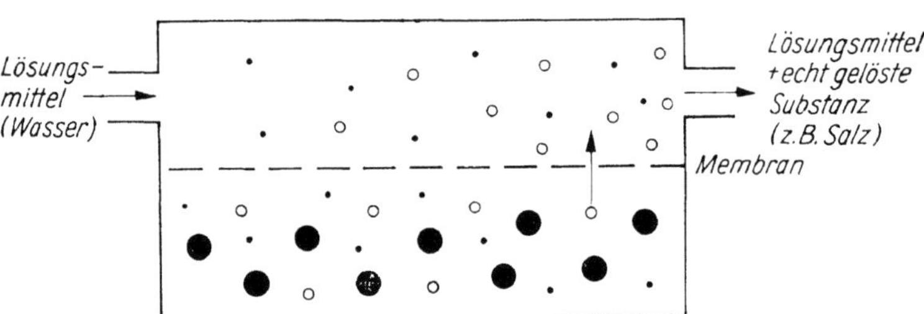

Bild 3.4.7.3.2.f. Dialyse
● makromolekulare, kolloidal gelöste Substanz (z. B. Enzym)
○ niedermolekulare, echt gelöste Substanz (z. B. Salz)
• Lösungsmittel (Wasser)

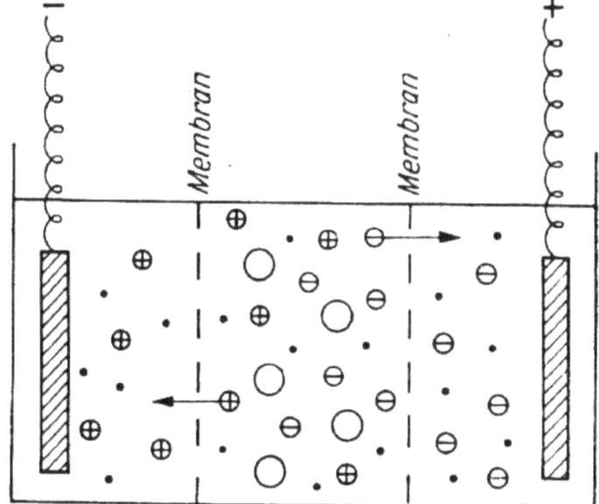

Bild 3.4.7.3.2.g. Elektrodialyse
○ makromolekulare, kolloidal gelöste Substanz
⊕ Kationen
⊖ Anionen
• Lösungsmittel

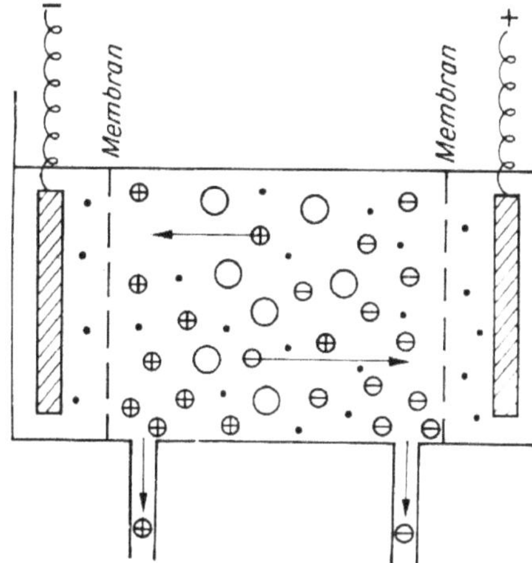

Bild 3.4.7.3.2.h. Elektrodekantation
○ zu reinigende Substanz (z. B. Enzym)
⊕ positiv geladene Substanz (z. B. Fremdprotein)
⊖ negativ geladene Substanz (z. B. Fremdprotein)
• Lösungsmittel (Wasser)

Elektrodialyse. Ionisierte, gelöste Teilchen wandern infolge eines angelegten elektrischen Feldes durch eine semipermeable Membran in den Kathoden- bzw. Anodenraum (Bild 3.4.7.3.2.g.). Die Elektrodialyse wird vor allem im Hinblick auf eine Beschleunigung des Dialyseprozesses eingesetzt. Da am Transport der elektrisch geladenen Teilchen auch Wasserstoff- und Hydroxylionen beteiligt sind, ändert sich während der Elektrodialyse im allgemeinen der *p*H-Wert in der Mittelkammer. Hierdurch können ggf. Enzyme irreversibel geschädigt werden.

Elektrodekantation. Der *p*H-Wert der in der Zelle befindlichen Lösung wird durch Einsatz entsprechender Puffersalze auf den des isoelektrischen Punktes des zu reinigenden Enzyms eingestellt. Im elektrischen Feld wandern alle zu entfernenden Fremdproteine, je nach ihrer Ladung, in Richtung Kathode oder Anode bis zu einer semipermeablen Membran, wo sie sich anreichern, zu Boden sinken und ausgetragen werden können (Bild 3.4.7.3.2.h). Das im isoelektrischen Punkt umgeladene Enzym wandert *nicht* im elektrischen Feld und bleibt im mittleren Zellenraum in Lösung.

Die *Konzentrationspolarisation* (Bild 3.4.7.3.2.i), die je nach Molekülgröße der Partikeln unterschiedlich ausfällt, äußert sich in der Ausbildung eines Konzentrationsgradienten in Richtung Membran. Die zurückgehaltene Komponente hat – ähnlich dem Filterkuchen – an der Membranoberfläche eine höhere Konzentration als in der zu filtrierenden Lösung. Von einer bestimmten Oberflächenkonzentration ab neigen makromolekulare Lösungen zum Gelieren. Demzufolge bildet sich über der Membran

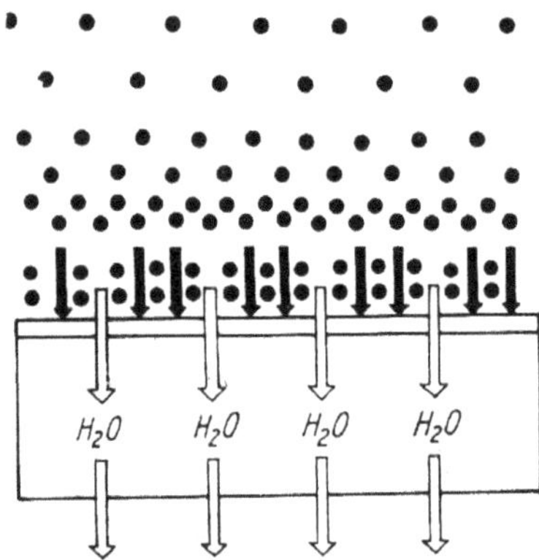

Bild 3.4.7.3.2.i. *Konzentrationspolarisation von zurückgehaltenen gelösten Feststoffen* [3]

eine Schicht, welche die Transporteigenschaften bzw. den Durchsatz der Ultrafiltration erheblich beeinflußt. Diese Erscheinung wird bei der umgekehrten Osmose nicht beobachtet, da hier lediglich Stoffe mit niedrigem Molekulargewicht abgetrennt werden. Nur beim Auftreten von Fällungsprozessen kann sich auch bei der umgekehrten Osmose eine solche Schicht ausbilden.

Die Eigenschaften der Membranen für die Ultrafiltration sind im wesentlichen durch die Parameter Lebensdauer, Porengröße und Streuung der Porengröße gegeben. Die beiden letztgenannten bestimmen dabei wesentlich die Prozeßparameter *Volumenstrom* und *Rückhaltevermögen*.

In der Tab. 3.4.7.3.2. sind die Eigenschaften einiger *Membrantypen* aufgeführt.

Tabelle 3.4.7.3.2. Eigenschaften einiger Diaflo-Membranen [1]

Membrantyp	Molekulargewicht der zurückgehaltenen Makromoleküle	Durchflußgeschwindigkeit von destilliertem Wasser in ml · cm^{-2} · min^{-1}	Druck in MPa
XM-50	50 000	0,43	0,34
UM-10	10 000	0,5	0,69
UM-2	1 000	0,2	0,69
UM-05	500	0,07	0,69

Eine Reihe von Vorteilen läßt die Ultrafiltration für die Konzentrierung und das Entsalzen enzymhaltiger Kulturlösungen als besonders günstig erscheinen [2]:

Der Prozeß kann bei niedrigen Temperaturen ablaufen,
ein Phasenwechsel tritt nicht auf,
der Prozeß verläuft bei niedrigem hydrostatischem Druck,
chemische Zusätze werden nicht benötigt,
eine gleichzeitige Konzentrierung und Reinigung ist möglich,
Ionenstärke und pH-Wert bleiben konstant.

Die grundlegenden Prozeßparameter für die Ultrafiltration von enzymhaltigen Kulturlösungen sind der *Volumenstrom*, der *Reinigungsfaktor*, der *Ausbeutewirkungsgrad* und die *Membranlebensdauer*. Sämtliche Größen werden durch das zu filtrierende Medium beeinflußt.

212

Da die sich über der Membran bildende Schicht eine ähnliche Funktion wie die Membran selbst ausübt, in ihrer Struktur aber vom Medium bestimmt wird, ist der Einfluß des Mediums auf den Volumenstrom und auf das Rückhaltevermögen besonders groß. Es ist anzustreben, diesen Einfluß durch geeignete Prozeßführung möglichst gering zu halten. Man wird versuchen, den Aufbau der Schicht zu verhindern, zumindest aber die Schichtdicke zu verringern. Dieses Ziel läßt sich durch Schaffung bestimmter Strömungsverhältnisse erreichen. Bei technischen Anlagen bedient man sich einer horizontalen Überströmung der Membran. Durch Einhaltung einer bestimmten Durchflußgeschwindigkeit sowie durch die Form des Durchflußkanals entstehen über der Membran Strömungsbedingungen, die einen großen konvektiven Massentransport gewährleisten.

Die in der Praxis vorkommenden Membrantypen sind sehr vielfältig. Es existieren z. B. *Membranrohre, kapillarähnliche Membranschläuche, Membranplatten*. Allen ist die horizontale Überströmung der Membran gemeinsam. Die Kapillarsysteme haben die kompakte Bauform der Membranrohre und den Vorteil der geringen Membrankosten. Auf Grund der erhöhten Reißgefahr der Membranschläuche ist jedoch nur ein Sicherheitsdruck von etwa 0,2 MPa möglich. Dadurch sind die Ultrafiltrationsraten – im Vergleich zu den Membranrohren – niedriger.

Literatur

[1] Prospektmaterial: Catalog and Application Guide: Ultrafiltration with Diaflo Membranes. Fa. Amicon, Oosterhout (Niederlande) 1970
[2] *Porter, M. C.:* Vortrag gelegentlich des 3. Symposiums „Biotechnology and Bioengineering" Kalifornien (USA) 1971
[3] *Porter, M. C.:* In: *Wingard, L. B.:* Enzyme Engineering. New York–London–Sidney–Toronto, J. Wiley & Sons Inc. 1972, S. 115

3.4.7.3.3. Weitere Prozesse zur Isolierung und Reinigung

Chromatographische Methoden

Der Forderung nach verbesserter Reinheit der Enzympräparate sowie nach weitgehend kontinuierlicher Durchführung der einzelnen Verfahrensschritte bei der Aufarbeitung der Kulturmedien kann durch Anwendung *chromatographischer Methoden* Rechnung getragen werden. Diese Methoden sind im Labormaßstab weitgehend durchgearbeitet und befinden sich teilweise im Stadium der Überführung in die großtechnische Dimension bzw. werden bereits industriell angewendet. Aus der Vielzahl der Möglichkeiten werden im folgenden die *Gelfiltration* und die *Ionenaustauschchromatographie* auf Sephadex-Basis behandelt. Beide Methoden werden oft kombiniert angewandt und haben bereits gute Ergebnisse gebracht.

Gelfiltration

Das Prinzip der Trennung der verschiedenen Komponenten durch *Gelfiltration* ist unter 2.10. dargelegt [1, 2]. Handelsübliche Dextrangele sind hydrophil und stark quellfähig, mechanisch steif, unlöslich, sterilisierbar und weisen einen hohen Vernetzungsgrad auf.

Die Gelfiltration wird bereits im industriellen Maßstab zum Entsalzen von Enzymlösungen eingesetzt unter Verwendung von *Säulen* oder *Siebtrommelzentrifugen* (Beschleunigung 60 ... 1000 *g*). Es stehen z. Z. Gelfilter in Säulenbauweise mit Bettvolumina von 75 ... 2500 l zur Verfügung. Die Durchsatzmengen an zu entsalzender

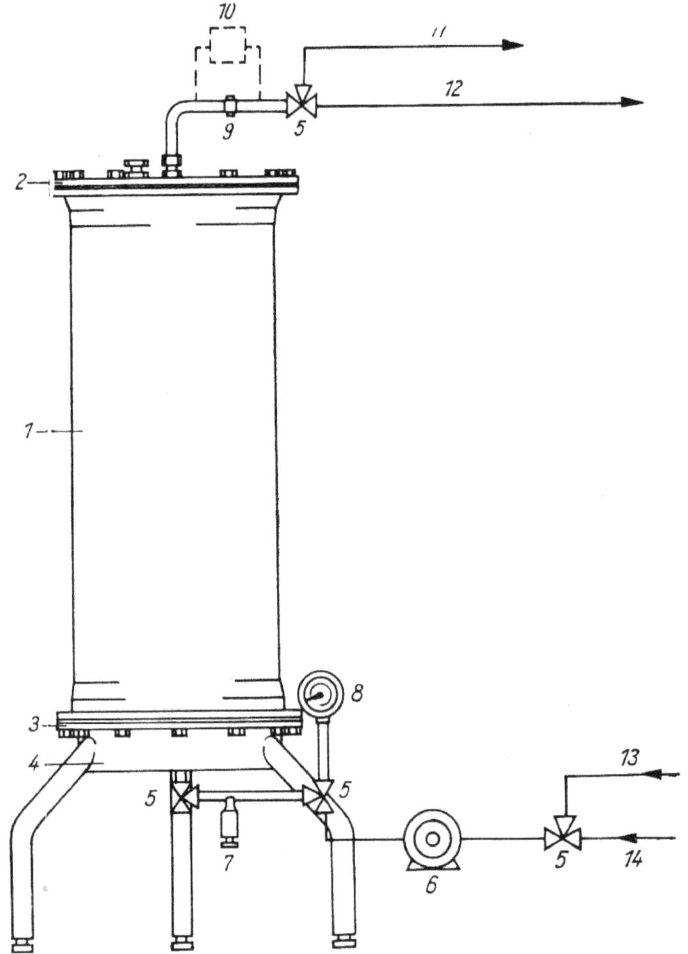

Bild 3.4.7.3.3.a. Technische Gelfiltereinheit (Typ Sephamatic® GFO4) [1]
(1) Stahlbehälter (2) Kopfplatte mit Öffnung und Vorrichtung zum Einfüllen des Gels
(3) Bodenplatte (4) verstellbarer Ständer (5) 3-Wege-Hahn (6) Pumpe (7) Sicher-
heitsventil (8) Manometer (9) Blende (10) Meßzelle (11) Abprodukt (12) abge-
trennte Substanzen (13) zu trennendes Medium (14) Elutionsmittel

Lösung betragen 30 ... 35% des Bettvolumens je Durchgang bzw. liegen – bei kontinuierlichem Betrieb – zwischen 110 l je 1 h für die 75-l-Säule und 1500 l je 1 h für die 250-l-Säule [3]. Bild 3.4.7.3.3.a zeigt eine technische Gelfiltereinheit.
Die Anwendung der Gelfiltration für die Reinigung von Enzymlösungen im industriellen Maßstab ist u. a. von der mechanischen Festigkeit des Gelbettes abhängig. Je nach den Eigenschaften der zu reinigenden enzymhaltigen Flüssigkeit muß die Füllhöhe variiert werden, um einen optimalen Trenneffekt zu erzielen. Sind hierzu sehr lange Säulen erforderlich, so daß infolge der Kompressibilität des Gelbettes die Durchflußgeschwindigkeit abnimmt, können u. U. mehrere Säulen hintereinander geschaltet werden.
Zur Bestimmung der Art des Füllmaterials, der maximalen Füllhöhe der Säule und der Durchsatzmenge werden *Druckverlustmessungen* durchgeführt [3]. Bild 3.4.7.3.3.b zeigt die Druckverlustkurven für verschiedene Geltypen.

214

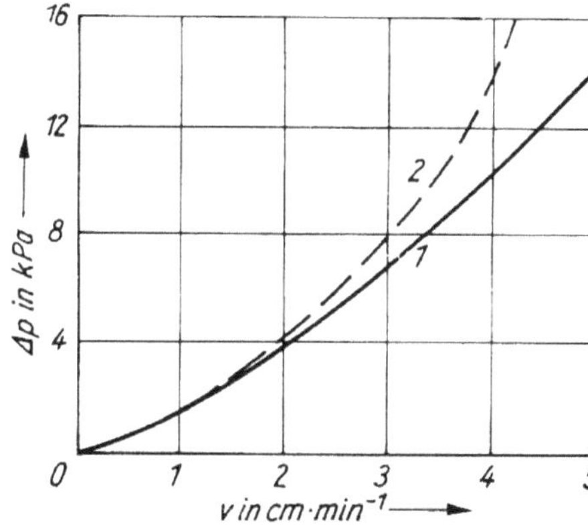

Bild 3.4.7.3.3.b. Druckverlustkurven von Sephadex G 25 C und G 50 C bei 1 m Säulenhöhe [1]
(1) G 25 C (2) G 50 C — Δp Druckverlust, v Durchflußgeschwindigkeit

Gegenwärtig werden Säulenpackungen in Größenordnungen von 2 ... 300 l verwendet. In der 300-l-Säule lassen sich Enzymmengen von 100 ... 250 g fraktionieren. Außerdem können 4 bis 6 Säulen (jeweils etwa 50 cm Höhe und 90 cm Durchmesser) übereinander angeordnet werden.

Ionenaustauschchromatographie

Als weitere Möglichkeit zur Isolierung und Reinigung im technischen Maßstab kann die *Ionenaustauschchromatographie* angesehen werden. Die *Vorteile* dieses Verfahrens sind:

große Trennfähigkeit bei hoher Ausbeute,
Gewährleistung schonender Bedingungen,
Automatisierbarkeit der Methode,
Möglichkeit der kontinuierlichen Betriebsweise,
Übergang vom analytischen zum präparativen Maßstab.

Als *Nachteile* sind zu nennen:

Anfall eines großen Lösungsvolumens,
Notwendigkeit des weiteren Konzentrierens.

Neben den Erzeugnissen auf *Kunstharz-* und *Cellulose*-Basis werden in vielen Fällen Sephadex-Ionenaustauscher verwendet (vgl. 2.10.). Das Material steht in perlförmiger Form (40 ... 120 µm) als trockenes und freifließendes Pulver zur Verfügung [4]. Auf Bild 3.4.7.3.3.c ist die *Nettoladung* eines Enzyms als Funktion des pH-Wertes dargestellt. Bild 3.4.7.3.3.d zeigt den Ionenaustauschprozeß schematisch.
Als *Grundapparaturen* zur Durchführung säulenchromatographischer Trennungen sind zu nennen:

Trennsäule, die dem jeweiligen Problem angepaßt ist,
Fraktionssammler oder Fraktionsteiler zum Auffangen der Eluate,
Apparatur zum Einstellen des Gradienten bei Anwendung der Gradientenelutions-Technik,
BMSR-Ausrüstung.

Als Träger der Säulenfüllung eignen sich am besten synthetische *Filtergewebe*. Die Säule darf weder durch Bestandteile der Flüssigkeit noch durch die Säulenpackung selbst verstopfen. Das Packen der Säule muß homogen und luftfrei erfolgen. Die Durchflußgeschwindigkeit hängt hauptsächlich ab von:

Größe und Form der Partikeln des Füllmaterials,
Höhe und Durchmesser der Füllung,

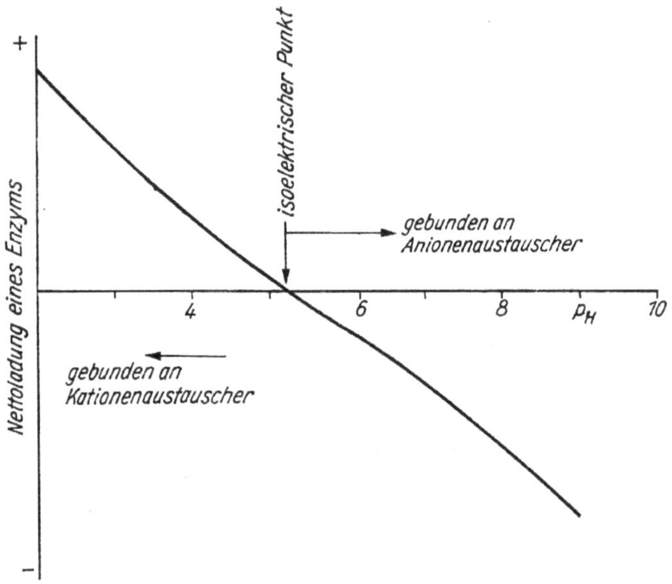

Bild 3.4.7.3.3.c. Änderung der Nettoladung eines Enzyms als Funktion des pH-Wertes (der Stabilitätsbereich ist willkürlich angenommen [4])

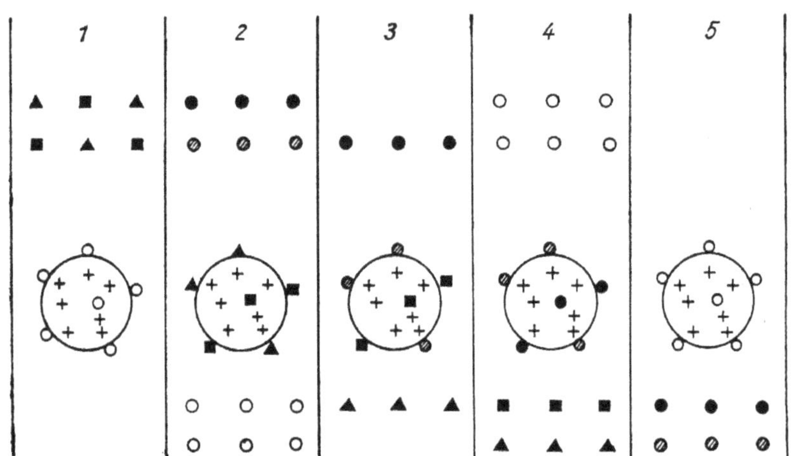

Bild 3.4.7.3.3.d. Ionenaustauschprozeß (schematisch) [4]
(1) Startbedingungen (2) Adsorption der Komponenten der Probe (3) Beginn der Desorption (4) Ende der Desorption (5) Regenerierung
○ Gegenionen des Startpuffers, ■ ▲ Moleküle der zu trennenden Komponenten, ● ● und schräg schraffierter Kreis Ionen des Puffergradienten (Elutionsgradient)

dem durchflußwirksamen Druck (Druckabfall zwischen Ein- und Auslauf der Säule),
Viskosität des Trennmediums.

Die Ionenaustauschchromatographie wird selten als einziger Trennschritt benutzt. Ihre große Leistungsfähigkeit zeigt sich besonders dann, wenn sie mit anderen Verfahren kombiniert wird. Häufig werden *Ionenaustauschchromatographie* und *Gel-*

216

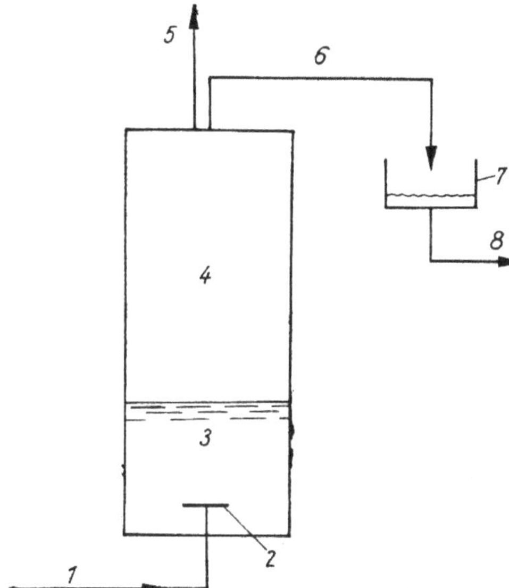

Bild 3.4.7.3.3.e. Schaumfraktionierung (Mikro-Flotation) (schematisch)
(1) Zuluft (2) Gasverteiler (3) enzymhaltige Flüssigkeit (4) Schaum (5) Abluft (6) Überlauf (7) Schaumzerstörung (8) angereicherte Phase

filtration miteinander gekoppelt. Im allgemeinen werden vor Anwendung des Ionenaustauschers Reinigungsschritte zur Reduzierung von enzyminaktiven Ballaststoffen bzw. Verunreinigungen vorgeschaltet. Man ist derzeitig bemüht, die im Labor- und kleintechnischen Maßstab entwickelten Methoden auch industriell anwendbar zu machen [5, 6].
Bei Einsatz der Säulenchromatographie im Produktionsprozeß müssen *Quell-* und *Schrumpfeffekte* der Austauscherfüllung auf ein Minimum reduziert werden und Möglichkeiten zum *Regenerieren* in der Säule gegeben sein.

Schaumfraktionierung

Eine Möglichkeit zur Abtrennung der Feststoffpartikeln einschließlich der Mikroorganismenzellen von den in Lösung befindlichen Stoffen ist die *Schaumfraktionierung* [7]. Dieses Verfahren basiert auf dem Effekt der Adsorption von Stoffen an der Grenzfläche flüssig–gasförmig. Die Lage des *Adsorptionsgleichgewichts* in Abhängigkeit von der *Oberflächenspannung* wird durch das *Gibbs'*sche Adsorptionsgesetz wiedergegeben:

$$a = - \frac{c}{RT}\left(\frac{\partial \mu}{\partial c}\right)_0 \tag{1}$$

Darin bedeutet:

a Oberflächenkonzentration des gelösten Stoffes
c Konzentration des gelösten Stoffes im Innern der Lösung
R Gaskonstante
T Temperatur in Kelvin
$\left(\dfrac{\partial \mu}{\partial c}\right)_0$ Veränderlichkeit der molaren Oberflächenspannung mit der Konzentration bei konstanter Oberfläche

Nimmt die Oberflächenspannung mit wachsender Konzentration der Lösung ab, so tritt an der Oberfläche eine Anreicherung an gelöster Substanz ein. Durch Zugabe von grenzflächenaktiven Stoffen kann die Oberflächenspannung verringert werden. In der Praxis wird bei der Durchführung der Schaumfraktionierung ein inertes Gas in die Flüssigkeit gedrückt, welche die zu isolierenden Bestandteile enthält. Die Schaumbildung kann durch grenzflächenaktive Stoffe beschleunigt werden. Die zu isolierenden Stoffe reichern sich an der Oberfläche der Blasen an und werden mit dem Schaum ausgetragen (Bild 3.4.7.3.3.e). Auf diese Weise können z. B. *Escherichia-coli*-Zellen durch *Flotationsmittel*, wie Kochsalz, Phosphate und Carbonate, angereichert werden. Auch der Einsatz von kationischen Tensiden erweist sich hierfür als geeignet.

Literatur

[1] Prospektmaterial: Sephadex-Gelfiltration in Theorie und Praxis. Fa. Pharmacia Fine Chemicals, Uppsala (Schweden) 1970

[2] *Determann, H.:* Gelchromatographie, Gelfiltration, Gelpermeation. Molekülsiebe. Berlin: Springer-Verlag 1967

[3] Prospektmaterial: Sephadex – Gelfiltration. Fa. Pharmacia Fine Chemicals, Uppsala (Schweden) 1970

[4] Prospektmaterial: Sephadex – Ionenaustauscher. Fa. Pharmacia Fine Chemicals, Uppsala (Schweden) 1970

[5] *Porath, J.:* Vortrag gelegentlich des 3. Symposiums „Biotechnology and Bioengineering", Kalifornien (USA) 1971

[6] *Dunnill, L.:* Vortrag gelegentlich des 3. Symposiums „Biotechnology and Bioengineering", Kalifornien (USA) 1971

[7] *Wang, D. I. C.,* und *A. J. Sinsky:* Advances appl. Microbiol. **12** (1970) 121

3.4.7.3.4. Thermische Flüssigkeitsabtrennung

Verdampfung

Die von grobdispersen Stoffen befreite Kulturlösung wird im Hinblick auf eine ökonomisch günstige Aufarbeitung bzw. für die Abgabe als Flüssigenzympräparat konzentriert. Dies wird derzeitig in der Mehrzahl der Fälle durch *Verdampfung* eines Teiles des Wassers im Vakuum erreicht. Die Verdampfungstemperatur muß hierbei möglichst niedrig sein, die Verweilzeit bei erhöhter Temperatur soll minimal sein. Bei sehr geringen Verweilzeiten sind u. U. auch höhere Temperaturen ohne größeren Aktivitätsverlust möglich; dies ist vielfach günstiger als das Anlegen hoher Vakua mit dem Ziel, niedrige Temperaturen einhalten zu können [1].
Zum Einengen von Flüssigkeiten wird seit langem vorrangig der *Vakuumumlaufverdampfer* eingesetzt. Wesentlich kürzere Verweilzeiten werden mit dem *Dünnschichtverdampfer* erzielt (Bild 3.4.7.3.4.a). Außerdem wird hier der Einfluß des statischen Druckes auf die Verdampfungstemperatur ausgeschlossen. Im *Kletterfilmverdampfer* (*Kestner*-Verdampfer) wird die Flüssigkeit von den in den beheizten Rohren aufsteigenden Dampfblasen mitgerissen und anschließend in einem Brüdenraum abgetrennt. Während im Kletterfilmverdampfer die Flüssigkeit von unten nach oben geführt wird, fließt im *Fallfilmverdampfer* die Flüssigkeit an der Innenwand der beheizten Rohre von oben nach unten. Sollen die Enzymlösungen hochkonzentriert werden bzw. ist mit starken Verkrustungen zu rechnen, so empfiehlt sich der Einsatz eines *Rotationsdünnschichtverdampfers*. Hier läuft die Flüssigkeit von oben nach unten über die beheizte Innenwand eines zylindrischen Körpers. Die Flüssigkeit wird durch einen Rotor, der mit Wischern versehen ist, gleichmäßig verteilt, und es wird ein Film von einigen Zehntelmillimetern aufrechterhalten. Verkrustungen auf der Zylinderinnenwand werden von den Wischern ständig entfernt. Auf diese Weise

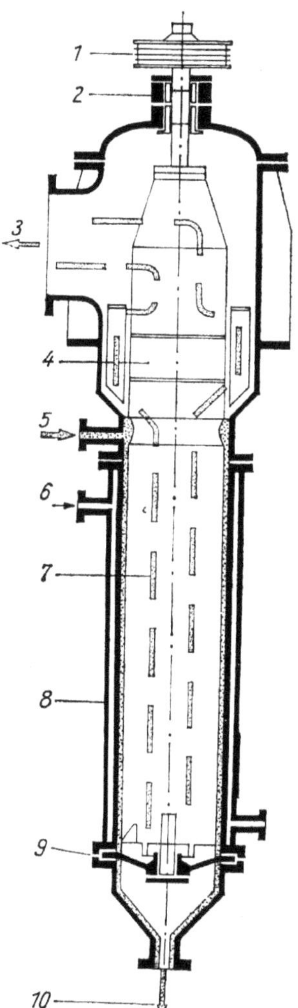

Bild 3.4.7.3.4.a. Dünnschichtverdampfer (schematisch) [4]
——— Konzentrat, – – – – Brüden
(1) Rotorantrieb (2) oberes Rotorlager (3) Brüdenaustritt (4) Abscheider (5) Eintritt der enzymhaltigen Flüssigkeit (6) Heizmedium (7) Rotor (8) Heizmantel (9) unteres Rotorlager (10) Konzentrataustritt

gelingt es, bis zur pastösen Konsistenz zu konzentrieren. In einigen Fällen ist sogar die Gewinnung von Trockenprodukten möglich.

Verweilzeiten unter 1 s werden im *Centri-Therm-Verdampfer*, einer Verdampferzentrifuge, erreicht (Bild 3.4.7.3.4.b). Die Flüssigkeit wird durch ein Rohr in den Apparat geführt und auf die Unterseite von schnell rotierenden, mit Dampf beheizten konischen Heizflächen gespritzt. Durch die Zentrifugalkraft wird die Flüssigkeit über die gesamte Heizfläche verteilt, wobei ein Film mit einer Dicke von etwa 0,1 mm entsteht [2]. Das am unteren Teil des Konus sich sammelnde Konzentrat wird mittels Schälrohr ausgetragen. Die Brüden werden über einen Austrittsstutzen einem Kondensator zugeführt. Das Dampfkondensat wird ebenfalls mittels Schälrohrs abgeführt. Auf Grund der hohen Geschwindigkeit der rotierenden Heizflächen und geringen Dicke des Flüssigkeitsfilmes sowie der Wärmezufuhr durch kondensierenden Dampf wird ein sehr günstiger Wärmeübertragungskoeffizient (8,1 kW/m² · K) erreicht. Dadurch ist die Verdampferleistung je Flächeneinheit größer als bei anderen Verdampfertypen. Das Arbeiten unter Vakuum und die kurze Verweilzeit gewährleisten eine schonende Behandlung der Enzymlösung. Es ist möglich, ein relativ hohes Konzentrationsverhältnis in einem einstufigen Prozeß zu erreichen.

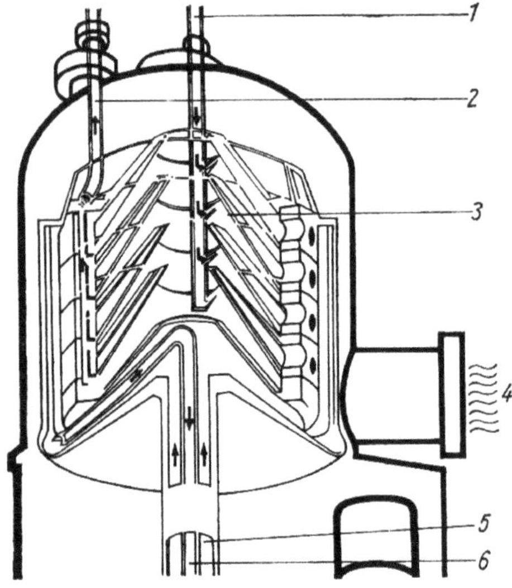

Bild 3.4.7.3.4.b. Centri-Therm-Verdampfer (schematisch) [2] (1) Eintritt der enzymhaltigen Flüssigkeit (2) Konzentrataustritt (3) Heizfläche (4) Brüdenaustritt (5) Dampfeintritt (6) Kondensataustritt

Zur ökonomischen Verbesserung des Verdampfungsprozesses werden in *mehrstufigen Anlagen* die Brüden der vorangegangenen Stufe für die Beheizung der jeweils folgenden genutzt, indem durch Verringerung des Druckes die Verdampfungstemperatur der nachgeschalteten Stufe vermindert wird. Prinzipiell sollte eine zu große Anzahl Stufen bei der Verdampfung von thermolabilen Substanzen vermieden werden, um die Verweilzeit in der Verdampferanlage so kurz wie möglich zu halten.

Trocknung

Ein *Enzymtrockenpräparat* hat gegenüber Flüssigprodukten eine Reihe Vorteile, z. B.

hohe Stabilität der Enzymaktivität,
geringe Transport- und Lagerkapazität,
gut konfektionierbar.

Die Herstellung eines trockenen, rieselfähigen Enzympräparats ist nur mit Hilfe eines thermischen Vorgangs möglich. Aus diesem Grunde muß bei der Auswahl des geeigneten Trocknungsprinzips die Thermolabilität der Enzyme besonders berücksichtigt werden. Die Verdunstung bzw. Verdampfung des Wassers muß so erfolgen, daß in dem zu trocknenden Gut eine bestimmte Temperatur (in der Regel 30 ... 40 °C) nicht überschritten wird. Als Trocknungsverfahren kommen die Vakuumtrocknung und die Sprühtrocknung in Frage.

Vakuumtrocknung

Die Vakuumtrocknung erfolgt zwischen 400 Pa und 1,3 kPa bzw. – im Falle der *Gefriertrocknung* (Sublimationstrocknung) – zwischen 13 Pa und 0,13 Pa. Das Vakuum wird mit Hilfe von Pumpen verschiedener Bauart erzeugt und aufrechterhalten. Als häufigste Form der Wärmezufuhr wird der direkte Kontakt des zu trocknenden Gutes mit der Heizfläche angewandt. Der entstehende Brüden wird in einem Kondensator niedergeschlagen und entsprechend dem gewünschten Vakuum abgekühlt. So sind Drücke von < 2,3 kPa nur erreichbar, wenn der Brüden unter 0 °C abgekühlt wird [3].

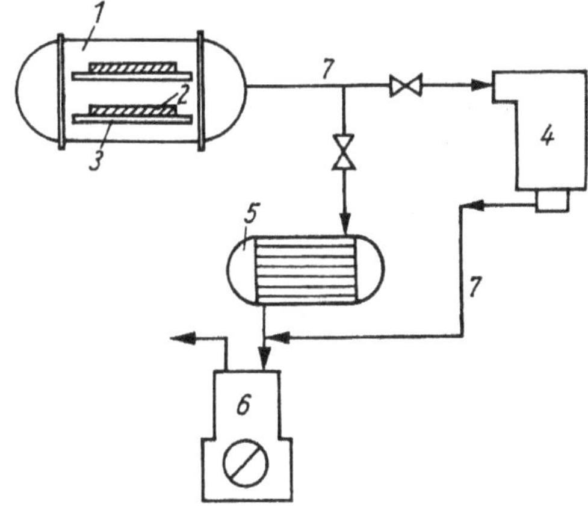

Bild 3.4.7.3.4.c. Gefriertrocknungsanlage (schematisch)
(1) Trocknungsraum (2) gefrorenes Gut (3) Heizplatte (4) Vakuumfeinpumpe (5) Kondensator (6) Vakuumpumpe (7) Vakuumleitung

Vakuumtrockner erfordern eine kompakte Bauweise, um den von außen wirkenden Drücken standzuhalten. Der zu evakuierende Raum muß möglichst klein sein, damit die Pumpen nicht zu groß dimensioniert werden müssen. Den erforderlichen verhältnismäßig niedrigen Wärmemengen von 2850 … 3350 kJ je 1 kg zu entfernenden Wassers stehen die hohen Energieaufwendungen für die Erzeugung des Vakuums sowie der Kälte für die Kondensation der Brüden gegenüber.

Neben den für Labor- und Technikumszwecke gebräuchlichen Vakuum-Trockenapparaten kommen für die Industrie *Vakuum-Walzentrockner* in Betracht. Für dickflüssige Güter (z. B. Niederschläge aus der Fällung mit organischen Lösungsmitteln oder Salzen) ist der *Vakuum-Zweiwalzentrockner* einsetzbar. Das Gut wird gleichmäßig auf die Walzen verteilt und nach erfolgter Trocknung mit einem Schaber entfernt. Durch den direkten Kontakt des Gutes mit der beheizten Walze besteht die Gefahr, daß die Temperatur im Gut höher als zulässig ansteigt, so daß mit Aktivitätsverlusten gerechnet werden muß. Insbesondere bei der Trocknung von mit Lösungsmitteln gefälltem Enzymschlamm entstehen Schwierigkeiten hinsichtlich der Aufrechterhaltung des Vakuums (hoher Dampfdruck des Lösungsmittels), die nur durch zusätzliche Maßnahmen im Kondensatsystem abgefangen werden können. In jedem Fall sind Vorversuche durchzuführen, da auf Grund stoffspezifischer Eigenschaften der Einsatz eines Vakuum-Walzentrockners für bestimmte Enzyme ungeeignet ist.

Die *Gefrier- (Sublimations-) Trocknung* (Bild 3.4.7.3.4.c) erfolgt unter erhöhtem Vakuum. Die zu trocknende Flüssigkeit wird bei Temperaturen unterhalb des *eutektischen Punktes* gefroren. Dem Gut wird im Trocknungsraum die zur Sublimation erforderliche Wärmemenge (2850 kJ je 1 kg Eis) zugeführt. Als Heizmittel dienen elektrische Energie, Warmwasser oder Leitungswasser. Die entstehenden Dämpfe werden ständig abgesaugt.

Mit Hilfe der Gefriertrocknung ist es möglich, auch hygroskopische Güter bis zu Restfeuchten von < 1 % zu trocknen. Gefriertrockner werden mit verhältnismäßig kleinen Abmessungen hergestellt. Durch die Erzeugung des Hochvakuums sind die Betriebskosten sehr hoch, so daß die Gefriertrocknung nur angewendet werden sollte, wenn nach anderen Trocknungsprinzipien nicht gearbeitet werden kann.

Sprühtrocknung

Für die Herstellung von Enzymtrockenpräparaten hat sich die *Sprühtrocknung* bewährt (Bild 3.4.7.3.4.d). Mittels spezieller Einrichtungen (Einstoffdüse, Zweistoffdüse, Sprühscheibe) wird die zu trocknende Lösung bzw. das Konzentrat oder die

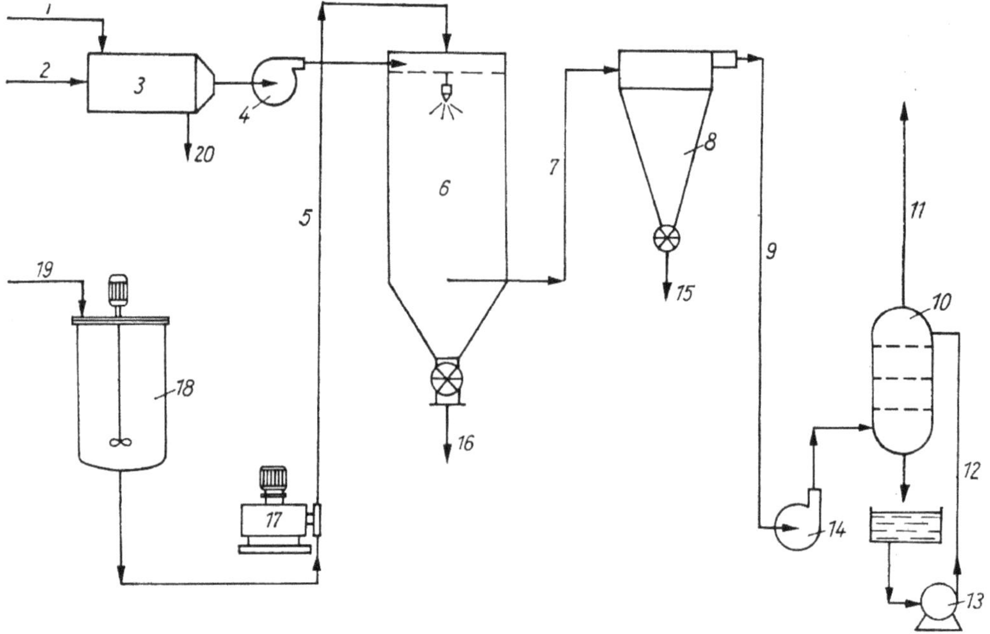

Bild 3.4.7.3.4.d. Sprühtrocknungsanlage (schematisch)
(1) Dampf (2) Luft (3) Lufterhitzer (4) Zuluftgebläse (5) Enzymkonzentrat oder Enzymsuspension (6) Sprühturm (7) Abluft (staubhaltig) (8) Zyklon (9) Abluft (10) Naßwäscher (11) Abluft (12) Wasser (13) Pumpe (14) Abluftgebläse (15) Enzymtrockenpräparat (16) Enzymtrockenpräparat (17) Pumpe (18) Vorlagebehälter (19) Enzymkonzentrat oder Enzymsuspension (20) Kondensat

Suspension in einem Turm versprüht. Die entstehenden feinen Tröpfchen liefern eine große Oberfläche des Gutes und ermöglichen es, daß durch die im Gleich- oder Gegenstrom in den Sprühturm eingeblasene Heißluft die Feuchte in sehr kurzer Zeit (< 1 s) verdunstet und in den Zyklon abgeführt wird. Die getrockneten Partikeln fallen nach unten und werden aus dem konischen Teil des Sprühturms ausgetragen. Das Trockengut erwärmt sich nur unwesentlich, so daß der Verlust an Enzymaktivität relativ gering ist. Im *Zyklon* werden die mitgerissenen Feststoffpartikeln abgeschieden.
Folgende Gesichtspunkte müssen beim Einsatz der Anlage für die Trocknung von enzymhaltigen Flüssigkeiten besonders berücksichtigt werden:

Temperatur der Heißluft,
Wahl bzw. Konstruktion der Sprüheinrichtung,
Führung des Heißluftstroms,
Verdampfungsleistung der Sprühtrocknungsanlage.

Da sich das Trockengut im Sprühturm auf nur 30 ... 40 °C erwärmen darf, kommen Lufteintrittstemperaturen von 150 ... 180 °C in Frage. Die Erwärmung der Luft sollte in einem *Wärmeaustauscher* mittels Dampf erfolgen; direkte Beheizung (durch Rauchgase) ist für die Trocknung von Enzymen ungeeignet. In Abhängigkeit vom Durchsatz des Sprühturms sind Luftaustrittstemperaturen von 70 ... 90 °C zu erwarten.

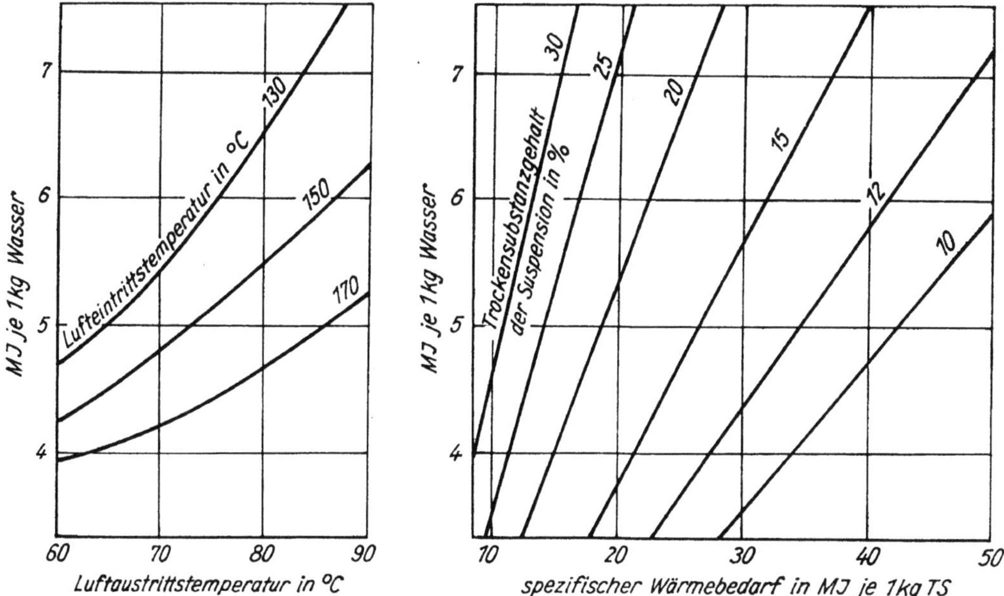

Bild 3.4.7.3.4.e. Diagramm zur graphischen Ermittlung des spezifischen Wärmeenergiebedarfs für die Herstellung von Trockenpräparat (Restfeuchte von 5%) in einer Sprühtrocknungsanlage bei Kenntnis der Lufteintritts- und -austrittstemperatur sowie des Trockensubstanzgehalts der zu versprühenden Suspension [5]

Es ist anzustreben, daß die Durchmesser der einzelnen Tröpfchen annähernd gleich sind, um eine Überhitzung kleinerer Partikeln zu vermeiden. Diese Forderung kann bei Einsatz einer *Einstoffdüse* erfüllt werden. Mit gewissen Einschränkungen ist auch die *Sprühscheibe* anwendbar. Diese ist besonders geeignet für das Versprühen von Suspensionen und Schlämmen sowie von zähen und bei Enzymsuspensionen häufig vorliegenden thixotropen Stoffen. Sprühscheiben neigen nicht zur Verstopfung und unterliegen keinem so hohen Verschleiß wie die Einstoffdüsen.

Für die Trocknung von Enzymen wird in erster Linie die *Gleichstromtrocknung* angewandt, da das Gut schonender getrocknet wird als beim Gegenstromverfahren. Das versprühte Material tritt zuerst mit der heißen Luft in Wechselwirkung; dabei wird der Luft die Verdampfungswärme entzogen, und sie kühlt sich ab. Die Erwärmung des Trockenguts ist somit gering. Mit Hilfe der *Gegenstromtrocknung* sind allerdings größere Korndurchmesser erreichbar: kleinere, bereits getrocknete Feststoffteilchen werden mit dem Luftstrom in die Sprühzone gerissen, wo sie als Primärkorn dienen und durch Anlagerung von Tröpfchen zu größerem Korndurchmesser auftrocknen.

Die Festlegung der *Verdampfungsleistung* der Anlage hängt von der erforderlichen Durchsatzmenge und vom Feststoffgehalt der zu versprühenden Suspension ab. Aus ökonomischen Gründen ist anzustreben, den Sprühturm mit einer Suspension zu beschicken, deren Feststoffanteil so hoch wie möglich ist (wobei die Pumpfähigkeit und die Versprühbarkeit gewährleistet sein müssen).

Bild 3.4.7.3.4.e zeigt den *spezifischen Wärmeenergiebedarf* als Funktion der Lufttemperaturen (Eintritt, Austritt) sowie des Trockensubstanzgehalts der Suspension. Sprühtrocknungsanlagen werden mit Verdampfungsleistungen von 5000 bis 8000 kg Wasser je 1 h gebaut [3].

Literatur

[1] *Loncin, M.:* Grundlagen der Verfahrenstechnik in der Lebensmittelindustrie. Aarau–Frankfurt/Main: Verlag Sauerländer 1969
[2] Prospektmaterial: Centri-Therm. Fa. Alfa-Laval, Tumba (Schweden) 1973
[3] *Krischer, O.,* und *K. Kröll:* Trocknungstechnik, Band 2. Berlin–Göttingen–Heidelberg: Springer-Verlag 1959
[4] Prospektmaterial: Fa. Luwa-SMS, Schweiz/BRD
[5] *Tittmann, B.:* Persönliche Mitteilung

3.4.7.3.5. Mischen und Kornvergrößerung

Mischen von körnigen Feststoffen

Die nach dem Trocknen anfallenden Enzympräparate sind hinsichtlich ihrer Aktivität bzw. Zusammensetzung mehr oder weniger unterschiedlich. Zur *Standardisierung* kann das Trockenprodukt mit geeigneten Stoffen verschnitten werden (vgl. 3.4.5.6.), wobei für körnige Feststoffe *Mischer* eingesetzt werden.

Bei der Herstellung von *trockenen Gemischen* ist auf eine wirkungsvolle Durchmischung im gesamten Bereich des Mischers zu achten. Man unterteilt die Feststoffmischer – je nach Konstruktionsmerkmalen – in Mischer mit rotierenden Trommeln, Schneckenmischer, Mischer mit Rührwerk, Fluidmischer, Bandmischer, Schüttmischer und Schleudermischer [1].

Beim Mischprozeß soll eine möglichst *homogene Verteilung* der verschiedenen Komponenten herbeigeführt werden. Eine ideale Homogenität des Gemenges ist auf Grund der statistisch-stochastischen Merkmale des Mischvorgangs nicht zu erzielen. Vielmehr ist ein stationärer Zustand zu erreichen, der als *stochastische Homogenität* oder als *Zufallsmischung* bezeichnet werden kann. Bei Erreichen dieses Zustands bzw. Überschreiten der optimalen Mischzeit ist ein weiteres Mischen zwecklos, da die Mischgüte nicht mehr verbessert wird. Im Gegenteil kann infolge von Entmischungsvorgängen eine Verschlechterung der Homogenität auftreten.

Die Gleichförmigkeit und Güte einer Mischung lassen sich mit Hilfe der *mathematischen Statistik* berechnen [1 bis 4]. Ihre praktische Anwendung dient zur Ermittlung der Mischzeit, die benötigt wird, um eine bestimmte Mischgüte zu erreichen. Ein einwandfrei arbeitender Mischer soll in kürzester Zeit den Zustand der idealen Unordnung, die *Zufallsmischung*, herstellen. Der erreichbare Grenzwert für die Mischgüte, der sich mit wachsender Mischzeit asymptotisch einstellt, muß mit dem Gütemaß für die Zufallsmischung übereinstimmen. Den für den speziellen Anwendungszweck geeigneten Mischer kann man nur durch entsprechende Vorversuche festlegen, wobei u. a. zu berücksichtigen sind: Art des Mischgutes, Masseanteile der Mischung, Zerkleinerungsgrad der Komponenten, Mischzeit, Bau- und Arbeitsweise des Mischers, Energiebedarf.

Kornvergrößerung

Bei verschiedenen Enzymtrockenpräparaten (insbesondere Protease-Präparaten) wird aus arbeitshygienischen und technologischen Gründen ein staubfreies, *rieselfähiges Produkt* gefordert (vgl. 3.4.5.5.). Dieser Forderung kann durch *Kornvergrößerung* Rechnung getragen werden. Hierzu sind mehrere Verfahren geeignet, z. B. das gesteuerte und ungeregelte Agglomerieren, Koagulieren, Brikettieren, Tablettieren, Sintern sowie das thermische Wachstum [5]. Ausgangspunkte für die Kornvergrößerung sind:

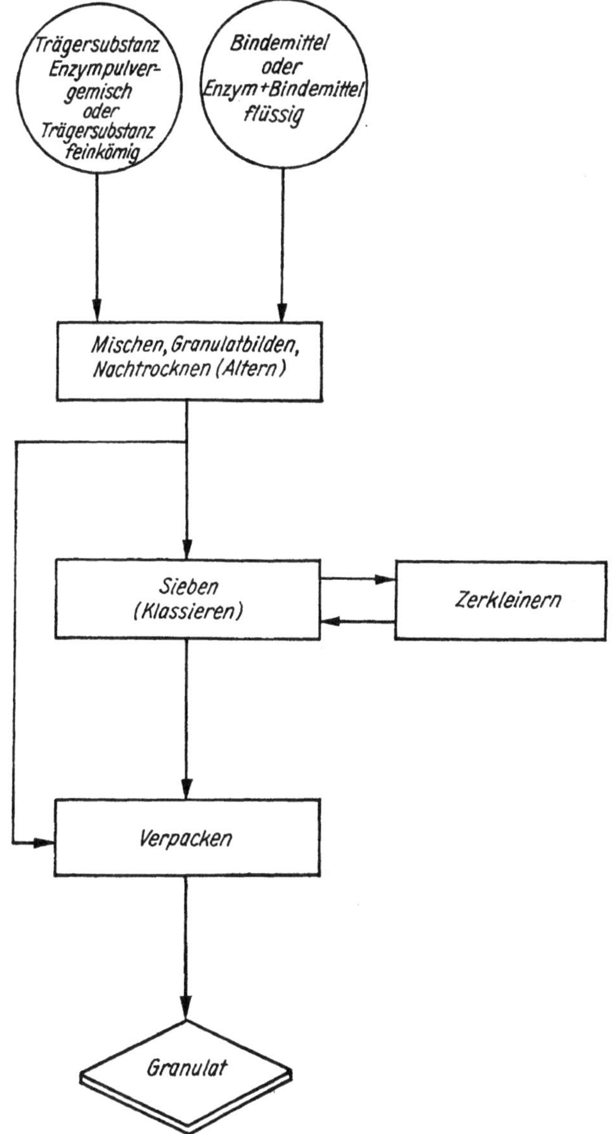

Bild 3.4.7.3.5. Verfahrensfließbild einer Aufbaugranulation mittels Sprühmischers

Festkörperbrücken (Sinterung, Rekristallisation, Kornwachstum; chemische Reaktion; Schmelzhaftung; erhärtende Bindemittel; Kristallisation gelöster Stoffe bei der Trocknung).

Grenzflächenkräfte und Kapillardruck an frei beweglichen Flüssigkeitsoberflächen (Flüssigkeitsbrücken zwischen den einzelnen Körnern; Kapillarkräfte an der Oberfläche flüssigkeitsgefüllter Haufwerke; Oberflächenspannung von mit Festkörpern gefüllten Tropfen).

Adhäsions- und Kohäsionskräfte in nicht frei beweglichen Bindemittelbrücken (zähflüssige Bindemittel, erhärtende Bindemittel, Klebstoffe; Adsorptionsschichten).

Anziehungskräfte zwischen den Feststoffteilchen (Molekularkräfte, *van-der-Waals*sche Kräfte, Valenzkräfte, elektrostatische Aufladung).
Formschlüssige Bindung (Fasern, Plättchen, sperrige Teilchen).

Aus der Vielzahl der Bindungsmechanismen ist erkennbar, daß zunächst die stofflichen Voraussetzungen geschaffen werden müssen, um eine Kornvergrößerung durchführen zu können. Es müssen ein geeigneter *Träger* für das Enzym sowie ein *Bindemittel* gefunden werden, welche die an das Enzymgranulat (Enzympräparat) zu stellenden Forderungen erfüllen (z. B. spezifische Enzymaktivität, Stabilität, Abriebfestigkeit, Rieselfähigkeit, Schüttdichte, Schüttwinkel usw.).
Für die technische Realisierung gibt es verschiedene apparative und technologische Varianten. Die *Granulierapparatur* muß folgende Bedingungen erfüllen, um eine definierte Kornverteilung zu erreichen [6]:

Die Bewegung der Teilchen muß ohne Bevorzugung einer Richtung gleichmäßig intensiv sein, so daß homogene rundliche Granulatkörner von ausreichender *Festigkeit* entstehen.
Die Granulierbedingungen müssen übersichtlich auf das *Stoffverhalten* abgestimmt werden.
Die Granulierung sollte mit einem *Klassierprozeß* verbunden sein, durch den die Einstellung einer beliebigen Granulatkorngröße sichergestellt wird.

Im *Sprühmischer* können diese Forderungen je nach dem verwendeten Mischertyp eingehalten werden. Die Trockenprodukte (z. B. Trägersalze) werden im Mischer vorgelegt und mittels Düsen mit der flüssigen Phase, bestehend aus Enzymkonzentrat oder Enzymsuspension und Bindemittel, besprüht. Nach Beendigung der Granulatbildung müssen die Granulate nachgetrocknet bzw. bei Verwendung wasserfreier Trägersalze gealtert werden, bis der Prozeß der Kristallwasserbildung abgeschlossen ist. Bei hohen Anforderungen an den Korngrößenbereich kann es erforderlich sein, eine *Klassier-* und *Zerkleinerungsstufe* einzuschalten (Bild 3.4.7.3.5.).
Granulate können des weiteren mit Hilfe des *Granuliertellers* hergestellt werden. Hierbei werden im allgemeinen Korndurchmesser von > 3 mm erreicht, die jedoch für die meisten Applikationsbereiche weniger geeignet sind.
Günstig erscheint die Kornvergrößerung im *Fließbettverfahren*. Durch das im Apparat aus Trägersubstanz gebildete Fließbett wird Luft gesaugt, während die flüssige Phase im Gegenstrom zur Luft aufgesprüht wird. Die durchgesaugte Luft wirkt gleichzeitig trocknend und dient zur Abführung entstehender Reaktionswärme. Durch das Einstellen der Luftgeschwindigkeit erfolgt eine Klassierung der Granulate.
Über die Herstellung gleichförmiger Granulate durch *Prillen* vgl. 3.4.5.5.

Literatur

[1] *Robel, H.*: Lehrbrief „Mechanische Verfahrenstechnik" der Technischen Hochschule Otto von Guericke Magdeburg, Magdeburg 1966
[2] Autorenkollektiv: Lehrbuch der chemischen Verfahrenstechnik. Leipzig: VEB Deutscher Verlag für Grundstoffindustrie 1967
[3] *Nowak, W.*: Chem. Techn. **21** (1969) 23
[4] *Stange, K.*: Chemie-Ing.-Techn. **26** (1954) 331
[5] *Rumpf, H.*: Chemie-Ing.-Techn. **30** (1958) 144
[6] *Rautenbach, R.*, und *K. W. Witzel*: Chemie-Ing.-Techn. **43** (1971) 413

226

3.4.7.4. Probleme der Produktionsvorbereitung und apparativen Gestaltung

Produktionsvorbereitung

Ein Schwerpunkt innerhalb des gesamten volkswirtschaftlichen Reproduktions-
prozesses ist die *produktionsvorbereitende Phase.* Dies bedeutet, daß der Produktion
zunehmende Aufwendungen für Planung, Forschung, Projektierung und Überleitung
vorausgehen. Eine weitgehende Parallelbearbeitung der produktionsvorbereitenden
Schritte sichert die schnelle Überleitung von Forschungs- und Entwicklungsergeb-
nissen in die gesellschaftliche Praxis [1].
Wenn auch industrielle mikrobiologische Prozesse ohne nennenswerte Temperatur-
und Druckerhöhungen ablaufen, so sind zur Sicherung der sterilen Fahrweise sowie
durch den Bedarf an Dampf, Kühlmitteln und Elektroenergie bei den nachfolgenden
Aufarbeitungsschritten – analog zu anderen stoffwandelnden Prozessen – Energie-
und Nebenanlagen erforderlich. Hierbei kommt der Rolle des Erfahrungsrückflusses
aus dem Probebetrieb bzw. der Überleitung eine besondere Bedeutung zu [2].
Auch die Forderungen des *Umweltschutzes* sind nicht gering. Demzufolge müssen
in der *mikrobiologischen Industrie* gleiche oder ähnliche organisatorische bzw.
methodische Schritte in der Produktionsvorbereitung eingeleitet werden wie in
anderen Industriezweigen, wobei jedoch einige Besonderheiten zu berücksichtigen
sind [3].
Die *technologische Hauptstufe* der mikrobiellen Verfahren, d. h. die mikrobiologisch-
biochemische Stoffumwandlung, bietet hinsichtlich der ihr zugrunde liegenden Stoff-
wechselmechanismen und ihrer exakten Modellierung eine Reihe Unsicherheiten
für die Übertragung in den großtechnischen Maßstab, so daß den Labor- und kleintechnischen Versuchen sowie der Überleitungsproblematik besondere Aufmerksamkeit zu widmen ist.
Die *Verfahren und Anlagen zur Enzymgewinnung* werden gegenwärtig in starker An-
lehnung an die Antibiotikaindustrie entworfen und gestaltet. Hierbei tritt zunehmend
das Bestreben in den Vordergrund, multivalent nutzbare Anlagen zu errichten, die
aus den gleichen apparativen Bauelementen bestehen und in denen die unterschiedlichen Ansprüche zur Gewinnung *mehrerer* Enzyme befriedigt werden können. Es
ist darauf zu achten, daß bei der Entwicklung neuer Verfahren bereits vorhandene
Produktions- und Versuchsanlagen berücksichtigt werden oder aber bestimmten
Besonderheiten neuer Verfahren rechtzeitig durch technologische Änderungen bzw.
Ergänzungen vorhandener Einrichtungen entsprochen wird.
Einige im Zusammenhang mit der Produktionsvorbereitung abzuwickelnde wichtige
Teilschritte und die hierbei zu berücksichtigenden Wechselbeziehungen sind auf den
Bildern 3.4.7.4.a bis 3.4.7.4.c schematisch dargestellt.

Apparative Besonderheiten

Die spezifischen Anforderungen an Gestaltung und Bemessung von Apparaten und
Ausrüstungen zur mikrobiellen Enzymproduktion ergeben sich hauptsächlich aus
der Notwendigkeit einer sterilen Fahrweise. Die in der chemischen Industrie üblichen
hohen Drücke und Temperaturen und die damit verbundenen Auslegungs- und
Werkstoffprobleme treten nicht auf.
Die Apparate und die Behälter auf der Strecke vom Ansatz des Nährmediums und
den Vorkulturstufen bis zur Trocknung der Enzympräparate bestehen im allgemeinen
aus *nichtrostendem Material,* wobei meist korrosionsbeständige, säure- und laugen-
feste (Reinigung!) Edelstähle verwendet werden. Für kleinere Behälter, z. B. Säure-
und Laugenbehälter (*p*H-Wert-Regelung u. a.), kann auch Rasothermglas eingesetzt

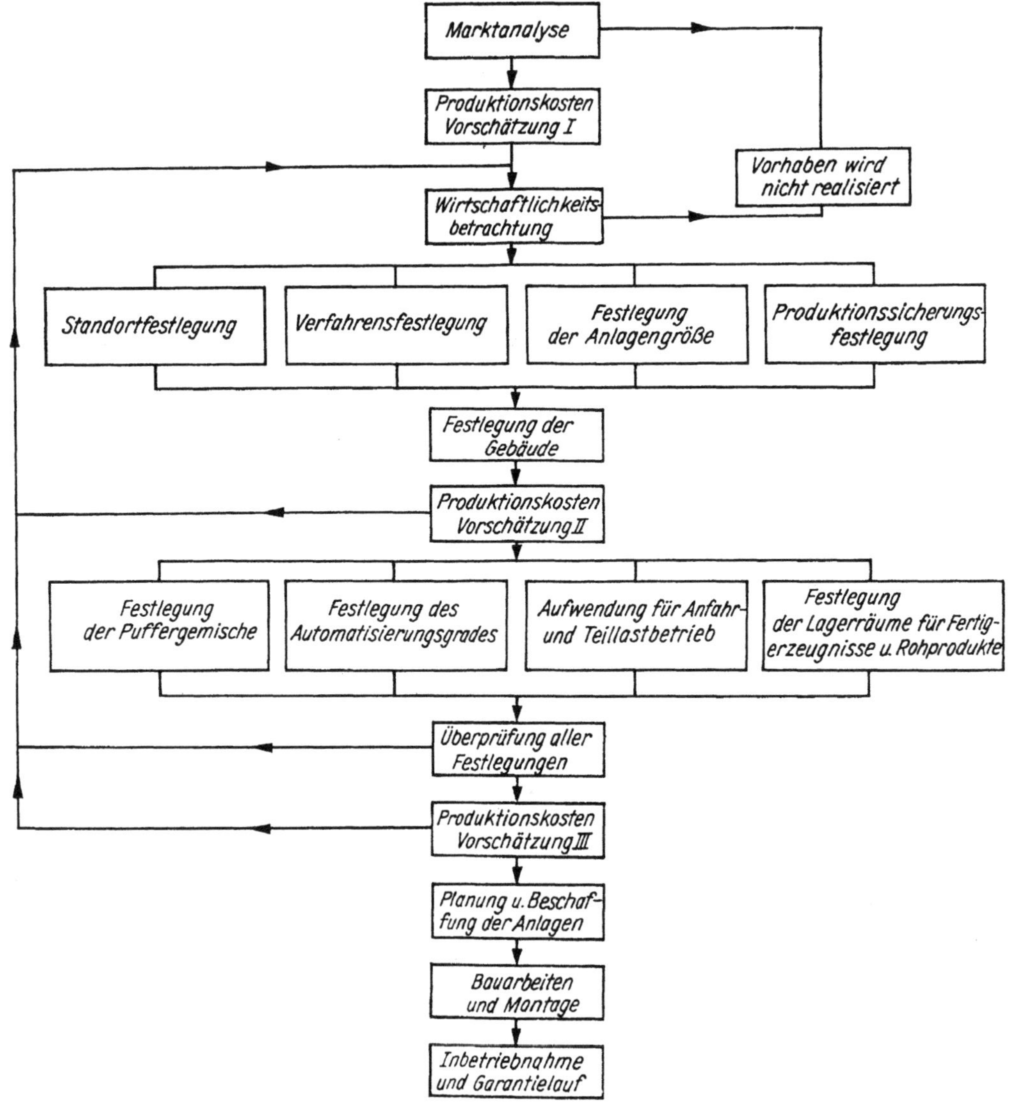

Bild 3.4.7.4.a. Zusammenhang zwischen den für die Produktionsvorbereitung notwendigen Hauptschritten der Planung

werden. Rohrleitungen und Armaturen (außer für Dampf, Wasser, Luft) bestehen ebenfalls aus Edelstahl oder Rasothermglas.

Rasothermglas wird künftig zunehmend an Bedeutung gewinnen, da es

billiger ist als z. B. V2A-Stahl,
Temperaturen bis zu 150 °C bei entsprechendem Wasserdampfdruck standhält,
korrosions-, säure- und laugenbeständig sowie einfach zu montieren ist.

Es eignet sich besonders in der Fermentationsvorbereitung und Aufarbeitung, da bei diesen Stufen eine sterile Fahrweise nicht verlangt wird und die größere Anzahl Flansche einen Nachteil nicht mit sich bringt. Das Rasothermglas läßt sich auf Grund

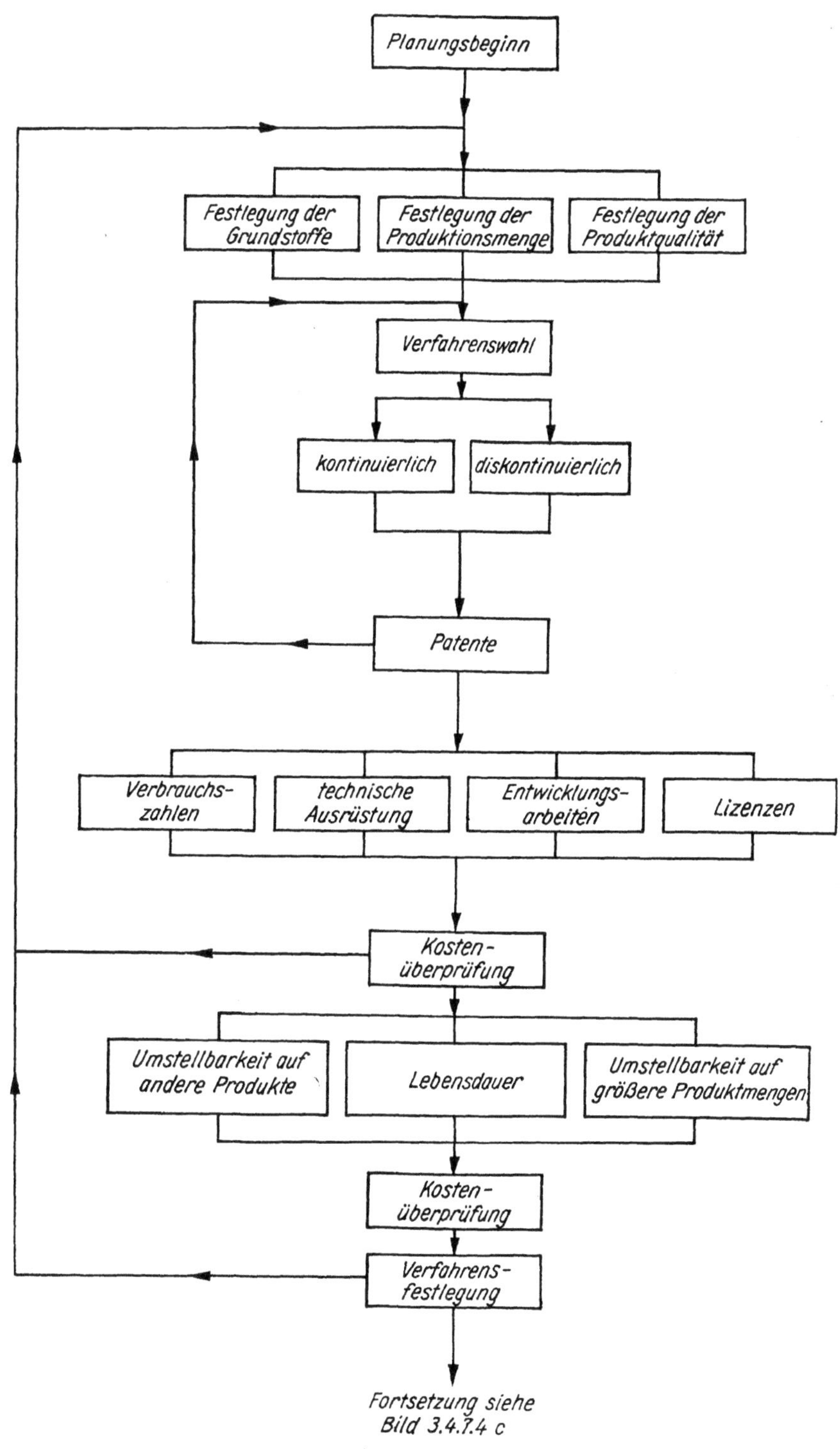

Bild 3.4.7.4.b. Bearbeitung des Verfahrens auf der Stufe der Produktionsvorbereitung

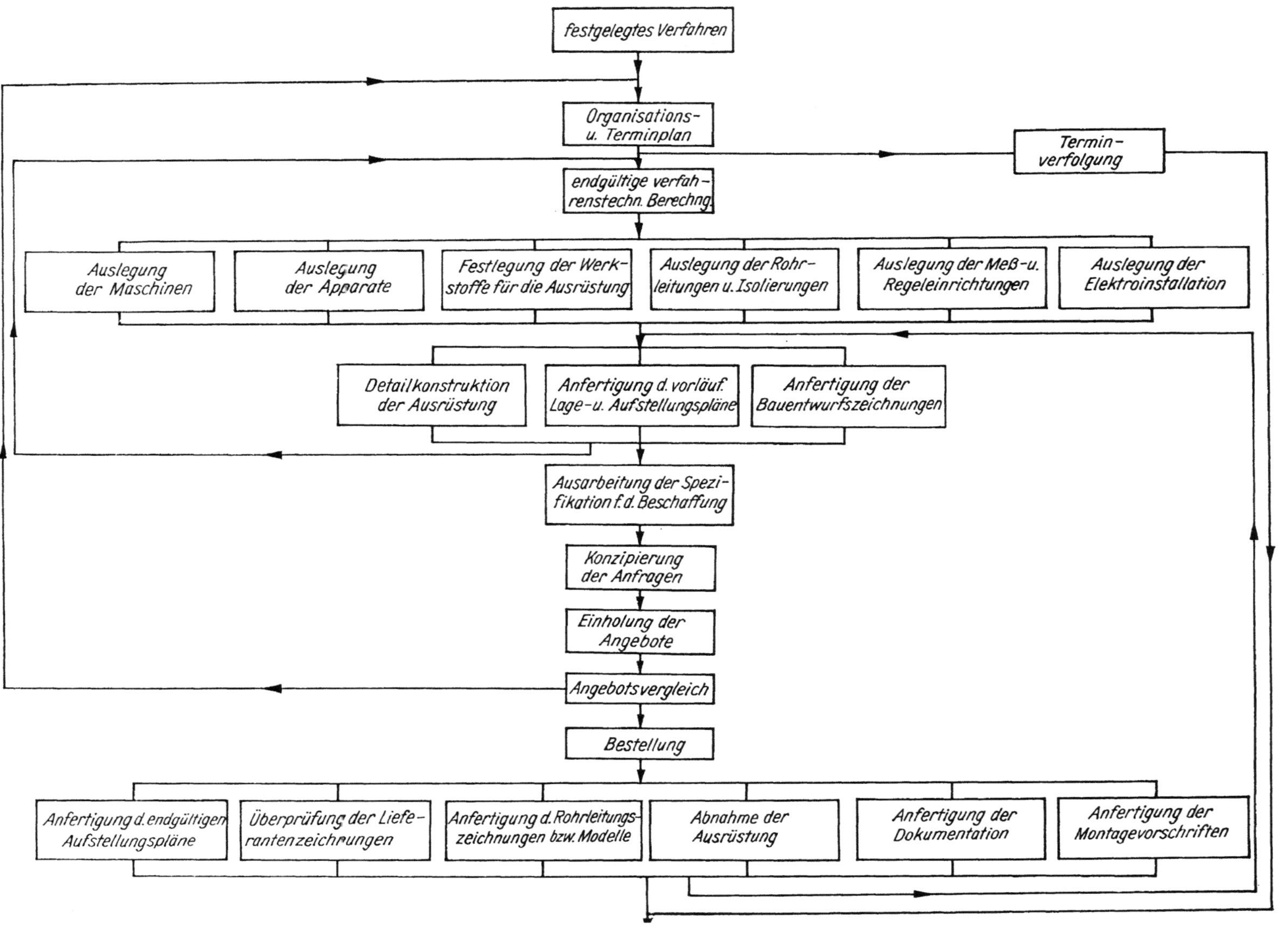

Bild 3.4.7.4.c. Optimierung, Planung und Beschaffung der Ausrüstung

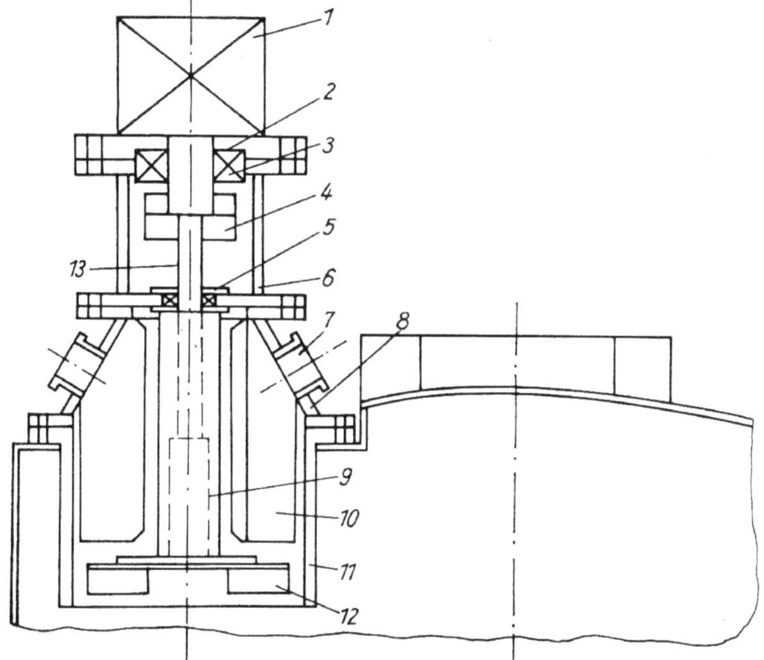

Bild 3.4.7.4.d. Mechanischer Schaumabscheider (schematisch)
(1) Elektromotor (2) Gleitringdichtung (3) Rillenkugellager (4) Kupplung (5) Gleit-
ringdichtung (6) Laterne (7) Flansch für Schlauchanschluß (8) Haube (9) An-
triebsflansch (10) Leitblech (11) Grundkörper (12) Scheibe (13) Welle

seiner besonders glatten Oberfläche gut reinigen, evtl. auftretende Verstopfungen sind
gut zu erkennen.

Sterilisation des Nährmediums. Wie bereits unter 3.4.7.2. dargelegt, werden durch eine
kontinuierliche Sterilisation etwa 70 ... 80% Dampf und Kühlwasser eingespart;
lange Aufheiz- und Abkühlzeiten werden vermieden.

Sterilisation der Luft. Gegenwärtig werden für die Entkeimung der Luft meist Filter
verwendet, die mit einer Mineralwolleschicht gefüllt und mit Dampf sterilisierbar
sind. Der Trend geht jedoch zunehmend zu bestimmten Filterschichten, wie Glas-
faserfilterpapier, gesinterte Keramikkerzen und Membranfilter. Diese Filter sind zu-
verlässig und regenerierbar; ihr Platzbedarf beträgt dabei nur einen Bruchteil von dem
der Mineralwollefilter.

Konstruktive Besonderheiten der Industriefermentoren. Die derzeitig von oben ange-
triebenen Rührer der Fermentoren dürften künftig zunehmend durch solche mit
Bodenantrieb ersetzt werden. Von unten angetriebene Rührer sind einfacher zu lagern
und lassen sich durch Gleitringdichtungen am Wellendurchgang gut abdichten.
Dadurch kann der Deckel des Fermentors für die Meß- und Regelungseinrichtungen
und andere Zu- und Abgänge besser genutzt werden.

Dort, wo mit einer mechanischen *Schaumbekämpfung* gearbeitet wird, dürfte allerdings der Antrieb von oben auch weiterhin ausgeführt werden. Mechanische Schaum-
bekämpfungseinrichtungen *(Schaumabscheider* oder *Schaumzerstörer)* werden in
letzter Zeit häufiger angewandt, da physikalisch-chemisch wirkende Antischaummittel
infolge unerwünschter Nebenerscheinungen in vielen Fällen nicht voll eingesetzt
werden können. Solche Erscheinungen sind z. B. toxische bzw. hemmende Ein-

wirkungen auf den mikrobiologischen Prozeß sowie Schwierigkeiten bei der Gewinnung der Enzyme aus dem Kulturmedium.

Bild 3.4.7.4.d zeigt einen Schaumabscheider. Meist handelt es sich um rotierende Elemente, die am Rührer oder in der Abluftleitung angebracht sind und Flieh- bzw. Schlagkräfte erzeugen.

BMSR-Technik

Die Anforderungen, die an die *Sterilisierbarkeit* gestellt werden, schränkten bisher den Einsatz vieler Geräte beträchtlich ein, da die meisten Meßelektroden nicht hitzeresistent sind. Jedoch wurden in den letzten Jahren auf diesem Gebiet große Fortschritte erzielt. Ein Großteil der Meßelektroden (*p*H, O_2, Redoxpotential) werden bereits als sterilisierbare Elektroden geliefert.

Für eine optimale Verfahrensführung sind die in der folgenden Übersicht enthaltenen Werte zu messen, zu regeln und zu registrieren:

Meßgröße	Anzeige	Registrieren	Regeln
Temperatur	×	×	×
*p*H-Wert	×	×	×
Luftmenge	×	×	×
Redoxpotential	×	×	—
Füllstand	×	×	×
Gelöstsauerstoff	×	×	—
Schaumbildung	×	×	—
Entschäumungsmittelzugabe	×	×	×
Mechanische Schaumabscheidung	×	—	×
Abluftmessung (O_2, CO_2)	×	×	—
Stromaufnahme des Antriebs	×	×	—
Rührerdrehzahl	×	×	×
Aktivität des Enzyms	×	×	—

Wenn in der Zukunft kontinuierliche Fermentationsverfahren die bisherigen allmählich verdrängen, dann gewinnt die *Prozeßsteuerung* immer mehr an Bedeutung. Den Anfang dieser Entwicklung dürften die elektronischen Programme bei diskontinuierlichen Verfahren darstellen, bei denen die funktionsabhängigen Ventile für Sterilisation, Belüftung, Fermentation, Beimpfung und Transport je nach Anforderung öffnen und schließen.

Literatur

[1] Probleme der Überleitung naturwissenschaftlicher Forschungsergebnisse in die gesellschaftliche Praxis. Materialien eines theoretischen Seminars des Instituts für Wissenschaftstheorie und -organisation der Akademie der Wissenschaften der DDR, Berlin 1972
[2] *Braun, H.-G.:* Die Rolle des Erfahrungsrückflusses bei Investitionen in der chemischen Industrie. Dissertationsschrift, Technische Hochschule Otto von Guericke Magdeburg, Magdeburg 1971
[3] *Mangold, K. H.:* Die Wirtschaft **20** (1965) Nr. 32

Der größte Teil der zur Zeit in Betrieb befindlichen Fermentationsanlagen zur Herstellung von Enzympräparaten und anderen Biosyntheseprodukten wird konventionell betrieben, d. h. mit den üblichen Rührfermentoren unter Berücksichtigung einiger weniger Prozeßparameter, wie Zusammensetzung des Nährmediums, pH-Wert, Temperatur, Sauerstoffzufuhr, Abgaszusammensetzung, Fermentationszeit. Bei den meisten modernen Fermentationen zur Produktsynthese erreicht man damit zwar in vielen Fällen ein ausreichendes Wachstum der Zellpopulation, nicht immer aber eine gleichmäßig hohe Syntheseleistung.

Zur Entwicklung eines effektiv arbeitenden Verfahrens muß eine Analyse aller in den einzelnen technologischen Stufen meßbaren und zur Regelung des Prozesses verwendbaren Einflußgrößen angestrebt und diese zur Gestaltung eines vereinfachten mathematisch-physikalischen Modells herangezogen werden. Hierbei entziehen sich infolge der noch nicht genügenden Kenntnis des gesamten, komplex ineinandergreifenden Stoffwechsels einige einflußnehmende biologische Faktoren der Kontrolle, so daß die Überprüfung der Richtigkeit des aufgestellten Modells durch Simulierung mittels Analogrechners notwendig wird.

Hinsichtlich der Verfahrenstechnik führt der Einsatz der in der chemischen Industrie verwendeten Methoden der mathematischen Berechnung von Reaktionsführung und Stofftrennung unter Einbeziehung der Maßstabübertragung zu einer zunehmenden Verflechtung der Entwicklung in den einzelnen Zweigen der technischen Mikrobiologie.

Auch in einer Monographie über industrielle Enzyme darf der sich abzeichnende Konzentrations- und Integrationsprozeß einer sich herausbildenden mikrobiologischen Industrie nicht unbeachtet bleiben. Ziel einer auf diesem Gebiet sich anbahnenden Integration ist nicht schlechthin die Veränderung der administrativen Zuordnung der bisher noch in verschiedenen Zweigen der Volkswirtschaft etablierten Produktionen unter Einsatz von Mikroorganismen zu einem neuen Industriezweig, sondern zunächst die einheitliche Planung und Leitung der produktionsvorbereitenden Phase, d. h. der Forschung und Entwicklung, Projektierung und Konstruktion sowie Realisierung entsprechender Anlagen. Multivalent nutzbare Anlagenlinien für die Gewinnung von Biomasse und Biosyntheseprodukten lassen sich miteinander verknüpfen, und es wird eine optimale Energiebasis durch Errichtung gemeinsamer Energie- und Nebenanlagen geschaffen. Naturgemäß läßt sich in einem derartigen Biosynthesekombinat außer einer stofflichen und apparativen Verflechtung auch eine Vertiefung der Regelung und Steuerung in Form eines höheren Automatisierungsgrades erzielen.

Nach *Hedén* [1] sind auf dem Gebiet der mikrobiellen Verfahrenstechnik für die nächsten Jahre folgende Schwerpunkte abzusehen:

Wachsende wechselseitige Beeinflussung von *Biotechnik* und *Genetik* der Mikroorganismen,

Intensivierung der Forschung zur *Maßstabübertragung* (z. B. für Fermentoren mit mehr als hundert Kubikmetern Inhalt), Fortentwicklung der Biotechnik im nächsten Jahrzehnt durch Einsatz von elektronischen Rechenanlagen für die *Datenverarbeitung* und *Prozeßsteuerung*,

Herstellung von *trägerfixierten* Enzymen und ihre Verwendung für Stoffwandlungen (auch für Synthesereaktionen),

Fermentorentwicklung (u. a. auch Wirbelbett- und Fließbettsysteme für mikrobielle Umsetzungen),

verstärkter Einsatz von Mikroorganismen und Enzymen für den *Umweltschutz*.

Die sich abzeichnenden Entwicklungstendenzen machen eine verstärkte Zusammenarbeit der Disziplinen der industriellen Mikrobiologie – insbesondere der Bioingenieurtechnik – mit dem chemischen Apparatebau notwendig. Ein leistungsfähiger Chemieanlagenbau kann den steigenden Anforderungen nur auf der Basis einer nach dem Baukastenprinzip orientierten Produktion (multivalent einsetzbare Apparate, Aggregate und Automatisierungsmittel) genügen.

Die *mathematische Behandlung* mikrobiologischer Prozesse ist wegen der komplizierten Mechanismen und der zahlreichen Variablen zur Zeit nur näherungsweise und in kleinen Teilschritten möglich. Die Gestaltung der technischen Reaktionsführung setzt das Vorliegen einer *Formalkinetik* bzw. eines *formalen Mechanismus* voraus, um Reaktionsgeschwindigkeiten und andere wichtige Funktionen abzuleiten.

Da die bei mikrobiologischen Prozessen ablaufenden Reaktionen sehr komplex ineinandergreifen und daher eine exakte mathematische Erfassung der diesen Prozessen zugrunde liegenden Kinetik äußerst schwierig ist, muß man von stark vereinfachten Modellvorstellungen ausgehen und sie zu simulieren versuchen. Hierfür kann der *Analogrechner* herangezogen werden, da er anpassungsfähig und mit einfachen Mitteln zu programmieren ist. Man kann so eine Adaptation von simulierten Funktionskurven anhand experimentell ermittelter Werte vornehmen. Auf diese Weise wird ein einfaches kinetisches Modell aufgestellt, das den Prozeß ausreichend beschreibt und der technischen Reaktionsführung zugrunde gelegt werden kann [2]. Wertvolle Hinweise zum Einsatz von Analogrechnern in der Biologie geben *Knorre* [3], *Röpke* und *Riemann* [4] sowie *Riemann* u. a. [5], wobei besonders auf die Enzymkinetik eingegangen wird. In solchen Fällen, in denen bei mikrobiellen Prozessen eine direkte Messung von Zustandsgrößen nicht oder noch nicht möglich ist, können *Digitalrechner* helfen, den Prozeß zu analysieren. So lassen sich z. B. indirekt die aktive Zellmasse sowie das Wachstum der Zellpopulation in Fermentationsprozessen bestimmen.

Literatur

[1] *Hedén, C.-G.:* Vortrag gelegentlich des I. Symposiums „Advances in Microbial Engineering", Marianske Lazne/ČSSR 1972
[2] *Röpke, H.:* Chemie-Ing.-Techn. **43** (1971) 65
[3] *Knorre, W. A.:* Analogcomputer in Biologie und Medizin. Jena: VEB Gustav Fischer Verlag 1971
[4] *Röpke, H.,* und *J. Riemann:* Analogcomputer in Chemie und Biologie; eine Einführung. Berlin–Heidelberg–New York: Springer-Verlag 1969
[5] *Riemann, J., H. Röpke, K. Kieslich* u. a.: European J. Biochem. **6** (1968) 60

3.5. Beurteilung der gesundheitlichen Unbedenklichkeit

Der Einsatz von Enzympräparaten im Lebensmittelsektor hat zur Voraussetzung, daß mögliche Gesundheitsrisiken ausgeschlossen werden bzw. die *toxikologisch-hygienische Unbedenklichkeit* der Enzympräparate sichergestellt wird [1]. Die Notwendigkeit hierzu ergibt sich u. a. aus der Tatsache, daß Mikroorganismen zur Bildung von *Toxinen* befähigt sind. Besondere Beachtung verdient die Verwendung bestimmter Schimmelpilze; so wurde für etwa 30 Arten die Produktion toxischer Verbindungen *(Mykotoxine)* nachgewiesen [2]. Beispielsweise zeigen die von *Aspergillus flavus* gebildeten Aflatoxine [3] eine starke *akute Toxizität (orale LD_{50}*[1] von Aflatoxin B_1 bei Ratten: 7 mg je 1 kg Körpergewicht [4]). Sie führen bei chronischer Einwirkung zu pathologischen, hierbei u. U. auch cancerösen Veränderungen der Leber. Ausreichende Vorsichtsmaßnahmen müssen den Schutz der zur Enzymgewinnung herangezogenen Kulturen vor Fremdinfektionen durch pathogene Mikroorganismen gewährleisten.

Nach Auffassung der FAO können Enzympräparate als unbedenklich angesehen werden, wenn sie „von nichtpathogenen, nichttoxischen Kulturen der *Aspergillus-oryzae-*, der *Aspergillus-niger-* oder der *Bacillus-subtilis-Gruppe* auf Nährböden erzeugt werden, die aus üblichen verkehrsfähigen Lebensmitteln bestehen. Kulturen anderer Mikroorganismen oder Kulturen auf künstlichen Nährböden sollten als *Zusatzstoffe* angesehen werden und der Zulassung bedürfen" [1]. Diese Auffassung kann jedoch keineswegs so ausgelegt werden, daß diese Mikroorganismen oder aus ihnen gewonnene Enzyme bzw. daraus hergestellte Enzympräparate generell unschädlich sind. Dies wird z. B. durch die Feststellung belegt, daß pektinolytische Präparate, die aus bestimmten Emers- und Submerskulturen von *Aspergillus niger* gewonnen wurden, in einigen Fällen bei den Versuchstieren zur Entstehung subkutaner Abszesse im Bereich der Milchdrüsen, zu einer Verschlechterung des Allgemeinzustands, zu Masseverlusten, zu Veränderungen der Leber und Nebennieren sowie vereinzelt zum Tode geführt haben [5]. Bei Verwendung von *Bacillus subtilis* muß der Produktion ungewöhnlicher Aminosäuren *(Bacitracine* und *Subtiline)* durch diesen Organismus Beachtung geschenkt werden [6].

Es ist somit eine Verträglichkeit von Enzympräparaten nicht dadurch von vornherein erwiesen, wenn für ihre Herstellung als harmlos geltende Mikroorganismen sowie übliche Nährmedien verwendet wurden. Nach *Mollenhauer* [1] sollen Enzympräparate

a) frei sein von Fällungs- und Klärmitteln und anderen Zusatzstoffen, soweit es sich hierbei nicht um Lebensmittel oder um allgemein zugelassene Zusatzstoffe handelt,
b) frei sein von anderen nachweisbaren Spuren gesundheitlich bedenklicher Verunreinigungen und von gesundheitlich bedenklichen Enzymkomponenten, und
c) nicht mehr als 3 ppm Arsen, 10 ppm Blei, 25 ppm Zink, 50 ppm Zink und Kupfer (zusammen) enthalten.

Die Forderung unter a) ist jedoch sicher übertrieben, da z. B. auf den Zusatz bestimmter inerter Substanzen für Standardisierungszwecke nicht verzichtet werden kann.
Im *Codex Committee der FAO/WHO für Zusatzstoffe* werden Enzympräparate als *Lebensmittelzusätze* betrachtet. Damit sind diese den geltenden Zulassungsanforderungen unterworfen. Sie müssen zum Schutz des Konsumenten vor gesundheitlichen Schäden auf ihre Unbedenklichkeit überprüft werden und sind nur zulässig, wenn sie im *Tierversuch* auch bei langdauernder Zuführung und bei Beobachtung über die ganze Lebensdauer keine schädigende Wirkung zeigen, wobei die Dosierung beträchtlich über der in der Nahrung zu erwartenden Menge liegen soll [7, 8].
Grundsätze über die Verfahren zur toxikologischen Beurteilung von Zusatzstoffen sind in den Veröffentlichungen des FAO/WHO-Expertenkomitees niedergelegt [9]. Spezielle Empfehlungen für die Toxizitätsuntersuchung von Enzympräparaten werden von sowjetischen Autoren unter Berücksichtigung ihrer Erfahrungen bei der hygienisch-toxikologischen Bewertung von etwa 30 Enzympräparaten aus Schimmelpilzen gegeben [10]. Danach ist die Ermittlung der Unbedenklichkeit nur auf Grund von Experimenten mit großen, repräsentativen Tierzahlen möglich. Untersuchungen

---

[1] Vgl. S. 236

am Menschen sind nur zulässig, wenn im Tierexperiment der Nachweis der Verträglichkeit eindeutig erbracht wurde.

Die toxikologische Bewertung eines Präparats erfolgt in gleicher Weise wie bei jedem anderen Lebensmittelzusatzstoff. Sie beginnt mit der *akuten Toxizitätsuntersuchung,* die nach Möglichkeit – um Speziesunterschiede zu erfassen – an mehreren Tierarten (Ratte, Maus, Meerschweinchen, Kaninchen) vorzunehmen ist. Die Kenngröße der akuten Toxizität ist die *mittlere letale Dosis (LD_{50}).* Man versteht darunter diejenige Menge einer Substanz, bei deren Applikation 50% einer Gruppe von Tieren einer bestimmten Art getötet werden. Die Untersuchungen umfassen außerdem das Auftreten sowie den zeitlichen Verlauf von Vergiftungserscheinungen sowie von Organveränderungen der Versuchstiere. Präparate, die in geringer Dosierung akut toxisch wirken, scheiden als Lebensmittelzusätze grundsätzlich aus.

Mit der Angabe der akuten Toxizität kann noch keine verbindliche Entscheidung getroffen werden. Es erfolgt nunmehr die Bestimmung der Toxizität nach wiederholter oraler Aufnahme jeweils kleinerer Mengen über eine längere Zeitspanne. Hierzu dienen *subchronische* und *chronische Untersuchungen.* Ziel dieser Versuche ist es, die biologische Natur toxischer Effekte und eine mögliche kumulative Wirkung zu erkennen. Die zu untersuchenden Präparate sind in abgestuften Konzentrationen zu verfüttern, um einmal die höchste Dosis zu erkennen, die noch keine erkennbare Wirkung ausübt (engl. *no-effect level*), und zum anderen die niedrigste Dosis, die gerade noch eine Schädigung bewirkt.

Subchronische Versuche erstrecken sich über eine Zeitspanne, die etwa 10% der mittleren Lebenserwartung der betreffenden Versuchstierart entspricht. Für Ratten und Mäuse sind das ungefähr 90 Tage. Die Dauer *chronischer Toxizitätsuntersuchungen* beträgt für Mäuse etwa 18 Monate, für Ratten ungefähr 2 Jahre. Chronische Untersuchungen an Hunden umfassen einen Zeitraum von 1 bis 2 Jahren. In Einzelfällen mögen subchronische Untersuchungen zur toxikologischen Einschätzung eines Präparats genügen. In der Regel sind jedoch Langzeit-Fütterungsversuche notwendig, um eventuelle Spätschäden zu erfasssen. Dabei ist der Erkennung einer möglichen cancerogenen Wirksamkeit besondere Beachtung zu schenken [8]. Die Dosierung des Präparats in der Diät bei der Durchführung chronischer Untersuchungen ergibt sich aus den Resultaten der akuten und subchronischen Versuche. Die Beurteilung der biologischen Aktivität beruht auf Untersuchungen, die in bestimmten Zeitabschnitten während des Versuchsablaufs und nach Beendigung der Präparatverfütterung vorgenommen werden. Die Wirksamkeit einer Substanz kann sich sowohl in einer morphologischen Veränderung des Tieres oder einzelner Organe bzw. Organsysteme desselben wie auch in einer Veränderung ihrer Funktionen äußern. Zur toxikologischen Bewertung sind deshalb *pathologisch-morphologische, klinisch-funktionelle* sowie *biochemische Untersuchungen* notwendig [11]. Die Beobachtungen umfassen Allgemeinverhalten, Gesundheitszustand, Lebendmasseverlauf, Futteraufnahme und -verwertung, Lebensdauer, Blutstatus und chemische Zusammensetzung des Blutes, Urinbestandteile, Organfunktionen und -masse, makroskopische und mikroskopische Pathologie. Seit mehr als 10 Jahren gewinnen Methoden zur Erkennung eines möglichen Einflusses von toxischen Verbindungen auf das Enzymspektrum von Serum und Organen zunehmend an Bedeutung. Beispielsweise untersuchen sowjetische Autoren bei der Toxizitätsprüfung von Enzympräparaten die Enterokinase sowie alkalische Phosphatase der Dünndarmschleimhaut [5, 10, 12]. Bestimmte Gefährdungsmöglichkeiten lassen sich nur durch *Fortpflanzungs- und Generationsversuche* erkennen, die mindestens *3 Generationen* einbeziehen und der Auffindung eventueller Fertilitäts- und Laktationsstörungen sowie der Erkennung teratogener und mutagener Effekte dienen.

Von der für das Versuchstier ermittelten duldbaren Tagesmenge der Substanz, wie sie anhand der vorangehend aufgeführten Untersuchungen ermittelt wird, muß auf eine für den *Menschen* vermutlich *ungefährliche tägliche Dosis* (engl. *acceptable daily intake [ADI]*) umgerechnet werden. Eine direkte Übertragung der am Versuchstier erhaltenen Befunde scheidet wegen der unterschiedlichen physiologischen Verhältnisse zwischen diesem und dem Menschen aus. Diesen Schwierigkeiten wird durch die Einführung eines *Sicherheitsfaktors* (engl. *safety factor*) bei der Übertragung der am Versuchstier erhaltenen Werte begegnet, der nach den Empfehlungen der WHO im allgemeinen 100 beträgt. Dies bedeutet, daß der Verbraucher mit der Nahrung je Tag höchstens $^1/_{100}$ der beim Versuchstier ermittelten unschädlichen Tagesdosis des Präparats aufnehmen darf. Nach den derzeitigen wissenschaftlichen Erkenntnissen bietet diese Bewertungsgrundlage eine ausreichende Gewähr für die gesundheitliche Unbedenklichkeit eines Enzympräparats im Lebensmittel.

Auch das unter Verwendung von Enzympräparaten hergestellte oder behandelte *Lebensmittel* muß hinsichtlich der Verträglichkeit für den Konsumenten bewertet werden [10]. Unter der Einwirkung von Enzymen können die Eigenschaften des Lebensmittels verändert werden. Zur Ausschaltung eines gesundheitlichen Risikos empfiehlt sich deshalb im Zweifelsfall die Durchführung von Tierversuchen auch für die produzierten Lebensmittel. Unter Berücksichtigung ernährungsphysiologischer Gesichtspunkte sollte in diesem Fall der höchstmögliche Anteil des behandelten Lebensmittels verfüttert werden, um den Nachweis zu erbringen, daß die unter diesen Bedingungen gefütterten Versuchstiere keine Schäden zeigen.

Enzympräparate sind Fremdstoffe im Sinne des Lebensmittelgesetzes der Deutschen Demokratischen Republik vom 30. 11. 1962 sowie nach der in Vorbereitung befindlichen Anordnung über Fremdstoffe in Lebensmitteln. Der Einsatz von Enzympräparaten bedarf der Genehmigung durch das Ministerium für Gesundheitswesen.

Literatur

[1] *Mollenhauer, H. P.:* Ernährungswirtschaft **12** (1965) 384, 386, 388, 390

[2] *Mateles, R. I.,* und *G. N. Wogan:* Biochemistry of Some Foodborne Microbial Toxins. Cambridge und London: The M. I. T. Press 1967

[3] *Czok, G.:* Med. u. Ernähr. **9** (1968) 57

[4] *Bär, F.:* Med. u. Ernähr. **7** (1966) 180, 202

[5] *Маганова, Н. Б.* (Maganova, N. B.): Вопросы питания (Fragen der Ernährung) **27** (1968) Nr. 2, S. 38; **27** (1968) Nr. 5, S. 67

[6] *Tschiersch, B.:* Pharmazie **21** (1966) 445

[7] *Marquardt, P.:* Das öffentliche Gesundheitswesen **29** (1967) 169

[8] *Lang, K.:* Naunyn-Schmiedebergs Arch. exp. Pathol. Pharmakol. **232** (1957/58), 48

[9] Procedures for the testing of intentional food additives to establish their safty for use. Second. Report of the joint FAO/WHO Expert. Committee on food additives. Genf 1958: Wld. Hlth. Org. techn. Rep. Ser. **144** (1958); Procedures for investigating intentional and unintentional food additives. Report of a WHO scientific group. Genf 1967: Wld. Hlth. Org. techn. Rep. Ser. **348** (1967)

[10] *Дюбюк, Н. Е., В. П. Богородицкая и Н. Б. Маганова* (Djubjuk, N. E., V. P. Bogorodickaja und N. B. Maganova): Вопросы питания (Fragen der Ernährung) **27** (1968) Nr. 2, S. 42; *Богородицкая, В. П., и Н. Е. Дюбюк* (Bogorodickaja, V. P., und N. E. Djubjuk): Вопросы питания (Fragen der Ernährung) **24** (1965) Nr. 4, S. 9

[11] *Eichholtz, T.:* Die toxische Gesamtsituation auf dem Gebiet der menschlichen Ernährung. Berlin–Göttingen–Heidelberg: Springer-Verlag 1956

[12] *Маганова, Н. Б.* (Maganova, N. B.): Вопросы питания (Fragen der Ernährung) **27** (1968) 38

4. Bedeutung natürlich ablaufender enzymatischer Vorgänge bei der Bearbeitung und Verarbeitung sowie Lagerung von Lebensmitteln

Viele Lebensmittel unterliegen im Verlauf eines mehr oder weniger lang andauernden *Veredelungsvorgangs* der Einwirkung von Enzymen, wobei sich eine u. U. ganz erhebliche Veränderung der Inhaltsstoffe vollzieht und Geschmack, Geruch, Konsistenz, Textur usw. entscheidend verbessert werden bzw. die vom Verbraucher gewünschte Komposition erhalten. Andererseits ist eine Vielzahl von unerwünschten Vorgängen bekannt, die ebenfalls auf Enzymwirkungen beruhen und zur *Wertminderung* oder aber zum Verderb von Lebensmitteln führen. Die Herkunft der hierbei in Funktion tretenden Enzyme ist verschieden. Einmal können sie dem Grundstoff selbst entstammen, zum anderen können sie jedoch von außerhalb in das Substrat gelangen oder aber hineingebracht werden. Im letztgenannten Fall ist neben enzymhaltigen pflanzlichen und tierischen Erzeugnissen insbesondere an Mikroorganismen zu denken. Schließlich laufen zahlreiche Vorgänge unter Beteiligung sowohl grundstoffeigener wie auch grundstofffremder Enzyme ab, die sich gegenseitig mehr oder weniger beeinflussen [1 bis 7].
Die seit einigen Jahrzehnten auf diesem Gebiet intensiv betriebene biochemische Forschung ist bemüht gewesen, Licht in die oftmals sehr verwickelten und komplexen Vorgänge zu bringen. Das Ziel dieser Arbeiten bestand bzw. besteht vor allem darin, die unerwünschten Prozesse gezielt zu unterbinden und erwünschte spezifisch zu unterstützen bzw. zu beschleunigen.
Im folgenden werden einige wichtige bei der Bearbeitung und Verarbeitung sowie Lagerung von Lebensmitteln ablaufende enzymatische Vorgänge unter den vorangehend aufgeführten Gesichtspunkten erörtert.

Literatur

[1] *Schormüller, J.:* Dtsch. Lebensmittel-Rdsch. **50** (1954) 24, 37
[2] *Schormüller, J.:* Lehrbuch der Lebensmittelchemie. Berlin–Göttingen–Heidelberg: Springer-Verlag 1961
[3] *Purr, A.:* Ernährungsforschung **11** (1966) 17
[4] *Sommer, H.:* Nachweis und Kennzeichnung von Enzymwirkungen. In: *Schormüller, J.:* Handbuch der Lebensmittelchemie, Bd. II/2. Teil: Analytik der Lebensmittel, Nachweis und Bestimmung von Lebensmittel-Inhaltsstoffen. Berlin–Heidelberg–New York: Springer-Verlag 1967, S. 306 bis 310
[5] *Kiermeier, F.:* Nahrung **9** (1965) 617
[6] *Heimann, W.:* Schweiz. Brauerei-Rdsch. **80** (1969) 293
[7] *Peterson, C. S.:* Microbiology of Food Fermentations. Westport (USA): AVI Publishing Comp., Inc. 1971

Tierische und *pflanzliche Gewebe* enthalten das *gesamte Enzymspektrum des (anabolischen und katabolischen) Stoffwechsels*, der nach einem streng geregelten Schema abläuft. Er vollzieht sich auch im Verlauf eines scheinbaren Stillstands (Reifung, Lagerung, Keimruhe), sofern die für die Aufbewahrung optimalen Bedingungen (Temperatur, Luftfeuchte, Belüftung) vorliegen, und sichert die erforderliche Aufrechterhaltung des Lebens. Bei sachgemäßer Lagerung kommt es nicht zu unerwünschten, von der lebenden Zelle nicht mehr kontrollierbaren Nebenreaktionen, die für das Lebensmittel eine Qualitätsminderung darstellen würden. Diese Überlegungen sind für eine optimale *Nachreife* bzw. *Lagerhaltung* von Obst, Gemüse, Samen (Getreide-, Leguminosen-, Ölsamen), Hackfrüchten, Zwiebeln, Wurzeln, Rhizomen usw. von großer praktischer Bedeutung. In diesem Zusammenhang seien einige Beispiele angeführt.

Unerwünschte enzymatische Vorgänge

Bei der Reife bzw. Nachreife von Obst können auf das Pflanzengewebe zahlreiche Enzyme einwirken, so u. a.: *Amylase* (z. B. Abbau der Apfelstärke), *pektinolytische Enzyme* (Spaltung des Protopektins und Pektins, Weichwerden und – im fortgeschrittenen Stadium – Teigigwerden der Früchte), *Invertase* (Saccharosespaltung), *cellulose-* und *hemicelluloseabbauende Enzyme* (Verminderung des Rohfaseranteils), *Proteinasen* und *Peptidasen, Peroxydasen* und *Phenoloxydasen* (Farbveränderungen im Fruchtfleisch, besonders wirksam bei Pflückverletzungen), *gerbstoffkondensierende Enzyme* (Verminderung des herben Geschmacks), *Enzyme der Endoxydation* (Veratmung von Zucker). Die genannten Vorgänge sind in der Mehrzahl *erwünscht*, bei zu lange dauernder Nachreife führen sie jedoch u. U. zu *Qualitätsminderung* und *Verderb* (z. B. Mehlig- und Teigigwerden, zu hoher Wasserverlust, Fruchtfleischbräune usw.). Kartoffeln können unter günstigen Bedingungen (etwa 6 °C, 90% Luftfeuchte) bis zu 8 Monaten gelagert werden. Durch Atmungsprozesse (Stärkespaltung, Umsatz der freigesetzten Glucose), Wasserabgabe und Triebbildung müssen Verluste bis zu 10% in Kauf genommen werden. Lagertemperaturen nahe dem Gefrierpunkt lassen die Überführung von Stärke in Zucker weiterlaufen, ohne daß dieser jedoch weiterveratmet wird; die Folge ist das bekannte Süßwerden der Knollen. Getreide-, Leguminosen-, und Ölsamen sind im unzerkleinerten Zustand unter optimalen Lagerungsbedingungen sehr lange haltbar und keimfähig. Entgleisungen des Stoffwechsels (Bitter- und Ranzigwerden, Verfärbungen usw.) treten kaum in Erscheinung.
In diesem Zusammenhang sei erwähnt, daß die Aktivität bestimmter Enzyme ein *Werturteil* über den Zustand eines Lebensmittels als Folge einer Bearbeitung und Verarbeitung bzw. einer längeren Lagerung ermöglicht. Des weiteren kann die Wirkung z. B. der Düngung, des Fremdstoffzusatzes, einer Bestrahlung oder der Zusammensetzung des Futters nachgewiesen werden. Daraus können ggf. Rückschlüsse auf die Qualität des jeweiligen Lebensmittels gezogen werden [1, 2].
Im Verlauf der Verarbeitung pflanzlicher wie auch tierischer Erzeugnisse werden die Gewebe – zumeist durch mechanische Einwirkung – zerstört, wobei die *gewebeeigenen Enzyme* aus ihren Strukturen freigesetzt werden. Hierbei geht die für ihre Wirksamkeit in erheblichem Umfang mitverantwortliche räumliche Anordnung *(Multienzymkomplex)* und die damit verbundene geregelte Aufeinanderfolge bestimmter Reaktionen verloren. Es finden nunmehr Stoffumwandlungen statt, die an unversehrten Pflanzen bzw. Pflanzenteilen bzw. im intakten Tierkörper nicht auftreten; Entsprechendes gilt, wenn der normale Stoffwechsel durch Eingriff von außen plötz-

lich unterbrochen wird, z. B. nach dem Schlachten eines Tieres, nach dem Mahlen des Getreides oder bei der Weiterverarbeitung von Obst und Gemüse. Die nunmehr unkontrolliert ablaufenden Stoffwechselketten können auf die Qualität des Endprodukts erwünschte wie auch unerwünschte Auswirkungen haben.

Bei der Lagerung von Obstsäften kommt es zu einem – wenn auch langsamen – enzymatischen Abbau der trubstoffstabilisierenden Pektine, der – in Verbindung mit im Saft anwesenden Metallionen – zum Absetzen von Trubstoffen bzw. zur Trennung in Sediment und Überstand führt. Besonders unangenehm empfunden wird dieser Effekt bei preßtrüben Nektaren, Citrussäften, Obst- und Gemüsesäften. Angeschnittene Kartoffeln, Obst, Pilze, Äpfel, Spargel, Sellerie usw. verfärben sich durch die Einwirkung von *Phenol-* und *Polyphenoloxydasen.* Durch die Anwesenheit von *Lipoxydasen* [3] entstehen in Getreideerzeugnissen (z. B. Mehl, Haferflocken) ranzig und bitter schmeckende Oxydationsprodukte, und bei der natürlichen Mehlalterung werden die Mehlpigmente und in Eierteigwaren die Carotinoide zerstört. Durch diese Enzymgruppe kommt es auch zum Ranzigwerden von Ölsamen-Preßerzeugnissen, von zerkleinerten Ölsaaten, von Fetten und fetthaltigen Lebensmitteln sowie zur Verfärbung von Erbsensamen. Enzyme in Eiklar und Eigelb bewirken bei längerer Lagerung eine deutliche Wertminderung der Inhaltsstoffe (Verflüssigung des Mucins im Eiklar, Viskositätsabfall der Eiweißsubstanz, Bildung von Ammoniak und Aminosäuren, Vergrößerung der Luftkammer). Das Bitterwerden von reifenden Gurken beruht auf der Einwirkung gurkeneigener Enzyme *(β-Glykosidasen)*; das Weichwerden der Gurken bei der Weiterverarbeitung ist nur zum Teil fruchteigenen pektinolytischen Enzymen zuzuordnen.

Erwünschte enzymatische Vorgänge

Hier sind zu nennen die enzymatische Selbstklärung der Fruchtsäfte, die nach Abtrennung der Trubstoffe in Flaschen gefüllt werden können. Auf die Bedeutung enzymatischer Prozesse bei der Reifung von Obst wurde bereits hingewiesen. Die Einwirkung der im Getreidekorn bereits vorhandenen bzw. bei der Keimung entstehenden *Amylasen* auf die Stärke führt zu ihrer Dextrinierung und Verzuckerung (z. B. Herstellung von Malz und sein Einsatz in der Brauerei und Brennerei sowie zur Herstellung von Malzextrakt).

Nach dem Schlachten eines Tieres unterliegt das Fleisch einer Vielzahl enzymatisch gesteuerter Umsetzungen (Totenstarre, Fleischreifung), in deren Verlauf sich auch die mechanischen Eigenschaften des Gewebes verändern. Durch partiellen Aufschluß des Struktureiweißes der Muskulatur, des Bindegewebeanteils (Collagen, Elastin) sowie seiner Grundsubstanz (Glyko- und Mucoproteide) wird das Gewebe zarter und sein Gebrauchswert höher. Die natürliche Reifung des Fisches erfolgt vorrangig durch Einwirkung *proteolytischer Enzyme.*

Die Fermentation von Tee erfolgt bevorzugt durch pflanzeneigene Enzyme, wobei – neben vielfältigen Enzymsystemen – auch *Polyphenoloxydasen* wirksam werden; ihre Substrate sind verschiedene Gerbstoffe. Das Enzym *Myrosin* setzt aus dem Sinigrin des Senfsamens Allylsenföl und aus dem ebenfalls darin enthaltenen Sinalbin p-Hydroxybenzylsenföl frei, Substanzen, die dem Tafelsenf Würze, pikanten Geschmack und Geruch verleihen. Des weiteren sei auf die enzymatische Bildung von Aromastoffen in Pflanzenmaterial verwiesen, die zumeist in Form nichtflüchtiger, geruchloser Vorläufer (engl. precursors) vorhanden sind. Durch Zerkleinerung des Gewebes werden aromabildende Enzyme („*Aromaenzyme*") freigesetzt, die nunmehr in innigen Kontakt mit dem Vorläufer treten können, was zu einer intensiven und raschen Ausbildung des eigentlichen geruchs- und geschmacksaktiven Aromas führt.

Literatur

[1] *Kiermeier, F.:* Nahrung **9** (1965) 617
[2] *Ritter, K.:* Mühle **107** (1970) 51
[3] *Purr, A.:* Ernährungsforschung **11** (1966) 17

4.2.   Einwirkung grundstoffeigener wie auch grundstofffremder Enzyme

Unerwünschte enzymatische Vorgänge

Als grundstofffremde Enzyme wirken vor allem solche mikrobieller Herkunft auf das Lebensmittel ein. Kleinlebewesen vermehren sich unter für sie geeigneten Lebensbedingungen sehr schnell und können – zumeist in Wechselwirkung mit dem grundstoffeigenen Enzymbesatz – in relativ kurzer Zeit sowohl eine Qualitätsminderung wie auch den Verderb herbeiführen, so z. B. bei eiweißhaltigen Lebensmitteln oder Konserven tierischer und pflanzlicher Herkunft (z. B. Fleisch und Fleischerzeugnisse, Fisch und Fischerzeugnisse, Milch und Milcherzeugnisse, Eier, Hülsenfrüchte). Hierbei treten oft spezielle Mikroorganismengruppen in den Vordergrund, wobei auch toxische Stoffe entstehen können. Die sehr geruchsintensiven Eiweißabbauprodukte sind kennzeichnend für derartige Vorgänge des Verderbens. Mikroorganismen sind auch beim Verderb von Fetten und fetthaltigen Erzeugnissen beteiligt. Die Kleinlebewesen benötigen zu ihrem Stoffwechsel Mineral- und andere geeignete Wirk- und Nährstoffe sowie vor allem Wasser; der Wassergehalt der Erzeugnisse braucht jedoch u. U. nicht hoch zu sein. Besonders anfällig gegen mikrobiellen Befall sind Milch, Käse, zerkleinerte Ölsaaten, wasserhaltige Fette, Fettzubereitungen (Butter, Margarine, Majonäse, Fettkrem u. a. m.). Es kommt zum Ablauf *hydrolytischer* (Säurebildung, Seifigkeit) und *desmolytischer Vorgänge* (Bildung von Ketonen, Aldehyden und anderen auf Oxydation beruhenden Stoffen, von vielfältigen Kondensations-, Reduktions- und Polymerisationsprodukten). Die Ausbildung von Stockflecken (Schimmelpilzkolonien) tritt z. B. bei Butter häufig in Erscheinung. Auch Obst und Gemüse bzw. daraus hergestellte Produkte (Fruchtsäfte, Nektare, zuckerarme Marmeladen, Pulpen) sowie Bier, Wein usw. werden häufig von Mikroorganismen befallen (Schimmelbesatz, Gärung und Säuerung, Kahmhefebildung usw.). Auch das Weichwerden von sauren Gurken beruht zu erheblichem Anteil auf der Einwirkung *pektinabbauender* Kleinlebewesen, die in die Lake eingeschleppt werden.
Die genannten Prozesse werden durch Zusatz von Konservierungsmitteln, durch Räuchern, Pökeln, Sterilisieren, Pasteurisieren, Salzen, Zuckern, Trocknen, Kühllagern, Gefrieren usw. gehemmt bzw. unterbunden.

Erwünschte enzymatische Vorgänge

Enzyme mikrobieller Herkunft können jedoch – entweder allein oder aber zusammen bzw. in Wechselwirkung mit den grundstoffeigenen Enzymen – entscheidend zum Ausbau bzw. zur günstigen Beeinflussung von Geschmack, Geruch und Konsistenz bestimmter Lebensmittel beitragen. Die beiden Enzymkategorien – grundstoffeigene wie auch grundstofffremde Enzyme – wirken dabei entweder parallel oder zeitlich gestaffelt im Verlauf des Verarbeitungsprozesses auf das Substrat ein. Es gibt hierfür eine große Anzahl von Beispielen, wobei die Wirkung entweder des pflanzen- oder des tiereigenen Enzymbesatzes oder der Mikroorganismen im Vordergrund steht.

Bei der Weinherstellung wird der in der Weinbeere vorhandene Zucker durch an der Traube haftende *Hefen edler* oder *wilder Arten* oder durch dem Traubensaft zugesetzte *Spezialkulturen* vergoren. Bei der Nachgärung und Lagerung erfolgt ein Ausbau von Geschmack und Geruch, an dem ebenfalls verschiedene in den Hefetrubstoffen des Weines sich ansiedelnde Mikroorganismen beteiligt sind. Im Verlauf des Maischeprozesses finden Umsetzungen durch *substrateigene Enzyme* statt (partieller Abbau von Pektin und Zellwandbestandteilen, dadurch Austritt von Farb- u. a. Zellinhaltstoffen usw.), wobei sehr oft durch schwaches Angären der Beeren ein zusätzlicher, mikrobiell bedingter Aufschluß herbeigeführt wird.

Die Teigführung bei der Brotherstellung basiert auf der Einwirkung von Enzymen des Getreidekorns *(Amylasen, Saccharidasen, Proteasen)*, der *Hefe* (Hefeteigführung) bzw. von *Hefen, Milch-* und *Essigsäurebildnern* (Sauerteigführung). Hierbei erfahren in erster Linie die Kohlenhydrat- und die Proteinkomponenten einen Ab- und Umbau; an der Ausbildung des Aromas sind hingegen zahlreiche komplex ineinandergreifende Vorgänge beteiligt.

Bei der Reifung von Rohwurst werden sowohl fleischeigene wie auch mikrobielle Enzyme (u. a. *Hefen, Mikrokokken, Lactobazillen*, auch durch Zusatz von *Starterkulturen*) tätig, die bei sorgfältiger Räucherung und geeigneter Lagerung optimal wirksam bleiben und zur Ausbildung der vom Verbraucher gewünschten Konsistenz und Farbe sowie des Aromas beitragen.

Die Reifung von Käse führt zur Ausbildung einer geschmeidigen Konsistenz, die für die einzelnen Käsesorten typisch ist und wobei zugleich spezifische Geruchs- und Geschmacksrichtungen auftreten. Diese Vorgänge werden ausgelöst durch Enzyme vorzugsweise mikrobieller Herkunft sowie durch das bei Labkäsen zugegebene *Lab*-Präparat. Für die einzelnen Sorten verschiedener Provenienz sind spezifische Mikroorganismen-Populationen maßgebend, die ihrerseits durch den Zusatz bestimmter *Säureweckerkulturen* aufgebaut bzw. unterstützt sowie durch die Wahl der äußeren Bedingungen in ihrer Entwicklung gesteuert werden (was im allgemeinen rein empirisch geschieht). Die Enzyme des Grundstoffs Milch sind für die Käsereifung von sekundärer Bedeutung. Auch bei der Herstellung von Sauerrahmbutter spielen vorrangig Enzyme mikrobieller Herkunft *(Säureweckerkulturen)*, in geringerem Umfange hingegen diejenigen der Milch eine Rolle. Lactose, Protein, Fett sowie die als Emulgatoren wirksamen Phosphatide werden partiell abgebaut und umgesetzt. Neben dem erwünschten physikalischen Effekt der verbesserten Kornbildung findet eine enzymatisch gesteuerte Bildung von Aromastoffen (insbesondere von Diacetyl und Acetoin) statt. Sehr beliebt sind die durch Milchsäuregärung (spontan oder durch Zusatz spezifischer Säureweckerkulturen) hergestellten Milcherzeugnisse, wie Sauermilch, Joghurt, Kefir und Kumis, sowie die Gärungsgemüse (Weißkohl, Gurken, Oliven, Pilze). Die Säure verhindert das Wachstum von Fäulniserregern und trägt bei den Gemüseerzeugnissen zur Lockerung des Zellgefüges bei, was eine verbesserte Verdaulichkeit und Bekömmlichkeit zur Folge hat; durch Zugabe von Kochsalz wird ein zusätzlicher konservierender Effekt erzielt.

Beim Angären von Obst, insbesondere von Beerenobst, wird ebenfalls eine Lockerung des Zellgefüges herbeigeführt. Der Austritt von Saft, Farbe und Aromastoffen aus dem Gewebe ist hierdurch erleichtert. Dieses Verfahren, das früher verschiedentlich zur Steigerung der Saftausbeuten sowie zur Verstärkung von Farbe und Aroma angewandt wurde, ist heute aus hygienischen Gründen nicht mehr zulässig. An dem genannten Vorgang sind sowohl zelleigene wie auch mikrobielle Enzyme (pektinolytische, zellwandlysierende Komponenten) beteiligt.

Nicht unerwähnt bleiben sollen in diesem Zusammenhang die – vor allem in der ostasiatischen Kost unentbehrlichen – fermentierten Erzeugnisse, die aus Sojabohnen bzw. aus diesen im Gemisch mit Zerealien (Reis, Weizen) unter Zusatz von Mikroorganismen hergestellt werden und die als außerordentlich aromaintensive Lebensmittel auch außerhalb Ostasiens teilweise recht verbreitet und beliebt sind. Es handelt sich um Sojasoße, Shoyu, Miso, Natto, Tofu u. a. m. [1], die eine partielle Hydrolyse vor allem des Protein- und Stärkeanteils sowie andere Abbau- und Umbauprozesse erfahren haben.

Unter Mitwirkung von Mikroorganismen vollzieht sich auch die Fermentation von Tabak, Kaffee- und Kakaobohnen, wenngleich hierbei auch die grundstoffeigenen Enzyme beteiligt sind; bei der Teefermentierung überwiegt der grundstoffeigene Enzymkomplex.

An der Kaffeebohnenfermentation ist eine Vielzahl verschiedenartiger Mikroorganismen beteiligt, wobei *alkoholische, Essig-* und *Milchsäure-Gärungen* vor sich gehen. *Pektinolytische* und *cellulolytische Enzyme* sorgen für einen Aufschluß des Fruchtfleisches, so daß es leicht auf mechanischem Wege von den Samen abgelöst werden kann. An rohstoffeigenen Enzymen sind zu nennen *Proteasen, Katalasen, Amylasen* u. a. m. Die Fermentation ist auch wesentlich an der Veränderung von Inhaltsstoffen beteiligt, die später durch chemische Umsetzungen beim Röstprozeß zur Geschmacks- und Geruchsbildung beitragen.

Die Kakaobohnenfermentation ist ebenfalls ein Prozeß, der bevorzugt von Mikroorganismen ausgelöst wird. Es bilden sich u. a. Alkohol, Essig- und Milchsäure. Der Umsatz der Kakaobohneninhaltsstoffe wird durch eine Vielzahl von Enzymen gesteuert (*Amylasen, Saccharidasen, Reduktasen, Polyphenoloxydasen, Proteasen, Phosphatasen, Phytasen* u. a.m.), die teils Mikroorganismen und teils der Kakaobohne entstammen (Bild 4.2.). Als wesentliche Umwandlungsprodukte sind zu nennen braungefärbte Oxydationsprodukte (aus Polyphenolen), Aromastoffe (Diacetyl, Acetylmethylcarbinol), Ester organischer Säuren, ätherische Öle, Essigsäure, Citronensäure sowie die aus den adstringierend und bitter schmeckenden Gerbstoffen entstehenden weniger geschmackswirksamen Gerbstoff-Kondensationsprodukte; ein Teil von Verbindungen der hier genannten Gruppen ist bereits in der nichtfermentierten Kakaobohne enthalten.

Die Tabakfermentation vollzieht sich ebenfalls unter Beteiligung mikrobieller und pflanzeneigener Enzyme. Hochmolekulare Substrate (Stärke, Proteine, Pektinstoffe, Gerüstsubstanzen) werden gespalten und weiter umgesetzt, durch Einwirkung von *Polyphenoloxydasen* entstehen Geruchs-, Geschmacks- und Farbstoffe *(Phlobaphene)*. Es laufen zahlreiche desmolytische Prozesse ab, die zur Bildung z. B. von Wasser, Kohlendioxid, Aminen und Ammoniak führen. In diesem Zusammenhang ist es von Interesse, daß z. B. die vollreif geernteten, für die Herstellung von Zigaretten bestimmten Tabakblätter nur schwach fermentiert werden; das Fertigerzeugnis liefert einen sauren Hauptstromrauch, der „inhaliert" werden muß, wenn das Nikotin wirken soll. Die nicht vollreif geernteten Zigarren- und Pfeifentabake hingegen unterliegen einer weit intensiveren Fermentation und führen zu einem alkalischen Hauptstromrauch (die Resorption des Nikotins erfolgt hier als freie Base bereits durch die Mundschleimhaut; ein „Inhalieren" ist hier nicht erforderlich).

Literatur

[1] *Hesseltine, C. W.,* und *H. L. Wang:* Biotechnol. Bioenngg. **9** (1967) 275
[2] *Purr, A.:* Ann. Technol. agric. **21** (1972) 457

16*

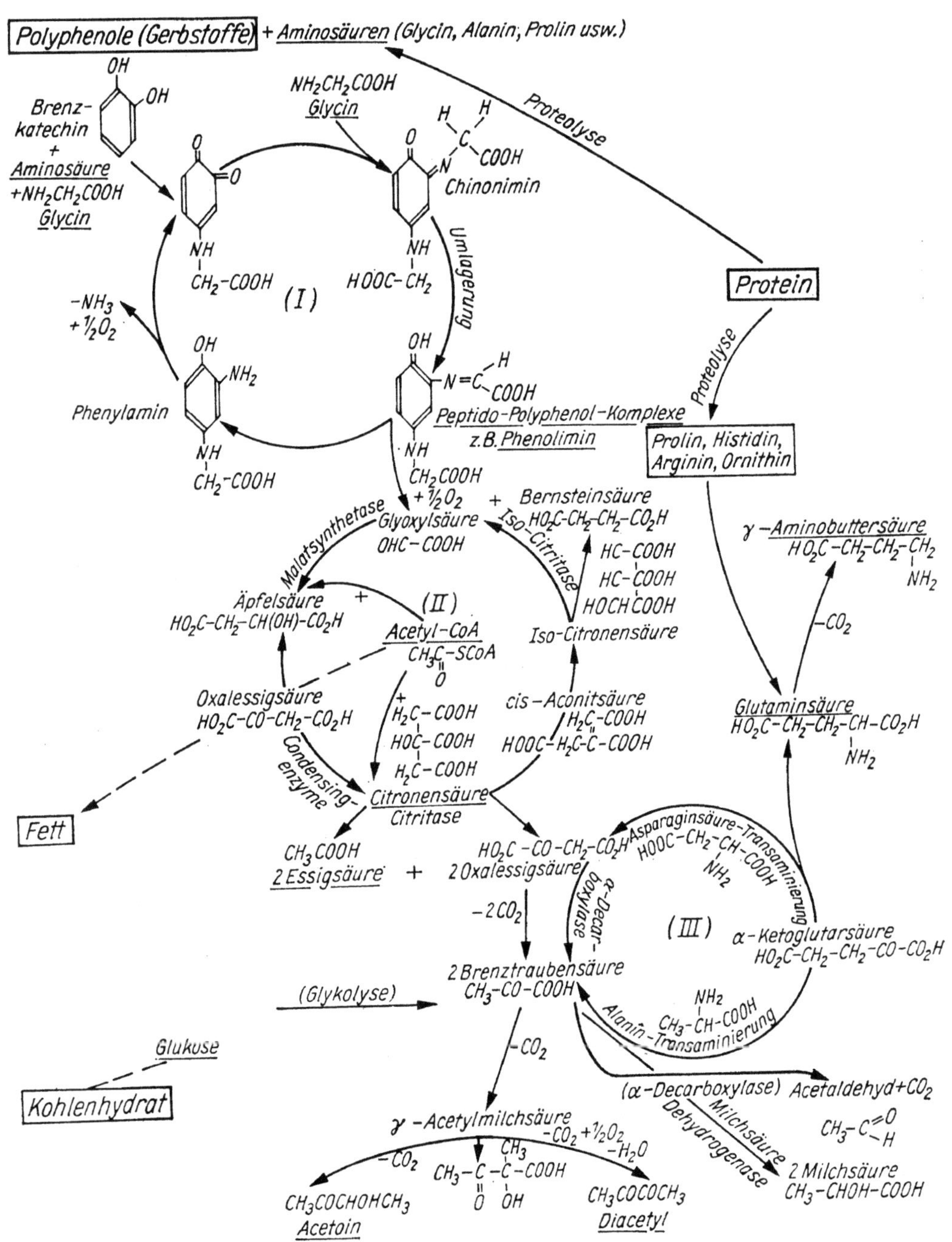

Bild 4.2. Mögliche Reaktionswege und Wechselbeziehungen im intermediären Stoffwechsel der Kakaobohne während des Wachstums und der Fermentation
Die bereits nachgewiesenen Reaktionsprodukte bzw. Reaktionspartner der Kreisprozesse sind unterstrichen [2]

Bei allen Gärungsvorgängen spielen Mikroorganismen die entscheidende Rolle; ihre Entwicklung wird durch Schaffung der für sie optimalen Lebensbedingungen besonders gefördert.

Zur Bierherstellung wird die Stärke durch grundstoffeigene *Amylase des Malzes* in vergärbare Zucker übergeführt, die durch spezielle Heferassen zu Alkohol vergoren werden. In der Brennerei (mit den Grundstoffen Kartoffeln und Getreide) bewirkt die *in Form von Malz zugesetzte Amylase* die Verzuckerung des Stärkeanteils; die nachfolgende Gärung liefert den Alkohol. In diesem Fall steuert der Grundstoff zum eigentlichen technologischen Prozeß keine Enzyme bei; diese werden in Form von enzymhaltigem Pflanzenmaterial sowie von Mikroorganismen zugegeben.

Der Vollständigkeit halber sei noch auf jene Verfahren verwiesen, bei denen spezielle Mikroorganismen als alleinige Enzymlieferanten für den Ablauf des biochemischen Prozesses in Erscheinung treten. Dies ist der Fall bei der Herstellung von Äthylalkohol aus mit *Hefen* vergärbaren Substraten (z. B. Melasse, Zucker), von Gärungsessig aus Alkohol oder von organischen Säuren (Milch-, Citronensäure).

5. Einsatz von Enzympräparaten in der Lebensmittelproduktion

5.1. Allgemeines

Es liegt der Gedanke nahe, die unter 4. erläuterten enzymatischen Vorgänge – sofern sie erwünscht sind – zu beschleunigen bzw. zu verstärken, indem man geeignete Enzympräparate bei der Bearbeitung und Verarbeitung von Lebensmitteln direkt zusetzt [1 bis 3]. Tatsächlich sind derartige Erzeugnisse seit langem in Gebrauch, wenn man an die Verwendung von *Kälberlab, Malz, Takadiastase, Pankreatin, Papain* usw. denkt. Der Gedanke, Enzympräparate noch gezielter als technologische Zusatzstoffe in der Lebensmittelproduktion zu verwenden, wird jedoch erst seit etwa 20 bis 30 Jahren mit großer Intensität verfolgt, da man durch die Forschungsarbeit der letzten Jahrzehnte einen tieferen Einblick in das enzymologische Geschehen bei den meisten lebensmitteltechnologischen Vorgängen bekommen und die volkswirtschaftliche Bedeutung des Einsatzes von Enzympräparaten erkannt hat. Hinzu kommt, daß in dem genannten Zeitraum die *technische Mikrobiologie* entscheidende Fortschritte zu verzeichnen hatte [4] und daß man – damit im Zusammenhang stehend – den mikrobiellen Enzympräparaten auf Grund ökonomischer Aspekte den Vorrang gibt [5]. Man hat ferner erkannt, daß Mikroorganismen infolge ihrer großen Anpassungsfähigkeit und erstaunlichen Variabilität unter geeigneten Bedingungen in der Lage sind, praktisch alle gewünschten Enzyme zu synthetisieren, und daß sie sich vielseitig und – den pflanzlichen und tierischen Präparaten in der Handhabung und Wirkung adäquat – mit ökonomischem und qualitativem Nutzen heranziehen lassen [6 bis 11].

Der Einsatz von Enzympräparaten dient einmal der *Verbesserung* bzw. *Rationalisierung von Verfahren* (z. B. Ausbeutesteigerung bei der Fruchtsaftgewinnung, Herstellung von Glucose und von Invertzucker, Möglichkeiten des verstärkten Einsatzes von Rohfrucht bei der Bierherstellung, Aufschluß von Stärke bei der Spiritusgewinnung, Verkürzung von Reifungsvorgängen). Der Vorteil der Verwendung von Enzympräparaten besteht vor allem darin, daß bei verhältnismäßig niedrigen Temperaturen, bei normalem Druck, ohne erheblichen Einsatz von Säure oder Lauge usw. gearbeitet werden kann, was vor allem für eine schonende Behandlung des Gutes von Bedeutung ist. Andererseits werden Enzympräparate zur *Qualitätssteigerung* herangezogen (z. B. Behandlung von zähem Fleisch mit „Fleischzartmachern", Klären von Fruchtsäften, Kältestabilisierung von Bier, Qualitätsverbesserung bei Backwaren, Entbitterung von Citrussäften, Verhinderung oxydativer Vorgänge in Getränken, Aromaregenerierung bei Obst- und Gemüseerzeugnissen u. a. m.). Die Qualität eines Lebensmittels ist hierbei im wesentlichen gekennzeichnet durch

Geschmack und Geruch, Farbe, Konsistenz sowie durch Nährwert und Bekömmlichkeit. Schließlich gelingt es, mit Hilfe von Enzympräparaten *neue Lebensmittel* bzw. *Sortimente* zu entwickeln, z. B. Obst- und Gemüsemazerate, Fruchtsäfte aus bisher für die Saftgewinnung nicht verwerteten Obst- und Gemüsearten. Zwischen der Erzielung besonderer technologischer Effekte und einer Qualitätsverbesserung bestehen oft fließende Übergänge, so daß eine strenge Abgrenzung zwischen diesen nicht immer möglich ist.

Das Enzympräparat gestattet die Vereinfachung der Herstellungstechnologie eines Lebensmittels, es trägt zur Erhöhung der Ausbeute bei und/oder verbessert die Qualität des Produkts. In den beiden erstgenannten Fällen werden die Kosten verringert. Führt der Einsatz des Enzympräparats hingegen lediglich zu einer Qualitätsverbesserung, dann steigen gewöhnlich die Herstellungskosten. Diese Überlegungen führen zu der Schlußfolgerung, daß die Produktionskosten für das Enzympräparat und damit sein Preis so niedrig wie möglich zu halten sind, um seine Verwendung bei der Lebensmittelherstellung zu rechtfertigen, ohne daß jedoch die Güte des Endprodukts in irgendeiner Weise nachteilig beeinflußt wird (z. B. durch das Vorhandensein toxischer Stoffe, störender Begleitenzyme, von sensorisch deutlich wahrnehmbaren Verbindungen oder von Mikroorganismen, die sich im Verlauf des Produktionsprozesses des Lebensmittels entwickeln können). Weiterhin muß die Lagerbeständigkeit des enzymatisch behandelten Lebensmittels so groß wie möglich sein und sollte 6 bis 12 Monate betragen.

Literatur

[1] *Underkofler, L. A.:* Enzymes. In: Handbook of Food Additives Cleveland (Ohio): Chemical Rubber Comp. 1968, S. 51

[2] *Пазев, Ил. П.* (Pazev, Il. P.): Съестные пром. (Lebensmittelindustrie) **15** (1968) 18

[3] *Гребешева, Р. Н.* (Grebešova, R. N.): Съестные пром. (Lebensmittelindustrie) **16** (1969) 123

[4] *Windisch, S.*, und *W. Bronn:* Zbl. Bakteriol., Parasitenkunde, Infektionskrankh. Hyg., I. Abt., Orig. **191** (1963) 149

[5] *Klaushofer, H.:* Z. Ernährungswiss. Suppl. **8** (1969) 72

[6] *Bravermann, J. B. S.:* Introduction to the Biochemistry of Foods. Amsterdam–London–New York: Elsevier Publ. Comp. 1963

[7] *Reed, G.:* Enzymes in Food Processing. New York–London: Academic Press 1966

[8] *Whitaker, J. R.:* Principles of Enzymology for the Food Sciences. New York: Marcel Dekker, Inc. 1972

[9] *Wieland, H.:* Enzymes in Food Processing and Products. Park Ridge/New Jersey: Noyes Data Corp. 1972

[10] *Sommer, H.:* Technisch gewonnene Enzym-Präparate und ihre Anwendung in der Lebensmittelchemie, Enzyme als Hilfsmittel des Lebensmittelchemikers in der Analytik. In: Schormüller, J.: Handbuch der Lebensmittelchemie, Bd. I. Berlin–Heidelberg–New York: Springer-Verlag 1965, S. 918

[11] Под редакцией чл.-кор. АН СССР В. Л. Кретовича и д-ра техн. наук В. Л. Яровенко: Ферментные препараты в пищевой промышленности (Red. Kretovič/Jarovenko: Enzympräparate in der Lebensmittelindustrie. Moskau: Verlag „Lebensmittelindustrie", 1975)

5.2.   Stärkespaltende Enzyme

Stärke ist ein wichtiges Reservepolysaccharid der höheren Pflanze. Sie setzt sich aus den Bestandteilen *Amylose* und *Amylopektin* zusammen, die ihrerseits aus Glucosebausteinen bestehen. Die beiden Komponenten sind in den einzelnen Stärkesorten in unterschiedlichem Verhältnis enthalten. *Amylose* ist wasserlöslich, sie wird durch Jod rein blau gefärbt und verkleistert nicht beim Erwärmen. Sie ist langkettig (α-1,4-Bindungen) und hat nur wenige Verzweigungsstellen (auf 200 bis 300 Glucosereste etwa eine β-1,3-Bindung). Das Molekulargewicht liegt zwischen 10000 und 50000. *Amylopektin* ist eine in warmem Wasser quellende Stärkefraktion („Stärkekleister"), es liefert mit Jod eine Braunviolett- bis Violettfärbung und hat ein Molekulargewicht zwischen 50000 und 1000000. Das Molekül besteht aus α-1,4-verknüpften Hauptketten, die durch α-1,6-Verzweigungen miteinander verbunden sind. Schematisch ergibt sich für die beiden Polysaccharide folgende Struktur:

Amylose

Amylopektin

Im folgenden werden die für den industriell bedeutsamen Stärkeabbau wichtigsten 3 Enzyme behandelt *(α-Amylase, β-Amylase, γ-Amylase)*, wenngleich für den totalen Umsatz der polymeren Substanz im lebenden Organismus noch weitere hinzukommen *(Z-Enzym*; *R-Enzym, Amylo-1,6-glucosidase, Pullulanäse, Isoamylase* und *Oligo-1,6-glucosidase* spalten α-1,6-Bindungen; die α-1,6-Bindungen zerlegenden Enzyme verschiedener Herkunft werden auch *debranching enzymes* (engl.), d. h. *entzweigende Enzyme,* genannt) [1 bis 3].

α-Amylase

α-Amylase (verflüssigende Amylase, dextrinierende Amylase; *1,4-α-D-Glucan-Glucanohydrolase,* EC 3.2.1.1.) spaltet statistisch α-1,4-Bindungen im Inneren des Substrats; es handelt sich somit um ein Endo-Enzym. Der Name „α-Amylase" soll zum Ausdruck bringen, daß die freigesetzten reduzierenden halbacetalischen Gruppen *α-Konfiguration* aufweisen. Die entstehenden Bruchstücke nennt man *Dextrine* (Grenzdextrine). Die Dextrinierung äußert sich in einer Verflüssigung der Stärke bzw. der Stärkesuspension („dextrinierende" bzw. „verflüssigende" Amylase); die Viskosität und die Jodfärbung nehmen rasch ab. In den Dextrinen sind die α-1,6-Bindungen gegenüber den nativen Polysacchariden angereichert; sie entstammen dem Amylopektinteil in der Stärke. Während Amylose theoretisch in 87% Maltose und 13% Glucose umgewandelt werden kann, entstehen aus Amylopektin theoretisch 73% Maltose, 19% Glucose und 8% Isomaltose. Dieser Optimalabbau wird jedoch praktisch nicht erreicht. Bei der Einwirkung von α-Amylase auf Amylose entstehen Oligoglucoside mit 2 bis 6 Monomeren als Endprodukte. Maltose wird nur allmählich

Tabelle 5.2.a. Spaltprodukte des Amyloseabbaus durch α-Amylase (nach *Grennwood* und *Milne* [4], verändert)

Spaltprodukte	Zusatz von α-Amylase-Präparat aus		
	Schweinepankreas in %	*Bacillus subtilis* in %	keimendem Weizen in %
Glucose	1	2	2
Maltose	42	10	15
Maltotriose	25	13	5
Maltotetraose	15	6	8
Maltopentaose	3	10	8
Maltohexaose	2	21	35
> C_6	12	38	27

gebildet. Die Relationen zwischen den einzelnen Abbauprodukten sind je nach Herkunft des Enzyms unterschiedlich [1, 4] (Tab. 5.2.a).

α-Amylase ist im *Tier-* und *Pflanzenreich* sowie bei *Mikroorganismen* weit verbreitet (z. B. im menschlichen Speichel, im Pankreas des tierischen Organismus bzw. des Menschen, im keimenden Getreide, z. B. im Gerstenmalz [1, 4]). *α-Amylase-produzierende Mikroorganismen* sind folgende:

	Art	Literatur
Bakterien	*Bacillus subtilis* Cohn	[5, 6]
	Bacillus macerans Schardinger	[5, 6]
	Bacillus stearothermophilus Donk	[7]
	Clostridium butyricum Prazmowski	[2]
	Pseudomonas saccharophila Doudoroff	[8]
	Streptomyces diastaticus Krainski	[9]
Pilze	*Aspergillus oryzae* Cohn	[10]
	Aspergillus niger van Tiecham	[10]
	Aspergillus flavus Link	[10]
	Penicillium chrysogenum Thom	[11]
	Endomycopsis capsularis Dekk	[4, 12]
	Mucor rouxiamus	[13]
	Rhizopus oryzae	[13]
	Candida albicans (Rubin) Berkhout	[14]
	Saccharomyces diastaticus Andrews et Gilliland	[14]

Danach ist die Fähigkeit, dieses Enzym zu produzieren, nicht auf bestimmte verwandtschaftlich nahestehende Gruppen beschränkt, sondern wird bei zahlreichen Bakterien und Pilzen angetroffen. Für die industrielle Produktion von α-Amylase haben vor allem *Bacillus subtilis* und *Aspergillus oryzae* Bedeutung.

Bakterienamylasen sind im allgemeinen temperaturstabiler als Pilzamylasen. So ist *Bacillus-subtilis*-Amylase noch bei 80 °C voll wirksam, während bei Schimmelpilzamylasen das *Temperaturoptimum* zwischen 60 °C und 70 °C liegt [3]. Die Stabilität des Enzyms ist allerdings vom Reinheitsgrad des Enzympräparats abhängig, sie nimmt mit zunehmender Reinigung ab [15].

Malz-α-Amylase wirkt optimal bei *pH-Werten* zwischen 4,8 und 5,5, das Schimmelpilzenzym *(Aspergillus niger* oder *Aspergillus oryzae)* bei Werten zwischen 4,5 und 5,5. Bakterien liefern α-Amylasen mit *p*H-Optima zwischen 5,5 und 7,0. Unabhängig von der Herkunft sind die meisten α-Amylasen auf die Anwesenheit von *Calciumionen* angewiesen (1 Ion je Molekül). Es besteht demzufolge eine hohe Affinität des Calciumions zum Enzymprotein, die in der Reihenfolge höhere Pflanzen – Säugetiere – Bakterien – Pilze zunimmt [16]. Calciumionen verbessern die Stabilität der α-Amylase gegenüber Temperaturerhöhungen, *p*H-Schwankungen sowie Proteaseeinwirkung. Das Ion ist offenbar an der Verfestigung der Sekundär- und Tertiärstruktur des Enzyms beteiligt; es hat vermutlich keine unmittelbare Funktion bei der Bindung oder beim Umsatz des Substrats. Die Aktivität der Säugetier- sowie einiger bakterieller α-Amylasen wird durch *Halogenionen* (insbesondere Cl^-) stimuliert.

Bemerkenswert ist die relativ gute Übereinstimmung der *Molekulargewichte* von α-Amylase unterschiedlicher Herkunft (Tab. 5.2.b). Größere Abweichungen zeigen sich nur bei der durch *Bacillus stearothermophilus* produzierten Amylase mit einem Molekulargewicht von 15600. Von *Bacillus-subtilis-*α-Amylase ist bekannt, daß sie unter der Einwirkung von Zinkion ein Dimeres bildet [17].

Tabelle 5.2.b. Molekulargewichte einiger α-Amylasen verschiedener Herkunft (vereinfacht, nach *Greenwood* u. a. [4])

Herkunft	Molekulargewicht
Schweinepankreas	45000
Menschlicher Speichel	55200/69000
Bacillus subtilis, Monomeres	48200
Bacillus subtilis, Dimeres	96900
Bacillus stearothermophilus	15600
Aspergillus oryzae	51000
Keimende Gerste	45000
Keimender Weizen	45000
Keimende Sorghum	45000
Sojabohnen	45000

Je nach Herkunft des Enzyms werden Unterschiede in der *Aminosäurezusammensetzung* festgestellt. Auffallend ist das Fehlen von Cystein in der *Bacillus-subtilis-*Amylase [18].

Die *Bestimmung der Enzymaktivität* basiert auf folgenden Effekten, die bei Einwirkung von α-Amylase auf Stärke auftreten: Abfall der Viskosität einer wäßrigen Lösung, Abnahme der Jodblau-Färbung, Bildung reduzierender Endgruppen (Messung unter Einsatz von 3,5-Dinitrosalicylsäure, Kaliumferricyanid, alkalischen Cu^{++}-Lösungen), Bildung von Maltose, Glucooligosacchariden und Dextrinen.

β-Amylase

β-Amylase (verzuckernde Amylase; *1,4-α-D-Glucan-Maltohydrolase*, EC 3.2.1.2.) zerlegt α-1,4-Bindungen vom nicht reduzierenden Ende der Polysaccharidkette her unter Abspaltung von Maltose; es handelt sich somit um ein Exo-Enzym [19]. Die Bezeichnung „*β*-Amylase" sagt aus, daß die entstehende Maltose in der *β-Konfiguration* vorliegt [20]. Wenn das Enzym an eine Verzweigungsstelle gelangt (α-1,6-Bindung

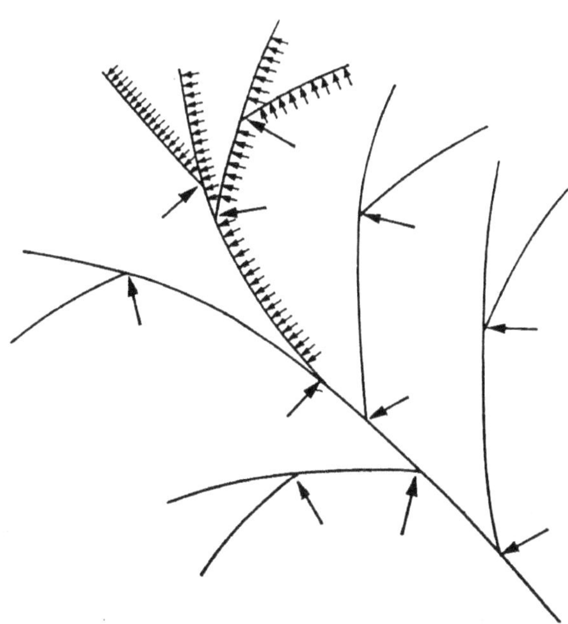

Bild 5.2.a. Einwirkung von β-Amylase und debranching enzyme (engl.) auf Amylopektin (schematisch) [20a]
→ *Spaltung durch β-Amylase,* ⟶ *Spaltung durch debranching enzyme*

im Amylopektin), wird der Zerlegungsprozeß unterbrochen. Für die Abspaltung von α-1,6-gebundenen Resten ist das *debranching enzyme* (engl.) verantwortlich (Bild 5.2.a). Amylose wird somit von reiner β-Amylase weitgehend abgebaut, Amylopektin hingegen nur partiell (Bildung von nur $^2/_3$ der theoretisch möglichen Maltosemenge). Maltotetraose wird von β-Amylase rasch angegriffen, Maltotriose nur noch sehr langsam. Im Gegensatz zu α-Amylase liefert das β-Enzym schnell Maltose (verzuckernde Amylase), die Viskosität und die Jodblau-Färbung der Stärkelösung nehmen hingegen nur relativ langsam ab [1].

β-Amylase wird in *höheren Pflanzen* (Süßkartoffeln [Batate], Sojabohnen, Getreidekörner) [1] sowie auch in einigen *Mikroorganismen* vorgefunden *(Bacillus polymyxa, Bacillus subtilis, Rhizopus japanicus, Bacillus megaterium)* [4, 6]. Die β-Amylase ist häufig mit α-Amylase vergesellschaftet (in·keimendem Getreide, in *Bacillus subtilis, Rhizopus japanicus* u. a.) oder tritt gemeinsam mit Maltase auf (z. B. in *Bacillus polymyxa*).

Das *Temperaturoptimum* der meisten pflanzlichen β-Amylasen liegt bei < 70 °C; sie werden bei 70 °C nach 20 min Inkubation bereits völlig inaktiviert. Bakterielle Enzyme sind im allgemeinen temperaturresistenter.

Pflanzliche β-Amylasen vertragen relativ niedrige *pH-Werte* (bis herab zu 4,0), so daß sie von pflanzlichen α-Amylasen durch Ansäuern befreit werden können. Ihr pH-Optimum liegt bei 5,0 ... 6,0 [4]. Der optimale pH-Wert für die β-Amylase aus *Bacillus megaterium* beträgt 6,8 ... 7,1.

Im Gegensatz zu α-Amylase wird bei β-Amylase eine Stabilisierung durch Calciumionen nicht beobachtet. Sämtliche bisher untersuchten pflanzlichen β-Amylasen werden durch Reagenzien, die auf SH-Gruppen ansprechen, inhibiert [1].

Das *Molekulargewicht* pflanzlicher β-Amylasen unterliegt nach Tab. 5.2.c relativ großen Schwankungen; möglicherweise existieren Untereinheiten. Die Enzyme mikrobieller Herkunft sind in dieser Richtung bisher kaum untersucht worden.

Tabelle 5.2.c. *Molekulargewichte einiger β-Amylasen verschiedener Herkunft* (nach *Greenwood* u. a. [4], vereinfacht)

Herkunft	Molekulargewicht
Gerstenmalz	20000/80000
Sojabohne	62000
Süßkartoffel	152000/215000
Weizen	64000
Sorghummalz	56000

Zur *Bestimmung der Enzymaktivität* wird entweder die Zunahme der reduzierenden Endgruppen (3,5-Dinitrosalicylsäure, Kaliumferricyanid, alkalische Cu^{++}-Lösungen) oder die Bildung von Maltose ermittelt. Liegen α- und β-Amylase im Gemisch vor, müssen mehrere Methoden zur Differenzierung bzw. Charakterisierung der Einzelaktivitäten angewandt werden.

Glucoamylase

Glucoamylase (Amyloglucosidase, Gluc-Amylase, γ-Amylase; 1,4-α-D-Glucan-Glucohydrolase, EC 3.2.1.3.) spaltet aus *Stärke* (d. h. aus *Amylose* wie auch aus *Amylopektin)*, *Glykogen*, *Dextrinen* und *Gluco-Oligosacchariden* vom nichtreduzierenden Kettenende her *Glucose (Dextrose)* ab und überführt diese Verbindungen nahezu quantitativ in Glucose [21, 22]. Das Enzym hydrolysiert die α-1,4-, die α-1,6- wie auch die α-1,3-Bindung, wobei die erstgenannte Verknüpfung am schnellsten zerlegt wird. Besonders ausgeprägt ist dieser Unterschied bei niedermolekularen Gliedern. Hochmolekulare Verbindungen (z. B. verkleisterte Stärke) werden schneller angegriffen als solche mit niedrigerem Molekulargewicht (Stärke > Dextrine > Maltooligosaccharide > Maltose).
Glucoamylase findet man in verschiedenen *tierischen Geweben* [23, 24]. Hauptsächlich trifft man sie jedoch in *Mikroorganismen* an, von denen einige das Enzym in großer Menge produzieren. Hierher gehören vor allem Pilzstämme aus den Gattungen *Aspergillus* [25 bis 27], *Rhizopus* [28 bis 30] und *Endomyces* [31, 32] bzw. *Endomycopsis* [33 bis 35].
Die Zusammensetzung kommerzieller Enzympräparate ist sehr unterschiedlich. Als Begleitenzyme der Glucoamylase verdienen *α-Amylase* und *Transglucosidase* besondere Beachtung. Das erstgenannte Enzym wirkt in bereits beschriebener Weise auf Stärke ein unter Bildung niedermolekularer Verbindungen (Dextrine, Maltose und andere Glucooligosaccharide). Für den Umsatz durch Glucoamylase ist es von Nachteil, wenn der vorgeschaltete Abbau der Stärke durch α-Amylase zu weit geht; in diesem Fall verlangsamt sich die anschließende Zerlegung des Substrats durch Glucoamylase. Transglucosidase überträgt Glucoseeinheiten von Maltose und anderen Glucooligosacchariden auf Glucose und andere Zucker (z. B. Maltose, Maltotriose, Isomaltose) unter Ausbildung vorzugsweise einer α-1,6-, jedoch auch anderer Bindungen. Die durch Transglucosidierung entstehenden Zucker werden von Glucoamylase nicht bzw. mit nur geringer Geschwindigkeit angegriffen, was Ausbeuteverluste bei der enzymatischen Traubenzuckerherstellung zur Folge hat.
Aus dem vorangehend Gesagten geht hervor, daß die Kombination *α-Amylase/Transglucosidase* besonders ungeeignet ist, da das stärkeabbauende Enzym α-Amylase die Substrate für die nachfolgende Transferierung liefert. Man ist daher bemüht, Transglucosidase entweder von vornherein bei der mikrobiellen Enzymbiosynthese auszuschließen [36, 37] oder sie nachträglich durch spezielle Reinigungsoperationen

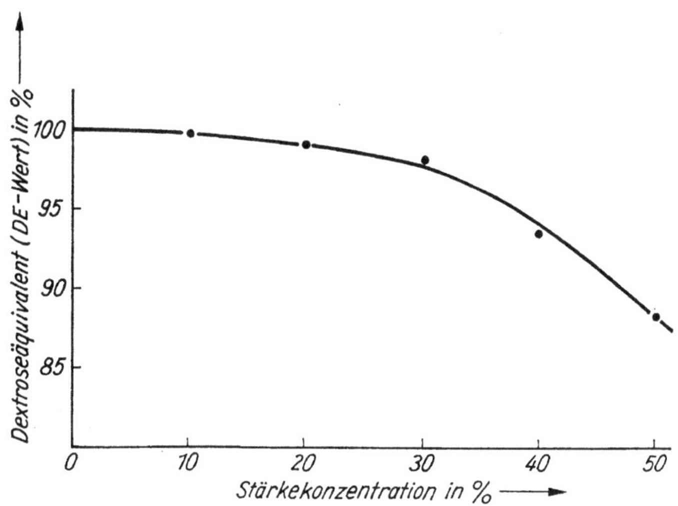

Bild 5.2.b. Rückgang der mit zunehmender Substratkonzentration erzielten DE-Werte bei der enzymatischen Stärkehydrolyse infolge back polymerization (engl.) [19]

(z. B. längerzeitiges Erhitzen bei hohem oder tiefem pH-Wert, Adsorption der Transglucosidase an Tonmineralien u. a. Verbindungen, säulenchromatographische Reinigung) zu entfernen.

Sämtliche Glucoamylasen liefern durch sog. back-polymerization (engl.) *Reversionsprodukte* (es sollte besser heißen *Resyntheseprodukte*), vorausgesetzt, daß die Glucosekonzentration hoch genug ist [38], wobei dieser Vorgang von Enzymen verschiedener Herkunft mit unterschiedlicher Intensität katalysiert wird [29]. Der Anteil an diesen Verbindungen nimmt mit zunehmendem Konversionsgrad zu, was ein Absinken der DE-Werte zur Folge hat (Bild 5.2.b) [39]. Nach *Watanabe* u. a. [40] bilden sich bei Einwirkung von Glucoamylase aus *Endomyces spec.* auf eine 40%ige D-Glucoselösung 5,2% Reversionsprodukte (bezogen auf eingesetzte Glucose). Das Endprodukt hat folgende Zusammensetzung: 94,8% Glucose, 1,5% Nigerose + Maltose, 3,1% Isomaltose, 0,6% sonstige Oligosaccharide (Isomaltotriose, Maltotriose, Panose usw.). Diese *back-polymerization* ist – das soll besonders hervorgehoben werden – eindeutig von der *Transglucosidasewirkung* abzugrenzen. Die erste ist abhängig von der Glucosekonzentration, die letzte hingegen nicht und benötigt als Substrate Di- und Oligosaccharide.

Um den Resynthesevorgang bei der Glucosegewinnung möglichst niedrig zu halten, müssen die Konversionsdauer und die Verweilzeit des Enzyms nach erfolgter Hydrolyse möglichst kurz sein. Es empfiehlt sich, das Hydrolysat durch Behandlung mit Hitze von der noch vorhandenen Enzymaktivität rasch zu befreien.

Die pH- und *Temperaturoptima* der einzelnen Glucoamylasen sind – je nach Herkunft – unterschiedlich. Die pH-Optima liegen zwischen 4,5 und 5,0 *(Rhizopus)*, 4,8 und 5,6 *(Endomyces, Endomycopsis)* sowie 4,0 und 4,5 *(Aspergillus)*. Als Temperaturoptima werden solche von 45 ... 55 °C *(Rhizopus, Endomyces, Endomycopsis)* und 50 ... 60 °C *(Aspergillus)* angegeben. *Aspergillus-niger*-Präparate erweisen sich infolge ihrer größeren Thermoresistenz (höhere Verzuckerungstemperatur, Beschleunigung des Konversionsprozesses) und ihres niedrigen pH-Optimums (Verringerung der Gefahr des Wachstums von Mikroorganismen während der Inkubation) für die Verzuckerung als sehr günstig. Des weiteren greifen sie α-1,6-Bindungen wirkungsvoller an als Enzyme der anderen Spezies. Ein Nachteil der Glucoamylase-Präparate aus *Aspergillus niger* ist ihre zumeist erhebliche α-Amylase-Aktivität, verbunden mit einer meßbaren Transglucosidasewirkung.

Rhizopus-Stämme synthetisieren nur wenig Transglucosidase, *Endomycopsis*-Präparate sind weitgehend frei von diesem Enzym wie auch von α-Amylase. Dafür ist die Thermostabilität der Glucoamylase geringer als diejenige der Präparate aus *Aspergillus niger*.

Bei der Biosynthese von Glucoamylase werden mehrere *Isoenzyme* gebildet (so z. B. von *Aspergillus niger* 2 [29, 41], von *Aspergillus oryzae* 4 [26, 42], von *Endomycopsis bispora* 3 Isoenzyme [43]). Die von einem Stamm produzierten Isoenzyme unterscheiden sich jeweils geringfügig hinsichtlich ihrer elektrophoretischen bzw. chromatographischen Beweglichkeit und ihrer Sedimentationskoeffizienten, teilweise auch in ihrer *pH*-Stabilität. Für die *Molekulargewichte* werden bei den einzelnen Enzymen bzw. Isoenzymen Werte von 100000 *(Rhizopus delemar* [29], *Aspergillus niger* [29, 41]), 70000 *(Aspergillus oryzae* [26, 42]) und 50000 *(Endomycopsis spec.* [43]) angegeben. Bei den beiden von *Aspergillus niger* synthetisierten Isoenzymen handelt es sich um Glykoproteide mit Mannose, Glucose und Galaktose im Molekül, wobei der Kohlenhydratanteil (etwa 13%) glykosidisch über Mannose an Serin- und Threoninreste der Aminosäureketten gebunden ist [29, 44]. Die Enzyme aus *Aspergillus oryzae*, *Rhizopus delemar* und *Endomycopsis* sind ebenfalls kohlenhydrathaltig, wobei auch hier Aminozucker im Molekül verankert sind [26, 29, 42, 45].

Im Zusammenhang mit der Glucoamylase sind in der Deutschen Demokratischen Republik die Standards TGL Nr. 29167/01 und TGL Nr. 29167/02 zu beachten.

Literatur

[1] *Bernfeld, P.:* Polysaccharidases. In: *Florkin, M.,* und *H. S. Mason:* Comparative Biochemistry, Bd. III, p. 355. New York und London: Academic Press 1962

[2] *Hobson, P. N.,* und *M. Macpherson:* Biochem. **52** (1952) 671

[3] *Windisch, W. W.,* und *N. S. Mhatre:* Advances in appl. Microbiol. **7** (1965) 273

[4] *Greenwood, C. T.,* und *E. A. Milne:* Advances Carbohydrate Chem. **23** (1968) 281

[5] *Janke, A.,* und *B. Schäfer:* Zbl. Bakteriol., Parasitenkunde, Infektionskrankh. Hyg., II. Abt. **102** (1950) 241

[6] *Kneen, E.,* und *L. D. Beckford:* Arch. Biochemistry **10** (1946) 4

[7] *Welker, N. E.,* und *L. L. Campbell:* J. Bacteriol. **86** (1963) 1202

[8] *Tayer, P. S.:* J. Bacteriol. **66** (1953) 656

[9] *Simpson, F. J.,* und *E. McCoy:* Appl. Microbiol. **1** (1953) 228

[10] *Underkofler, L. A., R. R. Barton* und *S. S. Rennert:* Appl. Microbiol. **6** (1958) 212

[11] *Horvath, I., A. Szentlrmui, S. Bujusz* und *E. Parragh:* Acta microbiol. Acad. Sci. hung. **7** (1960) 19

[12] *Ebertova, H.:* Folia microbiol. (Praha) **11** (1966) 14

[13] *Schröder, H.:* Z. allgem. Mikrobiol. **1** (1961) 201

[14] *Vojtkova-Lepšikova, A.:* Vortrag gelegentlich des II. Internationalen Symposiums über Hefen, Bratislava 1966

[15] *Meyer, K. H.,* und *P. Bernfeld:* Helv. chim. Acta **24** (1941) 359E

[16] *Stein, E. A., J. Hsiu* und *E. H. Fischer:* Biochem. **3** (1964) 56

[17] *Stein, E. A.,* und *E. H. Fischer:* Biochem. biophysica Acta (Amsterdam) **39** (1960) 287

[18] *Junge, J. M., E. A. Stein, H. Neurath* und *E. H. Fischer:* J. biol. Chemistry **234** (1959) 556

[19] *Whitaker, J. R.:* Principles of enzymology for the food sciences. New York: Marcel Dekker, Inc. 1972, S. 450

[20] *Eveleigh, D. E.,* und *A. S. Perlin:* Carbohydrate Res. **10** (1969) 87

[20a] *Suzuki, S.:* Vortrag gelegentlich des 3. Internationalen Kongresses „Lebensmittelwissenschaft und -technologie", Washington 1970

[21] *Ruttloff, H.:* Untersuchungen zur Analytik sowie zum intestinalen Verhalten einiger lebensmittelchemisch bzw. ernährungsphysiologisch bedeutsamer Kohlenhydrate. Habilitationsschrift, Humboldt-Univ. Berlin 1968

[22] *Pazur, J. H.:* Methods Carbohydrate Chem. **4** (1962) 266

[23] *Rosenfeld, E. L.,* und *J. A. Popova:* Bull. Soc. chim. biol. **44** (1962) 129

[24] *Rosenfeld, E. L., J. S. Lukomskaja* und *J. A. Popova:* Enzymologia **30** (1966) 1

[25] *Pazur, J. H.,* und *T. Ando:* J. biol. Chemistry **235** (1960) 297

[26] *Ohga, M., K. Shimizu* und *Y. Morita:* Agric. biol. Chem. **30** (1966) 967

[27] *Фениксова, Р. В., и В. Г. Рыжакова* (Feniksova, R. V., und V. G. Ryžakova): Прикл. биохим. микробиол. СССР (Angew. Biochem. Mikrobiol. d. UdSSR) **4** (1968) 270

[28] *Phillips, L. L.,* und *M. L. Caldwell:* J. Amer. chem. Soc. **73** (1951) 3559

[29] *Pazur, J. H.,* und *S. Okada:* Carbohydrate Res. **4** (1967) 371

[30] *Watanabe, T., S. Kawamura, H. Sasaki* und *K. Matsuda:* Stärke **21** (1969) 18

[31] *Hattori, Y.:* Agric. biol. Chem. **25** (1961) 737; Stärke **17** (1965) 82

[32] *Hattori, Y.,* und *J. Takeuchi:* Agric. biol. Chem. **26** (1962) 316

[33] *Ruttloff, H., R. Friese, G. Kupke* und *A. Täufel:* Z. allg. Mikrobiol. **9** (1969) 39

[34] *Садова, А. И., И. Я. Веселов и И. М. Грачева* (Sadova, A. I., I. Ja. Veselov und I. M. Gračeva): Микробиология (Mikrobiologie) **37** (1968) 425

[35] *Ebertowa, H.:* Folia Mikrobiol. **11** (1966) 14

[36] *Lineback, D. R., C. E. Georgi* und *R. L. Daty:* J. gen. appl. Microbiol. (Tokyo) **12** (1966) 27

[37] *Aunstrup, K.:* Verfahren zur Herstellung von Amyloglucosidase. BRD-Auslegungsschrift 1 517 773, ausgelegt am 14. 12. 1972

[38] *Ruttloff, H.,* und *K. Täufel:* Nahrung **12** (1968) 523

[39] *Underkofler, L. A., L. J. Denault* und *E. F. Hou:* Stärke **17** (1965) 179

[40] *Watanabe, T., S. Kawamura, H. Sasaki* und *K. Matsuda:* Stärke **21** (1969) 44

[41] *Pazur, J. H.,* und *K. Kleppe:* J. biol. Chemistry **237** (1962) 1002

[42] *Morita, Y., M. Ohga* und *K. Shimizu:* Mem. Res. Inst. Food Sci., Kyoto Univ. **29** (1968) 18

[43] *Ruttloff, H., A. Täufel, R. Friese* und *F. Zickler:* Z. allg. Mikrobiol. **10** (1970) 335

[44] *Lineback, D. R., I. J. Russell* und *C. Rasmussen:* Arch. Biochem. Biophysics **134** (1969) 539

[45] *Ruttloff, H., A. Täufel* und *R. Friese:* Unveröffentlichte Ergebnisse, 1970

5.2.1. Stärkeindustrie

Herstellung von Stärkesirup

Nach der Säuretechnologie wird *Stärkesirup* durch Einwirkung von Mineralsäure auf eine Stärkesuspension bei erhöhter Temperatur (140 ... 150 °C) und einem pH-Wert von etwa 2,0 hergestellt. Hierbei entstehen jedoch zahlreiche nicht erwünschte Verbindungen vor allem des desmolytischen Abbaus der Glucose, von denen einige bitter schmecken, während andere starke Verfärbungen hervorrufen. Nach diesem Verfahren lassen sich zwar – je nach Verwendungszweck – Sirupe mit unterschiedlichem Verzuckerungsgrad herstellen, jedoch entspricht ein bestimmter DE-Wert jeweils einer bestimmten Verteilung der Saccharide (Glucose, Maltose, Oligoglucoside, Dextrine). Auf Säurebasis hergestellte Stärkesirupe mit DE-Werten oberhalb 50% haben einen relativ hohen Glucosegehalt und neigen zum Auskristallisieren, sie können gefärbt sein und einen bitteren Geschmack aufweisen. Die Variabilität der Produkte ist daher stark eingeschränkt. Die obere Grenze der DE-Werte für Sirupe liegt deshalb in der Praxis bei 55 ... 62%.
Durch Verwendung von stärkeabbauenden Enzympräparaten *(α-Amylase-, β-Amylase-, Glucoamylase*-Präparat) in geeigneter Kombination, und zwar gleichzeitig oder stufenweise bzw. nach partieller Vorhydrolyse mit Säure zugegeben, können je nach Verwendungszweck Sirupe mit spezifischen Eigenschaften hergestellt werden, z. B. solche mit einem hohen Gehalt an Glucose, Maltose, Maltooligosacchariden oder

Dextrinen [1 bis 3]. Im allgemeinen liegt der Glucosegehalt bei der Verwendung von Enzympräparaten stets niedriger als bei einem dem Säurehydrolysat analogen DE-Wert. Ausnahmen bestehen in solchen Fällen, in denen eine große Menge Glucoamylase-Präparat zugesetzt wird oder aber das *α-Amylase*-Präparat zugleich erhebliche Glucoamylase-Aktivität enthält. Der Unterschied zwischen säure- und enzymkonvertierten Sirupen ist aus Tab. 5.2.1.a ersichtlich.

Tabelle 5.2.1.a. Zusammensetzung einiger Stärkesirupe [1]

Erzeugnis	DE-Wert in %	Glucose	Maltose	Dextrine	Hochmolekulare Verbindungen
		in % der Trockensubstanz			
Säurehydrolysat	55	34,8	27,0	26,5	11,7
Säurehydrolysat	60	40,3	28,3	23,2	8,2
Enzymhydrolysat	60	35,2	32,6	14,6	17,6
Enzymhydrolysat	63	37,5	34,2	12,2	16,1
Enzymhydrolysat	65	40,6	35,2	10,4	13,8

Bei der Vorhydrolyse der Stärke durch Bakterien-α-Amylase auf einen DE-Wert von 10 ... 12% und bei nachfolgendem Zusatz eines β-Amylase-Präparats (gereinigte Malzpräparate, die zugleich einen gewissen Anteil α-Amylase enthalten) läßt sich ein Sirup mit hohem Maltosegehalt herstellen (DE-Werte von etwa 40 ... 45%, wenig hygroskopisch, niedrige Viskosität). Man erzielt hierbei Erzeugnisse mit einem Maltosegehalt bis zu 70%. Als weiteres Beispiel sei die Zusammensetzung eines typischen Maltosesirups mit einem DE-Wert von 40% angeführt: Glucose 5%, Maltose 55%, Maltotriose 15%, Maltotetraose 5%, Dextrine 20%.
Ein wesentlicher Gesichtspunkt bei der Herstellung verschiedener Stärkesirupe ist u. a. auch die *Erhöhung der Süßkraft*. Dies gelingt durch Steigerung des DE-Wertes auf über 50%, wobei im allgemeinen mit Säure vorverflüssigt (bis DE-Wert 45%) und sodann entweder mit einem Pilz- oder mit einem Bakterien-α-Amylase-Präparat nachhydrolysiert wird. Zuweilen wird zusätzlich noch eine Stufe unter Malzeinsatz zwischengeschaltet (DE-Wert-Erhöhung von 20% auf 50%). Es gelingt, DE-Werte bis zu 70% bei einer Vergärbarkeit des Sirups durch Hefe von 80% zu erzielen. Die meisten der auf diese Art hergestellten Erzeugnisse haben DE-Werte, die zwischen 60% und 65% liegen. Ein Konversionssirup mit einem DE-Wert von 63% hat z. B. folgende Zusammensetzung: 38% Glucose, 34% Maltose, 16% Tri- und Tetrasaccharide, 12% Dextrine.

Herstellung von Traubenzucker

Die *Traubenzuckerherstellung* basiert bekanntlich auf dem Einwirken von Säure auf Stärke bei erhöhter Temperatur. Seit etwa 15 Jahren wird jedoch hierfür in zunehmendem Maße *Glucoamylase*-Präparat verwendet [4 bis 6]. Glucoamylase zerlegt – wie bereits erörtert – das Polysaccharid, wobei praktisch nur Glucose freigesetzt wird. Das Prinzip der enzymatischen Traubenzuckerherstellung besteht darin, die Stärke zunächst zu verflüssigen, damit sie für Glucoamylase angreifbar wird. Anschließend läßt man auf das Vorhydrolysat Glucoamylase bis zur totalen Verzuckerung einwirken; das Rohhydrolysat wird sodann bis zur kristallinen Glucose aufgearbeitet (Bild 5.2.1.).

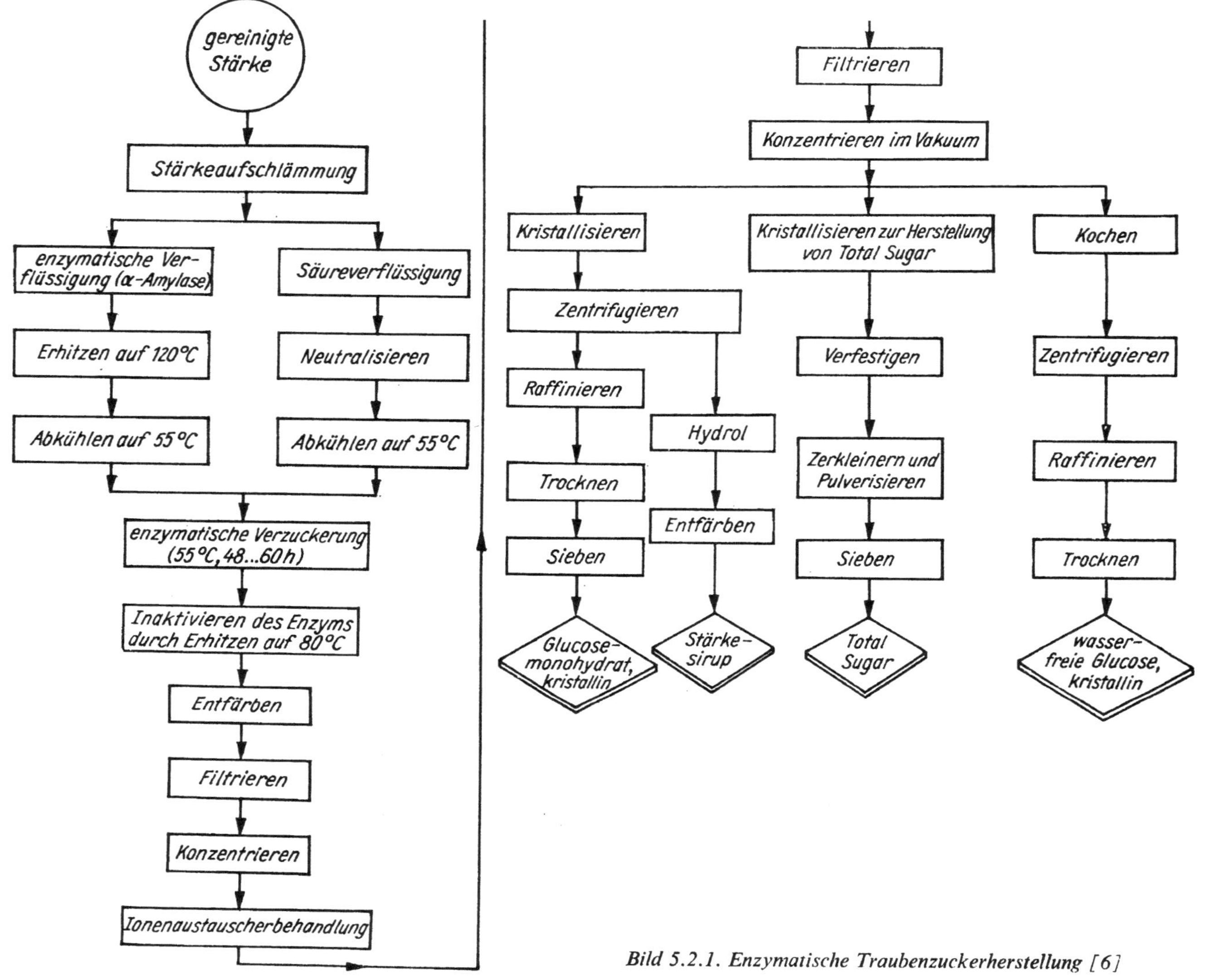

Bild 5.2.1. Enzymatische Traubenzuckerherstellung [6]

Grundstoffe für die Stärkeherstellung

Grundstoffe für die Stärkeherstellung sind in erster Linie *Mais*, ferner *Süßkartoffeln* (Bataten)[1] und *Kartoffeln*. Da bei den beiden zuletzt genannten Grundstoffen der Anteil an Protein und Fett relativ niedrig ist, lassen sie sich besser als Mais verarbeiten. Der Protein/Fett-Anteil des Maises muß im Verlauf des technologischen Prozesses beseitigt werden. Dies geschieht z. B. dadurch, daß das Stärkehydrolysat erhitzt wird (z. B. 10 min lang bei 130 °C), wobei das Protein koaguliert und zusammen mit dem Fett abgetrennt werden kann.

Verflüssigung der Stärke

Das *Verkleistern* und *Verflüssigen* der Stärke stellt einen wichtigen Vorgang bei der enzymatischen Stärkeverzuckerung dar. Die Führung dieses Prozesses beeinflußt ganz erheblich den weiteren Abbau der polymeren Substanz zu den monomeren Bausteinen. Sowohl eine zu weitgehende wie auch eine zu geringe Hydrolyse wirken sich nachteilig auf die Höhe der zu erzielenden DE-Werte aus: Mit zunehmendem Vorhydrolysegrad sinkt die Abbaugeschwindigkeit, da Oligosaccharide von Glucoamylase mit verminderter Geschwindigkeit angegriffen werden. Andererseits muß die Stärkelösung dünnflüssig und gut filtrierbar sein, was eine möglichst quantitative Desintegration und Auflösung der Stärkekörner voraussetzt. Nicht in Lösung gegangene Stärkeanteile werden von Glucoamylase nicht angegriffen und führen zu Filtrationsschwierigkeiten und bringen durch partielles In-Lösung-Gehen während des weiteren technischen Ablaufs Stärkeanteile in den Zucker [7]. Stärke kann mittels *Säure* oder *α-Amylase* verflüssigt werden. Man unterscheidet demzufolge zwischen *Säure-Enzym-Verfahren* und *Enzym-Enzym-Verfahren*. Das zuletzt genannte wird in der Literatur zumeist *Doppel-Enzym-Verfahren* genannt.

Verflüssigung der Stärke mittels Säure (Säure-Enzym-Verfahren)

Beim Säure-Enzym-Verfahren wird eine 30- bis 40%ige Stärkemilch in Gegenwart von Säure (Salz-, Schwefel- oder Oxalsäure) kurze Zeit unter Druck gekocht (z. B. 4 ... 5 min lang bei 140 °C). Hierbei erhält man ein Hydrolysat mit einem DE-Wert zwischen 10% und 15%. Die Stärkepolysaccharide werden dabei so weit abgebaut, daß ihre nachträgliche Retrogradation stark verzögert wird. Die Verflüssigung wird vorzugsweise mittels kontinuierlich arbeitender Röhrenkonverter durchgeführt [4, 8]. Man neutralisiert (z. B. mit Calciumcarbonat, Soda oder Natronlauge), kühlt auf 50 ... 60 °C ab und stellt auf den für die Verzuckerung erforderlichen *p*H-Wert ein. Die bei Anwendung der *Säure*vorverflüssigung nach erfolgter Verzuckerung erzielten DE-Werte (etwa 95 ... 96%) liegen nach Angaben der Literatur etwas niedriger als bei enzymatischer Vorbehandlung (DE-Werte etwa 97 ... 98%).

Verflüssigung der Stärke durch α-Amylase (Enzym-Enzym-Verfahren)

Beim Enzym-Enzym-Verfahren erzielt man eine einheitlichere Molekülgrößenverteilung als bei der Verflüssigung mittels Säure. Dies ist für die anschließende Verzuckerung vorteilhaft, da die Glucoamylase ein für sie günstigeres Substrat vorfindet. (Säureverflüssigte Stärke enthält einen erheblichen Anteil an niedrigmolekularen Gliedern, zu denen das Enzym eine geringere Affinität hat.) Zur Vorverflüssigung der Stärkesuspension (30 ... 40% Stärke i. T.) dient gewöhnlich

---

[1] Batate, *Batatas edulis* Chois., ein in den Tropen angebautes Windengewächs, dessen stärkereicher Wurzelstock mit „Süßkartoffel" (engl. sweet potato) bezeichnet wird

Bakterien-α-Amylase (zumeist aus *Bacillus subtilis*), die möglichst frei von Protease sein soll. Die größere Wärmestabilität der Bakterienamylase ermöglicht es, bei relativ hohen Temperaturen (85 ... 90 °C, *pH* 5 ... 6,5) zu arbeiten und dabei innerhalb von 30 ... 40 min eine Verkleisterung und Verflüssigung herbeizuführen. Dieses Verfahren ist ein diskontinuierliches; es kann jedoch zu einem kontinuierlichen umgestaltet werden, indem in mehreren Behältern, die mit Überlaufrohren versehen sind, gearbeitet wird.

Da der Verflüssigungsprozeß für die Höhe der Ausbeute an Traubenzucker von Bedeutung ist, hat man mehrere Varianten der kontinuierlichen Technik angewandt. Bei der *Steam-jet-Methode* (engl.) [9] werden mittels eines direkt in die Stärke α-Amylase-Suspension geführten Dampfstrahls eine rasche Wärmezufuhr herbeigeführt und eine kräftige Turbulenz, verbunden mit dem Auftreten starker Scherkräfte, hervorgerufen. Die Verflüssigung wird zumeist in einem nachgeschalteten Verweilbehälter beendet. Dieses kontinuierliche Verfahren bewirkt ein gutes Koagulieren von Lipid- und Proteinverunreinigungen (z. B. bei Maisstärke). Ein ähnliches und ebenfalls kontinuierliches Verfahren ist das von *Goos* [10] unter Einsatz eines Röhrenkonverters. Bei der kontinuierlichen Verflüssigung nach dem *Krøyer*-Prinzip [11] wird die Suspension durch schmale, ringförmige Spalte zwischen mit Dampf beheizte Röhren gepreßt. Dem *Krøyer*-Konverter ist ein Röhrenreaktor nachgeschaltet, um eine ausreichende Reaktionszeit zu gewährleisten.

Bei diesen Verfahren kann der erste Schritt auch mittels Säure vorgenommen werden (man bekommt Hydrolyseerzeugnisse mit DE-Werten von 6 ... 8 %), um sodann – nach Abkühlung und *p*H-Einstellung – das α-Amylase-Präparat zu injizieren, wobei ein DE-Wert von 10 ... 13 % erreicht wird. Diese *Säure-Enzym-Verflüssigung* liefert auch bei der Verwendung von Weizen- und Maisstärken gut filtrierbare Produkte und hohe DE-Werte (bis zu 97 %).

Eine anschließend vorgenommene kurze Temperierung bis auf 120 °C bewirkt eine weitere Verflüssigung und zugleich Inaktivierung der α-Amylase; verschiedentlich wird jedoch eine Inaktivierung dieses Enzyms nicht vorgenommen.

Verflüssigung der Stärke unter hohen Temperaturen

Wenn die Stärkesuspension unter Druck in eine mit Dampf beheizte rotierende Trommel eingespritzt wird, dann bewirkt die plötzliche Temperaturerhöhung, verbunden mit den sehr hohen auf das Stärkemolekül einwirkenden Scherkräften, eine schnelle Verkleisterung und Verflüssigung der polymeren Substanz. Die so vorbehandelte Stärke kann dann sofort zur Verzuckerung eingesetzt werden. Hierdurch sollen sehr hohe DE-Werte erzielt werden [12].

Verzuckerung der Stärke

Die vorverflüssigte Stärkemilch wird abgekühlt, auf den gewünschten *p*H-Wert eingestellt und in die Verzuckerungstanks übergeführt. Nach Zugabe des *Glucoamylase*-Präparats läßt man dieses 2 bis 3 Tage lang einwirken, wobei die für die jeweilige Enzymwirkung günstigste Temperatur aufrecht zu erhalten ist (Enzym aus *Aspergillus niger* etwa 60 °C, aus *Rhizopus* etwa 55 °C, aus *Endomycopsis* 50 ... 55 °C). Es hat sich gezeigt, daß sich für diesen Prozeß *reine* Glucoamylase nicht immer als optimal erweist, sondern daß eine gewisse, wenn auch geringfügige *α-Amylase-Aktivität* für den Ablauf des Prozesses von Nutzen sein kann [7, 13]; tatsächlich enthalten die meisten Glucoamylase-Präparate des Handels eine α-Amylase-Komponente [14]. Am Ende der Verzuckerung liegen in der Flüssigkeit DE-Werte zwischen 95 % und 98 % vor.

Saftreinigung und -konzentration

Zur schnellen Inaktivierung der Glucoamylase wird das Hydrolysat in einen Behälter – dessen Inhalt auf 80 ... 90 °C erwärmt wird (meist Direktdampf) – oder über einen Wärmeaustauscher gegeben. Der Sirup wird sodann entfärbt und filtriert (Filterpresse, Vakuumdrehfilter, Kerzenfilter u. a., Zusatz von Aktivkohle und Kieselgur), im Vakuum auf etwa 50% i. T. eingeengt (Mehrstufen- bzw. Fallstromverdampfer) und abermals unter Zusatz von Aktivkohle entfärbt und filtriert.
Es hat sich als zweckmäßig erwiesen, spezielle Ionenaustauscher nachzuschalten, wobei Kationen- und Anionen- wie auch Mischbettaustauscher verwendet werden. Hierdurch wird eine nahezu vollständige Entfärbung, Entfernung von Resten an Hydroxymethylfurfural (bisher Hydroxymethylfurfurol), von Metallionen, stickstoffhaltigen Verbindungen und organischen Säuren erzielt. Die Endverdampfung richtet sich nach dem gewünschten Endprodukt, je nachdem, ob *Total Sugar*[1], *Glucosemonohydrat* oder *wasserfreie Glucose* hergestellt werden sollen.
Beim Arbeiten nach der herkömmlichen Technologie kann lediglich Glucosemonohydrat hergestellt werden. Der bei der Säurehydrolyse anfallende hohe Anteil an Reversions-Oligosacchariden, Farbstoffen usw. schließt eine Produktion von Total Sugar grundsätzlich aus. Auch die Herstellung von wasserfreier Glucose nach dem Säureverfahren war bislang lediglich durch Rekristallisation des nach dem Säureverfahren gewonnenen Glucosemonohydrats möglich.

Total Sugar

Die Endverdampfung wird bei 50 °C bis zu einem Wassergehalt von 12 ... 13% geführt. Sodann gibt man feingemahlene Glucose als Impfmaterial hinzu und rührt etwa 5 ... 10 min lang in einem Mischgefäß. Nach dem Auftreten einer Trübung wird die Flüssigkeit in die Kristallisationsgefäße gegeben, in denen sie etwa 4 bis 5 Tage lang bei 10 ... 15 °C verbleibt. Das gesamte Material erstarrt, und es tritt eine komplette Verfestigung ein. Der Feuchtegehalt der Substanz beträgt 10 ... 11%. Die Kristallblöcke werden aus den Metallkästen entfernt, zerkleinert, gemahlen und gesiebt. In einem Trommeltrockner wird das Gut einem auf 50 ... 80 °C erwärmten Luftstrom ausgesetzt.
Rationeller als dieses Verfahren ist die *Sprühkristallisation*, die sich bei der Herstellung von Total Sugar immer mehr durchsetzt [15]. Der Wassergehalt des Endprodukts beträgt 9%, der DE-Wert etwa 96%. Das Gemisch enthält – neben *Glucose* als Hauptkomponente – etwa 4% *Oligoglucoside (Maltose, Isomaltose, Nigerose, Kojibiose* usw.), bezogen auf Trockensubstanz.
Total Sugar läßt sich erheblich preisgünstiger herstellen als reiner Traubenzucker und trotzdem in der Lebensmittelproduktion vielseitig verwenden (z. B. bei Backwaren, Süßwaren, Fruchtsaftkonzentraten).

Glucosemonohydrat

Die Endverdampfung wird bis auf 28% Wassergehalt geführt. Die Masse wird auf 40 ... 42 °C gekühlt und in Kristallisationsgefäße übergeführt, in denen sich noch Kristallisat der vorhergehenden Charge als Impfmaterial befindet. Im Verlauf der Kristallisation (innerhalb 24 ... 48 h) wird das Gut bis auf 20 ... 25 °C gekühlt. 60% der Trockenmasse liegen nunmehr als Kristallisat vor, von dem die Flüssigkeit

---

[1] *Total Sugar* (engl.) ist das nicht gereinigte Kristallisat des Dicksaftes aus dem Endverdampfer, das neben Glucose noch 4 ... 5% Resynthese-Oligosaccharide sowie Mutterlauge enthält; das Kristallisat wird durch Trocknen auf einen Endfeuchtegehalt von 9% eingestellt

abgeschleudert wird. Der Feuchtegehalt liegt bei 14 ... 15%. Der Ablauf wird nach entsprechender Aufarbeitung und Reinigung (Ionenaustauscher, Entfärbung) für die Herstellung weiterer Kristallisate verwendet (verlängerte Kristallisationsdauer). Die abgetrennte Kristallmasse gelangt in einen Trommeltrockner. Der Feuchtegehalt der Masse wird hier bis auf etwa 9% herabgesetzt.

Das Fertigprodukt hat einen DE-Wert von 99 ... 99,5%. Die Gesamtausbeute an Traubenzucker liegt bei über 80%, bezogen auf die eingesetzte Stärke.

Es sei bemerkt, daß bei der Glucosegewinnung unter Verwendung von Säure nur 2 Kristallisate gewonnen werden können, wobei die Ausbeute nur etwa 65% beträgt. Wird der zweite Ablauf einer abermaligen Behandlung mit Salzsäure zur Spaltung der gebildeten Reversionsprodukte unterworfen, können Traubenzuckerausbeuten bis zu 75% erzielt werden.

Wasserfreie Glucose

Der relativ niedrige Oligosaccharidgehalt enzymatisch behandelter Stärkelösungen ermöglicht die direkte Gewinnung von wasserfreier Glucose. Voraussetzung hierfür ist ein Hydrolysat guter Qualität mit einem DE-Wert von 98 ... 98,5%. Die Endverdampfung wird bis auf einen Trockensubstanzgehalt von 87% geführt (zumeist in offenen Pfannen). Sodann gibt man pulverisierte, wasserfreie kristalline Glucose als Einsaat hinzu (0,2%). Die Kristallisation erfolgt bei 70 ... 75 °C und dauert 6 ... 10 h. In beheizten Zentrifugen wird der Ablauf abgeschleudert (er kann zur Herstellung von Monohydrat oder Stärkesirup verwendet werden), der Festanteil wird mit heißem Wasser gewaschen. Der Feuchtegehalt wird im Trommeltrockner bei 60 ... 65 °C auf 0,1% reduziert. Der DE-Wert des Endprodukts beträgt 99,5%. Man erzielt Ausbeuten von etwa 42%, bezogen auf den Stärkeeinsatz.

Vorteile des enzymatischen Verfahrens

Das *enzymatische Verfahren* bietet zahlreiche Vorteile gegenüber der *Säuremethode*. Es seien genannt: geringere Anforderungen an die Reinheit des Ausgangsstoffes; relativ hohe Konzentration der zu hydrolysierenden Stärkemilch (Trockensubstanzgehalt bis zu 50% möglich, in der Praxis zumeist 30 ... 40%, herkömmliche Technologie 15 ... 25%), dadurch verminderte Kosten für die Konzentration; Steigerung des Reinheitsgrads des Hydrolysats (kein Entstehen von Bitterstoffen, von Säurereversionsprodukten sowie von gefärbten Abbauprodukten der Glucose); verbessertes Kristallisationsvermögen und Verkürzung der Kristallisationszeit; Vereinfachung der Reinigungsoperationen; verbesserte Anwendungsmöglichkeiten für das anfallende Hydrol[1]; Einsparung von Dampf und Entfärbungskohle; Minderung der Wartungs und Instandsetzungskosten; Steigerung der Ausbeute *(Säureverfahren:* DE-Werte von 89 ... 90%, Gewinnung von 80 kg Monohydrat je 100 kg Stärke, wobei in der betrieblichen Praxis jedoch meist erheblich niedrigere Werte erzielt werden; *enzymatisches Verfahren:* DE-Werte zwischen 94% und 98%, je nach Grundstoff und Verfahrensvariante, Gewinnung von 90 ... 100 kg Monohydrat – gemäß Enzym-Enzym-Verfahren – je 100 kg Stärke; Möglichkeit der Herstellung des preisgünstigen Total Sugars).

Das Doppelenzymverfahren ist hierbei dem Säure-Enzym-Verfahren überlegen. Wie aus der Tabelle 5.2.1.b hervorgeht, liegen die DE-Werte bei der erstgenannten Variante deutlich höher. Eine weitere Steigerung der DE-Werte ist infolge der unvermeidlichen Repolymerisation der Glucose bei hohen Substratkonzentrationen nicht möglich.

---

[1] Hydrol: flüssiger Ablauf nach der letzten Kristallisationsstufe

Tabelle 5.2.1.b. Ausbeuten bei der Stärkeverzuckerung nach dem Säure-Enzym-Verfahren und nach dem Enzym-Enzym-Verfahren [3]

Hydrolysat	Vorverflüssigung durch Säure	Enzymatische Vorverflüssigung
DE-Wert in %	95	97
Glucose in %	92	95
Ausbeute (kg Glucose aus 100 kg Stärke)	100	105

Nach neueren Angaben geht der Trend zur *Verwendung von trocken entkeimtem Mais* [16] bzw. von *Quellmais* [17] (anstelle von Maisstärke) als Grundstoffquellen. Dadurch werden die Kosten für die Gewinnung und Reinigung von Maisstärkemilch eingespart. Diese technologischen Varianten sind nur bei Einsatz des enzymatischen Verzuckerungsverfahrens möglich.

Nachteile des enzymatischen Verfahrens

Wie bereits erörtert, ist eine geringfügige enzymatische *Resynthese* unter Entstehung von Oligoglucosiden nicht zu vermeiden, weil mit hohen Substratkonzentrationen gearbeitet wird. Es empfiehlt sich daher, die Verzuckerungszeiten so kurz wie möglich zu halten und die Glucoamylase nach erfolgtem Umsatz schnell durch Erhitzen auf über 90 °C zu inaktivieren. Wenn die Glucoamylase-Präparate relativ viel α-Amylase enthalten oder wenn die beim Enzym-Enzym-Verfahren verwendete α-Amylase nicht vollständig inaktiviert ist und somit ein größerer Anteil an niedermolekularen Oligosacchariden entsteht, dann macht sich die mögliche Anwesenheit einer *Transglucosidase* durch die Bildung schwer spaltbarer zusätzlicher Oligosaccharide störend bemerkbar. Wie bereits erwähnt, ist man bemüht, die Transglucosidase durch Spezialbehandlung aus den Enzympräparaten zu entfernen.

Ein echter Nachteil der enzymatischen Verfahren besteht in den erhöhten Kosten für Hilfsstoffe, bedingt durch die Preise für die α-Amylase- und Glucoamylase-Präparate. Der Nachteil wird jedoch letztlich durch die Vorteile ökonomisch ausgeglichen. Die *enzymatische* Traubenzuckerherstellung erfolgt in *zwei* Schritten, nämlich durch a) Verkleisterung und Verflüssigung sowie b) Verzuckerung der Stärke. Im Gegensatz hierzu benötigt das herkömmliche *Säureverfahren* nur *einen* Hydrolyseschritt. Die Reaktionszeiten sind länger als beim Säureverfahren, so daß eine größere Behälterfassung erforderlich ist. Außerdem besteht ein höheres Infektionsrisiko, wodurch große Ansprüche an die Sauberhaltung der Apparaturen, Rohrleitungen usw. gestellt werden.

Von den für die Traubenzuckerherstellung in Frage kommenden Stärkesorten ist die am meisten verwendete Maisstärke am schwierigsten zu handhaben, insbesondere infolge ihrer hohen Verkleisterungstemperatur und der festen Struktur der Mizellen im Korn. Dies wirkt sich ungünstig auf das Doppelenzymverfahren aus, so daß beim Aufschluß mit α-Amylase früher oft Schwierigkeiten auftraten. Diese sind jedoch durch Verwendung von thermoresistenter α-Amylase inzwischen überwunden worden.

Literatur

[1] *Barfoed, H.:* Stärke **19** (1967) 2
[2] *Barfoed, H.:* Stärke **19** (1967) 291
[3] *Kempf, W.:* Stärke **16** (1964) 63

[4] *Underkofler, L. A., L. J. Denault* und *E. F. Elkhart:* Stärke **17** (1965) 179

[5] *Suzuki, S.:* Stärke **16** (1964) 285

[6] *Suzuki, S.:* J. Jap. Soc. Starch Sci. **17** (1969) 155

[7] *Schierbaum, F.:* Lebensmittel-Ind. **13** (1966) 223 und 264

[8] *Schierbaum, F.,* und *M. Richter:* Ernährungsforschung **13** (1968) 399

[9] *Krøyer, K. K. K.:* Stärke **18** (1966) 311

[10] *Goos, H.:* Stärke **16** (1964) 351

[11] *Krøyer, K. K. K.:* Conversion of starch and other polysaccharides to dextrose and maltose. Belg. Patent 650378, ref. C. A. **63** (1965) 11845 e

[12] *Komai, Y., S. Inubishi, E. Bando* und *H. Komada:* Verfahren zur enzymatischen Verzuckerung einer mehr als 20%igen Stärke. DDR-Patent 59049, ausgegeben am 5. 12. 1967

[13] *Richter, M.,* und *F. Schierbaum:* Ernährungsforschung **13** (1968) 385

[14] *Ruttloff, H., R. Friese, A. Täufel* und *K. Täufel:* Nahrung **12** (1968) 53

[15] *Komai, Y.:* Stärke **17** (1965) 346

[16] *Knudsen, F. E.,* und *J. Karkalas:* Stärke **21** (1969) 284

[17] *Tegge, G.:* Vortrag gelegentlich des Internationalen Symposiums über Chemie und Technologie der Stärke, Krakow 1972

5.2.2. Brauindustrie

Zur Herstellung von Malz aus Gerste werden die Gerstenkörner zum Keimen gebracht, es entsteht *Grünmalz.* Durch Trocknen (Darren) wird diesem sodann Wasser entzogen, wodurch die Lebensvorgänge weitgehend eingeschränkt bzw. unterbrochen werden. *Darrmalz* ist hierdurch stabil und lagerfähig. Das geschrotete Malz wird mit Wasser gemischt. Im Verlauf dieses *Maischprozesses* werden u. a. die zunächst unlöslichen Hauptbestandteile Protein und Stärke abgebaut; dieser Umsatz wird von pflanzeneigenen *Proteasen* und *Amylasen* (α- und β-Amylase) vollzogen. Die Maische besteht danach aus einem wäßrigen Gemisch von gelösten und ungelösten Stoffen. Nach Läuterung der Maische erhält man die *Würze,* die durch spezielle Hefen zum Gären gebracht und schließlich bis zum *Bier* aufgearbeitet wird.

Aus ökonomischen Gründen ersetzt man in fast allen Ländern einen Teil der Malzschüttung durch ungekeimtes Getreide *(Rohfrucht).* Beim Einsatz von Rohfrucht muß berücksichtigt werden, daß die Amylose- und Amylopektinmoleküle der Malzstärke ein niedrigeres Molekulargewicht aufweisen als diejenigen der Rohfrucht [1]. Auch wird Malzstärke leichter von Enzymen angegriffen. Demzufolge werden bisher bei der Verarbeitung von Rohgerste noch nicht immer die gleichen Endvergärungsgrade erzielt wie bei Verwendung von Malz als Ausgangsstoff [2 bis 4]. Neben Gerste werden auch Mais und Reis in ungemälztem Zustand verarbeitet.

Rohfrucht enthält praktisch keine α-Amylase; dieses Enzym wird erst im Verlauf der Keimung synthetisiert [5]. Bei der Substitution von Malz durch hohe Rohgerstenanteile wird deshalb der α-Amylase-Spiegel im Schüttungsgemisch stark vermindert, so daß sich eine ergänzende Zugabe von technischen Enzympräpraten erforderlich macht. Als solche bieten sich α-Amylase und Glucoamylase-Präparate an.

α-Amylase

Vaillant [6] verwendet Enzympräparate aus *Bacillus subtilis* und *Bacillus mesentericus. Dennis* und *Quittenton* [7] haben ein Verfahren zur Herstellung von Bierwürze aus ungemälztem Getreide mit höchstens 10% Malzzugabe entwickelt, wobei vorzugsweise Rohgerste eingesetzt wird. Es werden spezielle Enzympräparate zugegeben. Nach *Bavisotto* [8] ist der Einsatz von α-amylolytischen Enzympräparaten erst bei einem Rohfruchtanteil oberhalb 55% gerechtfertigt.

Bei der Verarbeitung von ungemälztem Getreide werden sowohl *Bakterien-* wie auch *Pilz-α-Amylase*-Präparate verwendet. Der Vorteil der ersten liegt in ihrer wesentlich höheren Wärmeresistenz des Enzyms. Manchen Schimmelpilzpräparaten haftet gelegentlich ein typischer Pilzgeruch und -geschmack an, der u. U. durch eine kurzzeitige Behandlung mit Wärme beseitigt werden kann. Auch für den Abbau der Gerstenstärke eignet sich Bakterien-Amylase besser als das Pilzenzym. Sie kann sowohl Rohgerste wie auch das vorgeweichte Getreide mit praktisch gleich hohem Effekt aufschließen wie verkleisterte Gerstenstärke.

Der 100%ige Ersatz von Malz durch Gerste führt nach *Klopper* [9] – auch bei Zusatz von Bakterien-α-Amylase-Präparat – nicht zur vollständigen Verzuckerung der Stärke.

Glucoamylase

Das Enzympräparat kann der Maische, der ungekochten Würze wie auch dem Tankbier zugegeben werden. *Gablinger* [10] verwendet Glucoamylase zur Verbesserung der Stabilität der Biere, wobei gleichzeitig ein Abbau von Dextrinen erreicht wird. Verschiedene Autoren stellen bei Vorhandensein eines hohen Rohfruchtanteils einen zu hohen *Diacetylgehalt* im fertigen Bier fest [11, 12], der durch Zusatz von Glucoamylase-Präparat unter den Geschmacksschwellenwert herabgedrückt werden kann [12].

Tabelle 5.2.2.a. Vergleich einiger Kennzahlen von Normalbier und Diätbier [14]

Bestandteil	Ausländisches helles Bier in %	Deutsches helles Bier in %	Diätbier in %	Diätpils in %
Scheinbarer Extrakt	3,18	2,35	0,41	−0,26
Wirklicher Extrakt	5,03	4,15	2,51	1,92
Alkohol	4,12	3,97	4,65	5,02
Stammwürze	12,98	11,85	11,55	11,67
Scheinbarer Vergärungsgrad	76	80	96	102
Den Diabetiker belastende Kohlenhydrate (als Glucose in 100 ml Bier)	3,71	2,95	1,11	0,71

Tabelle 5.2.2.b. Einsatz von Enzympräparaten bei der Herstellung eines Bieres mit niedrigem Kohlenhydratgehalt [15]

Analyse	Unbehandeltes Bier	Mit Glucoamylase behandeltes Bier
Extrakt	1,005	1,001
Alkoholgehalt in %	4,0	4,4
Gesamtkohlenhydratgehalt in %	2,1	0,8
Dextrose-Äquivalent	0,25	0,08
Kohlenhydrat-Chromatogramm:		
Dextrine	++	+
Maltotetraose	+	−
Maltotriose	+	−
Maltose	−	−
Saccharose	−	−
Glucose	−	−
Fructose	−	−

Sehr gut eignet sich Glucoamylase bei der Herstellung von *Diabetikerbier* [13 bis 15].
Dieses muß einen stark reduzierten Kohlenhydratgehalt aufweisen. Er beträgt im
Normalbier 2,5 ... 4,5 g je 100 ml, im Diabetikerbier hingegen nur etwa 1,0 g (Tab.
5.2.2.a und Tab. 5.2.2.b). Die Zugabe des Glucoamylase-Präparats erfolgt nach der
Abkühlung der Bierwürze bzw. im Gärkeller.

Literatur

[1] *Schuster, K.:* Alkoholische Genußmittel. In: Handbuch der Lebensmittelchemie, Bd. VII.
  Berlin–Heidelberg–New York: Springer-Verlag 1968, S. 45
[2] *Saletan, L. T.:* Wallerstein Lab. Commun. **31** (1968) 23
[3] *Macey, A., K. C. Stowell* und *H. B. White:* EBC-Proc. (Madrid) (1967) 283
[4] *Klopper, W. J.:* Bull. Anc. Brass. Univ. Louvain **65** (1969) 57
[5] *Briggs, D. E.:* J. Inst. Brewing **69** (1963) 13; **70** (1964) 14
[6] *Vaillant, J. M.:* Petit J. Brasseur **65** (1957) 321
[7] *Dennis, G. E.,* und *Z. C. Quittenton:* Verfahren zur Herstellung von Brauwürze. BRD-Offenlegungsschrift 1417595, offengelegt am 10. 10. 1968
[8] *Bavisotto, V. S.:* Verfahren zur Herstellung von Brauwürze. BRD-Offenlegungsschrift 1442292,
  offengelegt am 21. 11. 1968
[9] *Klopper, W. J.:* Bull. Anc. Brass. Univ. Louvain **65** (1969) 57
[10] *Gablinger, H.:* Preparation of a low dextrin beer by using amyloglucosidase. USA-Pat. 3379534,
  ausgegeben am 23. 2. 1968
[11] *Klopper, W. J.:* Doemeusianer **10** (1970) 66
[12] *Wieg, A. J., J. Hollŏ* und *P. Varga:* Process Biochem. **4** (1969) 33
[13] *Bertram, W., J. Letz, G. Mai, P. Trillhaase, G. Albrecht, O. Schwietzer* und *G. Plath:* Verfahren
  zur Herstellung eines Vollbieres für Diabetiker. DDR-Patent 68883, ausgegeben am 20. 9. 1969
[14] *Schild, E., H. Weyh* und *F. Brenner:* Z. Lebensmittel-Unters. u. -Forsch. **123** (1963) 24
[15] *Woodward, J. D.:* Vortrag gelegentlich des II. Internationalen Symposiums der Gärungsindustrie, Leipzig 1968

5.2.3. Brennereiindustrie

In der Brennereiindustrie werden zur Herstellung von *Äthanol* bekanntlich neben
zuckerhaltigen Grundstoffen (z. B. Melasse) vorrangig stärkehaltige (Getreide,
Kartoffeln) verwendet. Die Verflüssigung und Verzuckerung der Stärke erfolgt unter
Einsatz von *Grünmalz* oder *Brennerei-Darrmalz.* Die Maischen werden sodann durch
spezielle Brennereihefen vergoren.
Seit etwa 20 Jahren wird das Malz in zunehmendem Maße durch mikrobielle Enzympräparate ersetzt. In den USA wurden für diesen Zweck vor allem *Aspergillus-oryzae-*
Kulturen mit Erfolg eingesetzt; später wurde auch *Aspergillus niger* hierfür verwendet
[1 bis 3]. Nach 1945 hat man die zur Spiritusgewinnung benötigten Enzyme verschiedentlich durch Züchtung der Schimmelpilze in Schlempen hergestellt und die Kulturfiltrate bzw. -fugate direkt zur Verzuckerung der Maischen eingesetzt [4]. Inzwischen
hat sich gezeigt, daß Getreidemalz entweder ganz oder teilweise durch Schimmelpilz-
kulturen mit einem amylolytisch wirkenden Enzymkomplex oder aber durch zell-
freie Enzympräparate (Flüssig- oder Trockenerzeugnisse) ersetzt werden kann.
Der Verzuckerungsprozeß bei Malzeinsatz erfolgt im wesentlichen durch die Einwirkung von α- und *β-Amylase,* wobei hauptsächlich Dextrine und Maltose sowie
wenig Glucose gebildet werden. Ein weiterer Umsatz der Dextrine ist nur bei Vorhandensein anderer Exoenzyme, vor allem *Glucoamylase,* möglich. Durch die Kombination von α-Amylase und Glucoamylase erhält man fast ausschließlich Glucose,
was eine bessere und schnellere Vergärung der Maische zur Folge hat.

Technische Enzympräparate können sowohl in der *Kartoffel-* wie auch in der *Getreidebrennerei* eingesetzt werden [5, 6]. Im wesentlichen werden Bakterien-α-Amylase- (Verflüssigung) und Glucoamylase-Präparate (Verzuckerung) verwendet. Die erzielten Ergebnisse zeigen, daß diese Präparate dem Darrmalz ebenbürtig sind. Im Vergleich zu mit Grün- und Darrmalz hergestellten Maischen werden z. B. bei Verwendung von mikrobiellen α-Amylase-Präparaten bei der Verarbeitung von Kartoffeln gleiche bzw. sogar leicht erhöhte Alkoholausbeuten erzielt (Tab. 5.2.3.).

Tabelle 5.2.3. Alkoholausbeute aus Kartoffeln bei der Anwendung der Grünmalz- und der Enzym-Methode [7]

	Alkoholausbeute (Reinalkohol) in l	
	bezogen auf 100 kg Stärke	bezogen auf 100 kg Kartoffeln
Grünmalz	61,2	10,6
NOVO-α-Amylase	61,7	11,2

Allerdings weicht die Arbeitsweise vom herkömmlichen Verfahren in einigen Punkten ab. So sind beim Einsatz von α-Amylase aus *Bacillus subtilis* als Verflüssigungsenzym ein pH-Wert von 5,8 ... 6,0 und eine Temperatur von 60 ... 70 °C und beim Einsatz von Glucoamylase aus *Aspergillus niger* als Verzuckerungsenzym ein pH-Wert von 4 ... 5 und eine Temperatur von 55 ... 60 °C anzustreben.
Im übrigen hat sich bei der Einführung von Enzympräparaten in die Brennereipraxis die Technologie nur geringfügig geändert. Im Vergleich zu der Verwendung von Malz wird weniger Lagerplatz benötigt, die Hantierung und Dosierung sind bedeutend leichter geworden. Die Anfälligkeit gegenüber gärungsstörenden Mikroorganismen ist geringer als in mit Malz verzuckerten Maischen. Besonders hervorzuheben ist die Kostensenkung des Gesamtverfahrens durch die Einsparung von Malz.

Literatur

[1] *Underkofler, L. A., V. Mc Pherson* und *K. William:* Production of ethylalcohol. USA-Patent 2 219 668, ausgegeben am 29. 10. 1940
[2] *Underkofler, L. A.:* Production of diastatic material. USA-Patent 2 291 009, ausgegeben am 28. 7. 1942
[3] *Underkofler, L. A.,* und *E. I. Fulmer:* Chron. Botanica 7 (1943) 420
[4] *Van Lanen, J. M.,* und *E. M. Le Meuse:* J. Bacteriol. 51 (1946) 595
[5] *Offer, G., V. Goslich* und *M. Haldenwanger:* Branntweinwirtschaft 110 (1970) 151
[6] *Kreipe, H.:* Branntweinwirtschaft 112 (1972) 315
[7] *Frey, A., J. von Wallmoden* und *J. Gelhaus:* Branntweinwirtschaft 108 (1968) 397

5.2.4. Backwarenindustrie

Bei der industriellen Produktion von Backwaren sind im Zusammenhang mit der Verwendung von Enzympräparaten folgende Aufgaben von Bedeutung:

Verbesserung des Verarbeitungswertes der Mehle, insbesondere im Hinblick auf ihre *Backfähigkeit,*
Intensivierung der *Teigherstellung,*

Steuerung und *Beschleunigung* der bei der biologischen Lockerung des Teiges ablaufenden Prozesse,
gezielte Beeinflussung von *Aroma* und anderen Qualitätsmerkmalen der Halbfertig- und Fertigprodukte.

Diese Zielstellungen resultieren zugleich aus dem Bemühen, eine weitgehende Verkürzung der Herstellungsprozesse bei beständiger Qualität bzw. bei einer Qualitätsverbesserung herbeizuführen sowie die im Hefe- und Sauerteig ablaufenden biologischen Vorgänge bzw. die dabei auftretende Veränderung und Neubildung von Inhaltstoffen besser als bisher regulieren zu können.

Enzymatische Prozesse bei der Teigherstellung und während des Backprozesses

Die im Getreidekorn bzw. Mehl vorhandenen Enzyme entfalten ihre Wirkung bei der Teigherstellung, der Teiggärung und im Backprozeß. Hierbei sind vor allem die Enzyme des *Amylase-* und des *Protease*komplexes sowie *Pentosanasen* von Bedeutung. Daneben spielen die für den Stoffwechsel der Mikroorganismen des *Hefe-* und *Sauerteiges* verantwortlichen Enzymsysteme eine große Rolle; sie verwerten die aus den Inhaltstoffen des Teiges entstehenden Zwischen- bzw. Abbauprodukte unter Bildung, z. B. von Kohlendioxid, Äthanol, Milch- und Essigsäure sowie einer Vielzahl weiterer Stoffwechselprodukte, die das Aroma der Backwaren wesentlich bestimmen.
Wichtige Kriterien für die Backfähigkeit eines Mehles bei der Herstellung biologisch gelockerter Backwaren sind – neben einigen anderen Faktoren – vor allem Gaserzeugung und Gashaltung. Die erste wird vom Gehalt an vergärbaren Zuckern bestimmt; die Gasbildungsgeschwindigkeit hängt von der Abbaufähigkeit der Stärke bzw. von der amylolytischen Aktivität der vorhandenen Enzyme ab. Die Gashaltung steht im Zusammenhang mit dem Zustand der Teigphase – Dehnbarkeit, Elastizität, Gashaltevermögen – und deshalb mit den Eigenschaften des Proteinkomplexes.
Der Kohlenhydratumsatz im Getreidekorn während der Lagerung wie auch im Mehl wird enzymatisch gesteuert. Sobald bei Zufuhr von Wasser die Feuchte des Mehles einen Mindestwert von 14 … 15 % überschreitet, beginnen die Enzyme ihre Tätigkeit, die erst durch die hohen Temperaturen im Teigstück während des Backens beendet wird.
Für den natürlichen Stärkeabbau sind in erster Linie α- und β-*Amylase* verantwortlich. Diese Enzyme sind im Getreidekorn in den *Subaleuronzellen* bzw. im *Scutellum* lokalisiert. In gesundem, normal ausgereiftem und trocken gelagertem Getreide sowie dem daraus hergestellten Mehl ist jedoch die α-Amylase-Aktivität – im Gegensatz zur β-Amylase – sehr niedrig und nur wenig wirksam; sie wird erst beim *Keimen* bzw. während des *Mälzens* gebildet und erreicht innerhalb weniger Tage eine hohe Aktivität, wohingegen die β-Amylase-Aktivität fast unverändert bleibt. Während somit die β-Amylase für die Teigherstellung stets mit ausreichender Aktivität vorhanden ist, trifft dies oftmals nicht für die α-Amylase zu. Für die Erzielung günstiger Gärbedingungen, d. h. für die Bereitstellung ausreichender Mengen an vergärbarer Maltose und Glucose in dem durch die Technologie der Teigverarbeitung geforderten Zeitraum, ist jedoch ein Zusammenwirken von α- und β-Amylase nötig.
Bei der *Teigherstellung* (Temperatur etwa 25 … 30 °C) verbleibt die unbeschädigte Stärke des Mehles weitgehend im Rohzustand. Die Wirkung der Amylasen ist begrenzt, sie erstreckt sich bevorzugt auf beschädigte bzw. auf vorverkleisterte Stärkekörner (z. B. aus zugegebenen Quellmehlen), die durch Wasseraufnahme eine Quellung, Volumenzunahme und Lockerung erfahren haben.
Beim *Backprozeß* ist der Temperaturverlauf im Inneren des Gebäckes entscheidend für das Ausmaß der Amylolyse (Bild 5.2.4.a). Aus dem Temperaturanstieg etwa

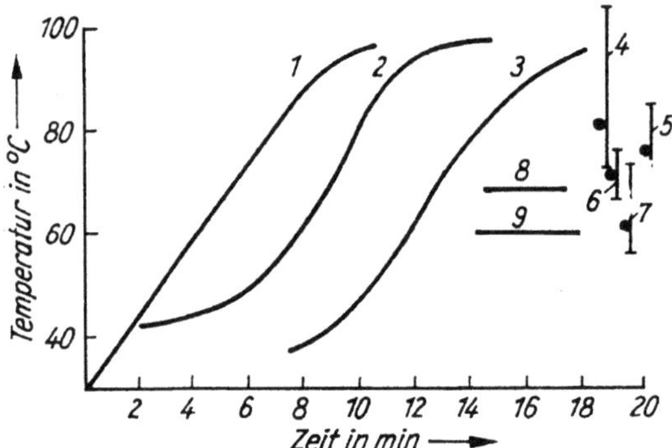

Bild 5.2.4.a. Innere thermische Kinetik verschiedener Teige [1]
(1) Stärketeig (2) Temperatur der Krume in 2,5 cm Tiefe (3) Temperatur im Zentrum des Brotes (● Zerstörung von 50% der Amylaseaktivität) (4) Zone der Inaktivierung der Bakterien-α-Amylase (5) Zone der Inaktivierung der Zerealien-α-Amylase (6) Zone der Inaktivierung der β-Amylase (7) Zone der Inaktivierung der Pilz-α-Amylase (8) Beginn der Stärkeverkleisterung (9) Beginn der Inaktivierung der Hefe

bis 65 °C resultiert einerseits eine starke Aktivierung der Amylolyse – bedingt durch die fortschreitende Quellung und Verkleisterung der Stärke sowie durch Zunahme der Amylase-Aktivität. Bei weiterer Temperatursteigerung überwiegt jedoch immer mehr die *Inaktivierung* der Enzyme. Aus den unterschiedlichen Eigenschaften der Amylasen (je nach Art und Herkunft) sowie aus dem Temperaturverlauf beim Backprozeß ergeben sich somit erhebliche Differenzen im Stärkeabbau [1]. Dieser ist optimal, wenn die einzelnen Enzyme im richtigen Verhältnis vorliegen und gleichzeitig wirksam werden. *Enzymarme Mehle* neigen zu verringerter Amylolyse und damit zu schleppender Gärung. Sie liefern ein Gebäck mit geringerem Volumen, ungleichmäßig ausgebildetem Porenbild und mangelhaft gebräunter Kruste. Sehr *enzymreiche Mehle*, insbesondere solche aus Auswuchsgetreide, zeigen hingegen eine zu stürmisch verlaufende Gärung. Die Teige lassen sich schlecht maschinell verarbeiten und liefern im Ergebnis eines zu starken Abbaus von Stärke und Protein Gebäcke mit schlechtem Stand und wenig elastischer und klebriger Krume.

Zusatz von Amylase-Präparaten

Es liegt der Gedanke nahe, die natürliche Enzym-Aktivität des Mehles zwecks Verbesserung seiner Backfähigkeit durch Zusatz geeigneter Enzympräparate künstlich aufzubessern. Praktische Bedeutung haben in dieser Hinsicht bisher vorwiegend *Amylase-* und *Protease*-Präparate erlangt. Die Zweckmäßigkeit der Enzymergänzung wird von der Qualität des zur Verfügung stehenden Mehles entscheidend beeinflußt. Stärkeabbauende Enzyme hat man in der Vergangenheit vor allem durch *Malzmehl* zur Verbesserung des Gärvermögens von Mehlen eingesetzt. Malzmehl hat jedoch zwei entscheidende Nachteile: einmal weist es neben α-Amylase eine unterschiedlich hohe proteolytische Aktivität auf, zum anderen ist seine α-Amylase relativ hitzebeständig. Beide Faktoren können unter Umständen die Gebäckqualität beeinträchtigen. Neuerdings setzt sich in vielen Ländern die Verwendung von *Pilzamylase* durch. Ihr Einsatz ist mit ökonomischen und backtechnischen Vorteilen verknüpft. Beim Zusatz von Amylase-Präparaten zu Mehl oder Teig sind zu berücksichtigen:

Eigenschaften des Enzympräparats (Herkunft, Thermostabilität, *p*H-Optimum), Qualität des Mehles (natürlicher Enzymgehalt, Grad der Stärkebeschädigung), Rezepturen,

Anforderungen an die Qualität des Fertigprodukts,
Art des Mediums (Hydratationsgrad, Anwesenheit von Zucker, Calciumionen,
Kochsalz, Säuren, Lipiden u. a. m.),
Verwendung eines einzelnen oder kombinierten Enzympräparats,
Temperatur- und Zeitverlauf der Teigherstellung und -verarbeitung sowie des Back-
prozesses bzw. der Technologie der Verarbeitung.

Praktische Aspekte für den Einsatz von Amylase-Präparaten mikrobieller Herkunft
ergeben sich insbesondere hinsichtlich

einer Erhöhung der Amylaseaktivität bei hellen enzymarmen Mehlen,
der Möglichkeiten der Reduzierung des Zuckeranteils in der Rezeptur,
eines Ersatzes von Malzmehl sowie
einer Beschleunigung der ablaufenden biochemischen Prozesse.

Dabei sind Grundstoffkosten, Produktionsaufwand und -sicherheit sowie Erzeug-
nisqualität zu berücksichtigen. Wesentlich für den Erfolg der Verwendung von Enzympräparaten ist die *Qualität des Mehles*. Bei erhöhtem Amylasegehalt, wie dies z. B.
bei Getreide unserer Klimazonen häufig der Fall ist, ist ein Zusatz von Amylase-
Präparaten nur unter Vorbehalt zu empfehlen bzw. sogar abzulehnen. Des weiteren kommt es darauf an, daß die Enzyme genügend Zeit zur Einwirkung auf die
Stärke haben. Dabei kann dem Zeitfaktor durch die Höhe des Enzympräparat-
zusatzes begegnet werden. Gute Ergebnisse werden nach der Literatur bei Technologien mit verhältnismäßig langer Teigherstellung, besonders mit Vorteigführung,
erzielt.
Amylase-Präparate werden vorwiegend bei der Herstellung von *Weizengebäcken*
verwendet. Im allgemeinen eignen sich hierfür *proteasearme* bzw. *-freie Präparate*
am besten. Bei backstarken Weizenmehlen (hoher Glutengehalt, gleichzeitig ungenügend dehnbares Gluten) haben hingegen kombinierte *Amylase/Protease-Präparate*
einen backtechnisch günstigeren Effekt [2]. Mit der Verwendung von Enzympräparaten sollte eine eingehende Kontrolle der Mehlqualität verbunden werden.
Verglichen mit den *Malzamylasen* sind die mikrobiellen Enzyme – insbesondere
solche aus *Schimmelpilzen* – hinsichtlich ihrer Temperaturempfindlichkeit sowie ihres
optimalen pH-Bereiches als besonders günstig anzusehen. Die *Verkleisterung der
Stärke* beginnt bei 60 °C und verläuft sehr intensiv bei 70 °C. Bei 70 °C sind jedoch
die α-Amylase des *Malzmehles* und auch diejenige *bakterieller Herkunft* noch sehr
aktiv, so daß weiterhin Dextrine und vergärbare Zucker gebildet werden. Die *Pilz-
α-Amylase* hingegen erreicht ihre Wirksamkeitsgrenze bei 60 … 63 °C. Bei dieser
Temperatur werden die Hefezellen abgetötet, und es wird keine weitere Maltose bzw.
Glucose als Nährstoff benötigt [3]. Da die Temperatur in der Mitte des Brotes nur
verhältnismäßig langsam ansteigt, sind sowohl die thermostabile Malz- wie auch
die Bakterien-α-Amylase während des gesamten Backprozesses in starkem Maße
wirksam, so daß u. U. ein zu weitgehender Stärkeabbau eintritt; die freigesetzten
Zucker bzw. niedermolekularen Saccharide unterliegen nicht weiter dem Stoffwechsel.
Pilz-α-Amylase ist für den vorgesehenen Zweck hingegen weit besser geeignet. Ihre
Verwendung bietet mehr Sicherheit bei Überdosierung, ein zu weitgehender amylolytischer Abbau wird vermieden. Während Malzmehl darüber hinaus zumeist auch
Proteinase enthält, deren glutenabbauende Wirkung bei Mehlen aus Weichweizen
die Gashaltung verschlechtert, kann ein Pilz-α-Amylase-Präparat weitgehend frei
von Protease hergestellt werden, und es ist daher auch bei glutenarmen Mehlen anwendbar. Die Pilzpräparate enthalten sehr oft neben α-Amylase noch gewisse Anteile

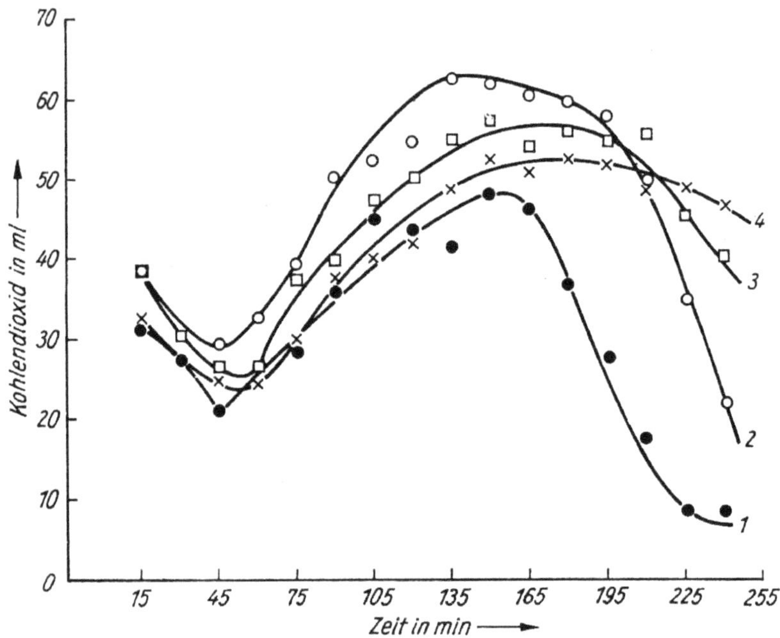

Bild 5.2.4.b. Kohlendioxidbildung im Teig bei Verwendung von α-Amylase-Präparaten aus Aspergillus oryzae [11]
(1) Kontrolle   (2) Kulturfiltrat   (3) mit Äthanol gefälltes Präparat   (4) mit $(NH_4)_2SO_4$ gefälltes Präparat

an *Dextrinasen* und vor allem *Glucoamylase*. So kommt es zu einer intensiveren Glucosebildung als bei Einsatz von Malzmehl, wohingegen der Maltosegehalt nicht so stark ansteigt.

Pilz-α-Amylase. Als *Vorteile* des Einsatzes von Pilz-α-Amylase-Präparaten werden in der Literatur genannt: Erhöhung des Zuckergehalts im Teig, Beschleunigung der Gärung, gleichmäßigere Gaserzeugung, größeres Gebäckvolumen, feinere Porenstruktur, gleichmäßigere und kräftigere Bräunung der Kruste (Bild 5.2.4.b) [2 bis 8, 11]. Nach *Hampl* [7] bewirken die Schimmelpilz-Enzympräparate eine Verkürzung der Führung des Vorteiges, des Teiges sowie der Endgärung. Durch die um insgesamt 1 ... 2,5 h verkürzte Reifezeit wird eine verbesserte Ökonomie erzielt. Es wird des weiteren über einfachere Handhabung, verringerten Gärraum, bessere Produktionshygiene und einfachere Regulierbarkeit der Produktion bei stark schwankendem Bedarf an Backwaren berichtet. Von *Moldoveanu* u. a. [8] werden eine Verbesserung der Brotqualität und eine Verkürzung des Produktionszyklus hervorgehoben.

Bakterien-α-Amylase. Dieses Enzym ist im Vergleich zu Pilz- und Zerealienamylase relativ *thermostabil*, so daß im Brot eine vollständige Inaktivierung beim Backen nicht erreicht wird. Die Dextrinierung läuft nicht nur während des gesamten Backprozesses ab, sondern hält auch bei der Lagerung des Brotes in geringem Umfang an. Das Enzympräparat muß daher sehr vorsichtig dosiert werden, um eine zu weitgehende Dextrinierung zu vermeiden.

Bei der Lagerung von Weizenbrot läßt sich eine verbesserte *Frischhaltung* durch den Zusatz von bakteriellen Amylase-Präparaten erzielen. In den Broten verbleibt bei entsprechender Dosierung des Enzympräparats eine Restaktivität, die während der

Lagerung einen partiellen Abbau der retrogradierenden Stärke bewirkt. Die Krume bleibt weicher und feuchter und krümelt weniger. *Waldt* und *Mahoney* [9] beschreiben die großtechnische Verwendung von Bakterienamylase-Präparaten. In Verbrauchertests konnte vom 4. Tag der Lagerung an eine Überlegenheit der enzymatisch behandelten Brote hinsichtlich ihrer Qualität festgestellt werden. Die *optimale Zusatzmenge* hängt u. a. von der Brotform, der Backtemperatur und -zeit, der Rezeptur sowie von der Mehlqualität ab.

Glucoamylase. Die Wirkung der α-Amylase wird verbessert durch die Anwesenheit von Glucoamylase. Der Vorteil dieses Enzyms besteht in der Möglichkeit, in der Rezeptur Zucker einzusparen [7, 10].

Roggenbrotherstellung

In *Roggenmehlteigen* tritt ein Zuckermangel seltener auf. In Roggenmehlen, die im Vergleich zu Weizenmehlen meist höher ausgemahlen sind, ist auch ein höherer Enzymgehalt vorhanden, so daß die Amylaseaktivität oft sogar zu hoch ist. In sehr trockenen Erntejahren ist jedoch auch hier mit enzymarmen Mehlen zu rechnen, was sich nachteilig auf die Brotqualität auswirken kann. Der Zusatz eines Amylase-Präparats ist in diesem Fall bei Roggenmehlteigen sogar günstiger als bei Weizenmehlteigen, da bei dem niedrigeren *p*H-Wert des Roggenmehlteiges die Amylasewirkung nicht voll zur Entfaltung kommt. Der Zusatz eines *Pilz-α-Amylase*-Präparats kann bei Roggenbrot zu Volumensteigerung, verbesserter Lockerung, Verhinderung des Abbackens der Kruste sowie zu länger anhaltender Krumenweichheit führen.

Die *Intensivierung* der *biochemischen* und *mikrobiologischen Prozesse* zeigt sich in der Erhöhung des Gehalts an reduzierenden Zuckern, der Beschleunigung der Bildung flüchtiger Säuren (was eine Verkürzung der Gärzeit des Sauerteigs und des Teiges ermöglicht), der Zunahme der Hefezellen und damit der Gärung, des verstärkten Auftretens von aliphatischen und aromatischen Aldehyden in Krume und Kruste des Brotes sowie einer Qualitätsverbesserung des Brotes ganz allgemein.

Erfolgversprechend erscheint die Verwendung von Pilzamylase-Präparaten insbesondere auch in Kombination mit *Proteinase-* und/oder *Pentosanase-*Präparaten. In der Sowjetunion sind komplexe Enzympräparate aus *Aspergillus oryzae* bzw. *Aspergillus awamori* mit amylolytischer und proteolytischer Aktivität bei der Roggenbrotherstellung erfolgreich getestet worden (Tab. 5.2.4.).

Tabelle 5.2.4. Beeinflussung der Qualität von Roggenbrot durch Zusatz eines Enzympräparats aus Aspergillus awamori [6]

Merkmal	Zusatz des Enzympräparats in %		
	ohne	0,03	0,05
Feuchte in %	49,5 … 50,0	51,0	49,5 … 50,5
Porosität (Mittel) in %	63	61	65
Volumen in ml je 100 g	212	213	223
Direkt reduzierende Zucker in % i. T. (als Maltose)	1,98	3,30	3,54
Gehalt an flüchtigen Säuren in % (bezogen auf den Gesamtsäuregrad)	37,2	41,2	51,1
Aldehyde (flüchtige und nichtflüchtige) in ml 0,1*N* Jodlösung auf 100 g Trockensubstanz			
Krume	10,8	13,7	17,6
Kruste	52,7	67,3	67,4

Literatur

[1] *Mercier, Ch.,* und *A. Colas:* Ann. Nutrit. Alimentat. (Paris) **21** (1967) 299
[2] *Reed, G.:* Bakers Digest **41** (1967) Nr. 5, 84
[3] *Hall, I. A. D.:* Biscuit Maker Plant Baker (London) **17** (1966) 513
[4] *Pyler, E. J.:* Bakers Digest **43** (1969) Nr. 1, 36; Nr. 2, 46
[5] *Артамонова, В. В., Р. Р. Токарева* и *Л. Р. Микулинская* (Artamonova, V. V., R. R. Tokareva und L. R. Mikulinskaja): Хлебопек. и конд. пром., Москва (Backwaren- und Süßwarenindustrie) **14** (1970) 30
[6] *Смирнова, Г. М., Р. Р. Токарева* и *В. Л. Кретович* (Smirnova, G. M., R. R. Tokareva und V. L. Kretovič): Биохимия зерна и хлебопечения, Москва) (Biochemie des Getreides und der Brotherstellung, Moskau) **1964**, S. 245
[7] *Hampl, J.:* Bäcker u. Konditor **17** (1969) 260
[8] *Moldoveanu, G.,* und *I. Niculina:* Industria alimentará (Bucuresti) **21** (1970) 584
[9] *Waldt, L. M.,* und *R. D. Mahoney:* Cereal Sci. today **12** (1967) 358
[10] *Pomeranz, J.:* Brot u. Gebäck **20** (1966) H. 3, 40
[11] *Párkány, A.:* Vortrag gelegentlich des II. Internationalen Symposiums der Gärungsindustrie, Leipzig 1968

5.3.   Pektinspaltende Enzyme

Bei den pektinspaltenden (pektinolytischen) Enzymen handelt es sich um verschieden wirksame Einzelkomponenten, deren Substratspezifität bzw. Wirkungsmechanismus als Basis für ihre Klassifizierung dient. Noch bis zum Ende der 40er Jahre rechnete man mit der Existenz von nur 3 Gruppen pektinolytischer Enzyme [1]:

Pektinesterase (Pektase, Pektinmethylesterase, Pektindemethoxylase). Sie spaltet Methylgruppen vom Pektin ab.
Pektinglykosidase (Pektinase, Polygalakturonase, Pektolase, Pektindepolymerase). Sie zerlegt die glykosidischen Bindungen der Polygalakturonsäureketten.
Protopektinase. Sie bewirkt nach der damaligen Vorstellung die Überführung des unlöslichen Protopektins in lösliches Pektin.

Inzwischen mußte dieses verhältnismäßig einfache Schema korrigiert bzw. ergänzt werden. Nach dem derzeitigen Kenntnisstand ist zwischen folgenden Enzymen bzw. Enzymgruppen zu unterscheiden:
Pektinesterase (Pektinmethylesterase, Pektindemethoxylase; Pektin-Pektylhydrolase, EC 3.1.1.11.) ist für die Abspaltung der Methylgruppen des Pektins verantwortlich und wird auch als *Pektinmethylesterase (PME)* bezeichnet. Interessant ist, daß sie offensichtlich nur solche Bindungen zerlegen kann, in deren Nachbarschaft sich eine *freie Carboxylgruppe* befindet. Diese ist demnach zur Bildung des aktiven Enzym-Substrat-Komplexes notwendig. Die Entesterung erfolgt fortlaufend am Pektinmolekül entlang, so daß aus einem unvollständigen Umsatz eine blockweise Anordnung der Methylestergruppen resultiert. Pektinesterasen werden in Pflanzen, Schimmelpilzen sowie in Bakterien gefunden. Das *pH-Optimum* der pflanzlichen PME liegt im allgemeinen zwischen *pH* 6,5 und *pH* 8,5, dasjenige der mikrobiellen PME zumeist bei *pH* 4 ... 5. Die *Temperaturoptima* verteilen sich auf den Bereich von 30 ... 80 °C, wobei mikrobielle Enzyme sehr oft die tiefer- und pflanzliche die höherliegenden Werte aufweisen. Durch die Anwesenheit von Natriumionen kann u. U. die Enzymaktivität gesteigert werden. Das *Molekulargewicht* wurde bei Tomaten-PME zu 24000 ... 28000 [2] und bei PME aus *Fusarium oxysporum* zu 35000 ermittelt [3]. Die *Enzymaktivität* wird zumeist durch Titration der bei der Methanolbildung freigesetzten Carboxylgruppen unter *pH*-Stat-Verhältnissen [4] bestimmt.

Für die *glykosidspaltenden Vertreter* der pektinolytischen Enzyme schlägt *Neukom* [5]
die Einteilung in der folgenden Übersicht vor:

Pektinolytische Enzyme, die vornehmlich Pektin spalten

Polymethylgalakturonasen (PMG)	*Pektinlyasen[1] (PL)*
Endo[2]-PMG	Endo-PL
Exo[2]-PMG	Exo-PL

Pektinolytische Enzyme, die vornehmlich Pektinsäure spalten

Polygalakturonasen (PG)	*Pektinsäurelyasen[1] (PSL)*
Endo-PG	Endo-PSL
Exo-PG	Exo-PSL

Auch diese Einteilung hat sich nicht durchsetzen können. Nach dem derzeitigen
Stand der Kenntnisse sind für die Klassifizierung der glykosidspaltenden pektinolytischen Enzyme folgende Gesichtspunkte zu berücksichtigen:

a) Art der Bindungsspaltung
hydrolytisch
transeliminativ [6] (Bild 5.3.a)
b) Veresterungsgrad des Substrats
c) bei Endo-Enzymen der Polymerisationsgrad der Endprodukte
d) bei Exo-Enzymen
der Polymerisationsgrad des bevorzugten Substrats
der Polymerisationsgrad der Spaltprodukte (nicht Endprodukte!)
der Angriffsort des Enzyms vom reduzierenden oder nichtreduzierenden Kettenende her

In der Enzym-Nomenklatur von 1972 werden folgende Pektinglykosidasen aufgeführt:

Hydrolasen (hydrolytische Spaltung)
*Endo-Polygalakturonase (Polygalakturonase, Pektindepolymerase, Pektinase; Poly-
[1,4-α-D-Galakturonid-]-Glykanohydrolase, EC 3.2.1.15)*
*Exo-Polygalakturonase (Polygalakturonat-Hydrolase; Poly-[1,4-α-D-Galakturonid]-
Galakturonohydrolase, EC 3.2.1.67.)*
*Exo-Poly-α-Galakturonosidase (Poly-[1,4-α-D-Galaktosiduronat]-Digalakturonohydro-
lase, EC 3.2.1.82.)*
Lyasen (transeliminative Spaltung)
*Pektatlyase (Pektinsäurelyase, Pektattranseliminase; Poly-[1,4-α-D-Galakturonid]-
Lyase, EC 4.2.2.2.)*
Oligogalakturonidlyase (Oligogalakturonid-Lyase, EC 4.2.2.6.)

---

[1] Die ursprünglich von *Neukom* [5] verwendete Bezeichnung „*Transeliminase*" *(TE)* wurde inzwischen durch den Begriff „*Lyase*" (L) ersetzt
[2] Die Vorsilbe *Endo-* kennzeichnet alle die glykosidische Bindung des Substratmoleküls statistisch,
nicht am Kettenende angreifenden Enzyme, die somit durch rasche Verringerung der Kettenlänge
verflüssigend wirken. Die Vorsilbe *Exo-* wird den vom Kettenende her angreifenden Enzymen zugeordnet

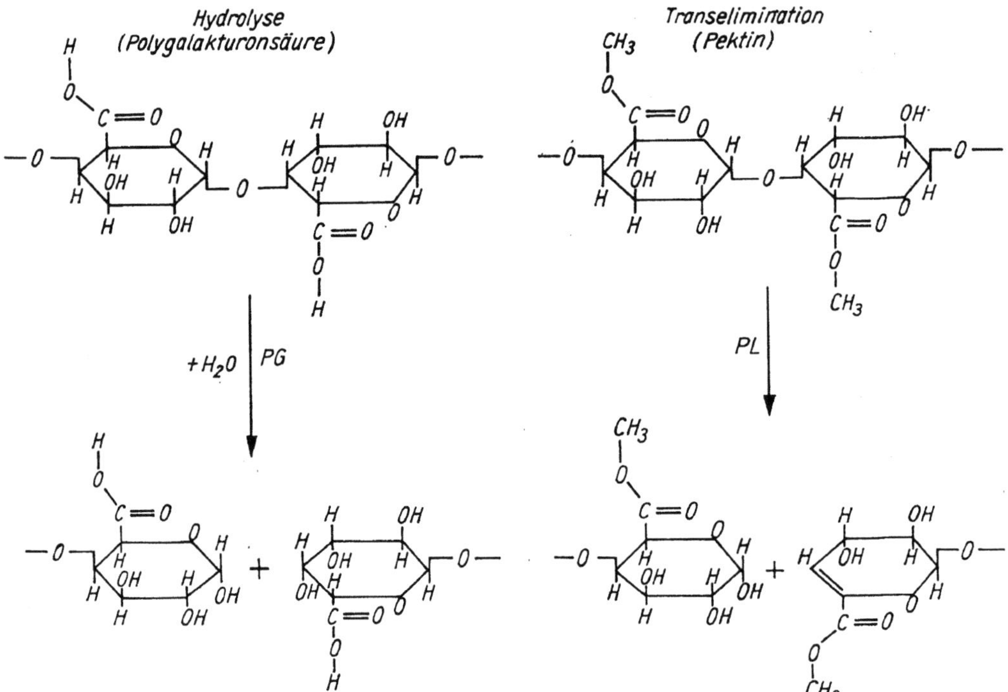

Bild 5.3.a. Spaltungsmechanismus bei der Einwirkung von Hydrolasen und Lyasen (Transeliminasen) auf polymere bzw. oligomere Galakturonide
PG Endo-Polymethylgalakturonase. PL Endo-Pektintranseliminase (Endo-Pektinlyase)

Bild 5.3.b. Darstellung von zwei möglichen Enzym/Substrat-Komplexen (a) und (b) [7]
H_1 Haftstelle 1, H_2 Haftstelle 2, W Wirkgruppe des aktiven Zentrums

Exo-Polygalakturonatlyase (*Exo-Polygalakturonsäurelyase*; *Poly-[1,4-α-D-Galakturonid]-Exolyase*, EC 4.2.2.9.)
Pektinlyase (*Poly-[Methoxygalakturonid]-Lyase*, EC 4.2.2.10.)

Über den *Wirkungsmechanismus* der glykosidspaltenden Pektinasen liegen bisher nur wenige Befunde vor. Nach den von *Koller* und *Neukom* [7] an einer gereinigten Endo-PG aus *Aspergillus niger* gewonnenen Ergebnissen wird angenommen, daß 2 Carboxylgruppen der Pektinsäurekette von den Bindungszentren des Enzyms gebunden werden. Diese beiden Haftstellen müssen vom aktiven Zentrum durch 3 und 6 Galakturonsäureeinheiten getrennt sein, da der enzymatische Abbau von Pektinsäure zur zwischenzeitlichen Anhäufung von Hexagalakturonsäure führt, die

nachfolgend zu Tri-, Di- und wenig Monogalakturonsäure zerlegt wird; Trigalakt-
uronsäure kann nicht weiter abgebaut werden (Bild 5.3.b). Nach *Rexová-Benková* [8]
besitzt eine Endo-Polygalakturonase aus *Aspergillus niger* eine Haftregion mit
4 Haftstellen, und die Spaltung erfolgt zwischen Haftstelle 1 und 2.

Die früher postulierte Existenz einer *Protopektinase* wird heute bezweifelt. Es wird
vermutet, daß die Löslichmachung nativen Pektins durch *pektinolytische Enzyme*
sowie durch andere *hydrolytisch wirksame Enzyme* erfolgt, wobei auch die an die
unlöslichen Pektinsubstanzen gebundenen Polysaccharide gespalten werden [9].
Umstritten sind in der Literatur noch immer die für die *Mazeration* von Pflanzengewebe verantwortlichen Enzyme. Die vorhandenen Unklarheiten sind bedingt durch
ungenügende Kenntnis der Struktur des *Protopektins* bzw. des Aufbaus der pflanzlichen Mittellamelle sowie durch die Verwendung von oftmals unvollständig gereinigten Enzympräparaten einerseits bzw. Enzymindividuen andererseits. Einige
Autoren vertreten die Ansicht, daß es sich bei Enzympräparaten mit vorwiegend
mazerierender Wirkung um einen Komplex *pektinolytischer* und anderer *poly-
saccharidspaltender* Enzyme handelt [9, 10]; andere Autoren neigen zu der Auffassung, daß die Mazeration von *pektinolytischen* und/oder *hemicellulolytischen* Enzymen
allein bewirkt wird. So werden z. B. *PL* [11], *Endo-PG* und *PME* [12], *Endo-PG* und
Endo-PL [13], *PG* allein [14] sowie *α-L-Arabinofuranosidase* [15] für die Mazeration
von Pflanzengeweben verantwortlich gemacht. Die Verwendung von Pflanzenmaterial
unterschiedlicher Herkunft vergrößert die genannten Schwierigkeiten bei der Beurteilung des Mazerationsprozesses. (In diesem Buch wird unter *Mazeration* der
Zerfall des Pflanzengewebes unter Ausbildung von *Monozellsuspensionen [intakte
Einzelzellen]* verstanden. Die entscheidende Funktion bei der Mazeration übernimmt
die *Polygalakturonase*.)
Zum *Vorkommen* von pektinspaltenden Enzymen berichten *Rombouts* und *Pilnik* [15a].
Danach werden Polygalakturonasen in höheren Pflanzen, Schimmelpilzen, Hefen,
Bakterien und Insekten gefunden. Vertreter der Gruppen Pektinlyasen und Pektin-
säurelyasen lassen sich in Schimmelpilzen, Bakterien und Protozoen nachweisen,
wobei die Pektinsäurelyasen im allgemeinen von Bakterien, die Pektinlyasen hingegen ausschließlich von Schimmelpilzen synthetisiert werden. Die Existenz von
Polymethylgalakturonasen wird angezweifelt. Es wird angenommen, daß von der
Kenntnis der Pektinlyasen diese das Vorhandensein einer Polymethylgalakturonase
vorgetäuscht haben. Ferner kann bei Verwendung getrübter und damit ungeeigneter
Pektinlösungen die UV-photometrische Bestimmung von Pektinlyasen negativ verlaufen, was dann eine Polymethylgalakturonase vermuten läßt. Pektinasen werden
großtechnisch bevorzugt aus Schimmelpilzen gewonnen, wobei das *Emers*verfahren
im allgemeinen höhere Enzymausbeuten als die *submerse* Arbeitsweise erbringt
(Bild 5.3.c).
Die Mehrzahl der bisher gewonnenen Endo-PG hat ihr *pH-Optimum* im sauren
Bereich (*pH* 4 … 5,5). Dies trifft auch für die Exo-PG zu, wobei das von *Hatanaka*
u. a. [16] aus *Erwinia aroideae* isolierte Enzym mit einem Optimum bei *pH* 7,5 eine
Ausnahme darstellen dürfte. Endo- und Exo-PSL zeigen optimale Werte zwischen
pH 8 und *pH* 9,8. Bei den Pektinlyasen fällt auf, daß einige ein *pH*-Optimum von
pH 5 … 6,5 aufweisen, andere hingegen ein *pH*-Optimum von 7 … 8,6. Endo- und
Exo-Pektinsäurelyasen benötigen vielfach geringe Calciummengen zur Entfaltung
ihrer vollen Wirksamkeit.
Hinsichtlich des *Temperaturverhaltens* der pektinspaltenden Enzyme sind aus der
Literatur nur recht unvollständige Angaben zu ermitteln. Temperaturstabilität und
-optimum wurden außerdem zumeist unter sehr verschiedenen Bedingungen gemessen, so daß nach der Übersicht von *Rombouts* und *Pilnik* [15a] die *Temperatur-*

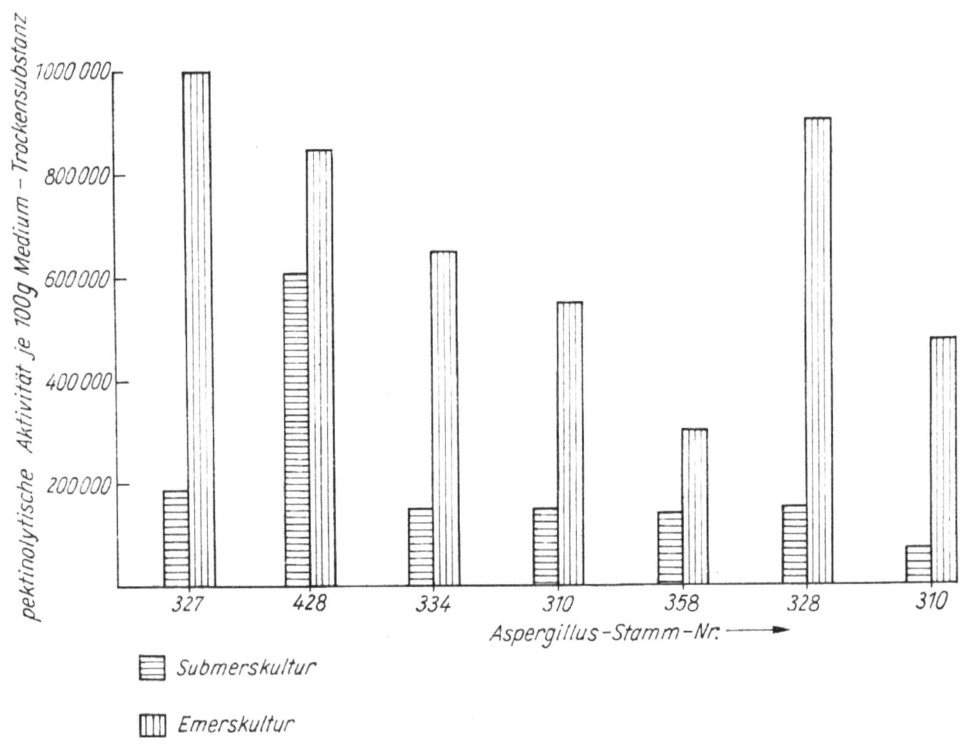

Bild 5.3.c. Bildung *pektinolytischer Enzyme durch Aspergillus-Stämme bei Submers- und Emerskultur* [22]

optima verschiedener Endo-PG zwischen 35 °C und 45 °C liegen. Endo-PSL ist zwischen 45 °C und 50 °C optimal wirksam. Für Exo-PSL aus *Erwinia aroidea* werden 35 °C als günstig angegeben. Einige Angaben zur *Temperaturstabilität* existieren für Endo-PG. Nach *Mill* und *Tuttobello* [17] verliert eine Endo-PG aus *Aspergillus niger* bei pH 6 innerhalb von 10 min 70% ihrer Aktivität, wenn sie auf 80 °C erhitzt wird. Sehr stabil ist eine Endo-PG aus *Rhizopus nigricans,* die nach *Harper* [18] 50% Restaktivität behält, wenn sie 3 min lang bei 100 °C gehalten wird.
Die pektinspaltenden Enzyme weisen stark differierende *Molekulargewichte* auf. Während für eine Endo-PG aus *Aspergillus niger* ein Molekulargewicht von 35 000 genannt wird [19], ist für eine Exo-PSL aus *Clostridium multifermentans* ein solches von 400 000 bestimmt worden [20].
Zur Kennzeichnung der *pektinolytischen Aktivitäten* bzw. zur Substratcharakterisierung werden zweckmäßigerweise folgende *Bestimmungen* durchgeführt: 1. Titration der Carboxylgruppen vor und nach Abspaltung der Estergruppen *(Veresterungsgrad* des Substrats); 2. Messung der *Viskositätserniedrigung* an Substraten unterschiedlichen Veresterungsgrades, z. B. an Pektin und Pektinsäure (Einschätzung der *pektinspaltenden Aktivität* schlechthin, im allgemeinen als Summenreaktion von PE, PG, PL, PSL); 3. Feststellung der Zunahme reduzierender *Endgruppen* in dem unter 2. genannten Inkubationsansatz (ebenfalls Einschätzung der pektinspaltenden Aktivität; unter Berücksichtigung von 2. Hinweis auf das Vorhandensein von Endo- oder Exoenzymen); 4. *papier-* oder *dünnschichtchromatographische Trennung* der Abbauprodukte zum Nachweis des Reaktionsmechanismus (betr. Vorliegen von Exo- oder Endoenzymen); 5. Messung der *Lichtabsorption* der während der Inkubation ge-

276

bildeten Doppelbindungen bei 235 nm bzw. nach ihrem Umsatz mit Thiobarbitur-
säure bei 550 nm [21] (Bestimmung der *Lyaseaktivität*).
Im Zusammenhang mit der Pektinase ist in der Deutschen Demokratischen Republik
der Standard TGL Nr. 24069/01 zu beachten.

Literatur

[1] *Matus, J.:* Ber. Schweiz. Bot. Ges. **58** (1948) 319

[2] *Delincée, H.,* und *B. J. Radola:* Biochim. biophysica Acta (Amsterdam) **214** (1970) 178

[3] *Macmillan, J. D.,* und *L. Miller:* Biochemistry **10** (1971) 570, ref. C. A. **74** (1971) 94633 m

[4] *Koller, A.:* Fraktionierung und Charakterisierung der pektinolytischen Enzyme von *Aspergillus niger*. Dissertationsschrift. Zürich: Eidgenössische Technische Hochschule 1966

[5] *Neukom, H.:* Schweiz. landw. Forsch. **2** (1963) 112

[6] *Albersheim, P., H. Neukom* und *H. Deuel:* Helv. chim. Acta **43** (1960) 1422

[7] *Koller, A.,* und *H. Neukom:* European J. Biochemistry 7 (1969) 485

[8] *Rexová-Benková, Ĺ.:* European J. Biochemistry **39** (1973) 109

[9] *Doesburg, J. J.:* Pectic substances in fresh and preserved fruits and vegetables. I. B. V. T. – Cummunication No. 25, Wageningen (Niederlande) 1965

[10] *Sommer, H.:* Nachweis und Kennzeichnung von Enzymwirkungen. In: Handbuch der Lebens-mittelchemie, Bd. II, Teil 2. Berlin–Heidelberg–New York: Springer-Verlag 1967, S. 232 bis 320

[11] *Dean, M.,* und *R. K. S. Wood:* Nature (London) **214** (1967) 5086, S. 408

[12] *Kaji, A., K. Tagawa* und *M. Yamashita:* J. agric. chem. Soc. Japan (Nippon Nôgei-Kagaku Kaishi) **40** (1966) 209

[13] *McClendon, J. H.:* Amer. J. Bot. 41 (1964) 628

[14] *Keen, N. T.,* und *C. J. Horton:* Phytopathology 56 (1966) 603

[15] *Gremli, H.,* und *H. Neukom:* Lebensm.-Wiss. Technol. 1 (1968) 24

[15a] *Rombouts, F. M.,* und *W. Pilnik:* Critical Rev. Food Technol. 3 (1972) 1

[16] *Hatanaka, C.,* und *J. Ozawa:* Agric. biol. Chem. (Tokyo) 33 (1969) 116

[17] *Mill, P. J.,* und *R. Tuttobello:* Biochem. J. **79** (1961) 57

[18] *Harper, K. A.:* Chem. and Ind. **17** (1971) 462

[19] *Rexová-Benková, Ĺ.,* and *A. Slezárik:* Collect. czechoslov. chem. Commun. **31** (1966) 122; **32** (1967) 4504

[20] *Miller, L.,* und *J. D. Macmillan:* J. Bacteriol. **102** (1970) 72

[21] *Ayers, W. A., G. C. Papavizas* und *A. F. Diem:* Phytopathology **56** (1966) 1006

[22] *Rzedowski, W.,* und *D. Ostaszewitz:* Vortrag gelegentlich des II. Internationalen Symposiums der Gärungsindustrie, Leipzig 1968

5.3.1.   Obst- und gemüseverarbeitende Industrie

In der obst- und gemüseverarbeitenden Industrie werden Enzympräparate mit ausgeprägt pektin- und pektinsäurespaltender Wirkung („*Pektinenzyme*") vielfältig
eingesetzt [1, 2]. Sie ermöglichen eine Rationalisierung herkömmlicher Produktionsverfahren, die Einführung moderner Technologien, eine vollständigere Nutzung
bestimmter Grundstoffe sowie die Herstellung neuer Erzeugnisse mit verbesserten
Gebrauchseigenschaften. Im Vordergrund des Einsatzes von Enzympräparaten
stehen z. B. die *Klärung* trüber Preßsäfte, die *Depektinisierung* von Fruchtsäften, der
Maischeaufschluß zur Erhöhung der Saftausbeute, die Gewinnung von *frucht-*
fleischhaltigen Erzeugnissen (sog. *Nektaren*) oder von *Obstmark-* und *Gemüsemark-*
konzentraten sowie die Herstellung *flüssiger Obst- und Gemüseerzeugnisse*.
Die erwünschten Enzymreaktionen sind in der Regel komplexer Natur, und der her-
beizuführende Effekt wird oftmals nur durch das Zusammenwirken mehrerer Einzel-

enzyme optimal gewährleistet. Handelsübliche pulverförmige oder flüssige Enzympräparate enthalten daher über die wirksamen Enzyme des pektinolytischen Enzymkomplexes hinaus meistens noch *Proteasen, Cellulasen, Hemicellulasen* und *Amylasen*
mit unterschiedlicher Aktivität, die am Aufschluß des Pflanzengewebes mehr oder
weniger beteiligt sind. Allerdings ist bisher wenig bekannt über die optimale Zusammensetzung eines Enzympräparats, mit dem ein bestimmter technologischer Effekt erzielt werden soll. Die im Handel befindlichen Erzeugnisse weisen z. T. erhebliche
Unterschiede in ihrem Enzymspektrum auf. Die Kenntnis des Enzymspektrums
läßt oftmals noch keine eindeutige Aussage über die erwünschte Wirkung beim
Einsatz von Enzympräparaten in der obst- und gemüseverarbeitenden Industrie zu.
Ursachen hierfür sind u. a. die Variabilität der umzusetzenden Substrate [3] sowie
der Einfluß von in Obst und Gemüse vorkommenden *Enzymhemmstoffen* [4] (Tab.
5.3.1.a).

*Tabelle 5.3.1.a. Polygalakturonase-Hemmwirkung von dialysierten Extrakten ausgewählter Gemüse-,
Gewürz- und Obstarten bei Einsatz mikrobieller und pflanzlicher Enzympräparate* (Angaben in %
Hemmung) [4]

Herkunft des Hemmstoffes	Rohament P	Ultrazym 20	Tomaten-Polygalakturo-nase
	Handelsbezeichnungen)		
Grüne Bohne	98,0	> 98,0	0
Freilandgurke	98,0	11,8	0
Gemüsepaprika	97,0	50,0	0
Weißkohl	19,6	21,7	0
Zwiebeln	> 98,0	34,8	0
Erdbeere	31,8	0	0
Pflaume	19,6	0	0
Birne	> 98,0	0	0

*Tabelle 5.3.1.b. Einsatzmöglichkeiten von pektinolytischen Enzympräparaten bei der industriellen Ver-
arbeitung von Obst und Gemüse*

Erwünschter technologischer Effekt	Hauptsächlich wirksame Enzyme	Herstellbare Produkte aus	
		Obst	Gemüse
Trubinstabilisierung	Endo-PG/PE Endo-PL	klare Fruchtsäfte bzw. Süßmoste	klare Gemüsesäfte
Depektinisierung	Endo-PG/PE Endo-PL Exo-PG	Fruchtsaftkonzentrate Fruchtsaftpulver Fruchtsirupe	Gemüsesaftkonzentrate Gemüsesaftpulver
Gewebeaufschluß (Maischeaufschluß)	Endo-PG/PE Endo-PL Exo-PG	Fruchtsäfte bzw. Süßmoste, zum Teil pulpös	Gemüsesäfte
Gewebemazeration	Endo-PG Endo-PL	Fruchtmazerate Fruchtmarksäfte Nektare Konzentrate Fruchtmarkpulver	Gemüsemazerate Gemüsemarksäfte Gemüsemarkkonzentrate Gemüsemarkpulver
Zellhydrolyse	Endo-PG Endo-PL Cellulasen Hemicellulasen	Fruchthydrolysate	Gemüsehydrolysate

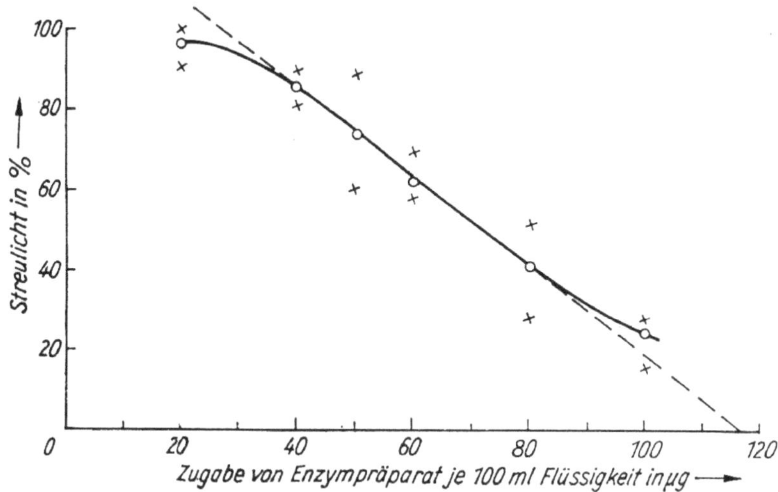

Bild 5.3.1.a. Streulichtmessung an enzymatisch behandeltem Saft aus Äpfeln der Sorte „Carola"[25]

Entscheidend für die Wirkung von pektinolytischen Enzympräparaten ist insbesondere ihre *Endo-Polygalakturonase-* und *Endo-Pektinlyase*-Aktivität. Die Endo-Polygalakturonasen entfalten ihre optimale Wirkung bei gleichzeitiger Anwesenheit von *Pektinesterasen,* wobei die zuletzt genannten mikrobieller wie auch pflanzlicher Herkunft sein können. Demgegenüber sind die *Exopektinenzyme* hauptsächlich für den Endabbau der Pektinspaltprodukte entscheidend. Die wichtigsten Einsatzgebiete für pektinolytische Enzyme in der obst- und gemüseverarbeitenden Industrie sind in Tab. 5.3.1.b genannt.

Fruchtsaftklärung und Depektinisierung von Fruchtsäften

Seit den ersten Arbeiten von *Mehlitz* [5] und *Kertetsz* [6] sind viele experimentelle Untersuchungen zum Enzymeinsatz durchgeführt worden. Hierbei stand die *Fruchtsaftklärung* im Vordergrund, so daß diese das theoretisch bisher am meisten bearbeitete Gebiet des Einsatzes von pektinolytischen Enzympräparaten darstellen dürfte [7].
Beim Auspressen von Kern- und Beerenobst ohne Enzymzusatz fallen in der Regel preßtrübe Fruchtsäfte an. (In einigen Fällen, z. B. bei Tomaten- und Citrussäften, wird großer Wert auf die Erhaltung dieses preßtrüben Zustands gelegt; auch trubstabile Apfelsaftgetränke sind im Handel.) Enzymatisch nicht vorbehandelte Preßsäfte enthalten einen relativ großen Anteil hochmolekularer Pektinstoffe. Diese haben *Filtrationsschwierigkeiten, Nachtrübungen, Ausflockungen* und *Gelierungen* zur Folge, was bei der Herstellung der Säfte sowie für ihre Lagerung erhebliche Nachteile mit sich bringt. Durch den enzymatischen Klärprozeß können diese Störeffekte weitgehend beseitigt werden, indem die als *Schutzkolloid* wirkenden Pektinstoffe mittels pektinolytischer Enzyme abgebaut werden; die Trubstoffe flocken aus. An diesem Vorgang sind entscheidend *Endo-Polygalakturonase, Pektinesterase* [8] sowie *Endo-Pektinlyase* beteiligt. Für eine vollständige Ausflockung der als Schutzkolloid wirkenden löslichen Pektinstoffe beim Klärprozeß ist eine Hydrolyse derselben bis zu den monomeren bzw. oligomeren Abbauprodukten nicht erforderlich. Im Verlauf des Klärvorgangs tritt ein rascher *Viskositätsabfall* ein. Zu diesem Zeitpunkt beginnt die *Koagulation* der im Apfelsaft suspendierten Teilchen, die sodann sedimentieren.

Dieser Effekt läßt sich für die quantitative Bestimmung der Enzymwirkung bzw. -eignung bei der Fruchtsaftklärung unter Zuhilfenahme der Streulichtmessung heranziehen (Bild 5.3.1.a).

Nach den aus elektrophoretischen Untersuchungen gewonnenen Befunden besteht der Mechanismus der *Trubstoff-Instabilisierung* in einem Ausgleich der zwischen den beim Pektinabbau auftretenden positiven Ladungen im Inneren der suspendierten Teilchen und der aus unabgebautem Pektin bestehenden negativ geladenen äußeren Schicht. Die positiven Ladungen der suspendierten Teilchen werden auf ihren Gehalt an Protein zurückgeführt. So haben *Letzig* und *Nürnberger* [9] im Trubstoffeiweiß 14 Aminosäuren nachgewiesen. Bei den Apfeltrubstoffen soll es sich um einen heterogenen Komplex handeln, der u. a. aus Pektinstoffen, Eiweiß, Stärke, Polyphenolen und Zellwand-Bruchstücken besteht. Wie aus der Zusammensetzung der Trubstoffe hervorgeht, sind an dem enzymatischen Klärmechanismus neben pektinspaltenden Enzymen offensichtlich auch *Proteasen, Hemicellulasen* und *Amylasen* beteiligt.

Grundsätzlich sollten Säfte, die zu *Konzentraten* weiterverarbeitet werden, Restpektin nicht enthalten. Deshalb ist zur Vermeidung von *Geliereffekten* bei einer Saftkonzentrierung auf 60 … 70 Masse-% Trockensubstanz oder mehr – wie sie von der Essenzindustrie verlangt wird – eine enzymatische Behandlung erforderlich. So klären z. B. *Walker* u. a. [10] trüben Erdbeersaft vor dem Konzentrieren mit einem Pektinase-Präparat. Nach *Bruin* und *Ostendorf* [11] ergänzen sich saure Protease und Pektinase beim Abbau von Pektin in schwarzem Johannisbeersaft.

Auch die enzymatische Behandlung von Orangen-, Weinbeeren- und Backpflaumenpulpen vor der *Vakuum-Pufftrocknung* hat sich bewährt [12]. Verschiedentlich werden die Fruchtsäfte auch vor der *Geleeherstellung* vollständig depektinisiert. Den enzymatisch geklärten Säften wird später die zur Gelierung notwendige Standardpektinmenge zugefügt.

Bei der Herstellung von Fruchtsäften bzw. Fruchtsaftkonzentraten, die zu *Fruchtsaftlikören* oder anderen *alkoholischen Getränken* weiterverarbeitet werden sollen, muß ebenfalls auf einen vollständigen Pektinabbau geachtet werden. Der übliche enzymatische Maischeaufschluß reicht nicht aus, um bei Zusatz von Zucker und Alkohol die verlustreiche Gallertbildung zu vermeiden. *Krug* [13] setzt zu diesem Zweck neben *Pektinasen* auch *Amylasen, Proteasen, Arabanasen* und *Cellulasen* ein.

Gewebeerweichung, -mazeration und -auflösung

Bei der Einwirkung von pektinolytischen Enzymen auf *kompaktes Gewebe* höherer Pflanzen sind folgende 3 Reaktionsschritte zu unterscheiden, wobei für die Zell-Lyse (bis zur Totalhydrolyse) zusätzlich die Anwesenheit vor allem von *cellulolytischen Enzymen* erforderlich ist.

a) *Gewebeerweichung*, gekennzeichnet durch Veränderung der mechanischen Eigenschaften des kompakten Zellgewebes und durch eine partielle Umwandlung der Protopektinkomponente in lösliche Pektinstoffe.

b) *Gewebemazeration*, gekennzeichnet durch eine nahezu vollständige Umwandlung der Protopektinkomponente in lösliche Pektinstoffe sowie durch den Zerfall des Gewebeverbandes in Einzelzellen (Vorliegen einer *Monozellsuspension*).

c) *Zell-Lyse*, gekennzeichnet durch Auflösung der Cellulosefibrillen-Struktur der Sekundärwände sowie durch eine weitgehend vollständige Freisetzung der Zellinhaltstoffe und Degradation der Zellwand und Zellbestandteile.

Für den praktischen Einsatz von pektinolytischen Enzympräparaten sind die genannten Reaktionsstufen gleichermaßen bedeutungsvoll. Die Gewebeerweichung stellt eine Voraussetzung für die *Erhöhung der Fruchtsaftausbeute* beim Pressen dar. Mit der Herstellung von Zellsuspensionen mittels gewebemazerierender Enzympräparate wird insbesondere eine *Verflüssigung von rohem oder blanchiertem Pflanzenmaterial* unter schonenden Bedingungen und weitgehender Erhaltung der ernährungsphysiologisch wertvollen Inhaltsstoffe erreicht. Grundsätzlich ist bei der enzymatischen Verflüssigung von Obst und Gemüse zwischen der Herstellung von a) trubstoffstabilen bzw. fruchtfleischhaltigen Säften oder *Hydrolysaten* (Zell-Lyse) und b) Zellsuspensionen oder *Mazeraten* zu unterscheiden. (Die Begriffe „Hydrolysat" und „Mazerat" werden in diesem Zusammenhang in der Literatur unterschiedlich interpretiert. In diesem Buch dienen sie zur eindeutigen Abgrenzung der Totalverflüssigung [Hydrolysat: *Zellen weitgehend zerstört bzw. aufgelöst*] von der Herstellung von Zellsuspensionen [Mazerat: *Zellen intakt*], wobei fließende Übergänge zwischen diesen beiden Formen bestehen.)

Herstellung von trubstoffstabilen Säften

Trubstoffstabile Säfte sind hinsichtlich ihrer Eigenschaften mit den *Hydrolysaten* vergleichbar, wie sie auf dem Wege der *Zell-Lyse* entstehen. Der eigentliche Mazerationsprozeß wird hierbei im Sinne einer vollständigen Zersetzung der Zellen fortgeführt. Die Totalhydrolyse aller makromolekularen Bestandteile des pflanzlichen Grundstoffs gelingt jedoch in der Regel nur unvollkommen, so daß Säfte entstehen, in denen Zellfragmente suspendiert sind. Ein praktisches Beispiel dafür ist die Herstellung von Möhrensaft aus passiertem Möhrenbrei. Durch den vorhergehenden Erhitzungsprozeß tritt bereits eine weitgehende Plasmolyse der Zellen ein, die durch nachträgliche Einwirkung von *pektin-* und *cellulosespaltenden Enzymen* zu einem nahezu trubstabilen Möhrenhydrolysat führt. Auch die *Fruchtnektare* sind unter die trubstabilen Säfte einzureihen.

Trubstoffstabile Säfte werden insbesondere bei der Verarbeitung von *Citrusfrüchten* angestrebt. Der Erfolg einer Verwendung pektinolytischer Enzympräparate zur Gewinnung trubstabiler Fruchtsäfte hängt sowohl von der Art und Menge der in diesen Präparaten enthaltenen Einzelenzyme wie auch von der Struktur und Zusammensetzung der zu verarbeitenden Früchte ab. Die Saftschläuche der Citrusfrüchte sind nicht durch pektinhaltige Mittellamellen untereinander verbunden; die sie umhüllende Haut besteht im wesentlichen aus Cellulose und Hemicellulosen. Dies bedeutet, daß in diesem Fall den *cellulolytischen Enzymen* eine dominierende Rolle zukommt [14].

Ebenfalls auf die Verarbeitung von Citrusfrüchten zugeschnitten ist ein Verfahren zur Herstellung eines *Trubstoffbildners* aus Citrusschalen [15]. Die Schalen werden nach der Saftgewinnung gemahlen und sodann unter definierten Bedingungen (*pH* 3,7, Temperatur 50 ... 55 °C) mit einem Enzympräparat mit pektinolytischer und cellulolytischer Aktivität behandelt.

Eine spezielle enzymatische Behandlung von Apfelmaischen führt ebenfalls zu trubstabilen Säften. Diese zeichnen sich durch hohen Pektin- und Eiweißgehalt aus. Sie können durch nochmalige Einwirkung von verschiedenartigen pektinolytischen Enzymen nur schlecht, dagegen nach Zusatz von Präparaten mit *sauren Proteasen* relativ gut geklärt werden [16]. Dieser Befund läßt den Schluß zu, daß außer Pektin auch *Proteine* bei der Stabilisierung der Trubstoffe eine wichtige Rolle spielen.

Herstellung von farbigen Fruchtsäften

Die Gewinnung von farbigen Fruchtsäften, z. B. aus schwarzen Johannisbeeren oder Pflaumen, gelingt nur unvollkommen bzw. gar nicht, wenn vor dem Pressen die Maische nicht enzymatisch behandelt wird.

Diese seit langem bekannten Schwierigkeiten sind auf die Pektinstoffe zurückzuführen. Der bei solchen schwer auspreßbaren Früchten unumgängliche Pektinabbau kann allerdings auch auf thermischem Wege erfolgen. Dabei wird der Maische indirekt Wärme zugeführt, oder sie wird mit Dampf behandelt. Das zweifellos schonendere Verfahren ist jedoch die *enzymatische Maischebehandlung*, und deshalb wird dieser der Vorzug gegeben.

Der Einsatz pektinolytischer Enzympräparate zur Herstellung von farbigen Säften führt nicht nur zu einer Verbesserung der *Ausbeute* (die in der Regel zwischen 5% und 10% liegt), sondern auch zu einer Steigerung der *Qualität* von Fruchtsäften [17]. Insbesondere gelingt es hierdurch, höhere Trockensubstanzgehalte, intensivere Farbgebung sowie eine gute Vitaminerhaltung zu erreichen. Für den Erfolg entscheidend ist die Art der Verwendung der Enzympräparate im technologischen Prozeß [2, 18 bis 21]. Prinzipiell sind folgende 4 Verfahren bekannt:

a) *Kaltfermentierung*[1]. Das Enzym wirkt bei Normaltemperatur über einen längeren Zeitraum (bis zu 24 h) auf die Maische ein.

b) *Warmfermentierung*. Die Maische wird auf Temperaturen um 45 °C erwärmt. Es wird eine optimale Wirkung der pektinolytischen Enzympräparate erzielt, so daß der Maischeaufschluß zeitlich verkürzt werden kann (z. B. auf 1 h oder 2 h).

c) *Hochkurzzeit-Warmfermentierung*. Der Warmfermentierung geht ein kurzzeitiger Erhitzungsprozeß voraus, der einen thermischen Aufschluß sowie eine Inaktivierung der pflanzeneigenen Enzyme bewirkt. Danach wird die Maische auf die für das Enzym optimale Temperatur rasch abgekühlt und fermentiert.

d) *Kalt-Warmfermentierung*. Die Maische wird kurzfristig 1 … 2 h bei Normaltemperatur mit einem Enzympräparat behandelt. Danach wird sie auf 80 °C erwärmt, wobei es zu einer zwischenzeitlichen Beschleunigung des enzymatischen Abbaus mit anschließender Inaktivierung kommt.

Sowohl die *Hochkurzzeit-* wie auch die *Kalt-Warm-Fermentierung* liefern Fruchtsäfte von hoher Qualität. Insbesondere ist zu vermerken, daß der pektinolytische Aufschluß hierbei nicht zu einer wesentlichen Erhöhung des *Methanolgehalts* der Fruchtsäfte führt. Die unerwünschte Methanolbildung bei der enzymatischen Maischebehandlung ist in der Regel um so höher, je weiter der Pektinabbau geführt wird. Dies wiederum steht in Beziehung zur Aktivität der *Pektinesterase* [22].

Herstellung von Gemüse- und Obstmazeraten

Für die Mazeration von Obst und Gemüse in rohem oder blanchiertem Zustand sind spezielle pektinolytische Enzympräparate entwickelt worden *(Mazerasepräparate)* [23]. Sie enthalten im wesentlichen *Endo-Polygalakturonasen* und *Endo-Pektinlyasen*. Ihre Wirkung äußert sich in einem partiellen Abbau und damit einem Zerfall der vorwiegend aus Pektin bestehenden pflanzlichen *Mittellamellen*. Das Gewebe zerfällt unter Bildung von *Monozellsuspensionen*; die Zellen selbst bleiben weitgehend intakt. Die speziellen Eigenschaften derartiger Enzympräparate gegenüber den bisher bekannten Erzeugnissen (wie sie zur Herstellung von Fruchtsäften und zur Fruchtsaftklärung eingesetzt werden) kommen insbesondere darin zum Ausdruck, daß sie zum Klären beispielsweise von Apfelsaft weniger gut geeignet sind. Mazerasepräparate sollten praktisch frei sein von cellulolytischen Enzymen, da sonst der Prozeß

---

[1] Statt „-fermentierung" müßte es besser heißen „-enzymierung". Dieser Begriff wird jedoch in der Praxis noch nicht verwendet

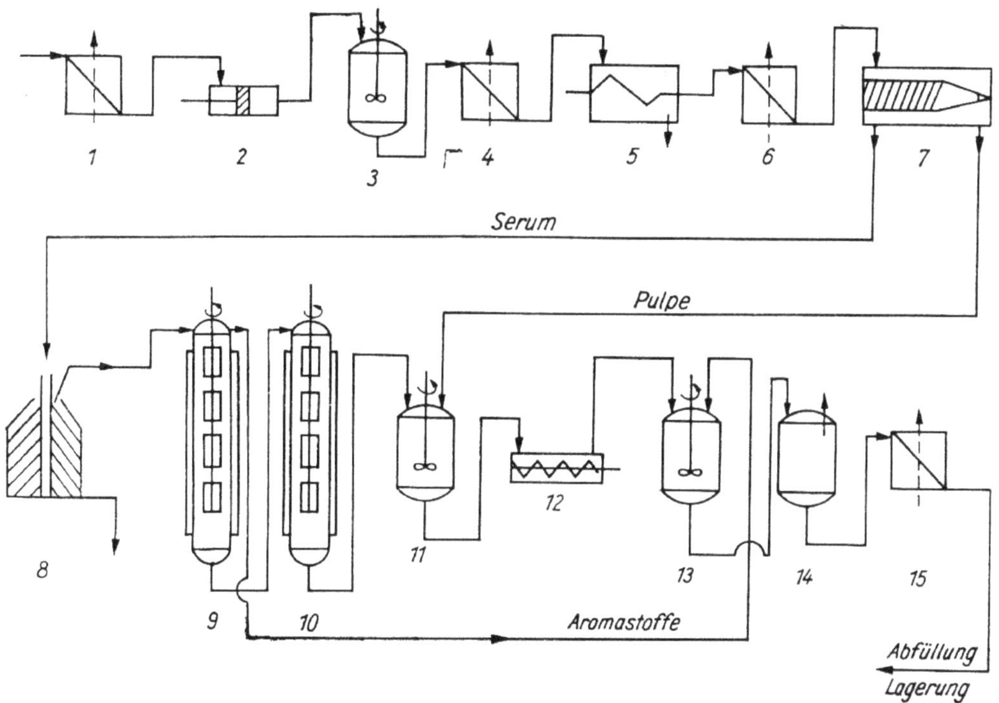

Bild 5.3.1.b. Herstellung von Frucht- und Gemüsemarkkonzentraten oder von Nektarkonzentraten [24]

(1) Erwärmen der Obst- bzw. Gemüsemaische auf 85 °C und Rückkühlung auf 45 °C (2) Dosieren des pektinolytischen Enzympräparats (3) Einwirken des Enzyms (4) Inaktivierung des Enzyms bei 80 °C (Röhrenwärmeaustauscher) (5) Passieren der Maische (6) Rückkühlen der Maische auf 40 °C (Plattenwärmeaustauscher) (7) Trennen des Serums von der Pulpe mittels Dekanters (8) Zentrifugieren des Serums (9) Entaromatisieren des Serums im Vakuum (10) Konzentrieren des Serums auf 70 ... 80% Trockensubstanz im Vakuum (11) Mischen des Serumkonzentrats mit der zentrifugierten Pulpe (12) Homogenisieren des Gemisches Pulpe/Serumkonzentrat zu Markkonzentrat (13) Mischen von Aromastoffen (bzw. von Zucker, Citronensäure, Salzen, Gewürzen usw.) mit dem Markkonzentrat (14) Vakuumentlüftung (15) Pasteurisieren

der Zellseparierung leicht zu einer Zell-Lyse fortschreitet. (Die hierbei entstehenden *Hydrolysate* sind stärker oxydationsempfindlich als die Zellsuspensionen.)
Allgemein bietet die Verwendung von Mazerasepräparaten den Vorteil einer schonenden und vollständigen Verarbeitung von Obst und Gemüse. Die anfallenden flüssigen Produkte enthalten praktisch die gesamte verzehrbare Substanz in Form einer *Zellsuspension*. Die Erhaltung intakter Einzelzellen führt bei der enzymatischen Speisemöhrenverarbeitung zu einer besseren Erhaltung von *β-Carotin*. Für die Mazerate ist eine relativ *hohe Trubstoffstabilität* charakteristisch. Diese wird auf die Erhöhung des wasserlöslichen Pektinanteils – auf Kosten des oxalatlöslichen Pektins – sowie auf das Erreichen eines bestimmten Molekulargewichts der wasserlöslichen Pektinfraktion zurückgeführt. In der Regel erfolgt eine praktisch vollständige Umwandlung des Protopektins in lösliche Pektinfraktionen.
Hohe Wirksamkeit, insbesondere wegen seiner Unbeeinflußbarkeit durch pflanzeneigene, proteinähnliche Hemmstoffe, hat der pektinolytische *Enzymkomplex der reifen Tomate*. Die technologische Nutzung dieser Wirkung ermöglicht die Herstellung verschiedener hochwertiger Mazerate aus Gemüse und Obst [21].

Herstellung von Frucht- und Gemüsemarkkonzentraten

Die Herstellung von *Frucht-* und *Gemüsemarkkonzentraten* führt – mit Ausnahme von Tomatenmark – nach den Arbeiten von *Šulc* und *Ciric* [24] zu neuen, bisher noch weitgehend unbekannten Obst- und Gemüseerzeugnissen. Es bestehen grundsätzliche und vor allem in ernährungsphysiologischer Hinsicht erhebliche Unterschiede zu den bereits seit längerem bekannten Fruchtsaftkonzentraten. Diese enthalten in konzentrierter Form nur die in Wasser löslichen Bestandteile. In den Markkonzentraten hingegen befindet sich die *gesamte Trockensubstanz* des Rohstoffes in konzentrierter Form, vermindert lediglich durch die Rückstände des Passierens (Kerne, Samen, Häutchen usw.).

Demzufolge sind die Markkonzentrate reicher an ernährungsphysiologisch bedeutsamen Bestandteilen, wie *Ballaststoffen*, verschiedenen *Vitaminen* und *Mineralien*, und sie haben einen bedeutend höheren *Farbstoff-* und *Aromagehalt*. Zu ihrer Herstellung (Bild 5.3.1.b) wird zunächst unter Verwendung geeigneter Enzympräparate eine Mazeration vorgenommen. Die Flüssigkeit wird in speziellen horizontal gelagerten Schneckenzentrifugen (sog. Dekantern) in die Bestandteile *Zellmasse* und *Serum* getrennt *(Serumverfahren)*. Beim Zentrifugieren von Frucht- und Gemüsemark erhält man 8 ... 12% Zellmasse (Pulpe) und 88 ... 92 % Serum (Saft). (Die Serummenge liegt u. U. bis zu 6% höher im Vergleich mit derjenigen Ausbeute, die man beim Pressen der Rohstoffe gewinnt.) Das Serum wird sodann unter *Aromastoffrückgewinnung* in speziellen Tieftemperaturverdampfern auf 75 ... 80% Trockensubstanz eingeengt. In der Endstufe des Verfahrens werden das *Serumkonzentrat* und die abgetrennten *Aromastoffe* mit der Zellmasse vereinigt und liefern das *Markkonzentrat*. Markkonzentrate können in der Lebensmittelindustrie vielfältig als Halbfertigerzeugnisse verwendet werden. Sie eignen sich auch zur Herstellung von Trockenerzeugnissen.

Literatur

[1] *Rombouts, F. M.,* und *W. Pilnik:* Flüssiges Obst **38** (1971) 93

[2] *Grampp, E.:* Flüssiges Obst **36** (1969) 462

[3] *Wucherpfennig, K., K. D. Millies* und *H. Landgraf:* Flüssiges Obst **37** (1970) 87

[4] *Bock, W., G. Dongowski* und *M. Krause:* Nahrung **16** (1972) 787

[5] *Mehlitz, A.:* Biochem. Z. **221** (1930) 217

[6] *Kertesz, Z. I.:* New York State agric. Exp. Stat., Bull. **589** (1930)

[7] *Gierschner, K.:* Ernährungswirtschaft **17** (1970) 166

[8] *Endo, A.:* Agric. biol. Chem. (Tokyo) **28** (1964) 234; **29** (1965) 129, 137, 229

[9] *Letzig, E.,* und *H. Nürnberger:* Nahrung **7** (1963) 518

[10] *Walker, L. H., G. H. Notter, R. M. McCready* und *D. E. Patterson:* Food Technol. **8** (1954) 350

[11] *Bruin, S.,* und *J. P. Ostendorf:* Ernährungswirtschaft **13** (1966) 744

[12] *Notter, G. K., J. E. Brekke* und *H. Taylor:* Food Technol. **13** (1959) 341

[13] *Krug, K.:* Alkohol-Ind. **82** (1969) 231, 255

[14] *Gierschner, K.,* und *Ch. Reinert:* Flüssiges Obst **37** (1970) 6

[15] *Larsen, S.:* Ber. wiss.-techn. Komm. internat. Fruchtsaftunion IX (1969) 109

[16] *Gierschner, K.,* und *G. Baumbach:* Ind. Obst- u. Gemüseverwert. **54** (1968) 217

[17] *Heimann, W., K. Wucherpfennig* und *H. J. Reintjes:* Z. Ernährungswiss. **1** (1960) 125

[18] *Koch, J.:* Fruchsaft-Ind. **1** (1956) 66

[19] *Wucherpfennig, K.,* und *G. Bretthauer:* Flüssiges Obst **29** (1962) 4, S. 12; 5, S. 18

[20] *Krebs, J.:* Ind. Obst- u. Gemüseverwert. **53** (1968) 469

[21] *Bock, W., M. Krause* und *G. Dongowski:* Verfahren zur Herstellung von Pflanzenmazeraten, DDR-Patent 84317, ausgegeben am 5. 9. 1971

[22] *Bock, W.:* Lebensmittel-Ind. **13** (1966) 298

[23] *Grampp, E.:* Dtsch. Lebensmittel-Rdsch. **65** (1969) 343

[24] *Šulc, D.,* und *D. Ciric:* Flüssiges Obst **35** (1968) 230

[25] *Hempel, J.,* und *H. Ruttloff:* Nahrung **17** (1973) 749

5.3.2. Weinherstellung

Die enzymatische Maischebehandlung wird auch beim *Auspressen von Traubenmaische* mit Erfolg angewendet. Entscheidende Vorteile sind erhöhte *Ausbeuten* (bis zu 6% und darüber), eine verbesserte *Klärung* des Mostes (ohne Beeinträchtigung für die Weiterverarbeitung zu Wein) sowie u. U. eine Steigerung von *Farbe* und *Geruch (Bukett)* des Endprodukts. Die vorgegebenen Bedingungen für den Zusatz des Enzympräparats müssen hierbei genau eingehalten werden. Häufig wird eine Abhängigkeit von der Traubensorte festgestellt. Bei roten Weintrauben wird eine möglichst vollständige Extraktion der Farbstoffe aus der Fruchtschale angestrebt. *Segal* [1] schlägt ein Verfahren vor, nach dem die Trester 60 s lang auf 90 °C erhitzt, sodann mit dem vorher abgetrennten Saft zusammengeführt, auf 45 ... 55 °C rückgekühlt und anschließend 2 h lang mit einem pektinolytischen Enzympräparat behandelt werden.

Literatur

[1] *Segal, B.:* Flüssiges Obst **33** (1966) 465; Ind. Aliment. (Bukarest) **17** (1966) 533

5.3.3. Kaffeebohnen-Fermentation

Bei der Naßfermentation wird das die Bohnen umhüllende Fruchtfleisch, das bereits vorher mechanisch größtenteils entfernt wurde, durch bevorzugt mikrobielle Enzyme innerhalb von etwa 70 h umgesetzt und abgelöst; es läßt sich nachfolgend leicht durch Waschen entfernen. Von den einwirkenden Mikroorganismen – es handelt sich vorzugsweise um Bakterien und Hefen [1] – haben u. a. vor allem die *Saccharomyces*-Stämme eine beachtliche *Pektinase*-Aktivität und sind vermutlich vorrangig am Abbau des Fruchtfleisches beteiligt. *Agate* und *Bhat* [1] haben mehrere der Hefestämme aus der Gärsubstanz isoliert. Bei Zusatz der reinkultivierten 3 Saccharomyces-Spezies zu dem Bohnen/Fruchtfleisch-Gemisch läßt sich die Ablösung des Fruchtfleisches befriedigend demonstrieren. Wenn man unter Verwendung der Hefen Enzympräparate herstellt (Submerskultivierung, Acetonfällung) und diese den zu fermentierenden Bohnen zusetzt, dann läßt sich die Ablösung des Fruchtfleisches bereits innerhalb von 7 ... 8 h (bei Normaltemperatur) erzielen. Gleiches gelingt mit Pektinase-Präparaten.
Wenn diese Bohnen in Farbe und Aussehen auch denen aus der natürlichen Fermentation gleichen, so steht ihre Qualität doch zurück. Immerhin besteht die Möglichkeit, durch vorsichtige Dosierung von Pektinasepräparaten den Ablösungsprozeß des Fruchtfleisches zu beschleunigen. Bei Wahl geeigneter Bedingungen dürfte diese Reifungsbeschleunigung so zu lenken sein, daß sie – in Verbindung mit der natürlichen Fermentation – qualitativ hochwertige Erzeugnisse bei gleichzeitiger Verkürzung des Zeitfaktors liefert.

Literatur

[1] *Agate, A. D.*, und *J. V. Bhat:* Appl. Microbiol. **14** (1966) 256

5.4. Cellulose- und hemicellulosespaltende Enzyme

Cellulose bildet den Hauptbestandteil der Zellwände von höheren Pflanzen, Algen und Omyceten (aquatische und terrestrische Pilze). In fast reiner Form kommt sie nur in Baumwollfaser vor. Andere Pflanzenfasern, wie Jute, Flachs, Hanf und Ramie (ostasiatische Faserpflanze), enthalten mehr oder weniger reine Cellulose. Das Holz der Nadel- und Laubbäume besteht zu etwa 40 ... 50% und das Getreidestroh zu etwa 30% aus dieser Verbindung. In den pflanzlichen Zellwänden ist die Cellulose mit *Hemicellulosen* vergesellschaftet. So enthalten die Laub- und Nadelgehölze hiervon etwa 25 ... 30%, vor allem *Xylan* und *Araban*. Bei Getreidestroh beträgt der Anteil des Xylans und Arabans etwa 20 ... 40%. Im Holz sind Cellulose und Hemicellulose mit *Lignin* inkrustiert. Hinsichtlich der z. Z. diskutierten Vorstellungen über die Struktur der *Micellen* sei auf die Spezialliteratur verwiesen [1 bis 4].
Die *Hemicellulosen* sind mit der Cellulose weder baustein- noch strukturmäßig verwandt; teilweise sind sie wasser- bzw. alkalilöslich. Sie bestehen aus einem Gemisch verschiedener Polysaccharide; je nach den am Aufbau beteiligten Hexosen oder Pentosen werden *Hexosane* (z. B. *Mannan* und *Galaktan*) von *Pentosanen* (z. B. *Xylan* und *Araban*) unterschieden. Xylane verschiedener Verknüpfungstypen sind nach Cellulose die am weitesten verbreiteten Pflanzenstoffe und kommen in fast allen höheren Pflanzen vor. Die Xylankette besteht aus 1,4-glykosidisch verknüpften β-D-Xylosemolekülen. Verschiedene Xylane enthalten zusätzlich Arabinose, Glucose, Galaktose und Gluconsäure.
Der Umsatz der Cellulose erfolgt in der Natur im wesentlichen durch *Mikroorganismen*, und zwar durch Bakterien und Pilze [5, 5a]. Im *Tierreich* kommen celluloseabbauende Enzyme im Verdauungstrakt von Mollusken vor, so z. B. bei der Weinbergschnecke *Helix pomatia* [6]. Bei Wiederkäuern ermöglicht die Symbiose zwischen cellulolytisch aktiven Mikroorganismen und Tier die Verwertung von cellulosehaltigem Pflanzenmaterial [7].
Wie andere hochmolekulare Substanzen wird Cellulose nicht als solche von der Zelle aufgenommen, sondern sie muß außerhalb derselben durch *Exo-Hydrolasen* abgebaut werden. Viele cellulolytisch wirksame Mikroorganismen synthetisieren Cellulasen, die das Substrat bis zur Glucose umsetzen. Während *Whitaker* [8, 9] zunächst davon ausging, daß die Cellulase z. B. aus *Myrothecium verucaria* aus nur einem Enzym besteht, das zur Hydrolyse von Cellulose bis herab zu Glucose befähigt sein soll, haben andere Autoren für den Celluloseabbau mehrere wirksame Enzymindividuen nachgewiesen [10 bis 12]. Es handelt sich offensichtlich um einen Enzymkomplex mit den 3 Hauptkomponenten C_1-*Cellulase*, C_x-*Cellulase* und β-*Glucosidase (Cellobiase)*. Nur in gemeinsamer Aktion sind sie befähigt, Cellulose bis herab zur Glucose zu zerlegen. Diese 3 Enzyme sind in den Kulturmedien von *Trichoderma viride*, *Myrothecium verucaria*, in verschiedenen *Aspergillus*-Stämmen sowie in einer Reihe anderer Pilze und Bakterien gefunden worden (Bild 5.4.a). Andere Mikroorganismen (z. B. *Aspergillus flavus*, *Aspergillus sydowi*, *Aspergillus tamari*) erzeugen nicht den gesamten Enzymkomplex, sondern nur C_x-Cellulasen und β-Glucosidase, und andere wiederum können nur β-Glucosidase synthetisieren.
Bei Verwendung von Filterpapier bewirken Cellulasen aus verschiedenen Mikroorganismen stark variierende Abbaugrade. So wird dieses Substrat z. B. von 6 *Asper-*

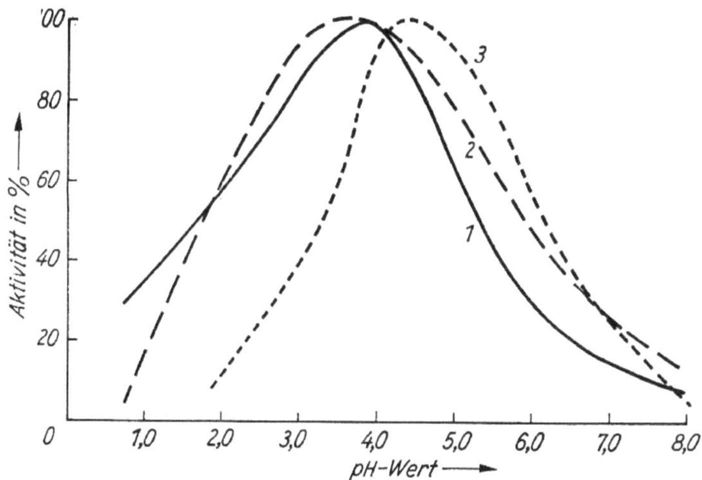

Bild 5.4.a. pH-Optima der cellulolytischen Aktivitäten·von Cellulase AP (Handelsbezeichnung) [19]
(1) Cellobiase-Aktivität (2) C_1-Aktivität (3) C_x-Aktivität

gillus-Spezies zu 55 ... 88 %, von 10 Arten holzzerstörender Pilze zu 3 ... 91 %, von 4 *Penicillium*-Spezies bis zu 61 %, von 4 *Trichoderma*-Spezies bis zu 53 % und von 4 *Rosellinia-necatrix*-Stämme bis zu 51 % hydrolysiert. *Aspergillen*, holzzerstörende Pilze und *Penicillien* produzieren gleichzeitig große Mengen Enzyme, die Carboxymethylcellulose (CMC) abbauen. Die Temperaturstabilität der CMC-abbauenden Enzyme aus holzzerstörenden Pilzen liegt wesentlich höher (75 °C) als diejenige der Enzyme aus anderen Mikroorganismen.

Speziell am Beispiel der Cellulase aus *Trichoderma viride* konnte nachgewiesen werden [11 bis 14]:

Das System des Celluloseabbaus stellt ein Mehrkomponentensystem dar,
die 3 genannten Enzymkomponenten sind durch geeignete Techniken voneinander zu trennen,
alle 3 Komponenten sind wichtig beim Abbau von Cellulose bis zu Glucose.

C_1-*Cellulase* greift native Cellulose an. Nach *Mandels* und *Reese* [14] führt diese Komponente lediglich eine Lockerung des nativen Celluloseverbands herbei, indem durch Hydratisierung des Substrats die weitere Wasseraufnahme begünstigt und die eng gepackten Ketten auseinandergedrängt werden. In diesem Sinne ist auch die von *Norkrans* [15] geäußerte Vorstellung zu verstehen, wonach die kristallin geordneten Fibrillen der Faser im Verband der nativen Cellulose durch die C_1-Komponente aufgebrochen und gelockert werden.

C_x-*Cellulase* wirkt hydrolytisch und greift amorphe Cellulose oder Cellulosederivate an [16]. Sie enthält *Endo-β-1,4-* sowie *Exo-β-1,4-Glucanase*. Beide unterscheiden sich in physikalischer und chemischer Hinsicht voneinander, indem sie unterschiedliche Absorptionscharakteristika, Aminosäurezusammensetzung, Molekulargewichte und Temperaturoptima zeigen. Sie differieren nur wenig hinsichtlich ihrer Aktivierungsenergie bei der Hydrolyse von Cellulodextrinen und Carboxymethylcellulose. Erhebliche Unterschiede gibt es aber im Wirkungsmechanismus, in den K_m-Werten mit verschiedenen Cellulodextrinen, hinsichtlich der optimalen Kettenlänge sowie der pH-Optima. Die Exo-β-1,4-Glucanase greift die Cellulosekette vom nichtreduzierenden Ende her an und setzt Glucose frei, das Endoenzym spaltet statistisch im Inneren der Kette.

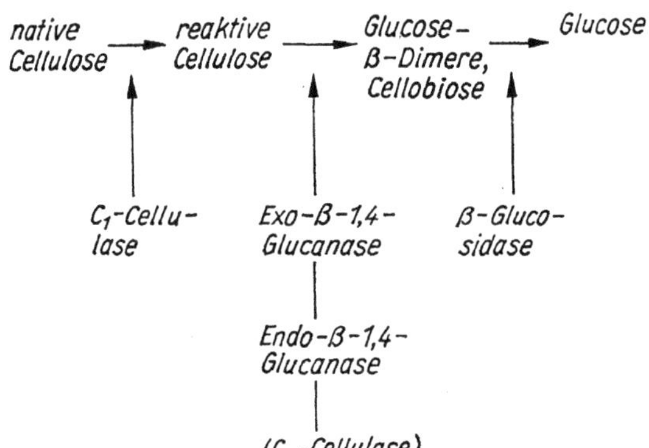

Bild 5.4.b. Einwirkung der verschiedenen cellulolytischen Aktivitäten auf das Substrat beim enzymatischen Abbau der Cellulose

β-Glucosidase wirkt auf Cellobiose sowie andere β-Dimere der Glucose ein. *King* und *Vessal* [13] haben daher vorgeschlagen, dieses Enzym als *β-Glucodimerase* zu bezeichnen. β-Glucosidase und Exo-β-1,4-Glucanase haben die Oligomeren der Glucose (von der Cellobiose bis zur Cellohexanose) als gemeinsame Substrate. Während jedoch das zuerst genannte Enzym ausschließlich die kleineren Oligomere angreift, richtet sich der Angriff des zuletzt genannten auf die höhermolekularen Glieder. Das Zusammenspiel der Enzymkomponenten beim Abbau der Cellulose ist auf Bild 5.4.b schematisch dargestellt.

Bei der *Klassifizierung* der Enzyme gemäß Enzym-Report sind nur die *Endo-1,4-β-Glucanase (1,4 [1,3; 1,4]-β-D-Glucan-4-Glucanohydrolase*, EC 3.2.1.4.) und die *β-Glucosidase (Gentiobiase, Cellobiase; β-D-Glucosido-Glucohydrolase*, EC 3.2.1.21.) berücksichtigt. C_1-Cellulase sowie das Exo-Enzym sind nicht aufgeführt. Das letzte wurde zeitweise unter EC 3.2.1.21. eingeordnet.

Die *Aktivitätsbestimmung* der einzelnen Cellulasen erfolgt sehr unterschiedlich. Da die *C_1-Komponente* im wesentlichen eine „auflockernde" Wirkung gegenüber kristalliner Cellulose hat, ist ein Abbau der Cellulosesubstrate Baumwolle und Filterpapier nur in Verbindung mit der C_x-Komponente möglich. Hochgereinigte C_1-Cellulase zeigt daher keine Wirkung. Erst beim Zusammenwirken beider Komponenten tritt ein Effekt auf (Tab. 5.4.).

Tabelle 5.4. Cellulaseaktivität verschiedener Enzymfraktionen aus Trichoderma viride gegenüber Filterpapier [10]

Enzymkomponenten	Cellulaseaktivität in %
Kulturfiltrat von *Trichoderma viride*	100
C_1	1
C_x	5
$C_1 + C_x$	102

Zur Aktivitätsbestimmung von C_1- und C_x-Cellulasen werden native Baumwolle oder Filterpapier aus Baumwoll-Linters benutzt. Man bestimmt gewöhnlich die Zeit des Zerfalls des Papiers oder der Baumwollfasern in gepufferten Enzymlösungen (*p*H 4 ... 5, Temperatur 30 ... 50 °C). Nach Auflockerung der nativen Cellulose durch die C_1-Komponente ist deren Struktur so verändert, daß sie von der C_x-Cellulase angegriffen, d. h. völlig aufgelöst wird. Die Zeitdauer bis zur Auflösung wird als Maß für die Enzymaktivität gewertet [15, 17].

Als Substrate für C_x-*Cellulasen* eignen sich aufgeschlossene und chemisch veränderte Formen der nativen Cellulose, wie man sie durch Einwirkung mechanischer Energie (Kugelmühle), von Säuren oder Alkali erhält [18]. Bei der Hydrolyse entstehen Glucose-Oligomere sowie Glucose. Ein oft verwendetes Substrat für die C_x-Komponente ist die Carboxymethylcellulose; bei ihrem Abbau nimmt die Viskosität der wäßrigen Lösung ab. Beide Verfahren können daher mit Erfolg für die Bestimmung der C_x-Aktivität herangezogen werden. Das Substrat für die *β-Glucosidase* (Cellobiase) ist die Cellobiose.

Literatur

[1] *Cowling, E. B.,* und *W. Brown:* Advances Chem. Ser. **95** (1969) 152
[2] *Karlson, P.:* Kurzes Lehrbuch der Biochemie, 6. Aufl. Stuttgart: Georg Thieme Verlag 1967, S. 267
[3] *Manley, R. St. I.:* Nature (London) **204** (1964) 1155
[4] *Treiber, E.:* Die Chemie der Pflanzenzellwand. Berlin–Göttingen–Heidelberg: Springer-Verlag 1957
[5] *Reese, E. T.,* und *H. S. Levinson:* Physiol. Plantarum (Kopenhagen) **5** (1952) 345
[5a] *Imshenetzki, A.:* Mikrobiologie der Cellulose. Berlin: Akademie-Verlag 1959
[6] *De Stevens, G.:* Methods in Enzymol. **1** (1955) 173
[7] *Krishnamurti, C. R.,* und *W. D. Kitts:* Canad. J. Microbiol. **15** (1969) 1373
[8] *Whitaker, D. R.:* Arch. Biochem. Biophysics **43** (1953) 253
[9] *Whitaker, D. R., J. R. Colvin* und *W. H. Cook:* Arch. Biochem. Biophysics **49** (1954) 257
[10] *Selby, K.:* Advances Chem. Ser. **95** (1969) 34
[11] *Li, L. H., R. M. Flora* und *K. W. King:* Arch. Biochem. Biophysics **111** (1965) 439
[12] *Selby, K.,* und *C. C. Maitland:* Arch. Biochem. Biophysics **104** (1967) 716
[13] *King, K. W.,* und *M. J. Vessal:* Symposiumsbericht: Advances Chem. Ser. **95** (1969) 7
[14] *Mandels, M.,* und *E. T. Reese:* Developments ind. Microbiol. **5** (1964) 5
[15] *Norkrans, B.:* Advances appl. Microbiol. **9** (1967) 91
[16] *Barman, T. E.:* Enzyme Handbook, Bd. II. Berlin–Heidelberg–New York: Springer-Verlag 1969, S. 565 bis 566
[17] *Wood, T. M.:* Biochim. biophysica Acta (Amsterdam) **192** (1969) 531
[18] *Whistler, R. L.:* Methods Carbohydrate Chem. **3** (1963) 139
[19] Firmenschrift der Fa. Amano Pharmaceutical Co., Ltd., Tokyo–Nagoya

5.4.1. Brauindustrie

Im Verlauf der Malzherstellung wird das *β-Glucan* (Gummistoffe) der Gerste abgebaut. So beträgt z. B. der Glucangehalt der Gerste nach einer Keimdauer von etwa 7 Tagen nur noch 10 … 30 % des Rohgetreides. Gerstenmalz enthält demzufolge nur etwa 0,5 % Glucan i. T., so daß Malzmaischen eine gegenüber den Gerstenmaischen stark verminderte Viskosität aufweisen (Bild 5.4.1.a). Eine hohe Viskosität der Bierwürze ist somit auf einen unzureichenden Abbau des Glucans zurückzuführen [2]. Die Folge hiervon sind schlechte Läutereigenschaften der Würze sowie Schwierigkeiten bei der Filtration des Bieres [3 bis 5]. Bei der Substitution von Malz durch Rohfrucht muß daher die für den Abbau des *β*-Glucans erforderliche *Endo-β-Glucanase* beim Maischprozeß in Form von Enzympräparaten zugegeben werden.
Dickscheit u. a. [6] schlagen hierfür cytolytische Präparate aus *Bacillus subtilis* vor, die gewöhnlich neben Glucanase noch Protease, α-Amylase u. a. Enzyme enthalten. Anhand von Modelluntersuchungen mit isolierten Glucanen aus Gerste und Malz

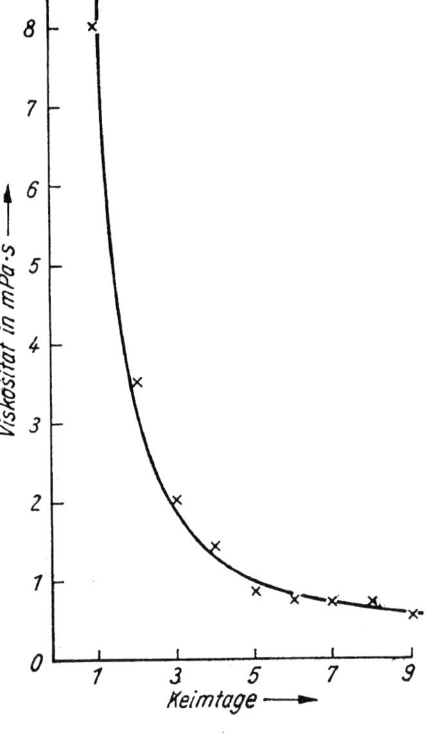

Bild 5.4.1.a. Abbau des β-Glucans bei der Malzherstellung (Keimung), ermittelt anhand der Abnahme der Maische-Viskosität [1]

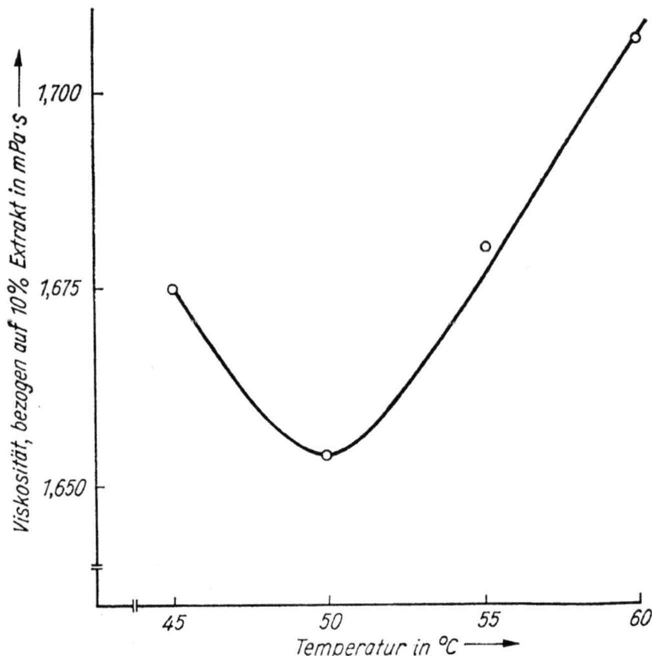

Bild 5.4.1.b. Abhängigkeit der Viskosität der Bierwürze von der Einwirkung von Glucanase im Verlauf des Maischens [9]

sowie Maischversuchen mit Schüttungsgemischen aus Malz und Rohgerste wurden die für den Maischprozeß optimalen Bedingungen untersucht. Durch die Möglichkeit eines gezielten Glucanabbaus mittels der in den Enzympräparaten vorhandenen Endo-β-Glucanase läßt sich das Problem der schwankenden Malzwürzeviskositäten verfahrensseitig lösen. So wurden unter Zuhilfenahme eines standardisierten Labormaischverfahrens Würzen aus Gemischen von Malz unterschiedlicher Qualität und einem Rohgerstenanteil von 30% unter Zugabe abgestufter Mengen Enzympräparat hergestellt. Aus den so aufgenommenen Abbaukurven ergeben sich diejenigen Enzymmengen, die notwendig sind, um in Bierwürzen eine bestimmte Viskosität (z. B. von 1,725 mPa · s, bezogen auf 10% Extrakt [Zucker]) einzustellen [7, 8]. Die Beziehung zwischen der Viskosität der *Malz-Kongreßwürze* in Abhängigkeit von der Enzymmenge in Würzen mit einem Rohgerstenanteil von 30% der Schüttung zeigt Tab. 5.4.1.a.

Tabelle 5.4.1.a. Einstellung der Viskosität in Würzen (10% Extrakt) mit einem Rohgerstenanteil von 30% der Schüttung in Abhängigkeit von der Malzqualität (gekennzeichnet durch die Viskosität der Kongreß-Würze; Enzymaktivität des Präparats: 1,0 IE[1] Glucanase je 1 mg) [8]

Viskosität der Malz-Kongreßwürze in mPa · s	Enzympräparat in g je 100 kg Schüttung
1,600	0
1,650	1,9
1,700	4,5
1,725	5,8
1,750	7,1
1,800	9,9
1,850	12,3
1,900	14,8
1,950	17,4
2,000	20,0
2,100	25,2
2,200	30,3

[1] IE $\triangleq$ Bildung von einem Reduktionsäquivalent, bezogen auf Glucose, aus einer 1%igen Licheninlösung

Es konnte gezeigt werden, daß für den durch Zusatz von Glucanasepräparat herbeigeführten Glucanabbau in Maischen aus Malz und Rohgerste die Viskosität der Malz-Kongreßwürze den entscheidenden Kennwert darstellt. Um den Substrateinfluß (steigender Rohgerstenanteil) zu charakterisieren, wurden Maischen aus Malz und Rohgerste hergestellt, wobei sowohl die Malzqualität (gekennzeichnet durch die Kongreßwürze-Viskosität) wie auch der Rohgerstenanteil variiert wurden (Tab. 5.4.1.b).
Der optimale Temperaturbereich für den Glucanabbau in Schüttungsgemischen aus Rohgerste und Malz beträgt 50 °C (Bild 5.4.1.b). Es kann somit – je nach Qualität des Malzes und Rohgerstenanteil an der Schüttung – bei Zusatz einer geeigneten Enzympräparatmenge eine gleichbleibende Würzequalität bezüglich der Viskosität eingestellt werden. Entsprechende Verfahrensvarianten zur Verarbeitung von Rohgerste unter Verwendung von Enzympräparaten wurden entwickelt [10]. Diese

Tabelle 5.4.1.b. Erforderliche Menge des Glucanase-Präparats zur Einstellung einer Bierwürzeviskosität von 1,725 mPa · s (10% Extrakt) bei steigendem Rohgerstenanteil sowie unterschiedlicher Malzqualität

Rohgerstenanteil in %	Enzympräparat in g je 100 kg Schüttung	
	Malz A	Malz B
30	2	10
40	5	16
50	11	23
60	20	38

Es bedeutet:

Malz A: gute Qualität	Viskosität der Malz-Kongreßwürze 1,625 mPa · s (10% Extrakt)
Malz B: schlechte Qualität	Viskosität der Malz-Kongreßwürze 1,836 mPa · s (10% Extrakt)
Enzymaktivität	1,0 IE Glucanase je 1 mg

ermöglichen es, bei unterschiedlicher Rohstoffqualität und Schüttungszusammensetzung eine technologisch optimale Würze- und Bierviskosität zu erhalten und die durch β-Glucan verursachten Störungen bei der Bierherstellung zu beseitigen. In der Deutschen Demokratischen Republik wurden im Jahre 1968 6,7 Mio hl Bier unter Einsatz von jeweils 30% Rohgerste produziert; im Jahre 1972 waren es bereits 13,9 Mio hl bei einem durchschnittlichen Schüttungsverhältnis von 35% Rohgerste, 55% Pilsner Malz und 10% Weißzucker. Die Sorten Vollbier „Hell" und „Deutsches Pilsner" wurden in einem Betrieb mit einem Rohgerstenanteil bis zu 60% eingebraut. Die Qualität der so hergestellten Erzeugnisse wurde mit „gut" eingeschätzt.

Im Prinzip lassen sich bis zu 90% des Malzes durch Rohgerste ersetzen [11]; zur Erreichung dieses Zieles sind jedoch noch umfangreiche Forschungsarbeiten durchzuführen sowie bestimmte technische Voraussetzungen in den Betrieben zu schaffen.

Im Zusammenhang mit diesem Abschnitt sind in der Deutschen Demokratischen Republik die Standards TGL Nr. 29166/01 und TGL Nr. 29166/02 zu beachten.

Literatur

[1] *Kremkow, C.:* Mschr. Brauerei **26** (1973) 161

[2] *Piratzky, W.,* und *G. Wiecha:* Wschr. Brauerei **53** (1936) 105; **54** (1937) 145; **55** (1938) 97

[3] *Gjertsen, P.:* ASB-Proc. (1966) 113

[4] *Schimpf, F. W., W. Rinke* und *H.-F. Ehrke:* Mschr. Brauerei **22** (1969) 353

[5] *Schimpf, F. W.,* und *W. Rinke:* Mschr. Brauerei **23** (1970) 21

[6] *Dickscheit, R., H. Müller-Freymuth* und *I. Schlicker:* Verwendung eines Enzympräparates zum Abbau von Gummistoffen. DDR-Patent 48548, ausgegeben am 5. 6. 1966

[7] *Beubler, A., M. Dempwolf* und *C. Nielebock:* Vortrag gelegentlich des II. Internat. Symposiums d. Gärungsind., Leipzig 1968

[8] *Ehlies, H., C. Nielebock* und *S. Grochowski:* Lebensmittel-Ind. **20** (1973) 462

[9] *Nielebock, C.:* Grundlagen und wesentliche Verfahrensstufen zur Bierherstellung bei Mitverarbeitung von Gerstenrohfrucht und Anwendung mikrobieller Enzympräparate. Dissertationsschrift, Humboldt-Univ. Berlin 1971

[10] *Grochowski, S., H. Ehlies* und *A. Hämmerling:* Lebensmittel-Ind. **20** (1973) 308

[11] *Klopper, W. I.:* Brauwelt **109** (1969) 753

5.4.2. Backwarenindustrie

Die Schleimstoffe der Zerealien bestehen überwiegend aus Hemicellulosen. Es handelt sich hierbei vorzugsweise um Pentosane mit den Bausteinen Xylose und Arabinose im Molekül. In der Backwarenindustrie ist daher der Einsatz von *Pentosanase*-Präparaten von Interesse [1, 2]. Sie ermöglichen einen gezielten Abbau der Schleimstoffe des Weizens und Roggens. Bei Weizenteigen wird eine Verringerung der Zähigkeit erreicht, wodurch bei Hartkeksen das Walzen und Ausstechen erleichtert wird. Der Zusatz zu Roggenteigen bewirkt eine Verbesserung der Brotqualität. Technologische Vorteile ergeben sich auch bei der Verarbeitung von Roggenwaffelteigen; die Viskosität der Teige wird herabgesetzt, und es wird eine ausreichende Fließbarkeit erzielt, so daß auf einen unerwünscht hohen Wasserzuguß zum Teig verzichtet werden kann.

Literatur

[1] *Rotsch, A.:* Brot u. Gebäck **19** (1965) 227
[2] *Rotsch, A.:* Vortrag gelegentlich der 3. Tagung „Internationale Probleme der modernen Getreideverarbeitung und Getreidechemie", Bergholz-Rehbrücke 1967

5.4.3. Sonstige Anwendungsgebiete

Der Einsatz von Cellulase-Präparaten und anderen auf die pflanzliche Gewebe- und Zellstruktur wirkenden Enzymen gewinnt in mehreren volkswirtschaftlichen Bereichen, insbesondere in der *Lebensmittelproduktion*, zunehmende Bedeutung. Allerdings entwickelt sich die Erschließung neuer Applikationsbereiche nur langsam, weil die meisten handelsüblichen Cellulase-Präparate – ökonomisch gesehen – oftmals eine noch zu geringe Aktivität vor allem gegenüber unlöslichen Substraten aufweisen. Interessanterweise sind intakte Mikroorganismen in dieser Hinsicht von weit größerer Intensität.

Durch den Einfluß cellulolytischer Enzyme – zusammen mit pektinolytischer Aktivität – sind *Zellinhaltstoffe* (z. B. Proteine, Stärke, Fette, Wirkstoffe, Geruch- und Geschmackstoffe usw.) in Pflanzengeweben bei verschiedenen Gewinnungsverfahren leichter zugänglich, woraus vielfach eine Ausbeutesteigerung gegenüber herkömmlichen Verfahren oder eine neue Technologie resultiert.

Über die Gewinnung von *Proteinen* aus *Sojabohnen* unter Einsatz von Cellulase-Präparaten aus *Trichoderma viride*, *Aspergillus niger* und *Rhizopus spec.* berichten *Ghose* und *Haldar* [1]. Danach wird z. B. das Öl der gewaschenen, getrockneten und gemahlenen Bohnen zunächst mit Äthanol extrahiert. Das entölte Mehl wird anschließend mit einem flüssigen Enzympräparat inkubiert. Nach Beendigung der Inkubation wird der Rückstand über ein Tuch aus synthetischem Gewebe abfiltriert und das Filtrat 30 min lang bei $n = 5000$ min^{-1} zentrifugiert. Das im Überstand befindliche Protein wird sodann mit Aceton oder Alkohol gefällt. Aus 100 g Sojabohnenmehl können auf diese Weise 37 g Protein gewonnen werden. Die Kontrollwerte (Enzymlösung, hitzeinaktiviert) liegen bei 20 … 22 g. Die *Samenhäutchen* nativer Sojabohnen können durch Einwirkung von Cellulase ohne die sonst übliche mechanische Behandlung leicht entfernt werden [2].

Bei der Gewinnung von *Stärke* aus Süßkartoffeln lassen sich die Ausbeuten – im Vergleich zum herkömmlichen Verfahren – durch Zugabe von Cellulase-Präparat erhöhen. So wird die im Preßrückstand verbleibende Reststärke von etwa 5%

nach der Behandlung des Rückstandes mit dem Cellulase-Präparat zu einem erheblichen Anteil zurückgewonnen.

Seit geraumer Zeit werden in Japan *Algen* als Lebensmittel verwendet. Da diese nur schwer verdaulich sind, hat man vorgeschlagen, die Epidermis durch partiellen Abbau zu beseitigen und so die Zellinhaltsstoffe besser den Enzymen des Magen-Darm-Traktes zugänglich zu machen. *Fukinbara* und *Toyama* [3] berichten über den cellulolytischen Abbau von bestimmten Algen. Die Algen werden zunächst in wäßriger Lösung mit Natriumcitrat oder Natriumoxalat behandelt und dann von Cellulasen aus *Aspergillus niger* und *Trichoderma viride* abgebaut. Unter dem Einfluß des Enzyms tritt eine merkliche Zunahme von löslichem Aminostickstoff sowie ein geringfügiger Anstieg an löslichem Zucker in Erscheinung.

Auch die Gewinnung von *Alginsäure* kann auf diese Weise vereinfacht werden. Die Ausbeuten an *Agar-Agar* aus einigen *Gelidium*-Arten lassen sich in ähnlicher Weise durch Einwirkung von *Trichoderma*-Cellulase erhöhen [4]. Bei den bisher gebräuchlichen Verfahren werden die Algen 15 h lang unter Verwendung von Wasser mit einer Temperatur von 80 °C und unter Zusatz von Schwefel- oder Essigsäure extrahiert. Unter diesen Bedingungen ist jedoch ein partieller Abbau des Agar-Agar nicht zu umgehen; dieser Nachteil tritt bei der enzymatischen Behandlung des Ausgangsmaterials nicht in Erscheinung. Die Ausbeute bei Anwendung des Enzymverfahrens (1 % Enzympräparatzusatz, *p*H-Wert 4,0, Inkubationszeit 4 h, Inkubationstemperatur 40 °C) wird mit 24 % angegeben.

Durch Einwirkung von Hemicellulasen aus Stämmen der Gattungen *Trichoderma, Aspergillus, Penicillium, Actinomyces* und *Micropolyspora* auf Hefen (z. B. *Saccharomyces, Torula*) und Algen *(Chlorella)* lassen sich die Zellwände der Hefen und Algen partiell lysieren [5 bis 7]. Die so aufgeschlossenen Mikroorganismen eignen sich besonders gut als Nahrungs- und Futtermittel, da sie durch die Freilegung der Zellinhaltstoffe besser verdaulich werden. Auch bei der Herstellung von Instant- bzw. Schnellkocherzeugnissen (z. B. Samen der Leguminosen und Zerealien) soll eine vorherige Behandlung mit Cellulase Vorteile mit sich bringen.

Infolge ihres besonderen Geruchs und spezifischen Geschmacks werden *Speisepilze* in den verschiedensten Formen bei der Herstellung von Suppen, Soßen usw. verwendet. Durch Cellulase läßt sich die Struktur des Pilzes aufweichen, so daß die nachfolgende Überführung in flüssige, pasten- oder pulverförmige Substanzen vereinfacht ist. Geruch und Geschmack werden durch den Einsatz von Cellulase-Präparat nicht beeinträchtigt.

Zahlreiche Hemicellulasen bzw. *Gumasen* zerlegen bestimmte Hexosane und Pentosane. Man hat sie daher zur Herstellung von *Guarmehl* (Futtermittel) und *Johannisbrotkernmehl* (Geliermittel) und des weiteren zur Verhinderung der Gelbildung bei der Herstellung von *Kaffeekonzentraten* eingesetzt. Die Ausbeute an qualitativ hochwertiger *Weizenstärke* soll sich bei Verwendung von Pentosanase-Präparaten erhöhen (Weizenendosperm enthält etwa 2,5 % Hemicellulose).

Der Cellulase dürfte bei der Herstellung von *Fruchtsäften* Bedeutung zukommen [8]. Durch partiellen Abbau der Zellwand trägt sie – auch hier zusammen mit pektinolytischen Enzymen – zur Steigerung der Fruchtsaftausbeuten, zur Erhöhung der Farbintensität sowie von Aroma und Extrakt der Säfte bei. Handelsübliche Pektinase-Präparate haben vielfach zugleich auch eine Cellulaseaktivität. Diese ist auf den Pektinasebildner selbst zurückzuführen, oder dem Handelserzeugnis ist Cellulase-Präparat zugesetzt worden.

Zunehmendes Interesse gewinnt der Einsatz von Cellulase- und Hemicellulase-Präparaten für die Herstellung *flüssiger Obst- und Gemüseerzeugnisse,* wobei im allgemeinen im Enzympräparat neben der cellulolytischen Aktivität gleichzeitig auch eine pektinolytische anwesend sein muß [9]. Ihre Einwirkung führt einen mehr oder weniger tiefgreifenden Zerfall des Zellgewebes sowie der Zellwände herbei. Bei den unter Einsatz von pektinasehaltigen Cellulase-Präparaten hergestellten Flüssigprodukten handelt es sich nicht um Monozellsuspensionen (wie dies z. B. bei Einsatz von Polygalakturonase erreicht wird), sondern es werden infolge *Zell-Lyse* die Zellinhaltstoffe freigelegt, es entstehen *Pflanzenhydrolysate* (und nicht *Mazerate* gemäß 5.3.). Über eine *Testmethode* zum Abbau verschiedener Gemüsearten berichten *Mesnard* u. a. [10]: 300 mg eines lyophil getrockneten Gemüsepulvers werden mit 150 mg eines handelsüblichen Cellulase-Präparats in 15 ml Pufferlösung (*p*H-Wert 4,6) 16 h lang bei 37 °C inkubiert. Danach wird – bezugnehmend auf einen Kontrollansatz – der Rückgang des unlöslichen Anteils bestimmt. Bei Karotten wird nach einer derartigen enzymatischen Behandlung z. B. eine Abnahme um 79 %, bei Kraut um 86 % und bei Spargel um 57 % festgestellt.

Eine cellulolytische Vorbehandlung erleichtert auch die *Trocknung* von pflanzlichen Produkten. So können die Herstellung von Obst- und Gemüseerzeugnissen für Säuglingsnahrung, Suppen, Pasten z. B. aus Spinat, Kohl, Zwiebeln, Tomaten, Karotten vereinfacht und das Erzeugnis in der Qualität verbessert werden. Vielfach lassen sich die nach der enzymatischen Vorbehandlung entwässerten Erzeugnisse besser rehydratisieren.

Mit Cellulase-Präparaten, die gleichzeitig pektinspaltende Enzymanteile enthalten, kann das Problem des Entfernens von *Mandarinen-* und *Orangenschalen* besser als mit Chemikalien gelöst werden [4]. Das „Schälen auf enzymatischem Wege" erfolgt z. B. innerhalb von etwa 4 h mit einem in Wasser gelösten und auf 40 °C gebrachten *Trichoderma*-Präparat.

Bei der Erschließung neuer Nahrungsquellen spielt die Cellulose eine wichtige Rolle. Seit langem ist man bemüht, dieses natürliche und sehr umfangreiche Reservoir u. a. auch für die Ernährung nutzbar zu machen. So sind vor allem nach den beiden Weltkriegen intensive Untersuchungen zur *Holzverzuckerung* angestellt worden. Diese erfolgt zumeist unter Einsatz von Mineralsäuren, teilweise auch bei erhöhtem Druck und hohen Temperaturen. Aus zerkleinertem Holz werden glucosehaltige Abläufe gewonnen, die entweder verheft oder zu Alkohol vergoren werden. Als wichtiges Nebenprodukt wird u. a. Furfural gewonnen. Das gleichzeitig anfallende Lignin hat erst später ein begrenztes wirtschaftliches Interesse gefunden.

Bereits im Jahre 1913 hat *Willstätter* im Zusammenhang mit der Holzverzuckerung festgestellt, daß Cellulose in der Kälte bei Einwirkung von Salzsäure abgebaut wird. Die technische Schwierigkeit besteht jedoch in der Entfernung und Wiedergewinnung der Salzsäure aus dem Reaktionsgemisch. Diese Aufgabe ist von *Bergius* gelöst worden; die Cellulose wird bei Normaltemperatur mit 40 % Salzsäure hydrolysiert. Ein von *Scholler* und *Tornesch* entwickeltes Verfahren geht von zerkleinerten Holzstückchen aus, die bei etwa 170 °C in Diffusionsbatterien mit 0,3- bis 0,5 %iger Schwefelsäure behandelt werden. Auch gasförmige Halogenwasserstoffsäuren werden hierzu verwendet.

Die nach diesen oder ähnlichen Technologien praktizierten Verfahren haben jedoch im allgemeinen eine nur vorübergehende Bedeutung erlangt, da sie zu aufwendig und daher unökonomisch sind. So werden beispielsweise aus 100 kg Nadelholztrockensubstanz folgende maximalen Ausbeuten erzielt: 26 kg Glucosemonohydrat, 8,8 l Alkohol, 5 kg Hefe, 1 kg Furfural und 31 kg Lignin [11]. In jüngster Zeit ist ein Verfahren entwickelt worden, bei dem die Teil- bzw. Totalhydrolyse pflanzlicher Rohstoffe mit Dünnsäuren kontinuierlich gestaltet wird [12]. Es werden extrem kleine Korngrößen, erhöhter Druck sowie kurzzeitig hohe Reaktionstemperaturen eingesetzt, wodurch eine wesentliche Beschleunigung des Ver-

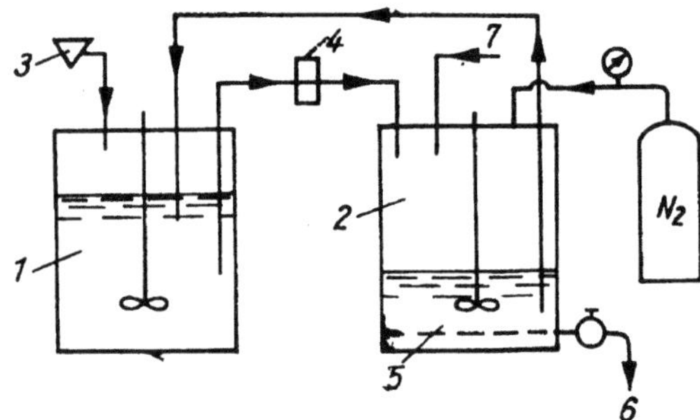

Bild 5.4.3. Verzuckerung von Cellulose mittels Cellulase von Trichoderma viride [14]
(1) Rührbehälter, temperierbar (2) Behälter mit Membran zur Abtrennung der Glucose
(3) Zugabegefäß für feingemahlene Cellulose (4) Peristaltikpumpe für glucosehaltiges
Reaktionsgemisch (5) Molekularsiebmembran (6) Glucoseablauf (7) Zufuhr von
Enzymlösung

fahrensablaufs ermöglicht und hohe Ausbeuten an Glucose – bezogen auf die Ausgangsmenge an Cellulose – erreicht werden.

Es hat bisher nicht an Versuchen gefehlt, die Verzuckerung von Holz und Stroh auf *enzymatischem Wege* vorzunehmen. Nach Laborverfahren von *Ghose* u. a. sowie *Katz* und *Reese* [13 bis 15] werden bei Verwendung von Cellulase aus *Trichoderma viride* hohe Glucoseausbeuten (bis maximal 92%, bezogen auf Cellulose) erreicht. Als Ausgangsmaterial dienen Baumwolle bzw. Solka Floc, ein chemisch verändertes Tannenholz mit 94% Cellulose, 2,6% Pentosan und 0,1% Lignin. Das Substrat muß zunächst fein gemahlen werden, um eine große Oberfläche für den enzymatischen Angriff zu schaffen. Die Zerkleinerung bewirkt gleichzeitig eine Abnahme der kristallinen Struktur der Cellulose, wodurch die Empfindlichkeit gegenüber dem enzymatischen Angriff erhöht wird. Als geeignete Korngrößen werden – je nach der Verfahrensvariante – solche von weniger als 25 μm bzw. 50 μm Durchmesser genannt. Daneben wird das Ausgangsmaterial vielfach einer vorgeschalteten Erhitzung auf 200 °C unterworfen, was für die Hydrolyse ebenfalls vorteilhaft ist.

Die Hydrolyse erfolgt kontinuierlich oder halbkontinuierlich in einem mehrstufigen oder einstufigen *Verzuckerungsprozeß.* Dabei werden entweder die enzymhaltigen Kulturfiltrate oder die Konzentrate von *Trichoderma viride* bei *p*H-Werten von 4,5 bis 5,0 und Temperaturen um 50 °C mit dem Substrat zur Reaktion gebracht. Die beim Celluloseabbau anfallende Glucose wird mittels Ultrafiltration aus dem Reaktionsgefäß entfernt. Nach dem von *Ghose* und *Kostrick* [14] beschriebenen Verfahren wird in einem etwa 5 l fassenden Rührbehälter das fein gemahlene Ausgangsmaterial – Solka Floc (< 5 μm) – mit einem 8fach konzentrierten Kulturfiltrat von *Trichoderma viride* bei 50 °C hydrolysiert. Nach 48 h wird ein Teil des Reaktionsgemisches in einen zweiten Rührbehälter gegeben, der zur Abtrennung der Glucose mit einer Spezialmembran ausgerüstet ist. Dort wird nach weiterer Zugabe von Enzympräparat ein Teil der Glucose dem Reaktionsgemisch entzogen. Die verbleibende glucoseärmere Reaktionslösung wird in den ersten Rührbehälter zurückgeführt, und es wird erneut feingemahlenes Substrat dosiert. Dieser Prozeß wird im kontinuierlichen Rhythmus wiederholt. Nach 10tägiger Laufzeit werden Glucoseausbeuten bis zu 77% erzielt (Bild 5.4.3.).

Mit dem enzymatischen Abbau von *Reisstroh* beschäftigen sich *Iwasaki* u. a. [16].

Cellulasehaltige Präparate können des weiteren zur Beseitigung von *verstopften Ausgüssen* usw. eingesetzt werden. Auf diese Weise gelingt es, aggressive Agenzien, z. B. Ätzalkalien, durch die weitgehend schonender einwirkenden Enzyme zu ersetzen.

Literatur

[1] *Ghose, K. C.,* und *D. P. Haldar:* J. Food Sci. Technol. **6** (1969) 205
[2] *Toyama, N.:* Verfahren zur Entfernung der Samenhäutchen von nativen oder entfetteten Sojabohnen durch enzymatischen Abbau mittels Cellulase erzeugender Mikroorganismen. BRD-Auslegungsschrift 1 268 947, ausgelegt am 22. 5. 1968
[3] *Fukinbara, I.,* und *N. Toyama:* Nippon Shokuhin Kogyo Gakkaishi **15** (1968) 79 (jap.), ref. C. A. **69** (1968) 75 731 x
[4] *Toyama, N.:* Degradation of foodstuffs by cellulase and related enzymes. In: *Reese, E. T.:* Enzymic hydrolysis of cellulose. Oxford–London–New York–Paris: Pergamon Press 1963, S. 235 bis 253
[5] *Imshenetzki, A.:* Mikrobiologie der Cellulase. Berlin: Akademie-Verlag 1959
[6] *Okazaki, H.,* und *S. Sayama:* Zellwandlösendes Enzym und Verfahren zu seiner Herstellung. BRD-Auslegungsschrift 2 011 811, ausgelegt am 28. 9. 1972
[7] *Urmossy, M.,* und *J. Hajdu:* Enzymic digestion of algae and fooder containing algae. Ungar. Patent 155 978, ausgegeben am 25. 4. 1969, ref. C. A. **71** (1969) 37 623 x
[8] *Grampp, E.:* Flüssiges Obst **36** (1969) H. 11, 1
[9] *Toyama, N.:* Advances Chem. Ser. **95** (1969) 359
[10] *Mesnard, P., G. Devaux, M. Monnier* und *I. L. Fraux:* Prod. Probl. Pharm. **18** (1963) 628
[11] *Ost, H.,* und *B. Rassow:* Lehrbuch der Chemischen Technologie, 27. Aufl., Bd. II. Leipzig: J. A. Barth 1965
[12] *Kasmannhuber, H.:* Verfahren und Vorrichtung zur stufenweisen Teil- und Totalhydrolyse von Cellulosen pflanzlicher Rohstoffe. DDR-Patent 69 092, ausgegeben am 20. 9. 1969
[13] *Ghose, T. K.:* Biotechnol. Bioengng. **11** (1969) 239
[14] *Ghose, T. K.,* und *I. A. Kostrick:* Biotechnol. Bioengng. **12** (1970) 921
[15] *Katz, M.,* und *E. T. Reese:* Appl. Microbiol. **16** (1968) 419
[16] *Iwasaki, J., R. Niihara, J. Matuda* und *H. Jida:* Nippon Nogyo Kenkyusho Nempo 15 bis 26 (jap.), ref. C. A. **69** (1968) 93 180 w

5.5. Invertase

Invertase (*β-h-Fructosidase, Saccharase; β-D-Fructofuranosido-Fructohydrolase,* EC 3.2.1.26.) zerlegt *Saccharose* (Rohr-, Rübenzucker) in *Glucose* und *Fructose,* was mit einer Drehung der Ebene des polarisierten Lichtstrahls verbunden ist ($[\alpha]_D$ von $+66{,}5\,° \rightarrow -19{,}9°$). Zur Spaltung der Saccharose sind sowohl *α-Glucosidasen* wie auch *β-h-Fructosidasen* in der Lage.
Beide Enzyme sind in der Natur weit verbreitet und dienen im *Tier-* und *Pflanzenreich* zur Saccharosespaltung. So handelt es sich z. B. bei den Intestinal-Invertasen der Säugetiere und des Menschen überwiegend um α-Glucosidasen [1]; gleiches gilt für das saccharosespaltende Enzym der Honigbiene sowie vieler *Schimmelpilze.* Es sei erwähnt, daß nicht jede α-Glucosidase Saccharose zu zerlegen vermag. Hierzu sind z. B. von den in der Darmmucosa des Menschen insgesamt anwesenden 5 α-Glucosidase-Isoenzymen nur 2 in der Lage [2]. Die meisten *Hefen* produzieren überwiegend β-*h*-Fructosidasen, wenngleich viele von ihnen auch zur Synthese von α-Glucosidasen fähig sind.
Auch die Invertasen der höheren Pflanzen stellen vorwiegend β-h-Fructosidasen dar [3]. Man muß somit bei den einzelnen Enzymproduzenten stets zwischen *Glucosido-* und *Fructosido-Invertase* (bzw. α-Glucosidase und β-h-Fructosidase) unterscheiden. In der neueren Literatur versteht man unter dem Begriff „Invertase" vorzugsweise β-h-Fructosidase.
β-h-Fructosidase spaltet das Saccharosemolekül zwischen dem C-Atom 2 der Fructose und der Ätherbrücke [4]. Sie zerlegt fructosehaltige Oligosaccharide, sofern die Fruc-

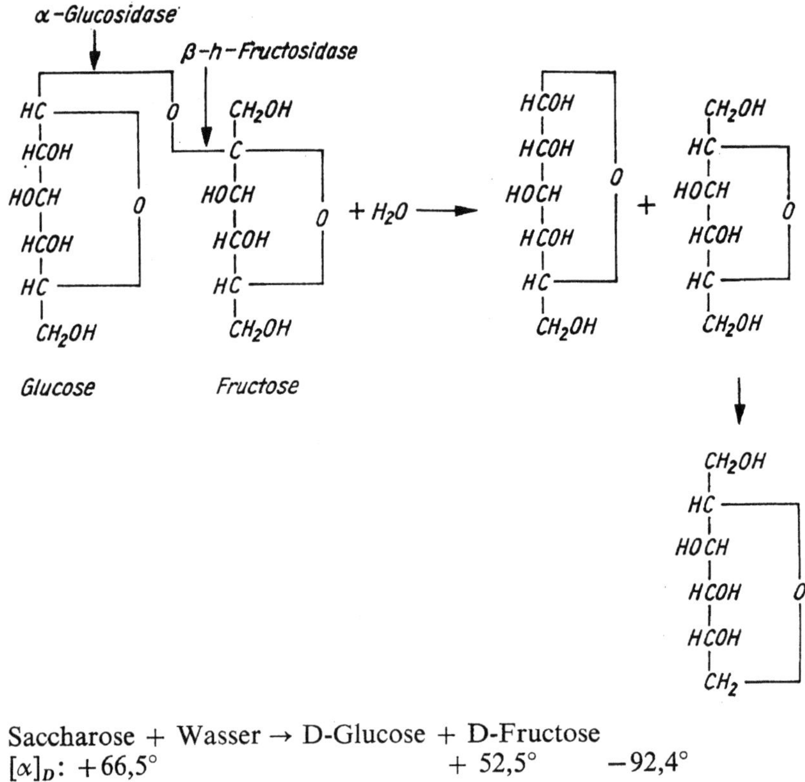

Saccharose + Wasser → D-Glucose + D-Fructose
$[\alpha]_D$: +66,5°   + 52,5°   −92,4°

tose endständig (β-fructosidisch) gebunden ist. So wird z. B. *Raffinose* in Fructose und Melibiose gespalten. Invertase ist somit nicht absolut spezifisch für Saccharose, das *Aglykon* kann ein Zucker, ein Alkohol oder ein anderer Rest sein. Die *Reaktionsgeschwindigkeit* ist gegenüber Substraten mit unterschiedlichem Aglykonteil verschieden. Bei der Hydrolyse der Saccharose kann nach Aufbrechen der Bindung der Fructoserest entweder auf Wasser *(Hydrolyse)* oder auf einen anderen Zucker *(Transfructosidierung)* übertragen werden [5, 6].

Handelsübliches Invertase-Präparat (β-h-Fructosidase) wird vorwiegend unter Einsatz von Back- oder Bierhefe hergestellt. Das Enzym wird durch Plasmolyse und Autolyse freigesetzt (vgl. 3.4.6.) und sodann in mehreren Verfahrensschritten gereinigt und aufgearbeitet [3, 7]. Zumeist wird das Präparat in flüssiger Form (z. B. mit 50% Glycerin oder 70% Sorbit stabilisiert) in den Handel gebracht. Auch Schimmelpilze können zur Invertaseproduktion herangezogen werden [8] (wobei dann allerdings zumeist α-Glucosidasen gewonnen werden).

Das *pH-Optimum* der *Hefeinvertase* liegt bei etwa 4,5, das *Temperaturoptimum* – es hängt sehr vom Reinheitsgrad des Präparats ab – bei etwa 55 °C (in konzentrierten Saccharoselösungen 60 ... 65 °C).

Hohe Substratkonzentrationen vermindern die Reaktionsgeschwindigkeit. *Schwermetallionen* inhibieren das Enzym, wobei offensichtlich Histidin vorrangig in Reaktion tritt. Als *Molekulargewicht* für Hefeinvertase wird in der Literatur ein Wert von 270000 angegeben.

β-Fructosidase wird von *Greiling* u. a. [9] als *Protein-Mannan-Verbindung* beschrieben, wobei das Polysaccharid über Mannose direkt mit Serin und Threonin der Proteinkomponente verknüpft ist. Es wurden bereits mehrere Isoenzyme nachgewiesen [10].

Die *Bestimmung der Aktivität* erfolgt im Routinelabor entweder auf polarimetrischem oder reduktometrischem Wege (beide Methoden basieren auf der Freisetzung von Glucose und Fructose). Die *Einheit der Invertaseaktivität* liegt dann vor, wenn unter definierten Bedingungen je Minute 1 µmol Saccharose zerlegt wird.

Literatur

[1] *Dahlqvist, A.:* J. clin. Invest. **41** (1962) 463

[2] *Semenza, G.,* und *S. Auricchio:* Biochim. biophysica Acta (Amsterdam) **65** (1962) 172

[3] *Myrbäck, K.:* Brauwissenschaft **14** (1961) 82

[4] *Koshland, D. E.,* und *S. S. Stein:* J. biol. Chemistry **208** (1954) 139

[5] *Bacon, J. S. D.:* Biochem. J. **57** (1954) 320

[6] *Bacon, J. S. D.,* und *J. Edelman:* Arch. Biochemistry **28** (1950) 467; *Edelman, J.,* und *J. S. D. Bacon:* Biochem. J. **49** (1951) 529

[7] *Myrbäck, K.,* und *W. Schilling:* Enzymologia (Den Haag) **29** (1965) 306

[8] *Poonawalla, F. M., K. L. Patel* und *M. R. S. Iyengar:* Appl. Microbiol. **13** (1965) 749

[9] *Greiling, H., P. Vögele, R. Kisters* und *H.-D. Ohlenbusch:* Hoppe-Seyler's Z. Physiol. Chem. **350** (1969) 517

[10] *Hoshino, J., T. Kaya* und *T. Sato:* Plant Cell Physiol. **5** (1964) 495

5.5.1.   Invertzucker und Likörzucker

Invertzucker wird durch Einwirkung von *Säure* auf Saccharose hergestellt. Man gibt jedoch der weit schonenderen *enzymatischen Disaccharidspaltung* den Vorzug, da diese besser unter Kontrolle gehalten werden kann und man außerdem ein farbloses Erzeugnis ohne Beigeschmack erhält. Man geht im allgemeinen von einer 70%igen Saccharosekonzentration aus, erwärmt die viskose Flüssigkeit bis zur vollständigen Lösung, läßt auf 50 °C abkühlen und gibt nunmehr das Invertase-Präparat zu. Nach erfolgter Inversion wird auf 80 °C erhitzt, um das Enzym zu inaktivieren. Die so gewonnene Invertzuckerlösung kann für verschiedene Zwecke bei der Produktion von Lebensmitteln genutzt werden. Auch *Kunsthonig* läßt sich nach diesem Prinzip herstellen.

Likörzucker. Um ein Auskristallisieren von Saccharose in Likören zu verhindern, wird das Disaccharid, bevor man es dem alkoholischen Ansatz zusetzt, durch Invertase teilweise in Invertzucker übergeführt.

5.5.2.   Süß- und Dauerbackwarenindustrie

Invertase-Präparate werden hauptsächlich in der Süßwarenindustrie eingesetzt [1 bis 4]. Sie können bei der Herstellung flüssiger Pralinen- und Schokoladeneinlagen zur Verhinderung des Hart- und Sprödewerdens von *Fondant-, Marzipan-* und *Persipan-Artikeln* und zur Verhinderung des Austrocknens von *Zuckerwaren* verwendet werden.

Der wichtigste Grundstoff in der Süßwarenindustrie, der Weißzucker, ist hart, spröde und nicht hygroskopisch. Diese Eigenschaften sind für die Technologie sowie für die Qualität der Fertigprodukte von Bedeutung. Bei der Herstellung von Süßwaren wird

mit hochprozentigen Zuckerlösungen gearbeitet, die in heißem Zustand beim An-
wirken und Füllen geschmeidig und plastisch sind. Beim Abkühlen verändert sich die
Konsistenz, die Masse wird hart und spröde. Invertzucker setzt hingegen das Kristallisationsvermögen herab, er ist schwach hygroskopisch und trägt dazu bei, daß
eine gewisse Plastizität und Weichheit erhalten bleibt und die Saccharose am Kri-
stallisieren gehindert wird.

Fondantmasse wird hergestellt, indem man eine heiße, hochkonzentrierte Zuckerlösung durch eine *Tabliermaschine* gibt, wobei die Lösung unter rascher Abkühlung
kräftig geschlagen wird. Hierdurch entsteht eine verfestigte, „speckige" Masse,
in der sehr kleine Zuckerkristalle in einer gesättigten Zuckerlösung suspendiert
sind. Im Verlauf der Lagerung gibt der Fondant jedoch Wasser ab, die flüssige Phase
wird an Saccharose übersättigt und kristallisiert allmählich aus, sie „stirbt ab".
Diesem Hartwerden kann nach *Katajewa* u. a. [5, 6] begegnet werden, indem man der
Tabliermaschine eine geringe Menge Fondantmasse entnimmt und mit wenig Invertase-Präparat versetzt. Nach einer bestimmten Einwirkungsdauer, die im Vorversuch zu ermitteln ist, setzt man das Präparat beim Tablieren zu. Das so vorbehandelte Konfekt zeigt infolge der jetzt vorhandenen schwachen Hygroskopizität weit
bessere Lagerbeständigkeit (weichere und zartere Konsistenz, kein „Absterben", kein
Austrocknen) als die Kontrollmuster. Es besteht auch die Möglichkeit, Invertzucker
separat herzustellen (0,5 … 1 g Invertase-Präparat je 1 kg Saccharoselösung mit einer
Temperatur von 50 … 60 °C) und diesen der Fondantmasse zuzusetzen (etwa 10%).
Die geeignete Menge muß im Vorversuch ermittelt werden.

Ein analoger Effekt wird durch Zusatz von Invertase-Präparat zum Weichhalten
von *Marzipan-* und *Persipan-Rohmassen* sowie daraus hergestellten Erzeugnissen
erzielt.

Bekanntlich wird auch *Sorbit* als Feucht- und Weichhaltemittel bei der Süßwarenproduktion verwendet. Die unter Einsatz von Invertase-Präparat hergestellten Erzeugnisse sollen jedoch qualitativ besser sein.

Fondant- und Kremfüllungen. Bei flüssigen Pralineneinlagen handelt es sich um hochkonzentrierte Zuckerlösungen, in denen ein Teil der Saccharose als Invertzucker vorliegt. Zur Herstellung der Einlagen wird Fondantmasse mit Farbstoffen und ge-
schmackgebenden Substanzen sowie mit Invertase-Präparat gemischt und in die
Gießmaschine gegeben. Die Maschine (Mogulanlage) gießt die zunächst noch fließ-
fähige Masse in Stärkepudereindrücke, die unter Verwendung von Blechformen vor-
gefertigt werden. Zur Geschmacksabrundung gibt man zumeist noch etwas Citronen-
oder Weinsäure hinzu, wobei zugleich der *p*H-Wert sinkt (dadurch verbesserte
Wirkung der Invertase). Nach dem Abkühlen verfestigt sich die Masse und kann nunmehr mit einem Schokoladeüberzug versehen werden. Bei der Lagerung beginnt die
Invertase zu wirken, ein Teil der Saccharose wird zu Invertzucker umgesetzt. Hierdurch sinkt das Kristallisationsvermögen der Zuckermischung, die Füllung wird geschmeidig und verbleibt auch bei weiterer Lagerung in diesem Zustand. Dieses
Verfahren hat den Vorteil, daß der Überzug auf verfestigte Einlagen gegossen werden
kann. Es besteht die Möglichkeit, hohe Zuckerkonzentrationen (80%) einzusetzen,
so daß in der Regel ein Wachstum von Mikroorganismen und damit eine Gasbildung in den Pralinen verhindert wird.

Zahlreiche *Instant-Backmischungen* lassen sich unter Zusatz von Wasser und Milch
zu einem fertigen Teig verarbeiten. Sie enthalten u. a. Saccharose zur Erzielung der
erforderlichen Süße und Bräunung. Diesen Backmischungen kann Invertase-Präparat
in Pulverform zugegeben werden. Das Enzym wirkt im Moment der Teigherstellung
und überführt das Disaccharid in Invertzucker. Hierdurch lassen sich ein Auskristallisieren des Zuckers im Fertigprodukt sowie ein Austrocknen des Gebäcks verhindern.

Literatur

[1] *Gabel, W.:* Zucker- u. Süßwaren-Wirtsch. **3** (1950) 10

[2] *Haubold, G.:* Lebensmittel-Ind. **9** (1962) 121

[3] Naarden-Nachrichten **21** (1970) Nr. 215, S. 5

[4] *Meister, H.:* Wallerstein Lab. Commun. **28** (1965) 95, S. 7

[5] *Катаева, А. А., Н. И. Баер и Н. И. Таркова* (Kataeva, A. A., N. I. Baer und N. I. Tarkova): Хлебопек. и конд. пром. (Backwaren- und Süßwarenindustrie) **12** (1968) Nr. 2, S. 21

[6] *Баер, Н. И., А. А. Катаева и А. А. Абрамкина* (Baer, N. I., A. A. Kataeva und A. A. Abramkina): Хлебопек. и конд. пром. (Backwaren- und Süßwarenindustrie) **14** (1970) Nr. 3, S. 20

5.6.   Lactase

Lactase (β-D-Galaktosidase; β-D-Galaktosido-Galaktohydrolase, EC 3.2.1.2.3.) spaltet β-galaktosidisch gebundene Di- und Oligosaccharide von der Galaktoseseite her ab [1]. Die Trennung des Saccharides erfolgt zwischen dem C-Atom des Galaktoserestes und dem Äthersauerstoff-Atom.

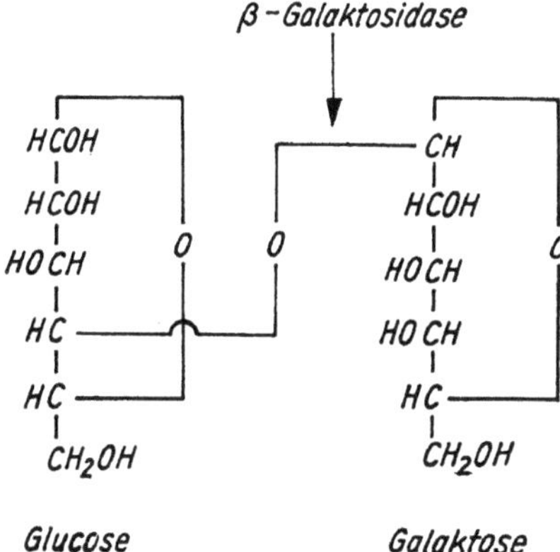

Der Galaktoseteil des *Galaktose/Enzym-Komplexes* wird nach der Spaltung auf einen anderen Zucker *(Transgalaktosidierung)* oder auf Wasser *(Hydrolyse)* – unter Freisetzung des Enzyms – übertragen. *Lactose (Milchzucker)* wird hierbei in *Glucose* und *Galaktose* zerlegt. Bei der Transgalaktosidierung wird infolge Galaktosebindung an Mono-, Di- und Oligosaccharide ein Syntheseprozeß vollzogen [2]. Das Enzym Lactase wird in *pflanzlichen* und *tierischen Geweben* gefunden (z. B. in Mandeln, Pfirsichen, Aprikosen, Äpfeln, Sojabohnen, Kefirkörnern, Kaffeebohnen; in Schnecken sowie im Intestinaltrakt der Säugetiere). Es wird auch von *Mikroorganismen* produziert, so z. B. von *Aspergillus niger, Aspergillus oryzae, Aspergillus flavus, Saccharomyces fragilis, Streptococcus lactis, Escherichia coli, Bacillus megaterium,* und aus solchen für kommerzielle Zwecke gewonnen [1, 3]. Das Enzym ist vorwiegend im Zellinnern der Mikroorganismen lokalisiert und muß durch spezielle Aufschlußverfahren freigesetzt werden.

β-Galaktosidase nimmt seit langem das besondere Interesse der Forschung in Anspruch. Sie wurde als eines der ersten oligosaccharidspaltenden Enzyme aus *Escherichia coli* in kristallisierter Form gewonnen [4] und diente als Untersuchungsobjekt für die Arbeiten zur Aufklärung der Regulation bei der Enzymbiosynthese [5].

Die *Temperaturoptima* für die einzelnen Lactasen sind sehr unterschiedlich. Sie liegen z. B. für *Schimmelpilz*lactase bei 50 °C, für das *Saccharomyces-fragilis*-Enzym bei

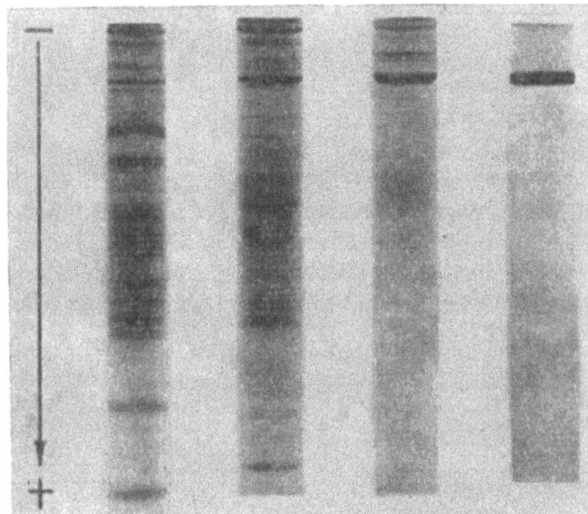

Bild 5.6. Reinheitsgrad einer β-Galaktosidase aus Escherichia coli K 12 nach verschiedenen Aufarbeitungsschritten
a) Rohpräparat, b) Fällung mit $(NH_4)_2SO_4$, c) Chromatographie über Sephadex G 200, d) Chromatographie über DEAE-Sephadex [7]

37 °C und für das *Escherichia-coli*-Enzym bei 46 °C. Die Angaben in der Literatur schwanken jedoch sehr. Dies trifft auch für die *pH-Optima* zu. Als solche werden 5,0 (Schimmelpilze), 6,3 … 6,6 *(Saccharomyces fragilis)* und 7,3 *(Escherichia coli)* genannt. Natrium- und Kalium-Ionen aktivieren *Escherichia-coli-* und Hefe-Lactase, Schwermetallionen inhibieren das Bakterien-Enzym.

Das *Molekulargewicht* für Lactase aus einem *Escherichia-coli*-Stamm beträgt 540000; bei tierischen Geweben liegt es wesentlich niedriger (z. B. Rattenleber 85000) [6]. Die *Reinigung* einer mikrobiellen β-Galaktosidase bei Durchführung mehrerer Trennoperationen (Rohpräparat, $(NH_4)_2SO_4$-Fraktionierung, Chromatographie an Sephadex G 200 und DEAE-Sephadex) ist aus Bild 5.6. ersichtlich [7].

Lactase ist hinsichtlich des Galaktoseteiles *(Glykon-Spezifität)* recht spezifisch; lediglich eine Änderung des Substituenten am C-Atom 5 z. B. durch eine Methylgruppe oder durch ein H-Atom wird – wenn auch mit Aktivitätsabfall – toleriert. Bei der Glucose *(Aglykon-Spezifität)* liegt eine größere Variabilität vor; als Aglykon können ein Zucker, eine Alkyl- oder eine Arylgruppe sowie andere Reste wirken. Die *Reaktionsgeschwindigkeit* gegenüber den verschiedenen Substraten ist unterschiedlich.

Eine aus *Escherichia coli* isolierte β-Galaktosidase besteht aus 4 Untereinheiten (Molekulargewicht jeweils 135000), die ihrerseits aus 3 oder 4 Polypeptidketten mit einem Molekulargewicht der Untereinheit von etwa 40000 zusammengesetzt sind [8]. Während dieses Enzym frei von Nichtprotein-Bestandteilen ist, enthält die intestinale β-Galaktosidase des Kalbes erhebliche Anteile an Galaktose und N-Acetylglucosamin [9]. Im *aktiven Zentrum* des *Escherichia-coli*-Enzyms sind je eine Imidazol- und eine Sulfhydrylgruppe deponiert, wohingegen bei dem o. a. Enzym intestinaler Herkunft eine Carboxyl- und eine Imidazol-Gruppe in Aktion treten.

Literatur

[1] *Pomeranz, Y.:* Food Technol. **18** (1964) 88
[2] *Aronson, M.:* Arch. Biochem. Biophysics **39** (1952) 370
[3] *van Dam, B., J. G. Revallier-Warffemius* und *L. C. van Dam-Schermerhorn:* Nederl. Melk- en Zuiveltijdschr. **415** (1950/51) 96
[4] *Wallenfels, K., M. L. Zarnitz, G. Laule, H. Bender* und *M. Keser:* Biochem. Z. **331** (1959) 463, 467

[5] *Monod, J.:* Angew. Chem. **78** (1966) 694

[6] *Barmann, T. E.:* Enzyme Handbook. Bd. 2. Berlin–Heidelberg–New York: Springer-Verlag 1969, S. 581

[7] *Craven, G. R., E. Steers jr.* und *Ch. B. Anfinsen:* J. biol. Chemistry **240** (1965) 2468

[8] *Wallenfels, K.,* und *Ch. Gölker:* Biochem. Z. **346** (1966) 1

[9] *Wallenfels, K.,* und *O. P. Malhotra:* Advances Carbohydrate Chem. **16** (1961) 239

5.6.1. Molkenverwertung

Das natürliche Substrat der *β-Galaktosidase* ist *Lactose*. Dieser Zucker stellt die Haupt-kohlenhydratkomponente der Milch dar und spielt bekanntlich eine technologisch bedeutsame Rolle, insbesondere als Nährsubstrat für Milchsäurebakterien. Bei vielen Verarbeitungsprozessen fällt jedoch das Disaccharid – in Molke enthalten – als Abprodukt an. Es wird großtechnisch aus Molke isoliert [1] und dient in vielen Zweigen der Volkswirtschaft als wertvoller technologischer Zusatzstoff. Die Frage der *Molkenverwertung* ist jedoch noch nicht befriedigend gelöst [2]. Molke wird – unbehandelt, konzentriert oder sprühgetrocknet – bei der Viehaufzucht und der Nahrungsmittelproduktion eingesetzt (Backwaren, Süßwaren, Spezialnahrung, Säuglings- und Kindernahrung, Albumingewinnung). Jedoch werden noch immer – international gesehen – größere Mengen ungenutzt verworfen.

Tabelle 5.6.1. Fermentation von pasteurisierter Molke durch Torula cremoris in einem Labor-Fermentor [6]

Bestandteile im Kulturmedium	Kultivierungsdauer in h		
	0	12	24
Keime je 1 ml · 10^{-6}	80,0	1270,0	1200,0
Trockensubstanz insgesamt in %	6,1	3,5	2,7
Lactose in %	4,2	1,5	0,1
Trockensubstanz insgesamt abzüglich Lactose in %	1,9	2,0	2,6
Protein in %	0,89	1,06	1,06

Man kann lactasebildende Mikroorganismen (z. B. *Saccharomyces fragilis, Torula cremoris*) auf Molke als Nährsubstrat züchten und sie durch Abtrennen aus dem Kulturmedium entweder als Eiweißquelle (Tab. 5.6.1.) für die menschliche oder tierische Ernährung (4 Teile Milchzucker liefern 1 Teil Hefeprotein) [3 bis 6], zur Alkoholgewinnung [7] oder für die Herstellung von Lactase-Präparat [8] verwenden. Die Vergärung der Molke kann auch durch Mikroorganismen erfolgen, die Lactase nicht produzieren, wenn die Molke vorher mit dem milchzuckerspaltenden Enzym behandelt wurde. Andere Autoren empfehlen die Kultivierung von *Lactobacillus bulgaricus* auf Molke, die sodann – nach Neutralisation der Milchsäure mit Ammoniak – als Viehfutter dient [9, 10].
Die Verfütterung der hinsichtlich des Eiweißanteils sehr wertvollen Molkenkonzentrate bzw. -sprühpulver an Nutztiere stößt teilweise infolge des hohen Milchzuckergehalts auf Schwierigkeiten, insbesondere bei der Verabfolgung an Geflügel [2]. Es kommt hinzu, daß der Milchzucker beim Konzentrieren auskristallisiert und das Produkt dadurch schwieriger zu handhaben ist. Dieses Problem läßt sich durch

Zusatz von Lactase-Präparat lösen. Es deutet sich der Trend an, hierfür träger-fixierte β-Galaktosidase einzusetzen. Nach Literaturangaben führt die Verfütterung von mit Lactase-Präparat behandelten Molkenkonzentraten bzw. -sprühpulvern zu signifikant verbessertem Wachstum verschiedener Nutztiere [11].

Literatur

[1] *Pomeranz, Y.:* Food Technol. **18** (1964) 88

[2] *Pomeranz, Y.:* Food Technol. **18** (1964) 96

[3] *Wasserman, A. E., J. Hampson, N. F. Alvare* und *N. J. Alvare:* J. Dairy Sci. **44** (1961) 387

[4] *Wasserman, A. E.:* J. Dairy Sci. **44** (1961) 379

[5] *Graham, V. E., D. L. Gibson, H. W. Klemmer* und *J. M. Naylor:* Canad. J. Technol. **31** (1953) 85

[6] *Graham, V. E., D. L. Gibson* und *H. W. Klemmer:* Canad. J. Technol. **31** (1953) 92

[7] *Rogosa, M., H. H. Browne* und *E. O. Whittier:* J. Dairy Sci. **30** (1947) 263

[8] *Krause, W.:* Zur enzymatischen Spaltung und Resorption von Di- und höheren Oligosacchariden im Intestinaltrakt von Ratte und Mensch. Dissertationsschrift, Humboldt-Univ. Berlin 1965, S. 59 bis 65

[9] *Arnott, D. R., S. Patton* und *E. M. Kesler:* J. Dairy Sci. **41** (1958) 931

[10] *Hazzard, D. G., E. M. Kesler, D. R. Arnott* und *S. Patton:* J. Dairy Sci. **41** (1958) 1439

[11] *Stimpson, E. G.:* Lactase-hydrolyzed lactose in feed. USA-Patent 2781266, ausgegeben am 12. 2. 1957

5.6.2.　Milcherzeugnisse

Lactose ist ein relativ schwer löslicher Zucker. Er kristallisiert daher in *Molken-* und *Milchkonzentraten* aus entrahmter oder nicht entrahmter Frischmilch leicht aus. In kaltgelagerten Kondensmilch-Erzeugnissen führt die Lactose-Kristallisation im Laufe der Zeit zur Bildung eines Sediments, zu der eine Casein-Destabilisierung parallel läuft; die Folge ist, daß zusätzlich Milcheiweiß in den Niederschlag geht [1]. Kalt gelagerte Vollmilchkonzentrate (Lagerung bei $-10\,^{\circ}$C) werden verschiedentlich für Rekonstitutionszwecke zur Herstellung von Milchgetränken (Schiffsverpflegung, Armeeverpflegung usw.) eingesetzt, wobei jedoch nach längerer Kühllagerung aus den vorangehend genannten Gründen ebenfalls das Auftreten von Sedimentations- und Flockungserscheinungen beobachtet wird. Eine optimale Rekonstitution solcher Milcherzeugnisse ist nicht möglich. Auch bei der *Eiskremherstellung* führt das Auskristallisieren von Lactose zu einer Destabilisierung des Caseins, verbunden mit einer Beeinträchtigung des Standes der Kristallmasse [2]. Es entstehen mehlige, sandige, zur Sedimentbildung neigende und in ihrer Textur durch körnige Einschlüsse qualitativ geminderte Erzeugnisse.

Durch Zusatz von *Lactase-Präparaten* in optimaler Dosis und unter geeigneten Bedingungen lassen sich diese Erscheinungen verhindern. (Es sei bemerkt, daß Lactose in wäßriger Lösung schneller als im System „Milch" hydrolysiert wird.) Man setzt den Konzentraten vor der Kühllagerung mit Lactase-Präparat behandelte Konzentrate von entrahmter oder nichtentrahmter Frischmilch unter Homogenisation zu. Die Flockungsneigung läßt sich bereits mit 20 % hydrolysiertem Lactoseanteil erheblich verzögern. Bei 50%iger Spaltung des Milchzuckers ist nach 200 Tagen Lagerzeit noch keinerlei Sedimentbildung zu beobachten [3]. Auch mit *Saccharose* gesüßte Milchkonzentrate lassen sich auf diese Weise vor einem Sandigwerden schützen. Die Spaltungsgeschwindigkeit für Lactose in mit Saccharose gesüßter Kondens-milch ist jedoch erheblich vermindert. Man setzt die Saccharose daher besser *nach*

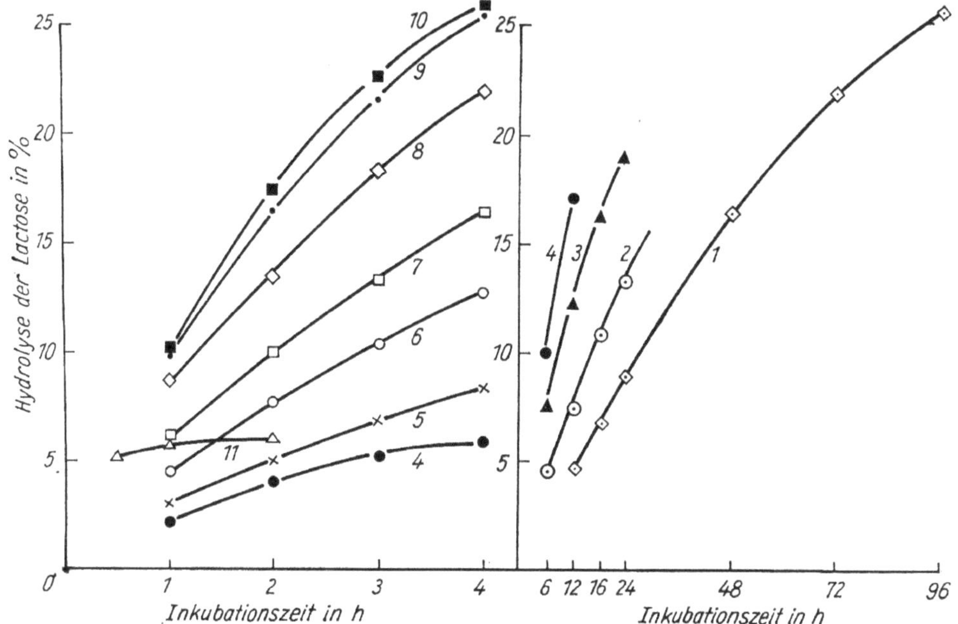

Bild 5.6.2. *Fortgang der Lactosespaltung in einem Magermilchkonzentrat (1 Teil eines Lactasepräparats je 32 Teile Milchtrockensubstanz, pH 6,3) [4]*
(1) 4,4 °C (2) 10 °C (3) 15,6 °C (4) 20,6 °C (5) 26,7 °C (6) 30,6 °C (7) 35,6 °C (8) 40,6 °C
(9) 44,4 °C (10) 49,4 °C (11) 54,4 °C

der Behandlung mit Enzympräparat zu. Sprühgetrocknete *Milchpulver* sind von besonders guter Qualität, wenn vor dem Trocknungsprozeß etwa 20% der Lactose (der hierfür herangezogenen Kondensmilch) enzymatisch gespalten werden.
Zahlreiche Autoren berichten über die Behandlung von Konzentraten aus entrahmter Frischmilch mit Lactase-Präparat, vor allem im Hinblick auf ihre Verwendung bei der *Speiseeisherstellung.* Diese Konzentrate werden oftmals vor ihrer Verwendung mehrere Tage im Kühlraum aufbewahrt. Durch Verwendung von Magermilcherzeugnissen mit partiell hydrolysiertem Lactoseanteil läßt sich die Nichtfett-Trockensubstanz eines Speiseeises von 10 ... 12% auf 13 ... 14% steigern, ohne daß das Eis „sandig" wird (bei Trockensubstanzanteilen von mehr als 12% muß mit einem Auskristallisieren der Lactose gerechnet werden). Im allgemeinen genügt die Hydrolyse von etwa 20% des Milchzuckers im Milchkonzentrat, um die Kristallisation der Lactose im Speiseeis völlig zu unterbinden. Bild 5.6.2. zeigt den Fortgang der Lactosespaltung in einem Magermilchkonzentrat unter Einwirkung von „Lactase B", einem Trockenpräparat aus Hefe [4]. Es empfiehlt sich, bei Speiseeis mit einem Fettanteil von 10 ... 12% Butterfett den Gehalt an fettfreier Trockensubstanz von 14,5% nicht zu überschreiten. Hohe Magermilchanteile steigern die Standfestigkeit der Kristallmasse, was wiederum einen weitgehenden Verzicht auf den Zusatz von Stabilisatoren bedeutet. Trotz alledem darf nicht übersehen werden, daß z. Z. bei der Speiseeisherstellung vorrangig Stabilisatoren eingesetzt werden.
Die Spaltung der Lactose in der Milch läßt sich auch – kontinuierlich oder chargenweise – unter Verwendung *trägerfixierter Lactase* durchführen [5].
Ein relativ großer Teil der Bevölkerung leidet an *Milchunverträglichkeit*, was u. a. auf ein Defizit an Lactase im Dünndarm und damit auf eine ungenügende Spaltung des Disaccharides bei der Verdauung zurückzuführen ist. Eine Substitution des Dünn-

darmenzyms durch Aufnahme eines Enzympräparats mit der Nahrung bei solchen Patienten hat sich bisher als nicht erfolgreich erwiesen. Durch Zerlegung des Milchzuckers in die Monosaccharide läßt sich jedoch in vielen Fällen diese Unverträglichkeit beheben. Es werden daher international Milchpulver angeboten, bei denen der Kohlenhydratanteil aus dem Gemisch Glucose/Galaktose besteht [6]. Das Trockenerzeugnis gleicht weitgehend normalem Milchpulver, allerdings ist sein Süßungsgrad etwas höher. Bisher wurden so behandelte Milcherzeugnisse von Kindern und Erwachsenen gut vertragen.

Literatur

[1] *Pyne, G. T.:* J. Dairy Res. **29** (1962) 101
[2] *Nickerson, T. A.:* J. Dairy Sci. **39** (1956) 1342
[3] *Tumerman, L., H. Fram* und *K. W. Cornley:* J. Dairy Sci. **37** (1954) 830
[4] *Sampey, J. J.,* und *C. E. Neubeck:* Food Engng. **27** (1955) Heft 1, S ·68, 180
[5] *Dinelli, D., R. Faustini, F. Morisi, M. Patore* und *A. Viglia:* Verfahren zur Enzymaufspaltung der Lactose der Milch oder von deren Derivaten. DDR-Patent 93 093, ausgegeben am 5. 10. 1972
[6] *Olling, C. J.:* Vortrag gelegentlich des Internationalen Symposiums über die Anwendung von Enzymen in der Landwirtschaft und Lebensmittelindustrie, Paris 1972

5.6.3.   Backwarenindustrie

Zahlreiche Autoren berichten über den Einsatz von Lactase-Präparat bei der Herstellung von *Milchgebäck* [1, 2]. Das Prinzip der enzymatischen Behandlung besteht darin, die durch Bäckerhefe nicht vergärbare Lactose in Glucose und Galaktose überzuführen. Glucose wird umgesetzt und trägt zu einer verstärkten Gasbildung bei (Bild 5.6.3.), Galaktose hingegen wird durch die Mikroorganismen des Teiges nur langsam angegriffen. Die verbleibende Galaktose bewirkt durch *Maillard*-Reaktion

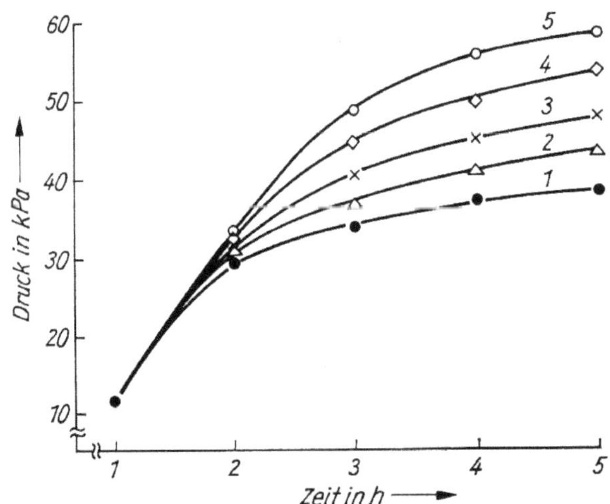

Bild 5.6.3. Einwirkung von Pilzlactase-Präparat je 100 g Mehl auf die Gasbildung eines unter Milchzusatz hergestellten Teiges [1]
(1) Kontrolle   (2) 0,75 mg Lactase-Präparat   (3) 1,5 mg Lactase-Präparat   (4) 3,0 mg Lactase-Präparat   (5) 6,0 mg Lactase-Präparat

306

mit den Eiweißbausteinen eine Intensivierung der Krustebildung. Die Wirkung der Lactase tritt besonders bei längerer Teiggärung ein [3]. Bei diesbezüglichen Untersuchungen wurden Lactasen aus Hefen, Bakterien und Schimmelpilzen getestet. Pilzlactase scheint sich am besten zu eignen. In speziellen Fällen können unter entsprechenden Bedingungen Molke oder entrahmte Frischmilch (jeweils mit Lactase-Präparat vorbehandelt) den Zucker in der Rezeptur ergänzen und ein Gebäck mit tief gefärbter Kruste liefern, das sich besonders gut zum Toasten eignet.

Literatur

[1] *Pomeranz, Y., B. S. Miller, D. Miller* und *J. A. Johnson:* Cereal Chem. **39** (1962) 398
[2] *Pomeranz, Y.:* Food Technol. **18** (1964) 96
[3] *Pomeranz, Y.:* Brot u. Gebäck **20** (1966) 40

5.7. Glucoseisomerase

Glucoseisomerase (D-Glucose-Ketolisomerase, EC 5.3.1.18.) katalysiert die reversible Überführung von *Glucose* in *Fructose* [1]. Das für diesen Prozeß gültige Gleichgewicht liegt bei etwa 50 %iger Konversion, unabhängig davon, ob von 100 % Glucose oder 100 % Fructose ausgegangen wird [1, 2] (Bild 5.7.a). Ein quantitativer enzymatischer Umsatz von Glucose in Fructose ist somit aus energetischen Gründen nicht möglich, jedoch kann auf diese Weise Invertzucker aus Glucose hergestellt werden; das so hergestellte Monosaccharidgemisch wird auch als „*Isomerose*" oder „*Isomeratzucker*" bezeichnet.

Glucoseisomerase läßt sich unter Einsatz von Stämmen der Gattungen *Pseudomonas* [3], *Streptomyces* [1, 4], *Aerobacter* [5], *Lactobacillus* und anderen [6] gewinnen. Das von *Aerobacter cloacae* synthetisierte Enzym benötigt Mg-Ionen zur Entfaltung seiner Wirkung; Co(II)-Ionen führen eine zusätzliche Aktivitätssteigerung herbei. Das *Temperaturoptimum* liegt bei 50 °C. *Streptomyces phaeochromogenus* produziert eine Isomerase, deren Aktivität ebenfalls bei Anwesenheit von Mg-Ionen ansteigt; auch Co(II)-Ionen wirken reaktionsbeschleunigend. Bei *p*H 9,0 und einer Temperatur von 60 °C – das Enzym ist in Gegenwart von Mg- oder Co(II)-Ionen sehr thermo-

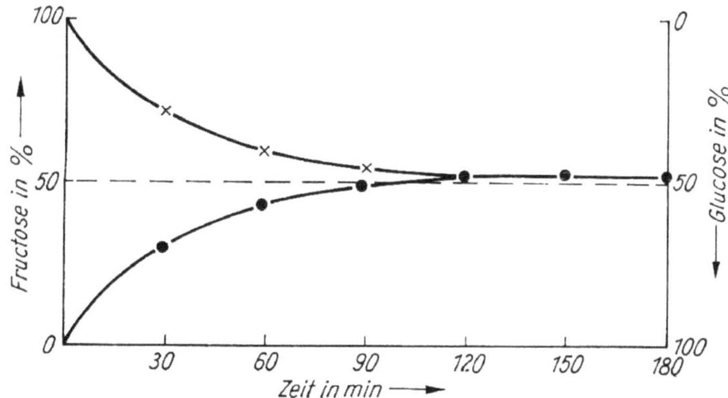

Bild 5.7.a. Einstellung des Gleichgewichts bei der Einwirkung von Glucoseisomerase aus Streptomyces phaeochromogenus auf Glucose oder Fructose (Ausgangskonzentration an Glucose oder Fructose: 0,5M, pH 9,0) [1]

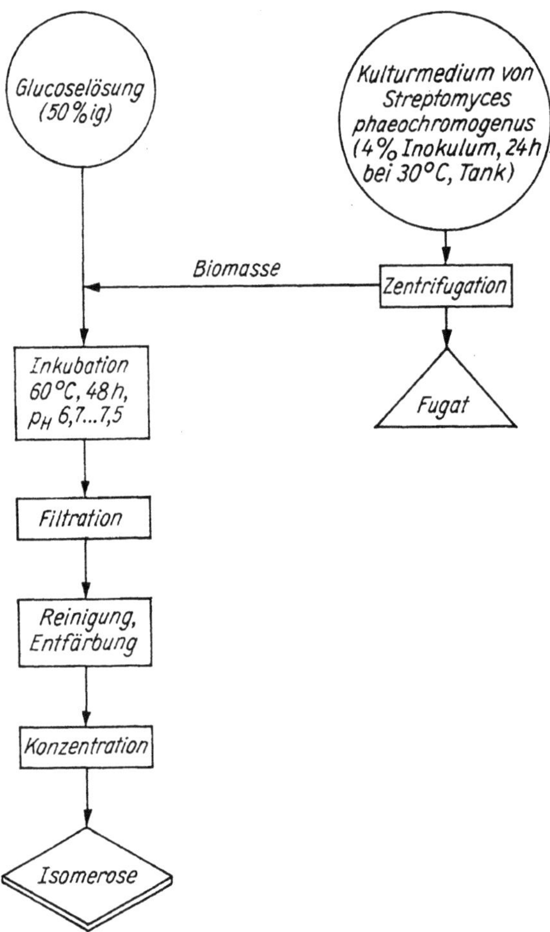

Bild 5.7.b. Isomerisierung von Glucose durch Glucoseisomerase aus Streptomyces phaeochromogenus [8]

resistent – ist der Gleichgewichtszustand durch Vorhandensein von 52% Fructose im Gesamtzucker gekennzeichnet [1]. Bei dem von *Takasaki* [4] beschriebenen Enzym aus *Streptomyces spec.* erweisen sich Ni- (sehr stark), Fe(III)-, Mn(II)- und Ca-Ionen als Inhibitoren, Mg- und Co(II)-Ionen hingegen als Stimulatoren. Stets erhöht sich mit steigender Glucosekonzentration die Umsatzgeschwindigkeit. Die von *Tsumura* und *Sato* [1, 5] beschriebene Glucoseisomerase ist auch gegenüber D-Xylose wirksam, sie ist hingegen ohne katalytische Wirkung auf D-Galaktose, D-Mannose, L-Arabinose und einige andere getestete Verbindungen. Hierbei ist zu berücksichtigen, daß bei der Kultivierung der Mikroorganismen Xylose als Kohlenstoffquelle benutzt wurde.

Die *Enzymaktivität* ist in üblicher Weise definiert (Bildung von 1 µmol Fructose je 1 min), wobei die Bestimmung der bei der Reaktion gebildeten Fructose im allgemeinen unter Zuhilfenahme der bekannten Farbreaktion der Ketose mit Cystein-Carbazol in schwefelsaurer Lösung erfolgt [7].

Auf Bild 5.7.b ist ein Schema der Herstellung von Isomerose im technischen Maßstab unter Einsatz von *Streptomyces phaeochromogenus* angegeben [8].

Glucoseisomerase-Präparate dürften vor allem in denjenigen Ländern für die Herstellung von Isomerose Bedeutung erlangen, in denen es an Saccharose aus Zuckerrüben bzw. -rohr mangelt, hingegen ein genügend hohes Angebot an Traubenzucker bzw. Stärke (vorrangig Maisstärke) vorliegt. Das Enzym wird im großtechnischen Maßstab vorrangig in immobilisierter Form eingesetzt. Allerdings kann bei der Süßwarenproduktion Isomerose bzw. Invertzucker die Saccharose infolge seiner in technologischer Hinsicht erheblich abweichenden Eigenschaften im allgemeinen nicht ersetzen. Andererseits ist jedoch darauf hinzuweisen, daß die *cariogene Wirkung des Invertzuckers* weit geringer als die der Saccharose sein dürfte, wenn man davon ausgeht, daß die durch die Transglucosidase-Wirkung der Mundbakterien hervorgerufene Synthese von *Dextran* (das der Mundflora als Reservepolysaccharid dient) nur mittels Saccharose, nicht hingegen mittels Invertzucker als Substrat möglich ist. Es sei in diesem Zusammenhang bemerkt, daß Fructose auch unter Einsatz von *Alkalien* aus Glucose hergestellt werden kann [9, 10]. Allerdings muß hierbei ein partieller desmolytischer Abbau der Hexosen in Kauf genommen werden.

Literatur

[1] *Tsumura, N.,* und *T. Sato:* Agric. biol. Chem. (Tokyo) **29** (1965) 1129

[2] *Kempf, W.:* Stärke **16** (1964) 96

[3] *Marshall, R. O.:* Enzymatic process. USA-Patent 2950228, ausgegeben am 13. 8. 1960

[4] *Takasaki, Y.:* Agric. biol. Chem. (Tokyo) **30** (1966) 1247; **31** (1967) 309

[5] *Tsumura, N.,* und *T. Sato:* Agric. biol. Chem. (Tokyo) **29** (1965) 1123

[6] *Suzuki, S.:* J. Japan. Soc. Starch Sci. **17** (1969) 155

[7] *Dische, Z.,* und *E. Borenfreund:* J. biol. Chemistry **192** (1951) 583

[8] Persönl. Mitteilung im Fermentation Research Institute Chiba/Japan gelegentlich des 7. Internationalen Kongresses für Biochemie, Tokyo 1967

[9] *Lobry de Bruyn, C. A.,* und *W. A. van Ekenstein:* Recueil Trav. chim. Pays-Bas **14** (1895) 203

[10] *Kainuma, K.,* und *S. Suzuki:* Stärke **18** (1966) 135; **19** (1967) 60, 66

5.8.   α-Galaktosidase

α-Galaktosidase (Melibiase; α-D-Galaktosido-Galaktohydrolase, EC 3.2.1.22.) spaltet *α-glykosidisch* gebundene *Galaktose* aus Oligosacchariden von der Galaktoseseite her ab [1]. So wird z. B. von diesem Enzym *Raffinose* in *Galaktose* und *Saccharose* zerlegt (vgl. S. 310).

α-Galaktosidase hydrolysiert das Disaccharid *Melibiose;* deshalb bezeichnet man dieses Enzym auch als *Melibiase.* α-Galaktosidase wird bevorzugt im *Pflanzenreich* angetroffen, und zwar vor allem bei solchen Vertretern, die Oligosaccharide der sog. „*Raffinosefamilie*" (Raffinose, Stachyose, Verbascose) enthalten, also in Leguminosen, Labiaten, Rosaceen, ferner in Kaffeebohnen, Gerstenmalz u. a. m. In *tierischen Geweben* ist sie nur wenig verbreitet (man findet sie in Schnecken, Insekten sowie einigen anderen Tierspezies). α-Galaktosidase wird des weiteren von verschiedenen *Schimmelpilzen, Bakterien* und *Hefen* synthetisiert [1 bis 7]. *Suzuki* u. a. [5] berichten über die Gewinnung des Enzyms aus *Mortierella vinacea*, wobei von mehreren ausgewählten C-Quellen, nämlich Galaktose, Melibiose, Raffinose und Lactose, interessanterweise das letztgenannte Saccharid die größte Enzymsynthese herbeiführt. Das *pH-Optimum* dieses Enzyms liegt bei 4,0. Es wird auch eine geringe *Invertaseaktivität* gefunden. *Suzuki* u. a. [7] beschreiben eine mittels *Streptomyces olivaceus* synthetisierte α-Galaktosidase. Auch hier dient Lactose als Induktor für die Enzym-

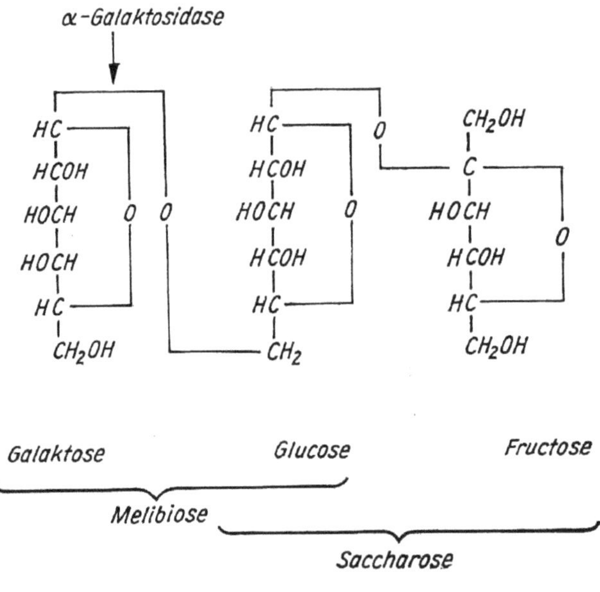

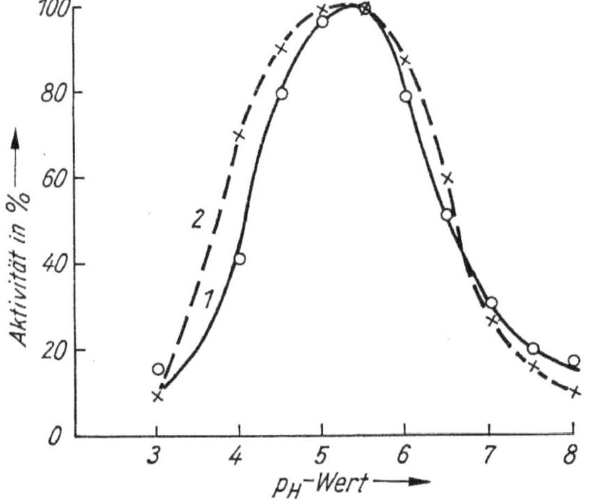

Bild 5.8.a. *Aktivität von α-Galaktosidase aus Streptomyces olivaceus bei verschiedenen pH-Werten [7]*
(1) Substrat: Melibiose
(2) Substrat: Raffinose

bildung. Das durch fraktionierte Salzfällung und Chromatographie an DEAE-Sephadex gereinigte Präparat hat folgende Eigenschaften: *pH-Optimum:* 5,2 (Bild 5.8.a); *Inaktivierungstemperatur:* 60 °C (Einwirkungsdauer: 15 min); *Inhibitoren:* Sulfhydrylreagenzien (p-Chloromercuribenzoat, Quecksilber(II)-chlorid, Silbernitrat) sowie einige Schwermetallionen (Fe^{++}, Cu^{++}, Pb^{++}).

Durch *Transgalaktosidasewirkung* wird aus Raffinose Stachyose gebildet und aus Melibiose ein Trisaccharid, das 2 Galaktoseeinheiten enthält. *Spezifität:* Raffinose wird unter geeigneten Versuchsbedingungen quantitativ in Galaktose und Saccharose zerlegt, desgleichen wird Galaktose aus den Oligosacchariden Melibiose, Raffinose und Stachyose vollständig abgespalten. Die Reaktionsraten verhalten sich hierbei wie 100 (Melibiose) : 520 (Raffinose) : 220 (Stachyose). In einem α-Galaktosidase-Präparat aus Hefe lassen sich mittels Gelelektrophorese 4 α-Galaktosidase-*Isoenzyme* nachweisen [8].

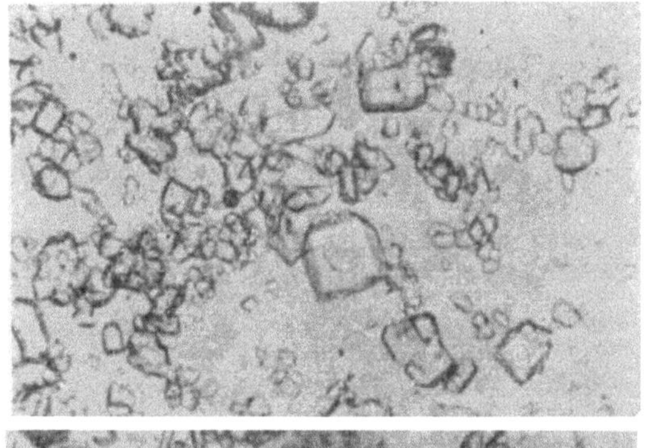

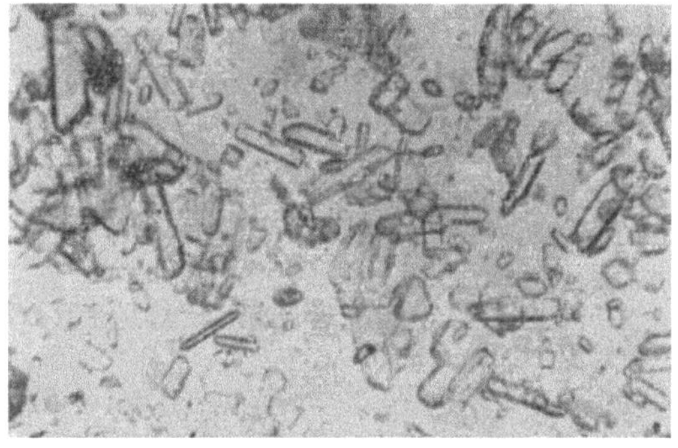

Bild 5.8.b. Saccharosekristalle aus mit α-Galaktosidase behandelter Melasse
a) unbehandelt,
b) Einsatz von α-Galaktosidase-Präparat [5]

Als *Einheit der Enzymaktivität* wird die Freisetzung von 1 μmol Galaktose oder Fructose aus Melibiose bzw. von 1 μmol Galaktose aus Raffinose je 1 min definiert. Sie wird am exaktesten durch Spaltung von Melibiose ermittelt, wobei die Glucose mittels Glucoseoxydase/Peroxydase erfaßt werden kann. Auch läßt sich Raffinose als Substrat heranziehen. Allerdings muß in diesem Fall die schwerer zu beschaffende Galaktoseoxydase zur Bestimmung des monomeren Spaltstückes eingesetzt werden. Will man diesen Schritt *reduktometrisch* verfolgen, läuft man Gefahr, auch eine etwaige, jedoch nicht erwünschte Zerlegung der Glucose/Fructose-Bindung mit zu erfassen.

Der α-Galaktosidase wurde in lebensmitteltechnologischer Hinsicht bisher relativ wenig Bedeutung beigemessen. Neuerdings verspricht man sich jedoch von ihrem Einsatz z. B. bei der großtechnischen *Rübenzuckerproduktion* einen ökonomischen Nutzen. In der Rübe kann bekanntlich die Konzentration an Raffinose bis zu 0,15% ansteigen. Die Anwesenheit dieses Trisaccharids führt zu Ausbeuteverlusten bei der Zuckergewinnung, insbesondere bei der Aufarbeitung des 2. und 3. Ablaufes, in denen der Raffinosegehalt erheblich ansteigen kann. Durch enzymatische Hydrolyse des Trisaccharids (sie muß bei *pH* 5,2 erfolgen, da bei niedrigerem *pH*-Wert die Gefahr einer partiellen Saccharoseinversion besteht) in Galaktose und Saccharose läßt sich dieser nachteilige Effekt verringern. Wichtig ist hierbei, ein *invertasefreies* α-Galaktosidase-Präparat einzusetzen. Ein mittels Submersproduktion gewonnenes Enzympräparat enthält gewöhnlich weniger von dieser unerwünschten Begleitkomponente als das entsprechende Emers-Präparat.

Bei der Einwirkung von Mycelextrakten aus Submerskulturen von *Mortierella* auf raffinosehaltige Melasse gelingt es, unter geeigneten Bedingungen über 80% des Trisaccharids innerhalb von 6 h in der oben beschriebenen Weise zu zerlegen. Nach Bild 5.8.b bekommt man aus Zuckerrübenmelasse nach der Raffinosehydrolyse eindeutig bessere Saccharosekristalle. Dieses Verfahren soll bis zur technischen Reife vorangetrieben werden, und man erhofft sich von seinem Einsatz volkswirtschaftlichen Gewinn.

Literatur

[1] *Wallenfels, K.,* und *O. P. Malhotra:* Advances Carbohydrate Chem. **16** (1961) 239
[2] *Sheinin, R.,* und *B. F. Crocker:* Canad. J. Biochem. **39** (1961) 55
[3] *Bailey, R. W.:* Biochem. J. **86** (1963) 509
[4] *Li. Y. T., S. C. C. Li* und *M. R. Shettar:* Arch. Biochem. Biophysics **103** (1963) 436; **106** (1964) 301
[5] *Suzuki, H., Y. Ozawa, H. Oota* und *H. Yoshida:* Agric. biol. Chem. (Tokyo) **33** (1969) 506
[6] *Suzuki, H., Y. Ozawa* und *O. Tanabe:* J. Fermentation Assoc. **22**, 455 (1964); Agric. biol. Chem. (Tokyo) **30** (1966) 1039
[7] *Suzuki, H., Y. Ozawa,* und *O. Tanabe:* Agric. biol. Chem. (Tokyo) **30** (1966) 1039
[8] *Wakabayashi:* J. Fak. of Eng., Shinshu Univ. Nr. **11** (1961) 1, 17

5.9. Proteasen

Als *Proteasen (Proteinasen)* bzw. *Peptidasen* werden ganz allgemein diejenigen Enzyme bezeichnet, welche die hydrolytische Spaltung der Peptidbindung von Proteinen bzw. Peptiden katalysieren [1 bis 7]:

$$R\text{—}CO\text{—}NH\text{—}R' + H_2O \rightarrow R\text{—}COO^- + NH_3^+\text{—}R'$$

Zahlreiche Proteasen können die Peptidbindung auch knüpfen (z. B. bei Vorliegen hoher Substratkonzentrationen), viele von ihnen können Transfer-Reaktionen katalysieren *(Transpeptidierungen),* z. B.

Benzoyl-L-tyrosinamid + Glycinamid → Benzoyl-L-tyrosylglycinamid + NH_3

Eine strenge Abgrenzung zwischen den Begriffen „Protease" und „Peptidase" ist nicht möglich, da Proteasen sowohl Proteine wie auch Peptide angreifen. Es ist daher üblich, vornehmlich zwischen *Endopeptidasen* und *Exopeptidasen* zu unterscheiden. Die Proteasen werden speziell den Endopeptidasen zugeordnet bzw. diesen gleichgesetzt. Exopeptidasen katalysieren die Freisetzung der endständigen Aminosäuren einer Peptidkette, wobei die *Aminopeptidasen* (Abspaltung der N-terminalen Aminosäure) von den *Carboxypeptidasen* (Spaltung vom C-terminalen Ende her) abzugrenzen sind. Dipeptide können nur durch solche Enzyme zerlegt werden, die zur Entfaltung ihrer katalytischen Wirksamkeit außer der spaltbaren Peptidbindung die Nachbarschaft einer freien Aminogruppe sowie einer freien Carboxylgruppe benötigen. Endopeptidasen hydrolysieren Peptide und Proteine im Molekülinneren, wobei der Lage der Peptidbindung im allgemeinen weniger Bedeutung zukommt. Zu dieser Gruppe gehören die bekannten gastrointestinalen Proteasen *(Pepsin, Trypsin, Chymotrypsin),* viele pflanzliche *(Papain, Ficin)* sowie die meisten mikrobiellen Enzyme (z. B. *Subtilisin)* (Bild 5.9.a).
Die Funktion der proteolytischen Enzyme besteht im Abbau von Proteinen und/oder Peptiden unter Bildung von Peptiden sowie Aminosäuren. Zahlreiche Proteasen

<table>
<tr><td></td><td colspan="7" align="center">NH₂   NH₂
| |
Phe–Val–Asp–Glu–His–Leu–CySO₃H–Gly–Ser–His–Leu–Val–Glu–Ala–</td></tr>
</table>

Pepsin	↑	↑			↑	↑ ↑
Chymotrypsin						
Trypsin						
Lab	↑				↑	↑

Bild 5.9.a. Angriffsstellen verschiedener Proteasen innerhalb der oxydierten B-Kette des Insulins

werden in einer inaktiven Vorstufe *(Zymogen, Proenzym)* gebildet. Durch Abspaltung bestimmter Peptidbruchstücke (autokatalytisch oder durch andere Proteasen) werden die Proteasen in die aktive Form übergeführt. Auf diese Weise bleiben z. B. die Proteine des Organismus vor dem Angriff der erst im Magen-Darm-Trakt wirksam werdenden Proteasen geschützt.

Einteilung

Die Proteasen werden im allgemeinen in 4 Gruppen untergliedert, und zwar in *Serinproteasen, Metallproteasen, Thiolproteasen* und *saure Proteasen*.

Tabelle 5.9.a. Wirkung und Herkunft von Serinproteasen [9]

Enzym bzw. Enzympräparat	EC-Nomenklatur	Wirkung bzw. Substrat	Herkunft
Trypsin	3.4.21.4.	$R_1-\left(\begin{matrix}Arg\\Lys\end{matrix}\right)\downarrow R_2$ $(pH\ 7,8 \dots 8,5)$ (R_2 in Peptid-, Amid- oder Esterbindung)	Pankreas
Chymotrypsin A Chymotrypsin B	3.4.21.1.	Peptid-, Amid-Esterbindungen, die an aromatische Aminosäuren angrenzen	Pankreas
Chymotrypsin C	3.4.21.2.	$R_1-Leu\downarrow R_2$ (R_2: Peptid-, Amid-, Esterbindung)	Pankreas
Pankreaspeptidase E (Elastase)	3.4.21.11.	Eiweiß, bes. Elastin $(pH\ 8,8)$	Pankreas
Enteropeptidase	3.4.4.8.	trypsinogenaktivierend $(pH\ 5,8)$	
Thrombin	3.4.21.5.	Fibrinogen $\rightarrow$ Fibrin $(pH\ 8)$; $R_1-Arg\downarrow R_2$ R_2: Peptid-, (Amid-, Esterbindung) $(pH\ 9)$	Blut
Plasmin	3.4.21.7.	Fibrin $(pH\ 7,4 \dots 7,8)$	Plasminogen
Subtilisin	3.4.21.14.	Casein $(pH\ 10 \dots 11)$; Eialbumin $\rightarrow$ Plakalbumin	*Bacillus subtilis*
Arthrobacter-Proteinase	3.4.21.17.	milchgerinnend $(pH\ 8,5)$; Poly-L-Lys; Bz-Arg-OAt	*Arthrobacter*-Arten
Streptomyces-Protease		Hämoglobin $(pH\ 8,5)$; Bz-Arg-OMe; Ac-Tyr-OÄt; Keratinasewirkung	*Streptomyces*-Arten
Aspergillopeptidase B	3.4.21.15.	Casein $(pH\ 7 \dots 9)$; Fibrinogen; To-Arg-OMe $(pH\ 8,5)$	*Aspergillus*-Arten
Saccharomyces-Protease		Casein $(pH\ 6)$; Ac-Tyr-OÄt $(pH\ 8)$; Z-Gly-Leu $(pH\ 6,1)$	*Saccharomyces cerevisiae*

Leu–Tyr–Leu–Val–CySO$_3$H–Gly–Glu–Arg–Gly–Phe–Phe–Tyr–Thr–Pro–Lys–Ala

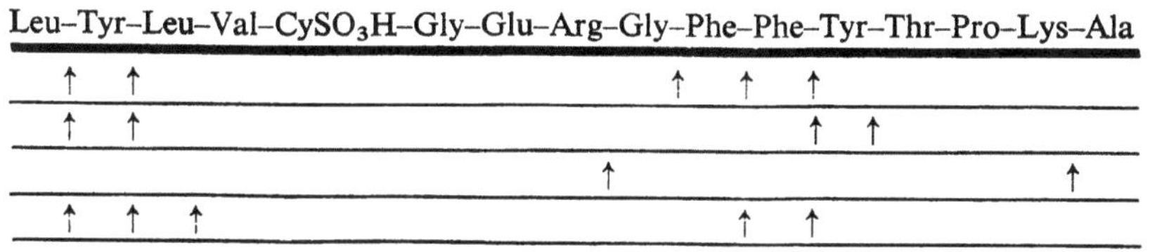

Anmerkung: Die Abkürzungen in den Tabellen 5.9.a bis 5.9.c bedeuten:

Bz Benzoyl-
Ac Acetyl-
Ät Äthyl-
Me Methyl-
Z   Carbobenzoxy-

Tabelle 5.9.b. Wirkung und Herkunft von Metallproteasen [9]

Enzym bzw. Enzympräparat	EC-Nomenklatur	Wirkung bzw. Substrat	Herkunft
Carboxypeptidase A	3.4.12.2.	Abspaltung der C-terminalen Aminosäure aus Peptiden (pH 7,5)	Pankreas
Carboxypeptidase B	3.4.12.3.	$R_1 \xrightarrow{\downarrow} \left(\begin{matrix} \text{Arg} \\ \text{Lys} \end{matrix} \right)$ (pH 7,5)	Pankreas
Hefe-Carboxypeptidase	3.4.12.8.	$R_1 \xrightarrow{\downarrow} \left(\begin{matrix} \text{Gly} \\ \text{Leu} \end{matrix} \right)$ (pH 6,0)	Bierhefe
Dipeptidasen	3.4.13.1.	Dipeptide	Leber, Niere
	⋮ 7		
Leucinaminopeptidase	3.4.11.1.	H–x–R_1 (x – freie Aminogruppe) (pH 8 … 9); Leucinamid (pH 8,5)	Niere
Clostridiopeptidase A	3.4.99.5.	Collagen; Keratin; x–Gly–Pro–y$\xrightarrow{\downarrow}$Gly–Pro (x, y beliebige Aminosäuren) (pH 7 … 8)	*Clostridium histolyticum*
Collagenase	3.4.24.3.	Collagen (pH 8 … 9)	Kaulquappe
Collagenase	3.4.24.3.	Z–Gly–Pro–Gly–Gly–Pro–Ala	extrazelluläre *Pseudomonas*-Enzyme
Protease		Eiweiße (pH 7 … 9)	
Elastase		Elastin (pH 8)	
Neutrale Protease		Casein (pH 7)	extrazelluläre
Thermophile Protease		Eiweiße (pH 7 … 8,5); Z–Gly–Pro–Leu–Ala–Pro	*Bacillus*-Proteasen
Neutrale Protease		Eiweiße (pH 7 … 8); Poly-L-Pro	*Streptomyces*-Arten
Neutrale Protease		Casein (pH 6,5 … 7,5)	*Aspergillus*-Arten
Dipeptidase		Leu–Gly, Leu–Ala, Gly–Gly	*Aspergillus*-Arten
Pronase (Handelspräparat)			*Streptomyces griseus*

Bei den *Serinproteasen* (Tab. 5.9.a) befindet sich *Serin* im aktiven Zentrum, das für die Wirksamkeit dieser Enzymgruppe essentiell ist. Sie werden vollständig und irreversibel durch *Diisopropylfluorophosphat (DFP)* gehemmt, wobei die Reaktion

$$\text{Enzym—OH} + \text{F—P}\underset{\overset{\displaystyle\|}{O}}{\overset{O—C_3H_7}{\diagdown O—C_3H_7}} \;\rightarrow\; \text{Enzym—O—P}\underset{\overset{\displaystyle\|}{O}}{\overset{O—C_3H_7}{\diagdown O—C_3H_7}} + \text{HF}$$

↑
OH-Gruppe des Serins

abläuft.

314

$$\boxed{\textit{Enzym}} \qquad \boxed{\textit{Enzym}} \qquad \boxed{\textit{Enzym}} \qquad \boxed{\textit{Enzym}} \qquad \boxed{\textit{Enzym}}$$

$$\underset{H}{R\!-\!\overset{NH_2}{\underset{|}{C}}\!-\!C\!=\!O} \longrightarrow \underset{H}{R\!-\!\overset{NH_2}{\underset{|}{C}}\!-\!C\!=\!O} \longrightarrow \underset{H}{R\!-\!\overset{NH_2}{\underset{|}{C}}\!-\!C\!=\!O} \underset{+OH^-}{\longrightarrow} \underset{H}{R\!-\!\overset{NH_2}{\underset{|}{C}}\!-\!\overset{|}{\underset{OH}{C}}\!-\!O^-} \underset{+H^+}{\longrightarrow} \underset{H}{R\!-\!\overset{NH_3^+}{\underset{|}{C}}\!-\!COO^-} + NH_3$$

Die *Metallproteasen* (Tab. 5.9.b) entfalten ihre Aktivität, wenn bestimmte *Metallionen* vorhanden sind, die an der Bindung zwischen Enzym und Substrat oder am katalytischen Vorgang mitwirken, wie es aus dem Beispiel einer Spaltung eines Aminosäureamids (schematisch) hervorgeht.

In der Hauptsache handelt es sich dabei um zweiwertige Metallionen (z. B. Mg^{++}, Mn^{++}, Zn^{++}, Co^{++}, Fe^{++}). Bei einem Teil dieser Enzyme (z. B. *Carboxypeptidase A*) ist das Metallion fest verankert, während es bei anderen Enzymen nur locker gebunden ist und durch Dialyse entfernt werden kann. Im letzten Fall können die betreffenden Proteasen durch Zugabe des spezifischen Metallions reaktiviert werden. Allen diesen Enzymen ist gemeinsam, daß sie durch *Chelatbildner* (EDTA, o-Phenanthrolin u. a.) gehemmt werden. Zu den Metallproteasen ist die als Nebenprodukt der Streptomycinproduktion *(Streptomyces griseus)* anfallende *Pronase* zu rechnen, eine Protease mit relativ geringer Spezifität und damit breiter Wirkung.

Die Aktivität der *Thiolproteasen* (Tab. 5.9.c) hängt von der Anwesenheit einer oder mehrerer *Sulfhydrylgruppen* im aktiven Zentrum bzw. im Enzymmolekül ab; diese gehören dem *Cystein* an. Die Thiolproteasen werden durch oxydierende Reagenzien (z. B. J_2, H_2O_2) gehemmt und durch reduzierende (z. B. H_2S, Cystein, Glutathion) aktiviert. Außerdem hemmen *Quecksilber*-Verbindungen, wie vor allem *p*-Chloro-

Tabelle 5.9.c. Wirkung und Herkunft von Thiolproteasen [9]

Enzym bzw. Enzympräparat	EC-Nomenklatur	Wirkung bzw. Substrat	Herkunft
Papain	3.4.22.2.	$R_1-\left(\begin{array}{c}Lys, Leu\\ Arg, Gly\end{array}\right)\!\!\overset{\downarrow}{-}R_2$ (R_2 in Peptid-, Amid- oder Esterbindung) (*p*H 6)	*Papaya*-Latex
Chymopapain	3.4.22.6.	Casein (*p*H 6,5 … 8,5); Z–Ala (*p*H 5,2); T–Tyr (*p*H 6)	*Papaya*-Latex
Ficin	3.4.22.3.	Eiweiße (*p*H 7); Z–Arg–NH$_2$ (*p*H 6)	Feigenbaum-Latex
Bromelin	3.4.22.5.	Eiweiße (um den Neutralpunkt); Z–Arg–NH$_2$, Z–Arg–OAt (*p*H 6)	*Ananas comosus*
Streptococcus-Peptidase A	3.4.22.10.	Eiweiße (*p*H 7,6); Z–Arg–NH$_2$ (*p*H 7 … 8)	*Streptococcus spec.*
Clostripapain	3.4.22.8.	$R_1-\left(\begin{array}{c}Arg\\ Lys\end{array}\right)\!\!\overset{\downarrow}{-}R_2$ (R_2: in Ester- oder Amidbindung (*p*H 7,2)	*Clostridium histolyticum*
Cathepsin C	3.4.14.1.	polymerisiert Dipeptidamide (*p*H 6); Gly–Tyr–NH$_2$, Gly–Phe–NH$_2$ (*p*H 5) Transaminase-, Protease-Wirkung	Niere, Milz
Cathepsin B	3.4.22.1.	Bz–Arg–NH$_2$, Bz–Arg–OÄt (*p*H 5,3); Transamidierung	Milz

mercuribenzoat, Phenylmercuriacetat (Mercaptidbildung), *alkylierende* Reagenzien (z. B. Jodacetamid) sowie bestimmte ungesättigte Verbindungen (z. B. N-Äthylmaleinimid).

Die Besonderheit der *sauren Proteasen* (Tab. 5.9.d) besteht darin, daß ihr Wirkungsoptimum im sauren pH-Bereich liegt.

Tabelle 5.9.d. Wirkung und Herkunft saurer Proteasen [9]

Enzym bzw. Enzympräparat	EC-Nomenklatur	Wirkung bzw. Substrat	Herkunft
Pepsin	3.4.23.1.	hydrolysiert Peptidbindungen, die an aromatische oder Dicarboxyl-L-Aminosäurereste angrenzen	Magensaft
Pepsin B	3.4.23.2.	Ac–Phe–Jodo–Tyr (pH 1,5 … 2); Eiweiße	Magensaft
Pepsin C	3.4.23.3.	Hämoglobin (pH 1,8 … 3); milchkoagulierend (pH 5,6)	Magensaft
Pepsin D		natives Kollagen (pH 3,5)	Magensaft
Gastricsin	3.4.23.3.	Eiweiße (pH 3); milchkoagulierend	Magensaft
Cathepsin D	3.4.23.5.	Hämoglobin (pH 3); Albumin (pH 4,2)	Milz
Aspergillo-Peptidase A	3.4.23.6.	Casein (pH 2,5 … 3); Trypsinogen-Chymotrypsinogen-aktivierend (pH 4,5)	*Aspergillus*-Arten
Penicillium-Peptidase A	3.4.23.7.	Trypsinogen-aktivierend (pH 3,4); Insulin	*Penicillium*-Arten
Paecilomyces-Protease		Casein (pH 2,5 … 3)	*Paecilomyces spec.*
Saccharomyces-Protease	3.4.23.4.	Casein (pH 2 … 2,7); Hämoglobin (pH 3 … 3,7)	*Saccharomyces spec.*
Rennin	3.4.23.4.	milchkoagulierend (pH < 5,4); $\varkappa$-Casein (…Phe…); Insulin (pH 4); Albumin (pH 3,4); Poly-L-Glu (pH 3,8)	Kalbsmagen
Mucor-Rennin		milchkoagulierend; Eiweiße (pH 3,5)	*Mucor pusillus*

Ein Modell des Wirkungsmechanismus der Hydrolyse durch *Pepsin* zeigt Bild 5.9.b.

Spaltungsspezifität

Von den einzelnen Proteasen werden jeweils nur spezielle Bindungen zerlegt, wobei die an den Peptidbindungen beteiligten Aminosäuren eine besondere Rolle spielen. So spaltet z. B. das sehr spezifisch wirkende *Trypsin* nur solche Verknüpfungen, an denen die Carboxylgruppe entweder des Lysins oder des Arginins beteiligt ist, *Chymotrypsin* diejenigen, an denen Phenylalanin, Tyrosin oder Tryptophan die Carbonylfunktion liefern; die Art der an diesen Bindungen mit ihrer *Aminogruppe* angreifenden Aminosäuren ist hier für die Spaltungsspezifität von sekundärer Bedeutung. *Pepsin* spaltet bevorzugt Bindungen zwischen zwei hydrophoben Aminosäuren; bei längerer Einwirkungszeit werden zunehmend auch andere Bindungen zerlegt. Zahlreiche Peptidasen können neben der Peptidbindung auch die *Ester-*, die *Amid-*, ja sogar die *Hydrazid-*, *Anilid-* und *Thiolester-Bindung* zerlegen.

316

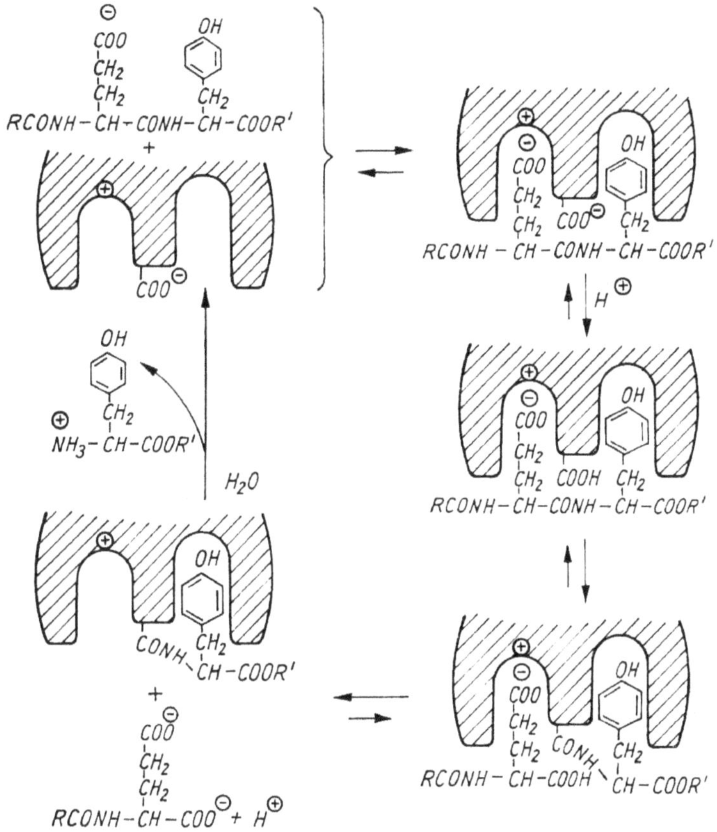

Bild 5.9.b. Möglicher Reaktionsverlauf der Hydrolyse von N-Acetyl-L-glutamyl-L-tyrosinester durch Pepsin [1]

$$R_1\!-\!C\!\!\begin{array}{l}\overset{H}{\underset{}{N}}\!-\!R_2\\[-2pt]\diagdown\\O\end{array}$$ Peptidbindung

$$R_1\!-\!C\!\!\begin{array}{l}O\!-\!R_2\\[-2pt]\diagdown\\O\end{array}$$ Esterbindung

$$R_1\!-\!C\!\!\begin{array}{l}NH\!-\!R_2\\[-2pt]\diagdown\\O\end{array}$$ Amidbindung

$$R_1\!-\!C\!\!\begin{array}{l}NH\!-\!NH\!-\!R_2\\[-2pt]\diagdown\\O\end{array}$$ Hydrazidbindung

$$R_1—C \begin{smallmatrix} NH—\langle\bigcirc\rangle—R_2 \\ \\ \backslash\!\!\!O \end{smallmatrix}$$ Anilidbindung

$$R_1—C \begin{smallmatrix} S—R_2 \\ \\ \backslash\!\!\!O \end{smallmatrix}$$ Thiolesterbindung

Dieses Verhalten der Proteasen wird vielfach für ihre *Charakterisierung* herangezogen. Vor allem sind zahlreiche *synthetische Substrate* auf ihre Spaltbarkeit durch die zu untersuchenden Enzyme getestet worden, um hierdurch Rückschlüsse auf ihre Spaltungsspezifität ziehen zu können [8]. Es muß jedoch betont werden, daß die auf dieser Basis ermittelten Befunde noch keine schlüssige Aussage über die Spaltungsspezifität bei Einsatz natürlicher Substrate gestatten.

Je nach den verschiedenen Enzymkomponenten, die in den im Handel befindlichen Enzympräparaten enthalten sind, liegen hochspezifische Präparate oder aber solche mit einem breiten Anwendungsgebiet vor. Dies ist für die praktische Verwendung der Präparate (z. B. bei der Lebensmittelproduktion) wichtig, da u. U. geeignete Kombinationen einzusetzen sind.

Zur *Feststellung der Spaltungsspezifität* läßt man das Enzym auf ein Protein mit bekannter Primärstruktur einwirken (z. B. Insulin, Ribonuclease, Cytochrom C) und ermittelt die Spaltstücke. Bei geeigneter Versuchsanstellung kann auf die hydrolysierten Bindungen geschlossen werden.

Die wichtigsten Substrate für Proteasen bzw. Peptidasen (einschließlich der synthetischen Substrate) sind in den Tab. 5.9.a bis 5.9.d genannt (s. hierzu auch 2.9.2.).

Vorkommen und Eigenschaften

Zahlreiche Proteasen sind aus *pflanzlichen* und *tierischen Geweben* isoliert worden, eine Vielzahl von Präparaten wurde unter Zuhilfenahme von *Mikroorganismen* hergestellt, einige wichtige Präparate sind in den Tab. 5.9.a bis 5.9.d aufgeführt.

Bestimmung der Enzymaktivität

Das Prinzip der in der Praxis am häufigsten angewandten Methoden zur Bestimmung der Proteaseaktivität besteht darin, das zu untersuchende Enzym auf ein natürliches Substrat (z. B. *Casein, Hämoglobin*) einwirken zu lassen. Nach einer bestimmten Zeit wird die Inkubation unterbrochen. Man fällt mit Trichloressigsäure die höhermolekularen – d. h. vor allem die nicht umgesetzten – Proteine aus und bestimmt im Überstand die gelösten Verbindungen, d. h. die Spaltprodukte. Ihre Konzentration ermittelt man durch Messung der Extinktion von *UV-Licht* (280 nm); bei Zuhilfenahme eines Farbreagens wird im *sichtbaren Spektralbereich* gemessen. Da beide Verfahren im wesentlichen auf der Anwesenheit der in Proteinen enthaltenen aromatischen Aminosäuren basieren, wird vereinbarungsgemäß auf *Tyrosin* bezogen (mit dem auch die Eichkurve hergestellt wird).

Aktivitätsmessungen werden auch unter Zuhilfenahme *synthetischer Substrate* vorgenommen [8]. Als solche werden Dipeptide, Tripeptide, die oben bereits angeführten Ester, Amide, Hydrazide u. a. m. eingesetzt. Besonders geeignet sind *chromogene Substrate*, d. h. Peptide, die bei enzymatischer Zerlegung ein gefärbtes Spaltprodukt liefern, dessen Konzentration durch Messung der Farbintensität sehr einfach ermittelt werden kann. Die Enzymaktivität wird hierbei in „μmol gespaltenes Substrat" bzw. „gebildete chromogene Substanz" angegeben. Die Verfahren unter Zuhilfenahme synthetischer Substrate gewinnen auch in der Praxis zunehmend an Bedeutung.

Im Zusammenhang mit diesem Abschnitt sind in der Deutschen Demokratischen Republik TGL Nr. 29170/01 und TGL Nr. 29170/02 zu beachten.

Literatur

[1] *Boyer, P. D., H. Lardy* und *K. Myrbäck:* The Enzymes. Bd. 4. New York–London: Academic Press 1960, S. 85

[2] *Hanson, H.:* Exopeptidasen. In: Hoppe-Seyler/Thierfelder: Handbuch der Physiologisch- und Pathologisch-Chemischen Analyse, 10. Aufl., Bd. VI C. Berlin–Heidelberg–New York: Springer-Verlag 1966, S. 1 bis 229

[3] *Laskowski, M.sr., B. Kassell, R. J. Peansky* und *M. Laskowski, jr.:* In: Endopeptidasen, Zit. [2], S. 229 bis 304

[4] *Barmann, T. E.:* Enzyme Handbook, Bd. 2. Berlin–Heidelberg–New York: Springer-Verlag 1969, S. 602 bis 643

[5] *Rapoport, S. M.:* Medizinische Biochemie, 5. Aufl. Berlin: VEB Verlag Volk und Gesundheit 1969

[6] *Dévényi, T., P. Elödi, T. Keleti* und *G. Szabolcsi:* Strukturelle Grundlagen der biologischen Funktion der Proteine. Budapest: Akadémiai Kiadó 1969

[7] *Whitaker, J. R.:* Principles of Enzymology for the Food Sciences. New York: Marcel Dekker, Inc. 1972, S. 511 bis 543

[8] *Meisel, P.:* Versuche zur Reinigung und Charakterisierung der extrazellulären proteolytischen Enzyme eines Stammes von Thermoactinomyces vulgaris. Dissertationsschrift Univ. Halle-Wittenberg 1971

[9] *Ichishima, E.:* Protein, Nucleic Acid, Enzyme **12** (1967) 539 (japan.)

5.9.1.   Fleischwirtschaft

Vorgänge bei der natürlichen Fleischreifung

Während *Schweine-* und *Geflügelfleisch* schon unmittelbar nach der Schlachtung die gewünschte Zartheit und den vom Konsumenten erwarteten charakteristischen Geschmack aufweisen, liegen die Verhältnisse beim *Rindfleisch* anders. Schon äußerlich sind die nach der Schlachtung des Rindes ablaufenden Vorgänge zu erkennen. Die schlaffe Muskulatur beginnt sich zu versteifen, und nach wenigen Stunden ist der ganze Körper starr. Dieser Zustand wird *Totenstarre (Rigor mortis)* genannt. Er beginnt in der Kaumuskulatur, setzt sich bis zu den vorderen Gliedmaßen fort und dehnt sich schließlich bis auf die hinteren Extremitäten aus. Diese Starre bleibt im allgemeinen ein bis zwei Tage bestehen und beginnt sich danach wieder zu lösen.

Mit dem *Schlachten* bzw. nach dem Ausbluten des Rindes wird der normale Ablauf der Lebensvorgänge eingestellt, und ein ganzes System von biochemischen und physikalisch-chemischen Vorgängen beginnt abzulaufen, die nicht mehr mit dem Stoffwechsel des normal durchbluteten Muskels übereinstimmen [1, 2]. Die Umwandlung des lebenden Muskels zum Nahrungsmittel Fleisch wird ausgelöst durch die *Unterbrechung der Blutzirkulation,* was insbesondere den Stoffwechsel des Glykogenvorrats des Muskels in andere Bahnen lenkt [3].

Nebenher werden aus verschiedenen Zellorganellen, vor allem aus den *Lysosomen* – vermutlich infolge Permeabilitätssteigerung der Membranen durch pH-Abfall –, *hydrolytische Enzyme,* u. a. auch *Endopeptidasen (Kathepsine),* freigesetzt. Diese sind

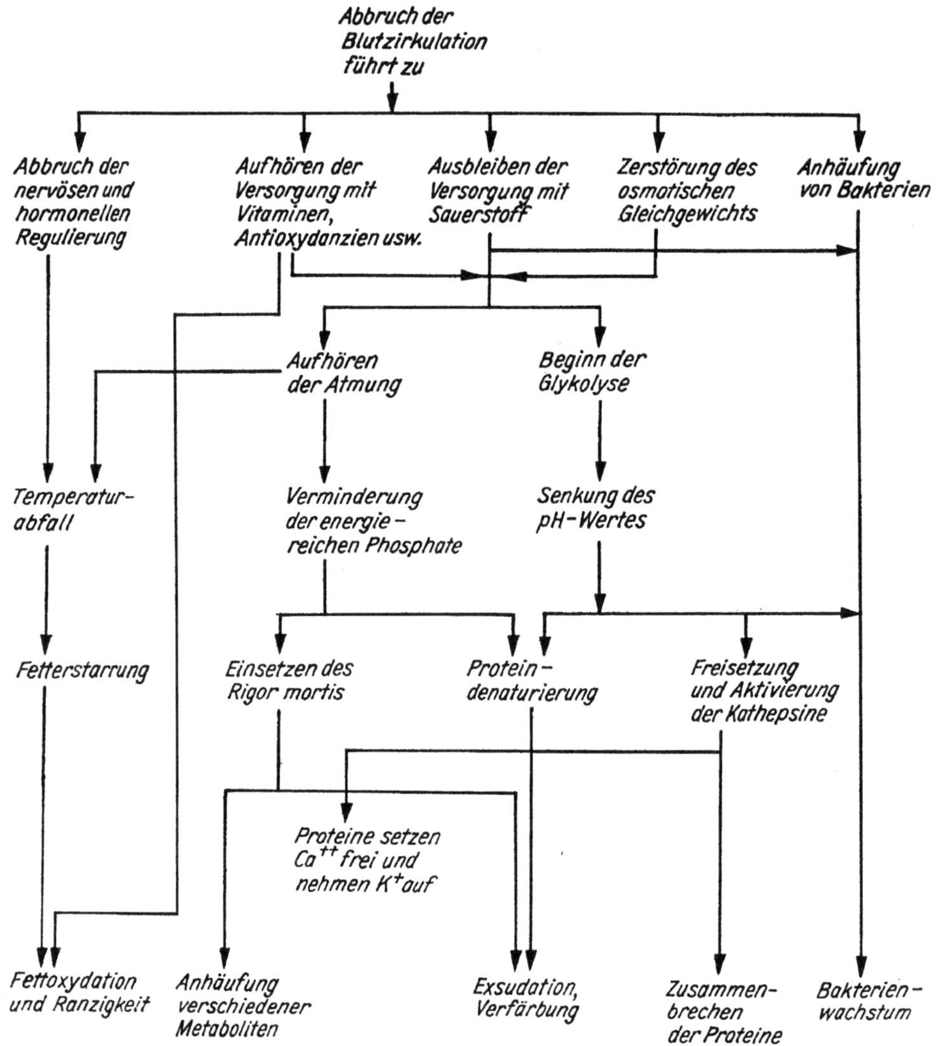

Bild 5.9.1.a. Folgen des Abbruchs der Blutzirkulation im Muskelgewebe (schematisch)

offenbar für die *Proteolyse* bzw. Selbstauflösung des Muskelgewebes, die einige Zeit nach dem Rigor beginnt, verantwortlich. Die Kathepsine scheinen hauptsächlich auf denaturierte Proteine einzuwirken und fördern – mehr oder weniger intensiv – den Proteinabbau zu Peptiden und freien Aminosäuren. Hinzu kommen Veränderungen des Substrats infolge Aufhörens der *nervösen* und *hormonellen Regulierung* von Enzymreaktionen sowie der Versorgung des für den Ablauf metabolischer Prozesse verantwortlichen Enzymsystems mit *Vitaminen* und *Cofaktoren* und eine Störung des *osmotischen Gleichgewichts* im Zellgewebe. Auf Bild 5.9.1.a sind die vorangehend skizzierten, einzeln ablaufenden oder voneinander abhängigen Vorgänge zusammengestellt, die in ihrer Gesamtheit die Umwandlung des Schlachttiermuskels zum für den Verbrauch geeigneten Fleisch bewirken und als „Fleischreifung" bezeichnet werden. Die *nach dem Rigor* eintretende *Reifung* besteht in einem Weichwerden der *Myofibrillen* durch die vorangehend genannten Prozesse, im Rücktritt eines beachtlichen Teiles des im Rigor ausgepreßten Muskelsaftes in die Faser, in der Wiedererlangung der *Quellung* und einem langsamen Anstieg des *p*H-Wertes. Das Fleisch wird mehr oder weniger zart und saftig.

Neben diesen die *Muskelfaser* betreffenden Reifungsvorgängen spielen auch Reaktionen, die im *Bindegewebe* ablaufen, eine bedeutsame Rolle. Der Bindegewebeanteil schwankt von Muskel zu Muskel zwischen 5% und 35%. Hierzu rechnet man das *Retikulin*, das *Elastin*, das *Collagen* und die *Mucoproteide* der Grundsubstanz. Während über die Veränderungen des Retikulins nichts bekannt ist, unterliegen die drei anderen Bestandteile einem hydrolytischen Abbau, wobei die Vorgänge am Collagen auf die Zartheit den größten Einfluß nehmen.

Die nach Ablauf der Reifung eingetretene *Zartheit* des Fleisches ist schwer zu definieren. Mit diesem Begriff sind verbunden Eigenschaften (z. B. *Kaubarkeit, Mürbe, Weichheit, Saftigkeit*), Menge und Art des nach dem Kauen verbleibenden *Rückstands, Langfaserigkeit* und *Derbheit*. Selbstverständlich werden auch Geruch und Geschmack des gegarten Fleisches von den vorangehend genannten Umsetzungen betroffen und tragen zur Bewertung der Fleischqualität bei [4, 5]. Das typische *Fleischaroma* bildet sich allerdings erst beim Garen aus, d. h. bei der küchenmäßigen Zubereitung.

Der Zeitraum für die natürliche Reifung des Rindfleisches erstreckt sich über 12 bis 18 Tage. Diese Lagerung verteuert das Erzeugnis nicht nur wegen der *Kühlkapazität*, sondern auch wegen der hierbei auftretenden *Wasserverluste* sowie der Gefahr eines *mikrobiellen Befalls*. Es hat daher nicht an Versuchen gefehlt, diesen Vorgang zu beeinflussen, um in kürzerer Zeit zu einem genußfähigen Fleisch zu gelangen. In engem Zusammenhang mit dieser Frage stehen Bemühungen, den Anteil eines Schlachttierkörpers an *kurzbratfähigem Fleisch* zu erhöhen.

Einsatz von Tenderizern zur Erhöhung der Zartheit von Rindfleisch

Auf Bild 5.9.1.b sind Verfahren zur *Beeinflussung der Fleischreifung* zusammengestellt. Im folgenden werden jedoch nur die unter Einsatz von Enzympräparaten

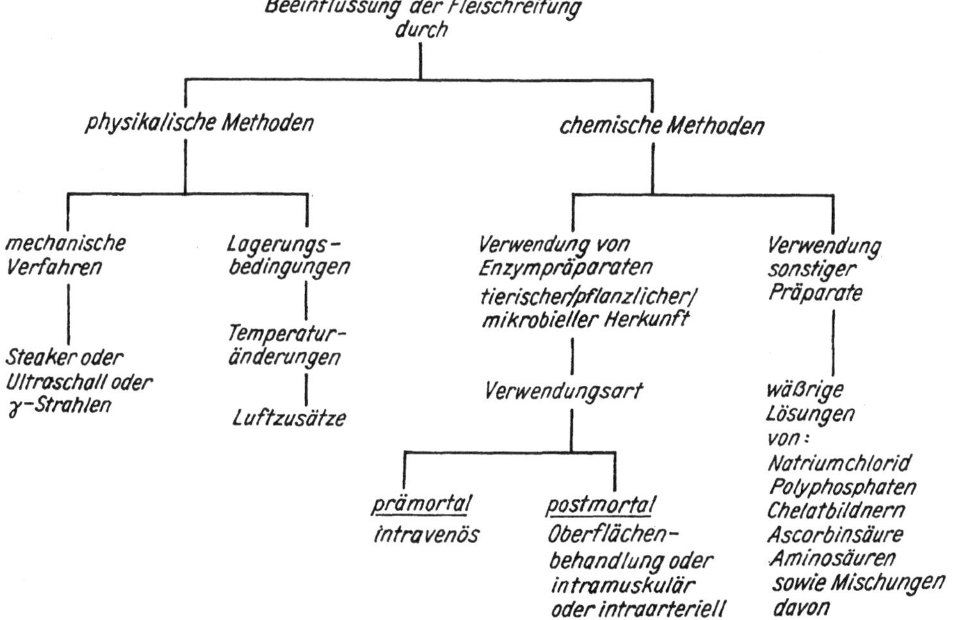

Bild 5.9.1.b. Methoden zur Beeinflussung der Fleischreifung (schematisch)

entwickelten Verfahren zur künstlichen Reifung näher beschrieben [6 bis 13]. Zahlreiche proteolytisch wirksame Enzyme, und zwar vorwiegend pflanzlichen, jedoch auch mikrobiellen Ursprungs, werden hierfür verwendet (an pflanzlichen Enzymen z. B. *Papain, Ficin*; an mikrobiellen Enzymen z. B. *Rhozyme P 11, Subtilisin, Pronase*). Derartige Präparate, die zumeist Kochsalz und/oder andere Würzstoffe enthalten, sind unter dem Namen *Tenderizer (Zartmacher)* im Handel. Hauptsächlich dient bisher Papain als Enzymkomponente.

Die Wirksamkeit der einzelnen Enzympräparate gegenüber den verschiedenen Fleischbestandteilen wird unterschiedlich beurteilt. Nach *Miyada* und *Tappel* [14] greifen Ficin, Bromelin, Papain und mikrobielle Proteasen die Muskelfaser wie auch Collagen an. Nach *Dahl* [15] zeigen Ficin und Papain eine gleich gute Wirkung gegenüber Elastin und Actomyosin.

Obwohl außer Frage steht, daß die natürliche Fleischreifung nicht ausschließlich einer Proteolyse gleichzusetzen ist, sind mit pflanzlichen Proteasen bereits gute Reifungseffekte erzielt worden. Wichtig ist, daß *Proteasekombinationen* ausgewählt bzw. hergestellt werden, in denen sich die positiven Eigenschaften der einzelnen Komponenten gegenseitig ergänzen (z. B. hinsichtlich des Temperaturverhaltens, der Angreifbarkeit auf die Bindegewebeproteine Collagen und Elastin usw.), so daß je nach Anwendungsform und Schlachtwertklasse ein optimaler Effekt erzielt werden kann. Auf diese Weise gelingt es, einen Zartheitsgrad zu erhalten, der qualitativ wie auch quantitativ dem durch natürliche Fleischreifung nahekommt bzw. gleichzusetzen ist. Fleischqualität und -aroma werden bei der Behandlung nicht nachteilig beeinflußt. Die Vorteile dieser Verfahren liegen einmal in der wesentlich verkürzten *Abhängezeit* (Reifungszeit), zum anderen in der Tatsache, daß Fleisch einer *niedrigeren Schlachtwertklasse* bzw. daß Fleischpartien von *geringerer Qualität* verbessert werden können.

Wünschenswert ist ein *Temperaturoptimum* der Enzyme oberhalb 40 °C, so daß die Präparate bei der küchentechnischen Zubereitung bevorzugt erst im Verlauf der *Erhitzungsphase* wirksam werden [16]. Bei dieser Temperatur werden die Proteine bereits partiell denaturiert. Dies ist von Vorteil, da die Enzyme auf denaturiertes Eiweiß mit größerer Intensität einwirken. Auch das Bindegewebe wird dann leichter angegriffen.

In der Literatur wird jedoch verschiedentlich auch die Meinung vertreten, daß der Hauptangriff des Enzyms auf die Fleischfaser bzw. auf das Bindegewebe im Zeitabschnitt *zwischen Applikation und dem Garen* erfolgt bzw. auf diesen zu verlegen ist. Hierfür werden Enzyme mit niedrigerem Temperaturoptimum bzw. mit einer bereits bei Normaltemperatur genügend hohen Aktivität benötigt. Die Zartmachung erfolgt im vorgenannten Fall über einen längeren Zeitraum, der einige Stunden bis mehrere Tage – je nach Lagertemperatur – umfassen kann. Damit sich das Enzym für die Zartmachung eignet, muß es im *p*H-Bereich des Fleisches (5 ... 6) eine wirksame Aktivität aufweisen.

Prämortale Applikation

Wie aus Bild 5.9.1.b ersichtlich ist, können Enzympräparate grundsätzlich entweder prämortal oder postmortal verwendet werden. Bei der *prämortalen Applikation* [17 bis 19] geht man von dem Gedanken aus, daß der Blutkreislauf des lebenden Tieres ein ausgezeichnetes Verteilungssystem darstellt. Das Enzympräparat wird in die *Vena jugularis* injiziert, wobei sich die Menge je 1 kg Lebendmasse im wesentlichen nach der Schlachtwertklasse des Tieres richtet. Die Applikation soll ohne Schmerz- und Schockwirkung erfolgen. An die für eine prämortale Applikation vorgesehenen Enzympräparate sind *hohe Qualitätsanforderungen* zu stellen. So müssen sie eine hohe spezifische Aktivität aufweisen und möglichst frei von Begleitstoffen – vor allem Fremdproteinen – sein. Nur dann ist es möglich, die durch das Einbringen von Eiweiß in die Blutbahn bedingten *Abwehrreaktionen* des Körpers so gering wie möglich zu halten. Trotzdem kann es im Verlauf der Verteilung des Enzyms zu einer partiellen Inaktivierung des applizierten Enzyms kommen, so daß u.U. relativ große Mengen hiervon benötigt werden. Nach Angaben bulgarischer Autoren werden nach der Injektion des Enzympräparats in den Blutkreislauf *bluteigene Proteasen* wirksam, die den zugesetzten Tenderizer mehr oder weniger stark in seiner Aktivität inhibieren und ihn allmählich unwirksam werden lassen [20].

Für prämortal zu injizierende Enzyme gilt in besonderem Maße die Forderung nach einem möglichst hohen Temperaturoptimum (z. B. einem solchen oberhalb 60 °C) sowie nach einer möglichst geringen Aktivität bei Kühlhaustemperatur. Der proteolytische Umsatz soll im Stadium der Lagerhaltung so gering wie möglich gehalten werden und erst im Verlauf des Garmachungsprozesses bei der küchentechnischen Zubereitung voll einsetzen.

Die Tiere werden innerhalb von 3 ... 30 min nach der Applikation des Enzympräparats geschlachtet. Das Fleisch wird nach dem Zerlegen bei einer Reifungstemperatur von 2 ... 4 °C gelagert und ist bereits 1 bis 2 Tage nach dem Schlachten zum Verbrauch geeignet. Damit das Enzym nicht im Verlauf der Lagerhaltung in größerem Umfang wirksam werden kann, muß die Kühlkette bis zum Verbraucher exakt eingehalten werden. Ein normales Schlachttier liefert etwa 7% kurzbratfähiges Fleisch (Steaks) und 42% Bratenfleisch, ein mit Enzympräparat behandeltes Tier hingegen – nach Literaturangaben – *75% Steaks* oder *90% Bratenfleisch*. Da bei dieser Behandlungsart jedoch die leichter hydrolysierbaren Gewebe, vor allem *Innereien*, vom Enzym stärker angegriffen bzw. *überzart* gemacht werden, ist eine normale küchenmäßige Zubereitung verschiedener Organe (Leber, Lunge, Niere usw.) nicht möglich.

Postmortale Applikation

Tenderizer können auch *postmortal* eingesetzt werden. Ein Problem stellt hierbei die gleichmäßige Verteilung des Enzyms innerhalb des zu behandelnden Fleisches dar, da die Geschwindigkeit der Diffusion in das Gewebe äußerst gering ist. (Die *Diffusionsgeschwindigkeit* beträgt für papainhaltige Präparate weniger als 1 mm je 1 h; selbst bei 8stündiger Einwirkungsdauer dringt das Enzym maximal 2,5 mm in das Fleisch ein [21].) Die zur *Oberflächenbehandlung* von Fleisch eingesetzten Enzympräparate werden in pulverförmiger oder auch flüssiger Form verabfolgt. Sie enthalten zwecks Verhinderung einer Überdosierung etwa 2 ... 5% Enzym und 95 ... 98% eines *Zusatzstoffes* (zumeist Kochsalz). Als enzymindifferente *Träger* können ferner Polyphosphate, Saccharose, Glucose, Lactose, Glutamat, Propylenglykol, Glycerin, Kräuter- und Gemüseextrakte bzw. verschiedene Würzstoffe und u. U. auch Glutathion oder Cystein (die beiden letzten als *Stabilisatoren*) verwendet werden.

Den Fleischstücken wird durch *Pudern* (Trockenpräparate) oder *Tauchen* bzw. *Besprühen* (Flüssigpräparate) das Enzympräparat zugesetzt. Als *Lösungsmittel* dienen hierbei zumeist Wasser, Wasser/Alkohol oder auch Gemische aus Wasser und Propylenglykol. Das so behandelte Fleisch soll zur Enzymeinwirkung vor der küchenmäßigen Zubereitung etwa 1 ... 3 h bei Normaltemperatur liegen bleiben. Die so eingesetzten Enzyme müssen demzufolge ihre Aktivität bereits bei relativ niedrigen Temperaturen entfalten. Dies kann jedoch dazu führen, daß z. B. bei Normaltemperatur ein Schmierigwerden der Fleischoberfläche auftritt, ehe die tiefer liegenden Teile des Fleisches vom Enzym erreicht werden. Man hat verschiedentlich vorgeschlagen, das Diffundieren des Enzyms in tiefere Partien durch *Einstechen* des Fleisches oder durch *Aufpressen* desselben auf eine *mit Nägeln besteckte Platte* zu erleichtern.

Wenn die vorangehend genannten Arten der Zartmachung im Haushalt angewandt werden sollen, ist die mit den Eigenschaften der Tenderizer im allgemeinen nicht vertraute Hausfrau eingehend zu informieren; weit besser wäre auch hier eine industriemäßige Behandlung der Fleischstücke.

Eine weitere Möglichkeit zur Zartmachung von portioniertem, verzehrsfertigem Fleisch besteht darin, das Fleisch in scheibenförmige Stücke zu schneiden, diese in eine mit einem *proteolytischen Enzympräparat beschichtete Klarsichtfolie* einzuwickeln und das eng anliegende Papier zu verschweißen. Bei Aufbewahrung dieser Portionen in der Gefrierlagertruhe ($-5 \ldots -20\,°C$) ist mit einer nur äußerst geringen bzw. keiner Enzymwirksamkeit zu rechnen. Erst eine Lagerung bei Normaltemperatur liefert ein zartes, künstlich gereiftes Fleisch.

Will man größere Fleischstücke (etwa $2 \ldots 3$ kg) zartmachen, so bedient man sich der *intramuskulären Applikation* nach Art der Spritzpökelung. Dabei wird eine wäßrige Enzymlösung unter Anwendung von *Druck* ($0,2 \ldots 0,4$ MPa Überdruck) injiziert. (Es gibt auch Vorschläge, das Muskelgewebe vor der Zugabe des Enzympräparats mit Druckluft oder Stickstoff aufzulockern, um eine bessere Verteilung des Tenderizers herbeizuführen.) Es ist darauf zu achten, daß eine zu hohe lokale Enzymkonzentration vermieden wird, da anderenfalls ein intensiver Abbau in der unmittelbaren Umgebung der Einstichstelle herbeigeführt würde. Zur Erzielung einer optimalen Wirkung wird die Enzymaktivität der Lösung so eingestellt, daß eine etwa 10%ige Massezunahme des zu behandelnden Fleisches erfolgt.

Weitere Applikationsmöglichkeiten

Das Enzympräparat kann des weiteren in einer Form zugegeben werden, die gewissermaßen zwischen der prämortalen und postmortalen Applikation steht und die Vorteile beider Verfahren in sich vereinigt. In diesem Fall wird die Enzymlösung in bestimmte Arterien größerer Stücke des ausgebluteten, aber noch schlachtwarmen Tierkörpers injiziert. Der Vorteil dieser Methode besteht darin, daß die Verteilung der Flüssigkeit auch hier durch das Gefäßsystem erfolgt, daß hingegen Abwehrreaktionen durch das Blut praktisch nicht auftreten. Dieses Verfahren läßt sich mit Erfolg bei ganzen *Rinderhintervierteln* einsetzen, indem die Enzymlösung in die *Arteria iliaca externa* injiziert wird [22, 23]. Auch *ganze Rinder* können durch eine postmortale intraarterielle Injektion in die *große Aorta* enzymatisch behandelt werden [24].

Gute Ergebnisse sollen auch bei der Rehydratisierung von *gefriergetrocknetem Fleisch* erzielt werden, wenn dieses vor der Lyophilisierung mit einem proteolytischen Enzym behandelt wird. Dies hängt damit zusammen, daß bei der Eiweißhydrolyse zusätzliche polare Gruppen entstehen, die das *Wasserbindungsvermögen* des Fleisches fördern. Die einzusetzende Menge des Enzympräparats wird mit $0,03 \ldots 0,1°/_{00}$ angegeben [25]. Dabei sind jedoch bisher kaum Angaben über den Reinheitsgrad bzw. die Aktivität des Enzympräparats bekannt. Zusätze oberhalb der genannten Dosis bewirken – neben einem unerwünschten Angriff besonders auf die Oberfläche des Fleisches bei postmortaler Anwendung – auch geschmackliche Abweichungen. So können z. B. Bitterstoffe entstehen [21]; hierbei handelt es sich um spezielle Peptide sowie um freie Aminosäuren bzw. bestimmte Aminosäurekompositionen.

Auch bei *Geflügelfleisch*, das normalerweise zarter als Rindfleisch ist, wurden erfolgversprechende Versuche durchgeführt. So läßt sich die Zartheit des Fleisches alter *Hähne* und *Hennen* durch eine *Injektion* von Enzympräparat vor dem Schlachten erhöhen. Verbessert werden nach Angaben in der Literatur die Zartheit, der Geschmack sowie die Saftigkeit von Brust- und Schenkelfleisch [26]. Vor allem soll *gefrier-getrocknetes Geflügelfleisch* in seinem Genußwert verbessert werden [27, 28].

Proteolytische Enzympräparate können des weiteren mit Erfolg zur Abtrennung des Fleisches vom Knochen *(Entbeinen)*, zur *Fettgewinnung* bzw. besseren Abtrennung des Fettes vom Fleisch sowie bei der Herstellung von *Fleischpasten* und *-pasteten* eingesetzt werden.

Nach den bisher vorliegenden Erkenntnissen zur Verwendung von Tenderizern dürfte das so behandelte Fleisch in qualitätsmäßiger Hinsicht dem unbehandelten nicht nachstehen. In den USA werden jährlich allein über 100 t Papain-Präparat für diesen Zweck verbraucht. Allerdings ist das Problem einer schnellen und vor allem gleichmäßigen Verteilung des Enzyms technisch noch nicht zufriedenstellend gelöst.

Hygienisch-toxikologische Gesichtspunkte

Grundsätzliche Bedenken gegen enzymatisch behandelte Erzeugnisse können nicht erhoben werden [11]. Die *toxikologisch-hygienische Unbedenklichkeit* der Enzympräparate muß in jedem Fall nachgewiesen werden (vgl. 3.5.). Es sei daran erinnert, daß bei der intestinalen Substitutionstherapie an den Menschen weit größere Mengen Papain, Bromelin oder mikrobielle Proteasen verabreicht werden. Es muß fernerhin überprüft werden, ob die prämortale Applikation von Tierärzten oder auch von in der Fleischwirtschaft Beschäftigten mit spezieller Ausbildung vorgenommen werden darf.

Literatur

[1] *Valin, C.,* und *A. Pinkas:* Vortrag gelegentlich des 7. FEBS-Meetings, Varna 1971

[2] *Albrecht, V.:* Untersuchungen zur Biochemie des Rigor mortis und über Möglichkeiten zu seiner gezielten Beeinflussung mit dem Ziel einer Verbesserung der Fleischqualität. Dissertationsschrift, Humboldt-Univ. Berlin 1972

[3] *Huxley, A. F.,* und *H. E. Huxley:* Proc. Roy. Soc. (London), Ser. B.: **160** (1964) 433

[4] *Hornstein, I.,* und *P. P. Crowe:* J. agric. Food Chem. **8** (1960) 494; **11** (1963) 147

[5] *Scheper, J.:* Z. Tierzücht. Züchtungsbiol. **77** (1962) 420

[6] *Wieland, H.:* Enzymes in Food Processing and Products. Park Ridge/New Jersey: Noyes Data Corp. 1972, S. 130 bis 164

[7] *Соловев, В. И.* (Solovev, V. I.): Прикл. биохим. микробиол. СССР (Angew. Biochem. Mikrobiol. d. UdSSR) **3** (1967) 542

[8] *Telegdy Kováts, L.,* und *M. K. Szilas:* Nahrung **9** (1965) 299; **12** (1968) 321

[9] *Nestorov, N.,* und *L. Lilov:* Informacionen Bjuletin (Inform. Bull.) **1** (1968) 3, S. 1

[10] *Nestrov, N., R. Dimkov* und *Al. Grozdenov:* Informacionen Bjuletin **1** (1968) 6, S. 6

[11] *Kreuzer, W., G. Terplan* und *L. Kotter:* Schlacht- u. Viehhof-Ztg. **64** (1964) 184

[12] *Scheibner, E.:* Arch. Lebensmittelhyg. **19** (1968) 128

[13] *Martins, C. B.,* und *J. R. Whitaker:* Fleischwirtschaft **48** (1968) 826

[14] *Miyada, D. S.,* und *A. L. Tappel:* Food Res. **21** (1956) 217

[15] *Dahl, O.:* Nahrung **6** (1962) 492

[16] *Hamm, R.,* und *H. Bartels:* Fleischwirtschaft **15** (1963) 128

[17] *Beuk, J. F., A. L. Savich* und *P. A. Goeser:* Method of tendering meat. USA-Patent 2903362, ausgegeben am 8. 9. 1959

[18] *Hogan, J. M.:* Meat tendering compositions. USA-Patent 3235468, ausgegeben am 15. 2. 1966

[19] *Hogan, J. M.:* Ante-mortem enzyme injection. Canad. Patent 835329, ref. Food Sci. Technol. Abstr. **2** (1970) 1029

[20] *Nestorov, N.:* Persönliche Mitteilung

[21] *Weir, E., H. Wang, L. Birkner, I. Parsons* und *B. Ginger:* Food Res. **23** (1958) 411

[22] *Howard, A.,* und *P. E. Bouton:* Tenderization of meat. Austral. Patent 242318, ausgegeben am 24. 1. 1963

[23] *Lexow, D., E. Sandner* und *B. Gaßmann:* Verfahren zum Zartmachen von Fleisch, insbesondere Rindfleisch. DDR-Patent 82069, ausgegeben am 12. 5. 1971

[24] *Paddock, L. S.,* und *J. M. Ramsbottom:* Improvement in or relating to process of treating animal tissue or meat and the improved resulting there from. Austral. Patent 114065, ausgegeben am 30. 10. 1941

[25] *Kreuzer, W., G. Terplan* und *L. Kotter:* Schlacht- u. Viehhof-Ztg. **5** (1964) 184

[26] *Fry, J. L., P. W. Waldroup, E. M. Ahmed* und *H. Lydich:* Food Technol. **20** (1966) 952

[27] *Sosebee, M. E., K. N. May* und *J. J. Powers:* Food Technol. **18** (1964) 551

[28] *Dawson, L. E.,* und *G. H. Wells:* Poultry Sci. **48** (1969) 64

5.9.2.   Fischverarbeitende Industrie

Nach dem Fang des Fisches vollziehen sich am Fischfleisch natürliche *Reifungsprozesse,* die vorrangig auf eine *Proteolyse* zurückzuführen sind [1]. Außer Eiweißspaltprodukten mittlerer Kettenlänge entstehen hierbei auch niedermolekulare Glieder sowie Aminosäuren, die an der Herausbildung des *Reifungsgeschmacks* beteiligt sind. Vor allem tragen die Aminosäuren – in Verbindung mit Purinderivaten – zum spezifischen, vollmundigen Aroma gereifter, nicht sterilisierter Fischwaren bei. Die sich herausbildende zarte Konsistenz ist ebenfalls auf diesen Reifungsprozeß zurückzuführen. Als Beispiele für solche Fischwaren seien genannt Marinaden, Salzheringe, Kräuterheringe, Anchosen.

Am proteolytischen Umsatz sind einmal die *muskel-* bzw. *gewebeeigenen Enzyme* vom Typ der Kathepsine beteiligt, die insbesondere nach der – zeitlich sehr kurz bemessenen – Totenstarre des Fisches in Aktion treten. Von größerer Intensität dürften jedoch die Enzyme des Magen-Darm-Trakts sein, die hinsichtlich ihrer Eigenschaften etwa mit Pepsin und Trypsin zu vergleichen sind. Die Wirkung der *Enzyme gastrointestinaler Herkunft* – vorrangig derjenigen der *Pylorus-Anhänge* (Blindsäcke des Magenausgangs) – ist beim Reifen z. B. des Salzherings besonders dann sehr intensiv, wenn sich der Hering in einem Stadium der Fütterungsperiode befindet [2]. Der Reifungsprozeß ist hingegen weniger ausgeprägt, wenn die Tiere vor dem Fang eine Hungerphase durchlaufen haben, und er ist unbefriedigend, wenn sie vor dem Salzen ausgenommen werden. Das Entfernen der Organe des Magen-Darm-Traktes, insbesondere der Pylorus-Anhänge, hat zur Folge, daß die dort vorhandenen Enzyme nicht mehr wirksam werden können. Hieraus ist zu schlußfolgern, daß diese Enzyme im Verlauf der Reifung in das Fischfleisch eindringen und eine partielle Proteolyse herbeiführen. Bei nicht in der Fütterungsphase gefangenen Fischen sind die Gewebe des Magen-Darm-Traktes weniger enzymaktiv, was erwartungsgemäß einen geringeren Reifungseffekt zur Folge hat. Proteasen *mikrobieller Herkunft* dürften bei diesen Reifungsvorgängen nur eine sekundäre Rolle spielen. Da die optimale Wirkungstemperatur der Proteasen des Fischorganismus – im Vergleich zu dem der Warmblüter – verhältnismäßig tief liegt, sind die proteolytischen Prozesse selbst bei niedriger Temperatur noch sehr ausgeprägt.

Bei *Marinaden* erfolgt die Garmachung unter Zusatz von Essig- oder Milchsäure und Salz sowie von besonderen würzenden, Geruch und Geschmack verbessernden Aufgüssen und Beigaben. Die Proteolyse wird – im sauren Milieu sowie infolge Abwesenheit der Enzyme gastrointestinaler Herkunft – im wesentlichen durch *Kathepsine* vollzogen. Dieser Prozeß verläuft daher relativ langsam. Es wird angenommen, daß die innerhalb von etwa 80 Tagen bei Normaltemperatur in Lösung gegangene stickstoffhaltige Substanz zu je einem Drittel Peptiden, Aminosäuren und Nichteiweißbausteinen (Purinen, Pyrimidinderivaten u. ä.) zuzuordnen ist. Diese Verbindungen

326

sind für die Geschmacksbildung mit entscheidend; bei Inaktivierung der gewebe-eigenen Enzyme befriedigen die Marinaden in geschmacklicher Hinsicht nicht.
Bei der Herstellung von *Salzheringen* erfolgt die Proteolyse, wie bereits erörtert, vorzugsweise durch Enzyme gastrointestinaler Herkunft. Diese werden nach dem Tod der Tiere durch autolytische Prozesse in Freiheit gesetzt und dringen allmählich in das Fischgewebe ein. Dieser Vorgang erfolgt bei *p*H-Werten zwischen 5,5 und 6,9, d. h. in einem Bereich, in dem diese Enzyme noch aktiv sind. Zweifellos spielen die Enzyme des Muskelgewebes bei der Reifung eine zusätzliche Rolle; auch eine Be-teiligung von *Mikroorganismen* ist nicht auszuschließen, da der relativ hohe *p*H-Wert ein Wachstum derselben zuläßt. (Der Keimgehalt der Lake steigt im Verlauf der ersten 50 Tage auf etwa 10^6 Keime je 1 ml an.) Die Laken zeigen nach einem 4wöchi-gen Reifungsprozeß zahlreiche Eiweißhydrolyseprodukte sowie eine breite Palette von Aminosäuren, was auf einen intensiven Proteinabbau hinweist (Bilder 5.9.2.a und 5.9.2.b). Steigender Salzgehalt führt zu einer Verringerung der Enzymaktivität und damit zu einem Rückgang der hinsichtlich Geschmack und Konsistenz eintreten-den Veränderungen. Eine nur geringe Salzzugabe führt demzufolge zu geschmacklich besonders ansprechenden Produkten.
Kräuterheringen und *Anchosen* wird beim Einsalzen zusätzlich Zucker zugegeben. Dieser bewirkt eine Verschiebung des *p*H-Wertes in den sauren Bereich, so daß auch die *Kathepsine* des Gewebes verstärkt in Aktion treten können. Gemäß Papierchroma-togramm enthalten ausgereifte Anchosen alle Aminosäuren des Fischproteins.
Es liegt der Gedanke nahe, zur Unterstützung der beschriebenen Reifungsvorgänge bzw. zu ihrer Beschleunigung spezielle *Enzympräparate* zu verwenden (vgl. auch Bild 5.9.2.b) [2, 3]. Diese Maßnahme erweist sich als besonders vorteilhaft, wenn der angelandete Fisch fettarm bzw. das Fleisch strohig und spröde ist. Dies ist vor allem dann der Fall, wenn sich die Tiere z. Z. des Fanges in einer längeren Hungerphase befinden, wie dies bei großen Fischschwärmen periodisch eintritt (s. o.). Die Dauer

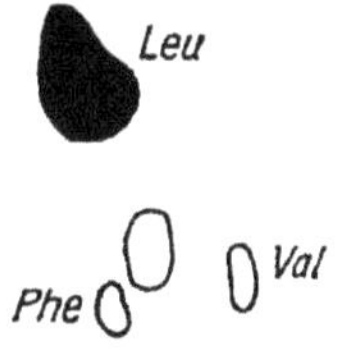

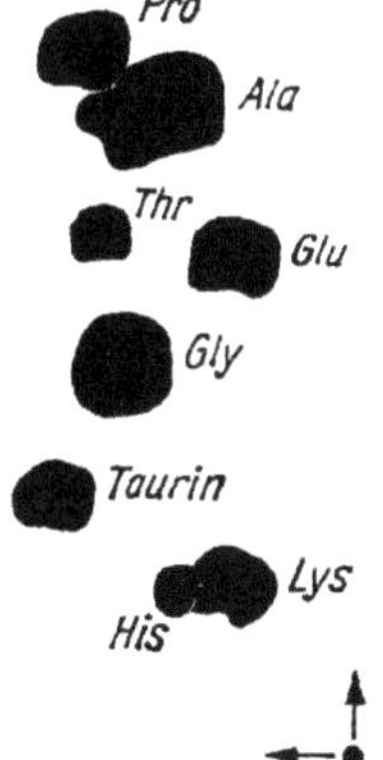

Bild 5.9.2.a. *Papierchromatographischer Nach-weis verschiedener Aminosäuren in Salzherings-pökellake [1]*

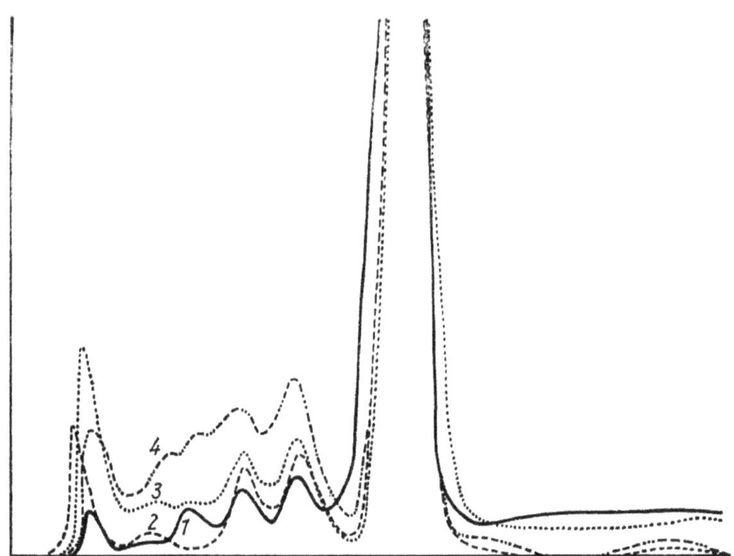

Bild 5.9.2.b. Gaschromatographischer Nachweis von Protein-Abbauprodukten in Heringslaken nach 4wöchiger Reifungsdauer [2]
(1) unbehandelter Hering, 2 Wochen nach dem Salzen   (2) unbehandelter Hering, 6 Wochen nach dem Salzen (3) enzymatisch behandelter Hering, 6 Wochen nach dem Salzen (4) mit Enzymen internationaler Herkunft behandelter Hering, 6 Wochen nach dem Salzen

der Reifung des *Salzherings* beträgt etwa 120 bis 130 Tage. Bei Zugabe von 0,02 bis 0,2 % Enzympräparat mikrobieller Herkunft (bezogen auf Fischmasse) im Verlauf der Salzzugabe kann nach *Grebeschowa* [4] der Reifungsprozeß um das 6- bis 10fache beschleunigt werden. Ein Zusatz von Protease-Präparaten aus *Aspergillus oryzae* oder *Aspergillus terricola* beim Salzen und Marinieren von *atlantischem Hering*, bei der Herstellung schwachgesalzener Fischprodukte aus Salzware sowie bei der Produktion von Präserven aus Gefrierfisch oder Salzware hat ebenfalls eine Intensivierung und damit Verkürzung der Reifungsdauer zur Folge [5]. Nach Literaturangaben erzielt man auch bei der Verarbeitung von Salzware zu *Hering nach Hausfrauenart*, zu *Kräuterhering* und *Konserven* unter geeigneten Bedingungen eine Verbesserung des Reifungseffekts. *Magerhering*, der hinsichtlich Geschmack und Konsistenz gegenüber Fetthering abfällt, läßt sich auf diese Weise veredeln. Die Reifezeiten dieser Erzeugnisse lassen sich um etwa das 2- bis 4fache verkürzen. So gelingt es z. B. bei *Anchovis*, die Reifungszeit von 6 auf 3 Monate herabzusetzen. Bei *Donauhering* hingegen kann der Zusatz von Protease-Präparaten zur Überreife führen (zu starke Erweichung des Gewebes).

Möglicherweise ist der Einsatz von Enzympräparaten auch für die Produktion von *Präserven* aus Salzware lohnenswert. Hierbei würde die Zwischenlagerung im Garmachungsbad entfallen, wenn man das Enzympräparat dem Aufguß zusetzt, der auf die Filetstücke in den Verkaufspackungen gegeben wird. Auch bei der Herstellung von Salzheringsfilets ergeben sich u. U. qualitative und ökonomische Vorteile. Hier kann die Zugabe des Enzympräparats einmal nach dem Anlanden und Auftauen des gefrorenen, filetierten Fisches erfolgen; es besteht jedoch auch die Möglichkeit, das Enzympräparat nach dem Filetieren (an Bord) während des Salzens der Filets zuzugeben.

Nach *Cyperovič* u. a. [6] lassen sich mikrobielle Protease-Präparate (z. B. solche aus *Streptomyces griseus*) vorteilhaft bei der *Elektrokalträucherung* sowie beim *Gewürzsalzen* von Fisch einsetzen. Im erstgenannten Fall wird der Salzhering nach dem Wässern in eine enzymhaltige Lösung (1,0 ... 1,5 g je 1 l) gegeben und für etwa 4 h bei 10 ... 15 °C Lösungstemperatur darin belassen. Nach dem Abspülen und Trocknen (Anwendung von Infrarottechnik) wird der Fisch in die Elektrokalträucheranlage gegeben. Die Räucherdauer kann hierdurch von 40 ... 48 h auf 1,5 bis 2,0 h verkürzt werden. Man erhält nach den Angaben der Autoren ein Erzeugnis, das hinsichtlich Aussehen und Geschmack eine hohe Qualität aufweist. Beim *Gewürzsalzen* wird das Enzympräparat im Gewürzaufguß gelöst, die Heringe werden sodann in die Lösung gegeben und 24 h bei 16 ... 18 °C und anschließend einige Tage bei 4 ... 6 °C Lösungstemperatur darin belassen. Hierdurch wird die Reifung des Fisches verbessert, der Prozeß ist innerhalb von 3 bis 10 Tagen beendet, während er ohne Zugabe des Enzympräparats 25 bis 30 Tage dauert. Geschmack, Geruch, Konsistenz und Fettverteilung sind nach Angaben der Autoren verbessert.

Von diesen enzymatisch beeinflußten Reifungsvorgängen streng abzugrenzen sind alle jene Verfahren, die eine *tiefergehende Proteinhydrolyse* zum Ziel haben. In Südostasien ist z. B. die Herstellung *fermentierter Fischprodukte* weit verbreitet. Hier liegt eine bis zur Verflüssigung gehende Proteolyse vor; bei den Spaltprodukten handelt es sich um Peptone, niedermolekulare Peptide und Aminosäuren. So werden z. B. in Vietnam, Kambodscha und Thailand *Nuok-mam* oder *Mampla* produziert. Diese außerordentlich aromaintensiven Produkte werden durch Einwirkung *gewebeeigener Enzyme* (sowie unter Beteiligung von *Mikroorganismen*, es handelt sich um *halophile Schimmelpilze, Bakterien* und/oder *Hefen*) auf Fischhomogenate (mit Salz versetzt) gewonnen [7].

Fischhydrolysate lassen sich z. B. bei der Herstellung von Suppen, Soßen, Pasten, von Säuglings- und Kleinkindernahrung, für die Tierfütterung bzw. zur Supplementierung des Tierfutters u. a. m. einsetzen. Derartige Erzeugnisse können durch Einsatz von Protease-Präparaten tierischen, pflanzlichen oder mikrobiellen Ursprungs ohne großen technischen Aufwand hergestellt werden [8].

Zur Herstellung *flüssiger Fischprodukte* setzt man z. B. zerkleinertem Fisch Kochsalz zu und erwärmt auf 42 °C, wobei etwa $^1/_3$ des Proteins hydrolysiert wird. Das Produkt wird sodann mit einem Pilzprotease-Präparat behandelt. Durch Zentrifugieren werden ein klares Hydrolysat, eine Ölschicht sowie ein fester Rückstand gewonnen. Die klare Flüssigkeit erhält nach verschiedenen Behandlungs- bzw. Reinigungsschritten eine pastenförmige Konsistenz und soll sich als pikanter geschmacks- und geruchsintensiver Würzstoff verwenden lassen (zu Suppen, Soßen, Spezialnahrung).

Des weiteren werden in der Literatur Verfahren zur Herstellung von *geruchlosem Fischprotein* beschrieben. Sie beruhen darauf, daß das Fischfleisch mittels proteolytischer Enzyme verflüssigt und anschließend getrocknet wird. Auch erhitztes und wieder gekühltes Fischmehl läßt sich mit Enzympräparaten behandeln. Die Proteolyse erfolgt in Gegenwart von Hefe und Zucker, bis das Fischgewebe völlig verflüssigt ist. Das Protein soll für die verschiedensten Zwecke in der Lebensmittelproduktion einsetzbar sein. Schließlich sei erwähnt, daß sich auch bei der *Fischölextraktion* eine vorgeschaltete enzymatische Behandlung des Fischeiweißes als günstig erweist.

Bei der *Häutung von Fischen* für spezielle Verarbeitungszwecke hat sich eine enzymatische Vorbehandlung bewährt. Durch Eintauchen des Fisches z. B. in eine *Pronaselösung* bei 55 ... 60 °C für kurze Zeit werden Proteine, die an der Innenseite der Epidermis lokalisiert sind, verflüssigt, so daß sich das nachfolgende Häuten sehr vereinfacht.

Literatur

[1] *Meyer, V.:* Arch. Fischereiwiss. **15** (1964) 245
[2] *A. Ruiter:* Vortrag gelegentlich des Internationalen Symposiums über die Anwendung von Enzymen in der Landwirtschaft und Lebensmittelindustrie, Paris 1972
[3] *T. M. Ritskes:* Fishery Bull. **69** (1971) 647
[4] *Гребешова, Р. Н.* (Grebešova, R. N.): Съестные пром. (Lebensmittelindustrie) **16** (1969) 123
[5] *Labasova, T. N.:* Sbornik rabot po technologii rybnych produktow Kaliningrad **1964**, S. 84, ref. Neue Technik **1965**, H. 7, S. I/2 bis I/16
[6] *Цыперович, А. С., А. М. Гудина, Р. У. Мучукова, В. Е. Бредюк, А. А. Калитин, Д. Л. Богина и Р. А. Паш* (Cyperovič, A. S., A. M. Grudina, R. U. Mučukova, V. E. Bredjuk, A. A. Kalitin, D. L. Bogina und R. A. Paš): Прикл. биохим. микробиол. СССР (Angew. Biochem. Mikrobiol. d. UdSSR) **4** (1968) 606
[7] *Burkholder, L., P. R. Burkholder, A. Chu, N. Kostyk* und *O. A. Roels:* Food Technol. **22** (1968) 1278
[8] *Hale, M. B.:* Food Technol. **23** (1969) 107

5.9.3. Milchindustrie

Lab-Präparate. Die *Milchgerinnung* durch Einwirkung spezieller, das Milcheiweiß koagulierender Enzyme und die technische Anwendbarkeit dieses Prinzips stellen eine Grundvoraussetzung für die Herstellung von *Käse* dar. Unter geeigneten Bedingungen haben nahezu alle Proteasen tierischer, pflanzlicher oder mikrobieller Herkunft eine milchgerinnende Wirkung, jedoch stehen im allgemeinen eine zu niedrige Gerinnungsaktivität bei gleichzeitig relativ hoher Proteasewirkung, d. h. eine nicht optimale spezifische koagulierende Aktivität einer verbreiteten Anwendung dieser Enzymgruppe in der Käserei im Wege. Für den genannten Zweck hat sich seit langem fast ausschließlich das *Kälberlab* durchgesetzt. Technisch hergestelltes Kälberlab-Präparat (engl. *rennet*) wird in Form wäßriger Extrakte oder als kochsalzhaltiges Pulver verwendet. Die wirksame Enzymkomponente stellt das *Chymosin* (engl. *rennin*; EC 3.4.23.4.) dar; es wird im 4. Magen *(Labmagen, Abomasum)* des saugenden bzw. milchgefütterten Kalbes gebildet. Erhalten die Kälber neben Milch anderes Futter, so wird in zunehmendem Maße *Pepsin* synthetisiert, das bei erwachsenen Tieren die wichtigste Protease des Magens ist. Im Labmagen anderer junger Wiederkäuer (Ziegen- und Schaflämmer) sowie im Magen junger monogastrischer Tiere werden dem Lab ähnliche Enzyme vorgefunden.

Aktivierung von Prochymosin. Chymosin wird – ähnlich Pepsin, Trypsin, Chymotrypsin – aus einer inaktiven Vorstufe, dem *Prochymosin*, gebildet. Diese Aktivierung besteht in der Abspaltung von Peptiden am N terminalen Ende des Prochymosins. Das Molekulargewicht (36200) vermindert sich dabei um etwa 5500. Die *Aktivierung* erfolgt autokatalytisch im *p*H-Bereich 5 ... 1, wobei die Geschwindigkeit mit fallenden *p*H-Werten stark zunimmt. Diese Peptidabspaltung wird auch durch *Pepsin* katalysiert; sie verläuft hier bereits bei *p*H 6 mit merklicher Geschwindigkeit und wird ebenfalls mit abnehmenden *p*H-Werten erhöht. Mittels Gradientenelution von DEAE-Cellulose können nach *Foltmann* [1] 2 Prochymosine (A und B) nachgewiesen werden.

Mechanismus der Milchgerinnung durch Lab. Die wichtigsten Bausteine des Caseins sind α_s-, β-, γ- und $\varkappa$-Casein. In der Milch liegen die genannten Komponenten assoziiert als *Calcium-Caseinat-Phosphat-Komplexe* in Form sog. *Mizellen* vor. Nach *Kirchmeier* [2] besteht eine Caseinmizelle im Mittel aus 9 Teilen α_s-, 4 Teilen β-, 1 Teil γ- und 3 Teilen $\varkappa$-Casein. Das α_s-Casein ist gegenüber Calcium sehr empfindlich (s: sensitive) und flockt bei Anwesenheit von Calcium aus, während $\varkappa$-Casein auf

Grund seines hohen Kohlenhydratanteils im Molekül (etwa 10%, bestehend aus Galaktose, Galaktosamin und N-Acetylneuraminsäure) auch in Gegenwart von Calcium löslich bleibt. $\varkappa$-Casein wirkt als Schutzkolloid und hält die etwa 3fache Menge α_s-Casein in Form der genannten Mizellen in Lösung. Bei Zusatz von *Lab-Präparat* zur Milch wird in einer sehr spezifischen Reaktion eine Phenylalanin-Methionin-Bindung des $\varkappa$-Caseins zerlegt [3], wodurch ein den Kohlenhydratanteil enthaltendes Peptid *(Glykomakropeptid)* abgetrennt wird [4]. Die Schutzkolloidwirkung des $\varkappa$-Caseins geht damit verloren, und das gesamte Casein flockt aus. Eine unspezifische Proteolyse wirkt mit geringer Aktivität auch nach der Gerinnung weiter und ist an der Käsereifung beteiligt. Die Vorgänge bei der Milchgerinnung durch Lab-Einwirkung sind im folgenden schematisch dargestellt.

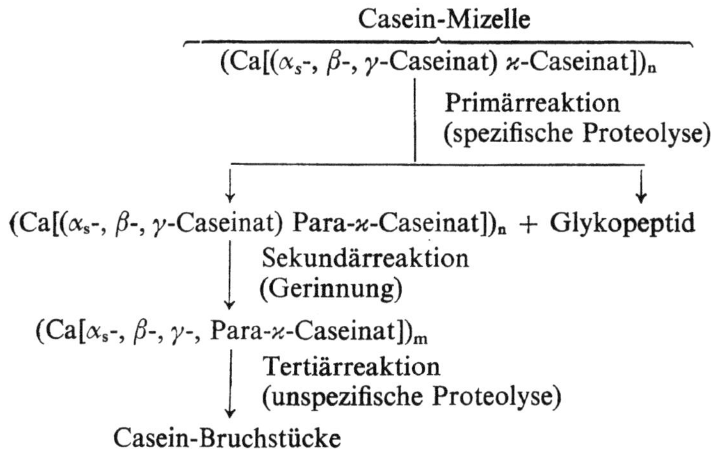

Chymosin ist zur Spaltung auch einiger anderer Peptidbindungen befähigt (*pH*-Optimum 3 ... 4). In der *Insulin-B-Kette* sind es z. B. deren fünf [5]. Die für *Lab* charakteristische Hydrolyse der *Phenylalanin-Methionin-Bindung* hat jedoch den Vorrang und erfolgt auch dann noch mit erheblicher Geschwindigkeit, wenn die Spaltung der anderen Bindungen stark vermindert ist (z. B. bei *pH* 6,5).
Einsatz in der Käserei. Bei der Herstellung der meisten Käsesorten (mit Ausnahme der Sauermilchkäse) wird zur *Dicklegung der Milch* ein Lab-Präparat verwendet, und zwar in Kombination mit einer mehr oder weniger starken *Milchsäuregärung*, die durch spezielle *Käsereikulturen* eingeleitet wird. Die Temperaturen liegen hierbei – je nach Käsesorte – zwischen 18 °C und 50 °C und die Dicklegungszeiten zwischen 5 min und 150 min. Der *Gerinnungsvorgang* und die Festigkeit des entstehenden Gels sind im wesentlichen abhängig von der vorherigen Behandlung der Milch mit Wärme, dem Gehalt der Milch an Casein, Calciumionen und kolloidalem Calciumphosphat, der Labmenge, dem *pH*-Wert und der Temperatur. Diese Faktoren können sich sowohl auf die enzymatische Phase wie auch auf den nichtenzymatischen, durch *pH*-Wert-Herabsetzung hervorgerufenen Koagulationsvorgang auswirken, wobei es oft schwierig ist, die jeweiligen Einflüsse voneinander abzugrenzen. Während der Gerinnung bilden die kugelförmigen Casein-Mizellen zunächst eine faserförmige Struktur, die in ein dreidimensionales, schwammartiges Netzwerk übergeht und schließlich eine homogene Masse bildet. Vom eingesetzten Lab verbleiben etwa 40% im Käse (Camembert), während der größere Teil zusammen mit der Molke abläuft [6]. Die *Bruchbearbeitung*, spezielle Zusätze (Mikroorganismen, Kochsalz) und bestimmte Reifungsbedingungen geben der jeweiligen Käsesorte die spezifischen Merkmale.

Lab-Präparate anderer Herkunft. Kälberlab ist infolge der ansteigenden Käseproduktion und einer nicht mehr ausreichenden Bereitstellung von Saugkälbermagen knapp und wird zunehmend teurer. Es hat daher nicht an Versuchen gefehlt, andere Proteasen zur Caseinfällung heranzuziehen. *Pflanzliche Enzyme* haben sich bisher in größerem Umfang nicht durchsetzen können. Von *tierischen Enzymen* hat *Pepsin*, das dem Lab in mancher Hinsicht ähnlich ist, eine steigende Bedeutung. In der Deutschen Demokratischen Republik wird Pepsin seit vielen Jahren unter der Handelsbezeichnung „*Colepsin*" zur Speisequarkherstellung verwendet, und in mehreren Ländern wird es im Gemisch mit Kälberlab-Präparat bei der Herstellung verschiedener Käsesorten eingesetzt [7].

Gegenwärtig werden bei der Käseproduktion in zunehmendem Maße *mikrobielle Enzyme* verwendet. Die Mehrzahl von ihnen bewirkt eine – verglichen mit der spezifischen Gerinnungsauslösung (Primärreaktion) – zu hohe *unspezifische Proteolyse*, die meist zu Produktionsschwierigkeiten während der Dicklegung wie auch zum *Bitterwerden* der Käse Veranlassung gibt. Als geeignet erweisen sich dagegen einige Vertreter mit nur geringer unspezifischer Proteaseaktivität. Hierbei sind insbesondere Präparate aus *Mucor pusillus Lindt (Noury-Lab)* [8, 9], aus *Endothia parasitica (Sure curd; Suparen)* [10, 11] und aus *Mucur mihei (Rennilase)* [12, 13] bereits industriell eingeführt. Weitere mikrobielle Lab-Präparate werden aus *Bacillus subtilis, Bacillus cereus, Bacillus polymyxa, Mucor spec., Rhizopus spec., Streptococcus liquefaciens, Byssochlamys fulva* u. a. hergestellt. Infolge der gegenüber Kälberlab meist erhöhten unspezifischen Proteolyse ist auf die *sensorischen Eigenschaften* der Käse (Bitterkeit) sowie auf die *Eiweißausbeuten* erhöhte Aufmerksamkeit zu legen, zumal sich mikrobielle Präparate bei verschiedenen Käsesorten unterschiedlich verhalten können. Das Gebiet der Herstellung und Verwendung mikrobieller Präparate bei der Käseproduktion wird gegenwärtig in vielen Ländern intensiv bearbeitet.

Reifungsenzyme

Ein Gebiet, dessen Erforschung erst am Anfang steht und das bisher noch nicht zu technisch bewährten Ergebnissen geführt hat, ist der Einsatz von Enzympräparaten zur Unterstützung der *Käsereifung.* Hauptziele hierbei sind eine Verbesserung und *Standardisierung der Käsequalität* sowie eine *Verkürzung der Reifungszeit*, insbesondere im Zusammenhang mit der Anwendung neuartiger, automatisierter Technologien. Als Enzyme kommen Lipasen, Proteinasen sowie spezielle aromabildende Enzyme in Frage.

Lipasen. Lipasen aus den Schlunddrüsen von Kälbern, Schaf- und Ziegenlämmern werden seit einigen Jahren bei der Herstellung bestimmter italienischer Käsesorten eingesetzt. Ein direkter Zusatz von *mikrobiellen* Lipase-Präparaten konnte sich jedoch bisher nicht durchsetzen.

Die Herstellung und Verwendung einer auf Fettspaltung beruhenden sog. *Aromamischung* wird von *Watts* und *Nelson* [14] beschrieben; danach wird eine Emulsion aus homogenisierter Vollmilch und lipolytisch vorbehandeltem Butteröl mit *Penicillium roquefortii* bebrütet und sodann der Milch zugesetzt. Ein ähnliches Konzentrat mit Käsearoma wird nach *Laschkari* [15] durch Bebrüten eines fettreichen Substrats mit bestimmten Mikroorganismen hergestellt.

Proteasen. Unter Einsatz einer Protease aus *Streptomyces* wird nach *Sukegawa* u. a. [16] eine Verkürzung der Reifungszeit von *Goudakäse* um $1^1/_2$ bis 2 Monate erzielt. Die gleichzeitig in Erscheinung tretende Neigung zur Ausbildung eines bitteren Geschmacks wird als ein wesentliches Problem angesehen. Protease-Präparate aus *Aspergillus flavus* führen nach Untersuchungen von *Mergl* u. a. [17] bei *Cheddarkäse* und vorgereifter *Schmelzrohware* zu guten Ergebnissen (kürzere Reifungsdauer, verbesserte Konsistenz, gute sensorische Eigenschaften). Bei anderen Käsesorten ergeben sich dagegen keine Vorteile. Eine Beschleunigung der Reifung von Cheddarkäse wird nach *Cox* [18] erreicht, indem man auf den Käse proteolytisch aktive Extrakte aus *Haselnüssen* und/oder *Saccharomyces cerevisiae* einwirken läßt, die an der Verpackung adsorbiert sind. *Cort* und *Riggs* [19] berichten über den Einsatz von Extrakten aus *Penicillium roquefortii* und *Penicillium camembertii* zur Beschleunigung der Käsereifung. Eine Zugabe von Papain-Präparat oder proteasereichen *tierischen Organhomogenaten* zum Käsebruch empfehlen *Kilpadi* u. a. [20]; ein auftretender Bittergeschmack wird durch Waschen des Bruches mit Kochsalzlösung entfernt. Das Enzym wird durch Erhitzen inaktiviert und das Produkt zu *Schmelzkäse* verarbeitet.

Ein Enzym, das ein Käse- oder Butteraroma erzeugt, kann nach *Hori* und *Shimazono* [21] aus *Trametes sanguinea* gewonnen werden. Das daraus hergestellte Präparat wird zur Verwendung bei der *Butter-* und *Käseherstellung* empfohlen. Da es milchgerinnende Eigenschaften hat, kann bei der Käseherstellung – bei entsprechender Säuerung z. B. mit Milchsäure – auf den Zusatz von Lab-Präparat und Starterkulturen verzichtet werden.

Mit Ausnahme der erwähnten tierischen Lipasen befinden sich Gewinnung und Einsatz weiterer Reifungsenzyme noch in Entwicklung. Bei ihrer Verwendung sind die Vermeidung von Proteinverlusten, die Unterbrechung der Enzymwirkung zum gewünschten Zeitpunkt sowie die Erreichung optimaler sensorischer Eigenschaften von wesentlicher Bedeutung.

Literatur

[1] *Foltmann, B.:* Acta chem. scand. **14** (1960) 2247; C. R. Trav. Lab. Carlsberg **32** (1962) 425
[2] *Kirchmeier, O.:* Milchwissenschaft **24** (1969) 336
[3] *Delfour, A., J. Jollés, C. Alais* und *P. Jollés:* Biochim. biophysica Res. Commun. **19** (1965) 452
[4] *Nitschmann, H.,* und *R. Henzi:* Helv. chim. Acta **42** (1959) 1985
[5] *Fish, J. C.:* Nature (London) **180** (1957) 345
[6] *Klostermeyer, H., J. Thomasow* und *A. Wiechen:* Milchwissenschaft **27** (1972) 102
[7] *Thomasow, J.:* Milchwissenschaft **26** (1971) 276
[8] *Schulz, M. E., E. Voss, H. Seel* und *G. Mrowetz:* Milchwissenschaft **22** (1967) 139
[9] *Siewert, R.,* und *F. Huber:* FBM-Milch-Standard, Oranienburg, **10** (1968) 100
[10] *Thomasow, J., G. Mrowetz* und *E. Schmanke:* Milchwissenschaft **25** (1970) 211
[11] *Pfizer Chemical Europe:* Milchwissenschaft **25** (1970) 638
[12] *Behnke, U.,* und *R. Siewert:* FBM-Milch-Standard, Oranienburg, **11** (1969) 66
[13] *Thomasow, J., G. Mrowetz* und *E. Schmanke:* Kieler milchwirtsch. Forsch.-Ber. **23** (1971) 57
[14] *Watts, J. C.,* und *J. H. Nelson:* Cheese Flavorin Process. USA-Patent 3072488, ausgegeben am 8. 1. 1963
[15] *Laschkari, B. Z.:* Process for the Preparation of Cheese Flavour Composition. Brit. Patent 1057170, ausgegeben am 1. 2. 1967
[16] *Sukegawa, K., I. Nishikawa* und *Y. Suenaga:* Report Res. Lab. Snow Brand Milk Prod. (1963), Nr. 67, S. 71, ref. Milchwissenschaft **19** (1964) 92
[17] *Mergl, M., E. Černa* und *M. Kučera:* Průmysl potravin **17** (1966) 313; *Mergl, M.,* und *E. Černa:* Průmysl potravin **18** (1967) 650
[18] *Cox, J. B.:* Ripening Cheese with Filbert Nut Extract and Saccharomyces cerevisiae Enzymatic Material. USA-Patent 3375118, ausgegeben am 26. 3. 1968
[19] *Cort, M.,* und *K. Riggs:* Enzymatic Process of Making Cheese and Cheese Products. USA-Patent 3295991, ausgegeben am 3. 1. 1967
[20] *Kilpadi, V. S., K. K. G. Menon* und *S. Varadarajan:* Preparation of Cheese. Brit. Patent 1115226, ausgegeben am 29. 5. 1968
[21] *Hori, S.,* und *H. Shimazono:* Enhancing Flavour of Food using Flavouring Enzyme Produced by a Microorganism of the Genus Trametes. USA-Patent 3348952, ausgegeben am 24. 10. 1967

5.9.4. Brauindustrie

Im Verlauf der Herstellung von *Malz* vollzieht sich im Getreidekorn eine starke Aktivierung der *Endo-* und *Exopeptidasen.* Dies führt dazu, daß ein großer Anteil des unlöslichen Eiweißes in lösliche Abbauprodukte übergeht. Um eine einwandfreie Gärung der Bierwürze zu gewährleisten, wird ein Gehalt von 20 ... 25 mg α-Amino-Stickstoff und 60 ... 70 mg gesamtlöslichem Stickstoff je 100 ml Würze (bezogen auf 10% Extrakt) gefordert [1 bis 3]. Während des Darrprozesses wird jedoch ein Teil der Proteasen inaktiviert. Vor allem beim Maischen von Mischungen mit einem hohen *Rohfruchtanteil* reicht die proteolytische Aktivität des Malzes nicht mehr aus, um die Proteine der Rohgerste ausreichend zu hydrolysieren. Der Stickstoffgehalt der Bierwürze nimmt demzufolge mit steigender Rohfruchtmenge ab [4]. Hoher Rohfruchteinsatz macht daher eine Enzymsupplementierung auch mit Proteasen erforderlich.

Dennis und *Quittenton* [5] haben auf die Notwendigkeit des Zusatzes von Proteasen bei der Mitverarbeitung von Rohgerste hingewiesen und ein geeignetes Verfahren entwickelt. *Bavisotto* [6] empfiehlt bei der Mitverarbeitung von 45 ... 70% Rohfrucht, insbesondere von Mais, die Zugabe von Protease-Präparaten, wobei nach seinen Angaben sowohl *pflanzliche Enzyme* (Papain, Ficin, Bromelin) wie auch *Enzyme mikrobieller Herkunft* (Pilz- und Bakterienproteasen) verwendet werden können. Die Dosierung der Enzympräparate liegt bei 0,1 ... 1,6%, bezogen auf die Malzschüttung. Bei den von *Wieg* u. a. [7. 8] unter Einsatz von Brewnzyme (Handelsbezeichnung) durchgeführten Brauversuchen wird Malz bis zu 80% durch Rohgerste und Mais ersetzt. Die besten Ergebnisse werden mit einem Gemisch aus 25% Malz, 20% Mais und 55% Gerste erzielt. Sowohl mit dieser Mischung wie auch bei einem Gerste/Malz-Verhältnis von 80:20 wird eine Dosierung von 0,075% – bezogen auf die ungemälzte Körnermasse – vorgenommen (Bild 5.9.4.). Die Stickstoffverhältnisse (gesamtlöslicher zu α-Amino-Stickstoff) der so hergestellten Bierwürzen werden als gut bezeichnet, die Gärung verläuft normal, und die mit Brewnzyme hergestellten Biere entsprechen den Kontrollbieren aus Malz. Auch andere Autoren setzen Proteasepräparate (vornehmlich aus *Bacillus subtilis*) ein [9]. Dabei werden Würzen mit

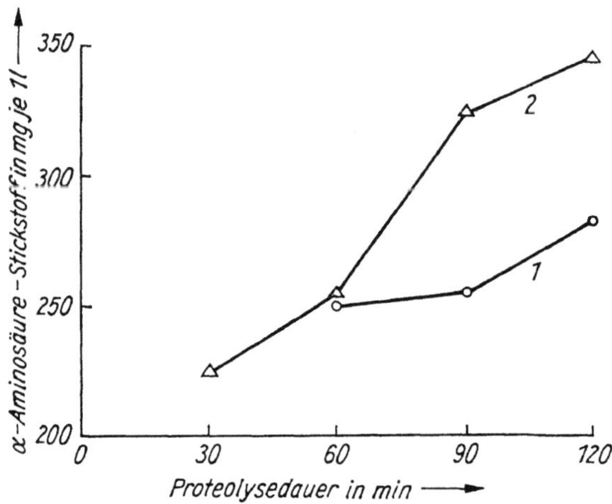

Bild 5.9.4. Einfluß der Proteolysedauer auf die Bildung von α-Aminosäuren bei Zugabe von 0,075% Brewnzyme (Handelsbezeichnung), bezogen auf die Masse ungemälzte Gerste
(1) 80% Gambrinus-Gerste, 20% Malz (2) 80% Impala-Gerste, 20% Malz [11]

einem Rohgersteanteil bis zu 80% hergestellt, die hinsichtlich der Stickstoffzusammensetzung befriedigen.

Das Bier verläßt die Brauerei in blankem, glanzfeinem Zustand. Bei längerer Aufbewahrung wird es jedoch trübe. Man unterscheidet zwischen *biologischer* und *nichtbiologischer Trübung*. Die zuletzt genannte hat eine unterschiedliche Zusammensetzung, sie besteht aus einem Gemisch vor allem von Eiweißverbindungen, Tanninen und Kohlenhydraten. Sie wird besonders bei der Kühllagerung manifest *(Kältetrübung)*. Die Bildung des Biertrubs wird durch Einwirkung von Licht, Wärme, Sauerstoff oder Kupferspuren beschleunigt. Der Trubanteil steigt mit erhöhter Lagerdauer rasch an. Da das Protein eine Komponente des Biertrubs darstellt, kann man diesen Fehler durch Einsatz von proteolytischen Enzymen beseitigen (engl. *chill proving*).

Wallerstein hat dieses Verfahren bereits im Jahre 1911 eingeführt. Seit dieser Zeit sind zahlreiche Arbeiten hierzu vorgenommen worden [10]. Wie die Literatur ausweist, erfolgt die Zugabe der Enzympräparate entweder beim Überleiten des Jungbieres aus dem Gär- in den Lagerkeller oder nach der Filtration. Fast alle Proteasen, die bei dem normalen pH-Wert des Bieres (etwa 4,5) aktiv sind – z. B. Papain, Pepsin, Ficin, Bromelin, verschiedene Pilz- und Bakterienproteasen –, können zur Verhinderung der Kältetrübung in Form von Enzympräparaten eingesetzt werden. Die Proteinsubstanzen werden durch die proteolytischen Enzyme hydrolysiert. Die Schaumeigenschaften werden bei richtiger Dosierung hiervon nicht wesentlich beeinflußt. Je 1 hl Bier werden 2 ... 20 g Enzympräparat verwendet. Die Dosierung hängt vom Körnergut und der Verfahrensführung sowie von der Lagertemperatur und -dauer ab.

Literatur

[1] *De Clerck, J.:* Lehrbuch der Brauerei, Bd. I, 2. Aufl. Berlin: Verlag Versuchs- und Lehranstalt für Brauereien 1964

[2] *Schuster, K.:* Alkoholische Genußmittel. In: *J. Schormüller:* Handbuch der Lebensmittelchemie, Bd. VII. Berlin–Heidelberg–New York: Springer-Verlag 1968, S. 45

[3] *Weinfurtner, F., F. Wullinger, A. Priendl* und *D. Wagner:* Brauwelt **107** (1967) 671

[4] *Macey, A., K. C. Stowell* und *H. B. White:* EBC-Proc. (Madrid) (1967) 283

[5] *Dennis, G. E.,* und *Z. C. Quittenton:* Verfahren zur Herstellung von Brauwürze. BRD-Offenlegungsschrift 1 417 595, offengelegt am 10. 10. 1968

[6] *Bavisotto, V. S.:* Verfahren zur Herstellung von Brauwürze. BRD-Offenlegungsschrift 1 442 292, offengelegt am 21. 11. 1968

[7] *Wieg, A. J., J. Hollo* und *P. Varga:* Proc. Biochemistry **4** (1969) 33

[8] *Wieg, A. J.:* Process Biochem. **5** (1970) 40

[9] *De Clerck, J.:* Techn. Quart. MBAA **6** (1969) 136

[10] *Silbereisen, K.,* und *H. F. Kersting:* Mschr. Brauerei **21** (1968) 221

[11] *Wieg, A. J.:* Publikation in einer Naarden-Firmenschrift

5.9.5. Backwarenindustrie

Proteasen sind im Keim, in den Aleuronzellen sowie im Endosperm des Getreidekorns lokalisiert. In gesundem Getreide wirkt sich deren Aktivität nicht nachteilig auf den Verarbeitungswert des Mehles aus. Bei Vorliegen ungünstiger Witterungs- bzw. Erntebedingungen ist jedoch mit einer erhöhten Proteaseaktivität zu rechnen. Dies kann bei der Teigherstellung und -verarbeitung einen für die Gebäckqualität nachteiligen Proteinabbau zur Folge haben. Außerdem muß mit einer durch Mikrobenbefall des Getreides bzw. durch die eingebrachte Hefe entstehenden bestimmten proteolytischen Aktivität im Teig gerechnet werden.

Wirkung von Protease bei der Teigherstellung und -verarbeitung

Bei der mechanischen Teigbereitung unter Wasserzugabe bildet das *Gluten* des Weizenmehles ein *Netz*, das für die mechanischen Eigenschaften des Teiges, insbesondere für dessen Elastizität, verantwortlich ist. Seine Wirksamkeit hängt von Menge und Qualität des Glutens ab.

Ein *Weizenbrotteig* benötigt ein zusammenhängendes Glutennetz, um ein gutes Gashaltevermögen zu gewährleisten. Dabei muß jedoch eine ausreichende Dehnbarkeit vorliegen, damit die bei der Gärung entstehenden Gase den Teig genügend lockern können und ein optimales Gebäckvolumen zustande kommt. Dies bedeutet, daß bei glutenreichen Weizenmehlen, z. B. aus kanadischen oder sowjetischen Hartweizensorten, eine Schwächung des Glutennetzes backtechnische Vorteile bringen kann. Bei einem *Keksteig* braucht sich beim Kneten ein zusammenhängendes Glutennetz nicht zu bilden; es wird ein leicht formbarer Teig gewünscht, und das Endprodukt soll gut mürbe sein.

Der Angriff der Proteasen bewirkt ein Aufbrechen der Peptidkette sowie eine Freisetzung von Peptiden und Aminosäuren. Der Teig erweicht hierdurch und setzt dem Kneter zunehmend geringeren Widerstand entgegen. Die Dehnbarkeit von Teigen aus glutenreichen Weizenmehlen nimmt bei der Bearbeitung zunächst zu, bei Vorliegen von Proteaseaktivität hingegen bald wieder ab [1]. Das zunächst geschmeidig gemachte Glutennetz verliert bei intensiver Enzymeinwirkung seine Struktur, der Teig wird klebrig und verliert schließlich seine Backfähigkeit. Bei an Gluten armen bis mittelstarken Weizenmehlen, wie sie unter unseren klimatischen Bedingungen normalerweise verarbeitet werden, ist der Einsatz von Protease-Präparaten von Nachteil; sie führen zu einer unerwünscht starken Teigerweichung während des Gärens [2].

Zusatz von Protease-Präparaten als Backmittel

Der Einsatz von mikrobiellen Protease-Präparaten konzentriert sich auf die Herstellung von Gebäcken aus glutenreichen hellen *Weizenmehlen* sowie von bestimmten *Dauerbackwaren*. Sofern die Qualität des Mehles eine enzymatische Behandlung erlaubt, tritt dadurch eine vorteilhafte Veränderung der rheologischen Eigenschaften des Teiges ein [3]. Die behandelten Teige sind elastischer, „zarter" und können leichter geknetet und mechanisch bearbeitet werden. Daraus resultiert eine Abkürzung der Knetzeit bzw. Reduzierung der Knetenergie bei der kontinuierlichen Teigherstellung. Besonders bei höheren Mehleinsätzen im Vorteig kann die Knetgeschwindigkeit verringert werden. Es ergeben sich Vorteile beim Formen und Ausrollen der Teige und auch hinsichtlich der Gärung; auf Grund der modifizierten Glutenstruktur ist das Aufgehen des Teiges erleichtert, die Gärung verläuft schneller, und das Volumen wird größer [2, 4, 5]. Der Teig schmiegt sich besser in die Backformen ein, die Form des Weizenbrotes ist gleichmäßiger, und die Krumestruktur ist verbessert. Dies ist vor allem für die Herstellung von Toastbrot von Bedeutung [5]. Der Einsatz von Protease-Präparaten bewährt sich besonders bei kontinuierlichen Schnellknetsystemen, bei denen eine schnelle Teigverarbeitung erwünscht ist [5].

Bei der Herstellung von eiweißreichen Spezialbroten wird der Teig besonders zäh und läßt sich schlecht verarbeiten, da der Stärkegehalt des Mehles reduziert ist bzw. der Teig mit Eiweiß angereichert wird. In diesem Fall hat der Zusatz eines Protease-Präparats eine besonders günstige Wirkung; die Gärzeit kann reduziert werden, und das Gebäckvolumen wird verbessert [2, 6].

Bei der Verwendung eines Protease-Präparats ist zu berücksichtigen, daß die Proteolyse im Teig u. U. durch *Kochsalz* gehemmt wird [6]. Wichtig ist somit der Zeitpunkt der Salzzugabe bei der Teigherstellung. Das Enzympräparat wird am besten zum Vorteig oder zum Gäransatz zugegeben, da beide noch kein Kochsalz enthalten. Bei der kontinuierlichen Teigherstellung sollte das Kochsalz unmittelbar vor der Entnahme des Gäransatzes oder erst im Laufe der Teigknetung zugesetzt werden [4].
Für Weizengebäcke eignet sich vorzugsweise *Schimmelpilzprotease,* deren Wirkungsoptimum bei etwa *p*H 5,5 liegt, so daß die Protease bei der Teigruhe günstige Bedingungen vorfindet. Das Enzym muß jedoch bei etwa 50 °C, also in einem frühen Stadium des Backprozesses, inaktiviert werden.
Bei der Herstellung von *Dauerbackwaren* werden zunehmend Protease-Präparate *mikrobieller Herkunft* eingesetzt. Hier ist man trotz eines niedrigen Wassergehalts im Teig an weichen Teigen interessiert. Vorteile ergeben sich hinsichtlich einer Verkürzung der Knetzeit, die Teige lassen sich besser ausrollen (kein Schrumpfen), die Porung, Mürbigkeit und Bräunung sowie der Geschmack sind verbessert, das Volumen ist größer [2, 4, 5, 7]. Es besteht weiterhin die Möglichkeit, den Fettanteil in der Rezeptur herabzusetzen, ohne die zarte Mürbigkeit, die bei Keksen und Kräckern verlangt wird, zu beeinträchtigen [2].
Infolge der zunehmenden Mechanisierung der Keksherstellung einschließlich der Verpackung ist es erforderlich, standardisiertes Keksmehl einzusetzen. Hierdurch wird eine Konstanz in den Abmessungen der Kekse sowie eine störungsfreie mechanisierte Verpackung ermöglicht. Unter Zuhilfenahme einer physikalischen Methode der Teigprüfung können genaue Werte für die Teigerweichung durch Verwendung eines Protease-Präparats ermittelt werden, die ihrerseits Rückschlüsse auf die Backbedingungen in der Praxis zuläßt [8]. Da in zunehmendem Maße härtere Weizensorten angebaut werden, steht der für Keksmehl besonders geeignete Weichweizen nicht immer in ausreichender Menge zur Verfügung. Hier dürfte der Zusatz eines Protease-Präparats möglicherweise Bedeutung erlangen.

Aromabildung

Eine weitere Einsatzmöglichkeit für Proteasen – kombiniert mit Amylase – besteht darin, im Teig *Aromavorstufen* zu erzeugen, die bekanntlich beim Backprozeß zur Bildung von Geruch- und Geschmacksstoffen beitragen [9]. Da Aminosäuren an der nichtenzymatischen Bräunungsreaktion teilnehmen, wird durch deren Bildung eine verstärkte Aromabildung ausgelöst. Der Einfluß von Enzympräparaten auf die Zunahme von aromaintensiven Stoffen im Brot ist von *Tokarewa* u. a. [10] näher untersucht worden (Tab. 5.9.5.a).

Tabelle 5.9.5.a. Gehalt an bisulfitbindenden Verbindungen in Weizen- und Roggenbrot bei Verwendung von Enzympräparaten [10]

	Zusatz[1]	ml 0,1*N* Jodlösung je 100 g Trockensubstanz	
		Krume	Kruste
Roggenbrot	ohne	10,2	51,2
(87 % Mehlausbeute)	mit	17,6	67,4
Weizenbrot	ohne	7,0	42,1
(72 % Mehlausbeute)	mit	8,6	57,8

[1] Zusatz eines komplexen Enzympräparates aus *Aspergillus awamori* (bei Roggenbrot) bzw. aus *Aspergillus oryzae* (bei Weizenbrot)

Danach erhöht sich in den mit Enzympräparaten hergestellten Broten der Gehalt einiger analytisch ermittelter Komponenten des Brotaromakomplexes (aliphatische, aromatische und heterocyclische Aldehyde, Diacetyl, organische Säuren u. a.) beträchtlich. Über die verstärkte Freisetzung von Aminosäuren im Weizenbrot nach dem Zusatz von Papain-Präparat berichten *El-Dash* und *Johnson* (Tab. 5.9.5.b) [9].

Tabelle 5.9.5.b. Wirkung von Papain-Präparat auf den Gehalt von freien Aminosäuren in Weizenbrot und Teig [9]

Proteaseaktivität HU[1] je 700 g Mehl	Freigesetzte Aminosäuren, gesamt µmol je 100 g Trockensubstanz		
	Teig	Krume	Kruste
0	183	182	9,6
85	196	234	13,5
150	186	273	14,5

[1] Hemoglobin unit (engl.)

Literatur

[1] *Petit, L.*, und *Y. Audidier:* Ann. Nutrit. Alimentat. (Paris) **21** (1957) 341
[2] *Rotsch, A.:* Brot u. Gebäck **15** (1965) 227
[3] *Pomeranz, Y., G. L. Rubenthaler* und *K. F. Fumey:* Food Technol. **20** (1966) 327
[4] *Hampl, J.:* Bäcker u. Konditor **17** (1969) 260
[5] *Wirg, A. J.:* Ernährungswirtsch. **15** (1968) 236
[6] *Mc Donald, E. D.:* Bakers Digest **43** (1969) 26
[7] *Rotsch, A.:* Brot u. Gebäck **21** (1967) 120
[8] *Hall, I. A. D.:* Biscuit Maker Plant Baker **17** (1966) 513
[9] *El-Dash, A. A.*, und *I. A. Johnson:* Vortrag gelegentlich des 5. Welt-Getreide- und -Brotkongresses, Dresden 1970; Cereal Sci. **12** (1967) 282
[10] *Tokarewa, R. R., G. M. Smirnowa* und *M. W. Dudina:* Vortrag gelegentlich des 5. Welt-Getreide- und -Brotkongresses, Dresden 1970

5.9.6.   Sonstige Anwendungsgebiete

Proteolytische Enzyme lassen sich zur Rückgewinnung von Protein aus Fett- und Knochenabfällen sowie verschiedenen anderen Abprodukten der Fleischwirtschaft einsetzen (Bild 5.9.6.) [1]. Die Abprodukte werden in einem heizbaren Behälter unter Zugabe von Wasser unter Rühren erwärmt (80 °C). Nach der Abkühlung (50 °C) wird ein Protease-Präparat zugesetzt und das Gemisch bei dieser Temperatur stehen gelassen. Anschließend wird die Protease durch Wärmezufuhr inaktiviert. Man sondert zunächst den Knochenanteil durch Zentrifugieren ab und trennt sodann nach abermaliger Wärmezufuhr (95 °C) in je eine Schlamm-, Fett- und Protein/Wasser-Fraktion. Der Schlamm wird abermals der enzymatischen Hydrolyse zugeführt, das Fett wird abgetrennt. Die Protein/Wasser-Fraktion wird sprühgetrocknet. Das Trockenprodukt hat folgende Zusammensetzung: 67 ... 74% Protein, 7 ... 14% Fett, 6 ... 8% Asche. Bei diesem Endprodukt handelt es sich um ein partielles Proteinhydrolysat, das sich als wertvoller Bestandteil für Mischfuttermittel verwenden läßt.

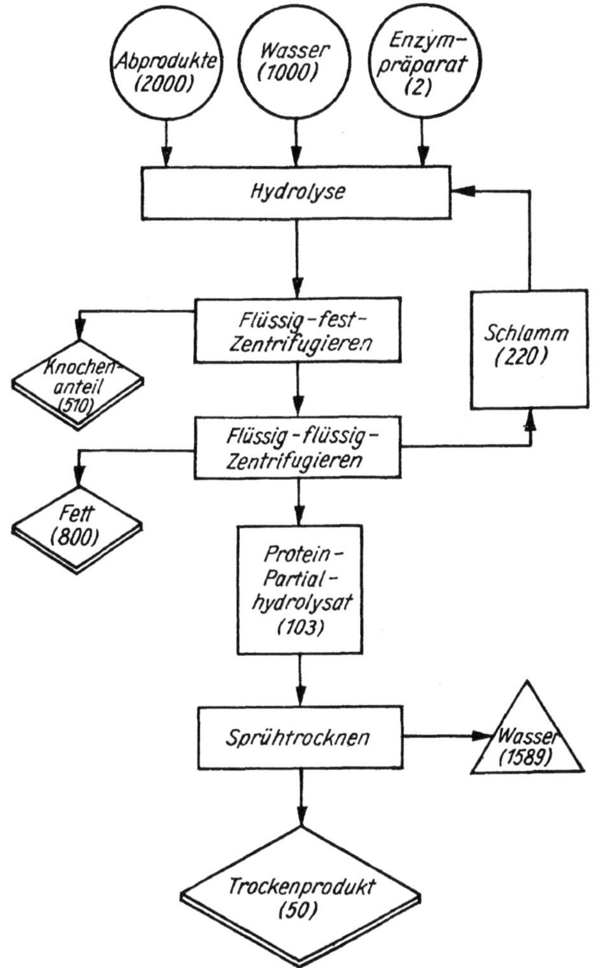

Bild 5.9.6. Verfahrensfließbild über die Aufarbeitung von eiweißhaltigen Abprodukten der Fleischverarbeitung (vorzugsweise Fett- und Knochenabfälle) durch partielle Hydrolyse in einer Pilotanlage unter Angabe von Masseteilen [1]

Durch Einsatz von Proteasen läßt sich des weiteren eine verbesserte Rekonstitution bei der Wasseraufnahme von *Schnellkoch-Hülsenfrüchten* herbeiführen. Nach *Bhatia* u. a. [2] wird auf vorgegarte Bohnen bzw. Erbsen (Behandlung der eingeweichten Leguminosen mit Dampf und Abkühlung derselben auf 70 °C) eine wäßrige Lösung von Papain-Präparat aufgesprüht. Man läßt die Hülsenfrüchte sodann nochmals Wasser aufsaugen und trocknet sie; während dieser Zeit kann das Enzym voll wirken. Es zeigt sich, daß die erforderliche Gardauer (sensorischer Test) der mit einem Papain-Präparat behandelten Hülsenfrüchte deutlich verringert und das Wasseraufnahmevermögen im Vergleich zu den Kontrollwerten signifikant erhöht ist. *Proteinhydrolysate* werden in herkömmlicher Weise durch Säurehydrolyse von Sojabohnenprotein, Weizengluten, Milchprotein, Abprodukten der Fleisch- und Fischverarbeitung u. a. Ausgangsstoffen hergestellt. Auch hierfür werden in zunehmendem Maße Protease-Präparate eingesetzt. Der Vorteil dieser enzymatischen Behandlung besteht darin, daß eine Zerstörung leicht umsetzbarer Aminosäuren, wie sie bei Säurehydrolyse vonstatten geht (unter Hitzeeinwirkung!), nicht zu befürchten ist. Hydrolysate von Gemüseproteinen haben übrigens ein ausgezeichnetes Aroma. Nach japanischen Angaben lassen sich Proteasen mit Erfolg bei der Herstellung von Miso- und Sojasoße, zur Herstellung von „fish-soluble" („flüssiger Fisch") und von Proteinhydrolysaten ganz allgemein, bei der Verwertung von Fischabprodukten sowie bei der Produktion von Leberextrakten, Leberölen, Fischpasten und -pulvern u. a. m. verwenden.

Literatur

[1] *Connelly, J. J., V. G. Vely, W. H. Mink, G. F. Sachsel* und *J. H. Litchfield:* Food Technol. **20** (1966) 829

[2] *Bhatia, B. S., L. A. Ramanathan, M. S. Prasad* und *P. K. Vijayaraghavan:* Food Technol. **21** (1967) 1395

5.10.   Lipasen

Die *Lipasen (Glycerinester-Hydrolase, Steapsin, Triglycerid-Lipase; Triacylglycerin-Acylhydrolase*, EC 3.1.1.3.) sind der Gruppe der *Esterasen* zuzuordnen, die ihrerseits wiederum eine Untergruppe der *Hydrolasen* darstellen. Mit dem Begriff Lipasen verbindet man definitionsgemäß speziell das Vermögen zur Spaltung von *Glycerin-Fettsäureestern* in folgender Reaktion:

$$
\begin{aligned}
&H_2C\!-\!O\!-\!\overset{\displaystyle O}{\overset{\|}{C}}\!-\!R_1 \qquad\qquad R_1\!-\!COOH \quad H_2C\!-\!OH \\
&\quad| \qquad\qquad\qquad O \qquad\qquad\qquad\qquad\qquad | \\
&HC\!-\!O\!-\!\overset{\|}{C}\!-\!R_2 + 3\,H_2O \rightarrow R_2\!-\!COOH + HC\!-\!OH \\
&\quad| \qquad\qquad\qquad O \qquad\qquad\qquad\qquad\qquad | \\
&H_2C\!-\!O\!-\!\overset{\|}{C}\!-\!R_3 \qquad\qquad R_3\!-\!COOH \quad H_2C\!-\!OH
\end{aligned}
$$

Lipasen reagieren im allgemeinen nur dann optimal, wenn das Substrat hydrophoben Charakter hat, es jedoch in emulgierter Form vorliegt, so daß eine möglichst große Oberfläche für den Umsatz zur Verfügung steht. Dies ist anhand der unterschiedlichen Aktivität der *Pankreaslipase* des Schweines gegenüber Triacetin bei Vorliegen einer Lösung oder aber einer Emulsion nachgewiesen worden [1] (Bild 5.10.). Ein weiteres charakteristisches Merkmal zahlreicher Lipasen besteht darin, daß sie Fettsäuren an den Positionen 1 und 3 der Glyceride bevorzugt spalten. In Position 2 angeesterte Fettsäuren werden hingegen gar nicht oder aber mit stark verminderter Geschwindigkeit hydrolysiert (Tab. 5.10.). Dies trifft z. B. für Pankreaslipase zu; als Folge hiervon kommen etwa 75% des Esterglycerins als in Position 2 verestertes Monoglycerid zur Resorption [3]. *Milchlipase* verhält sich ähnlich [4]. Auch bei den *mikrobiellen Lipasen* ist diese Tendenz nachgewiesen [5]; jedoch können die Lipasen verschiedener Mikroorganismen (z. B. von *Aspergillus flavus, Aspergillus niger* und *Staphylococcus aureus*) auch 2-Monoglyceride spalten [6].

340

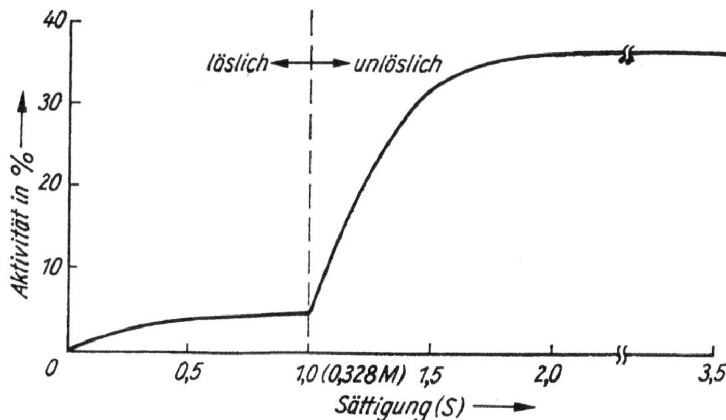

Bild 5.10. Aktivität von Lipase-Präparat aus Schweinepankreas gegenüber Triacetin in Abhängigkeit vom Lösungsverhalten des Substrats [1]

Tabelle 5.10. Spezifität der Lipase gegenüber ausgewählten Glyceriden [2]

Substrat	Ölsäuregehalt mol je 100 mol Substrat	
	freie Fettsäure	Monoglycerid
1,3-Dipalmityl-2-oleyl-glycerid	5	87 … 89
2,3-Dipalmityl-1-oleyl-glycerid	46 … 51	4
2,3-Dioleyl-1-palmityl-glycerid	53 … 58	76 … 86

Die Intensität der Lipasewirkung wird erheblich durch die mit dem Glycerin veresterten Fettsäuren beeinflußt, wobei die *Kettenlänge* wie auch der Anteil an *ungesättigten Bindungen* eine Rolle spielen. Die exakte Ermittlung derartiger Unterschiede setzt aber, abgesehen von der Einhaltung optimaler Milieubedingungen, insbesondere das Vorliegen eines definierten Emulsionsgrades, d. h. einer standardisierten Partikelgröße, voraus. Die Angabe von Aktivitäten ist daher nach den Befunden von *Desnuelle* und *Savary* [7] unsicher. Milchlipase ist erwartungsgemäß der Spaltung des Milchfettes angepaßt [8]. Wenn man bei Milchfett die *Hydrolysenrate* = 100 setzt, dann ergeben sich folgende Vergleichswerte: Tributyrin 128, Tricaproin 94, Triolein 69, Olivenöl 60, Tripalmitin 22. Pankreaslipase spaltet bevorzugt Fettsäuren mit einer Kettenlänge von 12 C-Atomen [8]. Mikrobielle Lipasen erweisen sich im allgemeinen als relativ unspezifisch; in der Literatur sind jedoch Lipasen beschrieben worden, die bevorzugt einzelne Fettsäuren – unabhängig von der Position – abtrennen. Es seien z. B. die Spezies *Mucor pusillus* für C_8- bis C_{12}-Säuren [9], *Candida lipolytica* für C_8-Säuren [10] und *Staphylococcus aureus* für C_{16}-Säuren [11] erwähnt. Das Enzym des letztgenannten Stammes wirkt darüber hinaus *stereospezifisch*, d. h., es spaltet Ölsäure (cis-Form), hingegen kaum Elaidinsäure (trans-Form) ab. Das *Molekulargewicht* der Lipasen reicht von 7000 (Milchlipase) bis zu 200000 (partikelgebunden, mikrobieller Herkunft). Die Mehrzahl der Lipasen liegt im MG-Bereich zwischen 40000 und 120000.

Das *p*H- und das Temperaturverhalten der einzelnen Lipasen hängen sehr erheblich von den Mileubedingungen, der Art des Substrats, der Pufferlösung sowie der Anwesenheit von Effektoren ab. Das *p*H-*Optimum* liegt bei der Mehrzahl der bakteriellen Lipasen im neutralen bis schwach alkalischen, bei Pilzlipasen im neutralen bis schwach sauren Bereich. Die Lipasen der Milch und des Pankreas erreichen im schwach alkalischen Milieu die höchsten Hydrolyseraten (9 ... 9,3 bzw. 8,3 ... 8,5), während pflanzliche Lipasen z. B. in Ölsaaten ihr Optimum im schwach sauren Bereich haben (*p*H 4 ... 6). In bezug auf die *Temperaturabhängigkeit* ist die Aktivität der meisten Lipasen mikrobiellen Ursprungs im Bereich von 30 ... 40 °C am höchsten. Bemerkenswert ist die bei Lipasen verschiedener Stämme von *Pseudomonas fragii, Staphylococcus aureus, Candida lipolytica* und *Penicillium spec.* nachgewiesene verhältnismäßig hohe Aktivität auch bei relativ niedrigen Temperaturen. Eine von *Fukumoto* u. a. [12] untersuchte *Aspergillus-niger*-Lipase hat ein Temperaturoptimum von 25 °C.

Bekanntlich erhöhen *Gallensäuren* und ihre Derivate die Aktivität der Lipasen. Dies läßt sich jedoch nicht allein mit der emulgierenden Fähigkeit dieser Verbindungen erklären, da bei mikrobiellen Lipasen nur in einzelnen Fällen eine Aktivitätssteigerung beobachtet wird. Nach *Patel* u. a. [13] sind Gallensalze bei mikrobiellen Lipasen ohne Wirkung; bei der Lipase von *Aspergillus niger* ist dagegen eine Hemmung nachgewiesen worden [14]. *Calciumionen* wirken stimulierend, obgleich sie nicht als Stabilisatoren in Erscheinung treten. Dieser Effekt ist offenbar auf die Bildung von *Calciumseifen* im fortgeschrittenen Stadium der Reaktion und die damit verbundene Veränderung des Gleichgewichts zugunsten der Hydrolyse zurückzuführen.

Durch Reagenzien, die SH-Gruppen blockieren (z. B. p-Chloromercuribenzoat, Phenylmercuribenzoat, Jodacetat), werden Pankreas- wie auch Milchlipase gehemmt, nicht aber die verschiedenen mikrobiellen Lipasen. *Diisopropylfluorphosphat (DFP)*, ein wirksamer Esterase-Hemmstoff, ist gegenüber Pankreas-, Milch- und pflanzlichen Lipasen ohne Wirkung, dagegen werden von ihm mikrobielle Lipasen verbreitet inaktiviert. *Spurenelemente* – wie Eisen, Kupfer, Nickel, Cadmium und Quecksilber – stellen Hemmstoffe für tierische, pflanzliche und mikrobielle Lipasen dar.

Lipasen haben im lebensmitteltechnologischen Bereich noch keine große Verbreitung gefunden, obgleich man sie in großem Umfang auf mikrobiellem Wege erzeugen kann. Bekannt ist der Einsatz von Lipase-Präparaten zur verstärkten Aromabildung bei der Herstellung einiger italienischer und auch anderer *Käsesorten* [15, 16] (vgl. 5.9.3.). Hierfür wurden bisher allerdings vorrangig Enzyme *tierischer Herkunft* verwendet (Pankreaslipase; Lipase aus der Mundschleimhaut bzw. den dort vorhandenen Drüsen vom Kalb, Schaf- oder Ziegenlamm, sog. *Oralglandular*- oder *prägastrische Lipasen*). Sie liefern bei der Lipolyse von Butterfett ein bestimmtes und reproduzierbares Verhältnis von bestimmten freien Fettsäuren. Gewöhnlich werden diese Enzyme zusammen mit Lab verwendet. Der Einsatz von Lipase-Präparaten soll auch eine schnellere Reifung von Milchschokolade herbeiführen. Zur Verstärkung des *Butteraromas* werden Lipase-Präparate (vorrangig tierischer Herkunft) als Zusatzstoffe z. B. bei der Herstellung von Butterfett enthaltenden Erzeugnissen, Butteröl, Butterkrem, Karamellen, Toffees, Kondensmilch u. a. Milcherzeugnissen sowie bei Schokolade, Eierteigwaren u. a. empfohlen [15]. Durch Zusatz von lipolysierten Butterfettemulsionen soll ein Butteraroma in Margarine, Backwaren, Pflanzenölen, Schokoladeartikeln u. a. erzeugt werden. Des weiteren soll durch Lipase die Schlagqualität von Trockeneialbumin verbessert werden.

Literatur

[1] *Sarda, L.*, und *P. Desnuelle:* Biochim. biophysica Acta (Amsterdam) **30** (1958) 513
[2] *Savary, P.*, und *P. Desnuelle:* Biochim. biophysica Acta (Amsterdam) **21** (1956) 349
[3] *Mattson, F. H.*, und *R. A. Volpenhein:* J. biol. Chemistry **239** (1964) 2772

342

[4] *Jensen, R. G., J. Sampugna, R. M. Parry* und *K. M. Shahani;* J. Dairy Sci. **46** (1963) 907

[5] *Alford, J. A.,* und *F. G. Suggs:* J. Lipid Res. **5** (1964) 390

[6] *Alford, J. A.,* und *L. C. Blankenship;* Bacteriol. Proc. **1961** 171; *Alford, J. A.,* und *F. G. Suggs:* J. Lipid Res. **5** (1964) 390

[7] *Desnuelle, P.,* und *P. Savary:* J. Lipid Res. **4** (1963) 369

[8] *Harper, W. J.:* J. Dairy Sci. **40** (1957) 556

[9] *Somtculi, G. A., F. J. Babel* und *A. C. Somtculi:* Appl. Microbiol. **17** (1969) 606

[10] *Peters, I. I.,* und *F. E. Nelson:* J. Bacteriol. **55** (1948) 581

[11] *Vadehra, D. V.,* und *L. G. Harmon:* Appl. Microbiol. **13** (1965) 335

[12] *Fukumoto, J., M. Iwdi* und *Y. Tsujusaka:* J. gen. appl. Microbiol. (Tokyo) **9** (1963) 353

[13] *Patel, V., H. S. Goldberg* und *D. Blenden:* J. Bacteriol. **88** (1964) 877

[14] *Iwai, M., Y. Tsujusaka* und *J. Fukumoto:* J. gen. appl. Microbiol. (Tokyo) **10** (1964) 13

[15] *Underkofler, L. A.:* Enzymes. In: Handbook of Food Additives. Cleveland (Ohio): Chemical Rubber Co. 1968, S. 51

[16] *Bryce, M. M.:* Food Technol. **1** (1966) 20p–27p

5.11. Glucoseoxydase

Glucoseoxydase (Notatin, β-D-Glucose → O₂-Transhydrogenase; β-D-Glucose:O₂-Oxydoreduktase, EC 1.1.3.4.), im Jahre 1928 von *Müller* [1] entdeckt, oxydiert *β-D-Glucose* zu *Gluconsäure*. (Man hat die Glucoseoxydase in der älteren Literatur häufig auch als *β-D-Glucose-Aerodehydrogenase* bezeichnet.) Das Enzym katalysiert die Reaktion gemäß

$$O_2 + 2 \ominus \rightarrow O_2^{2-} \xrightarrow{\;+\,2H^+\;} H_2O_2$$

und dehydriert das Substrat – im vorliegenden Fall *β*-D-Glucose – unter direkter Übertragung des Wasserstoffs auf molekularen Sauerstoff nach dem Schema

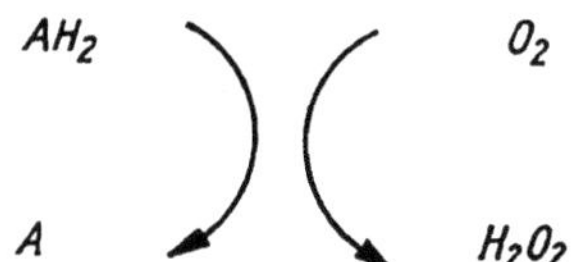

Der Umsatz des Monosaccharids läßt sich wie folgt darstellen (s. Übersicht S. 344). Die meisten im Handel befindlichen Enzympräparate enthalten zugleich *Lactonase (D-Glucono-δ-lacton-Hydrolase*; EC 3.1.1.17.) und *Katalase (Hydrogenperoxid: Hydrogenperoxid-Oxydoreduktase*; EC 1.11.1.6.), welche die vorangehend angeführten Zwischenprodukte weiter umsetzen, so daß als Endprodukte der Reaktion Gluconsäure, Wasser und Sauerstoff vorliegen. Glucoseoxydase dehydriert *β*-D-Glucose 156mal schneller als die *α*-Form der Glucose. Da jedoch die meisten Glucoseoxydasebildner zugleich auch eine *Mutarotase* produzieren, wird von ihnen auch *α*-Glucose schnell oxydiert.

Das Enzym Glucoseoxydase wird vorzugsweise von *Schimmelpilzen* produziert, so z. B. von *Aspergillus niger* [2 bis 4], *Penicillium notatum* [5, 6] und *Penicillium vitale* [7, 8]; jedoch wird es auch bei *Bakterien* (z. B. *Acetobacter xylinum*) und einigen *Rotalgen* gefunden. Desgleichen tritt es im *tierischen Organismus* auf. So wird z. B. die bekannte *Inhibin*-Wirkung des Bienenhonigs u. a. auf die Anwesenheit von Glucoseoxydase im Speichel der Biene zurückgeführt [9], die das Auftreten von Wasserstoffperoxid im Bienenhonig zur Folge hat [10].

Die optimale Wirksamkeit der Glucoseoxydase liegt – je nach Herkunft – im allgemeinen im *pH-Bereich* 5 ... 7 [7], sie ist *stabil* zwischen *p*H 3,5 und *p*H 7,5. Die

Spezifität gegenüber dem Substrat Glucose ist sehr hoch. Die Oxydationswerte für andere Monosaccharide liegen zumeist bei oder unter 1 % (verglichen mit Glucose = 100 %). Enzymrohpräparate enthalten zuweilen geringe Anteile *Disaccharidasen* (z. B. *Maltase, Isomaltase, Saccharase*), was eine Aktivität der Glucoseoxydase gegenüber glucosehaltigen Oligosacchariden vortäuscht [11]. Dieses Enzym enthält je Molekül 2,2 *FAD-Gruppen* [6, 12]; es muß somit angenommen werden, daß dem Verhältnis Coenzym zu Apoenzym keine strenge Stöchiometrie zugrunde liegt. *p-Chloromercuribenzoat* inhibiert die Aktivität in 10^{-3} molarer Konzentration vollständig; *Carbonylgifte* (Dimedon, Phenylhydrazin, Hydrazin, Sulfit, Hydroxylamin) stellen ebenfalls Hemmstoffe dar [13, 14]. *Chelatbildner*, z. B. EDTA, setzen die Aktivität nicht bzw. erst bei sehr hohen Konzentrationen herab; Schwermetallionen sind somit für die katalytische Wirksamkeit nicht erforderlich. Glucoseoxydase aus *Penicillium vitale* wird durch Calcium-, Ammonium- und Chloridionen stabilisiert [7]. Das Molekulargewicht des aus *Penicillium notatum* und *Aspergillus niger* gewonnenen Enzyms beträgt rund 150000 [15].

Die *Enzymaktivität* läßt sich auf *manometrischem, photometrischem* oder *titrimetrischem* Wege bestimmen. Im erstgenannten Fall wird – in Gegenwart eines Zusatzes von *Katalase* – der freigesetzte Sauerstoff bestimmt [5, 16]. Beim photometrischen Verfahren wird das gebildete Wasserstoffperoxid mit Hilfe von Peroxydase mit einem chromogenen Sauerstoffakzeptor bzw. Wasserstoffdonator (z. B. o-Dianisidin, o-Tolidin) gemäß der folgenden Formel zur Reaktion gebracht [11, 17]:

$$H_2O_2 + DH_2 \xrightarrow{\text{Peroxydase}} 2\,H_2O + D$$

Es bedeutet:

DH$_2$ o-Dianisidin

Schließlich besteht die Möglichkeit, die Gluconsäure titrimetrisch zu erfassen [18].

Literatur

[1] *Müller, D.:* Biochem. Z. **199** (1928) 136
[2] *Pazur, J. H.,* und *K. Kleppe:* Biochemistry **3** (1964) 578
[3] *Swoboda, B. E. P.,* und *V. Massey:* J. biol. Chemistry **240** (1965) 2209
[4] *Zetelaki, K.,* und *G. T. Banks:* Vortrag gelegentlich des II. Internationalen Symposiums der Gärungsindustrie, Leipzig 1968
[5] *Keilin, D.,* und *E. F. Hartree:* Biochem. J. **42** (1948) 221; Biochem. J. **42** (1948) 230; Biochem. J. **50** (1952) 331
[6] *Bodmann, O.,* und *M. Walter:* Biochim. biophysica Acta **110** (1965) 496
[7] *Дегтяр, Р. Г., М. Ф. Гулин и Е. Б. Майзель* (Degtjar, R. G., M. F. Gulin und E. B. Majzel'): Український Біохімічний Журнал (Ukrainische Biochemische Zeitschrift) **37** (1965) 169
[8] *Покровская, Н. В., М. Т. Воробева, Д. В. Кизлякова и др.* (Pokrovskaja, N. V., M. T. Vorobeva, D. V. Kizljakova u. a.): Микробиология (Mikrobiologie) **35** (1966) 951
[9] *Schepartz, A. I.:* Biochim. biophysica Acta (Amsterdam) **99** (1965) 161
[10] *White, J. W.:* Amer. Bee J. **106** (1966) 214
[11] *Blöchiger, G.:* Mitteilungsbl. GDCh-Fachgr. Lebensmittelchem. gerichtl. Chem. **16** (1962) 53
[12] *Kusai, K., J. Sekuzu, B. Hagihara, K. Okunuki, S. Yamauchi* und *M. Nakai:* Biochim. biophysica Acta **40** (1960) 555
[13] *Voigt, J.:* Ernährungsforschung **6** (1961) 563
[14] *Swoboda, B. E. P.,* und *V. Massey:* J. biol. Chemistry **241** (1966) 3409
[15] *Bodmann, O.,* und *M. Walter:* Biochim. biophysica Acta **110** (1965) 496
[16] *Scott, D.:* J. agric. Food Chem. **1** (1953) 727
[17] *Täufel, K., H. Ruttloff* und *R. Friese:* Stärke **14** (1962) 309
[18] *Meyer, M.:* Die enzymatische Bestimmung von Glucose und Saccharose und ihre Anwendung in der Lebensmittelanalyse. Dissertationsschrift, Techn. Hochschule Aachen 1962

5.11.1. Fruchtsäfte, Obstkonserven, Bier, Wein und weinähnliche Getränke [1]

Enzymatisch wie auch chemisch bedingte Verfärbungen, Korrosionserscheinungen (z. B. in Weißblechdosen), Aroma- und Vitaminverluste (vorzugsweise bei Vitamin C), Trübungen und Verderbnisanfälligkeit durch Wachstum aerober Mikroorganismen in Fruchtsäften, Obstkonserven, Bier und Wein sind auf die Anwesenheit von *Sauerstoff* zurückzuführen bzw. werden hierdurch ausgelöst. Die durch Einwirkung von *Oxydasen* auftretenden Verfärbungen lassen sich zwar durch Hitzeinaktivierung weitgehend ausschalten, jedoch leiden hierunter zumeist Geruch und Geschmack. Entscheidend ist somit die Beseitigung des Sauerstoffs, und es liegt nahe, hierfür *Glucoseoxydase-Präparate* (die zugleich *Katalase* enthalten) bzw. Mischungen aus Glucoseoxydase und Katalase zu verwenden.
Nach Literaturangaben lassen sich bei der Herstellung von *Fruchtsäften, Kompotten* und *Obstkonserven* – in Flaschen oder Dosen – geeignete Enzympräparate mit Erfolg einsetzen [2, 3]. In pasteurisiertem Fruchtsaft hemmt die Glucoseoxydase den gesamten Gärprozeß [5] (Bild 5.11.1.a). Die bei dieser Verfahrensweise sich ergebenden Probleme liegen auf der Hand [4]. Entweder darf das Enzympräparat nicht vor dem Erhitzen zugesetzt werden, oder nach der Hitzebehandlung ist eine Abkühlungsphase erforderlich, ehe das Enzympräparat zugegeben wird. Erschwerend kommt hinzu,

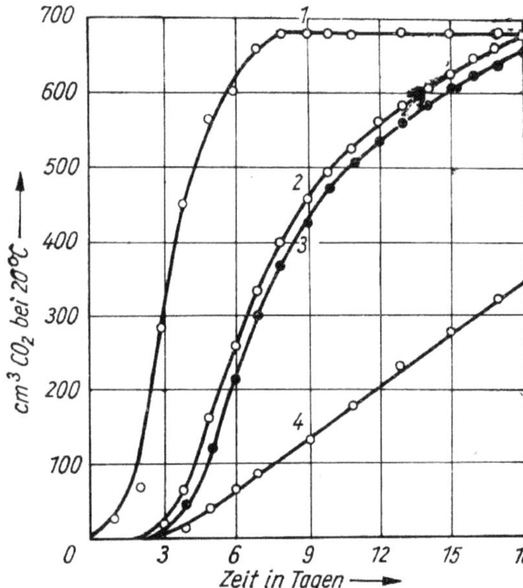

Bild 5.11.1.a. *Auftreten von Gärungskohlendioxid im Apfelsaft in Abhängigkeit von zugesetztem Glucoseoxydase-Präparat [5]*
(1) ohne Zusatz (2) 1 mg je 1 l (3) 10 mg je 1 l (4) 50 mg je 1 l

daß Obsterzeugnisse zumeist einen relativ niedrigen pH-Wert aufweisen. *Katalase* wird aber bei pH 3 ... 3,5 nahezu vollständig inaktiviert; besonders empfindlich ist dieses Enzym gegenüber Oxal-, Ameisen-, Essig- und Salicylsäure. Bei Ausfall der Katalase entsteht somit freies Wasserstoffperoxid, das Aroma- und Farbstoffe, vor allem Anthocyane, zerstört. Man versucht daher, Mutanten zu gewinnen, die eine säureresistente Katalasekomponente liefern. Bei der Beseitigung von Sauerstoff aus *preßtrüben Säften* ist es wichtig, daß die verwendeten Enzympräparate frei von *Pektinase* und *Cellulase* sind, damit die trubstoffstabilisierenden *Schutzkolloide* nicht abgebaut werden.

Häufig wird empfohlen, das Enzym in Form eines Trockenpräparats, das mit einer geeigneten Schutzschicht (Überzug) versehen ist, zum noch heißen Fruchtsaft zu geben und diesen sodann rasch abzukühlen. Das infolge der Schutzschicht anfangs noch nicht gelöste Enzym widersteht der Wärme- und Säureeinwirkung; die Aktivität bleibt hierbei weitgehend erhalten. Nach Literaturangaben besteht des weiteren die Möglichkeit, zur Stabilisierung von Kirschsaft, Apfelsaft, Erdbeersaft usw. Gemische aus Glucoseoxydase und Katalase – kombiniert mit *Sorbinsäure* (0,1 bis 0,4 %) – einzusetzen, ohne daß eine Behandlung unter Einwirkung von Hitze erfolgt. Die Qualität und Haltbarkeit solcher Säfte wird verschiedentlich als „sehr gut" bezeichnet.

Der Einsatz von Glucoseoxydase-Präparat bei *Obst-* und *Gemüsekonserven* zwecks Erhaltung von Vitamin C dürfte derzeitig noch zu kostenaufwendig sein und sich in der Praxis vorerst wohl nicht durchsetzen. Bei besonders wertvollen Erzeugnissen könnte die Anwendung u. U. rentabel werden.

Der *Metallgehalt* von Dosenkonserven steigt mit der im Inneren der Behältnisse vorhandenen Sauerstoffmenge an. Auch hier besteht die Möglichkeit, durch Zugabe von Glucoseoxydase-Präparat den Übertritt von Metall (z. B. von Eisen) in den Konserveninhalt auszuschalten bzw. zu verringern [6]. Voraussetzung hierfür ist, daß die Zumischung des Enzympräparats unter schonenden Bedingungen erfolgt.

Die Anwesenheit von Sauerstoff wirkt sich nachteilig auf den Geschmack und die Haltbarkeit des *Bieres* aus. Vor allem können die im nichtpasteurisierten Produkt in geringer Menge vorhandenen *aeroben Mikroorganismen* (z. B. Hefen) bei ihrer

Vermehrung Anlaß zu Trübung und Ausflockung geben; hierzu wird jedoch Sauerstoff benötigt. Nach *Ohlmeyer* [7] und *Zetelaki* [8] lassen sich Lagerdauer und Qualität von Bier durch Zusatz von Glucoseoxydase/Katalase-Präparat erheblich steigern. Dieses Präparat verhindert auch die Bildung *flüchtiger Säuren* [9]. Andere Autoren sind der Meinung, daß eine enzymatische Behandlung weit besser für *pasteurisiertes* Bier geeignet ist, da in diesem Fall der Glucoseanteil – der zur Beseitigung des Sauerstoffs benötigt wird – größer ist. Man findet auch die Empfehlung, das Enzympräparat *vor* dem Pasteurisieren zuzugeben, da bereits bei der Zuführung von Wärme mit oxydativen Umsetzungen zu rechnen ist. Die Aktivität der zugesetzten Enzyme wird durch das Pasteurisieren nur wenig beeinträchtigt [7]. Bei *Dosenbier* kann die Aufnahme von *Eisen* – in Verbindung mit der *Maillard*-Reaktion – zu einer Dunkelfärbung führen und einen adstringierenden Geschmack hervorrufen. Auch hier soll die Zugabe des Enzympräparats eine Verhinderung bzw. Verringerung dieses Effekts bewirken.

Der Einsatz von Glucoseoxydase bei der *Weinherstellung* verhindert das Wachstum *aerober Mikroorganismen* und damit das Auftreten von Trübungen, nicht hingegen die Entwicklung *anaerober Mikroorganismen* [5]. Das Enzympräparat wird am besten unmittelbar vor dem Abfüllen des Weines zugesetzt. Trockene Weine sind infolge ihres zu geringen Zuckergehalts weniger für eine enzymatische Behandlung geeignet als solche mit Restsüße. Man setzt daher bei den erstgenannten zweckmäßigerweise 0,1 % Glucose zu. Vor allem wird die Bildung *flüchtiger Säuren* (Ameisen- und Essigsäure) gehemmt (Bild 5.11.1.b) [10]. Jedoch muß auch mit *Nachteilen* gerechnet

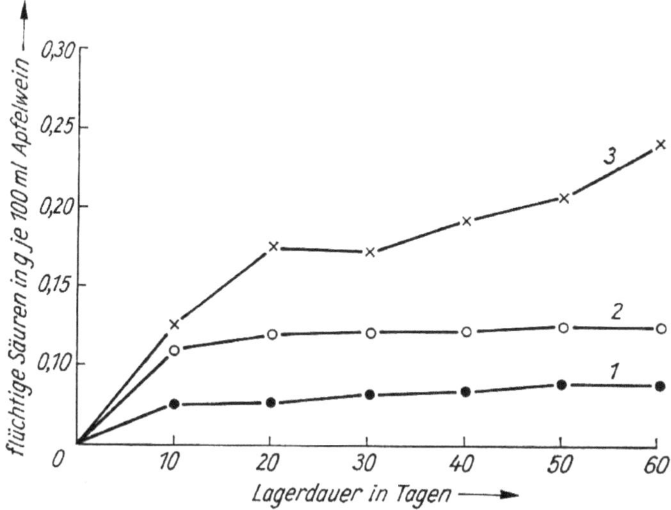

Bild 5.11.1.b. Herabsetzung der Bildung flüchtiger Säuren in Apfelwein durch Zusatz von Glucoseoxydase-Präparat [10]
(1) 0,15 % Enzympräparat   (2) 0,1 % Enzympräparat   (3) ohne Zusatz

werden. *Katalase* wird u. U. durch den niedrigen *p*H-Wert des Weines mehr oder weniger stark inhibiert, was zur Bildung von Wasserstoffperoxid führen kann. Geschmackliche Abweichungen, insbesondere aber Verfärbungen können die Folge sein. Ein Nachdunkeln enzymatisch behandelter Weine macht sich besonders dann bemerkbar, wenn der gelagerte Wein beim Abfüllen mit Luft in Berührung kommt (Tab. 5.11.1.).

Tabelle 5.11.1. Farbtiefe bei der Lagerung eines Weines, dem ein Enzympräparat zugesetzt wurde, bei Raumtemperatur von 11 °C [11]

Sorte		Wein in vollen Flaschen 23 Tage gelagert	Gleicher Wein, dann geöffnet und in halb-vollen Flaschen 3 Tage gelagert
	Enzympräparat in g je 1 l Wein	Weinfarbe[1] (*Duboscq*)[2]	Weinfarbe[1] (*Duboscq*)[2]
Pinot Gris	0,026	11,0	10,5
	0,000	10,6	10,4
Gewürztraminer	0,026	6,6	5,3
	0,000	6,5	4,7
Melon	0,026	13,9	11,7
	0,000	13,3	12,6
Pinot blanc	0,026	14,8	14,6
	0,000	13,6	13,3

[1] Die Zunahme im Wert zeigt eine dunklere Farbe an
[2] Farbvergleich mit dem *Duboscq*-Farbkomperator

Literatur

[1] *Köller, M.:* Lebensmittelind. **12** (1965) 28
[2] *Rogačev, V. J.*, und *N. G. Brofeev:* Optimales Verhältnis von Glucoseoxydase zu Katalase zur Verhinderung oxydativer Prozesse in eingedosten Lebensmitteln. Vortrag gelegentlich des 2. Internationalen Kongresses der Lebensmittel-Wissenschaft und -Technologie, Warschau 1966
[3] *Scott, D.:* Stabilisieren von Fruchtsäften gegen Oxydation durch Glucoseoxydase-Katalase. USA-Patent 3160506, ausgegeben am 8. 12. 1964, ref. Flüss. Obst **34** (1967) 302
[4] *Barton, R. R., S. S. Rennert* und *L. A. Underkofler:* Food Engng. **27** (1955) H. 12, 79
[5] *Мержанян, А. А., и Ю. Д. Таргунков* (Meržanjan, A. A., und Ju. D. Targunkov): Известия Высших Учебных Заведений, Пищевая Технология (Hochschulnachrichten, Lebensmittel-technologie **1967**, Nr. 6, S. 89
[6] *Barton, R. R., S. S. Rennert* und *L. A. Underkofler:* Food Technol. **11** (1957) 683
[7] *Ohlmeyer, D. W.:* Food Technol. **11** (1957) 503
[8] *Zetelaki, Z.:* Mitt. Zentralforschungsinst. Lebensmittelind. **1964**, S. 17–21, ref. C. A. (1966) Nr. 1, 1318e
[9] *Zetelaki, Z.:* Élelmezési Ipar **18** (1964) 178
[10] *Yang, H. Y.:* Food Res. **20** (1955) 42
[11] *Ough, C. S.:* Rebe und Wein **10** (1960) 14

5.11.2. Eiprodukte

Bei der Herstellung von *Trockeneierzeugnissen* (Eiklar, Eigelb, Vollei) wird die *Entfernung der Glucose* (und nicht des Sauerstoffs) angestrebt. Hierdurch soll die beim Versprühen und bei der Lagerung zwischen Glucose und den Aminogruppen des Eiweißes stattfindende *Maillard*-Reaktion verhindert werden, die Verfärbungserscheinungen, Abweichungen in Geschmack und Geruch, verminderte Löslichkeit sowie ernährungsphysiologische Beeinträchtigung der Eiproteine bewirkt [1, 2]. Der Gehalt an Glucose beträgt bei *Eiklar* etwa 3% i. T., bei *Eigelb* liegt er unterhalb 0,5% i. T. Durch Zugabe von *Glucoseoxydase/Katalase*-Präparat vor dem Versprühen oder Gefriertrocknen lassen sich diese Zuckeranteile beseitigen. Der Katalasegehalt des Enzympräparats sollte hierbei möglichst hoch sein. Zur Bereitstellung des für den Umsatz notwendigen Sauerstoffs wird vorsichtig *Wasserstoffperoxid* dosiert; hierbei muß eine leichte Aufhellung des Eipulvers in Kauf genommen werden. Wenn bei *p*H 7 (Zugabe von etwas Säure) und etwa 30 °C Erzeugnistemperatur gearbeitet wird, ist die Glucose nach wenigen Stunden beseitigt [3]. Infolge der Oxydationsanfälligkeit der Substratlipide ist bei der Herstellung von Eigelb- und Volleipulvern eine rasch verlaufende Reaktion anzustreben. Die enzymatische Behandlung von Eigelb ist daher mit großer Umsicht vorzunehmen, da das Erzeugnis hierbei u. U. einen ranzigen Geschmack bekommt. Enzymatisch behandeltes Eipulver hat – verglichen mit den Kontrollwerten – eine wesentlich bessere Lagerstabilität. Enzymatisch behandeltes Trockeneiklar ist besser schlagbar *(Eiweiß-Schlagkrem)* und zeigt er-

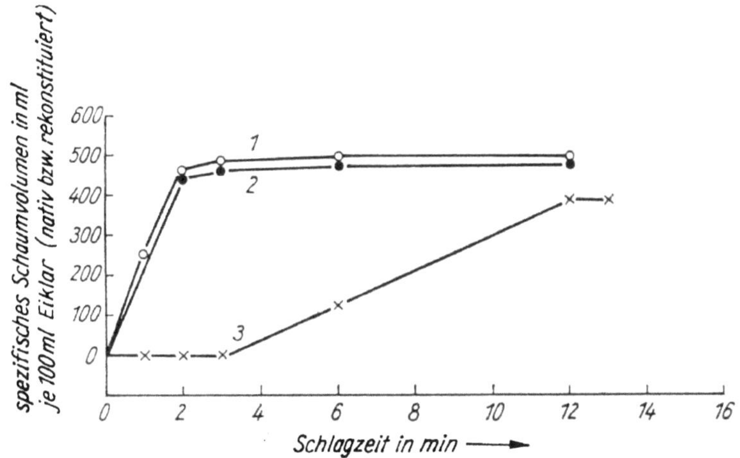

Bild 5.11.2.a. Zusammenhang zwischen dem spezifischen Schaumvolumen und der Schaumschlagzeit [3]
(1) frisches Eiklar   (2) Trockeneiklar, mit Glucoseoxydase/Katalase behandelt   (3) Trockeneiklar, nicht enzymatisch behandelt

a)   b)

Bild 5.11.2.b. „Engelkuchen"
a) gebacken aus frisch pulverisiertem, enzymatisch behandeltem Eiklarpulver (Schaumschlagzeit 3 min), b) ohne enzymatische Behandlung

höhtes Schaumvolumen (Bild 5.11.2.a) [3]. Auch das Wasserbindevermögen des Mehles ist erhöht, wenn das bei der *Teigherstellung* verwendete Eipulver enzymatisch behandelt wurde (Bild 5.11.2.b).

Literatur

[1] *Köhler, R.:* Einsatz von Glucoseoxydase zur Verhinderung der *Maillard*-Reaktion und zur Keimverringerung im Trockenei. Diplomarbeit, Humboldt-Univ. Berlin 1966
[2] *Kiss, E.:* Êlelmiszertudomány **1** (1967) 39; **2** (1968) 19
[3] *Kiss, E.:* Vortrag gelegentlich des 2. Internationalen Symposiums der Gärungsindustrie, Leipzig 1968

5.11.3. Sonstige Anwendungsgebiete [1 bis 3]

Glucoseoxydase (katalasefrei) läßt sich – in Verbindung mit *Ascorbinsäure* – zur Verbesserung der *Backfähigkeit* einsetzen [4]. Das Enzym baut die dem Teig als Backmittel zugesetzte Ascorbinsäure zu *Dehydroascorbinsäure* (Wasserstoffperoxid-Bildung) ab, die ihrerseits einen volumensteigernden Effekt auf das Gebäck ausübt. Das Brotvolumen läßt sich hierdurch um 8 ... 9 % erhöhen.
Bei thermischer Luftentfernung, Verpacken in einer Inertgasatmosphäre, Vakuumverpackung usw. bleiben im günstigen Fall noch immer 2 % Sauerstoff im Behältnis zurück. Es empfiehlt sich, diesen Rest bei leicht oxydierenden Lebensmitteln (z. B. tierische Fette [5]) zu entfernen. Hierzu kann das Enzymgemisch *Glucoseoxydase/Katalase* als *Antioxydans* verwendet und mit dem Lebensmittel unmittelbar gemischt werden; dies ist vor allem bei flüssigen und pastösen Erzeugnissen möglich. Die erforderliche Glucose ist entweder im Lebensmittel vorhanden oder muß zugesetzt werden; nach dem Zusatz der Glucose muß die Verpackung luftdicht verschlossen werden. Nicht anwendbar ist dieses Verfahren bei *festen Nahrungsmitteln*, z. B. Milchpulver, Trockenobst, Trockengemüse, Fleischkonserven. Wenn *Butter* ein Glucoseoxydase/Katalase-Präparat und 0,5 % Glucose zugesetzt werden, ist sie bis zu 6 Monaten lagerfähig. Der erwünschte Effekt tritt jedoch nicht ein, wenn ein relativ hoher Säuregehalt vorliegt und Katalase zerstört wird. Geschmolzene *Schlachtfette* zeigen bei enzymatischer Behandlung nach 30monatiger Lagerung noch keinerlei Anzeichen von Verderben, während die nichtbehandelten Fette bereits völlig verdorben sind [6]. Das in geringer Menge entstehende Wasserstoffperoxid wirkt auf die Aromastoffe des Schmalzes abbauend ein; zuweilen wird auch ein Bleicheffekt beobachtet. In ähnlicher Weise zeigt enzymatisch behandelte *Majonäse* eine wesentlich höhere Lagerstabilität.
Eine weitere Möglichkeit der Sauerstoffbindung besteht darin, den *Verpackungswerkstoff* mit einer Enzym-Pufferlösung zu beschichten. Im Augenblick der Berührung mit dem feuchten Gut setzt die Reaktion der zunächst trockenen und somit inaktiven Beschichtung ein [7]. Die Verpackung muß auch hier luftundurchlässig sein. So neigt z. B. *Schnittkäse* an der Oberfläche zur Braunfärbung, die sich allmählich nach innen ausbreitet. Wenn dieser Käse jedoch mit der genannten imprägnierten Folie verpackt ist, tritt die Verfärbung nicht in Erscheinung [3]. In ähnlicher Weise läßt sich die natürliche Farbe verpackten *Fleisches* besser erhalten. Dem Enzympräparat muß neben Puffersubstanzen noch Glucose zugesetzt werden.
Auch bei anderen empfindlichen *Trockenprodukten* (Milchpulver, geschälten Nüssen, geröstetem Kaffee, Majonäse, Fleischkonserven usw.) wird die Beseitigung des atmosphärischen Sauerstoffs durch enzymatische Behandlung angestrebt. Es fehlt jedoch

die für die Wirkung notwendige Feuchte. Das Glucoseoxydase/Katalase-Präparat muß in diesem Fall – zusammen mit Glucose und feuchtem Puffergemisch in *gasdurchlässiger* Plastfolie verpackt – in das Behältnis gebracht werden (z. B. in Form von Päckchen oder Patronen). So läßt sich z. B. die Lagerbeständigkeit von gefriergetrocknetem *Rindfleisch* in Blechdosen erheblich steigern. Das enzymatisch behandelte Fleisch zeigt nach 5monatiger Lagerung eine befriedigende Farbe, während das unter Luftzutritt gehaltene Erzeugnis bereits nach 1,5 Monaten in der Qualität (Farbe, sensorische Bewertung) deutlich abfällt. Bei *Milchpulver* hat sich dieses Verfahren allerdings nicht bewährt, da das Pulver feucht wird und dadurch an Qualität verliert.

Literatur

[1] *Zetelaki, Z.:* Élelmezési Ipar **18** (1964) 178
[2] *Köller, M.:* Lebensmittel-Ind. **12** (1965) 28
[3] *Scott, D.:* Food Technol. **12** (1958) Sonderteil Heft 7, 7
[4] *Maltha, P.:* Vortrag gelegentlich des 3. Internationalen Brotkongresses, Hamburg 1955
[5] *Čaga, S.,* und *Ctr. Popov:* Abhandlungen des wiss. Forschungsinstitutes der Konservenindustrie, Plovdiv **7** (1970) 171
[6] *Гребешова, Р. Н.* (Grebešova, R. N.): Съестные пром. (Lebensmittelindustrie) **16** (1969) 123
[7] Anonymus: Opakowanie **11** (1965) 3, S. 7, ref. Verpackung **7** (1966) H. 1, 31

5.12.   Naringinase

Naringin, das 7-Rhamnosido-β-glucosid des 4′,5,7-Trihydroxyflavons, verursacht den bitteren Geschmack der *Grapefruit*.

Rhamnose – Glucose – O

CH — CH₂ — C — OH

OH   O

Rhamnosido –β– glucosid — Naringenin

Prunin

Die Konzentration des Naringins im Saft – sie ist besonders hoch in unreifen Früchten – schwankt in weiten Grenzen, und zwar je nach Sorte, Jahreszeit, Technologie der Saftgewinnung usw. Der Bitterstoff läßt sich in die nicht bitteren Bestandteile *Naringenin* und das *Rhamnosido-β-glucosid* zerlegen. Das letztgenannte wiederum zerfällt in *Glucose* und *Rhamnose* (eine Methylpentose). Bei Abspaltung des Methylzuckers erhält man das ebenfalls nicht bittere Naringenin-glucosid *Prunin*. Grapefruitsäfte lassen sich durch Abtrennung oder Spaltung des Naringenins entbittern. Möglichkeiten hierzu sind z. B. die Adsorption des Naringins an Aktivkohle oder die Spaltung des Naringins mittels Säure oder durch enzymatische Behandlung. Wie Untersuchungen hierzu ergeben haben, führt die enzymatische Methode den gewünschten Effekt unter schonendsten Bedingungen bei zugleich geringstem apparativen Aufwand herbei [1 bis 3]. Nachdem verschiedentlich versucht wurde, ein geeignetes Enzym aus Pflanzenmaterial zu isolieren [4, 5], zeigte sich, daß auch Mikro-organismen naringinspaltende Enzyme (Naringinase) produzieren können [6, 7]. *Thomas* u. a. [6] ließen ein solches Enzymrohpräparat mikrobieller Herkunft bei pH 3,5 ... 5,0 und verschiedenen Temperaturen auf Naringin einwirken und stellten eine rasche Entbitterung der Lösung fest. Sie weisen nach, daß diese Hydrolasen zunächst Rhamnose (Bildung des nicht bitteren Prunins) und nachfolgend auch Glucose aus dem Molekül abspalten. Das *pH-Optimum* des Enzyms z. B. von *Coniothyrium diplodiella* liegt bei 4,2 (Bild 5.12.); es ist stabil zwischen *p*H 3,0 und *p*H 6,0.

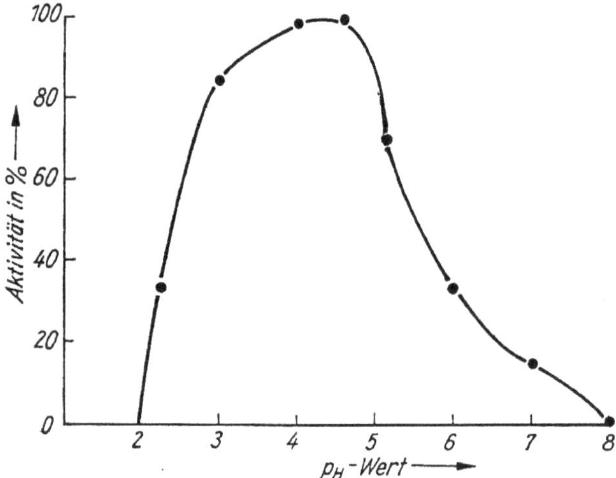

Bild 5.12. *Aktivität von Naringinase aus Coniothyrium diplodiella bei verschiedenen* pH-*Werten und einer Temperatur von 40 °C [7]*

Sein *Temperaturoptimum* befindet sich zwischen 60 °C und 65 °C. Über die *Thermostabilität* unterrichtet Tab. 5.12.a. Die Aktivität des Enzyms wird durch verschiedene Zucker *gehemmt* (Saccharose, Fructose, vor allem durch Glucose).

Tabelle 5.12.a. *Restaktivität einer Naringinase-Lösung nach ihrer Lagerung bei verschiedenen Temperaturen* [7]

Lagertemperatur	Lagerdauer in min		
in °C	10	30	60
40	99	98	93
50	96	98	91
60	93	82	47
65	52	35	15
70	20	5	0
80	0	0	0

Grapefruitsaft wird naturtrüb in den Handel gebracht. Um die Trubstoffe – die auch den Hauptteil der Pigmente enthalten – zu stabilisieren, muß der Saft zur Inaktivierung der fruchteigenen Pektinesterase kurzzeitig (90 °C) erhitzt werden. Aus dem gleichen Grund ist die Anwesenheit pektinspaltender Komponenten im Enzympräparat nicht erwünscht. Bei Zusatz eines Naringinase-Präparats mikrobieller Herkunft zu pasteurisiertem Grapefruitsaft erhält man Befunde gemäß Tab. 5.12.b [8].

Tabelle 5.12.b. Einfluß eines Naringinase-Präparats auf den bitteren Geschmack von Grapefruit-Saft [8]

Einwirkungsdauer in h	Enzympräparatzusatz in %	Gehalt an Naringin in %	Geschmack[1]
0	Kontrolle	0,151	10
10	Kontrolle	0,155	10
0,5	0,05	0,147	7
2	0,05	0,089	1
0,5	0,025	0,151	8
2	0,025	0,111	3
6	0,025	0,056	1
1	0,01	0,155	9
6	0,01	0,095	3
10	0,01	0,081	1

[1] 10 sehr bitter, 5 wenig bitter, 1 bitter in Spuren, 0 nicht bitter

Literatur

[1] *Olsen, R. W.,* und *E. C. Hill:* Citrus Ind. **46** (1965) 21
[2] *Dupaigne, P.:* Fruits (Paris) **24** (1969) 445
[3] *Dinelli, D.,* und *F. Morisi:* Verfahren zur enzymatischen Entfernung von Bitterstoffen aus Fruchtsäften. BRD-Offenlegungsschrift 2207523, offengelegt am 26. 4. 1973
[4] *Hall, D. H.:* Chem. Industrie **57** (1938) 473
[5] *Ting, S. V.:* J. agric. Food Chem. **6** (1958) 546
[6] *Thomas, D. W., C. V. Smythe* und *M. D. Labbee:* Food Res. **23** (1958) 591
[7] *Nomura, D.:* Enzymologia (Den Haag) **29** (1965) 272
[8] *Griffiths, F.,* und *B. J. Line:* Food Technol. **13** (1959) 430

5.13. Zellwandlysierende Enzyme

Die Auflösung von Zellwänden ist ein für die Forschung wie für die Praxis gleichermaßen bedeutsames Problem, das verschiedene Wissensdisziplinen in zunehmendem Umfang beschäftigt.

Das bevorzugt aus Hühnereiklar gewonnene *Lysozym (Muramidase, Mucopeptid-Glykohydrolase; Mucopeptid-N-Acetylmuramoyl-Hydrolase,* EC 3.2.1.17.) spaltet β-1,4-Bindungen zwischen N-Acetylmuraminsäure- und N-Acetylglucosamin-Resten in Mucopolysacchariden oder Mucopolypeptiden (s. Übersicht S. 354).
Zellwandlysierende Enzympräparate weisen jedoch zumeist eine ganze Reihe weiterer Enzyme bzw. Enzymaktivitäten auf, z. B. *Cellulase-, Hemicellulase-, Glucanase-, Laminarinase-, Chitinase-, Protease-, Amylase-, Lipase*aktivität, deren komplexe Wirkung auf Bakterien, Schimmelpilze oder Hefen zu einem mehr oder weniger intensiven Aufbrechen der Zellwand führen kann. Sie gewinnen zunehmend an Interesse vor allem im Hinblick auf den *Aufschluß* von *Mikroorganismen* zur Gewinnung von intrazellulären Enzymen, von Eiweiß für Nahrungszwecke bzw. als Futtermittel sowie von anderen Naturstoffen. Man ist daher bemüht, zellwandlysierende Enzympräparate auch aus Mikroorganismen mit ökonomisch vertretbaren Ausbeuten herzustellen [1 bis 3]. Besondere Bedeutung kommt dem Zellwandabbau bei Hefen zu. Nach einem japanischen Verfahren wird die Zersetzung der Zellwände von Hefen, z. B. von *Torulopsis* und *Saccharomyces,* mittels einer β-*Glucanase* vorgenommen,

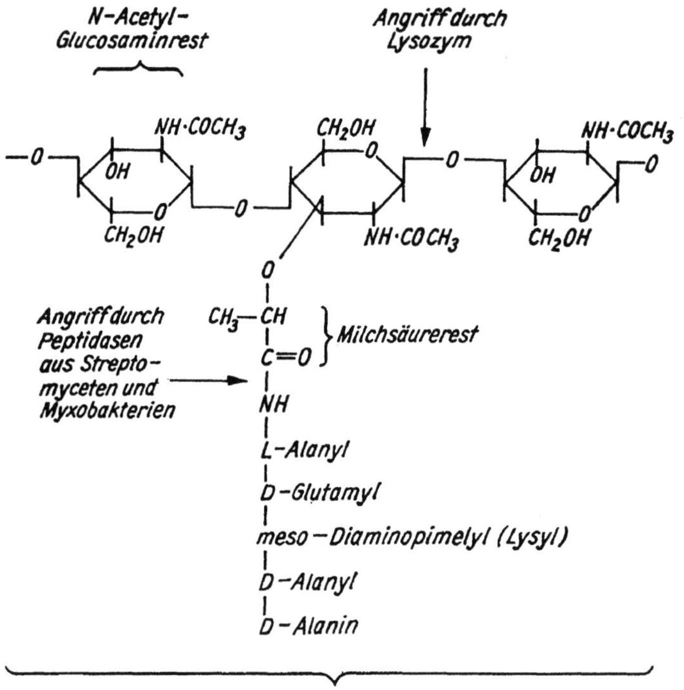

die von *Trichoderma viride* in Emerskultur synthetisiert wird [4]. Dem Verfahren liegt die Zielstellung zugrunde, die Nährstoffe der Hefen verlustlos zu erhalten bzw. leichter verdaulich zu machen, so daß der Futterwert der Hefen erhöht wird.

Der Zellwandabbau bei *Saccharomyces cerevisiae, Candida albicans* und *Candida utilis* kann auch mit Enzympräparaten aus *Oerskovia spec.* erreicht werden [5]. Ihre Herstellung erfolgt submers; die Kulturlösung enthält α-*Mannanase, Endo-Laminarinase* und *Chitinase*. Protease ist nicht nachweisbar. Dieses Enzymgemisch baut – selbst nach kurzer Erwärmung auf 60 °C – den Glucomannan-Protein-Komplex von *Saccharomyces cerevisiae* durch Freisetzung von Glucose ab. Die erhaltenen *Oerskovia*-Enzyme eignen sich zur Herstellung von Protoplasten, zur Isolierung von Zellorganellen, zur Gewinnung von *Single cell protein* (Einzeller-Protein, z. B. Hefeprotein) oder zur Abtötung pathogener Keime. Über andere Enzyme, die zellwandlysierende Aktivitäten gegenüber Hefen und thermophilen Pilzen entfalten, berichten *Okazaki* und *Jizuka* [6]. Es handelt sich hierbei um Enzymgemische aus thermostabiler *alkalischer Protease* und *β-Glucanase,* die aus dem thermophilen Actinomyceten *Micropolyspora spec.* gewonnen werden, bzw. um einen anderen mycolytischen Enzymkomplex mit *β-Glucanase-, Chitinase-* und *Protease*aktivität aus *Chaetonium thermophilum* und *Myriococcus albomyces.*

Neben den vorangehend genannten Enzymen, die dem Abbau von *mikrobiellen* Zellwänden dienen, gewinnen auch Enzyme zur Mazeration *pflanzlicher* Gewebe an Bedeutung. So wurde beim Studium cellulolytischer und gewebemazerierender Effekte bei phytopathogenen Pilzen ein Stamm von *Fusarium moniliforme* gefunden, der einen Enzymkomplex mit starker gewebemazerierender Aktivität synthetisiert [7]. Das Enzymgemisch besteht aus *Pektinase* und *Hemicellulase,* es ist jedoch frei von Cellulase.

Über weitere pektinolytische Enzymsysteme siehe 5.3.

Literatur

[1] *Napier, E. J.:* Verfahren zur Herstellung eines Enzymkomplexes. BRD-Auslegeschrift 1 271 660, ausgelegt am 4. 7. 1968
[2] *Okazaki, H.:* Zellwandlösendes Enzym und Verfahren zu seiner Herstellung. BRD-Offenlegungsschrift 2011 811, offengelegt am 17. 9. 1970
[3] *Kobayashi, R. S., H. Sato, K. Takita, S. Shimizu* und *N. Toyama:* Zellwände lysierender Enzymkomplex und Verfahren zur Herstellung desselben. BRD-Offenlegungsschrift 2261 270, offengelegt am 5. 7. 1973
[4] Fa Kinki yakult Seizo Kabushiki Kaisha Takarazuka-Shi-Japan und Meiji Seika Kaisha, Ltd. Tokyo, Japan: Verfahren zur Zersetzung der Zellwände von Hefearten mittels beta-Glucanase, welche durch Mikroorganismen erzeugt wird. BRD-Offenlegungsschrift 1 442 108, offengelegt am 14. 11. 1968
[5] *Macmillan, J. D.,* und *J. W. Mann:* Vortrag gelegentlich des 4. Internationalen Fermentations-Symposiums, Kyoto (Japan) 1972
[6] *Okazaki, H.,* und *H. Jizuka:* siehe [5]
[7] *Koga, H., K. Matsumoto* und *T. Yamaguchi:* siehe [5]

5.14. Aromabildende Enzyme

Unter dem Begriff *aromabildende Enzyme* („Aromaenzyme") faßt man eine große Gruppe der verschiedenartigsten Enzymindividuen bzw. -komplexe zusammen, die an der Ausbildung von *Geschmack* und *Geruch* pflanzlicher und tierischer Erzeugnisse beteiligt sind. Vor allem durch Einsatz gaschromatographischer Verfahren ist es gelungen, einen tieferen Einblick in die Zusammensetzung des Aromas zahlreicher Lebensmittel zu erhalten und die Prinzipien kennenzulernen, nach denen die komplexen Vorgänge bei der Aromabildung ablaufen [1 bis 4]. Bei den natürlichen, zumeist flüchtigen Aromastoffen von frischen Früchten, Gemüsen und anderen pflanzlichen Erzeugnissen handelt es sich um Zwischen- oder Endprodukte von Stoffwechselvorgängen. Sie werden gebildet aus – vorwiegend nichtflüchtigen, geruch- und geschmacklosen – *Aromavorläufern* (engl. *flavor precursors*), die ihrerseits aus Vor-Vorläufern (engl. *pre-precursors*) entstehen. Die *Precursors* stellen somit letztlich die Quelle für die *latenten* Geruch- und Geschmackstoffe dar.
Die Aromastoffe werden besonders dann rasch gebildet, wenn die Zellinhaltstoffe in innigen Kontakt mit den Enzymen treten können, so daß der Umsatz schneller erfolgt. Dies ist z. B. beim *Zerkleinern* des Pflanzengewebes der Fall. So werden bei Zwiebeln L-Cysteinderivate (precursors) in (die instabilen) Sulfensäuren, Ammoniak und Brenztraubensäure übergeführt. Die Sulfensäuren werden unter Ausbildung von spezifischen Aromastoffen weiter umgesetzt.
Wenn man Zwiebeln oder Lauch rasch zerkleinert und die Substanz nachfolgend schnell und schonend trocknet, dann ist es möglich, das Trockenprodukt bei Wasserzugabe voll zu rearomatisieren. Erfolgt jedoch der Trockenprozeß unter den üblichen Bedingungen der großtechnischen Praxis (Blanchieren, Infrarot-Bestrahlung, Trocknen, Sterilisieren u. ä.), so wird das Aroma abgeschwächt, vernichtet oder verändert, da die enzymatisch katalysierte Aromabildung beim Erwärmen rasch voranschreitet, die Precursors hierbei mehr oder weniger stark umgesetzt und die Enzyme schließlich inaktiviert werden; das im Verlauf der Behandlung freiwerdende Aroma entweicht. Hingegen überstehen viele Vorläufer, zumindest teilweise, die genannten Prozesse. Durch nachfolgende Zugabe geeigneter aromabildender Enzyme ist es möglich, dem behandelten Erzeugnis das ihm eigene Aroma zurückzugeben. *Hewitt* [1] hat diese Problematik schematisch dargestellt (Bild 5.14.).

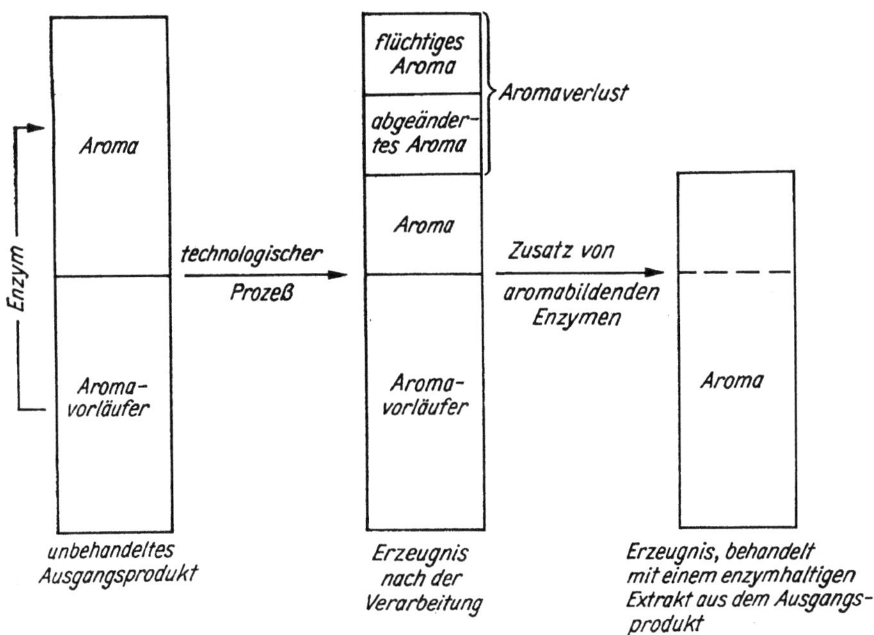

Bild 5.14. Enzymatische Aufbesserung des Aromas von Lebensmitteln pflanzlicher Herkunft (schematisch) (nach [1])

Es gelingt nun tatsächlich, eine Aromabildung in schonend blanchiertem bzw. getrocknetem Obst und Gemüse zu erzielen, wenn Enzymextrakte aus gleichartigen, frischen Pflanzen bzw. Pflanzenteilen eingesetzt werden, um eine volle Regenerierung der blanchierten bzw. getrockneten Erzeugnisse herbeizuführen. Untersuchungen hierzu sind an Zwiebeln, Kohl, Tomaten, Ananas, Sellerie, Petersilie, Lauch, Karotten, Spinat, Erdbeeren, Orangen, Bananen u. a. durchgeführt worden [5]. So ist es z. B. möglich, die in unreifen Himbeeren vorhandenen nichtflüchtigen Aromavorläufer durch Zusatz von *Enzymextrakten* aus dem *weißen Kernteil* vollreifer Früchte zu aktivieren und das typische Himbeeraroma zu erzeugen [6]. Hierbei wurden gaschromatographisch wenigstens 7 flüchtige Komponenten nachgewiesen. Die Enzyme können jedoch auch aus den nicht eßbaren Teilen der Pflanze gewonnen werden. So gelingt es, *Enzymextrakte* aus *Blättern, Stielen, Stengeln* und *Wurzeln* einer bestimmten Bohnensorte *(string bean)* herzustellen, sie den gekochten, getrockneten oder sterilisierten und damit aromaarmen bzw. -freien Bohnen zuzusetzen und ihnen das natürliche Aroma zurückzugeben [7].
Diese Art der Aromaregenerierung ist zwar von wissenschaftlichem Wert, sie dürfte sich jedoch in der Praxis aus ökonomischen Gründen kaum durchsetzen. Man muß vielmehr bemüht sein, Enzymextrakte aus *preisgünstigen Ausgangsstoffen* zu gewinnen. In diesem Zusammenhang ist die Beobachtung von Interesse, daß sich auch *biologisch verwandtes Material* (z. B. zahlreiche Angehörige der Familie der Cruciferen, wie Kohl, Senfsamen, Meerrettich, Brunnenkresse, Rettich, Blumenkohl, Rüben usw.) zur *wechselseitigen Enzymlieferung* eignet. So läßt sich z. B. einer blanchierten und nachfolgend getrockneten Brunnenkresse durch Zusatz eines enzymhaltigen Extraktes aus weißem Senfsamen das typische Kressearoma verleihen [5]. Dieses Ergebnis kann bei Brunnenkresse auch mit enzymhaltigen Extrakten aus schwarzem Senfsamen oder aus Kohl erzielt werden. Das Enzymsystem aus Senfsamen bewirkt auch

bei blanchiertem Kohl eine Aromatisierung, wobei jedoch zusätzlich eine diesem Gemüse sonst nicht eigene Schärfe beobachtet wird. Wenn man vergleichsweise enzymhaltige Extrakte aus Kohl oder aber Senfsamen auf hitzebehandelten Kohl einwirken läßt, dann erhält man gemäß Papierchromatogramm hinsichtlich einiger nachweisbarer Hauptbestandteile qualitativ, nicht hingegen quantitativ übereinstimmende Befunde.

Eine ökonomisch bedeutsame Frage ist die, ob man enzymhaltige Extrakte auch aus *nicht verwandten Pflanzenfamilien* oder gar solche *mikrobieller Herkunft* in der vorangehend beschriebenen Weise mit Erfolg einsetzen kann. Für die Aromabildung der o. a. string beans ist z. B. die *Alkoholdehydrogenase* von Bedeutung (Oxydation von 6-C-Alkoholen zu Hexenalen, z. B. zu 2-Hexenal, 3-Hexenal). Wird nun ein im Handel befindliches Hefe-Alkoholdehydrogenase-Präparat den hitzebehandelten und dann getrockneten Bohnen zugesetzt (einschließlich des erforderlichen DPN als Coenzym), dann entsteht wohl 2-Hexenal, jedoch nicht das natürliche „stringbean"-Aroma, das sich aus zahlreichen Einzelindividuen zusammensetzt, von denen 2-Hexenal eben nur eine – wenn auch wichtige – Komponente darstellt. *Weurman* [6] hat eine größere Anzahl handelsüblicher Präparate von Enzymen – auch mikrobieller Herkunft – (z. B. *β*-Glykosidasen, Cellulase, Alkoholdehydrogenase + Coenzym I, Lipase, Emulsin, Erepsin, Bromelin, Malzdiastase, Sinigrinase, Tyrosinase, Myrosinase) bzw. Enzymextrakte aus Himbeerkernen (zur Kontrolle) auf ein speziell zubereitetes Substrat aus reifen Himbeeren einwirken lassen. Nach den gaschromatographischen Befunden sind nur einige wenige der verwendeten Präparate in der Lage, einzelne Aromakomponenten, die auch durch den Himbeerkernextrakt freigesetzt werden, zu bilden. Die Relationen der Anteile der einzelnen Individuen unterscheiden sich außerdem erheblich von dem Kontrollansatz (Himbeerkernextrakt + Substrat); auch werden in der Mehrzahl der Fälle Komponenten, die mit Himbeerkernextrakt nachgewiesen werden, nicht gefunden. Der sensorische Befund weist aus, daß nur der *Himbeerkernextrakt* das charakteristische Fruchtaroma zu bilden vermag. *Reese* u. a. [8] haben mit einigem Erfolg eine *Thioglucosidase* aus *Aspergillus sydowi* benutzt, um Kohl zu rearomatisieren. Nach *Barton* [9] läßt sich durch Zugabe eines mikrobiellen, oxydativ wirkenden Enzympräparats das Aroma von sterilisierten, gefrorenen oder getrockneten Bohnen, Erbsen und Limabohnen verbessern.

Die Aussichten für eine erfolgreiche, vor allem aber ökonomisch tragbare Aromaregenerierung im vorangehend erörterten Sinne sind z. Z. noch gering. Der Einsatz von Präparaten mikrobieller Herkunft ist sicher sehr problematisch, da die für die jeweilige Aromabildung erforderlichen komplexen Enzymsysteme relativ spezifisch sind und in ihrer Zusammensetzung auf das jeweilige Lebensmittel genau abgestimmt sein müssen. Vor allem muß das Spektrum der Aromakomponenten und ihrer Vorläufer weitgehend bekannt sein, wenn man *fremdartige Enzyme* gezielt einsetzen will, ohne daß die Gesamtkomposition des Aromas leidet. Die Industrie ist jedoch sehr an der Lösung dieser Probleme interessiert, da die Aromaverstärkung durch einfache Zumischung natürlicher oder synthetischer Substanzen nicht befriedigt.

Literatur

[1] *Hewitt, E. J.:* J. agric. Food Chem. **11** (1963) 14
[2] *Mohler, H.:* Enzyme bei der Bildung von Aromastoffen. In: *Acker, L.*, und *K. G. Bergner:* Handbuch der Lebensmittelchemie. Berlin–Heidelberg–New York: Springer-Verlag 1965, S. 912
[3] *Weurman, C.:* Conserva (Den Haag) **14** (1966) 292

[4] *Purr, A.:* Ernährungsforschung **11** (1966) 17
[5] *Hewitt, E. J., D. A. M. Mackay, K. Konigsbacher* und *T. Hasselstrom:* Food Technol. **10** (1956) 487
[6] *Weurman, C.:* Food Technol. **15** (1961) 531
[7] *Cort, W. M., E. J. Hewitt, A. I. Mc Carthy* und *S. D. Bailey:* Vortrag gelegentlich des 136. ACS-Meetings, Atlantic City/USA 1959, zit. bei *Hewitt, E. J.:* J. agric. Food Chem. **11** (1963) 14
[8] *Reese, E. T., R. C. Clapp* und *M. Mandels:* Arch. Biochem. Biophysics **75** (1958) 228
[9] *Barton, R. R. :* Food Technol. **14** (1960) 25

5.15. Nucleinsäurespaltende Enzyme

Nucleinsäuren werden durch spezifische *Nucleasen* oder unspezifische *Phosphodiesterasen* zu Poly-, Oligo- oder Mononucleotiden abgebaut. Ein Ausschnitt aus der Struktur einer Ribonucleinsäure wird nachstehend gezeigt. Die Nucleasen wirken hydrolytisch oder als Transferasen. Die Hydrolasen werden je nach ihrer Substratspezifität (wirksam gegenüber RNS oder DNS) als „*RNasen*" oder „*DNasen*" bezeichnet. Zerlegt das Enzym speziell die 3′-Phosphatbindungen, so befindet sich die endständige, einfach gebundene Phosphatgruppe der Spaltstücke am C_5 der Pentose; werden hingegen die 5′-Phosphatbindungen hydrolysiert, ist die Phosphatgruppe am C_3 nachzuweisen. Beispielsweise spaltet die *Desoxyribonuclease (DNase II, Desoxyribonucleat-3′-Nucleotid-Hydrolase; Desoxyribonucleat-3′-Oligonucleotid-Hy-*

drolase, EC 3.1.4.6.) aus DNS 3′-Nucleotide ab, während die *Nucleatendonuclease (Nucleat-5′-Nucleotid-Hydrolase; Nucleat-5′-Oligonucleotid-Hydrolase,* EC 3.1.4.9.) aus RNS und DNS 5′-Nucleotide freisetzt. Eine weitere Phosphorsäurediester-Hydrolase, die sowohl RNS wie auch DNS angreift, ist die *Nucleat-3′-Nucleotid-Hydrolase (Nucleat-3′-Oligonucleotid-Hydrolase,* EC 3.1.4.7.). Sie liefert 3′-Nucleotide. DNS wird dabei vorrangig an den Adenin-Thymin-Nucleotidpaaren angegriffen.
Der Abbau der RNS durch verschiedene *Nucleotidyl-Transferasen* (EC 2.7.7.16.,

EC 2.7.7.17., EC 2.7.7.26.) führt über cyclische Phosphate. So wird z. B. gemäß dem folgenden Reaktionsschema durch *Ribonucleatpyrimidinnucleotid-2'-Transferase* (EC 2.7.7.16.) die verbindende Phosphatgruppe von der 5'-Position des terminalen Nucleotids auf die 2'-Position des dem terminalen Nucleotid benachbarten Pyrimidinnucleotids übertragen. Das gebildete 2'-3'-Cyclophosphat wird dann leicht hydrolysiert.

Spezielle Enzyme (EC 3.1.3.5., EC 3.1.3.6., EC 3.1.3.7.) oder aber unspezifische Phosphatasen spalten die Phosphatgruppen der Nucleotide ab. Beispielsweise hat die *3'-Ribonucleotid-Phosphohydrolase* (EC 3.1.3.6.) eine relative Spezifität für 3'-Nucleotide. (Reaktionsmechanismus s. Übersicht S. 360 oben.)
Bereits auf der Stufe der Nucleotide kann die glykosidische Bindung, welche die Pentose mit der Base verknüpft, durch *Nucleosidasen* gespalten werden. In der Regel werden von diesen jedoch Nucleoside und Desoxynucleoside angegriffen. Die betreffenden Enzyme (EC 3.2.2.1., EC 3.2.2.2., EC 3.2.2.3., EC 3.2.2.4., EC 3.2.2.5., EC 3.2.2.6.) wirken hydrolytisch.
Als Beispiel für eine derartige Nucleosidase sei die *N-Ribosyl-Purinribohydrolase* genannt. Die Reaktion verläuft wie folgt:

$$\text{N-Ribosyl-Purin} + H_2O \rightarrow \text{Purin} + \text{D-Ribose}$$

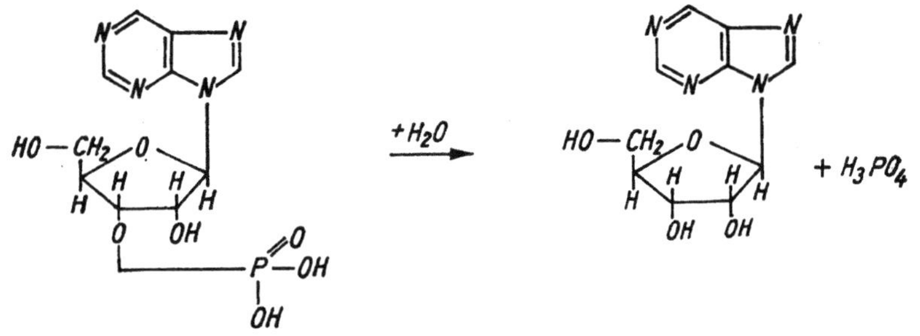

$$\text{3'-Ribonucleotid} + H_2O \longrightarrow \text{Ribonucleorid} + \text{Orthophosphat}$$

Andere Nucleosidasen haben eine relativ hohe Substratspezifität für Inosin, Uridin, AMP, NAD oder NADP.

Nucleoside können auch durch Phosphorylierungsreaktionen folgendermaßen abgebaut werden:

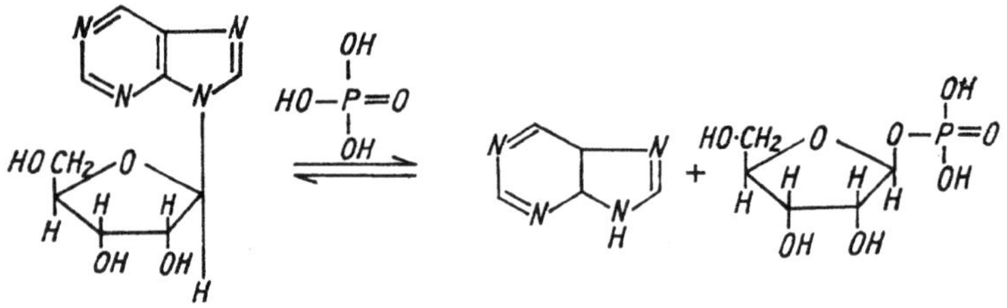

$$\text{Base} - \text{Ribose} + H_3PO_4 \rightleftharpoons \text{Base} + \text{Ribose} - 1 - \text{phosphat}$$

Nucleasen und entsprechende Ergänzungsenzyme, wie Nucleotidasen und Nucleosidasen, werden von einer Vielzahl von Mikroorganismen unterschiedlicher systematischer Zugehörigkeit synthetisiert. Bevorzugt handelt es sich dabei, wie aus der folgenden Übersicht hervorgeht, um Bakterien und niedere Pilze.

Herkunft einiger mikrobieller Nucleasen und Ergänzungsenzyme

Mikroorganismus	Enzym	Zellgebundenheit	Autoren
Azotobacter vinelandii	AMP-Phosphoribohydrolase	intrazellulär	[1]
Escherichia coli	RNase	intrazellulär	[2]
Escherichia coli	5'-Nucleotidase	intrazellulär	[3]
Enterobacteriaceae	cyclische Phosphodiesterase (3'-Nucleotidase)	intrazellulär	[4]
Asterococcus mycoides	RNase	intrazellulär	[5]
Physarum polycephalum	RNase	intrazellulär	[6]
Physarum polycephalum	RNase/DNase	intrazellulär	[7]
Bacillus glutinosus	RNase	extrazellulär	[8]
Bacillus subtilis	RNase	extrazellulär	[9]
Proteus mirabilis	RNase	extrazellulär	[10]
Aspergillus clavatus	RNase	extrazellulär	[11]
Aspergillus, Penicillium	Nucleosidase	extrazellulär	[12]
Neurospora crassa	RNase	extrazellulär	[13]

Mikrobielle Nucleasen sind für die Herstellung von *5'-Purinnucleotiden* (5'-IMP, 5'-GMP) von Interesse. Diese Substanzen werden seit etwa 15 Jahren international als *Würz-* und *Aromastoffe* angeboten und auf mikrobiologischem Wege durch

extrazellulären Abbau von RNS,
intrazellulären Abbau zelleigener RNS oder
direkte Nucleotid-Biosynthese

hergestellt.

Für den *extrazellulären Abbau* von RNS werden spezifische 5'-Phosphodiesterasen von Stämmen aus den Gattungen *Bacillus, Streptomyces, Torula, Zygosaccharomyces, Penicillium* und *Aspergillus* verwendet [14]. Bei der *Einschrittmethode* finden das Wachstum der Mikroorganismen und der Abbau einer aus Hefe stammenden RNS, die dem Kulturmedium zugesetzt wird, gleichzeitig statt. Bei der *Zweischrittmethode* erfolgen diese Vorgänge getrennt. Für den Abbau der RNS werden entweder die Kulturfiltrate (bei extrazellulären Enzymen) oder die Zellextrakte (bei intrazellulären Enzymen) der Mikroorganismen eingesetzt. In der Regel ergibt ein derartiger Abbau Adenosin-5'-monophosphat, Guanosin-5'-monophosphat und Uridin-5'-mono-phosphat. Als Sekundärprodukte treten ferner Inosin-5'-monophosphat und Xantho-sin-5'-monophosphat auf [15].

Für den *intrazellulären Abbau* von (zelleigener) RNS dienen vornehmlich Hefen. Zur Gewinnung der Mononucleotide werden die Zellen entweder in Wasser (bei pH-Werten von 7,5 … 11,0 und einer Temperatur von 25 … 45 °C) oder in einem wäßrigen Salzmedium (0,1 … 0,5 M, 20 … 50 °C) bis zu 10 h lang inkubiert. Dabei werden die Nucleotide in das Medium ausgeschieden. Die Nucleotidextraktion kann durch physikalische oder chemische Zerstörung der Zellwände oder durch den Zusatz oberflächenaktiver Substanzen beschleunigt werden.

Sowohl beim extrazellulären wie auch beim intrazellulären Abbau von Nucleinsäuren ist mit der Wirkung von *5'-Phosphomonoesterasen* zu rechnen. Ihre Aktivität kann durch Zugabe verschiedener Substanzen, wie Alkaliarsenat, Zink- oder Kupfer-ionen, gemindert werden.

Zur Herstellung von 5'-Mononucleotiden durch *direkte Nucleotid-Biosynthese* bedient man sich industriell gegenwärtig einer Reihe auxotropher Mikroorganismen. So werden nach *Demain* [15] für die Herstellung von Inosin-5'-monophosphat verschiedene Stämme von *Corynebacterium glutamicium* eingesetzt, die auf Grund eines Enzymdefekts Adeninverbindungen nicht mehr bilden können. Als C-Quelle für die Nucleotidproduktion verwenden japanische Hersteller verschiedene Kohlen-hydrate (z. B. Glucose, Fructose, Stärke), organische Säuren (z. B. Essigsäure, Milchsäure, Gluconsäure) wie auch Kohlenwasserstoffe. Die besten biosynthetischen Leistungen (25 mg 5'-Mononucleotide je 1 ml Kulturmedium) wurden aus Fermen-tationsansätzen mit Glucose erreicht. Die Isolierung der 5'-Mononucleotide aus dem Kulturmedium erfolgt nach Abtrennung der Zellen und Nährbodenbestandteile aus den Kulturfiltraten über mehrere Fraktionierungsschritte (Ionenaustauschersäulen).

Literatur

[1] *Yoshino, M., N. Ogasawara* u. a.: Biochim. biophysica Acta (Amsterdam) **146** (1967) 620
[2] *Spahr, P. F.,* und *B. R. Hollingworth:* J. biol. Chemistry **236** (1961) 823
[3] *Neu, H. C.:* J. biol. Chemistry **242** (1967) 3896
[4] *Ceuter, M. S.,* und *F. J. Behal:* J. biol. Chemistry **243** (1968) 138
[5] *Plackett, P.:* Biochim. biophysica Acta (Amsterdam) **26** (1957) 664

[6] *Hiramaru, M., T. Uchida* u. a.: J. Biochemistry (Tokyo) **65** (1969) 701

[7] *Hiramaru, M., T. Uchida* u. a.: J. Biochemistry (Tokyo) **65** (1969) 693

[8] *Лещинская, И. Б., и Р. Ш. Булгакова* (Leščinskaja, I. B., und R. Š. Bulgakova): Биохимия (Biochemie) **34** (1969) 1113

[9] *Nakai, M., Z. Minami* u. a.: J. Biochemistry (Tokyo) **57** (1965) 96

[10] *Bieber, J.,* und *R. Nüske:* Z. allg. Mikrobiol. **9** (1969) 327

[11] *Безбородова, С. И., Л. И. Бородаева, Г. С. Иванова и В. Г. Морозова* (Bezborodova, S. I., L. I. Borodaeva, G. S. Ivanova und V. G. Morozova): Биохимия (Biochemie) **34** (1969) 1129

[12] *Reese, E. T.:* Canad. J. Microbiol. **14** (1968) 377

[13] *Kasai, K., T. Uchida* u. a.: J. Biochemistry (Tokyo) **66** (1969) 389

[14] *Kaisha, Y. S. K.:* Production of 5′-Nucleotides. Brit. Patent 898334, ausgegeben am 6. 6. 1962

[15] *Demain, A. L.:* Advances appl. Microbiol. **8** (1966) 1

6. Einsatz von Enzympräparaten in anderen Bereichen der Volkswirtschaft

6.1. Medizin und Pharmazie

6.1.1. Medizinischer Sektor

Verdauungsfördernde Enzyme

Proteine, Kohlenhydrate und Fette werden im wesentlichen im Dünndarm verdaut. Von den mit der Nahrung zugeführten *Kohlenhydraten* werden Stärke und ihre Abbauprodukte (Dextrine, Gluco-Oligosaccharide, Isomaltose, Maltose usw.), Glykogen, Saccharose, Lactose usw. bis zu den Monosaccharid-Bausteinen zerlegt und als solche an das Blut abgegeben [1 bis 3]; oligomere Verbindungen werden nicht bzw. in nur sehr geringem Umfang resorbiert. Hierfür befinden sich im Intestinaltrakt eine ganze Reihe spezielle *Carbohydrasen*. Als wichtigste seien genannt α-Amylase (in Speichel und Pankreassaft), α-Glucosidasen, β-Galaktosidasen, Glucoamylase (in der „Bürstensaumregion" des Mucosaepithels). Die meisten *Ballast-* und *Füllstoffe* – z. B. Cellulose, Hemicellulose, Pektinstoffe, Inulin – hingegen werden im Dünndarm nicht gespalten. Sie gelangen beim Verzehr in distale Bereiche des Magen-Darm-Traktes und fallen daselbst dem *mikrobiellen Umsatz* anheim bzw. werden mit den *Faeces* ausgeschieden. In ähnlicher Weise werden *Nahrungsproteine* vor bzw. bei ihrer Resorption bis zu den Aminosäuren abgebaut, wobei *Proteasen* bzw. *Peptidasen* des Magens (Pepsin), des Pankreas (Trypsin, Chymotrypsin, Peptidasen) wie auch solche des Mucosaepithels (Carboxypeptidasen, Aminopeptidasen, Dipeptidasen) ihre Wirkung ausüben [4]. *Fette* werden mit Hilfe der relativ unspezifischen *lipoplytischen Enzyme* des Pankreas verdaut; diese spalten die Fettsäuren bevorzugt am C_1- und C_3-Atom des Glycerins ab. Es entstehen vor allem Mono- und Diglyceride, die ihrerseits – in Gegenwart der als Emulgatoren wirkenden Gallensäuren und des Cholesterins – zusammen mit freien Fettsäuren wie auch mit ungespaltenen Triglyceriden in die Mucosazelle und von dort – nach weitgehender Resynthese zu Triglyceriden – in Form von *Chylomikronen* in den lymphalen Bereich gelangen [5].
Wenn die vorangehend aufgeführten Enzyme die für die Verdauung erforderliche Aktivität nicht genügend entwickeln bzw. wenn die Enzyme fehlen (erblich bedingte Enzymdefekte), kommt es zu *Verdauungsstörungen* [6]. Sie treten gehäuft im Kindesalter sowie bei älteren Menschen auf. Die nicht gespaltenen Substrate werden im Dünndarmbereich nicht resorbiert, sie gelangen in distale Bereiche und werden daselbst von der Mikroflora des Dickdarms umgesetzt. Die Folge hiervon sind Dyspepsien, Meteorismen, osmotische und Gärungsdurchfälle. Derartige Störungen geben sich außerdem durch kohlenhydrat-, eiweiß- und fettreiche Stühle zu erkennen.

In diesem Zusammenhang ist ein weiterer Gesichtspunkt von Bedeutung. Wie bereits ausgeführt, werden pflanzliche Zellwandbestandteile und Kittsubstanzen im Dünndarmbereich nicht gespalten. Ein Teil der an sich verdaulichen Zellinhaltsstoffe wird demzufolge auch nicht freigelegt und resorbiert; diese gelangen in den Dickdarm und werden daselbst – zumindest partiell – mikrobiell umgesetzt. Die hier frei werdenden Nahrungsbestandteile regen das Wachstum der Darmflora besonders an. Dies bedeutet, daß nach dem Verzehr *ballaststoffreicher Kost* (Obst, Gemüse, Vollkornerzeugnisse usw.) Verdauungsstörungen auftreten können. Derartige Erscheinungen werden vor allem bei älteren Menschen beobachtet [7].

In den letzten Jahren hat man sich daher intensiv mit den *Enzymdefekten* des Intestinaltraktes und den hieraus resultierenden Verdauungsstörungen befaßt und nach diagnostischen sowie therapeutischen Möglichkeiten gesucht. Wenn auch eine kausale Therapie derzeitig noch nicht möglich ist, so läßt sich in gewissen Fällen ein Enzymdefizit durch *Enzymsupplementierung* per os reduzieren bzw. beseitigen. Voraussetzung hierfür sind Säurestabilität (*p*H-Abfall im Magen) sowie ein relativ breiter *p*H-Wirkungsbereich (*p*H-Anstieg im Zwölffingerdarm) der eingesetzten Enzympräparate. Durch Verwendung von verdaulichen Überzügen (Kapseln) kann das Enzym vor dem *p*H-Abfall des Magens geschützt werden [8].

Bereits im Jahre 1894 hat *Takamine* das Schimmelpilz-Enzympräparat *Takadiastase* in den Handel gebracht. Es wurde viele Jahre auch als *Verdauungshilfe* verwendet. Später wurden zahlreiche Enzyme tierischer, pflanzlicher oder mikrobieller Herkunft – z. B. Diastase, Pepsin, Pankreatin – mit mehr oder weniger Erfolg ebenfalls für diesen Zweck eingesetzt. In den letzten Jahren sind international zahlreiche Enzympräparate angeboten worden, die bei oder nach dem Verzehr von Kohlenhydraten, Eiweißen oder Fetten prophylaktisch bzw. therapeutisch als Verdauungshilfe eingesetzt werden können. Sie enthalten entweder Amylasen, Proteasen oder Lipasen oder Enzymgemische [8, 9]. Derartige „*Multi-Enzym-Präparate*", vor allem aber solche mit hoher Cellulase-, Hemicellulase- und Pektinaseaktivität, werden als besonders wirksame Verdauungshilfen bezeichnet. Sie greifen die Cellulose-, Hemicellulose- und Pektinbestandteile des Nahrungsgutes an, lockern das Zellgefüge auf und tragen zur besseren Freisetzung von Zellinhaltsstoffen bereits im Dünndarmbereich bei. Die aus *Aspergillus oryzae* hergestellte Takadiastase wurde vorwiegend für diese Zwecke produziert und vertrieben.

Antiinflammatorische Enzyme

In letzter Zeit wird international eine größere Anzahl *antiinflammatorischer Enzyme* beschrieben [10]. Der von diesen erzielte Effekt beruht auf unterschiedlichen enzymatischen Wirkprinzipien. Entzündungen im Körper können hervorgerufen werden durch *traumatische* oder *pathogene Einwirkungen* – z. B. Infektionen, Verletzungen, Akkumulation von Toxinen, Ödeme usw. Eine intramuskuläre, intravenöse oder intraperitoneale Injektion geeigneter Proteasen kann verschiedentlich bestimmte Typen derartiger Entzündungen zurückdrängen. In diesem Zusammenhang sei erwähnt, daß bei der Entstehung von Entzündungen das hormonartige Oligopeptid *Bradykinin* entzündungsfördernd wirkt. Die inflammatorische Wirkung des Bradykinins kann nach *Umezawa* u. a. [11] mittels des Enzyms *Retikinonase* verringert oder beseitigt werden.

Enzyme mit entzündungshemmender Wirkung sollen die Bildung von *Hämatomen* reduzieren und hierdurch Ödeme und Entzündungen beseitigen. Des weiteren wird angenommen, daß einige von ihnen die Membran von *Bakterien* und *Viren* angreifen und diese so gegenüber Antibiotika sensibel werden lassen. Schließlich sind bestimmte antiinflammatorische Enzyme in der Lage, *Fibrinbarrieren* zu hydrolysieren, so daß entzündetes Gewebe besser vom Organismus versorgt werden kann.

Auch bei *Verbrennungen* hat sich die Applikation von – vornehmlich proteolytisch wirksamen – Enzympräparaten bewährt. Auf schweren Verbrennungen bildet sich ein Schorf, der die Heilung verzögert. Dieser muß auch bei Hautverpflanzungen beseitigt werden. Seine Abtrennung bzw. Auflösung wird durch Proteasen erleichtert. Ähnliches gilt für *Geschwüre*, die mit Eiter oder nekrotischem Gewebe bedeckt sind. Auch *erkrankte Schleimhäute* können durch den Einsatz von Enzympräparaten von entzündlichem Exsudat befreit werden. Am gesunden Gewebe wird der Heilungsvorgang durch Stimulierung der Granulationsbildung und der Epithelisierung beschleunigt [12]. Für die genannten Zwecke werden – je nach Indikation – u. a. Pepsin, Trypsin, Chymotrypsin, Bakterienproteasen, Bromelin und Papain empfohlen.

Streptokinase und Urokinase (Fibrinolysokinasen)

Gerinnungsvorgänge können lebensbedrohend sein, wenn sie Veranlassung zur Bildung von *Thromben* in den Gefäßen geben und wenn eine Verschleppung derselben in die Herzräume, Kranzgefäße des Herzens oder in den Lungenkreislauf erfolgt. Ihre Auflösung ist durch Einsatz von *Streptokinase* (Sammelbezeichnung für ein Stoffwechselprodukt hämolysierender Streptokokken mit bevorzugt fibrinolytischer Wirksamkeit) möglich [13]; auch *Urokinase* (EC 3.4.99.26.) ist hierzu in der Lage [14], sie steht jedoch im allgemeinen nicht in ausreichender Menge zur Verfügung. Das Wirkungsprinzip beider Enzyme besteht in einer Aktivierung des körpereigenen *Plasminogens* zu *Plasmin* im zirkulierenden Blut bzw. in dem sich bildenden Thrombus. Da Plasmin – nicht streng substratspezifisch – nicht nur bereits gebildetes Fibrin löst, sondern auch Fibrinogen und andere gerinnungsaktive Plasmaproteine angreift, besteht das Problem darin, den proteolytisch unerwünschten Nebeneffekt auf die Gerinnungsfaktoren gering und die lytische Aktivität am Thrombus möglichst hoch zu halten. Erfahrungswerte haben gezeigt, daß dies mit einer entsprechenden Streptokinasedosierung erreicht werden kann.
Streptokinase wird aus hämolytischen *Streptokokken* gewonnen. Im Zusammenhang mit der Herstellung des Enzympräparats werden aufwendige Reinigungsoperationen sowie seine hohe *antigene Wirkung* als Nachteile genannt. *Frommer* und *Wagner* [15] haben ein Verfahren zur Herstellung eines *Fibrinolysokinase*-Präparats unter Einsatz von Mikroorganismen entwickelt, das nicht mit den Mängeln der vorangehend angeführten Präparate behaftet sein soll. In der Patentliteratur wird ferner über die Gewinnung fibrinolytisch wirkender proteolytischer Enzyme aus Schimmelpilzen berichtet [16]. *Urokinase* wird aus menschlichem Harn isoliert [17].

Lysozym

Lysozym (Muramidase, Mucopeptid-Glucohydrolase; Mucopeptid-N-acetylmuramyl-Hydrolase, EC 3.2.1.17.) ist ein in der Tier- und Pflanzenwelt weitverbreitetes Enzym, das zu den Glucosidasen gehört und wegen seiner mucopolysaccharidspaltenden Wirkung in der Lage ist, *Bakterienwände* und *-kapseln* anzugreifen und aufzulösen. Neben seiner antibakteriellen Wirkung werden dem Lysozym auch *antivirale* Eigenschaften zugeschrieben. Im Gewebeverband wirkt Lysozym ausgesprochen entquellend und entzündungswidrig (Blockierung von *Histamin* und *Serotonin*). Beim experimentellen Granulom oder Ödem übertrifft es hinsichtlich seiner antiphlogistischen Wirkung das *Prednisolon*. Außerdem inaktiviert Lysozym das Mucopolysaccharid *Heparin* und wirkt so bei lokaler Applikation gerinnungsfördernd. (Dieser Effekt tritt jedoch nicht in der Blutbahn in Erscheinung, wo Heparin durch einen Plättchenfaktor geschützt ist.) Der mucolytische Effekt des Lysozyms führt zur schnellen *Wund-* und *Schleimhautreinigung,* wodurch die Heilung beschleunigt wird. Ferner scheint Lysozym die *Phagozytose* zu erleichtern und die *Antikörperbildung* anzuregen.

Wegen seiner pharmakologischen Eigenschaften wurden u. a. verschiedentlich Lysozym/Antibiotika-haltige *Kombinationspräparate* entwickelt, die bei entzündlichen Veränderungen im Bereich der Mundhöhle, des Rachens, der Nase und des Kehlkopfes eine günstige Wirkung haben [12, 18]. Das Enzym Lysozym wurde bisher vornehmlich aus dem Eiklar gewonnen.

Hyaluronidase

Hyaluronidase (Mucinase; Hyaluronat-4-Glykanohydrolase, EC 3.2.1.35.; *Mucinase; Hyaluronat-3-Glykanohydrolase,* EC 3.2.1.36.) gehört zur Gruppe der Glucosidasen und katalysiert die Spaltung der *Hyaluronsäure,* die als Bestandteile der Mucoproteide in der Grundsubstanz des Bindegewebes verankert ist.

Der enzymatische Abbau der Hyaluronsäure bewirkt einen starken Viskositätsabfall infolge Depolymerisierung sowie die Freisetzung von Oligosacchariden. Durch den Zusatz von Hyaluronidase-Präparat zu *Arzneimitteln* erfolgt bei äußerlicher Anwendung deren beschleunigtes Ausbreiten im Gewebe, wobei das Enzym gewissermaßen als „Gleitschiene" (Auflockerung des Bindegewebes) wirkt. Daher wird die Hyaluronidase auch als Ausbreitungsfaktor (engl. *spreading factor*) bezeichnet [18]. Sie ist in der Natur weit verbreitet und wird vornehmlich aus Bullenhoden und neuerdings aus speziellen Bakterienkulturen gewonnen.

Penicillinase

Penicillinase (β-Lactamase I, Amido-β-lactam-Hydrolase; Penicillin-amido-β-lactam-Hydrolase, EC 3.5.2.6.) vermag Penicillin durch *Spaltung des β-Lactamringes* unwirksam zu machen.

Dies macht man sich in der Medizin in verschiedener Hinsicht zunutze. Wenn z. B. im Verlauf der *Penicillintherapie* der Nachweis eines Erregers in Körperflüssigkeiten (wie Punktaten, Liquor, Eiter usw.) erbracht werden soll, muß Penicillinase eingesetzt werden. Sie zerstört das Penicillin in denjenigen Proben, welche die zu testende Körperflüssigkeit enthalten, und läßt nach erfolgter mikrobiologischer Auswertung Rückschlüsse auf Verlauf und Erfolg der Therapie zu. Außerdem wird Penicillinase bei der staatlichen Überwachung zur Überprüfung des Penicillins auf Identität und Sterilität verwendet [19]. Penicillinase wird meist aus *Bacillus licheniformis* gewonnen.

Desoxyribonucleasen (DNasen) und Ribonucleasen (RNasen)

Die *nucleinsäurespaltenden Enzyme* (vgl. 5.15.) gewinnen zunehmend an Bedeutung bei der Bekämpfung von *Viruskrankheiten*. Viren vermehren sich parasitisch in Zellen anderer Organismen, führen deren Tod durch Lyse herbei, befallen anschließend benachbarte gesunde Zellen und zerstören so ganze Zellkomplexe bzw. Zellpopulationen. Viren sind bei Mensch und Tier für eine ganze Anzahl von Krankheiten (z. B. Tollwut, spinale Kinderlähmung, Masern, Pocken, Windpocken, Maul- und Klauenseuche, grippale Infekte, Herpes und Gelbfieber) verantwortlich.

Die Viren sind auf den Stoffwechselmechanismus der Wirtszelle angewiesen; nur dort erfolgt ihre Vermehrung. Die Wirtszelle wird nach erfolgter Infektion zur Produktion entweder der Viren-RNS oder der Viren-DNS angeregt. Ausgehend von der Annahme, daß diese Virus-Nucleinsäuren innerhalb der infizierten Zellen nucleaseempfindlich sind, wurden Möglichkeiten zur erfolgreichen Bekämpfung von Viruskrankheiten geschaffen. So konnte bereits 1957 der Nachweis erbracht werden, daß die Pankreas-DNase imstande ist, die DNS-Synthese des *Pocken-Virus* in tierischen Zellen zu verhindern. Als besonders günstig erwies es sich hierbei, daß die Synthese der körpereigenen DNS des Zellkerns offensichtlich nicht gehemmt wird. Es gibt Literaturhinweise darüber, daß DNase die DNS-Synthese des *Herpes-Virus* hemmt, was sich z. B. an einer deutlichen Senkung des Virustiters in Gewebekulturen nachweisen läßt. Ferner wurde beobachtet, daß RNase die RNS-Synthese der *Grippe-*, *Enzephalitis-* sowie *Maul-* und *Klauenseuche*-Viren inhibiert.

Da die eingesetzten Nucleasen die in infizierten Zellen vorhandene DNS bzw. RNS der Viren zerstören, muß eine direkte Kontaktwirkung zwischen diesem Enzym und den Virusnucleinsäuren angenommen werden. Zahlreiche Angaben sprechen dafür, daß die Nucleasen in die tierischen Zellen eindringen.

Anhand einer Vielzahl von Tierexperimenten ist nachgewiesen worden, daß Antivirusdosen von Nuclease-Präparaten nicht toxisch wirken. Eine Störung der Nucleinsäuresynthese in den Zellen sowie Chromosomenaberrationen bzw. embryotoxische Wirkungen sind ebenfalls nicht zu befürchten. Diese Befunde waren Veranlassung, Nucleasen für therapeutische Zwecke mit Erfolg einzusetzen. Gute Heilerfolge wurden bisher bei durch Herpes-Viren verursachten *Hornhautentzündungen*, bei der *adenoviralen Konjunktivitis* und bei *Enzephalitis-Patienten* erreicht [20]. Nucleasen sind daher in das Heilmittelverzeichnis verschiedener Länder aufgenommen worden. Die Herstellung von Desoxyribonuclease- und Ribonuclease-Präparaten erfolgt bereits im industriellen Maßstab.

L-Asparaginase

L-Asparaginase (Asparaginase II; L-Asparagin-Amidohydrolase, EC 3.5.1.1.) spaltet *L-Asparagin* hydrolytisch in Asparaginsäure und Ammoniak.

$$\underset{H_2N}{\overset{O}{\diagdown}}C-CH_2-\underset{NH_2}{\overset{H}{C}}-C\underset{OH}{\overset{O}{\diagup}} \quad \xrightarrow[+H_2O]{\text{Aspara-ginase}} \quad \underset{HO}{\overset{O}{\diagdown}}C-CH_2-\underset{NH_2}{\overset{H}{C}}-C\underset{OH}{\overset{O}{\diagup}} + NH_3$$

Das Enzym wird von einer ganzen Reihe von Mikroorganismen (Hefen und Bakterien) synthetisiert und ist auch im Tierreich anzutreffen. Eine besonders hohe Aktivität wird im Blutserum des Meerschweinchens ermittelt, während das Enzym in den Organen von Mensch und Affe völlig fehlt. L-Asparaginase ist relativ wärmeempfindlich, das *p*H-Optimum liegt zwischen 7,0 und bis über 8,0.

In den 50er Jahren unseres Jahrhunderts hat man gefunden, daß L-Asparaginase das Wachstum einiger tierischer und menschlicher *Tumoren lymphoiden* und *nicht lymphoiden Ursprungs* zu hemmen vermag. Eingehende tierexperimentelle Versuche zur Erklärung dieses Befundes ergaben, daß verschiedene Tumoren zu ihrem Wachstum L-Asparagin benötigen. Das Enzym senkt offenbar den L-Asparagin-Spiegel im Organismus unter den für das Tumorwachstum erforderlichen Wert. Eine Beeinträchtigung des Gesamtorganismus erfolgt dabei nicht, da die gesunden Körperzellen auf Asparagin nicht angewiesen sind. Der Zusammenhang zwischen L-Asparagin-Mangel und gehemmtem Tumorwachstum ist jedoch noch nicht geklärt. Klinische Tests führten bisher noch nicht zu völlig befriedigenden Ergebnissen, da der Erfolg der Therapie mit L-Asparaginase durch *allergische Reaktionen* begrenzt wird. Als auffallend wurde der Umstand registriert, daß von allen bisher bekanntgewordenen L-Asparaginase-Präparaten sich nur wenige als cytostatisch wirksam erweisen *(Marquard* [21]). Neben dem Enzym aus dem Blutserum von Meerschweinchen scheinen vor allem die L-Asparaginasen aus *Escherichia coli* und *Serratia marcescens*, jedoch auch solche aus einigen anderen Bakterien eine Hemmwirkung auf Tumoren auszuüben. Inzwischen sind mehrere Gewinnungs- und Reinigungsverfahren für mikrobielle L-Asparaginase-Präparate mitgeteilt worden [22, 23]. Nach *Bergmeyer* u. a. [24] werden die *Escherichia-coli*-Zellen mittels Hochdruckdispersion aufgeschlossen und danach einer Fällung mit Mn(II)-Salz unterworfen; der Überstand wird mit Calciumphosphat-Gel behandelt; das Gel wird abgetrennt und bei *p*H-Werten zwischen 8,5 und 10 eluiert.

Uratoxydase

Als Intermediärprodukt des Umsatzes von Purinbasen entsteht *Harnsäure*, die im Falle eines gestörten Weiterumsatzes im Organismus angehäuft wird und zu zahlreichen Erkrankungen – z. B. *Gicht*, verschiedenen Formen *rheumatischer Erkrankungen, Steinbildung*, Gewebeveränderungen im *Herzgefäßsystem* – führt. Seit einigen Jahren wird bei der Therapie derartiger Fälle der Einsatz von *Uratoxydase (Uricase*; *Urat: Oxygen-Oxydoreduktase*, EC 1.7.3.3.) erörtert. Das Enzym oxydiert die schwerlösliche Harnsäure in das leichter lösliche Allantoin, eine Verbindung, die auf dem Harnwege ausgeschieden wird.

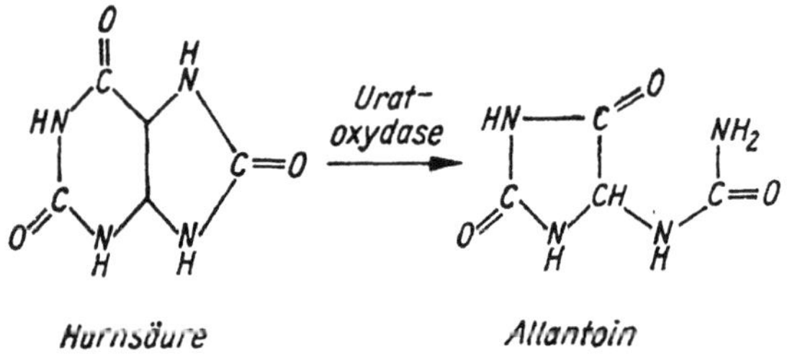

Auf Grund von Ergebnissen bei Tierversuchen an Hund, Huhn und Kaninchen läßt sich durch Uratoxydase eine signifikante *Senkung des Harnsäurespiegels* im Blut herbeiführen. Auch bei Versuchspersonen mit Urikämie bzw. bei gichtkranken Erwachsenen ist ein eindeutiger Effekt – starke Senkung der Urikane, Normalisierung des Harnsäurespiegels, Ansteigen des Allantoinspiegels im Harn – nachweisbar. In allen Fällen wird das Enzympräparat ohne negative Merkmale vertragen, vorausgesetzt, daß das Präparat bei der Aufarbeitung entsprechend gereinigt worden ist. Uratoxydase-Präparate können z. B. aus Schweinenieren hergestellt werden, jedoch ist dies mit Schwierigkeiten bei der Grundstoffbeschaffung verbunden. Seine Darstellung gelingt auch mit Hilfe von Mikroorganismen (Bakterien, Schimmelpilze, Hefen) [25, 26]. Man ist in der Lage, Uratoxydase bereits im technischen Maßstab zu gewinnen.

368

Elastase

Elastase (EC 3.4.21.11.) ist ein Enzym mit proteolytischer Aktivität vorrangig gegenüber Elastin. Im *p*H-Bereich von 8,0 … 9,0 zerlegt sie Elastin, Hämoglobin, Fibrin, Albumin, Casein, Sojaprotein, nicht aber Keratin oder Collagen. Beim Stoffwechsel des elastinhaltigen Gewebes spielt Elastase eine gewisse Rolle. Therapeutisch kann ein Elastase-Präparat zur Regulierung der Protein-Lipid-Wechselwirkungen im Bereich der Arterien und verschiedener Organe des Körpers eingesetzt werden. Des weiteren soll Elastase günstig auf den Lipidgehalt des Blutserums und auf die Glucoproteidwerte einwirken. Nach *Thuillier* [27] wurden bestimmte Präparate bei *Arteriosklerotikern* erfolgreich eingesetzt.

Elastase kann tierischer [28, 29], mikrobieller [30] wie auch pflanzlicher [31] Herkunft sein. Therapeutisch wichtige Elastase-Präparate werden aus der Bauchspeicheldrüse von Säugetieren hergestellt [27].

Literatur

[1] *Dahlqvist, A.:* Disaccharidasen des Menschen, Biochemie und Funktion. In: Biochemische und klinische Aspekte der Zuckerabsorption, Conference on Biochemical and Clinical Aspects of Sugar Absortion, Titisee 1969, herausgegeben von *K. Rommel* und *P. H. Clodi.* Stuttgart–New York: F. K. Schattauer-Verlag 1970, S. 1 bis 13

[2] *Täufel, K., R. Noack, H. Ruttloff* und *W. Krause:* Med. u. Ernährung **6** (1965) 253, 289

[3] *Ruttloff, H.:* Untersuchungen zur Analytik sowie zum intestinalen Verhalten einiger lebensmittelchemisch bzw. ernährungsphysiologisch bedeutsamer Kohlenhydrate. Habilitationsschrift, Humboldt-Univ. Berlin 1968

[4] *Täufel, K.:* Nahrung **13** (1969) 559

[5] *Täufel, K.:* Nahrung **12** (1968) 873

[6] *Dahlqvist, A.:* General Aspects on Intestinal Enzymes. Function and alteration in pathological conditions. In: Regional Enteritis (Crohn's Disease), Stockholm 1970. Stockholm: Nordiska Bokhandelns Förlag 1971

[7] *Heiwinkel, H., S. Lindvall* und *P. Reizenstein:* Gastroenterologia (Basel) **93** (1959) 69

[8] *Cordes, G.:* Pharmaz. Ind. **31** (1969) 328

[9] *Sunagawa, G.:* Japan Chemical Quaterly III-II (1967) 16

[10] Japan Chemical Week, March 1972, S. 15

[11] *Umezawa, H., S. Nakamura* und *T. Takeuchi:* Verfahren zur Herstellung des neuen Enzyms Retikinonase, BRD-Offenlegungsschrift 1 948 710, offengelegt am 18. 6. 1970

[12] *Keller, F.,* und *H. Maurer:* Therap. d. Gegenwart **106** (1967) 663

[13] *Hess, H., N. Goossens* und *H. Forst:* Therap. d. Gegenwart **106** (1967) 613

[14] *Furuta, K.:* Verfahren zur Gewinnung von Urokinase für Injektionszwecke. BRD-Offenlegungsschrift 1 289 809, offengelegt am 27. 2. 1969

[15] *Frommer, W.,* und *O. Wagner:* Fibrinolysokinasen aus Mikroorganismen. BRD-Offenlegungsschrift 1 810 277, offengelegt am 11. 6. 1970

[16] *Töpfer, H., K. Piesche* und *G. Schäfer:* Verfahren zur Isolierung eines fibrinolytischen Enzyms. DDR-Patent 77 175, ausgegeben am 20. 10. 1970

[17] *Ogawa, N., N. Koji, Y. Murayama* und *S. Urawa:* Verfahren zur Gewinnung von menschlicher Urokinase. BRD-Auslegungsschrift 2 143 816, ausgelegt am 8. 3. 1973

[18] *Heinrich, N.:* Arch. Pharmaz. u. Ber. dtsch. pharmaz. Ges. **300** (1967) 8; Mitt. dtsch. pharmaz. Ges. **37** (1967) 165

[19] *Otte, H. J.,* und *W. Köhler:* Die Praxis der Resistenz- und Spiegelbestimmungen zur antibiotischen Therapie. Jena: VEB Gustav Fischer Verlag 1958, S. 42 bis 76

[20] *Salganik, R. I.:* II. Unionskongress für Biochemie der UdSSR–Taschkent 1969. Kurzfassung der Vorträge

[21] *Marquardt, H.:* Arzneimittel -Forsch. **18** (1968) 1380

[22] *Tanaka, M., T. Kagawa, K. Morizuki* und *M. Kohagura:* Verfahren zur Reinigung von L-Asparaginase. BRD-Offenlegungsschrift 1 925 951, offengelegt am 18. 12. 1969

[23] *Roberts, J.:* Verfahren zur Herstellung von L-Asparaginase. BRD-Offenlegungsschrift 1927118, offengelegt am 11. 12. 1969

[24] *Bergmeyer, H. U., W. Thum, K. Gawehn, H. Möllering* und *W. Gruber:* Verfahren zur Reinigung von Asparaginase. BRD-Offenlegungsschrift 1908833, offengelegt am 21. 2. 1969

[25] *Laboureur, P., M. D. P. Brunaud* und *C. Langlois:* Verfahren zur Herstellung von hochaktiver Uratoxydase. DDR-Patent 69329, ausgegeben am 20. 10. 1969

[26] *Fukumoto, J. T.,* und *T. A. Yamamoto:* Verfahren zur Herstellung von Uricase. BRD-Offenlegungsschrift 1642663, offengelegt am 30. 3. 1972

[27] *Thuillier, Y.:* Verfahren zur Gewinnung eines elastolytisch wirksamen Bauchspeicheldrüsen-Präparates. BRD-Auslegungsschrift 1293705, ausgelegt am 30. 4. 1969

[28] *Lewis, U. J., D. E. Williams* und *N. G. Brink:* J. biol. Chemistry **222** (1956) 705

[29] *Lewis, U. J., D. E. Williams* und *N. G. Brink:* J. biol. Chemistry **234** (1959) 2304

[30] *Reed, G.:* Enzyme in Food Processing. New York–London: Academic Press 1966, S. 146

[31] *Thomas, J.,* und *S. M. Partridge:* Biochem. J. **74** (1960) 600

6.1.2.   Pharmazeutischer Sektor

Mikroorganismen sind in der Lage, an zahlreichen Substanzen in spezifischer Weise Oxydationen, Hydrierungen, Hydrolysen, Veresterungen, Methylierungen, Decarboxylierungen, Kondensationen, Desaminierungen, Aminierungen und andere Reaktionen zu vollziehen [1]. Seit den 30er Jahren haben derartige, mikrobiell bedingte Stoffumwandlungen zunehmend theoretisches wie auch praktisches Interesse gefunden.
Verschiedene Stoffumwandlungen bei der Herstellung von *Pharmazeutika* werden unter Einsatz von Zellsuspensionen, d. h. mit *intakten Mikroorganismen*, durchgeführt. Isolierte Enzyme sind hierfür bisher in nur geringem Umfang verwendet worden.

Dehydrierung von Sorbit zu Sorbose

Verschiedene *Acetobacter-Arten* dehydrieren unter geeigneten Bedingungen *D-Sorbit* zu *L-Sorbose* [2]. Der gebildete Zucker stellt ein Zwischenprodukt bei der *Vitamin-C-Synthese* dar. Der Umsatz erfolgt großtechnisch in üblichen Fermentationstanks. Die Nährmedien enthalten gewöhnlich 10 ... 30% D-Sorbit, ferner Zusätze von Hefeextrakt und Maisquellwasser. Die Dehydrierungsrate ist abhängig vom Wachstum der Zellpopulation [3]. Die Sorbose kristallisiert nach erfolgter Einengung des Filtrats aus.

Herstellung halbsynthetischer Penicilline

Die *klassischen Penicilline* wurden nach 1945 in großem Umfang klinisch verwendet. Ihr Einsatz war jedoch in zunehmendem Maße von einer fortschreitenden Resistenz der Krankheitserreger begleitet. Insbesondere unter den *Staphylokokken* wie auch unter anderen pathogenen Keimen hatten sich Stämme herausgebildet, die durch Synthese von *Penicillinase* sowie anderen Enzymsystemen die Antibiotika unwirksam machen [4]. Um diesem hinsichtlich der Penicillin-Therapie sehr schwerwiegenden Effekt zu begegnen, wurden sog. *halbsynthetische Penicilline* entwickelt. Für ihre Herstellung wurde u. a. ein Enzym benutzt, das einen notwendigen Abbauschritt an den natürlichen Penicillinen katalysiert [5]. Diese haben in ihrem Molekül einen an den Thiazolidinring kondensierten α-Lactamring; in 6-Stellung befindet sich eine Aminogruppe, die jeweils mit einer speziellen Seitenkette acetyliert ist. Die einzelnen Penicilline unterscheiden sich nur durch die chemische Natur der Seitenkette. Von dieser hängen die spezifischen Eigenschaften der jeweiligen Verbindungen ab.

370

Im Interesse der Schaffung von neuen Penicillinen mit erweiterten antibiotischen Wirkungsspektren wurden Derivate mit veränderten Seitenketten entwickelt. Bei der großtechnischen Herstellung solcher Derivate bedient man sich als Ausgangsprodukt des biosynthetisch hergestellten *Benzylpenicillins (Penicillin G)* [6]. Unter Einsatz von *Penicillinamidase* (vornehmlich aus *Escherichia coli* gewonnen) wird die Seitenkette vom Grundkörper des Penicillins, der 6-Aminopenicillansäure, abgespalten. Der Penicillinkern steht sodann als Ausgangssubstanz zur chemischen Acylierung mit neuen Seitenketten zur Verfügung.

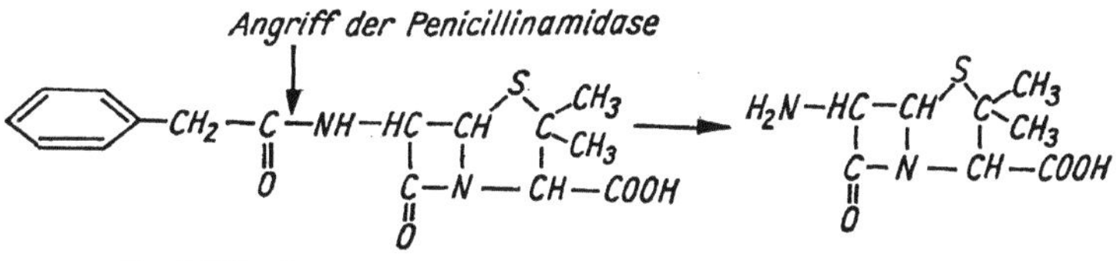

Herstellung von Dextran aus Saccharose

Bei den *Dextranen* sind Glucosemoleküle in α-1,6-Stellung zu langen Ketten verknüpft; die Ketten sind ihrerseits miteinander vernetzt. Ihre Herstellung erfolgt auf fermentativem Wege mit Hilfe von *Leuconostoc mesenteroides* oder *Leuconostoc dextranicum*, wobei das Enzym *Dextransucrase (Sucrose-6-Glucosyltransferase; Sucrose: 1,6-α-D-Glucan-6-α-Glucosyltransferase*, EC 2.4.1.5.) von den Mikroorganismen produziert wird [7, 8]. Die Synthese des Polysaccharides erfolgt durch *Transglucosidierung* des Glucoseteiles aus dem Saccharosemolekül (Donator) auf die sich verlängernde Glucosekette (Akzeptor).

$$\text{Saccharose} + \text{Enzym} \rightarrow \text{Glucose/Enzym-Zwischenprodukt} + \text{Fructose}$$
$$\text{Glucose/Enzym-Zwischenprodukt} + (\text{Glucose})_n \rightarrow \text{Enzym} + (\text{Glucose})_{n+1}$$

Die mikrobielle Dextranbildung ist seit langem bekannt und früher vor allem als Störfaktor bei der *Rohr-* und *Rübenzuckerproduktion* aufgetreten. Das *Froschlaichbacterium* kann rohrzuckerhaltige Lösungen in hochmolekulare Gallerten verwandeln, die beim Produktionsprozeß zu Verstopfungen der Filteranlagen und Rohrleitungen führen. Für die Herstellung *klinisch verwertbarer Dextrane* sind besondere Produktionsverfahren entwickelt worden. Als Ausgangssubstanz dient eine wäßrige Saccharoselösung, die mit einem *Leuconostoc*-Stamm beimpft wird. Im Verlauf des Fermentationsprozesses wird die Transglucosidase in das Kulturmedium ausgeschieden und der Glucoseanteil der Saccharose hierbei in Dextran übergeführt.
Das als *Blutplasmaersatz* verwendete Dextran (Molekulargewicht etwa 76000) wird entweder durch partielle Hydrolyse aus höhermolekularem Dextran oder durch eine gelenkte Biosynthese gewonnen. Dextrane werden des weiteren als Spülmittel bei *Erdbohrungen*, für die Herstellung von Dextrangelen *(Sephadex)* sowie als Zusatzstoff von *Zahnpasten* eingesetzt.

Mikrobielle Steroidumsetzungen

Aus der Klasse der Steroide sind die *Nebennierenrinden-* und *Keimdrüsenhormone* von besonderem medizinischem Interesse. Da ihre Gewinnung bisher mit hohen Produktionskosten verbunden war, wurde der sog. *Mikrobiosynthese* von Steroiden große Aufmerksamkeit gewidmet. Während man z. B. bei der chemischen Synthese von *Hydrocortison* (über *Cortison*) ursprünglich etwa 30 Syntheseschritte benötigte, kann Cortison durch Einschaltung von Mikroorganismen in nur 13 Schritten synthetisiert werden [1]. Eine der schwierigsten Reaktionen ist hierbei die Einführung einer

Hydroxy-Gruppe in 11-Stellung des Steroidskeletts. Sie wird jedoch durch verschiedene Pilze und Streptomyceten vollzogen. So erfolgt z. B. eine spezifische Hydroxylierung an *Reichsteins Substanz S* mit Hilfe von *Streptomyces fradiae* oder *Cunninghamella blakesleeana* unter Bildung von Hydrocortison.

Neben dieser Hydroxylierung bewältigen viele Mikroorganismen mittels stereospezifischer Hydroxylasen Hydroxylierungen an fast allen Stellen des Steroidmoleküls. Unter Einsatz von *Calonectria decora* werden z. B. *Progesteron-Derivate* stereospezifisch in 12-β- oder 15-α-Stellung hydroxyliert. Aus diesen Umsetzungen resultieren z. B. folgende Verbindungen: *9-α,15-α-Dihydroxyprogesteron*; *14-α,12-β-Dihydroxyprogesteron*; *15-α,17-α,21-Trihydroxyprogesteron*; *11-Keto,15-α-Hydroxyprogesteron* und *12-Keto-15-α-Hydroxyprogesteron* [9].
Andere mikrobielle Enzymwirkungen führen zu Dehydrogenierungen alkoholischer Hydroxylgruppen, zur Einführung von Doppelbindungen, zur Reduktion von Ketogruppen usw.

Literatur

[1] *Schlegel, H. G.:* Allgemeine Mikrobiologie. Stuttgart: Georg Thieme Verlag 1969, S. 254 bis 256
[2] *Reichstein, R.,* und *A. Güssner:* Helv. chim. Acta **17** (1934) 311
[3] *Huber, J., Th. Elsässer* und *H. Hilscher:* Z. allg. Mikrobiol., Morphol., Physiol., Ökol. Mikroorganismen **3** (1963) 136
[4] *Huber, J.:* Urania **25** (1962) 162
[5] *Veldelek, Z. I.,* und *D. Nemecek:* Pharmazie **20** (1965) 257
[6] *Johnson, D. A.:* Verfahren zur Herstellung von 6-Aminopenicillansäure und zur Herstellung der dabei verwendeten Penicillinamidase. BRD-Offenlegungsschrift 1 517 743, offengelegt am 19. 3. 1970
[7] *Brock Neely, W.:* Advances Carbohydrate Chem. 15 (1960) 341
[8] *Behrens, U., M. Ringpfeil, D. Brückner, M. Fröhlich, K. Krüger, H. Thiel* und *W. Toporski:* J. biochem. microbiol. Technol. Engng. **3** (1961) 199
[9] *Schubert, A., K. Heller, L. Koppe, D. Onken* und *R. Siebert:* Z. Naturforsch. **17** b (1962) 436

6.2.   Kosmetischer Sektor

Nachdem man mikrobielle *Keratinasen* (EC 3.4.99.11.) gefunden hat *(Noval* und *Nickerson* [1], *Kuchaeva* u. a. [2]), lag es nahe, Keratinase-Präparate auch als Zusätze für kosmetische Erzeugnisse zu verwenden. Haare, Schuppen, Wolle, Federn, Nägel, Klauen, Hufe, Hörner u. a. bestehen aus Keratinen. Diese Substanzen unterscheiden sich hinsichtlich ihrer Zusammensetzung und Konsistenz je nach Herkunft erheblich, sie weisen jedoch alle einen hohen Gehalt an *Cystein* auf. Die Peptid-

ketten der Keratine sind über *Disulfidbrücken* miteinander vernetzt. Ihre Reduktion
(z. B. mittels Natriumsulfit) vermindert die mechanische Widerstandskraft und Elastizität der Keratine und erhöht die Angreifbarkeit durch Enzyme (Denaturierung durch
Freilegung einzelner Ketten). Auch der Abbau von Keratin durch eine Keratinase
aus *Streptomyces fradiae* geht nach *Noval* u. a. [1] mit einer deutlichen Verminderung
der Disulfidbrücken einher. Bei ihrer Aufspaltung von nur 10 ... 20% im Keratin
der Wolle zerfällt das Substrat in einzelne Fibrillen. Wolle wird auch bei der Bestimmung der Keratinaseaktivität als Substrat verwendet [3]. Keratinase ist Bestandteil
von verschiedenen *Enthaarungsmitteln.* Enzymhaltige Präparate sollen den anderen
für diesen Zweck im Handel befindlichen Erzeugnissen überlegen sein. Nach den Angaben der Hersteller sind Reizerscheinungen auf der Haut nicht festgestellt worden.
Auch in der *Dermatologie* besteht für Keratinase Interesse.
In kosmetische Präparate werden verschiedentlich *Hyaluronidasen* eingearbeitet [4].
Durch Spaltung der Hyaluronsäure als Bestandteil der Grundsubstanz des Bindegewebes (vgl. 6.1.1.) wird ein Abbau dieser Gewebebarriere erreicht. Das Enzym
fördert als *permeating agent* (engl.) das Eindringen kosmetisch wirksamer Substanzen
durch die Haut. So wird z. B. gemäß [4] vorgeschlagen, eine Komposition aus Hyaluronidase, Polyglykolphosphorsäureester und Aminosäuren verschiedenen kosmetischen Erzeugnissen (Pasten, Puder, Krems, Shampoons, Seifen, Sprays usw.) zuzusetzen.
Für die Herstellung von *Entfettungskrems* sind *Lipasen* vorgeschlagen worden.
Solche Krems enthalten als Salbengrundlage keine Öle und Fette, sondern Paraffin,
Vaseline, Stearin, Wachse, Alginate, Pektine, Tylose, Tragant, Agar–Agar, Gelatine,
Polyäthylenoxide u. a. Als aktive Ingredienzen werden Lipasen und zur Enzymstabili-
sierung z. B. ein Gemisch aus Polyvinylpyrrolidon und Leucylglycylglycin verwendet [5]. Ein Zusatz von Rindergalle erhöht die Enzymaktivität. Eine weitere Stei-
gerung der Wirksamkeit wird erreicht, wenn das Eindringen der Substanzen in die
Haut durch Hyaluronidase unterstützt wird.
Weitere Anwendungsgebiete für Enzyme in kosmetischen Artikeln werden durch die
Verwendung von Enzympräparaten im Interesse einer verbesserten *Mundhygiene*
erschlossen. Zahnreinigungsmittel enthalten daher neben den üblichen desodorie-
renden Chemikalien verschiedentlich Zusätze von *Protease*-Präparaten [6, 7]. Die
Proteasen haben die Aufgabe, die eiweißhaltigen Speisereste abzubauen und dabei
den Reinigungseffekt zu erhöhen. Die Mikroorganismen der Mundflora, vornehmlich
Streptokokken, tragen durch Säurebildung zur Zerstörung des Kalkgerüsts des Zahnes
bei. Sie siedeln sich zwischen den Zähnen, insbesondere im Zahnbelag und Zahnstein
an. Bekanntlich verstoffwechseln Streptokokken die Saccharose u. a. Zucker unter
Bildung von schleimigen Polysacchariden, vornehmlich Glucanen (z. B. *Dextran,*
ferner *Cariogenan* = Glucan mit α-1,3- und α-1,2-gebundenen Glucosebausteinen),
die ihnen als Reservepolysaccharide dienen und gleichzeitig als Matrix des Zahn-
belages anzusehen sind [8 bis 11]. Hierdurch wird wiederum die Haftfähigkeit für die
Mikroorganismen erhöht. Ein Zusatz von Dextranase- bzw. speziellen Glucanase-
Präparaten bewirkt nach der Patentliteratur eine Wachstumshemmung bzw. Abtötung kariogener Keime, die Beseitigung von Zahnbelag usw. [11 bis 13]. Des
weiteren ist es gelungen, aus verschiedenen Stämmen der Gattung Streptomyces
(Streptomyces diastatochromogenes, Streptomyces farinosus, Streptomyces griseus)
ein Enzym zu isolieren, das die cariogenen Keime der Gattungen *Streptococcus* und
Lactobacillus lysiert. Nach den Angaben von *Yoshimura* u. a. [14] kann es mit Erfolg zur Verhütung und Behandlung von Zahnkaries sowie von Zahnbelag verwendet werden. Es wird empfohlen, das Enzympräparat in Mundwässer, Zahn-
pulver und -pasten, Kaugummi, Salben usw. einzuarbeiten.

Nach *Guggenheim* und *Mühlemann* [15] besteht der kritische Bestandteil des Zahnbelags vorwiegend aus einem Polyglucan mit mehr als 50% α-1,3-Bindungen. Dieses vom Dextran abweichende *Mutan* wird nicht von Dextranase, sondern von *Mutanase* angegriffen. Mutanase wird von Mikroorganismen der Art *Trichoderma harzianum*, *Penicillium melinii* und *Penicillium janthinellum* gebildet. Dieses Enzym soll als Bestandteil von Zahnreinigungsmitteln ebenfalls zur Beseitigung von Zahnbelag, Zahnstein usw. beitragen sowie anticariogen wirken.

Literatur

[1] *Noval, J. J.,* und *W. I. Nickerson:* J. Bacteriol. **77** (1959) 251

[2] *Кухаева, А. Г., С. Д. Тартыкова, Р. Л. Гешева* и *Н. А. Крассильников* (Kuchaeva, A. G., S. D. Tartykova, R. L. Geševa und N. A. Krassil'nikov): Доклады Академии Наук СССР (Vorträge der Akademie der Wissenschaften der UdSSR) **148** (1963) 1400

[3] *Reed, G.:* Enzymes in Food Processing. New York–London: Academic Press 1966

[4] *Kugelmann, H. W.:* Cosmetic and pharmaceutical compositions. Brit. Patent 1126018, ausgegeben am 5. 9. 1968

[5] Anonymus: Verfahren zur Stabilisierung von Lipasen sowie Entfettungscreme auf der Basis von Lipasen. BRD-Offenlegungsschrift 2059869, offengelegt am 22. 6. 1972

[6] Anonymus: Dental treating compositions containing bacterial protease. DT 1923389, P 15. 1. 1970, A 8. 5. 1969, PR OE 1. 7. 1968 (A 6287/68), ref. Micr. Abstr. Sect. A., Ind. microbiol. **6** (1970) 1, S. 6/A 52

[7] Anonymus: Aqueous tooth-cleaning compositions containing bacterial protease . NL 6817460, P 6. 1. 1970, A 5. 12. 1968, PR OE 1. 7. 1968 (A 6287/68), ref. Micr. Abstr. Sect. A: **6** (1970) 2, S. 8

[8] *Gibbons, R. J.,* und *S. B. Banghart:* Arch. oral Biol. **12** (1967) 11

[9] *Dahlqvist, A., B. Krasse, J. Olsson* und *S. Gardell:* Helv. odont. Acta **11** (1967) 15

[10] *Täufel, K.,* und *A. Täufel:* Nahrung **13** (1969) 711; *Täufel, A.,* und *K. Täufel:* Nahrung **14** (1970) 331

[11] *Steudt, T. H., K. H. Nollstadt* und *N. J. Clark:* Mundhygienische Enzyme und Verfahren zur Herstellung derselben. BRD-Offenlegungsschrift 239252, offengelegt am 1. 3. 1973

[12] *Merck & Co. Inc.:* Teeth cleaning process and composition containing dextranase for eliminating or supressing dental plaque-formation. PK 120036. P 30. 1. 1970 (682/68). ref. in Micr. Abstr. Sect. A: **6** (1970) 2, S. 128

[13] *Chaiet, L.,* und *N. J. Springfield:* Verfahren zur Enzymgewinnung. BRD-Offenlegungsschrift 1952977, offengelegt am 21. 5. 1970

[14] *Yoshimura, Y., S. Kawata* und *K. Yokogawa:* Enzym und Verfahren zu dessen Herstellung sowie dessen Verwendung in Mitteln zur Verhütung von Zahnkaries. BRD-Offenlegungsschrift 2011935, offengelegt am 10. 12. 1970

[15] *Guggenheim, B.,* und *H. R. Mühlemann:* Mutanase in Form einer α-1,3-Glucanase, Verfahren zu deren Herstellung und Anwendung. BRD-Offenlegungsschrift 2152620, offengelegt am 27. 4. 1972

6.3. Waschmittelsektor

Der Wäscheschmutz setzt sich aus Staub und Ruß sowie aus organischen Bestandteilen (Fette, Eiweißstoffe, kohlenhydrathaltige Verbindungen, Farbstoffe usw.) zusammen. Die Staub- und Rußhaftung bzw. ihre Verfestigung speziell an der Leib- und Bettwäsche wird bevorzugt durch *Fett-* und *Eiweißanteile* bedingt. Während das Fett meist von der Hautoberfläche abgeschieden wird, sind die eiweißhaltigen Verbindungen bevorzugt epidermaler Herkunft und befinden sich als abgestoßene Epidermiszellen gewissermaßen als Eiweißspuren auch im Schweiß.
Zur Entfernung von *Fettverschmutzungen* bzw. fettähnlichen Verbindungen sind

Tenside (Detergenzien) besonders geeignet [1]. Beim Waschprozeß werden in Gegenwart von Tensiden die am Gewebe haftenden Fettverschmutzungen abgelöst und in der Waschlauge suspendiert. Der Reinigungseffekt wird gefördert, wenn das Waschen bei höheren Temperaturen, d. h. oberhalb des Schmelzpunktes der Fette, erfolgt. Die handelsüblichen Waschmittel enthalten als wesentliche Bestandteile u. a. Natriumpolyphosphat (Zusätze zwischen 20% und 40%), Natriumcarbonat (Zusätze zwischen 0% und 30%) sowie Tenside (Zusätze zwischen 10% und 20%). Als Tenside verwendet man überwiegend Arylalkylsulfonate und Alkylsulfate. Verschiedentlich werden auch nichtionische Detergenzien eingesetzt. Weiterhin ist der Zusatz von Carboxymethyl-Cellulose und optischen Aufhellern gebräuchlich. Vielfach werden auch Perborate und Chelatbildner, wie die Salze der Nitrilotriessigsäure und der Äthylendiamintetraessigsäure, zugesetzt.

Während neuzeitliche Tenside praktisch alle fettartigen Verunreinigungen entfernen, ist die Beseitigung *eiweißhaltiger Flecken* (abgestoßene Epidermiszellen, Blut, Milch, Schleim, Speisereste, Exkremente usw.) weit schwieriger. Eiweißverschmutzungen sind in Wasser schwer löslich; der Waschvorgang darf nicht bei hohen Temperaturen erfolgen, da sonst das Eiweiß auf den Gewebefasern irreversibel koaguliert. Solche Wäschestücke lassen sich mit Hilfe der konventionellen Waschmittel nicht befriedigend reinigen. Es gelingt jedoch, den Eiweißstoffen durch Zusatz von *proteolytischen Enzympräparaten* zu den Waschmittelgrundmischungen ihre Funktion als Klebstoff zu nehmen und den proteinhaltigen Schmutz von der Faser zu entfernen [2] (Bild 6.3.). Ohne Zusatz von Tensiden lassen sich jedoch eiweißhaltige Verschmut-

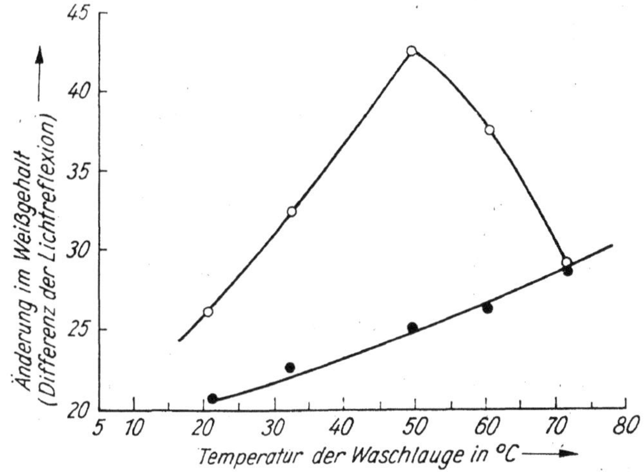

Bild 6.3. Entfernung einer Blut-Milch-Tinte-Färbung auf Fasern unter Verwendung von Protease-Präparat in Abhängigkeit von der Einwirkungstemperatur [2]
○ *unter Zusatz von Enzympräparat* ● *ohne Zusatz (Kontrollwerte)*

zungen nicht optimal entfernen. Erst bei einer Kombination des Enzympräparats mit geeigneten Tensiden erzielt man den erwünschten *synergistischen Wascheffekt*. Bereits im Jahre 1913 stellte *Röhm* fest, daß mit Eiweißflecken verschmutzte Wäsche durch Waschen mit verdünntem *Pankreasextrakt* gereinigt werden kann. Dieser Effekt ist auf den Gehalt des Extrakts an *alkalischen Proteasen* zurückzuführen, die von der Bauchspeicheldrüse synthetisiert werden. Die Instabilität des Präparats schränkt jedoch seinen Anwendungsbereich erheblich ein, so daß sich dieses Verfahren in der Folgezeit nicht durchgesetzt hat. Erst durch besondere Aufarbeitungsverfahren konnten in jüngster Zeit aus zerkleinerten Pankreasdrüsen Enzympräparate hergestellt werden, die sich für den Einsatz in Waschmitteln gut eignen sollen [3]. Der Hauptanteil der gegenwärtig in Waschmitteln befindlichen alkalischen Proteasen ist jedoch mikrobieller Herkunft.

Für die spezielle Verwendung auf dem Waschmittelsektor sind nur solche Enzyme von Interesse, die von den Komponenten der Waschmittelgrundmischungen nicht bzw. nur wenig beeinträchtigt werden und bei denen sich die Enzymaktivität auch während des Waschprozesses hinreichend stabilisieren läßt. Mittels verschiedener Anreicherungsmethoden und Screeningverfahren sind zahlreiche Mikroorganismen gefunden worden, die geeignete Proteasen synthetisieren, die zur Herstellung sog. *biologisch aktiver Waschmittel* benutzt werden. Unter den Pilzen wurden verschiedene Arten aus den Gattungen *Fusarium* und *Gibberella* ausgelesen, deren Proteasen weder durch oberflächenaktive Stoffe noch durch Komplexbildner gehemmt werden [4]. Nach einem anderen Verfahren kann alkalische Protease auch aus einem *Aspergillus-ochraceus*-Stamm gewonnen werden [5]. Ferner wird neben proteasebildenden *Streptomyceten* [6] eine größere Anzahl Bakterien – insbesondere *Bacillus subtilis* – zur großtechnischen Herstellung von Protease-Präparaten für Waschmittel verwendet [7 bis 9]. Die Enzympräparate mikrobieller Herkunft enthalten je nach Herstellerbetrieb 5 ... 30% Eiweiß. Sie werden meistens mit Alkali- oder Erdalkalisalzen gemischt und auf eine handelsübliche Aktivität von 1,5 *Anson*-Einheiten eingestellt. Typische Handelspräparate enthalten 6,5% Enzymeiweiß, 4% Wasser, 70% Natriumchlorid, etwa 15% Natriumsulfat, etwa 3,5% Calciumsulfat und 0,5 ... 1% organische Verunreinigungen. Die Protease-Präparate werden den Waschmittelgrundmischungen in Mengen von 0,1 ... 1 Masse-% zugesetzt.

Da die trockenen, pulverförmigen Enzympräparate leicht stauben, können sie – z. B. als Bestandteil von Waschmitteln – bei empfindlichen Personen *Allergien* auslösen. Man ist deshalb dazu übergegangen, die Präparate in Form rieselfähiger, nicht staubender *Granulate* in den Handel zu bringen. Mit der Granulierung wird des weiteren das Ziel verfolgt, Nachteile bei der Lagerung von enzymhaltigen Waschmitteln (z. B. Zusammenbacken der verschiedenen Bestandteile, dadurch Verfärbungen, Entwicklung von Gerüchen, Wasserumverteilung usw.) zu beseitigen. Über die Herstellung von Granulaten wird unter 3.4.5.5. berichtet.

Da seit 1966 enzymhaltige Waschmittel in größerem Umfang verkauft werden, hat man sich eingehend mit Fragen der gesundheitlichen Unbedenklichkeit befaßt, vor allem im Hinblick auf *allergische Hautreaktionen*. In einer Reihe Arbeiten hierzu wird auf die Unschädlichkeit enzymatischer Waschmittel hingewiesen [10 bis 12]. Jedoch gibt es auch gegenteilige Meinungen [13, 14]. Im November 1971 wurde hierzu von der FDA ein umfassender Bericht vorgelegt, aus dem hervorgeht, daß sich enzymhaltige Waschmittel von enzymfreien Erzeugnissen bei bestimmungsgemäßem Umgang in gesundheitlicher Hinsicht nicht unterscheiden [15]. Trotz dieser Befunde ist jedoch Vorsicht geboten, vor allem dann, wenn Menschen mit dem Staub der Enzympräparate, wie beispielsweise in den Herstellerbetrieben, in Berührung kommen [16] (vgl. 3.5.).

Literatur

[1] *Hollis, G. L.:* Chem. and Ind. (1970) 1309
[2] *Liss, R. L.,* und *R. P. Langguth:* J. Amer. Oil Chemists' Soc. **46** (1969) 507
[3] *Leidholdt, F.:* Verfahren zur Herstellung von vorzugsweise für Wasch- und Reinigungsmittel geeigneten, inhibitorenfreien, leicht wasserlöslichen Enzymen sowie diese enthaltende Wasch- und Reinigungsmittel sowie Verfahren zur Herstellung dieser Wasch- und Reinigungsmittel. BRD-Offenlegungsschrift 1 913 869, offengelegt am 15. 10. 1970

[4] *Isono, M., K. Maejima, K. Tomoda, K. Miyata* und *K. Tsubaki:[+]* [+]) Neue Alkaliprotease, Verfahren zu ihrer Herstellung und Alkaliprotease enthaltende Waschmittel. BRD-Offenlegungsschrift 1 906 001, offengelegt am 11. 9. 1969

[5] *Bärwald, G., G. Jahn* und *B. Metzner:* Verfahren zur Gewinnung einer alkalischen Protease. DDR-Patent 79 702, ausgegeben am 12. 2. 1971

[6] *Delin, P. S., K. H. F. Kiessling, H. Thelin* und *L. S. Nathorst-Westfelt:* Verfahren zur Herstellung, Isolierung und Reinigung von Enzymen. DDR-Patent 84 836, ausgegeben am 5. 10. 1971

[7] *Huber, J., S. Bräuniger, R. Dickscheit, B. Lebentrau, E. Harksen, B. Thomas, S. Weißkopf* und *B. Hübner:* Verfahren zur biotechnischen Herstellung von alkalischen und neutralen Proteinasen. DDR-Patent 84 160, ausgegeben am 5. 9. 1971

[8] *Aunstrup, K., O. Andersen* und *H. Outtrup:* Verfahren zur Herstellung proteolytischer Enzyme. DDR-Patent 79 270, ausgegeben am 20. 1. 1971

[9] *Fukumoto, J. T., T. Yamamoto* und *D. S. Tsuru:* Verfahren zur Herstellung alkalischer Protease. BRD-Offenlegungsschrift 1 952 012, offengelegt am 14. 5. 1970

[10] *Gloxhuber, Chr., J. Malaszkiewiecz* und *M. Potokar:* Fette, Seifen, Anstrichmittel **73** (1971) 182

[11] *Adam, W. E., J. Thiernagand* und *G. J. Schmitt:* Fette, Seifen, Anstrichmittel **72** (1970) 797

[12] *Schmitt, G. J., J. Thiernagand* und *W. E. Adam:* Fette, Seifen, Anstrichmittel **73** (1971) 178

[13] *Belin, L., J. Hoborn, E. Falsen* und *J. André:* Lancet II (1970) 7684, S. 1153

[14] *Steigleder, G. K.:* Dtsch. med. Wschr. **95** (1970) 1372

[15] Report of the ad hoc Committee on Enzym: Detergents Division of Midical Science, National Academy of Sciences – National Research Council – supported by Food and Drug Administration (FDA) – November 1971

[16] *Wüthrich, B.,* und *F. Ott:* Schweiz. med. Wschr. **99** (1969) 1584

6.4. Textilindustrie [1 bis 6]

Unter *Schlichten* versteht man in der Textilindustrie die Behandlung der Kettfäden mit sog. *Schlichtmitteln,* wodurch die Fasern miteinander verkleben und so dehnbar und gegenüber der mechanischen Beanspruchung beim Weben widerstandsfähiger werden. Für das Schlichten von Baumwolle und Flachs wird bevorzugt *Stärke* verwendet. Die Fäden werden auf speziellen Maschinen geschlichtet; die Schlichtemittel müssen wieder entfernt werden. Das stärkegeschlichtete Gewebe wurde früher in saure, alkalische oder mit Oxydationsmitteln versetzte Flotten gelegt, um die Stärke auf diese Weise in eine wasserlösliche Form zu überführen und anschließend auszuwaschen. Diese Verfahren bleiben nicht ohne Einfluß auf die Haltbarkeit und Qualität des Gewebes. Man ist daher schon seit längerer Zeit auf den *enzymatischen* Umsatz der Stärkeschlichte übergegangen. Da die Stärke lediglich in eine wasserlösliche Form übergeführt werden soll, ist ein partieller Umsatz des Polysaccharids ausreichend. In der Praxis wird dieser Zeitpunkt mittels Jod/Jodkalium-Lösung festgestellt (violette bis rotviolette Färbung des Gutes).
Als enzymatisches Entschlichtungsmittel wurden anfangs *Malz-* und *Pankreasamylase,* später auch Enzyme *mikrobieller Herkunft* eingesetzt. *Bakterienamylasen* sind relativ thermoresistent, so daß mit diesen bei erhöhten Temperaturen gearbeitet werden kann und der Prozeß rasch abläuft. Die Temperatur der Flotte läßt sich durch direkte oder indirekte Dampfzufuhr leicht aufrechterhalten. Die Thermostabilität der Enzyme kann durch Zusatz von Calciumsalzen (Chlorid, Formiat) erhöht werden.
In Gegenwart des Substrats Stärke ist die α-Amylase besonders resistent gegen erhöhte Temperatur. Dadurch ist es möglich, kurzzeitig Temperaturen bis nahe 100 °C anzuwenden und die Reaktion so stark zu beschleunigen, daß auf eine *Ablage* der Gewebebahnen in der Entschlichtungsflotte zugunsten einer praktisch sofortigen

Weiterbehandlung verzichtet werden kann. Auf diese Weise ist ein weitgehend kontinuierliches Arbeiten möglich. Allerdings muß für eine intensive Nachwäsche gesorgt werden, um die Abbaustoffe der Stärke restlos zu entfernen.

In der Praxis werden die Gewebe – u. U. nach dem Passieren eines Dampfkanals zur Quellung der Stärke – mit der *Entschlichtungsflotte* behandelt und abgelegt. Zur besseren Durchfeuchtung des Materials werden verschiedentlich den Enzymlösungen oberflächenaktive Substanzen als *Netzmittel* zugesetzt. Die Temperatur wird auf 60 ... 70 °C (Sattdampf) gehalten, die Verweilzeit beträgt 1 ... 4 h. Anschließend wird intensiv gewaschen und gespült. Bei der *Kurzzeitentschlichtung* wird das Gewebe für einige Minuten in einer feuchten Atmosphäre auf 95 ... 98 °C gehalten.

Literatur

[1] *Frieser, E.:* Z. ges. Textilind. **64** (1962) 900
[2] *Hladik, V.:* Textil (Praha) **23** (1968) 428
[3] *Jalke, H.:* Textil-Rdsch. (St. Gallen) **20** (1965) 155
[4] *Regan, J.:* J. Soc. Dyers Colourists **78** (1962) 533
[5] *Svoboda, F.:* Textil-Praxis **19** (1964) 378
[6] *Svoboda, F.:* Textil (Praha) **18** (1963) 140, 339

6.5. Ledersektor und Rauchwarensektor

Lederbearbeitung

Die Umwandlung der tierischen Rohhaut in Leder wird als *Gerbung* bezeichnet. Hierbei wird nur die mittlere Schicht der Rohhaut, die *Lederhaut*, aufgearbeitet. Sie muß vor dem Gerben von den anhaftenden Partien der Oberhaut mit dem Haarbesatz, dem Inhalt der eingelagerten Drüsen, dem Unterhautbindegewebe, dem Fett usw. befreit werden. Dieses Freilegen und Reinigen der Lederhaut wurde früher mittels Holzasche, zumeist in Gegenwart von haarlockernden Chemikalien, wie Kalk, Natriumsulfit, Natriumthiolat u. a., durchgeführt. Dies ist jedoch stets mit einer Zerstörung des Haares wie auch mit einer erheblichen Belastung der Abwässer verbunden. Heute ist diese *Äscherbehandlung* teilweise durch die Verwendung von *proteolytischen Enzympräparaten* verdrängt worden [1 bis 3].

Der erste Behandlungsprozeß der Häute in der sog. *Wasserwerkstatt* ist das *Weichen*, wobei der Zustand der zu bearbeitenden Häute (gesalzene oder Trockenhäute) zu berücksichtigen ist. Durch die Weiche soll den Häuten genügend Wasser zugeführt werden und das Fasergefüge aufquellen. Die Wasseraufnahme einer trockenen Haut wird jedoch durch die Klebkraft denaturierter Eiweißverbindungen, die sich zwischen den Collagenfasern befinden, erheblich erschwert. Der Einsatz *enzymatischer Weichmittel* beschleunigt die notwendigen Weichzeiten, indem die verwendeten Proteasen die nichtcollagenen Proteine (Albumine, Globuline, Mucine u. a.) in kleinere Bruchstücke abbauen und somit die Klebewirkung dieser Proteine aufheben. Infolge der nunmehr verringerten Faserverklebung kann Wasser besser zwischen die Collagenfasern gelangen, wodurch ihre Beweglichkeit wieder hergestellt wird. Der Vorteil des Einsatzes enzymatisch wirksamer Weichhilfsmittel gegenüber dem klassischen Weichverfahren besteht in einer erheblichen Zeiteinsparung bei Durchführung dieser Bearbeitungsstufe.

Die *enzymatische Behandlung der geweichten Häute* weist die Nachteile der Äscherbehandlung nicht auf. Man gewinnt Haar und Wolle ohne Schädigung, eine Verschmutzung des Abwassers entfällt. Es werden proteolytisch wirksame Enzympräparate verwendet. Die Proteasen hydrolysieren die unstrukturierten Plasmaproteine der basalen Zellreihen. Durch diesen Vorgang wird die Bindung zwischen Papillarschicht und Epidermis gelockert. Die Enzyme wirken ferner auf die äußere und innere Wurzelscheide der Haare und fördern so den Enthaarungs- bzw. Entwollungsprozeß. Danach können die Haare bzw. die Wolle unversehrt – einschließlich der Haarwurzeln – gewonnen werden. Nach *Monsheimer* [1] unterscheidet sich eine derart gewonnene Wolle nicht von der Schurwolle, und sie ist wertvoller als solche, die in herkömmlicher Weise gewonnen wird. Eine ausreichende *Haarlockerung* mittels proteolytischer Enzyme erfordert nach *Grimm* [2] große Sorgfalt und Sachkenntnis. Das Ergebnis wird entscheidend durch die *Wirkungsspezifität* des verwendeten Enzyms, durch die Art der Verwendung des Präparats in der *Flotte* sowie durch die Wirksamkeit der enzymatischen Weichmittel beeinflußt. Diese ermöglichen den der Enthaarung dienenden proteolytischen Enzymen ein schnelles Erreichen der Wirkungszone in der Haut. Die Enzyme durchdringen die Haut von der Fleischseite her und entfalten ihre substrathydrolysierende Wirkung an der unteren Schicht der Epidermis sowie an den epidermalen Wurzelscheiden der Haare. Für die Enthaarung von Häuten werden vornehmlich *alkalische Proteasen* mikrobieller Herkunft eingesetzt [3].

Neben dem Einsatz von enthaarenden bzw. entwollenden Enzymen in *wäßrigen Medien* gibt es auch solche Verfahren, nach denen die geweichten Felle jeweils einzeln mit einem pulverförmigen Enzympräparat – *ohne Zusatz von Wasser* – auf der Fleischseite bestreut und anschließend bis 24 h lang gestapelt oder erst gewalkt und danach gestapelt werden. Nach diesem sog. *Einstreuverfahren* können sogar frische, also nicht konservierte *Schaffelle*, die sonst einer Entwollung nur schwer zugänglich sind, einwandfrei entwollt werden. Auch *Ziegenfelle* lassen sich nach dieser Methode enthaaren; sie werden vielfach als Bekleidungsleder verarbeitet. Selbst schwerste *Rindhäute* können nach dieser Methode behandelt werden, wobei die geweichten Häute nach dem Bestreuen mit pulverförmigem Enzympräparat 10 ... 20 min lang im Faß gewalkt und anschließend über Nacht liegen gelassen werden. Dabei werden die Haare in ihrer ganzen Länge zusammen mit den Ersatzhaaranlagen sowie mit anhaftenden Epidermisresten, Talgdrüsen und Pigmenten gelockert bzw. entfernt.

Zur Enthaarung wurden früher ausschließlich Proteasen tierischer Herkunft benutzt; neuerdings werden in zunehmendem Maße proteolytische Enzyme aus Schimmelpilzen oder Bakterien – in Verbindung mit verschiedenen Aktivatoren – eingesetzt. Die haarlockernde Wirkung der Proteasen wird vielfach durch die Anwesenheit kohlenhydratspaltender Enzyme *(Amylasen)* gefördert.

Bevor die enzymatisch enthaarten oder im Äscher behandelten Häute gegerbt werden, müssen sie einer weiteren Bearbeitungsstufe, der *Beize*, zugeführt werden. Auch hier werden Enzympräparate („Beizenzyme") eingesetzt. Sie dienen zur Entfernung all dessen, was der Gerber als *Grund* bezeichnet und vom Äscher zurückgeblieben ist, z. B. pigmentreiche Haarwurzelreste der Epidermis, Fett- und Schweißdrüsen u. a. Auch hier wurden früher zumeist *Pankreasenzyme* eingesetzt, neuerdings verwendet man sie in Kombination mit *mikrobiellen Proteasen*. Es ist vorauszusehen, daß die zuletzt genannten hierfür zunehmend an Bedeutung gewinnen.

Bei der Verarbeitung von Ziegenfellen zu *Chevreauleder* unter Verwendung von Enzympräparaten für Weiche, Haarlockerung und Beize sind die Erzeugnisse besonders feinkörnig und zeichnen sich durch flache und festsitzende Narben aus. Die Qualität dieser Leder konnte bisher mittels anderer Verfahren nicht erreicht werden.

Pelzbearbeitung

Auch bei der *Pelzzurichtung* und *-veredlung* werden günstige Effekte durch die Verwendung von Enzympräparaten erzielt, und zwar sowohl bei der *Weiche* wie auch beim *Auflockern* des *Fasergefüges*. Speziell bei *getrockneten Fellen* werden durch den Zusatz von Enzympräparaten die Weichzeiten erheblich kürzer, und damit vermindert sich das Ausmaß von auftretenden Kahlstellen. Mit der enzymatischen Weiche wird gleichzeitig eine Auflockerung des Fasergefüges eingeleitet. Wenn die gewünschte Auflockerung jedoch nicht ausreicht, kann in einem besonderen Arbeitsgang in schwach saurem Milieu eine *enzymatische Nachbehandlung* erfolgen. Hier haben sich solche Pilz- und Bakterienproteasen besonders bewährt, die bei *p*H 6,0 ... 7,0 eine ausreichende Aktivität entfalten. Das Arbeiten im leicht sauren Bereich erweist sich dabei als sehr rationell, da Hautaufschluß und anschließende Chrom- und Alaunzurichtungen in *einem* Arbeitsgang durchgeführt werden können. Auch die Entfernung der Grannenhaare bei *Edelpelzen* (Nutria, Biber, Bisam und Seehund) kann durch eine enzymatische Behandlung vereinfacht und rationalisiert werden.

Literatur

[1] *Monsheimer, R.:* Leder und Häutemarkt **19** (1967) 630
[2] *Grimm, O.:* Vortrag gelegentlich des 6. Kongresses der Internationalen Union der Lederchemiker-Verbände, München 1959
[3] *Aunstrup, K., O. Andersen* und *H. Outtrup:* Verfahren zur Herstellung proteolytischer Enzyme. DDR-Patent 79270, ausgegeben am 20. 1. 1971

6.6. Enzymatische Analytik

Die Vertiefung unserer Kenntnisse auf dem Gebiet der Enzymologie hat zu neuen Anwendungsmöglichkeiten der *Analytik* geführt [1 bis 4]. Unter Berücksichtigung der zum Teil schon lange bekannten und auf der Wirkung von Enzymen basierenden Methoden ergeben sich aus analytischer Sicht die folgenden 3 Hauptanwendungsgebiete:

a) Bestimmung von *Substraten* unter Enzymeinsatz,
b) Bestimmung von *Enzymaktivitäten*,
c) enzymatische *Effektoranalyse*.

Jedes Gebiet hat für verschiedene Bereiche der Biochemie, insbesondere für die klinische Diagnostik, aber auch für die Untersuchung bzw. Beurteilung von Lebensmitteln Bedeutung.

Bestimmung von Substraten unter Enzymeinsatz

Die zu bestimmende Verbindung, deren Umsatz gemessen wird, liegt als *Substrat* für ein bestimmtes Enzym vor. Vielfach bedient man sich hierbei auch gekoppelter Systeme, bestehend aus zwei oder mehreren Einzelenzymen. Da jeder enzymatische Umsatz eine Summenreaktion aus der ursprünglichen Enzymwirksamkeit und den im Milieu vorhandenen Begleitstoffen darstellt, können die zuletzt genannten bei der komplexen Struktur der Lebensmittel die Reaktion erheblich beeinflussen; dies istbei der Analyse zu berücksichtigen. Der Vorteil des Einsatzes von Enzympräparaten beruht vor allem auf der hohen Spezifität der Biokatalysatoren. Hierdurch ist es möglich, beispielsweise in einem System, bestehend aus verschiedenen Mono-, Oligo- und

380

Polysacchariden, einzelne Komponenten exakt zu erfassen. Dabei ist der apparative Aufwand relativ gering. Allerdings stellt eine gesicherte Analytik hohe Ansprüche an die Reinheit der Enzympräparate, eine Bedingung, die hinsichtlich der Herstellung der Präparate mit erhöhtem Aufwand verbunden ist.

Als Beispiel sei die Bestimmung von *Glucose* in einem Saccharidgemisch mittels *Glucoseoxydase/Peroxydase* angeführt. Ihr liegt folgender Reaktionsablauf zugrunde:

$$\alpha\text{-D-Glucose} \xrightarrow{\text{Mutarotase}} \beta\text{-D-Glucose}$$

$$\beta\text{-D-Glucose} + H_2O + O_2 \xrightarrow{\text{Glucoseoxydase}} \text{D-Gluconsäure} + H_2O_2$$

$$H_2O_2 + DH_2 \xrightarrow{\text{Peroxydase}} 2\,H_2O + D$$

Es bedeutet:

DH$_2$ hydriertes o-Dianisidin (nicht gefärbt)

D dehydrierte Form des o-Dianisidins (gefärbt)

Handelsübliche Glucoseoxydase-Präparate enthalten als Begleitenzym stets *Mutarotase*, welche die zu bestimmende α-D-Glucose in β-D-Glucose überführt. Die im Verlauf des o. a. Umsatzes entstehende dehydrierte Form des o-Dianisidins wird photometrisch ermittelt. Anhand einer Eichkurve läßt sich daraus auf die vorhanden gewesene Glucose schließen. Es ist hierbei zu beachten, daß unter Verwendung verschiedener Mikroorganismen hergestellte Glucoseoxydase-Präparate oft *Carbohydrasen* als Begleitenzyme (z. B. Saccharase, Maltase) enthalten. Diese beeinträchtigen bei der Bestimmung des Blutzuckergehalts das Ergebnis nicht, da im Blutserum Disaccharide praktisch nicht enthalten sind. In Lebensmitteln hingegen muß mit dem Vorhandensein solcher Zucker gerechnet werden. Erst seit den von *Larner* und *Gillespie* [5] sowie *Dahlqvist* [6] experimentell gesicherten Ergebnissen, wonach die Wirkung der Carbohydrasen unter geeigneten Bedingungen in Gegenwart von Tris-Puffer eliminiert werden kann, hat sich die Möglichkeit des Einsatzes der Glucoseoxydase-Präparate auch in der Lebensmittelanalytik wesentlich erweitert. So läßt sich *Glucose* sehr einfach in Stärkesirupen, Süßwaren, Marmeladen, Honigen usw. quantitativ ermitteln [7]. Bei der analytischen Bestimmung der *Stärke* in Lebensmitteln wird folgender Reaktionsablauf zugrunde gelegt [8]:

$$\text{Stärke} \xrightarrow{\text{Glucoamylase}} \alpha\text{-D-Glucose}$$

$$\alpha\text{-D-Glucose} \xrightarrow{\text{Mutarotase}} \beta\text{-D-Glucose}$$

$$\beta\text{-D-Glucose} + H_2O + O_2 \xrightarrow{\text{Glucoseoxydase}} \text{D-Gluconsäure} + H_2O_2$$

$$H_2O_2 + DH_2 \xrightarrow{\text{Peroxydase}} 2\,H_2O + D$$

In der enzymatischen Analytik sind die *stereospezifischen Eigenschaften* mancher Enzyme zu berücksichtigen. So dehydriert beispielsweise *Lactatdehydrogenase* nur die L(+)-Milchsäure, nicht hingegen die L(−)-Form, und sie macht somit nur die erstgenannte erfaßbar [9]. Bei der Analyse der Glutaminsäure in Lebensmitteln gilt das analog.

Einige in der Praxis der Untersuchung bzw. Beurteilung von *Lebensmitteln* angewandte und bewährte Verfahren sind in Tab. 6.6.a mitgeteilt. In Anbetracht des ständig größer werdenden Sortiments diätetischer Lebensmittel und ihrer wachsenden volksgesundheitlichen Bedeutung nimmt der Umfang einer diese Entwicklung berücksichtigenden Lebensmittelkontrolle zu [10]. Dabei ist vor allem die gesicherte Erfassung auch der in geringer Menge bzw. in Spuren vorkommenden Bestandteile zur zwingenden Notwendigkeit geworden.

In der *klinischen Diagnostik* hat man neben dem direkten Enzympräparateinsatz [11, 12] spezielle Bestimmungsmethoden auf der Basis von *Papierstreifen* entwickelt. Diese

Tabelle 6.6.a. Ausgewählte analytische Methoden zum Nachweis spezieller Lebensmittelinhaltstoffe unter Einsatz von Enzympräparaten

Substrat im Lebensmittel	Enzym bzw. Enzymsystem	Katalysierte enzymatische Reaktion(en)	
Glucose	Glucoseoxydase, Peroxydase	$Glucose + H_2O + O_2$ $H_2O_2 + DH_2$	$\rightarrow Gluconsäure + H_2O_2$ $\rightarrow 2\,H_2O + D$
Galaktose	Galaktoseoxydase, Peroxydase	$Galaktose + H_2O + O_2$ $H_2O_2 + DH_2$	$\rightarrow Galaktohexodialdose + H_2O_2$ $\rightarrow 2\,H_2O + D$
Fructose	Hexokinase, ATP, Phosphoglucose-Isomerase, Glucose-6-phosphat-Dehydrogenase, $NADP^+$	$Fructose + ATP$ $Fructose-6-phosphat$ $Glucose-6-phosphat + NADP^+$	$\rightarrow Fructose-6-phosphat + ADP$ $\rightarrow Glucose-6-phosphat$ $\rightarrow 6\text{-}Phosphogluconat + NADPH + H^+$
Sorbit	Sorbitdehydrogenase, NAD^+	$Sorbit + NAD^+$	$\rightarrow Fructose + NADH + H^+$
Saccharose	Invertase	$Saccharose + H_2O$	$\rightarrow Glucose + Fructose$
Maltose	α-Glucosidase	$Maltose + H_2O$	$\rightarrow 2\,Glucose$
Lactose	Lactase (β-Galaktosidase)	$Lactose + H_2O$	$\rightarrow Galaktose + Glucose$
Raffinose	α-Galaktosidase, NAD^+	$Raffinose + H_2O$ $Galaktose + NAD^+$	$\rightarrow Galaktose + Saccharose$ $\rightarrow Galaktonolacton + NADH + H^+$
Äthanol	Alkohol-Dehydrogenase, NAD^+	$Alkohol + NAD^+$	$\rightarrow Acetaldehyd + NADH + H^+$
Citrat	Citrat-Lyase, Malat-Dehydrogenase, NADH	$Citrat$ $Oxalacetat + NADH + H^+$	$\rightarrow Oxalacetat + Acetat$ $\rightarrow L\text{-}Malat + NAD^+$
L-Aspartat	Glutamat-Oxalacetat-Transaminase, Malat-Dehydrogenase, NADH	$L\text{-}Aspartat + Ketoglutarat$ $Oxalacetat + NADH + H^+$	$\rightarrow Oxalacetat + L\text{-}Glutamat$ $\rightarrow L\text{-}Malat + NAD^+$
L-Glutamat	Glutamat-Dehydrogenase, NAD^+	$L\text{-}Glutamat + NAD^+ + H_2O$	$\rightarrow \alpha\text{-}Ketoglutarat + NADH + NH_4^+$
L-Lactat	Lactat-Dehydrogenase, NAD^+	$L\text{-}Lactat + NAD^+$	$\rightarrow Pyruvat + NADH + H^+$
Stärke	Glucoamylase, Glucoseoxydase, Peroxydase	$Stärke$ $Glucose$	$\rightarrow Glucose$ $\rightarrow Gluconsäure$

enthalten das zum Substratnachweis erforderliche Enzymsystem, beispielsweise Glucoseoxydase/Peroxydase in Kombination mit einem zur Sichtbarmachung erforderlichen Farbstoff [13]. Als halbquantitativer Test eignet sich diese Variante besonders für Reihenuntersuchungen.

Bestimmung von Enzymaktivitäten [14]

Der Nachweis von *Enzymwirkungen in Lebensmitteln* gibt Aufschluß über ihre Behandlung (pasteurisiert, blanchiert oder gedämpft), über ihre Qualität (Mikrobenbefall) oder über den Verlauf von Reifungsprozessen. Tab. 6.6.b enthält einige gegenwärtig angewandte Methoden.

Tabelle 6.6.b. Enzymatische Wirkungen in Lebensmitteln als Bewertungsmaß

Lebens-mittel	Enzym	Prinzip	Nachweis einer bzw. von
Milch	alkalische Phosphatase	Hydrolyse von Phosphorsäure-estern (Phenylphosphat), Umsetzung der phenolischen Verbindungen mit 2,6-Dibrom-chinonchlorimid	Pasteurisierung [15]
Milch	Katalase	Spaltung von H_2O_2, volumetri-sche Bestimmung des gebildeten Sauerstoffs	Anwesenheit von Leuko-zyten, Eutererkrankungen, bakterielle Verunreinigung [16]
Milch	Xanthin-(Aldehyd-) Reduktasen	Reduktion von Methylenblau-lösung unter Luftabschluß	Milcherhitzung, bakterielle Verunreinigung [17]
Honig	α-Amylase	Hydrolyse von Stärke und ihre Messung auf der Basis der Änderung der Jodstärkereaktion	Erhitzung [18]
Obst und Gemüse	Peroxydase	Dehydrierung von L-Ascorbin-säure, Titration der Dehydro-ascorbinsäure mittels 2,6-Di-chlorphenolindophenol	Inaktivierung [19, 20]
Getreide	Peroxydase	Umsetzung von H_2O_2, De-hydrierung von 2,6-Dichlor-phenolindophenol	Blanchier-, Dämpf- oder Darrprozesse [19, 20]
Getreide	α-Amylase	Hydrolyse von Stärke und ihre Messung auf der Basis der Ände-rung der Jodstärkereaktion	Auswuchsschäden [21]

Eine besondere Bedeutung hat die Messung von Enzymaktivitäten in der *klinischen Diagnostik* gefunden [22, 23], von denen einige wichtige in Tab. 6. 6.c aufgeführt sind. Die Methodik basiert auf der Tatsache, daß die gewebeeigenen Enzyme bei pathologischer Veränderung der Organe die Zellwände passieren, da ihre Permeabilität erhöht ist (Bild 6.6.a). Die Enzyme treten somit verstärkt im *Blutserum* auf. Da die einzelnen Organe hinsichtlich bestimmter Enzyme bzw. Isoenzym-Komplexe ein spezifisches *Muster* aufweisen, lassen sich auf Grund der im Blutserum ermittelten Verteilung der Enzyme Rückschlüsse auf den Krankheitsherd bzw. auf das Stadium der Erkrankung ziehen (Bild 6.6.b). Mit der Bestimmung der *Transaminasen*, der *Lactat-dehydrogenase-Isoenzyme*, der *Phosphatasen* und weiterer Enzymindividuen bzw. Enzymmuster ist ein besonders aktuelles und sich rasch erweiterndes Gebiet zur Erkennung pathologischer Veränderung der Leber, des Herzens, der Niere und anderer Organe erschlossen worden.

Tabelle 6.6.c. Ausgewählte Enzymwirkungen für die klinische Diagnostik

Enzym	Prinzip der Enzymwirkung
Glutamat-Oxalacetat-Transaminase (GOT)	L-Aspartat $+$ α-Ketoglutarat $\rightleftharpoons$ L-Glutamat $+$ Oxalacetat
Glutamat-Pyruvat-Transaminase (GPT)	L-Alanin $+$ α-Ketoglutarat $\rightleftharpoons$ L-Glutamat $+$ Pyruvat
Lactatdehydrogenase-Isoenzyme (LDH)	Pyruvat $+$ NADH $+$ H$^+$ $\rightleftharpoons$ Lactat $+$ NAD$^+$
Glutamat-Dehydrogenase (GLDH)	α-Ketoglutarat $+$ NH$_3$ $+$ NADH $+$ H$^+$ $\rightleftharpoons$ L-Glutamat $+$ NAD$^+$ $+$ H$_2$O
Fructose-1,6-diphosphat-Aldolase (ALD)	Fructose-1,6-diphosphat $\rightleftharpoons$ Dihydroxyacetonphosphat $+$ D-Glycerin-aldehyd-3-phosphat
Saure Phosphatase (SP)	Phenolphthalein-diphosphat $\rightleftharpoons$ Phenolphthalein $+$ Phosphat

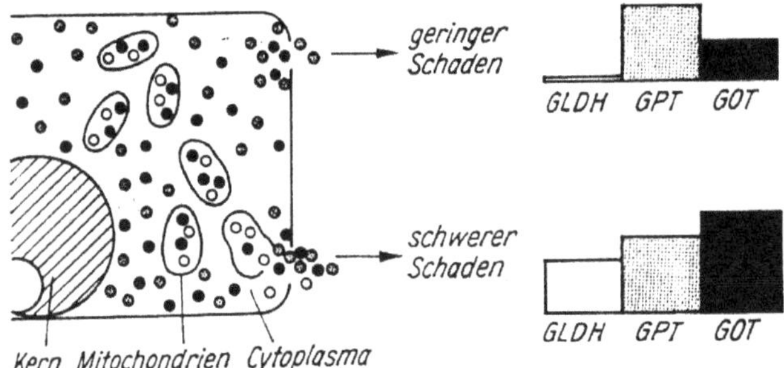

Bild 6.6.a. „Enzymmuster" bei unterschiedlichem Grad einer Zellschädigung [22]
GLDH Glutamat-Dehydrogenase, GPT Glutamat-Pyruvat-Transaminase, GOT Gluta-mat-Oxalacetat-Transaminase

Enzymatische Effektoranalyse

Unter der enzymatischen *Effektoranalyse* ist die Erfassung von Komponenten zu verstehen, welche die Enzymaktivität unmittelbar beeinflussen. Dabei ist in erster Linie an Verbindungen zu denken, bei deren Anwesenheit die Aktivität bestimmter Enzyme partiell oder vollständig gehemmt wird. Auf die Analytik von Lebensmitteln bezogen können die Hemmstoffe *Konservierungsmittel, Antioxydanzien, Detergenzien,* Rückstände von *Pestiziden, Antibiotika, künstliche Farbstoffe* oder andere *Zusatz-* oder *Fremdstoffe* sein. Die in der Literatur erörterten Untersuchungen zu dieser Thematik lassen erkennen, daß eine exakte Auswertung der gewonnenen Ergebnisse infolge der zahlreichen Wechselwirkungen häufig erschwert ist. Bei bestimmten Enzymen, deren Empfindlichkeit gegenüber Fremdstoffen besonders ausgeprägt ist, haben systematische Untersuchungen dennoch zu anwendbaren Methoden geführt.

Als Beispiel sei die gegenüber organischen Phosphorsäureestern hochempfindliche *Cholinesterase* angeführt. Die quantitative Bestimmung der Cholinesterase-Aktivität mittels dünnschichtchromatographischer oder colorimetrischer Verfahren erlaubt Rückschlüsse auf die zu ermittelnden organischen Phosphorsäureester in tierischen oder in pflanzlichen Geweben [24]. Auch *Peroxydase* ist gegenüber einigen organischen Phosphorsäureestern empfindlich und läßt sich nach *Kiermeier* u. a. [25] zum Nachweis der letztgenannten in Milch heranziehen. Nach Untersuchungen von

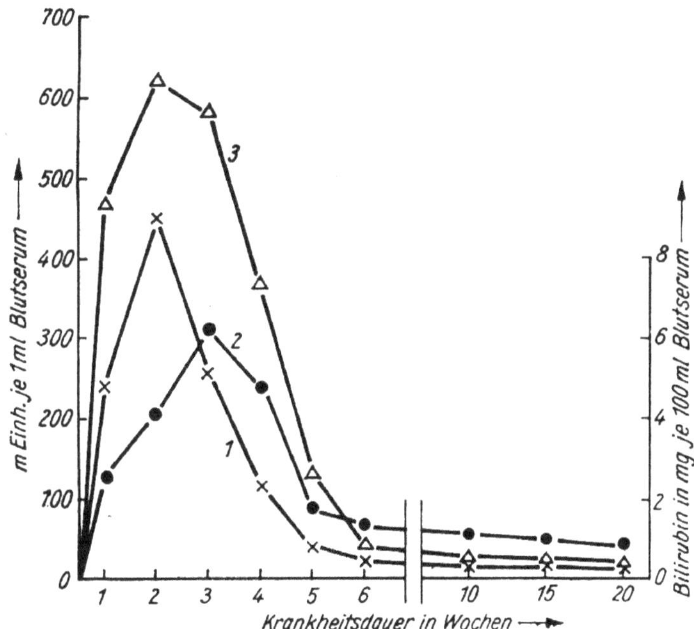

Bild 6.6.b. Gegenüberstellung der Enzymmenge an GOT und GLPT und des Bilirubin-Gehalts im Blutserum im Verlauf einer akuten Hepatitis [22]
(1) Glutamat-Oxalacetat-Transaminase   (2) Bilirubin   (3) Glutamat-Pyruvat-Transaminase

Diemair und *Boekhoff* [26] lassen sich künstliche Farbstoffe auf der Grundlage der Hemmung der Enzyme des Verdauungstraktes in ihrer Aktivität nachweisen. So wird z. B. die proteolytische Wirkung des *Pepsins* von den Farbstoffen Orange GG und Ponceau stark inhibiert. Basische Farbstoffe, die zur Färbung von Lebensmitteln nicht verwendet werden dürfen, hemmen die *Trypsin*-Aktivität bereits in so geringen Konzentrationen, wie sie für die Erzielung des sensorischen Effektes benötigt werden. Des weiteren lassen sich Antioxydanzien über ihre Inhibitorwirkung gegenüber bestimmten Enzymen nachweisen [27]. Schließlich liegen Ergebnisse über den Einfluß von Antibiotika auf bestimmte Enzyme vor [28]. So wird *Diastase* in ihrer Aktivität durch Tetracyclin nicht gehemmt, wohingegen *Katalase* durch dieses Antibiotikum inhibiert wird. Für die enzymatische Effektoranalyse dürften sich hinsichtlich der Lebensmittelkontrolle in der Zukunft vielfältige Möglichkeiten bieten.

Literatur

[1] *Bergmeyer, H. U.:* Methoden der enzymatischen Analyse. 2. Aufl., Bd. I bis III. Berlin: Akademie-Verlag 1970

[2] *Schormüller, J.:* Z. analyt. Chem. **243** (1968) 613

[3] *Guilboult, G. G.:* Enzymatic methods of analysis. In: International series of monographs in analytical chemistry, Bd. 34. Oxford, London, Edinburgh, New York, Toronto, Sydney, Paris und Braunschweig: Pergamon Press 1970

[4] *Sommer, H.:* Nachweis und Kennzeichnung von Enzymwirkungen. In: *Schormüller, J.:* Handbuch der Lebensmittelchemie, Bd. II/2. Teil: Analytik der Lebensmittel, Nachweis und Bestimmung von Lebensmittelinhaltsstoffen. Berlin–Heidelberg–New York: Springer-Verlag 1967, S. 232 bis 320

[5] *Larner, J.*, und *R. E. Gillespie:* J. biol. Chemistry **225** (1967) 279

[6] *Dahlqvist, A.:* Biochem. J. **80** (1961) 547

[7] *Täufel, K., H. Ruttloff* und *R. Friese:* Stärke **14** (1962) 309

[8] *Ruttloff, H., M. Rothe, R. Friese* und *F. Schierbaum:* Z. Lebensmittel-Unters. und -Forsch. **130** (1966) 201

[9] *Fischer, W.*, und *J. Zapf:* Hoppe-Seyler's Z. physiol. Chem. **337** (1964) 186

[10] Firmenschrift Boehringer: Enzymatische Analysen für die Lebensmittelchemie, ref. in Dtsch. Lebensm.-Rdsch. **61** (1965) 170

[11] *Mager, M.*, und *G. Ravese:* Amer. J. Clin. Pathol. **44** (1965) 104

[12] *Keller, D. M.:* Clin. Chem. **11** (1965) 471

[13] *Crook, B. R. M.*, und *E. M. Jepson:* Practitioner **195** (1965) 643, ref. in Nutrit. Abstr. Rev. **36** (1966) 344

[14] *Hers, B.*, und *K. Brand:* Z. analyt. Chem. **201** (1964) 125

[15] *Scharer, H.:* J. Dairy Sci. **21** (1938) 21

[16] *Diemair, W.:* Z. Lebensmittel-Unters. und -Forsch. **88** (1948) 58

[17] *Charlett, S. M.:* Dairy Ind. **20** (1955) 576, 662

[18] *Weishaar, H.:* Z. Lebensmittel-Unters. und -Forsch. **65** (1933) 369

[19] *Kiermeier, F.:* Angew. Chemie **60** (1948) 175

[20] *Hottenroth, B.:* Fette, Seifen, Anstrichmittel **57** (1955) 528

[21] *Feller, K., M. Richter* und *Ch. Ruttloff:* Ernährungsforschung **7** (1962) 575

[22] *Schmidt, E.*, und *F. W. Schmidt:* Enzym-Fibel. Praktische Enzym-Diagnostik. Firmenschrift der Fa. Boehringer Mannheim GmbH. Mannheim 1969

[23] *Dietz:* Vortrag gelegentlich des Fortbildungslehrganges der Arbeitsgemeinschaft Deutsche Krankenhausapotheke, Düsseldorf 1966, zit. Dtsch. Apotheker-Ztg. **106** (1966) 555

[24] *Ackermann, H.:* Gesundheitswesen **19** (1964) 1213; Nahrung **12** (1968) 357; *Ackermann, H., B. Lexow* und *E. Plewka:* Arch. Toxikol. **24** (1969) 316

[25] *Kiermeier, F., R. Kern* und *G. Wildbrett:* Z. Lebensmittel-Unters. und -Forsch. **118** (1962) 201

[26] *Diemair, W.*, und *K. Boekhoff:* Z. analyt. Chem. **139** (1953) 25, 35, 267, 352

[27] *Tappel, A. L.*, und *A. G. Marr:* J. agric. Food Chem. **2** (1954) 554

[28] *Diemair, W.*, und *W. Rödder:* Z. Lebensmittel-Unters. und -Forsch. **111** (1960) 474

6.7.   Tierernährung und Futtermittelindustrie

Die Angaben über den Einsatz von Enzympräparaten bei der *Tierernährung* und in der *Futtermittelindustrie* sind in der Literatur nicht einheitlich [1]. Von mehreren Autoren wird die Verwendung – vor allem unter ökonomischen Aspekten – skeptisch beurteilt, andere wiederum sehen darin eine reale Möglichkeit zur Aufwertung des Futters bzw. zur Verbesserung der Futterbereitstellung. In diesem Abschnitt wird einer positiven Einschätzung der Vorrang gegeben, um den verstärkten Einsatz von Enzympräparaten anzuregen.

Folgende Ergebnisse der Verwendung von Enzympräparaten in der landwirtschaftlichen Produktion werden angestrebt:

a) verbesserte *Freisetzung von Inhaltsstoffen* aus Futtermitteln, die reich an Gerüstsubstanzen sind, und damit Erhöhung der Verdaulichkeit bzw. Steigerung der Futterverwertung,

b) verbesserte *Verdaulichkeit von Futtermitteln für Jungtiere* und die Möglichkeit des frühen Absetzens vom Muttertier,

c) verbesserte *Silage-Qualität*.

Bei der Verwendung von Enzympräparaten ist allgemein zu beachten, daß die meisten Pflanzengewebe bestimmte Inhaltsstoffe enthalten, die vor allem gegenüber cellulolytischen und pektinolytischen Enzymen eine deutlich wahrnehmbare *Hemmwirkung* entfalten (vgl. 5.3.1.). Um diesen Effekt zu kompensieren, ist u. U. eine erhebliche

Erhöhung der Dosierung des Enzympräparats erforderlich, was einen nicht tragbaren ökonomischen Verlust zur Folge haben kann.

Zu a) Bei *Monogastriden* erfolgen Spaltung und Resorption von verdaulichen Kohlenhydraten, Proteinen und Fetten nur im Dünndarmbereich der Tiere. Die Verwertbarkeit der Futterinhaltstoffe ist hier bei einem hohen Anteil an Cellulose, Hemicellulosen, pektinhaltigen und anderen im Dünndarm nicht aufschließbaren Substanzen grundsätzlich herabgesetzt. So sinkt z. B. die Verdaulichkeit des Roheiweißes bei Ratten und Schweinen mit steigendem Anteil an Cellulose und Hemicellulosen bzw. an rohfaserreicher Substanz [2, 3]. Die Gesamtverdaulichkeit von Eiweiß sinkt von 80% auf 60%, wenn der Heuzusatz zum Futter von 20% auf 60% erhöht wird. Auch nach *Cunnigham* u. a. [4] resultiert bei einer Erhöhung des Rohfaseranteils im Schweinefutter eine verringerte Verdaulichkeit. Jungtiere sind in dieser Hinsicht besonders empfindlich.

Das im *Getreidekorn* enthaltene Eiweiß wird ebenfalls infolge des relativ hohen Rohfaseranteils nicht voll ausgenutzt. So stellen *Vogt* und *Stute* [5] bei sechswöchigen Versuchen an Junghühnern unter Einsatz von Mais-, Weizen-, Gersten- und Haferschrot fest, daß die Verdaulichkeit mit steigendem Cellulasegehalt sinkt. Zum Aufschluß von *Gerüst-* bzw. *Stützsubstanzen* (Cellulose, Hemicellulosen, Pektinstoffe u. a.) werden Cellulasen, Hemicellulasen, Pektinasen u. ä. Enzyme benötigt. Bei ihrem Einsatz geht es weniger darum, diese Substanzen bis zu verdaulichen Verbindungen abzubauen, sondern ihr partieller Zerfall soll herbeigeführt werden. Der Zellinhalt wird hierdurch weitgehend freigelegt und kann in erhöhtem Maße verdaut und für das Tier energetisch nutzbar gemacht werden. Nach *Wünsche* [1] erscheint ein Vorabbau solcher Gerüstsubstanzen sowie anderer schwer umsetzbarer Kohlenhydrate lohnend, damit die in Frage kommenden Futtermittel vor allem bei der Aufzucht und Mast von Schweinen und Geflügel, aber auch von Rindern effektiver eingesetzt werden können.

Im Pansen und Netzmagen der *Wiederkäuer* finden Cellulosegärungen statt, ausgelöst durch die dort angesiedelte Mikroflora, wobei ein hoher Anteil auch der Stützsubstanzen, d. h. der Polysaccharide von Heu und Stroh und anderen cellulosereichen Futtermitteln, verwertet wird. Bei Schweinen finden Cellulosegärungen in begrenztem Umfang im *Dickdarmbereich* statt; ihre Bedeutung ist jedoch relativ gering.

Zu b) Im Intestinaltrakt landwirtschaftlicher Nutztiere sind im Normalfall tiereigene Verdauungsenzyme in genügender Menge vorhanden, um die ihnen mit dem Futter angebotenen Nährstoffe umzusetzen, sofern diese nicht von cellulosereichen Membranen eingeschlossen sind. Es ist jedoch bekannt, daß bei *Jungtieren* während der ersten Lebenstage und -wochen noch nicht das vollentwickelte Enzymspektrum vorhanden ist [6]. Sie setzen daher die ihnen angebotenen Futtermittel nur ungenügend um. So können z. B. junge Kälber Stärke und pflanzliche Proteine in nur geringem Umfang energetisch verwerten.

In den letzten 20 Jahren sind zahlreiche Versuche mit dem Ziel durchgeführt worden, die Ausnutzbarkeit des Futters bei Jungtieren durch Zusatz von Enzympräparaten zu steigern. Insbesondere soll eine Erhöhung der Verwertbarkeit der Futtermittel bei *frühem Absetzen* bzw. eine Intensivierung der *Jungtieraufzucht* herbeigeführt werden.

Zu c) Verschiedene Futterpflanzen, z. B. Klee, Wicken, Luzerne, lassen sich infolge ihres niedrigen Zuckergehalts nur schwer silieren. Durch Einsatz von polysaccharidspaltenden Enzymen wird angestrebt, den Gehalt an niedermolekularen Kohlenhydraten zu erhöhen, die ihrerseits organische Säuren liefern. Diese sind zur Haltbarmachung der *Silage* erforderlich. Cellulasen beschleunigen außerdem die Zellwandlyse und setzen Inhaltstoffe frei, die den Silierungsprozeß beschleunigen.

Einzusetzende Enzyme

Es kommen vorrangig diejenigen Enzyme in Frage, die Stütz- bzw. Gerüstsubstanzen (Cellulose, Hemicellulosen, Pektin u. ä.) depolymerisieren, wobei lediglich ein partieller Aufschluß erforderlich ist. Was den Einsatz von Enzymen speziell zur Erhöhung des Futterwertes von Holz, Stroh u. ä. Substanzen betrifft, so sind die Erfolgsaussichten relativ gering. Offensichtlich sind cellulolytische Enzymsysteme nicht in der Lage, den Celluloseabbau bis herab zu resorbierbaren Monosacchariden in einer ökonomisch tragbaren Zeit zu vollziehen. Intakte Mikroorganismen sind hierzu eher in der Lage.

Neben *cellulolytischen* und *pektinolytischen* Enzymen sind *Proteasen* und *Amylasen,* möglicherweise auch *Lipasen,* von Bedeutung. Allgemein wird festgestellt, daß sich Rohpräparate besser für den beabsichtigten Zweck eignen als gereinigte Enzympräparate; die ersten wirken infolge ihres breiteren Enzymspektrums komplexer auf das Substrat.

Enzymsupplementierung

Bei der *oralen Verabfolgung* von Enzympräparaten an das Tier – zusammen mit dem Futter im Sinne einer *Supplementierung* der Intestinalenzyme und damit ohne vorherige Enzymeinwirkung auf die Futterbestandteile – üben diese erst beim Passieren des Magen-Darm-Trakts ihren Einfluß aus. Der Durchgang durch den Magen ist im allgemeinen mit einem pH-Abfall verbunden, was einen Verlust an Enzymaktivität zur Folge hat. Bei der Intestinalpassage treten pankreas- und mucosaeigene Enzyme in Aktion, die jedoch die Enzymaktivität herabsetzen. Voraussetzung für eine erfolgreiche orale Verabfolgung von Enzympräparaten muß die Gewähr sein, daß das wirkende Enzym die Bestandteile umsetzt, bevor es selbst im Verlauf des Passierens des Magen-Darm-Trakts angegriffen und inaktiviert wird.

Bei der *Schweineaufzucht* kann durch Zufütterung von Pepsin-Präparat das Absetzen der Jungtiere vom Muttertier zu einem früheren Zeitpunkt vorgenommen werden. Nach sowjetischen Angaben unterstützen einige Amylasen und Proteasen mikrobieller Herkunft merklich die Amylase- und Protease-Aktivitäten im Magen-Darm-Trakt. Geringe Mengen Protease aus *Aspergillus oryzae* steigern z. B. die Pepsinaktivität im Schweinemagen um das 10- bis 15fache. Ähnliche Beobachtungen werden nach Zusatz von Schimmelpilzamylase-Präparat beim Inhalt des Rindermagens gemacht. Des weiteren sind in-vitro-Versuche mit künstlichem Pansen *(Rind, Schaf)* zur Prüfung der Wirksamkeit von dem Futter zugesetzten Enzympräparaten angestellt worden. Nach den gewonnenen Befunden geht die proteolytische Aktivität z. B. von Ficin und Agrozym bereits nach 2 ... 3 h verloren [7]. Bei Heu-Kraftfutter-Rationen ist die cellulolytische Aktivität z. B. von Awamorin PK und Oryzin PK erhöht, bei Maissilage-Fütterung wird keine Steigerung, eher eine Hemmung der Enzymaktivität beobachtet [8]. Eine Zugabe von amylolytischen Enzympräparaten wirkt sich in der Mehrzahl der Fälle fördernd auf den Stärkeabbau aus.

Nach *Wünsche* [1] ist eine Beifütterung von Enzympräparaten wenig aussichtsreich, da die vom intakten tierischen Organismus gebildeten Enzyme bzw. ihre Aktivitäten zur Verdauung der Nährstoffe völlig ausreichen. Die Beifütterung von Enzympräparaten dürfte in der Praxis vor allem in ökonomischer Hinsicht wenig Erfolg haben und daher auch in Zukunft eine nur zweitrangige Rolle spielen.

Enzymatische Vorbehandlung des Futters

Im Vordergrund des Interesses steht bei weitem die enzymatische Vorbehandlung von Futtermitteln. Die Enzyme wirken in diesem Fall auf das Substrat ein, bevor es verfüttert wird. Die vorzugebenden Parameter, wie Menge des Enzympräparats,

Temperatur und *p*H-Wert des Futters, Einwirkungsdauer usw können im Vorversuch., beliebig variiert und optimiert werden. In der Literatur wird eine Vorbehandlung folgender Futterstoffe in Erwägung gezogen: *Getreide* verschiedener Provenienzen (vor allem Gerste, Roggen, Mais), *Mischfuttermittel* unterschiedlicher Zusammensetzung (z. B. mit den Komponenten Getreide, Leguminosen, Extraktionsschrote, Fischmehl, Trockengrüngut, Milchpulver), *Stroh-* und *Holzabfälle*, *Rübenblatt* und anderes *Grünfutter, Zuckerrübenschnitzel, Hefeprotein, Sojaschrot.*

Getreide. Die *Aleuronschicht* des Getreidekorns hat eine günstige Aminosäurezusammensetzung (z. B. mehr Lysin, Tyrosin und Tryptophan als das Endospermeiweiß) und somit eine relativ hohe biologische Wertigkeit. Sie besteht jedoch aus dickwandigen Zellen, die durch Protopektin- und Hemicellulosesubstanzen miteinander verbunden sind [9]. Die Zellwände enthalten große Mengen Cellulose. Die Hydrolyse der Zellinhaltstoffe ist bei *Monogastriden* durch die Anwesenheit von Zellwandmaterial erschwert. Ohne Zusatz cytolytischer Enzympräparate verlassen die Aleuronschicht bzw. ihre Zellen den Verdauungstrakt unverändert. Wenn daher die Inhaltsstoffe dem Tier voll nutzbar gemacht werden sollen, muß die Aleuronschicht gelockert werden. Bei *Wiederkäuern* ist die Situation eine andere, da hier die Mikroflora die Zellen aufschließt.

Nach *Janicki* [3] greifen handelsübliche Enzympräparate mit Pektinase-, Cellulase- und Hemicellulaseaktivität das Aleurongewebe an. Die Wirkung cellulolytischer wie auch hemicellulolytischer Enzyme kann durch bestimmte technologische Maßnahmen, die eine Auflockerung des Zellgefüges bzw. einen Abbau der kristallinen Cellulose herbeiführen, verbessert bzw. überhaupt erst ermöglicht werden. Die besten Ergebnisse beim Aufschluß von Maisschrot werden bei gemeinsamem Zusatz von Cellulase- und α-Amylase-Präparat erzielt. Günstig ist auch die Verfütterung von vorgekeimten Körnern. Hier sind durch den Keimungsprozeß cytolytische Enzyme freigesetzt worden, die das Zellgewebe und die Zellwände lockern, wodurch das Futter von den Tieren besser verwertet wird.

Mischfuttermittel. Nach ungarischen Angaben werden bei der Verfütterung von *Mischfuttermitteln*, denen Cellulase-Präparate zugesetzt werden, die einzelnen Bestandteile bis zu 5 % besser verwertet (z. B. durch Geflügel, Schweine, Kälber). Verschiedentlich werden von der Futtermittelindustrie Zusätze von Cellulase-Präparaten zu geschrotetem Mais, entfetteten Sojabohnen, Weizenkleie usw., und von Protease-Präparaten zu Rinder- und Geflügelfutter empfohlen. So wird z. B. in der UdSSR für Ferkel ein Mischfuttermittel folgender Zusammensetzung verwendet: Kleie, Luzerne, Sojaschrot, Leinsaatschrot, Milchpulver, Fischmehl, Futterkalk, Vitamin- und Mineralzusätze. Es wird berichtet, daß durch Zusatz von Cellulase-Präparat die Depolymerisation der Kohlenhydratbestandteile gegenüber den Kontrollwerten stark erhöht ist. Mischfuttermittel für Rinder aus entfetteten Sojabohnen, Mais, Weizenkleie und Fischmehl usw. sollen sich durch eine Behandlung mit Cellulase-Präparaten im Nährwert aufbessern lassen. Nach *Jensen* [10] erweisen sich α-Amylasen aus Schimmelpilzen und Bakterien in bezug auf den Mischfuttermittelaufschluß für Geflügel als besonders wirkungsvoll.

Holz. Holz und *Holzabfälle*, die 60 ... 80 % Kohlenhydrate enthalten, bilden eine potentielle Energiequelle für *Wiederkäuer.* Diese Stoffe werden jedoch selbst von Wiederkäuern schwer verdaut, so daß eine solche Verwendung in Frage gestellt ist. Auch der Abbau dieser Substanzen durch Einsatz von Cellulase-Präparaten ist bisher noch nicht befriedigend gelöst. Für den enzymatischen Angriff besonders hinderlich ist der Ligninanteil, für dessen Abbau spezielle Enzyme bzw. Enzymsysteme erforderlich sind.

Rohfaserreiche Substanzen. Bestrebungen gehen dahin, einen enzymatischen Vor-

aufschluß von Futtermitteln mit hohem Gehalt an Gerüstsubstanzen bzw. schwer aufschließbaren Kohlenhydraten (z. B. *Trockengrüngut, Grüngut, Stroh, Rübenblatt)* herbeizuführen, um deren Futterwert nicht nur bei *Wiederkäuern* zu erhöhen, sondern ihren Einsatz auch bei *Monogastriden* zu ermöglichen.
Erörtert wird die Verabreichung von enzymatisch vorbehandeltem Futter hauptsächlich an Rinder, Schafe, Schweine und Geflügel. Bei den in der UdSSR durchgeführten Untersuchungen sind in der Mehrzahl der Fälle – im Vergleich zu den Kontrollgruppen – höhere Lebendmassezunahmen, eine erhöhte Verdaulichkeit der Rationen sowie – damit verbunden – ein geringerer Aufwand festgestellt worden. Bei Verwendung von pektinolytisch, cellulolytisch, amylolytisch und proteolytisch wirksamen Enzympräparaten erhöht sich die Massezunahme des Jungviehs um 7 ... 15%, während der Verbrauch an Futtereinheiten je 1 kg Massezunahme um 6 ... 15% abnimmt. Das betrifft Kälber, Ferkel und Geflügel.

Herkunft einiger sowjetischer Enzympräparate

Hierüber gibt die folgende Übersicht einen Einblick.

Enzympräparat (Handelsbezeichnungen)	Herkunft	Herstellungsverfahren
Oryzin P	*Aspergillus oryzae*	Emerskultivierung
Awamorin P	*Aspergillus awamori*	(Kleienährboden),
Nigrin P	*Aspergillus niger*	getrocknet und verpackt
Awamorin PP	*Aspergillus awamori*	Emerskultivierung
Subtilisin GRP	*Bacillus subtilis*	Submerskultivierung, Sprühtrocknung
Subtilisin GRA	*Bacillus subtilis*	Submerskultivierung, Sprühtrocknung
Awamorin PK	*Aspergillus awamori*	
Awamorin PPK	*Aspergillus awamori*	Emerskultivierung,
Oryzin PK	*Aspergillus oryzae*	Äthanolfällung aus dem
Terryzin PK	*Aspergillus terricola*	Extrakt, vakuumgetrocknet
Nigrin PK	*Aspergillus niger*	

Rinderaufzucht bzw. -mast

Subtilisin GRP wurde an *Kälber* verabfolgt. Eine Menge von 3 g je Tier und je Tag zum Mischfuttermittel führt zu einer Steigerung der täglichen Massezunahme um 12%. Bei der *Jungrindermast* mit einem hohen Anteil an Maissilage liefert ein Zusatz von Awamorin P Steigerungsraten der Masse von 11%. Auch bei der Rindermast auf der Basis von Rübenschnitzeln werden gute Ergebnisse erzielt, wenn man Awamorin PPK bzw. PP verwendet (0,15 ... 0,20 g je 1 kg Rübenschnitzel). Die Steigerung der Massezunahme liegt zwischen 7% und 30%.
Bei Verfütterung von weitgehend aus Rübenschnitzeln (88%) bestehenden Mastrationen für Rinder werden durch den Zusatz von Enzympräparaten die Lebendmassezunahmen erhöht und der Futteraufwand verringert [11]. Bei der Jungrindermast tritt die Enzymwirkung am deutlichsten dann in Erscheinung, wenn einseitig zusammengesetzte, proteinarme und rohfaserreiche Rationen (z. B. mit hohen Anteilen an Trockenschnitzeln, Schlempe oder Maissilage) verfüttert werden.

Schweineaufzucht bzw. -mast

Nach einer von *Wünsche* [1] zusammengestellten Literaturübersicht führt die Er-
gänzung von Futterrationen durch Enzympräparate bei der Aufzucht von *Schweinen*
zu positiven wie auch negativen Ergebnissen. Offensichtlich zeigt sich die Enzymwirkung um so deutlicher, je jünger die Tiere und je kürzer die Futterdurchgangs-
zeiten sind. Ein Zusatz von 0,01% Awamorin PK und Oryzin PK zum Mischfuttermittel führt nach sowjetischen Angaben bei Ferkeln zu einer Massezunahme
von 11 ... 13% gegenüber den Kontrollwerten. Auch bei Jungschweinen
werden positive Ergebnisse erzielt (Verwendung von 2 g Awamorin P je Tier und
je Tag).

Aufzucht und Legeleistung von Geflügel

In der UdSSR ist ein *Kükenmischfuttermittel* folgender Zusammensetzung für die
Geflügelaufzucht getestet worden: 30% Mais, 10% Weizen, 20% Gerste, 10% Hafer-
grütze, 10% Sojaschrot, 5% Fischmehl, 5% Fleisch/Knochen-Mehl, 4,5% Hefe,
1,5% Muschelschalen, 1,5% Knochenmehl, 2% Auszugsmehl, 0,5% Mineralsalze.
Die Enzympräparate werden den Konzentraten in einer Größenordnung von etwa
0,01% (bezogen auf das Futter) je Komponente bzw. von 0,1 ... 0,25% je Enzymgemisch zugesetzt. Bei optimaler Zusammensetzung der Enzympräparate werden
Massezunahmen erreicht, die bis zu 14% höher liegen als die Kontrollwerte, wobei
teilweise zugleich eine Senkung des Futterverbrauchs um 3 ... 7% erzielt wird.
In einem anderen Versuch wird eine Massezunahme von 7 ... 10% festgestellt. Das
mit Enzympräparat angereicherte Futter wird an Tiere bis zu einem Alter von 2 Monaten verabreicht. Dieses Verfahren soll einen erheblichen ökonomischen Nutzen erbringen.
Ähnliche Versuche sind an *Junghennen, Legehennen* und *Junghähnchen* unter Variation der in der Übersicht angegebenen Enzympräparate (insbesondere Awamorin P, Subtilisin GRP und GRA) bei gleichzeitiger Optimierung ihrer Zusammenstellung durchgeführt worden. Es werden Massezunahmen wie die vorstehend angegebenen erzielt, die Legeleistung der Hennen steigt um 5 ... 7%, in Einzelfällen
sogar um 15 ... 20%. Auch durch Zugabe von Cellulase-Präparat zum Geflügelfutter kann die Legeleistung gesteigert werden. Besonders ausgeprägt ist der Effekt
bei der Verwendung von ungereinigten Enzympräparaten.
Ein Massezuwachs bei der Geflügelaufzucht ist unter Zusatz von Enzympräparaten
vor allem bei der Fütterung mit *Gerste* zu erwarten [10]. So läßt sich z. B. durch ihre
Behandlung mit Protease der Futterwert wesentlich erhöhen. Dies betrifft vor allem
Gerste bestimmter Provenienzen, die normalerweise qualitätsmäßig bei der Aufzucht
von Küken abfällt. So wird bei verschiedenen Sorten eine Erhöhung der Verwertbarkeit um 15 ... 25% festgestellt, wenn das Getreide mit β-Glucanase-haltigen
Enzympräparaten vorbehandelt wird. Der Abbau der Hemicellulosen der Gerste
führt u. a. auch dazu, daß die Streu in den Geflügelställen eine trockenere Konsistenz
annimmt [12].
Bei *Roggen*, der ähnlich der Gerste schleimbildende Polysaccharide (Pentosane)
enthält, läßt sich die Verwertbarkeit durch „Clarase" aufbessern [13]. Andere, hauptsächlich *Weizen* oder *Hafer* enthaltende Futtermischungen liefern hinsichtlich einer
Aufwertbarkeit durch Zusatz von Enzympräparat keine einheitlichen Ergebnisse [1].
Versuche an Legehennen haben gezeigt, daß ausgewachsenes Geflügel offensichtlich
eher in der Lage ist, Gerste aufzuschließen. Bei Enzymeinsatz werden demzufolge
keine bessere Verwertbarkeit, Legeleistung oder Qualität der Eier beobachtet [14].

Silierung

Von mehreren Autoren ist die Grünfuttersilierung – unter besonderer Berücksichtigung schwer silierbarer Pflanzen – untersucht worden [15 bis 17]. Nach den mitgeteilten Befunden beschleunigen insbesondere cytolytische und amylolytische Enzyme die biochemischen Prozesse beim Silierungsvorgang (Bildung von Milch- und Essigsäure, demzufolge rasche Senkung des pH-Wertes, Unterdrückung der Buttersäuregärung). Sie setzen die Nährstoffverluste herab, führen infolge bevorzugten Kohlenhydratabbaus zur Erhöhung des *Zucker-Protein*-Verhältnisses und bewirken ganz allgemein eine Verbesserung der Qualität des Endprodukts. Hier haben sich nach sowjetischen Angaben α-amylolytische Enzympräparate (Oryzin P, Awamorin P) gut bewährt.

Eine höhere Dosierung von Enzympräparat beschleunigt den Prozeß der Säurebildung. Der säurebildende Effekt ist selbst bei den als schwer silierbar geltenden Wicken sowie bei Luzerne unter Einsatz von Enzympräparaten sehr ausgeprägt. Die Versuchssilagen aus Wicken und Luzerne enthalten keine Buttersäure, die Struktur bleibt erhalten, der Geruch ist angenehm. Die Qualität ist nach den Angaben der Autoren gut.

Literatur

[1] *Wünsche, J.:* Enzyme in der Tierernährung. In: *Hennig, A.:* Mineralstoffe, Vitamine, Ergotropika. Berlin: VEB Deutscher Landwirtschaftsverlag 1972

[2] *Keys jr., J. E., P. J. van Soest* und *E. P. Young:* J. Animal Sci. **31** (1970) 1172

[3] *Janicki, J.,* und *A. Konarkowski:* Vortrag gelegentlich des Symposiums über „Neue Richtungen der Gewinnung und Nutzung des eßbaren Eiweißes", Warschau 1971

[4] *Cunningham, H. M., D. W. Friend* und *J. W. G. Nicholson:* J. Canad. Animal Sci. **42** (1962) 167

[5] *Vogt, H.,* und *K. Stute:* Arch. Geflügelkunde **1** (1971) 29

[6] *Yang, M. G., L. J. Bush* und *G. V. Odell:* J. agric. Food Chem. **10** (1962) 322

[7] *Theurer, B., W. Woods* und *W. Burroughs:* J. Animal Sci. **19** (1960) 1296

[8] *Modjanov, A. V.,* und *A. M. Cholmanov:* Vestik sel'skochozjajstvennoj nauki 1968, S. 59; zit. bei *Wünsche, J.* [1]

[9] *Kostoff, D., M. Stoyhoff, G. Sterikhoff, T. Gringprooff* und *B. Ronkoff:* Z. Pflanzenzüchtung **29** (1950) 107

[10] *Jensen L. S.:* Feedstuffs **13** (1960) 40

[11] *Devjatkin, A. I.:* Životnovodstvo **1969**, Nr. 7, S. 67; zit. bei *Wünsche, J.* [1]

[12] *Moran jr., E. T.,* und *J. Mc Ginnis:* Poultry Sci. **44** (1965) 1253; *Burnett, G. S.:* Brit. Poultry Sci. **7** (1966) 55; zit. bei *Wünsche, J.* [1]

[13] *Fry, R. E.. J. B. Allred, L. S. Jensen* und *J. Mc Ginnis:* Poultry Sci. **36** (1957) 1120i zit. bei *Wünsche, J.* [1]

[14] *Berg, L. R.:* Poultry Sci. **38** (1959) 1132; **40** (1961) 34; zit. bei *Wünsche, J.* [1]

[15] *Ezdakov, N.:* Persönl. Mitteilung

[16] *Коноплев, Е. Г.* (Konoplev, E. G.): Вестник сельскохозяйственной науки (Nachrichtenblatt der Landwirtschaftswissenschaft) **1969**, Nr. 9, S. 42

[17] *Солун, А. С., Г. А. Магидов и Л. С. Салманова* (Solun, A. S., G. A. Magidov und L. S. Salmanova): Животноводство (Tierzucht) **1968**, Nr. 2, S. 82

Erklärung von ausgewählten Abkürzungen und Fachausdrücken

Im Interesse einer exakten Verwendung von Termini und der damit verbundenen besseren Kommunikation wird in diesem Buch konsequent zwischen „Enzym" und „Enzympräparat" unterschieden. Dabei gehen wir davon aus, daß Enzyme *gewonnen* und Enzympräparate *hergestellt* werden. Im letzten Fall beinhaltet der Terminus sowohl die fermentationstechnische Produktion der Enzyme unter Einsatz von Mikroorganismen wie auch die Aufarbeitung der Fermentationsmedien zu Enzympräparaten.

Begriffe, die im laufenden Text erklärt worden sind, werden im folgenden im allgemeinen nicht berücksichtigt.

adenovirale Konjunktivitis	durch sog. Adenoviren hervorgerufene Entzündung der Augenbindehaut
ACS	American Chemical Society (Chemische Gesellschaft der USA)
ADP	Adenosin-5'-diphosphat
AMP	Adenosin-5'-monophosphat
Amylo-1,6-Glucosidase	Glucosidase, welche die in Glykogen und Amylopektin vorhandenen α-1,6-Verzweigungen hydrolytisch zerlegt
anabolischer Stoffwechsel	aufbauender (synthetisierender) Stoffwechsel (Anabolismus)
Anticodon	Folge von 3 Nucleotiden in einer speziellen Schleife der t-RNS, die zur Nucleotidsequenz des Codons komplementär sind
antiinflammatorisches Enzym	Enzym mit entzündungshemmender Wirkung
antiphlogistische Wirkung	entzündungshemmende Wirkung lokaler Natur
antiviral	auf Viren zerstörend wirkend
Aorta	größte Arterie des Körpers
Arteria iliaca externa	äußere Hüftschlagader
ATP	Adenosin-5'-triphosphat
auxotrophe Mikroorganismen	Mikroorganismen, die auf bestimmte zusätzliche Wachstumsfaktoren (z. B. Aminosäuren, Vitamine, Purine) angewiesen sind, bzw., die sie nicht selbst zu synthetisieren vermögen
Baktofuge	Zentrifuge zur Abtrennung von Bakterien
Biomasse	Menge der organischen Substanz in Form lebender Organismen (hier: Mikroorganismen)
Bioschlamm	Sediment nach erfolgter Zentrifugation des Kulturmediums, bestehend aus der Biomasse und Feststoffanteilen
BMSR-Technik	Betriebsmeß-, Steuerungs- und Regelungstechnik
Bürstensaumregion	(engl. brush border region); bürstenähnliche Oberfläche der Dünndarmzotten
Buildersalze	Salze, die als Bestandteile von Waschhilfsmitteln verwendet werden
Chloroplasten	Zellorganellen von linsenförmiger Gestalt, in denen der Photosyntheseapparat lokalisiert ist
CoA	Coenzym A

Codon	lineare Folge von 3 Nucleotiden, die eine Aminosäure oder das Ende der Proteinsynthese determinieren
Coomassieblau	Coomassie Brillantblau G 250 (Triphenylmethanfarbstoff)

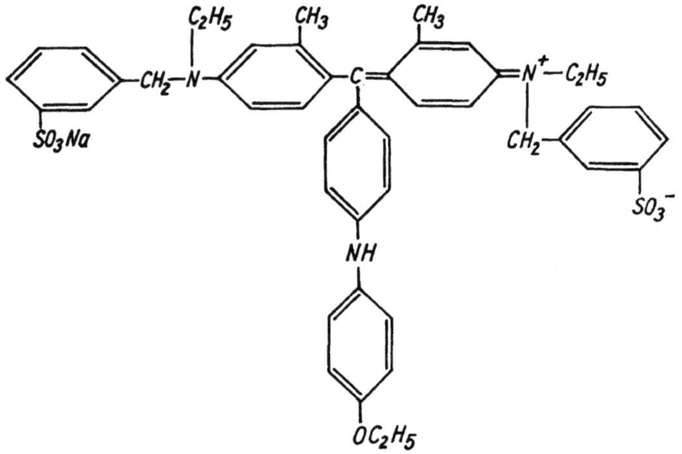

$$C_2H_5 \quad CH_3 \quad CH_3$$

$$SO_3Na \qquad SO_3^-$$

$$NH$$

$$OC_2H_5$$

CTP	Cytidin-5′-triphosphat
Cytoplasma	Gesamtheit der den Zellkern umgebenden Zellbestandteile, zur Zellwand hin durch die Cytoplasmamembran abgeschlossen
cytostatisch	das Zellwachstum hemmend; Cytostatikum: das Zellwachstum hemmende Substanz
DEAE	Diäthylaminoäthyl-
DEAE-Sephadex	Diäthylaminoäthyl-Sephadex
DEAE-Cellulose	Diäthylaminoäthyl-Cellulose
DE-Wert	der auf Trockensubstanz bezogene prozentuale Anteil an reduzierender Substanz, der als die dem Gesamtreduktionsvermögen äquivalente Glucosemenge ausgedrückt wird
desmolytischer Abbau	Gesamtheit des nicht hydrolytisch erfolgenden Abbaus einer Verbindung
debranching enzymes (engl.)	entzweigende Enzyme; darunter werden alle diejenigen Enzyme verstanden, die in der Lage sind, α-1,6-glucosidische Bindungen zu spalten (z. B. Isoamylase, R-Enzym, Pullulanase, Amylo-1,6-Glucosidase, Oligo-1,6-Glucosidase)
DH_2	reduzierte Form eines Wasserstoffdonators (z. B. o-Dianisidin, o-Tolidin)
Dichtegradient	kontinuierliche Veränderung der Dichte eines Mediums in einer Richtung (z. B. im Zentrifugenröhrchen)
Dielektrizitätskonstante (DK)	Materialkonstante, die angibt, um wieviel die Kapazität eines Kondensators im Vakuum durch das Einbringen des betreffenden Stoffes erhöht wird
Dimeres	Doppelmolekül, entstanden durch Kombination von 2 Molekülen des gleichen Typs
Diploidie	Vorhandensein von 2 homologen Chromosomensätzen in der Zelle, im Gewebe oder im Organismus
distal	weiter vom Zentrum entfernt (distale Darmabschnitte: Summenbezeichnung für die Abschnitte unterer Dünndarm, Dickdarm und Mastdarm)
DNP-Aminosäure	Dinitrophenyl-Aminosäure
DNS	Desoxyribonucleinsäure
Donorzelle	Spenderzelle
DPN^+	Diphosphopyridin-nucleotid, oxydierte Form, veraltete Bezeichnung für NAD^+

DPN	Diphosphopyridin-nucleotid, allgemeine Abkürzung, ohne Hinweis auf oxydierte oder reduzierte Form
EBC-Proceedings	Zeitschrift mit dem Titel „European Brewery Convention Proceedings"
EDTA	Äthylendiamintetraessigsäure, Komplexbildner mit Metallionen
embryotoxische Wirkung	Sammelbegriff für Schädigungen der Frucht im Verlaufe der Organdifferenzierung durch Gifte
Emersverfahren	Kultivierung der Mikroorganismen auf der Oberfläche eines Nährmediums
endoplasmatisches Retikulum	System von Bläschen und Kanälen im Cytoplasma
Enzephalitis	Erkrankung des Gehirns auf infektiöser oder infektös-toxischer Grundlage
Enzymschlamm	in diesem Buch: Sediment nach Zugabe von Enzym-Fällungsmitteln zur enzymhaltigen Flüssigkeit (z. B. zu Kulturfiltrat)
Epidermis	auch Oberhaut; epithelialer Anteil der Haut (Cutis), über der Lederhaut (Corium) gelegen
Eubakterien	Bakterien im eigentlichen Sinne; mit starren Zellwänden versehen, nicht phototroph (Kokken, Stäbchen, gekrümmte Stäbchen)
Eukaryoten	auch Eukaryonten; Organismen, in deren Zellen sich ein echter Zellkern mit Kernmembran und Chromosomen befindet (eukaryotische Zellen)
Exsudat	infolge entzündlicher Prozesse austretende eiweißreiche Gefäßflüssigkeit
FAD	Flavin-adenin-dinucleotid; prosthetische Gruppe in den gelben Enzymen
FAO	Food and Agriculture Organization (Organisation für Ernährung und Landwirtschaft der UNO)
FBM	Fachbereich Milchwirtschaft
FDA	Food and Drug Administration (amtliche Stelle in den USA zur Überwachung von Lebens- und Arzneimitteln)
FEBS	Federation of European Biochemical Societies (Vereinigung der europäischen biochemischen Gesellschaften)
Fibrillärproteine	Proteine mit Gerüst- und Stützfunktion
Gastrointestinaltrakt	Magen-Darm-Kanal
GDCh	Gesellschaft Deutscher Chemiker (BRD)
Genotyp	Gesamtheit der genetischen Anlagen eines Organismus
Glandulae oris	Schleim- und Speicheldrüsen der Mundhöhle
GMP	Guanosin-5′-monophosphat
GOD	Glucoseoxydase
Gradientenelution	säulenchromatographisches Trenn- bzw. Reinigungsverfahren unter Verwendung eines sich kontinuierlich verändernden Elutionsmittels
Granulom	chronisch verlaufende apikale Entzündung an Zahnwurzeln
GTP	Guanosin-5′-triphosphat
Hämatom	Ansammlung von Blut außerhalb der Blutbahn in den Geweben (Bluterguß)
Haploidie	Vorhandensein von einem einfachen kompletten Chromosomensatz in der Zelle, im Gewebe oder im Organismus
helikale Bereiche	Bereiche im Proteinmolekül mit spiralförmiger Anordnung der Aminosäurereste
α-Helix	schraubenförmige, rechts- oder linksgängige Anordnung von Aminosäureresten, wobei die rechtsgängige Form die stabilere darstellt. Die Identitätsperiode, d. h. die Ganghöhe einer Wendel, beträgt 0,54 nm, in der 3,6 Aminosäuren angeordnet sind
Herstellung (von Enzympräparaten)	in diesem Buch: Begriff, der die fermentationstechnische Produktion der Enzyme unter Einsatz von Mikroorganismen und die Aufarbeitung der Fermentationsmedien zu Enzympräparaten umfaßt

Heterokaryon	Zelle, Spore oder Mycel, die genetisch verschiedene Zellkerne in einem gemeinsamen Plasma enthalten
hydrophob	wasserabstoßend
immobilisiertes Enzym	international gebräuchlicher Ausdruck für trägerfixiertes („unbewegliches") Enzym
IMP	Inosin-5'-monophosphat
Inhibine	antibakterielle Hemmstoffe in tierischen oder pflanzlichen Geweben und Gewebeprodukten (besonders im Speichel)
Inokulum	Impfkultur
Intestinaltrakt	Darmkanal
intraperitoneal	Injektion in die Bauchhöhle
in-vitro-Versuch	Versuch, der am bzw. im lebenden Organismus durchgeführt wird
in-vivo-Versuch	Versuch, der nicht im lebenden Organismus durchgeführt wird („Reagenzglasversuch")
Isolate	durch Isolierung gewonnene Reinkulturen bestimmter Mikroorganismenarten
IUB	International Union of Biochemistry (Internationaler Verband für Biochemie)
IUPAC	International Union of Pure and Applied Chemistry (Internationaler Verband für reine und angewandte Chemie)
katabolischer Stoffwechsel	abbauender Stoffwechsel (Katabolismus)
Kompetenz	Bereitschaft transformierbarer Bakterienzellen für die Aufnahme transformierender DNS
Konformation	dreidimensionale Struktur der Polypeptidkette und die dadurch bedingte gegenseitige Anordnung der funktionellen Gruppen im Raum (Sekundär- und Tertiärstruktur)
Konserve	unter Erhaltung der Lebensfähigkeit und der physiologischen Eigenschaften der Mikroorganismen steril aufbewahrte Reinkultur; das schonendste Verfahren ist die Gefriertrocknung
konvertogen	eine Konversion (interallelische Rekombination) auslösend
Konzentrationsgradient	kontinuierliche Veränderung der Konzentration eines Stoffes in einem Medium (z. B. des Kochsalzgehaltes eines Elutionsmittels bei der Säulenchromatographie)
Kryoprotektivum	Kälteschutzmittel
Kulturfiltrat	durch Filtrieren von Feststoffen befreite Kulturflüssigkeit
Kulturflüssigkeit	Flüssigkeit, welche das bzw. die Enzym(e) die (mehr oder weniger stark abgebauten) Nährstoffe, die Biomasse sowie Umsatzprodukte der Mikroorganismen enthält
Kulturfugat	durch Zentrifugieren von Feststoffen befreite Kulturflüssigkeit
Kulturmedium	in diesem Buch: synonym mit Kulturflüssigkeit
Lederhaut	auch Corium; Bindegewebeanteil der Haut (Cutis), unter der Oberhaut (Epidermis) gelegen
Ligand	*allgemein:* Stoff oder Verbindung, welche(r) die Aktivität von Enzymen – in der Regel durch allosterische Beeinflussung – steigert, verringert oder kooperativ steuert (z. B. Inhibitor, Aktivator, Substrat, Substratanaloges, Metabolit); *speziell bei der Bildung von Komplexverbindungen mit Metallionen:* Substanz, Gruppe oder Atom im Molekülverband (*Lewis*-Base), die bei der Bildung von Komplexverbindungen mit Metallkationen Elektronen abgibt. Metallkationen werden im Enzymmolekül als Metall-Ligand-Komplex gebunden
Lyse	Auflösung einer Zelle
MBAA	Master Brewers Association of America (Begriff erscheint im Zusammenhang mit der Zeitschrift „Technical Quaterly MBAA")
Meteorismus	Ansammlung von Gasen im Intestinaltrakt (Blähungen)

Monogastride	Tiere mit einhöhligem Magen (im Gegensatz zu den Wiederkäuern); wird oft als Sammelbegriff für Schweine und Geflügel verwendet
Monomeres	mit einem intakten aktiven Zentrum ausgestattete Untereinheit
Mutagen	physikalisches oder chemisches Agens, dessen Einwirken zu Mutationen führt bzw. die spontane Mutationsrate erhöht
Myofibrillen	kontraktile Einzelfaser der quergestreiften Muskulatur (Durchmesser $1 \dots 2\,\mu m$), mit Fleischsaft gefüllt
NAD^+	Nicotinsäureamid-adenin-dinucleotid (Codehydrogenase I, Coenzym I), oxydierte Form
NAD	Nicotinsäureamid-adenin-dinucleotid, allgemeine Abkürzung, ohne Hinweis auf oxydierte oder reduzierte Form
NADH	Nicotinsäureamid-adenin-dinucleotid, reduzierte Form
$NADP^+$	Nicotinsäureamid-adenin-dinucleotid-phosphat (Coenzym II), oxydierte Form
NADP	Nicotinsäureamid-adenin-dinucleotid-phosphat (Coenzym II), ohne Hinweis auf oxydierte oder reduzierte Form
NADPH	Nicotinamid-adenin-dinucleotid-phosphat, reduzierte Form
Nährboden	flüssiges oder festes nährstoffhaltiges Medium zum Kultivieren von lebenden Organismen (hier: Mikroorganismen); in diesem Buch wird dieser Begriff synonym mit Nährmedium verwendet. Es gibt flüssige und feste Nährböden
Nährlösung	eine homogene (echte oder kolloidale) Lösung (dieser Begriff wird in der Praxis unkorrekterweise vielfach auch dann benutzt, wenn homogene Lösungen gar nicht vorliegen)
Nährmedium	in diesem Buch: synonym mit Nährboden
nascentes Stadium von Enzymen	Stadium der Enzymbildung
nekrotisches Gewebe	abgestorbenes Gewebe
NNMG	1-Nitroso-3-nitro-1-methyl-guanidin (chemisches Mutagen)
Normaltemperatur	auch Normtemperatur; in diesem Buch: Temperatur bei 20 °C
Ödem	Schwellung eines Gewebes durch vermehrte, diffuse Wasseransammlung in den Gewebsspalten (Wassersucht)
Oligo-1,6-Glucosidase	Glucosidase, welche die α-1,6-Bindungen der α-Amylase-Spaltprodukte sowie der Isomaltose hydrolytisch zerlegt
oralglandular	die zur Mundhöhle gehörenden Drüsen (Glandulae oris) betreffend
Papillarschicht	oberste Schicht der Lederhaut
per os (peroral)	durch den Mund verabfolgte Applikation
Phagen	auch Bakteriophagen; Bakterienviren
Phagozyten	im Blut oder in den Geweben vorkommende Zellen, die schädliche Stoffe bzw. Fremdkörper durch „Fressen" (Phagozytose) unschädlich machen
Phagozytose	Unschädlichmachen („Fressen") von schädlichen Stoffen bzw. Fremdkörpern durch Phagozyten
Phänotyp	Erscheinungsbild eines Organismus, wie es sich auf Grund der in diesen manifestierten genetischen Anlagen unter bestimmten Entwicklungsbedingungen und Umweltfaktoren darstellt
pH-Stat-Methode	Titrationsverfahren unter Konstanthaltung eines vorgegebenen pH-Wertes, wobei Säure oder Lauge als Titrans dienen
Polyploidie	Vorhandensein von mehr als 2 Chromosomensätzen in der Zelle, im Gewebe oder im Organismus
Pool (engl.)	Sammelbecken
Portalvene	Vena portae; Pfortader; ihr verzweigtes Geäst beginnt am Magen, am gesamten Darm, an der Bauchspeicheldrüse und an der Milz
prägastrisch	innerhalb des Verdauungstraktes vor dem Magen liegend (z. B. in der Mundschleimhaut)

Produkt	durch Einwirkung des Enzyms auf das Substrat entstehende Verbindung
Prokaryoten	auch Protokaryoten, Prokaryonten; Organismen, in deren Zellen sich ein echter Zellkern nicht befindet (Bakterien, Blaualgen, Rickettsien)
Propagation	Vermehrung von Organismen (in diesem Buch von Mikroorganismen)
Protopektin	natives, wasserunlösliches, in der Pflanze vorgebildetes Pektin (Kittsubstanz in den Zwischenlamellen pflanzlicher Zellen)
Protoplasten	Bakterien, bei denen die Zellwand entfernt wurde (nicht hingegen die Zellmembran); zellwandlose Bakterien
Pullulanase	Enzym, das die in Pullulan und Dextrinen vorhandenen α-1,6-glykosidischen Bindungen hydrolytisch zerlegt
Q-Enzym	„verzweigendes Enzym", das die α-1,4-glucosidische Bindung im Amylosemolekül hydrolytisch zerlegt und das abgesprengte Kettenstück an eine andere Amylosekette in α-1,6-Bindung anknüpft
R-Enzym	veraltete Bezeichnung für ein Enzym (vorrangig aus Kartoffeln oder Bohnen isoliert), das α-1,6-glucosidische Bindungen im Amylopektinmolekül hydrolytisch zerlegt; auch als „Amylo-1,6-Glucosidase" bezeichnet
random coil (engl.)	Zufallsknäuel
Replikase	RNS-Synthetase; Enzym, das Nucleosid-5′-triphosphate durch $3′ \rightarrow 5′$-Verknüpfung unter Pyrophosphatfreisetzung zu Ribonucleinsäure (RNS) polymerisiert
Retrogradation	rückläufige Entquellung der Stärke, wobei im wesentlichen das Amylopektin betroffen wird (trägt wesentlich zum Altbackenwerden des Brotes bei)
RNS	Ribonucleinsäure; in der Literatur vielfach auch als RNA (engl. ribonucleic acid) bezeichnet
m-RNS	Messenger-(Boten-)Ribonucleinsäure (in der Literatur vielfach auch mit mRNS oder mRNA bezeichnet)
t-RNS	Transfer-(Überträger-)Ribonucleinsäure (in der Literatur vielfach auch mit tRNS oder tRNA bezeichnet)
RNase	ribonucleinsäurespaltendes Enzym
Sake	japanisches alkoholhaltiges Getränk aus vergorenem Reis
Sequenz der Aminosäuren	Reihenfolge der Aminosäuren im Proteinmolekül (bzw. in der Polypeptidkette); die Sequenz der Aminosäuren ist genetisch determiniert und wird artspezifisch konstant gehalten
Single-cell-Protein (engl.)	Einzellerprotein (z. B. aus Hefen, Bakterien)
Sorghum	Hirseart
Stärkeverflüssigung	Senkung der Viskosität eines Stärkekleisters
Stärkeverkleisterung	Zerfall von stark gequollenen Stärkekornanteilen
Starterkulturen	milchsäurebildende Mikroorganismen-Kulturen zur Säuerung der Milch bei der Butter- und Käseherstellung
stochastischer Prozeß	Prozeß, der durch eine von der Zeit abhängige Zufallsgröße beschrieben wird
Submersverfahren	Kultivierung der Mikroorganismen in einem Nährmedium, zumeist in zwangsbelüfteten Rührfermentoren (Tieftanks)
Substrat	Angriffsobjekt für das Enzym; das Enzym führt den Umsatz des Substrats unter Bildung der Produkte (bzw. des Produkts) herbei
Taxon	systematische Kategorie zur Einordnung eines Lebewesens in eine hierarchische Stufenfolge (wichtigste Taxa: Art, Gattung, Familie, Ordnung, Klasse, Stamm, Abteilung, Reich)
Taxonomie	Fachgebiet der Biologie, das sich mit der Schaffung von Ordnungssystemen für Lebewesen befaßt
Tenderisierung	Zartmachung (engl. tenderize – zartmachen)
Tenderizer (engl.)	Zartmacher
Tensid	grenzflächenaktiver (oberflächenaktiver) Stoff

teratogen	zu Mißbildungen (abnormen Veränderungen der Organe) führend
Thixotropie	das bei mechanischer Einwirkung auftretende Geschmeidig- bzw. Flüssigwerden von Gelen bzw. von zähflüssigen Substanzen; nach Aufhören der mechanischen Einwirkung und anschließendem Stehen werden die ursprünglichen Eigenschaften wieder angenommen
Thylakoide	Membranstrukturen der Chloroplasten
traumatische Einwirkung	Gewalteinwirkung von außen auf den Körper
Tris	Trishydroxymethylaminomethan
Urikämie	vermehrter Harnsäuregehalt des Blutes
UTP	Uridin-5'-triphosphat
Vena jugularis	Halsvene; führt die Hauptmasse des Blutes aus der Schädelhöhle ab
Vesikel	bläschenförmiges, membranumschlossenes Substrukturelement der Zelle, das u. a. am Stofftransport sowie an Ausscheidungsvorgängen beteiligt ist
Viren	aus Nucleinsäuren und Protein bestehende infektiöse Partikeln, die als Parasiten in Tieren, Pflanzen oder Mikroorganismen existieren
WHO	World Health Organization (Welt-Gesundheitsorganisation der UNO)
Z-Enzym	veraltete Bezeichnung für ein Enzym, das die komplette Spaltung von Amylose zu Maltose durch reine β-Amylase unterstützt
Zellorganelle	subzellulärer Bestandteil, der zumeist auf bestimmte Funktionen in der Zelle spezialisiert ist

Gegenüberstellung von bisher gebräuchlichen Einheiten (SI-fremden Einheiten) und SI-Einheiten

Für die Länge:

$$1 \text{ Å} = 10^{-10} \text{ m} = 0,1 \text{ nm (Nanometer)}$$
$$= 100 \text{ pm (Pikometer)}$$

Für die Kraft:

$$1 \text{ kp} = 9,80665 \text{ N} \approx 10 \text{ N (Newton)}$$

Für den Druck:

$$1 \text{ Torr} = 1,33322 \text{ mbar} = 133,322 \text{ Pa (Pascal)}$$
$$1 \text{ at} = 1 \text{ kp/cm}^2 = 9,80665 \cdot 10^4 \text{ N/m}^2 \approx 10^5 \text{ Pa}$$
$$\approx 100 \text{ kPa (Kilopascal)} \approx 0,1 \text{ MPa (Megapascal)}$$
$$1 \text{ m WS} = 1 \text{ kp/m}^2 = 9,80665 \text{ kPa} \approx 10 \text{ kPa}$$

Für die mechanische Spannung (und andere Größen gleicher Art):

$$1 \text{ kp/cm}^2 \approx 0,1 \text{ N/mm}^2 = 0,1 \text{ MPa}$$
$$1 \text{ kp/mm}^2 \approx 10 \text{ N/mm}^2 = 10 \text{ MPa}$$

Für die dynamische Viskosität:

$$1 \text{ P} = 0,1 \text{ Pa} \cdot \text{s (Pascalsekunde)}$$
$$1 \text{ cP} = 10^{-3} \text{ Pa} \cdot \text{s} = 1 \text{ mPa} \cdot \text{s (Millipascalsekunde)}$$

Für Arbeit, Energie und Wärme:

$$1 \text{ cal} = 4,1868 \text{ J (Joule)}$$
$$1 \text{ kcal} = 4186,8 \text{ J} = 4,1868 \text{ kJ (Kilojoule)}$$
$$1 \text{ erg} = 10^{-7} \text{ J} = 0,1 \text{ mJ (Millijoule)}$$

Im Spezialgebiet Atom- und Kernphysik bleibt zugelassen:

$$1 \text{ eV} = 1,60219 \cdot 10^{-19} \text{ J} \approx 0,16 \text{ aJ (Attojoule)}$$
$$1 \text{ MeV} = 1,60219 \cdot 10^{-13} \text{ J} \approx 0,16 \text{ pJ (Pikojoule)}$$

Für Leistung und Energie- oder Wärmestrom;

$$1 \text{ PS} = 735,499 \text{ W} \approx 0,75 \text{ kW (Kilowatt)}$$
$$1 \text{ kcal/h} = 1,163 \text{ W (Watt)}$$

Für die Energiedosis ionisierender Strahlung:

$$1 \text{ rd} = 10^{-2} \text{ J/kg} = 10^{-2} \text{ Gy (Gray)}$$
$$1 \text{ Mrd} = 10^4 \text{ J/kg} = 10 \text{ kGy (Kilogray)}$$

Im Interesse einer weiteren Erleichterung beim Übergang zu den neuen Einheiten empfehlen wir unseren Lesern u. a. das Studium von:

Bender, D., und *G. Scholz:* SI-Einheitentafel. Leipzig: VEB Fachbuchverlag 1977
Förster, H.: Einheiten, Größen, Gleichungen und ihre praktische Anwendung, 3. Aufl. Leipzig: VEB Fachbuchverlag 1976
Padelt, E., und *H. Laporte:* Einheiten und Größenarten der Naturwissenschaften, 3. Aufl. Leipzig: VEB Fachbuchverlag 1976

Standardverzeichnis

TGL-Nr.	Ausgabe	Verbindlich ab	Bezeichnung
29 166/01	April 1973	01. 10. 1973	Fachbereichstandard Enzyme Brauereienzym, Gütevorschriften
29 166/02	April 1973	01. 10. 1973	Fachbereichstandard Enzyme Brauereienzym, Prüfvorschriften
29 167/01	August 1973	01. 12. 1973	Fachbereichstandard Enzyme Glucoamylase-Konzentrat, Gütevorschriften
29 167/02	August 1973	01. 12. 1973	Fachbereichstandard Enzyme Glucoamylase-Konzentrat, Prüfvorschriften
29 170/01	August 1973	01. 12. 1973	Fachbereichstandard Enzyme Alkalische Protease – Konzentrat Gütevorschriften
29 170/02	August 1973	01. 12. 1973	Fachbereichstandard Enzyme Alkalische Protease – Konzentrat Prüfvorschriften
24 069/01	Mai 1975	01. 07. 1976	Fachbereichstandard Enzyme Pektinolytisches Enzympräparat, flüssig Gütevorschrift

Bildquellenverzeichnis

Die größte Zahl der in dieses Buch aufgenommenen Bilder ist der Literatur entnommen und mit entsprechenden Literaturstellen in den Bildunterschriften versehen. Die übrigen Bilder sind entweder durch teilweise Änderung von in der Literatur bereits vorhandenen Darstellungen entstanden oder von den Autoren selbst entworfen.

VERWANDTE LITERATUR

R. Ammon / J. Holló (Hrsg.)
Natürliche und synthetische Zusatzstoffe in der Nahrung des Menschen
VIII, 293 Seiten, 128 Abb., 91 Tab., DM 128,–

H. W. Berg / J. F. Diehl / H. Frank
Rückstände und Verunreinigungen in Lebensmitteln
X, 165 Seiten, 9 Abb., 19 Tab., DM 18,80 (UTB 675)

W. Heimann
Grundzüge der Lebensmittelchemie
3. Auflage. XXVIII, 622 Seiten, 23 Abb., 43 Tab., DM 48,–

K. Lang
Biochemie der Ernährung
3. Auflage. XVI, 676 Seiten, 95 Abb., 302 Tab., DM 180,–

H. G. Maier
Lebensmittelanalytik
Band 1: Optische Methoden
      2. Auflage. VIII, 71 Seiten, 28 Abb., 1 Tab., DM 9,80 (UTB 342)
Band 2: Chromatographische Methoden – Ionenaustausch
      VIII, 122 Seiten, 19 Abb., 12 Tab., DM 17,80 (UTB 405)
Band 3: Elektrochemische und enzymatische Methoden
      X, 158 Seiten, 23 Abb., 18 Tab., DM 17,80 (UTB 676)

G. Müller
Grundlagen der Lebensmittelmikrobiologie
3. Auflage. 267 Seiten, 75 Abb., 38 Tab., DM 32,–

G. Müller
Mikrobiologie pflanzlicher Lebensmittel
324 Seiten, 83 Abb., 4 Farbtafeln, 39 Tab., DM 42,–
Mikrobiologie tierischer Lebensmittel
In Vorbereitung.

N. C. Price / R. A. Dwek
Physikalische Chemie für Biologen und Biochemiker
Etwa XII, 200 Seiten. Etwa DM 18,80 (UTB 785)

H. Röck
Destillation im Laboratorium
XIII, 164 Seiten, 65 Abb., 24 Tab., DM 30,–

H. Röck / W. Köhler
Ausgewählte moderne Trennverfahren mit Anwendungen auf organische Stoffe
2. Auflage. X, 210 Seiten, 148 Abb., 38 Tab., DM 50,–

K. Winterfeld
Organisch-chemische Arzneimittelanalyse
XII, 308 Seiten, 26 Tab., DM 24,–

BioScience
An International Journal of Basic Research in Biology
Ab 1979 monatlich.

Zeitschrift für Ernährungswissenschaft
Vierteljährlich. Jährlich maximal DM 300,– (incl. Supplementa)

DR. DIETRICH STEINKOPFF VERLAG · DARMSTADT

If you have any concerns about our products,
you can contact us on
ProductSafety@springernature.com

In case Publisher is established outside the EU,
the EU authorized representative is:
Springer Nature Customer Service Center GmbH
Europaplatz 3, 69115 Heidelberg, Germany

Printed by Libri Plureos GmbH
in Hamburg, Germany